Automation 全国高等学校自动化专业系列教材

教育部高等学校自动化专业教学指导分委员会牵头规划

Process Control Systems

过程控制系统

郑辑光
Zheng Jiguang

西安交通大学　韩九强　　编著
Han Jiuqiang

杨清宇
Yang Qingyu

清华大学出版社

北　京

内 容 简 介

本书在讲述过程控制系统的基本组成、特点与发展概况的基础上,首先介绍组成过程控制系统的检测仪表、过程执行器与防爆栅。随后,介绍工业数字调节器、集散控制系统(DCS)中的 PID 控制算法及其实现技术、简单以及复杂调节系统的分析与设计等过程控制的基础理论。在此基础之上,重点讨论可编程数字调节器、集散控制系统的软硬件结构、设计思想以及工程组态方法;现场总线控制系统中的网络通信技术、控制回路调度方法以及功能块编程等。最后,给出典型工业过程(锅炉、蒸馏塔)控制系统的设计实例。

本书重在理论联系实际,既可为大专院校自动化、电气工程等专业本科生、研究生作为教材或参考书使用,也可供从事检测、控制系统研究、设计与开发的相关科研院所及企业的工程技术人员参考。

图书在版编目(CIP)数据

过程控制系统/郑辑光等编著.---北京:清华大学出版社,2012.12(2024.8重印)
全国高等学校自动化专业系列教材
ISBN 978-7-302-30020-5

Ⅰ. ①过… Ⅱ. ①郑… Ⅲ. ①过程控制—自动控制系统—高等学校—教材 Ⅳ. ①TP273

中国版本图书馆 CIP 数据核字(2012)第 211399 号

责任编辑:王一玲
封面设计:傅瑞学
责任校对:焦丽丽
责任印制:杨　艳

出版发行:清华大学出版社
　　　网　　　址:https://www.tup.com.cn,https://www.wqxuetang.com
　　　地　　　址:北京清华大学学研大厦 A 座　　　　邮　编:100084
　　　社 总 机:010-83470000　　　　邮　购:010-83470235
　　　投稿与读者服务:010-62776969,c-service@tup.tsinghua.edu.cn
　　　质量反馈:010-62772015,zhiliang@tup.tsinghua.edu.cn
　　　课件下载:https://www.tup.com.cn,010-83470236
印 装 者:北京鑫海金澳胶印有限公司
经　　销:全国新华书店
开　　本:175mm×245mm　　印　张:30　　字　数:637 千字
版　　次:2012 年 12 月第 1 版　　印　次:2024 年 8 月第 11 次印刷
定　　价:75.00 元

产品编号:017421-03

出版说明

《全国高等学校自动化专业系列教材》

为适应我国对高等学校自动化专业人才培养的需要,配合各高校教学改革的进程,创建一套符合自动化专业培养目标和教学改革要求的新型自动化专业系列教材,"教育部高等学校自动化专业教学指导分委员会"(简称"教指委")联合了"中国自动化学会教育工作委员会"、"中国电工技术学会高校工业自动化教育专业委员会"、"中国系统仿真学会教育工作委员会"和"中国机械工业教育协会电气工程及自动化学科委员会"四个委员会,以教学创新为指导思想,以教材带动教学改革为方针,设立专项资助基金,采用全国公开招标方式,组织编写出版了一套自动化专业系列教材——《全国高等学校自动化专业系列教材》。

本系列教材主要面向本科生,同时兼顾研究生;覆盖面包括专业基础课、专业核心课、专业选修课、实践环节课和专业综合训练课;重点突出自动化专业基础理论和前沿技术;以文字教材为主,适当包括多媒体教材;以主教材为主,适当包括习题集、实验指导书、教师参考书、多媒体课件、网络课程脚本等辅助教材;力求做到符合自动化专业培养目标、反映自动化专业教育改革方向、满足自动化专业教学需要;努力创造使之成为具有先进性、创新性、适用性和系统性的特色品牌教材。

本系列教材在"教指委"的领导下,从 2004 年起,通过招标机制,计划用 3~4 年时间出版 50 本左右教材,2006 年开始陆续出版问世。为满足多层面、多类型的教学需求,同类教材可能出版多种版本。

本系列教材的主要读者群是自动化专业及相关专业的大学生和研究生,以及相关领域和部门的科学工作者和工程技术人员。我们希望本系列教材既能为在校大学生和研究生的学习提供内容先进、论述系统和适于教学的教材或参考书,也能为广大科学工作者和工程技术人员的知识更新与继续学习提供适合的参考资料。感谢使用本系列教材的广大教师、学生和科技工作者的热情支持,并欢迎提出批评和意见。

《全国高等学校自动化专业系列教材》编审委员会

2005 年 10 月于北京

  自动化学科有着光荣的历史和重要的地位,20 世纪 50 年代我国政府就十分重视自动化学科的发展和自动化专业人才的培养。五十多年来,自动化科学技术在众多领域发挥了重大作用,如航空、航天等,"两弹一星"的伟大工程就包含了许多自动化科学技术的成果。自动化科学技术也改变了我国工业整体的面貌,不论是石油化工、电力、钢铁,还是轻工、建材、医药等领域都要用到自动化手段,在国防工业中自动化的作用更是巨大的。现在,世界上有很多非常活跃的领域都离不开自动化技术,比如机器人、月球车等。另外,自动化学科对一些交叉学科的发展同样起到了积极的促进作用,例如网络控制、量子控制、流媒体控制、生物信息学、系统生物学等学科就是在系统论、控制论、信息论的影响下得到不断的发展。在整个世界已经进入信息时代的背景下,中国要完成工业化的任务还很重,或者说我们正处在后工业化的阶段。因此,国家提出走新型工业化的道路和"信息化带动工业化,工业化促进信息化"的科学发展观,这对自动化科学技术的发展是一个前所未有的战略机遇。

  机遇难得,人才更难得。要发展自动化学科,人才是基础、是关键。高等学校是人才培养的基地,或者说人才培养是高等学校的根本。作为高等学校的领导和教师始终要把人才培养放在第一位,具体对自动化系或自动化学院的领导和教师来说,要时刻想着为国家关键行业和战线培养和输送优秀的自动化技术人才。

  影响人才培养的因素很多,涉及教学改革的方方面面,包括如何拓宽专业口径、优化教学计划、增强教学柔性、强化通识教育、提高知识起点、降低专业重心、加强基础知识、强调专业实践等,其中构建融会贯通、紧密配合、有机联系的课程体系,编写有利于促进学生个性发展、培养学生创新能力的教材尤为重要。清华大学吴澄院士领导的《全国高等学校自动化专业系列教材》编审委员会,根据自动化学科对自动化技术人才素质与能力的需求,充分吸取国外自动化教材的优势与特点,在全国范围内,以招标方式,组织编写了这套自动化专业系列教材,这对推动高等学校自动化专业发展与人才培养具有重要的意义。这套系列教材的建设有新思路、新机制,适应了高等学校教学改革与发展的新形势,立足创建精品教材,重视实践性环节在人才培养中的作用,采用了竞争机制,以激励和推动教材建设。在此,我谨向参与本系列教材规划、组织、编写的老师致以诚挚的感谢,并希望该系列教材在全国高等学校自动化专业人才培养中发挥应有的作用。

吴启迪 教授

2005 年 10 月于教育部

　　《全国高等学校自动化专业系列教材》编审委员会在对国内外部分大学有关自动化专业的教材做深入调研的基础上,广泛听取了各方面的意见,以招标方式,组织编写了一套面向全国本科生(兼顾研究生)、体现自动化专业教材整体规划和课程体系、强调专业基础和理论联系实际的系列教材,自 2006 年起将陆续面世。全套系列教材共 50 多本,涵盖了自动化学科的主要知识领域,大部分教材都配置了包括电子教案、多媒体课件、习题辅导、课程实验指导书等立体化教材配件。此外,为强调落实"加强实践教育,培养创新人才"的教学改革思想,还特别规划了一组专业实验教程,包括《自动控制原理实验教程》、《运动控制实验教程》、《过程控制实验教程》、《检测技术实验教程》和《计算机控制系统实验教程》等。

　　自动化科学技术是一门应用性很强的学科,面对的是各种各样错综复杂的系统,控制对象可能是确定性的,也可能是随机性的;控制方法可能是常规控制,也可能需要优化控制。这样的学科专业人才应该具有什么样的知识结构,又应该如何通过专业教材来体现,这正是"系列教材编审委员会"规划系列教材时所面临的问题。为此,设立了《自动化专业课程体系结构研究》专项研究课题,成立了由清华大学萧德云教授负责,包括清华大学、上海交通大学、西安交通大学和东北大学等多所院校参与的联合研究小组,对自动化专业课程体系结构进行深入的研究,提出了按"控制理论与工程、控制系统与技术、系统理论与工程、信息处理与分析、计算机与网络、软件基础与工程、专业课程实验"等知识板块构建的课程体系结构。以此为基础,组织规划了一套涵盖几十门自动化专业基础课程和专业课程的系列教材。从基础理论到控制技术,从系统理论到工程实践,从计算机技术到信号处理,从设计分析到课程实验,涉及的知识单元多达数百个、知识点几千个,介入的学校 50 多所,参与的教授 120 多人,是一项庞大的系统工程。从编制招标要求、公布招标公告,到组织投标和评审,最后商定教材大纲,凝聚着全国百余名教授的心血,为的是编写出版一套具有一定规模、富有特色的,既考虑研究型大学又考虑应用型大学的自动化专业创新型系列教材。

　　然而,如何进一步构建完善的自动化专业教材体系结构? 如何建设基础知识与最新知识有机融合的教材? 如何充分利用现代技术,适应现代大学生的接受习惯,改变教材单一形态,建设数字化、电子化、网络化等多元形态、开放性的"广义教材"？等等，这些都还有待我们进行更深入的研究。

　　本套系列教材的出版，对更新自动化专业的知识体系、改善教学条件、创造个性化的教学环境，一定会起到积极的作用。但是由于受各方面条件所限，本套教材从整体结构到每本书的知识组成都可能存在许多不当甚至谬误之处，还望使用本套教材的广大教师、学生及各界人士不吝批评指正。

吴澄 院士

2005 年 10 月于清华大学

前言

本书主要讲述如何将计算机技术、网络通信技术及自动控制理论知识应用于实际工业过程控制系统，以及在实际应用中需要考虑哪些具体理论与工程实际问题，从而在理论与工程实践之间架起一座桥梁。

全书首先介绍过程控制系统的基本组成、特点以及在企业综合自动化系统中的定位。在此基础上，围绕过程控制系统的基本组成，首先介绍过程检测仪表、过程执行器以及控制器等。其中，控制器部分是本书的重点，主要包括：PID 类控制算法及其工程实现技术、简单与复杂调节系统分析与设计、先进过程控制等过程控制的基础理论，其次，介绍将上述控制理论、方法和技术应用于工程实践所采用的软硬件平台，即自动化控制设备，具体包括：可编程数字调节器、集散控制系统以及现场总线控制系统等。重点讲解设备的软硬件结构、设计思想以及工程组态方法；现场总线控制系统中的网络通信技术、控制回路调度方法以及功能块编程等。最后，给出典型工业过程（锅炉、蒸馏塔）控制系统的设计实例。

本书内容按照工业过程控制系统的体系结构组织编排，在加强基本概念、基本理论和基本方法的基础上，注重理论联系实际，突出理论方法的实用性、可操作性与有效性。注重跟踪近年来工业过程控制实践中涌现出来的新技术、新理论和新方法，有利于培养学生理论联系实际的创新意识与创新思维能力。

本教材的参考教学时数为 60 学时，其中过程控制理论部分（第 4、5、6、7 章）和自动化仪表部分（第 2、3、8、9 章）可以各占一半的学时。第 10 章可供学生参考阅读。各章后面还附有习题和思考题。

本教材是作者在多年教学科研的基础上编写而成的，全书由韩九强和郑辑光统稿审定，第 8 章 8.2 节由杨清宇编写，其他各章节由郑辑光编写。在编写过程中，一直得到西安交通大学自动控制研究所领导的大力支持与鼓励，在此表示衷心的感谢！

本书在编写过程中还参考了各种有关书刊及资料，在此，谨向他们表示衷心的谢意！

由于作者水平有限，书中肯定存在不少缺点和错误，殷切希望广大读者批评指正。

作　者

2009 年 12 月

目录

CONTENTS >>>>

第1章
过程控制系统概述

工业自动化技术是一种运用控制理论、仪器仪表、计算机和其他信息技术对工业生产过程实现检测、控制、优化、调度、管理和决策，达到增加产量、提高质量、降低消耗、确保安全等目的的综合性技术。随着计算机技术、通信技术和微电子技术的迅速发展，工业自动化控制技术也越来越精准，越来越复杂。

过程控制是工业自动化的重要分支。几十年来，工业过程控制获得了惊人的发展，无论是在大规模的结构复杂的工业生产过程中，还是在传统工业过程改造中，过程控制技术对于提高产品质量以及节省能源等均起着十分重要的作用。

1.1 过程控制系统的组成、特点与地位

从被控对象角度来看，目前工业自动化领域主要包含两大类过程，即过程自动化(PA)与生产自动化(FA)；相应涉及到的控制技术，则主要为过程控制(process control)技术与运动控制(motion control)技术，前者主要研究石油、化工、冶金、制药、食品加工等工业生产过程中的温度、压力、流量、物位、成分等变量的控制，而运动控制则研究速度和位置控制，如数控机床、机器人等。采用的自动化仪表也有所不同，过程自动化主要以集散控制系统(DCS)为主要控制设备；生产自动化则以可编程控制器(PLC)为主要控制手段。目前，二者相互融合的趋势相当明显。

1.1.1 过程控制系统及其组成

所谓过程控制是指根据工业生产过程的特点，结合产品生产要求，采用测量仪表、执行机构和控制装置等自动化工具，应用控制理论，设计工业生产过程控制系统，实现工业生产过程自动化。

过程控制系统一般是由控制器、执行器、被控过程以及测量变送器等环节组成，其典型单回路(闭环反馈)控制结构以及方框图描述如图 1.1-1 所示。

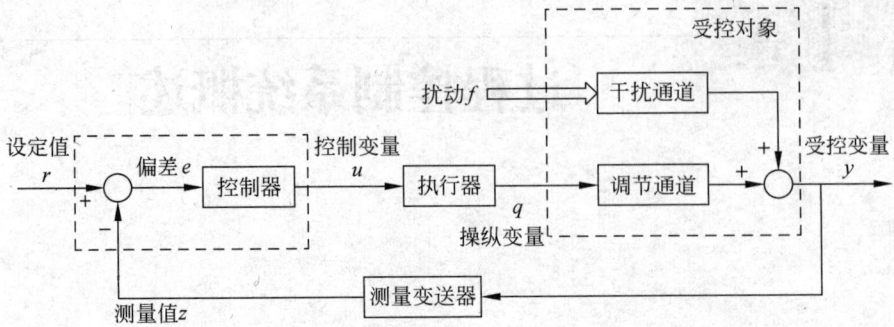

图 1.1-1　过程控制系统的基本组成以及控制方框图描述

过程控制系统中的核心变量主要包括：

① 给定值(SV)——又称设定值、参考值，用来指定被控参数的设定值，时域信号一般采用 $r(t)$ 来表示。

② 过程变量(PV)——也称做被控变量(CV)或参数，用来反映被控过程内根据生产或工艺要求，需要保持给定数值的工艺参数。当前实际被控变量一般采用 $y(t)$ 来表示；而经过实际测量变送环节测得的值则用 $z(t)$ 来表示。不强调区分时，则统一记作 $y(t)$。

③ 操作变量(MV)——属于控制器的输出变量，用来操纵执行器动作，以克服或补偿外界干扰对被控参数的影响。控制器输出信号一般采用 $u(t)$ 来表示；而经执行器调节后的控制变量(如介质流量)则可采用 $q(t)$ 来表示。

④ 偏差变量(DV)——即被控参数的设定值与当前实际值之差，时域信号一般采用 $e(t)$ 来表示。

我们知道，影响被控参数的因素往往有许多，除了操作变量 $u(t)$ 或者 $q(t)$ 外，所有其他对输出变量 $y(t)$ 有影响的变量统称为扰动变量，一般记作 $f(t)$ 或者 $d(t)$。当然，整个闭环反馈控制系统主要就是用来补偿扰动对被控参数的影响。

在工业过程控制系统中，一般将控制器、执行器和检测器(即测量变送单元)统称为过程仪表或自动化仪表。因此，过程控制系统也可以说是由自动化仪表与被控对象组成。

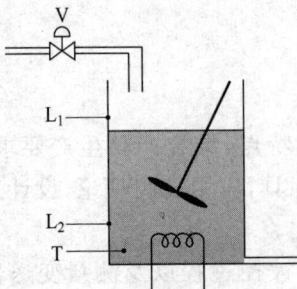

图 1.1-2　典型控制问题：具有加热功能的原料缓冲罐

系统工程设计人员需要在充分了解生产工艺过程控制要求的基础上，采用各种建模工具，建立描述被控过程动态特性的数学模型，对其进行分析与仿真以及控制器设计与工程实现，使系统满足生产上提出的一定性能指标要求，最后完成工程安装、调试与运行。

下面以具有加热功能的原料缓冲罐为例来说明典型的过程控制系统及其组成，该系统的组成如图 1.1-2 所示。图中原料由进料阀 V 控制进入缓冲罐,在缓冲罐内通过电加热丝进行加热,采用温度传感器 T 检测罐内原料温度;同时,采用搅拌器使原料受热均匀。原料从缓冲罐自然流出。缓冲罐设计有两位式液位检测器,当液位超出相应的高度 L_1 或 L_2 后,液位检测器输出为"真",否则为"假"。系统具体控制要求包括:

① 温度控制:采用 PI 控制器控制缓冲罐内的原料温度,使其保持一定,或在一有限范围内波动。

② 液位控制:当液位低于 L_2 时,将进料阀 V 打开,并且一直保持打开状态,直到装满即液位高度超出 L_1 方才关闭阀门。

③ 传感器故障检测:无论何时,只要液位传感器 L_1 为"真"同时 L_2 为"假"时,即发出报警信号,说明液位传感器发生故障,提示立刻进行检修。

我们可以看到,上述控制系统具有一般工业过程控制系统的典型结构,例如,该系统内同时具有离散(两位式)信号与连续信号,同时包含一系列并发动作,既包含基于时间触发的连续控制,又包含基于事件触发的离散控制;离散控制既包含顺序控制逻辑,又包含组合控制逻辑(联锁与报警等)。

1.1.2 过程控制的特点

过程控制主要是指连续工业过程的控制。而过程工业有其自身的特点。首先,整个生产过程常常伴随着物理化学反应、生化反应、物质能量的转换与传递,是一个十分复杂的大系统,存在不确定性、时变性以及非线性等因素。因此,过程控制的难度是显而易见的,要解决过程控制问题必须采用有针对性的特殊方法与途径。其次,过程工业常常处于恶劣的生产环境中,同时常常要求苛刻的生产条件,如高温、高压、低温、真空、易燃、易爆或有毒等。因此,生产设备与人身的安全性特别重要。此外,由过程工业连续生产的特征可知,过程工业更强调实时性和整体性。协调好复杂的耦合与制约因素,以求得全局优化,这也是十分重要的。因此,有必要采用先进的控制方法和计算机控制技术。

针对上述连续过程工业的特征,容易理解过程控制具有如下特点。

(1) 被控过程的多样性

过程工业涉及到各种工业部门,其物料加工成的产品是多样的。同时,生产工艺各不相同,如石油化工过程、冶金工业中的冶炼过程、核工业中的动力核反应过程等,这些过程的机理不同,甚至执行机构也不同。因此,过程控制系统中的被控对象(包括被控量)是多样的,明显地区别于运动控制系统。

(2) 被控过程多属缓慢过程和参量控制形式

许多工业生产过程设备体积大,工艺反应过程缓慢,因此具有大惯性和大滞后的特点。另外,通常被控过程是物流变化的过程,伴随物流变化的信息,如温度、压力、流量、液位、物性、成分等,常被用来表征被控过程的运行状态,因此常需要对上述参量进行检测与控制,即过程控制多半为参量控制。

（3）控制方案的多样性

由过程工业的特点以及被控过程的多样性决定了过程控制系统的控制方案必然是多样的。这种多样性包含系统硬件组成和控制算法以及软件设计等多个方面。

（4）定值控制是过程控制的主要形式

在多数生产过程中,被控参数的设定值为一个定值,定值控制的主要任务在于如何减小或消除外界各种干扰,使被控量尽量保持接近或等于设定值,使生产稳定。

工业生产过程的扰动作用使得生产过程操作不稳定,从而影响工厂生产过程的经济效益,这些扰动主要来自下述几个方面。

（1）原材料的组成变化

在工业生产过程中都是依一定的原材料性质生产一定规格的产品,然而,由于原材料性质的改变会严重影响产品的规格、质量和产率。

（2）产品质量与规格的变化

随着市场对产品质量与规格要求的改变,工业生产企业必须马上能适应市场的需求而改变,否则所生产的产品在市场上无法销售。

（3）生产过程设备的可使用性

工业生产过程的生产设备都是按照一定的生产规模而设计的。但是随着市场对产品数量需求的改变,原设计不能满足实际生产的需要,或者工厂生产设备的损坏或被占用,都会影响生产负荷的变化。在工业生产过程中通常会出现大设备小负荷或小设备超负荷的现象。

（4）装置与装置或工厂与工厂之间的关联

在流程工业中,物料流与能量流在各装置之间或工厂之间有着紧密的关系,由于前后的连接调度等原因,往往要求生产过程的运行做相应的改变,以满足整个生产过程物料与能量的平衡。

（5）生产设备特性的漂移

在工业生产工艺设备中,有些重要的设备特性随着生产过程的进行将会发生变化,如热交换器由于结垢而影响传热效果,化学反应器中催化剂的活性随化学反应的进行而衰减,有些管式裂解炉随着生产的进行而结焦等。这些特性的漂移都将成为严重的工业生产过程的扰动作用。

（6）控制系统的失灵

仪表自动化系统是监督、管理、控制工业生产过程的关键设备与手段,自动控制系统本身的故障或特性变化也是生产过程的主要扰动来源。例如测量仪表测量过程的噪声、零点的漂移、控制过程特性的改变而控制器的参数没有及时调整以及操作者的操作失误,这些都是工业生产过程的扰动来源。

现代工业生产过程由于规模大,设备关联严重,强化生产,因此对于扰动十分敏感。例如炼油工业中催化裂化生产过程,采用固体催化剂流态化技术,该生产过程不仅要求物料和能量的平衡,而且要求压力保持平衡,使固体催化剂保持在良好的流态化状态。因此,了解工业生产过程扰动发生的常见根源,以便采取有效的应对措施,对于改善系统调节质量具有重要的意义。

1.1.3　过程控制系统的地位

目前,随着计算机技术、网络技术和现代企业管理科学的发展,逐渐在机械工业及其他离散工业中形成了计算机集成制造系统(computer integrated manufacturing system,CIMS);在石油、化工、冶金、电力、建材、轻工、医药、食品等流程工业为主的行业形成了计算机集成生产系统(computer integrated producing system,CIPS)。虽然制造业与流程工业在系统构成、生产特点等许多方面存在有差异,但是从管控一体化的角度看,从物质、能源和信息三大要素看,从企业获取利润要通过算账(包括预先算账)、要控制资金流向,要达到最佳的客户满意度等管理要素来看,又基本相同,因此可以用相同的模型层次结构来描述。

生产过程综合自动化系统的体系结构经过了十多年的发展,已由美国普渡大学的 Purdue 企业参考体系的五层结构(经营决策层、企业管理层、生产调度层、过程优化层、过程控制层)过渡为三层结构,即经营计划系统(BPS)、制造执行系统(MES)、过程控制系统(PCS)。有鉴于 BPS 层是以 ERP 企业资源计划为主,通常三层结构表述为:ERP/MES/PCS,简称为计划层/执行层/控制层,或者管理层/生产层/控制层,如图 1.1-3 所示。

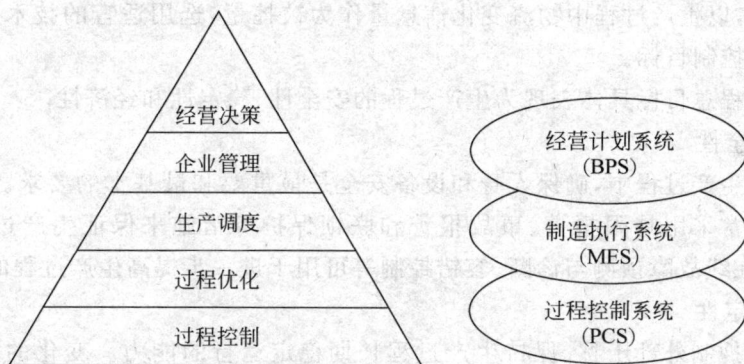

图 1.1-3　Purdue 企业参考体系和基于三层结构的综合自动化系统体系结构

我们看到,过程控制系统(PCS)处于最下层,是以产品的质量、数量和满足工艺要求为目标的、以设备综合监控为核心的技术,其聚焦于生产过程的设备,以秒(s)为单位监控生产设备的运行状况以及控制整个生产过程。

中间层的制造执行系统(MES)着眼于整个生产过程管理,考虑生产过程的整体平衡,注重生产过程的运行管理,以分(min)、小时(h)为单位跟踪产品的制造过程。MES 起着将从生产过程控制中产生的信息、从生产过程管理中产生的信息和从经营管理活动中产生的信息进行转换、加工、传递的作用,是生产过程控制与管理信息集成的重要桥梁和纽带。MES 要具备生产计划的调度与统计、生产过程成本控制、产品质量控制与管理、物流控制与管理、设备安全控制与管理、生产数据采集与处理等功能。

最上层是经营计划系统（BPS），是以财务分析/决策为核心进行资源的整体优化，以产品的生产和销售为处理对象，聚焦于订货、交货期、成本、和顾客的关系等，以月、周、日为单位。

简单地说，ERP层强调企业的计划性，MES层强调计划的执行，PCS强调生产设备的监控。上层ERP和MES与下层PCS的信息交互使得生产过程控制系统能够更加快速地对市场变化做出响应，同时，也使得上面管理层可以更及时地了解一线生产状态，使整个生产制造系统更加柔性化。本书主要涉及过程控制系统部分。

1.2　过程控制的任务

生产过程是指物料经过若干加工步骤而成为产品的过程。该过程中通常会发生物理或化学反应、生化反应、物质能量的转换与传递等，或者说生产过程表现为物流变化的过程。伴随物流变化的信息包括体现物流性质（物理特性和化学成分）的信息和操作条件（温度、压力、流量、液位或物位等）的信息。生产过程的总目标，应该是在可能获得的原料和能源条件下，以最经济的途径将原物料加工成预期的合格产品。为了达到目标，必须对生产过程进行监视与控制。因此，过程控制的任务是在充分了解生产过程的工艺流程和动态、静态特性的基础上，应用理论对系统进行分析与综合，以生产过程中物流变化信息量作为被控量，选用适宜的技术手段，实现生产过程的控制目标。

生产过程总目标具体表现为生产过程的安全性、稳定性和经济性。

（1）安全性

在整个生产过程中，确保人身和设备安全是最重要和最基本的要求。在过程控制系统中通常采用越限报警、事故报警和联锁保护等措施来保证生产过程的安全性。另外，在线故障预测与诊断、容错控制等可用于进一步提高生产过程的安全性。

（2）稳定性

指系统抑制外部干扰、保持生产过程长期稳定运行的能力。变化的（特别是恶劣的）工业运行环境、原料成分的变化、能源系统的波动等均有可能影响生产过程的稳定。在外部干扰下，过程控制系统应该使生产过程参数与状态产生的变化尽可能小，以消除或减少外部干扰可能造成的不良影响。

（3）经济性

在满足以上两个基本要求的基础上，低成本、高效益是过程控制的另一目标。为了达到这个目标，不仅需要对过程控制系统进行优化设计，还需要管控一体化，实现以经济效益为目标的整体优化。

工业过程可以分为连续过程工业、离散过程工业和间歇过程工业。其中，连续过程工业所占的比重最大，涉及石油、化工、冶金、电力、轻工、纺织、医药、建材、食品等工业部门，连续过程工业的发展对于我国国民经济意义重大。过程控制主要是指连续过程工业的过程控制。

1.3　过程控制系统的分类及性能指标

1.3.1　过程控制系统分类

按照系统结构和系统给定值的不同,过程控制系统有如下不同的分类方法。

1. 按照系统的结构特性划分

（1）反馈控制系统

反馈是自动控制的核心技术,只有通过反馈才能实现对被控参数的闭环控制,因此反馈控制系统又称闭环控制系统。反馈控制系统是过程控制中使用最为普遍的。

反馈控制是根据系统被控参数与给定值的偏差进行工作的,偏差是控制的依据,最终目的是减小或彻底消除偏差。当然,反馈信号可以有多个,从而可以构成串级等多回路控制系统。

（2）前馈控制系统

前馈控制系统是根据扰动量的大小进行工作的,扰动是控制的依据,由于纯粹的前馈控制没有被控变量的反馈,因此属于开环控制。前馈控制系统由于主要起快速补偿扰动的作用,而不检测控制的最终结果（即实际偏差）,因此在实际生产过程中一般不单独采用。

（3）前馈-反馈复合控制系统

为了能够及时克服系统主要扰动对被控量的影响,同时又能够有效地克服偏差,提高系统的控制精度,可以将前馈和反馈结合起来使用,构成前馈-反馈复合控制系统,如图 1.3-1 所示。这样可以充分发挥前馈和反馈的各自优势,提高控制系统的动态和静态特性。

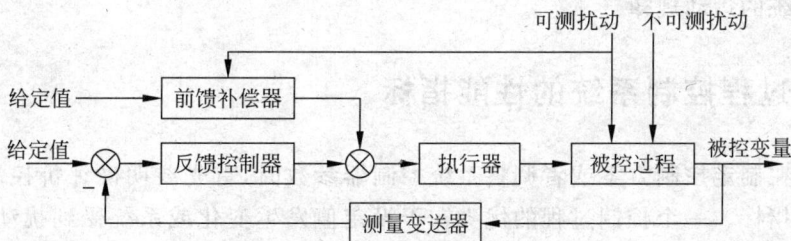

图 1.3-1　前馈-反馈复合控制系统的结构

2. 按照给定值信号的特点分

（1）定值控制系统

定值控制系统（又称调节控制）是工业生产过程中应用最多的一种过程控制系

统。其特点是，系统运行时，被控参数（如温度、压力、流量、物位、物性、成分等）的给定值一般来说是固定不变的，有时根据生产工艺要求，也允许在规定的小范围内变化。因此，定值控制系统主要是克服各种过程输入、输出扰动（包括负荷扰动）对系统的干扰。

（2）随动控制系统

随动控制系统一般是指位置随动系统（又称伺服控制），如火炮、导弹的位置跟踪等，更常见于运动控制系统。在过程控制中，随动控制系统是指被控参数的给定值随时间（任意）变化的控制系统，它的主要作用是克服一切干扰，使被控参数随时跟随给定值。因此，跟踪的准确性与快速性往往是重要的考核指标。

总体来说，定值控制系统考虑的主要是克服来自过程输入、输出的扰动，该扰动可能会使被控变量偏离给定值。而随动控制系统主要考虑的是如何满足来自设定值的变化。

事实上，过程控制有多种分类方法，例如，按照被控参数分类，可分为温度控制系统、压力控制系统、流量控制系统、液位或物位控制系统、物性控制系统、成分控制系统；按照被控变量数分类，可分为单变量过程控制系统、多变量过程控制系统；按参数性质分类，可分为集中参数控制系统、分布参数控制系统；按照控制算法分类，可分为简单控制系统、复杂控制系统、先进或高级控制系统；按控制器形式分类，可分为常规仪表过程控制系统、计算机过程控制系统。其他还包括线性控制系统、非线性控制系统；连续控制、离散控制、混合控制等分类方法。

这里特别对集中参数与分布参数控制系统简单做一解释。

集中参数控制系统：集中参数是指系统中的参量，如输入、输出及中间变量等，与空间坐标无关而仅为时间的函数。因此，集中参数系统的数学描述式通常是以时间作为变量的微分方程（或差分方程）。

分布参数控制系统：与集中参数系统不同，分布参数系统中的参数不仅是时间的函数，而且是空间坐标的函数。因此，不能用常微分方程来描述，而需用偏微分方程描述系统的运动规律。

1.3.2　过程控制系统的性能指标

我们在制定控制方案或者调整系统控制器参数时，首先要明确评价控制系统优劣的性能指标。一个控制过程的优劣在于设定值发生变化或系统受到扰动作用后，能否在控制器的作用下稳定下来，并且克服扰动造成的偏差。工业过程对控制的要求，也即过程控制系统性能的评价指标可以概括为：

（1）稳定性。系统必须是稳定的，稳定是系统性能中最重要、最根本的指标，只有在系统是稳定的前提下，才能够讨论系统的其他动态和静态指标。

（2）准确性。系统应能够提供尽可能好的稳态调节，主要反映系统的静态指标。

（3）快速性。系统应能够提供尽可能好的过渡过程，反映系统的动态指标。

此外,定值控制系统和随动(伺服)控制系统对控制的要求既有共同点,也有不同点。定值控制系统在于恒定,即要求克服干扰,使系统的被控参数能稳、准、快地保持接近或等于设定值。而随动(伺服)控制系统的主要目标是跟踪,即稳、准、快地跟踪设定值。

实际应用中,根据过程控制的特点,通常采用系统的阶跃响应性能指标;另一方面,在采用计算机仿真或进行系统最优化设计时,也经常采用偏差积分性能指标。

1. 阶跃响应性能指标

在阶跃扰动作用下,控制系统过渡过程曲线可能的振荡形式包括:发散振荡过程、非振荡发散过程、等幅振荡过程、衰减振荡过程和非振荡衰减过程,其中,后两者为稳定过程。

下面以图 1.3-2 所示的衰减振荡过程为例介绍过程控制系统的常用单项性能指标。

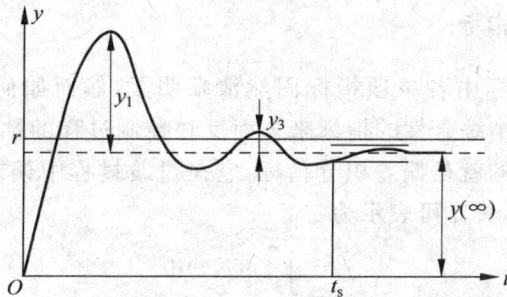

图 1.3-2　过程控制系统阶跃响应曲线

(1) 衰减比 η 和衰减率 φ

衰减比是衡量振荡过程衰减程度的指标,等于两个相邻同向波峰值之比,即

$$\eta = \frac{y_3}{y_1} \tag{1.3-1}$$

衡量振荡过程衰减程度的另一种指标是衰减率,它是指每经过一个周期以后,波动幅度衰减的百分数,即

$$\varphi = \frac{y_1 - y_3}{y_1} \tag{1.3-2}$$

衰减比习惯上用 η:1 表示。在实际生产中,一般希望过程控制系统的衰减比为 4:1 到 10:1,它相当于衰减率 $\varphi=0.75$ 到 0.9。若衰减率 $\varphi=0.75$,则大约振荡两个波就认为系统进入稳态。衰减率太小(接近于 0),过渡过程的衰减很慢,与等幅振荡接近,由于振荡过于频繁,一般不采用。如果衰减率很大(近于 1),则过渡过程接近单调过程,往往过渡过程时间较长也不采用。

(2) 最大动态偏差和超调量

最大动态偏差是指在阶跃响应中,被控变量在偏离其最终稳态值方向上的最大偏差量，一般表现在过渡过程开始的第一个波峰，如图 1.3-2 中的 y_1。最大动态偏差占被控量稳态值的百分比称为超调量。最大动态偏差能直接反映到生产记录曲线上，特别是在越来越先进的计算机过程控制系统中，能够更为方便直观地在监视器屏幕上观察到被控参数的实时响应波形。最大动态偏差是过程控制系统动态准确性的衡量指标。

（3）稳态误差 e_{ss}

稳态误差是指过渡过程结束后，被控量新的稳态值 $y(\infty)$ 与设定值 r 的差值。它是过程控制系统稳态准确性的衡量指标。

（4）调节时间 t_s

调节时间 t_s 是从过渡过程开始到结束的时间。理论上它应该为无限长。但一般认为当被控量进入其稳态值的 $\pm 5\%$ 范围内，就算过渡过程已经结束，这时所需时间就是调节时间 t_s，如图 1.3-2 所示。调节时间 t_s 是过程控制系统快速性的指标。

2. 偏差积分性能指标

阶跃响应性能指标中各单项指标固然清晰明了，然而如何统筹兼顾则比较困难。当我们希望用一个综合性的指标来全面反映控制过程的性能时，可考虑采用综合性能指标。最典型的就是偏差积分指标，它是过渡过程中偏差 e 和时间 t 的某些函数沿时间轴的积分，具体可表示为

$$J = \int_0^\infty f(e,t)\mathrm{d}t \qquad (1.3\text{-}3)$$

可以看出，偏差的幅度及其存在的时间都与指标有关，所以采用偏差积分性能指标则可以兼顾到衰减比、超调量和过渡过程时间等各单项指标，因此，它是一类综合指标。一般来说，过渡过程中的动态偏差越大，或是调节得越慢，则目标函数数值将越大，表明控制品质越差。

偏差积分指标通常采用以下几种形式：

（1）偏差积分 IE(integral of error)

$$J = \int_0^\infty e\mathrm{d}t \qquad (1.3\text{-}4)$$

（2）绝对偏差积分 IAE(integral of absolute value of error)

$$J = \int_0^\infty |e|\mathrm{d}t \qquad (1.3\text{-}5)$$

（3）平方偏差积分 ISE(integral of squared error)

$$J = \int_0^\infty e^2\mathrm{d}t \qquad (1.3\text{-}6)$$

（4）时间与偏差绝对值乘积的积分 ITAE(integral of time multiplied by the absolute value of error)

$$J = \int_0^\infty t|e|\mathrm{d}t \qquad (1.3\text{-}7)$$

对于存在稳态误差的系统,偏差 e 不会最终趋于零,因此上述指标都趋于无穷大,无法进行比较。为此,可调整偏差定义为

$$e(t) = y(t) - y(\infty) \tag{1.3-8}$$

通过对比,可以发现采用不同的公式意味着对过渡过程优良程度的侧重点不同。例如,IE 指标对衰减比不敏感,例如对于等幅振荡过程,IE 却可能等于零。IAE 指标对出现在过渡过程初始阶段与接近稳态阶段的偏差面积,以及出现在设定值附近的偏差面积与出现在远离设定值的偏差面积是同等看待的,根据这一指标设计的二阶或近似二阶的系统,在单位阶跃输入信号下,具有较快的过渡过程和不大的超调量,是一种最常用的误差性能指标。相比 IAE 指标,ISE 指标着重于抑制过渡过程中的大误差,同时数学处理上比较方便;ITAE 指标则对初始偏差不敏感(可以降低初始大偏差对性能指标的影响),同时着重强调了过渡过程后期的误差对指标的影响,着重惩罚过渡过程拖得太长。可以想象,按照 ITAE 指标调整控制器参数所得控制结果,初始偏差较大,而随时间推移,偏差很快降低。

最后,需要指出,随着控制理论的发展,针对不同的控制要求,还会提出许多新的性能指标,相应出现许多新的控制器和控制系统。此外,过程控制系统的性能是由组成系统的结构、被控过程与过程仪表(测量变送器、执行器和控制器)各个环节特性所共同决定的。因此,为了提高系统的性能指标,一定要综合考虑系统各个环节对系统总体性能的影响。

1.4　过程控制系统的发展

过程控制是满足过程工业自动化需求的一门科学技术,它渗透在石油、化工、电力、冶金、食品、饮料等几乎任何工业领域里。随着人类科学技术的不断进步,控制理论及仪表技术不断发展和完善。伴随着一个多世纪以来"4C"技术,即计算机(computer)、控制(control)、通信(communication)和显示器(CRT)技术的发展,过程控制仪表经历了基地式、单元组合式、集散式及现场总线式等几个不同的发展阶段。上述发展过程如果从信号传输及处理形式划分,又可划分为模拟控制系统、数字控制系统以及网络化控制系统。

先进的控制算法软件与可靠的自动化硬件设备的完美组合是实现优良过程控制系统的必要条件。下面,我们分别从过程控制仪表与过程控制理论两个不同的角度简单阐述过程控制系统的发展历史。

1.4.1　过程控制仪表的发展

20 世纪 40 年代以前,工业生产过程大多处于手工操作运行状态,操作工人的监测与操作手段比较落后,例如,通过对火候、冷热、色泽、形状等的观察来对生产过程进行监控。

　　20 世纪 50 年代前后,一些企业陆续开始采用仪表检测与控制,以实现设备监控的局部自动化。最初采用的主要是基地式仪表,部分为组合式仪表,其中以气动控制系统为主,采用的信号传输标准为:3~15Psi(0.2~1.0kg/cm²)气动信号。

　　20 世纪 60 年代,随着电子技术的迅速发展,企业界开始大量采用单元组合式仪表(包括气动与电动),以适应比较复杂的控制系统需要。此时出现了以 0~10mA(国内标准)和 4~20mA(国际标准)电动直流模拟信号为统一标准传输信号的电动模拟控制系统。

　　与此同时,计算机开始用于过程控制领域。自从 1946 年世界上诞生第一台计算机,人们就开始设想将其应用于工业生产过程。到 1959 年,工业控制计算机(process control computer,如 TR300 等)便在化肥厂和炼油厂试用于生产过程控制。最早出现的主要是通过计算机对底层控制回路进行监视或设定值优化的计算机监督(supervisor computer control,SCC)系统。到了 60 年代中期,开始出现用计算机对生产过程直接进行闭环控制的直接数字控制(direct digital control,DDC)系统,该系统的出现极大地促进了数字控制理论的发展。

　　随着电子与计算机技术的进步,以及对计算机应用于生产过程的实践经验的不断总结,到 20 世纪 70 年代中期,一些厂家开始推出以“信息集中、控制分散”为主要特征的分布式(计算机)控制系统(distributed control system,DCS,又称集散控制系统)和可编程控制器(programable logic control,PLC),将工业自动化向前推进了一大步。

　　自 20 世纪 80 年代以来,一方面分布式计算机控制系统 DCS 成为流行的过程控制系统;另一方面,兼顾连续控制和逻辑控制/顺序控制功能的复合控制系统 HCS(hybrid control system)得到发展。它可以是基于 DCS 而增添逻辑顺序功能的系统,也可以是基于 PLC 而增添连续控制功能的系统。这从另外一个角度说明,DCS 与 PLC 的发展具有越来越趋同的趋势。

　　20 世纪 90 年代以来,各厂家又相继推出了各种数字化智能变送器和智能化数字执行器,同时开始引入数字现场总线(fieldbus)传输标准,从而实现以微处理器为基础的全数字式现场总线控制系统(fieldbus control system,FCS)。现场智能仪表不仅可检测有关过程变量,还能提供仪表状态和诊断的信息,而且具有通信功能,便于调试、投运、维护和管理。现场总线控制系统(FCS)还可以进一步将控制功能分散,并可实现来自不同生产厂家产品之间的可互操作性,增强了系统的灵活性和可靠性。

　　在控制装置发展的同时,高新技术的发展和新材料的应用也促进了工业仪表的发展。数字化、多变量和专用集成电路(ASIC)的广泛应用,产生出许多智能传感器和执行器。一些重要的生产过程逐渐采用技术先进的在线分析仪器,如近红外、质谱、色谱、专用生化过程传感器等。随着各种光、机、电传感技术以及厚膜电路等先进加工工艺的广泛应用,使工业仪表显得异彩纷呈。

过程工业自动化与信息技术有着不解之缘。近年来，以太网技术以及无线通信技术逐渐渗入到工业自动化领域。随着高速以太网的到来，智能以太网交换机的使用和耐工业环境（防尘、防潮、防爆、耐腐蚀、抗电磁干扰等）以太网器件的面市，工业以太网会更加广泛地在工业自动化中得到应用，再加上近几年来兴起的无线传感器网络技术，从而使过程控制系统的构建变得更为灵活、方便和经济。

1.4.2　过程控制理论的发展

几十年来，过程控制策略与算法出现了三种类型：简单控制、复杂控制与先进控制。通常将单回路 PID 控制称为简单控制。PID 控制自 20 世纪 30 年代中期开始在自动化仪表中使用至今，它一直是过程控制的主要手段。PID 控制以经典控制理论为基础，主要用频域方法对控制系统进行分析、设计与综合。PID 控制是复杂控制回路的基础；同时，许多先进控制算法针对低阶过程也经常蜕化为基本的 PI 或 PID 控制算法。而我们知道，大多数工业过程运行工况一般不会偏离额定工况太远，因此往往可以用一阶或二阶惯性加纯滞后的、具有自衡的集中参数对象特性来近似描述。因此，直到今日，PID 控制仍然得到广泛应用也就不足为奇了。例如，在许多 DCS 和 PLC 系统中，包括现场总线控制系统中，PID 控制都是最基本、最常用的控制模块。

从 20 世纪 50 年代开始，过程控制界逐渐发展了串级控制、比值控制、前馈控制、均匀控制和 Smith 预估控制等控制策略与算法，称之为复杂控制。它们在很大程度上满足了复杂过程工业的一些特殊控制要求。它们仍然以经典控制理论为基础，但是结构与应用上各有特色，而且目前仍在继续改进与发展。

20 世纪 60 年代以后，现代控制理论应运而生。这种新的理论和方法很快在航空航天领域获得了成功的应用。然而，直到七八十年代，现代控制理论才真正在工业生产过程中得到成功的应用。这一时期，由于计算机的可靠性及性能价格比的大幅度提高，特别是作为基础级控制用的、以 DCS 和 PLC 为代表的新型计算机控制装置，为过程控制提供了强有力的硬件与软件平台，使得各种先进控制方法的在线实现成为可能。例如，从 20 世纪 80 年代开始，在现代控制理论和人工智能发展的理论基础上，针对工业过程本身的非线性、时变性、耦合性和不确定性等特性，提出了许多行之有效的解决方法，如解耦控制、推理控制、预测控制、模糊控制、自适应控制、人工神经网络控制等，常统称为先进过程控制。近十多年来，以专家系统、模糊逻辑、神经网络、遗传算法为主要方法的基于知识的智能处理方法也已成为过程控制的一种重要技术。这些先进过程控制方法可以有效地解决那些采用常规控制效果差，甚至无法控制的复杂工业过程的控制问题。

总之，经过这几十年来的不断探索，工业过程自动化已从稳定单个工艺变量的 SISO 系统发展到稳定整个单元操作运行工况的 MIMO 系统，进而发展到整个生产装置的优化操作乃至以市场为导向的集管理与控制为一体的工厂综合自动化系统。随着控制规模的扩大,过程自动化带来的经济效益也会显著地增长。

1.5　本书的结构与章节安排

过程控制系统课程是一门综合性很强的工程应用类课程。例如,从控制算法的分析与综合角度看,需要用到自动控制原理的知识;从自动化仪表的设计与应用方面考虑,微机原理与应用、计算机网络与通信等课程会对本课程的教学起到辅助作用;而从工业被控过程的复杂多样来看,似乎又需要了解许多化工、冶金等工艺方面的知识。当然,大学物理课程会对我们初步了解被控过程的工作机理有一定帮助,而关于被控过程的更多、更具体的属性则需要结合具体对象在工程实践中进一步深入学习。

本书章节安排如图 1.5-1 所示。从第 2 章开始,首先分两章介绍过程控制系统中的检测仪表、执行机构,它们和被控生产装置一起组成广义的被控对象。而过程(动态)特性的理论与实验建模部分,我们放在第 5 章系统设计中进行补充介绍。从第 4 章开始讲解过程控制理论的核心内容。由于 PID 算法的重要性,本书第 4 章首先重点讲解 PID 控制算法及其实现技术,使学生基本掌握常规以及先进 PID 控制算法的内容、引入的必要性以及工程实现技术,同时也为下面的参数整定打下理论基础。第 5 章开始,分三章分别介绍单回路调节系统设计、复杂调节系统设计以及先进过程控制系统等,它们形成过程控制的核心理论部分。同时,第 5 章还给出了 PID 算法改善系统闭环调节性能的理论依据。

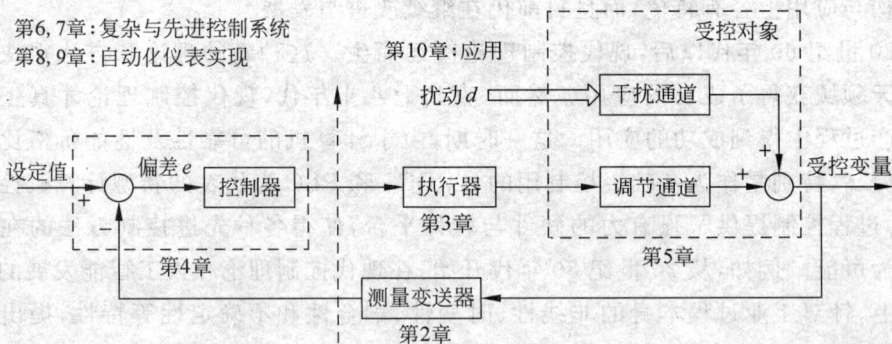

图 1.5-1　本书章节安排

要将上述控制理论和方法实现,离不开系统的软硬件平台。因此,从第 8 章开始,重点讲解单回路调节器以及集散控制系统,它们是系统控制理论实现的理想硬件平台。第 9 章则介绍当前普遍开始采用的现场总线控制系统,重点在于介绍如何在网络环境下实现多回路的定周期控制。最后一章即第 10 章,给出典型工业过程的控制实例。

习题与思考题

1-1　什么是过程控制系统？典型过程控制系统主要由哪几部分组成？

1-2　过程控制具有哪些特点？工业生产过程的扰动主要来源于哪些方面？

1-3　过程控制系统在生产过程综合自动化系统中的地位如何？

1-4　工业生产过程实现自动化所追求的主要目标是什么？过程控制的主要任务是什么？

1-5　如何对过程控制系统进行分类？试给出常见的分类方法。

1-6　如何定义和选取过程控制系统的性能指标？

1-7　请简要叙述过程控制系统的发展概况以及各个阶段的主要特点。

过程检测仪表

在工业生产过程当中,有必要及时而准确地了解和掌握生产的运行状态,因此需要在生产现场安装大量的检测仪表和装置,用于对连续生产过程中温度、压力、流量、液位和成分等参数的测量和获取,从而为现场工作人员操作以及自动控制提供可靠的依据。这对于保证生产安全平稳地运行、提高产品质量以及实现工业过程的高度自动化都具有极其重要的意义。

为了满足现场就地维护的需要,一般仪表都具有就地显示功能;同时还需要具有远程通信功能,以便能够通过有线模拟信号或数字信号,甚至借助无线通信技术将检测数据发送给中央控制室内的控制器或操作站,实现集中监视与操作。

2.1 检测仪表的基本组成及工作方式

2.1.1 检测仪表的基本概念、组成及信号传输

1. 检测仪表的基本概念与组成

在自动化领域,我们经常接触到的有关检测仪表的概念主要包括传感器、变送器、一次仪表等。下面具体做一介绍。

(1) 传感器

传感器是由敏感元件和相应线路所组成的物理系统,其内含的敏感元件直接与被测对象发生关联(往往与工艺介质直接接触),感受被测参数的变化,按照一定的规律转换并传送出可用的输出电量或非电量信号。

(2) 变送器

变送器是将传感器输出的物理测量信号或普通电信号,转换为标准电信号输出或以标准通信协议方式输出的设备。标准信号是物理量的形式和数值范围都符合国际标准的信号,如直流 4～20mA、气压 20～100kPa 都是当前通用的标准信号。

有时也将传感器和变送电路统称为变送器。变送器输出信号发送给

调节仪表、记录仪表或显示仪表，用于系统参数的调节、历史数据记录及显示等。

在传统仪表安装工程当中，为了区分一套系统中的仪表，习惯上将现场就地安装的测量仪表简称一次仪表，而将传感器后面（盘装）的计量显示仪表简称二次仪表。称为一次仪表的理由是这些测量元件一般都安装在生产第一线，直接与介质接触，取得第一次的测量信号；而计量显示仪表则多在控制室仪表盘上（或机架上）安装。

（3）两线制变送器

所谓"两线制"变送器就是将给现场变送器供电的电源线与检测的输出信号线合并起来，一共只用两根导线的变送器。下面以图 2.1-1 所示简化的两线制压力变送器的示意图为例，说明两线制变送器的基本组成与工作原理。

图 2.1-1 中左侧为现场两线制压力变送器，右侧 250Ω 电阻将 $4\sim20\mathrm{mA}$ 电流转化为 $1\sim5\mathrm{V}$ 电压，进入调节器的模拟量输入通道进行 A/D 转换，具体电流大小决定于被测压力 P。图中，被测压力 P 经弹性波纹管转变为电位器 RP_1 的滑动触头位移，触头滑动范围对应压力 P 的量程，进而产生正比于压力 P 的输出电压 V_1，该电压经过运算放大器 A 和晶体管 VT 组成的电流负反馈电路，将 V_1 转变为晶体管的输出电流 I_2，它在 $0\sim16\mathrm{mA}$ 间跟随被测压力 P 按比例变化。此外，为给图中仪表内的检测与放大电路供电，用了一个 $4\mathrm{mA}$ 的恒流电路，它把内部耗电稳定在一个固定的数值上。图中稳压管 VD_2 除用来稳定内部的供电电压外，还调剂内部的供电电流。这样，上述两部分电流合计，流过该仪表的总电流在 $4\sim20\mathrm{mA}$ 之间变化，实现了电源线和信号线的合并。

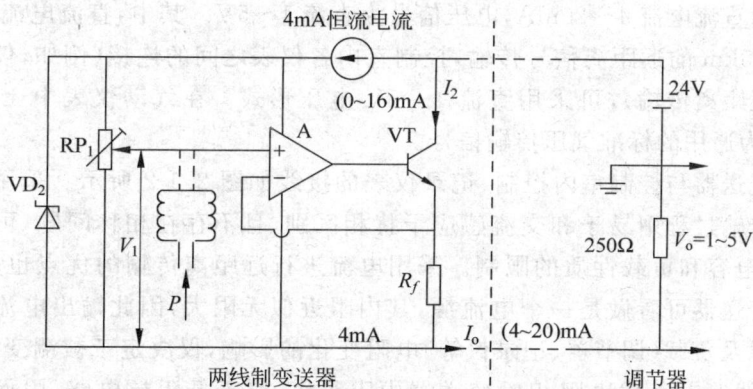

图 2.1-1　两线制变送器的基本组成

使用两线制变送器不仅节省电缆，布线方便，且大大有利于安全防爆，因为减少一根通往危险现场的导线，就减少了一个窜进危险火花的门户。

（4）智能型变送器

智能型变送器是传感器和变送器为微处理器驱动，利用微处理器的强大运算和存储能力，实现对传感器的测量信号进行调理（如 A/D 转换、放大、滤波等）、数据显示、自动校正和自动补偿等功能的变送器。

智能型变送器具有以下优点：①具有自动补偿能力，可通过软件对传感器的非线性、温漂、时漂等进行自动补偿。②具有自我诊断能力，上电初始化过程中以及正常运行期间，可自动对传感器进行自检，以检查传感器各部分是否工作正常，提高设备管理能力。③具有丰富的数据计算及处理功能，可根据内部程序自动处理数据，如进行统计处理、去除异常数值等。④可以通过反馈回路对传感器的测量过程进行调节和控制，以使采集数据达到最佳。⑤具有信息存储和记忆能力，可存储传感器的特征数据、组态信息和补偿特性等。⑥具有数字通信功能，可将检测数据以数字信号的形式输出。

智能型变送器除了具有高精确度，大量程比和高稳定性外，一般还具有通用HART协议（或本公司自有协议）通信功能，如ABB的BaileyFSK，YOKOGAVA的BRAIN协议，甚至还带有符合现场总线国际标准的FF或Profibus-PA协议。智能式变送器一般可实现数字液晶式就地显示，还可用手持终端（或在控制系统操作站上）对其进行远程标定、组态，或远程维护等操作，使用十分方便。

2. 信号传输标准

(1) 模拟信号传输标准

来自不同生产厂家的各种现场检测仪表、执行器等，要实现与中央控制室中的监控仪表互连，一定要建立一个为各方所接受的统一的信号传输标准。国际电工委员会(IEC)于1973年4月通过的信号传输国际标准规定：过程控制系统现场模拟传输信号采用直流电流4~20mA，电压信号为直流1~5V。其中，直流电流4~20mA可用于3~5km的远距离信号传输，控制室内各仪表之间的连接（例如，仅用于电气控制柜内短距离传输），可采用直流1~5V电压形式。在气动仪表中还采用20~100kPa作为通用的标准气压传输信号。

现场变送器与控制室内控制、记录仪表的接线如图2.1-2所示。采用直流信号的优点是传输过程中易于和交流感应干扰相区别，且不存在相移问题，可不受传输线中电感、电容和负载性质的限制。采用电流进行远距离传输的优点也是明显的，因为此时变送器可看做是一个电流源，其内阻近似无限大，因此输出电流不受传输导线电阻以及负载（调节器、记录仪等）电阻变化的影响，仅决定于被测变量的大小；此外，传输线路上负载电阻相对变送器内阻很小，属于低阻抗电路，因而负载电阻（例如，250Ω）两端的电压对外界扰动也不敏感，抗干扰能力很强，非常适合于信号的远距离传输。

需要指出的是，与一般用"零"电流或电压表示零信号的方式不同，这种以20mA表示信号的满度值，而以此满度值的20%即4mA表示零信号的安排，称为"活零点"。"活零点"的好处是有利于识别断电、断线等故障，且为实现仪表两线制提供了可能性。

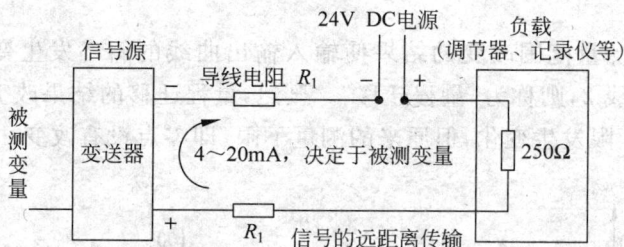

图 2.1-2　现场变送器与控制室内控制、记录仪表的连接

（2）数字信号传输标准

目前，自动化仪表通常采用 PC 借助 RS-232 串口对可编程数字调节器、PLC 等进行编程操作及程序下载；而数字仪表与上位操作站或控制站之间的远距离实时数据传输则一般采用 RS-485 物理层传输标准，或者 IEC61158-2 等现场总线物理层标准。其中，HART 传输技术则同时兼容 4～20mA 与数字信号传输。

在过程控制领域，使用最为广泛的数字总线传输标准无疑当属 IEC61158-2 标准。用于过程控制的主要现场总线（如 Profibus-PA，WorldFIP，FF H1 等）的物理层都采用了符合 IEC61158-2 标准的传输技术。该标准确保本质安全，并通过总线直接给现场总线设备供电，能满足石油、化工等广泛工业领域的要求。数据传输采用非直流传输的位同步、曼彻斯特编码技术，传输速率为 31.25Kbit/s。传输介质为屏蔽或非屏蔽的双绞线，允许使用线性、树形或星形网络。最大的总线段长度取决于供电装置、导线类型和所连接的站点电流消耗。

当然，数字传输标准不仅仅与物理层有关，还要涉及到包括数据链路层，甚至应用层等上层通信协议规范，这些将在现场总线一章（第 9 章）中详细介绍。

2.1.2　检测仪表的零点迁移与量程迁移

对连续作用的传感器或变送器来说，能够按规定的精度进行传感或变送的被测变量的范围，就叫"测量范围"，测量范围的最小值和最大值分别称为"量程下限"和"量程上限"。而量程上限与量程下限的代数差就称为"量程"。变送器的"量程比"是指在满足精度要求的情况下变送器所能测量的最大值与最小值的比。

一般变送器的测量范围都是可调的。如果我们以产品出厂时，被测变量值相对于量程的百分数作为变送器的输入，以输出信号值相对于输出信号范围的百分数作为变送器的输出，并分别用横坐标和纵坐标表示，那么就可以将变送器的输出输入特性描绘出来，如图 2.1-3 中的直线 1，我们把变送器的这种工作情况称为无迁移。

如果因为工艺条件的改变，要求变送器的测量范围变成具有直线 2 的特性，则称为"零点迁移"，它实质上是改变了量程的上下限，即相当于测量范围发生了平移，但量程的大小并没有改变。由于直线 2 的起始点相对于直线 1 向负方向迁移了一个固定的数值，所以又称为"负迁移"。同时，直线 3 相对于直线 1 来说，向正方向迁移。

就叫"正迁移"。

如果变送器测量范围改变的结果使输入输出曲线的斜率发生变化,如图 2.1-4 中直线 1 变成直线 2,则称为"量程迁移"。显然,量程迁移的结果改变了变送器量程的大小,使测量上限发生变化,但原来的测量下限,即零点没有改变。

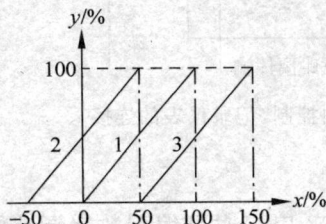

图 2.1-3   零点迁移示意图   图 2.1-4   量程迁移示意图

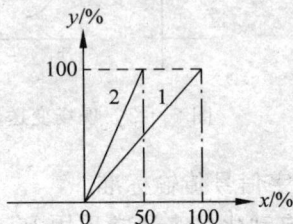

在某些情况下,也可能需要同时进行零点迁移和量程迁移,其效果为两种情况的综合。零点迁移和量程迁移措施可以扩大变送器的通用性。但迁移的条件和迁移的力度要视具体仪表而定。

2.2   过程检测仪表的基本性能指标

检测仪表是控制系统中获取系统运行状态信息的装置,也是系统进行控制的依据。所以,要求它能正确、及时地反映被控变量的状况。如果测量不准确,操作人员就有可能把不正常工况误认为是正常的,或把正常工况认为不正常,形成混乱,甚至会导致误操作造成事故。测量不准确或不及时,也会导致系统控制失调或误调,影响产品质量或产量。

2.2.1   测量仪表的基本性能指标

对检测仪表的基本要求是准确、快速和可靠。准确是指检测元件和变送器能正确反映被测变量的大小,尽量接近实际值;快速是指仪表应能迅速及时地反映被测变量的变化;可靠则要求检测元件和变送器应能在环境工况下长期稳定地运行。

测量仪表的基本性能指标可分两个方面,即静态特性指标和动态特性指标。

1. 测量仪表的静态特性

（1）精确度

精确度是用来反映仪表测量准确程度的指标。我们知道,仪表测量值与真实值之间总是存在着一定的差别,这个差别就是测量误差。测量误差大小反映了仪表的测量精度。测量过程中产生测量误差是不可避免的,造成测量误差的原因是多方面的,测量工具的准确性、测量过程中外界环境条件的变化、观察者的主观性以及某些偶然因素等都可能引起测量误差。求知测量误差的目的就在于它能反映测量结果的可靠程度。

测量误差一般分为绝对误差、相对误差以及相对百分误差(也称基本误差、引用误差)。绝对误差是仪表测量值与被测参数真值之差。所谓真值是被测变量本身所具有的真实值,在工程上,要想获得被测量的真值是很困难的,一般无法得到。实际测量中可以在没有系统误差的情况下,采用足够多次的测量值的平均值作为真值;或者把检定中高一等级的计量仪表所测得的量值作为被测量的真值,此时,绝对误差是指用准确度较高的标准仪表与准确度较低的被校仪表同时测量同一参数所得到的测量结果的差值。相对误差则是指仪表绝对误差与该点的真值之比,常用百分数来表示。

显然,仪表的精确度一般不宜用绝对误差和相对误差来表示,因为前者不能体现对不同量程仪表的合理要求,后者则对零点附件的误差过于敏感,无法真正衡量一个仪表的精度。

衡量仪表精确度的一个合理指标,应该是以测量范围中的最大绝对误差和该仪表的测量范围之比来进行计算,称为相对(于满量程的)百分误差,也称仪表的基本误差。即

$$\delta = \frac{\Delta}{L} \times 100\% \qquad (2.2\text{-}1)$$

式中,Δ 为最大绝对误差;L 为仪表量程。

我国仪表工业统一规定了仪表的精确度(简称精度)等级系列,常用的精确度等级有:0.005 级、0.02 级、0.05 级、0.1 级、0.2 级、0.5 级、1.0 级、1.5 级、2.5 级等。将仪表的基本误差去掉"±"号以及"%"号,便可套入国家统一的仪表精确度等级序列。

例 2.2-1 某测温仪表的测温范围是 $-100 \sim 700 ℃$,校验该表时测得全量程内最大绝对误差为 $+5℃$,试确定该表的精度等级。

解 该仪表的基本误差 δ 为

$$\delta = \frac{+5}{700 + 100} \times 100\% = +0.625\% \qquad (2.2\text{-}2)$$

将该基本误差去掉"±"号以及"%"号,其数值为 0.625。由于国家规定的精度等级中没有 0.625 级的仪表,同时,该仪表的误差超过了 0.5 级仪表所允许的最大绝对误差,所以,这台测温仪表的精度等级为 1.0 级。■

(2) 仪表的静态输入输出特性

仪表的静态输入输出特性主要由灵敏度、灵敏限、分辨率、线性度、变差等特性参数来描述。

仪表的"灵敏度"是用来表征仪表在稳态输出增量与输入增量之间的比值,是静态输入输出特性曲线上相对应工作点上的斜率。"灵敏限"是指当仪表的输入量从零不断增加时,能引起仪表示值发生变化(或指针动作)的最小参数变化值。显然,灵敏限反映了仪表死区(或称不灵敏区)的大小。"分辨率"则反映仪表能够检测到

被测量最小变化的本领。

"线性度"通常用实测的仪表输入输出特性曲线与拟合直线（常取一条通过特性曲线起点和满量程点的端基直线）之间的最大偏差值与满量程输出的百分比来衡量。在外界条件不变的情况下，用同一个仪表对同一个输入量进行正或反行程（即逐渐由小到大或由大到小）测量时，所得仪表两示值之间的差值，称为"变差"。变差反映了仪表正向特性和反向特性不一致的程度。变差可用正反行程间仪表示值的最大差值与仪表量程之比的百分数表示。

2. 测量仪表的动态特性

测量仪表的动态特性是仪表在动态工作中所呈现的特性，它决定仪表测量快变参数的精度，通常用稳定时间和极限频率来概括表示。

所谓稳定时间是指给仪表一个阶跃输入，从阶跃开始到输出信号进入并不再超出对最终稳定值规定的允许误差时的时间间隔。稳定时间又称阻尼时间。

极限频率是指一个仪表的有效工作频率。在这个频率以内仪表的动态误差不超过允许值。

因为自动化仪表要工作在调节系统的闭环之中，其动态特性不仅影响自身的输出，还直接影响整个调节系统的调节质量。测量仪表的动态特性一般可用时滞的一阶环节来近似描述，其传递函数为

$$G_{\mathrm{m}}(s) = \frac{K_{\mathrm{m}}}{T_{\mathrm{m}}s+1}e^{-\tau_{\mathrm{m}}s} \tag{2.2-3}$$

式中，K_{m}、T_{m} 和 τ_{m} 分别是检测变送环节的增益、时间常数和时滞。

由于 K_{m} 在反馈通道，因此，在满足系统稳定性和读数误差的条件下，K_{m} 较小，有利于增大控制器的增益，使前向通道的增益增大，即有利于克服扰动的影响。此外，检测元件和变送器增益 K_{m} 的线性度与整个闭环控制系统输入输出的线性度有关，而当控制回路的前向增益足够大时，整个闭环控制系统输入输出的增益是 K_{m} 的倒数。例如，采用孔板和差压变送器检测变送流体的流量时，由于差压与流量之间的非线性，造成流量控制回路呈现非线性，并使整个控制系统开环增益非线性。

测量元件，特别是测温元件，由于存在热阻和热容，它本身具有一定的时间常数，因而造成测量滞后。测量元件的时间常数越大，以上现象愈加显著。假如将一个时间常数大的测量元件用于控制系统，那么，当被控变量变化的时候，由于测量值不能及时反映被控变量的真实值，所以控制器接收到的是一个失真信号，它不能发挥正确的校正作用，控制质量无法达到要求。

因此，控制系统中的测量元件时间常数不能太大，最好选用惰性小的快速测量元件，例如用快速热电偶代替工业用普通热电偶或温包。必要时也可以在测量元件之后引入微分作用。利用它的超前作用来补偿测量元件引起的动态误差。

当测量元件的时间常数 T_{m} 小于对象时间常数的十分之一时，对系统的控制质量影响不大。这时就没有必要盲目追求小时间常数的测量元件。

当测量存在纯滞后时,也和对象控制通道存在纯滞后一样,会严重地影响控制质量。

检测变送环节中时滞产生的原因是检测点与检测变送仪表之间有一定的传输距离 l,而传输速度 w 也有制约,因此,产生时滞

$$\tau_{\mathrm{m}} = l/w \tag{2.2-4}$$

传输速度 w 并非被测介质的流体流速。例如,孔板检测流量时,流体流速是流体在管道中的流动速度,而检测元件孔板检测的信号是孔板两端的差压。因此,检测变送环节的传输速度是差压信号的传输速度,对于不可压缩的流体,该信号的传输速度是极快的。但对于成分的检测变送,由于检测点与检测变送仪表之间有距离 l,被检测介质经采样管线送达仪表有流速 w,因此,存在时滞 τ_{m}。

减小时滞的措施包括选择合适的检测点位置,减小传输距离 l;选用增压泵、抽气泵等装置,提高传输速度 w。在考虑时滞影响时,应考虑时滞与时间常数之比,而不应只考虑时滞的大小,应减小时滞与时间常数的比值。

相对于流量、压力、物位等过程变量的检测变送,过程成分物性等数据的检测变送有较大的时滞,有时,温度检测变送的时滞相对时间常数也会较大,应充分考虑它们的影响。

2.2.2　测量信号的处理

检测变送信号的数据处理包括信号补偿、线性化、信号滤波、数学运算、信号报警和数学变换等。

热电偶检测温度时,由于产生的热电势不仅与热端温度有关,也与冷端温度有关,因此需要进行冷端温度补偿;热电阻到检测变送仪表之间的距离不同,所用连接导线的类型和规格不同,导致线路电阻不同,因此需要进行导线电阻的补偿;气体流量检测时,由于检测点温度、压力与设计值不一致,因此需要进行温度和压力的补偿;精馏塔内介质成分与温度、塔压有关,正常操作时,塔压保持恒定,可直接用温度进行控制,当塔压变化时,需要用塔压对温度进行补偿等。

检测变送环节是根据有关的物理化学规律检测被控和被测变量的,它们存在非线性,例如热电势与温度、差压与流量等,这些非线性会造成控制系统的非线性,因此,应对检测变送信号进行线性化处理。可以采用硬件组成非线性环节实现,例如采用开方器对差压进行开方运算,也可用软件实现线性处理。

最后,简要说明一下测量仪表的选型。首先,检测元件一般直接与被测介质相接触,因此,在检测仪表的选择上,应首先考虑该元件能否适应工业生产过程中的高(低)温、高压、腐蚀性、粉尘和爆炸性等恶劣环境;能否长期稳定运行。其次,仪表的精确度影响检测变送环节的准确性,应合理选择仪表的精确度,以满足工艺检测和控制要求为原则。此外,还应考虑检测元件和变送器的线性特征等。最后,在选用测量仪表时,还必须对其动态特性予以充分的重视,根据需要,尽量减小仪表的惯性

和滞后,使之快速和准确地反映输入量的变化。当然,有时测量元件安装是否正确、维护是否得当,也会影响测量与控制,因此也应引起足够的重视。

2.3　温度变送器及其选型

2.3.1　温度检测方法概述

温度是表征物体冷热程度的一个物理量,反映了物体内部分子运动平均动能的大小。温度高,表示分子动能大,运动剧烈;温度低,表示分子动能小,运动缓慢。

温度是一个内涵量不是广延量(对于某个特定的量,如果整体的值等于各个部分的值之和,则称这样的量为"广延量",有时又叫"可加量")。后者,如长度,有一个单位,测量出来的量就是单位的倍数;也可以把两个长度相加。但是,两个温度相加是毫无意义的,两个温度只存在相等或不相等的关系。因此,建立一个测量温度的"温度标尺",就是寻求不同的温度点,给出一个个温度的位置,这些点就形成了温度标尺,简称"温标"。温标有华氏温标、摄氏温标及开氏温标(热力学温标)。

(1) 华氏温标(Fahrenheit)

1714 年,德国人 Fahrenheit 发现液体金属水银比酒精更适宜制造温度计,他发明了水银温度计,并创立了第一个温度标准——华氏温标,符号为℉。华氏温标规定:在标准大气压下,把冰的熔点规定为 32℉,水的沸点规定为 212℉,把两个温度点之间分成 180 等分,每等分为华氏 1 度。这种华氏温标直到今天仍在欧美国家使用。

(2) 摄氏温标(Celsius)

1740 年瑞典人 Celsius 提出:在标准大气压下,把水的冰点规定为 0 度,水的沸点规定为 100 度。根据水的这两个固定温度点来对玻璃水银温度计进行分度,两点间作 100 等分,每一份称为 1 摄氏度,记作 1℃。这种把水沸点为 100 度、冰点为零度的温标称为摄氏温标。

(3) 开氏温标(Kelvin)

开氏温标是建立在卡诺循环基础上的热力学温标。规定摄氏零度以下 273.15℃为零点,称为绝对零点。其分度法与摄氏温标相同(即绝对温标上相差 1K 时,摄氏温标上也相差 1℃);所不同的只是绝对温标上水的冰点定为 273.15K,沸点定为 373.15K。目前中国已规定采用这种热力学温标。

测量温度的传感器按照使用方法来说可分为接触式和非接触式两种类型。

接触式测量依据的是热力学原理,即传感器和被测介质是两个热力系统,若处于各自的平衡状态,当相互接触后,两系统间就会发生热交换;过一定时间后,会达到新的平衡态,称为热平衡。由热力学定律知道:一切互为热平衡的物体都具有相同的温度。这就是接触法测温的基本原理。接触式测温方法主要包括:

(1) 膨胀式温度检测仪表

利用液体(水银、酒精等)或固体(金属片)受热时产生体积热膨胀的原理设计而成,具有结构简单、价格低廉,适用于就地检测,常用测温范围一般为:-200～600℃。

（2）热电阻式温度检测仪表

基于导体或半导体电阻值随温度变化的特性来进行测温,其特点是准确度高,易于远距离传送,比较适用于低、中温测量,常用温度范围:-270～900℃。

（3）热电偶式温度检测仪表

热电偶是工业上最常用的温度检测元件之一,热电偶测温的原理是基于赛贝克（seeback）效应,即两种不同成分的导体两端连接成回路,如两连接端温度不同,在回路中就会产生电动势,这种现象称为热电效应,而这种电动势称为热电势。其优点是:测量精度高;热电偶可直接与被测对象接触,不受中间介质的影响;测量范围广,易于远距离传送,适用于中、高温测量。常用的热电偶测温范围是:-200～1800℃。

（4）压力表式温度计

压力表式温度计是在测温元件（测温包、毛细管、弹簧管）内充以气体、液体或某种液体的蒸汽,利用受热后工作介质的体积膨胀引起压力变化或蒸汽的饱和压力变化的性质做成。显示表就是一个压力表表头,但刻度是温度,故称为压力表式温度计。其结构简单、具有防爆性,不怕震动,适宜近距离传送,时间滞后较大,准确性不高。

接触式测温方法简单、可靠、精度高,但测量时常伴有时间上的滞后,测温元件有时可能会破坏被测介质的温度场或与被测介质发生化学反应。此外,因受耐高温材料的限制,有一定的测温上限。

非接触式的测温方法是利用物体的热辐射特性与温度之间的对应关系来测温的,主要适用于不宜直接接触测温的场合。任何物体处于绝对零度（-273.15℃,在此温度下分子停止运动）以上时,都会以一定波长电磁波的形式向外辐射能量。辐射式测温仪表就是利用物体的辐射能量随其温度而变化的原理制成的。辐射式测温首先要有一个热辐射源,即被测对象;其次有辐射能量传输通道,可以是大气、光导纤维或真空等;最后,要有接收和处理辐射信号的仪器。

例如,用于测量 800℃以上高温和可见光范围的辐射式仪表有单色辐射式光学高温计、全辐射高温计和比色高温计等。接收低温与红外线范围辐射信号的则用红外测温仪、红外热像仪等。

非接触式测温测量时,只需把温度计光学接收系统对准被测物体,而不必与物体接触,因此不会破坏被测介质的温度场,且误差小、反应速度快,可以测量运动物体的温度。此外,由于感温元件只接收辐射能,不必达到被测物体的实际温度,因此,从理论上讲,它没有上限,可以测量高温,因此,在高温测量中应用最广泛,主要应用的行业为冶金、铸造、热处理以及玻璃、陶瓷和耐火材料等工业生产过程。其缺点是,会受到被测物体热辐射率及环境因素（物体与仪器间的距离、烟尘和水汽等）的影响。

　　各种测温检测方法均有自己的特点和应用场合,下面将介绍几种常用的测温方法及其作用原理。

2.3.2　热电偶温度传感器

1.热电偶测温的理论基础

　　热电偶是一种感温元件,是一次仪表,它直接测量温度,并把温度信号转换成热电动势信号,通过电气仪表(二次仪表)转换成被测介质的温度。

　　热电偶是由两根不同的导体组成的,如图 2.3-1 所示。导体 A 和 B 称为热电极,一端铰接称为"热端"、"工作端"或"测量端",与被测温度为 T 的物体接触;另一端称"冷端"(或"自由端"、"参比端"、"补偿端"),所处温度为 T_0,此端将与测量仪表连接。当两端温度不同时有热电势产生,所以热电偶是一个有电量输出、无源的温敏器件。

　　根据热电效应,将两种不同的导体接触并构成闭合回路,如图 2.3-2 所示,若两个接点温度不同,回路中便会出现毫伏级的热电势,并产生电流,这种热电势可准确反映温度。从物理上看,这一热电势包括接触电势和温差电势两部分。

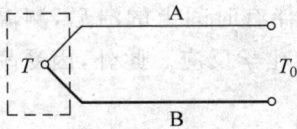

图 2.3-1　热电偶的原理——接触热电势　　　　图 2.3-2　热电偶的组成

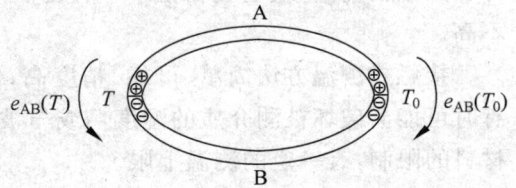

　　所谓接触电势是指两种不同材质的导体 A 和 B 接触时,由于两边的自由电子密度不同,在交界面上产生电子相互扩散所形成的电势。温差电势是指,同一个导体材料由于两端的温度不同,高温端电子所具有的动能较大,因而向低温端扩散。高温端因失去电子而带正电,低温端因得到电子而带负电,这样就会在高、低温两端之间形成一个电位差,产生了温差电势。理论分析和研究表明,温差电势比接触电势要小得多。因此,主要考虑接触电势。

　　例如,若 A 中自由电子密度 n_A 大于 B 中的密度 n_B,那么在开始接触的瞬间,从 A 向 B 扩散的电子数目将比从 B 向 A 扩散的电子数目多,使 A 失去较多的电子而带正电荷,相反,B 带负电荷,致使在 A、B 接触处产生电场,以阻碍电子在 B 中的进一步积累,最后达到平衡。平衡时,在 A、B 两导体间的电位差称为接触电势,分别记作:$e_{AB}(T)$ 和 $e_{AB}(T_0)$,如图 2.3-2 所示。其数值可计算如下

$$e_{AB}(T) = \frac{KT}{e} \ln \frac{n_A}{n_B} \tag{2.3-1}$$

$$e_{AB}(T_0) = \frac{KT_0}{e}\ln\frac{n_A}{n_B} \tag{2.3-2}$$

式中,K 为玻耳兹曼常数$(K=1.38\times10^{-23}\text{J/K})$;$e$ 为电子电荷$(1.6\times10^{-19}\text{C})$;$n_A$,$n_B$ 为 A,B 材料的自由电子密度。显然,接触电势的大小决定于两种材料的种类和接触点的温度。

在热电偶回路中,在温度不同的两个接合点上,分别存在两个数值不同的接触电势 $e_{AB}(T)$ 及 $e_{AB}(T_0)$,因此,回路中的总电势为:

$$E(T,T_0) = e_{AB}(T) - e_{AB}(T_0) \tag{2.3-3}$$

式中 e 的下标表示电势的方向,e_{AB} 表示由 A 到 B 的电势。

对一定的热电偶材料,若将冷端温度 T_0 维持恒定,而将另一热端插在需要测温的地方,则 $e_{AB}(T_0)$ 为常量 C,式(2.3-3)可写作

$$E_{AB}(T,T_0) = e_{AB}(T) - C \tag{2.3-4}$$

此式说明,在冷端温度不变时,热电势 E 为测温端温度 T 的单值函数,这就是热电偶的热电特性,用电表或仪器测定此热电势的数值,便可确定被测温度 T,这就是热电偶测温的原理。根据热电势与温度的函数关系,可制成热电偶分度表;分度表是自由端温度在 0℃时的条件下得到的,不同的热电偶具有不同的分度表。

通过以上的分析可以得出如下结论:

① 热电偶的两个热电极必须是两种不同材料的均质导体,否则热电偶回路的总热电势为零。

② 热电偶两接合点温度必须不等,否则,热电偶回路总热电势亦为零。

③ 热电偶 A,B 产生的热电势只与两个接点温度有关,而与中间温度无关,与热电偶的材料有关,而与热电偶的尺寸、形状无关。

2. 热电偶测温的实用技术

热电偶实际上是一种能量转换器,它将热能转换为电能,用所产生的热电势测量温度。为解决热电偶热电特性的实用化问题,需要用到如下几个基本的热电偶定律,它们是在原子物理中,用电子密度和自由电子运动的理论分析归纳得到的基本结论。

(1) 热电偶"中间导体定律"及中间仪表的连接

在实际使用热电偶测温时,总要打开热电偶回路以插入测量仪表和使用各种导线进行连接,也就是说总要在热电偶回路中插入其他种类的导体,如图 2.3-3 所示。

根据"中间导体定律",即:在实际测量时,热电偶回路中需要接入测量仪表,并用导线连接;只要引入导线两端温度相同,热电偶回路生成的热电势不受影响。下面结合图 2.3-3 对上述定律加以证明。图中热电偶回路插入中间导体 C 后,总的热电动势为

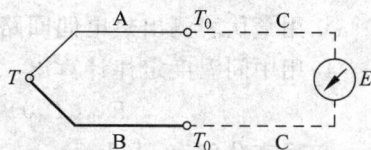

图 2.3-3　热电偶与仪表连接

$$E_{ABC}(T,T_0) = e_{AB}(T) + e_{BC}(T_0) + e_{CA}(T_0)$$

$$= \frac{KT}{e}\ln\frac{n_A}{n_B} + \frac{KT_0}{e}\ln\frac{n_B}{n_C} + \frac{KT_0}{e}\ln\frac{n_C}{n_A}$$

$$= \frac{KT}{e}\ln\frac{n_A}{n_B} - \frac{KT_0}{e}\ln\frac{n_A}{n_B}$$

$$= e_{AB}(T) - e_{AB}(T_0)$$

因此,有

$$E_{ABC}(T,T_0) = E_{AB}(T,T_0) \tag{2.3-5}$$

根据中间导体定律,热电偶回路插入多种导体,只要保证插入的每种导体两端温度相同,则热电偶回路生成的热电势不受插入导体的影响。

(2) 热电偶"中间温度定律"及热电偶的分度表

热电偶热端 T 与冷端 T_0 之间若有温度 T_n,热电偶的热电势 $E_{AB}(T,T_0)$ 可以用 $E_{AB}(T,T_n)$ 与 $E_{AB}(T_n,T_0)$ 的和表示,这就是热电偶的中间温度定律。与中间温度定律有关的热电偶回路如图 2.3-4 所示。

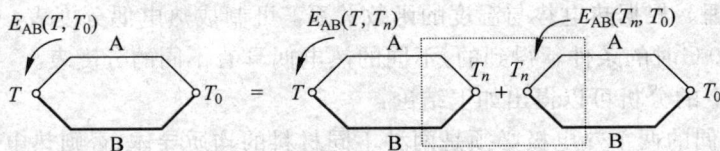

图 2.3-4　热电偶之中间温度定律

中间温度定律可证明如下

$$E_{AB}(T,T_0) = \frac{KT}{e}\ln\frac{n_A}{n_B} - \frac{KT_0}{e}\ln\frac{n_A}{n_B}$$

$$= \frac{KT}{e}\ln\frac{n_A}{n_B} - \frac{KT_n}{e}\ln\frac{n_A}{n_B} + \frac{KT_n}{e}\ln\frac{n_A}{n_B} - \frac{KT_0}{e}\ln\frac{n_A}{n_B}$$

$$= E_{AB}(T,T_n) + E_{AB}(T_n,T_0) \tag{2.3-6}$$

中间温度定律为热电偶分度表的制定和使用奠定了理论基础。热电偶分度表指的是当热电偶冷端固定为 0℃ 时,热电偶在不同工作端温度下所得热电势与工作端温度之间所对应的函数关系的表格;若冷端温度不为 0℃,则可以借助于分度表来查找工作端温度。其步骤如下:

① 用温度计测量出 T_0;

② 由分度表查出 $E_{AB}(T_0,0)$;

③ 用毫伏表测出热电偶回路的热电势 $E_{AB}(T,T_0)$;

④ 用中间温度定律计算出

$$E_{AB}(T,0) = E_{AB}(T,T_0) + E_{AB}(T_0,0) \tag{2.3-7}$$

⑤ 反查分度表,求出 T。

与热电偶分度表相关的还有分度号。所谓分度号是指用一个字母符号代表一个确认的热电偶,符号代表了名称、分度表和该热电偶的技术参数,如偶丝直径、使用温度、允许偏差、长期稳定性等。

（3）常用热电偶的分类

常用热电偶可分为标准热电偶和非标准热电偶两大类。所谓标准热电偶是指国家标准规定了其热电势与温度的关系、允许误差，并有统一的标准分度表的热电偶，它与其配套的显示仪表可供选用。非标准化热电偶在使用范围或数量级上均不及标准化热电偶，一般也没有统一的分度表，主要用于某些特殊场合的测量。

我国从 1988 年起，标准化热电偶和热电阻全部按 IEC 国际标准生产，并指定 S、B、E、K、J、T 等标准化热电偶为中国统一设计型热电偶。现将其中使用较多的几类汇总在表 2.3-1 中，供使用时参考。此外，有几种低温和高温热电偶也具有国家标准或专业标准，在此就不介绍了。

表 2.3-1　标准化热电偶

热电偶名称	分度号	适 用 条 件	等级	测温范围(℃)	允许误差(℃)
铂铑 10-铂	S	适宜在氧化性气氛中测温；长期使用测温范围是 0～1300℃，短期使用最高可达 1600℃；短期可在真空中测温	I	0～1100 1100～1600	±1 $\pm[1+(t-1100)\times0.003]$
			II	0～600 600～1600	±1.5 $\pm(0.25\%)\times t$
铂铑 30-铂铑 6	B	适宜在氧化性气氛中测温；长期使用可达 1600℃，短期测温最高为 1800℃；稳定性好；自由端在 0～100℃内可不用补偿导线；可短期在真空中测温	I	600～1700	$\pm(0.25\%)\times t$
			II	600～800 800～1700	±4 $\pm(0.5\%)\times t$
镍铬-镍硅（镍铬-镍铝）	K	适宜在氧化及中性气氛中测温；测温范围为 −200～1300℃；可短期在还原性气氛中使用，但必须外加密封保护管	I	−40～1100	±1.5 或 $\pm(0.4\%)\times t$
			II	−40～1300	±2.5 或 $\pm(0.75\%)\times t$
			III	−200～40	±0.5 或 $\pm(0.4\%)\times t$
铜-铜镍（康铜）	T	适合于在 −200～400℃范围内测温；精度高、稳定性好；测低温时灵敏度高；价格低廉	I	−40～350	±2.5 或 $\pm(1.5\%)\times t$
			II	−40～350	±1 或 $\pm(0.75\%)\times t$
			III	−200～40	±1 或 $\pm(1.5\%)\times t$
镍铬-铜镍（康铜）	E	适宜在各种气氛中测温；测温范围为 −200～900℃；稳定性好；灵敏度高；价廉	I	−40～800	±1.5 或 $\pm(0.4\%)\times t$
			II	−40～900	±2.5 或 $\pm(0.75\%)\times t$
			II	−200～40	±2.5 或 $\pm(1.5\%)\times t$
铁-铜镍（康铜）	J	适宜在各种气氛中测温；测温范围为 −40～750℃；稳定性好；灵敏度高；价廉	I	−40～750	±1.5 或 $\pm(0.4\%)\times t$
			II	−40～750	±2.5 或 $\pm(0.75\%)\times t$

(4) 热电偶冷端的延长——补偿导线的使用

在一定的温度范围内，某些廉价金属的热电特性与热电偶的热电特性相似，因此，在远距离测量温度时，考虑到热电偶长度有限，且多为贵金属，为了降低成本，可部分采用补偿导线来取代。所谓补偿导线是指，在一定温度范围内，具有与所匹配的热电偶的热电势标称值相同的一对（带绝缘包覆的）导线，用它们将热电偶与测量装置连接，以补偿热电偶连接处（冷端）的温度变化所产生的误差。中间导体定律和中间温度定律为补偿导线的使用奠定了理论基础。补偿导线的使用如图 2.3-5 所示。

图 2.3-5　利用补偿导线延长热电偶的冷端

使用热电偶补偿导线时，应注意以下几点：

① 热电偶两个热电极与补偿导线的接点必须具有相同的温度；

② 各种补偿导线只能与相应型号的热电偶配合使用；

③ 补偿导线必须在规定的温度范围内使用（通常是 0～100℃）；

④ 极性不能接反。

常用热电偶补偿导线的特性见表 2.3-2。

表 2.3-2　常用热电偶补偿导线的特性

配用热电偶 （正-负）	补偿导线 （正-负）	导线外皮颜色	
		正	负
铂铑 10-铂（S）	铜-铜镍	红	绿
镍铬-镍硅（K）	铜-康铜	红	蓝
镍铬-铜镍（E）	镍铬-铜镍	红	棕
铜-铜镍（T）	铜-铜镍	红	白

(5) 热电偶冷端补偿

根据上面热电偶测温原理分析可知，热电偶测量温度时要求其冷端（测量端为热端，通过引线与测量电路连接的端称为冷端）的温度保持不变，其热电势大小才与测量温度呈一定的比例关系。若测量时，冷端的（环境）温度变化，将严重影响测量的准确性。在冷端采取一定措施补偿由于冷端温度变化造成的影响称为热电偶的冷端补偿。常用以下方法保持冷端为 0℃ 或保持恒定：

① 冷端冰浴法：将热电偶的冷端置于装有冰水混合物的恒温容器中，使热电偶冷端温度保持 0℃ 不变。此时，测出 $E(T,0)$ 后可直接使用分度表查到待测温度值。

此种方法只适用于实验室中。

② 冷端恒温法：在实际测量中，要把冷端恒定在 0℃，常常会遇到困难，因此可设法使冷端恒定在某一常温下 T_0。通常采用恒温器盛装热电偶的冷端，或将冷端置于温度变化缓慢的大油槽中，或将冷端埋入地下的铁盒里。这样，根据 T_0 可查出 $E(T_0, 0)$。因此，当测出 $E(T, T_0)$ 并同时测出 T_0 后，按照式(2.3-7)，即可计算出待测温度值。

③ 自动补偿法：在冷端温度为 T_0 处，接入一个电压 $u_0(t)$，该电压随 T_0 变化，调整其参数使 $u_0(t) \approx E(T_0, 0)$，则补偿了因 $T_0 \neq 0$ 而丢失的电势。最常见的自动冷端补偿器是电桥补偿器，在工业上被大量采用。

电桥补偿器的原理如图 2.3-6 所示。热电偶经补偿导线与电桥相连，两个电桥平衡电阻的温度系数很小，当环境温度为 0℃ 时，电桥平衡，输出电压为零。若环境温度变化，热电偶的热电势也随之变化，同时，铜电阻也随温度而变化。在某一温度范围内，两者能够相互抵消由于温度变化引起的电压变化，从而实现了温度补偿。

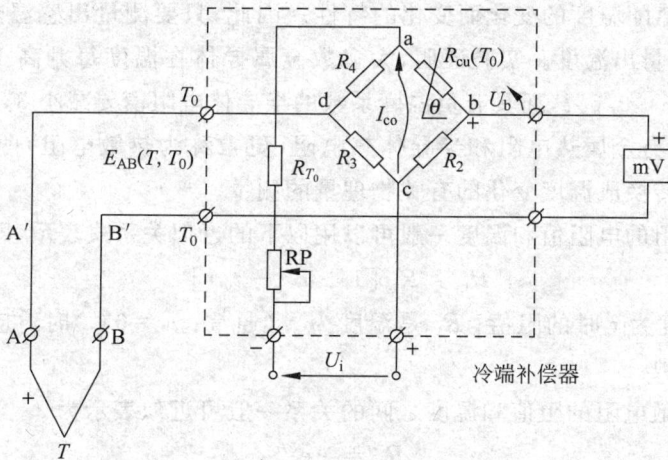

图 2.3-6　电桥补偿器原理图

图 2.3-6 中，R_2、R_3、R_4 是锰钢丝绕制成的电阻，R_{cu} 是由温度系数较大的铜丝绕制而成。设电桥在 0℃ 时无补偿作用，当温度升高时，由于热电偶冷端与 R_{cu} 处于同一温度下，R_{cu} 阻值升高，电桥失去平衡，R_{cu} 两端压降增大，b 点电位上升，U_{bd} 与 $E_{AB}(T, T_0)$ 叠加。适当选择桥臂电阻，可以使 U_{bd} 正好补偿热电偶由于冷端温度升高所损失的热电势。

注意：使用这种方法，冷端补偿器只能在一定温度范围内(0～40℃)起温度补偿作用。

另外一类自动补偿是采用集成电路补偿芯片，这种芯片补偿准确度很高，选用时对其线路参数调整后，可以与 E、J、K、R、T、S 等型号的热电偶配合使用。

为了保证热电偶可靠、稳定地工作，对热电偶的结构要求如下：①组成热电偶的两个热电极的焊接必须牢固；②两个热电极彼此之间应很好地绝缘，以防短路；

③补偿导线与热电偶自由端的连接要方便可靠；④保护套管应能保证热电极与有害介质充分隔离。

2.3.3　热电阻温度传感器

在工业应用中,热电偶一般适用于测量 500℃以上的较高温度。对于 500℃以下的中、低温度,热电偶输出的热电势很小,这对二次仪表的放大器、抗干扰措施等的要求就很高,否则难以实现精确测量;而且,在较低温区域,冷端温度的变化所引起的相对误差也非常突出。所以测量中、低温度一般使用热电阻温度测量仪表较为合适。

1. 热电阻的测温原理

与热电偶的测温原理不同的是,热电阻是基于电阻的热效应进行温度测量的,即电阻体的阻值随温度的变化而变化的特性。因此,只要测量出感温热电阻的阻值变化,就可以测量出温度。实验证明,大多数金属导体在温度每升高 1℃时,其电阻值约增加 $0.4\%\sim0.6\%$,而具有负温度系数的半导体电阻值要减小 $3\%\sim6\%$。

目前,主要有金属热电阻和半导体热电阻(更常称为热敏电阻)两类,主要用于对温度以及能转换成温度变化的有关物理量的测量。

金属热电阻的电阻值和温度一般可以用以下的近似关系式表示,即

$$R_t = R_{t_0}\left[1 + \alpha(t - t_0)\right] \tag{2.3-8}$$

式中,R_t 是温度为 t 时的阻值;R_{t_0} 是温度为 t_0(通常：$t_0 = 0℃$)时对应的电阻值;α 为电阻温度系数。

半导体热敏电阻的阻值和温度之间的关系一般可近似表示为

$$R_t = Ae^{B/t} \tag{2.3-9}$$

式中,A、B 是与半导体材料和结构有关的常数。

相比较而言,热敏电阻的温度系数更大,常温下的电阻值更高(通常在数千欧以上),但互换性较差,非线性严重,测温范围只有 $-50\sim300℃$ 左右,大量用于家电和汽车用温度检测和控制。

制造热敏电阻的材料多为锰、镍、铜、钛和镁等金属的氧化物,将这些材料按一定比例混合,经成形高温烧结而成热敏电阻。根据其温度系数可分为负温度系数(NTC)型、正温度系数(PTC)型和临界温度系数(CTR)型三种。其中,NTC 型热敏电阻线性度相对较好,常用于温度测量,PTC 型和 CTR 型在一定温度范围内阻值随温度而急剧变化,可用于特定温度点的检测。

金属热电阻一般适用于 $-270\sim900℃$ 范围内的温度测量,其特点是测量准确、稳定性好、性能可靠,在过程控制中的应用极其广泛。从电阻随温度的变化来看,大部分金属导体都有这个性质,但并不是都能用作测温热电阻,作为热电阻的金属材

料一般要求：具有尽可能大而且稳定的温度系数、电阻率要大(在同样灵敏度下减小传感器的尺寸)、热容量小、在使用的温度范围内具有稳定的化学和物理性能、材料的复制性好、电阻值随温度变化要有单值函数关系(最好呈线性关系)等。

2. 常见热电阻及其分度

目前应用最广泛的热电阻材料是铂和铜：铂电阻精度高，适用于中性和氧化性介质，稳定性好，具有一定的非线性，温度越高电阻变化率越小。铜电阻在测温范围内电阻值和温度呈线性关系，温度系数大，适用于无腐蚀介质，超过 150℃容易被氧化。

我国最常用的铂热电阻有：$R_0 = 10\Omega$、$R_0 = 100\Omega$ 和 $R_0 = 1000\Omega$ 等几种，它们的分度号分别为：Pt10、Pt100、Pt1000；铜电阻有 $R_0 = 50\Omega$ 和 $R_0 = 100\Omega$ 两种，它们的分度号为 Cu50 和 Cu100。其中 Pt100 和 Cu50 的应用最为广泛。

常用工业热电阻分度及其应用参数可参考表 2.3-3。

表 2.3-3　常用工业热电阻及其特性

热电阻	代号	分度号	0℃时电阻值 $R_0/(\Omega)$		$\alpha(1/℃)$	电阻比 $W_{100} = R_{100}/R_0$	
			名义值	允许误差		名义值	允许误差
铜热电阻	WZC	Cu50	50	±0.05	3.85×10^{-3}	1.428	±0.002
		Cu100	100 (−50～150℃)	±0.1			
铂热电阻	WZP	Pt10	10 (0～850℃)	A 级±0.006 B 级±0.012	4.28×10^{-3}	1.385	±0.001
		Pt100	100 (−200～850℃)	A 级±0.06 B 级±0.12			

下面将常见的热电阻基本特性及其应用范围归纳如下：

(1) 铂电阻。铂是一种贵重金属，铂电阻的精度高、稳定性好、性能可靠。它易于提纯，可以制成极细(直径 0.02mm)的微型铂电阻，它的体积小，热惯性好，气密性好。测温范围常在−200～850℃。

(2) 铜电阻。在一些测量精度要求不高且温度不高的场合，可以使用铜电阻。它的测温范围为：−50～150℃，铜电阻在这个温度范围内，不会出现非线性，且灵敏度高，价格便宜。但铜电阻易于氧化，体积较大。

(3) 铟电阻。铟电阻是新兴的一种高精度低温热电阻，它在 4～15K(或−269～−258℃)温域内，灵敏度比铂高 10 倍，但是这种材料比较软，复制性较差。

(4) 锰电阻。锰电阻也是一种低温测量常用的材料，测温范围为 2～63K(或−271～−210℃)，灵敏度较高，但它的脆性较大，难以拉制成丝。

(5) 碳电阻。碳电阻适于用做液氦温域的温度计，它在低温下灵敏度高，但稳定性较差。

3. 热电阻与仪表的连接

热电阻是把温度变化转换为电阻值变化的一次元件,通常需要把电阻信号通过引线传递到计算机控制装置或者其他二次仪表上。工业用热电阻安装在生产现场,与控制室之间存在一定的距离,因此热电阻的引线对测量结果会有较大的影响。

目前热电阻的引线主要有三种连接方式。

(1) 二线制:在热电阻的两端各连接一根导线来引出电阻信号的方式叫二线制:这种引线方法很简单,但由于连接导线必然存在引线电阻 r,r 大小与导线的材质和长度因素有关,因此这种引线方式只适用于测量精度较低的场合。

(2) 三线制:在热电阻的根部的一端连接一根引线,另一端连接两根引线的方式称为三线制,这种方式通常与电桥配套使用,可以较好地消除引线电阻的影响,是工业过程控制中最常用的引线方式。

(3) 四线制:在热电阻的根部两端各连接两根导线的方式称为四线制,其中两根引线为热电阻提供恒定电流 I,把 R 转换成电压信号 U,再通过另两根引线把 U 引至二次仪表。可见这种引线方式可完全消除引线的电阻影响,主要用于高精度的温度检测。

热电阻经常使用电桥作为传感器的测量电路,其测量转换电路如图 2.3-7 所示。其中,1 是连接导线;2 是连接屏蔽层;3 是连接恒流源;RP_1 是调零点电位器;RP_2 是调满度电位器。在图 2.3-7(a)中,R_t 可以感受温度的变化而产生阻值的改变,R_2,R_3,R_4 的温度系数小,可以认为是固定电阻。当电桥加上电源电压 U_i,电桥的输出电压就反映了温度的变化。然而,由于热电阻自身阻值较小,引线电阻 r_{1a},r_{1b} 就不能忽略,因此,可以采用图 2.3-7(b)的电路。热电阻 R_t 用三根引线接至电桥,其中 r_1、r_4 分别接入测量电桥的相邻两个桥臂 R_1、R_4,不会破坏电桥的平衡,r_i 与电压源 U_i 串联,也不影响电桥的输出。图 2.3-7(c)是采用恒流源供电的四线制测量电路,它可以无需考虑热敏电阻的非线性造成的测量误差,并且利用恒流源在 R_t 上产生的压降引入 A/D 转换器,由计算机直接显示被测温度值。

4. 热电阻的结构

和热电偶温度传感器相类似,工业上常用的热电阻主要有普通装配式热电阻和铠装热电阻两种形式。普通装配式热电阻是由感温体、不锈钢外保护管、接线盒以及各种用途的固定装置组成,安装固定装置有固定外螺纹、活动法兰盘、固定法兰和带固定螺栓锥形保护管等形式。铠装热电阻外保护套管采用不锈钢,内充高密度氧化物绝缘体,具有很强的抗污染性能和优良的机械强度。与前者相比,铠装热电阻具有直径小、易弯曲、抗震性好、热响应时间快、使用寿命长等优点。

对于一些特殊的测温场合,还可以选用一些专业型热电阻,如,测量固体表面温度可以选用端面热电阻,在易燃易爆场合可以选用防爆型热电阻,测量震动设备上的温度可以选用带有防震结构的热电阻等。

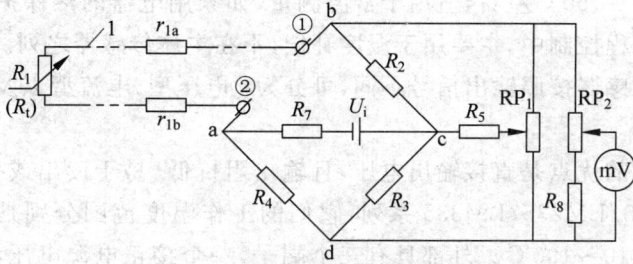

(a) 二线制电桥测量电路

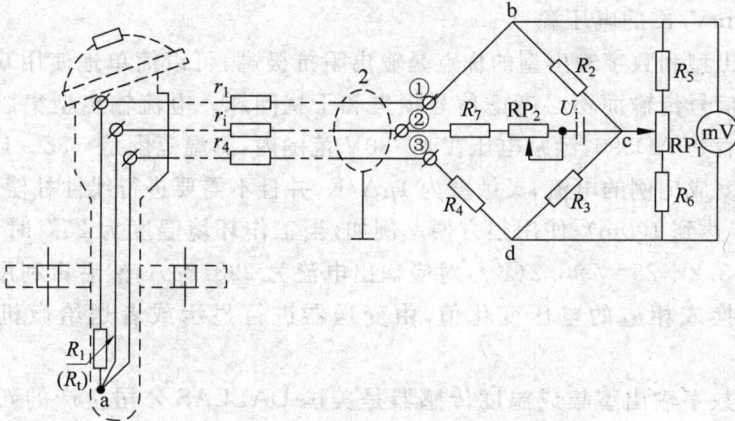

(b) 三线制电桥测量电路

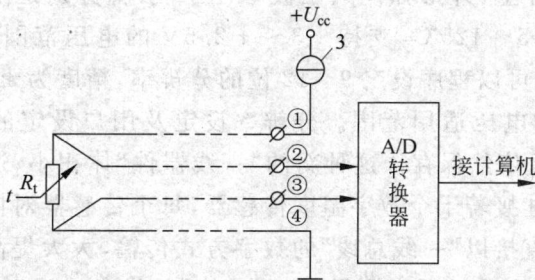

(c) 四线制测量电路

图 2.3-7　热电阻的测量转换电路

2.3.4　集成式温度传感器

　　集成式温度传感器是利用半导体 PN 结的伏安特性随温度而变化的物理特性,以温敏晶体管为感温元件,将其与外围电路集成在一个芯片上制成的一种集成电路式固态传感器。集成温度传感器具有体积小、热惯性小、反应快、线性较好、测温精度高和价格低等特点。但耐热特性和测温范围目前不如热电偶和导体热电阻,它的

测温范围为 $-50 \sim 150 ℃$ 左右,适用于常温测量,如家用电器的热保护和温度显示与控制。在工业过程控制中,主要用于温度补偿,不在主体传感器之列。

集成温度传感器按照输出信号不同,可分为:电压型、电流型以及数字输出型三大类。

电压输出型的优点是直接输出电压,且输出阻抗低,易于读出或控制电路接口。常见的有 LM135/LM235/LM335 系列,它们的工作温度范围分别是 $-55 \sim 150 ℃$、$-40 \sim 125 ℃$、$-10 \sim 100 ℃$。外部具有三个端子,一个接正电源电压,一个接负电源电压,第三个端子为调整端,用于传感器作外部标定。灵敏度为 10mV/K,可看做是温度系数为 10mV/K 的电压源。

电流输出型和数字输出型的优点是输出阻抗极高,可以简单地使用双绞线进行数百米远的信号传输而不必考虑信号损失和干扰问题。电流输出型集成温度传感器的典型代表是 AD590,激励电压在 $4 \sim 30V$ 范围内,测温范围是 $-55 \sim 150 ℃$,能输出与绝对温度成比例的电流,灵敏度为 $1 \mu A/K$,并且不需要进行线性补偿,可以进行长距离传输(达到 100m),使用很方便。例如,当工作环境温度为 25℃ 时,相应的绝对温度为 $273.2 + 25 = 298.2 (K)$,对应输出电流为 $298.2 \mu A$,然后再利用精密电阻将该电流转换成相应的电压变化值,由变送器进行显示或者送给微机系统进行A/D 采样。

典型的数字输出型集成温度传感器是美国 DALLAS 公司生产的新型单总线数字温度传感器 DS18B20,该器件将半导体温敏元件、A/D 转换器、存储器等都集成在一个很小的芯片上,外形如一只三极管,三个引脚分别是电源、地和数据线;测量温度范围为 $-55 \sim 125 ℃$,支持 $+3 \sim +2.5V$ 的电压范围,使系统设计更灵活、方便。DS18B20 可以程序设定 $9 \sim 12$ 位的分辨率,精度为 $\pm 0.5 ℃$。可选更小的封装方式,更宽的电压适用范围。分辨率设定及用户设定的报警温度存储在EEPROM 中,掉电后依然保存。这种新的"一线器件"体积小、适用电压宽、经济。一条单总线上可以挂接若干个数字温度传感器,每个传感器对应有一个唯一的地址编码。现场温度直接以"一线总线"的数字方式传输,大大提高了系统的抗干扰性,适合于恶劣环境的现场温度测量,如环境控制、设备或过程控制、测温类消费电子产品等。

2.3.5　接触式测温元件的选型与安装

接触式测温元件的选型应考虑以下几点:

① 仪表选型应力求操作方便、运行可靠、经济、合理等。在同一工程中,应尽量减小仪表的品种和规格。

② 仪表的精度等级应根据生产工艺对参数允许偏差的大小确定。

③ 一般取实测最高温度为仪表上限值的 90%,而 30% 以下的刻度原则上最好不用。

④ 热电偶测温反应速度快、适于远距离传送、便于与计算机联用、价廉,故一般优先选用热电偶测温,而只在测量范围低于 150℃时才选用热电阻。

⑤ 热电偶、补偿导线及显示仪表的分度号要一致。

⑥ 保护套管的耐压等级应不低于所在管线或设备的耐压等级,材料应根据最高使用温度及被测介质的特性来选择。

接触式测温元件的安装应注意以下几点:

① 测量流动介质(管道内)温度时,应保证传感器与介质充分接触,与被测介质成逆流状态(至少呈正交式)安装。

② 感温点应处于管道中流速最大的地方。

③ 尽可能增大传感器的插入深度,温度计应斜插或在管道弯头处插入。

④ 当测温管道过细(直径小于 80mm)时,安装测温元件需加装扩充管。

⑤ 热电偶及热电阻在安装时,应使其接线盒的面盖向下,以免雨水或其他污物渗漏。

⑥ 安装在负压管道上的温度计,必须要保证良好的密封性,以防外界冷空气进入。

⑦ 用热电偶测量炉膛温度时,应避免与火焰直接接触;避免把热电偶安装在炉门旁或与热物体距离过近之处。

⑧ 接线盒不应碰到被测介质的器壁,以免热电偶冷端温度过高。

2.4　压力变送器及其选型

2.4.1　压力检测方法概述

压力的测量与控制在工业生产中十分重要,尤其在炼油和化工生产过程中,压力是关键的操作参数之一。例如,在化学反应强烈的场合,压力往往不仅与物料平衡相关联,而且直接影响化学反应的速度和产品的质量。特别是那些在高压条件下操作的生产过程,一旦压力失控,超过工艺设备可承受的压力,轻则发生跑冒滴漏、联锁停车,重则发生爆炸,毁坏设备,引起火灾,甚至危及现场操作人员的人身安全。此外,压力测量的意义还不仅仅局限于自身,有些物理量,如温度、流量、液位等往往也可以通过压力来间接测量,所以压力的测量在生产过程自动化中,具有十分特殊的地位。

工业生产中,所谓压力是指均匀而垂直作用于单位面积上的力,也就是物理学中的压强,用符号 P 表示。在国际单位制中,压力的单位是帕斯卡,简称"帕"(符号:Pa)($1\text{Pa}=1\text{N}/\text{m}^2$),它也是中国的法定计量单位。帕所表示的压力值较小,工程上经常使用兆帕(MPa)。

根据参考点的不同,在工程技术中压力测量的表示方法有:绝对压力、表压力、真空度(又称负压)以及差压,它们之间的关系如图 2.4-1 所示。

① 绝对压力,相对于零压力(绝对真空)所测得的压力是绝对压力 p_{ab};

② 表压力,工程上所称的压力,一般是指被测绝对压力与当地大气压力 p_{atm} 之差,又称为表压 p_e;

③ 差压,或称压差,两个(未知)压力之间的差值,称为差压 Δp。

④ 负压,又称真空度,如果被测压力低于大气压力,则其与大气压力之差值称为负压或真空度 p_v。

由于各种工艺设备和测量仪表通常是处于大气之中,本身就承受大气压力,所以取大气压力作为参考点,用表压或真空度来表示压力的大小比较方便。

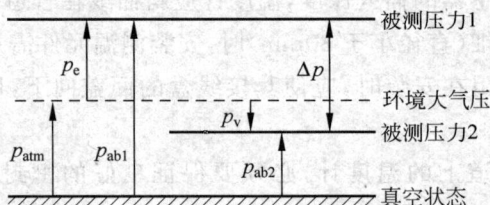

图 2.4-1　各种压力表示法之间的关系

大气压力是地球表面上的空气质量所产生的压力,大气压 p 随当地的海拔高度、纬度和气象情况而变。其中,标准大气压(atm)为 1.01325×10^5 Pa。

根据转换原理的不同,压力检测仪表一般可分为三大类:

① 液柱式压力计。它是根据流体静力学原理,将被测压力转换成液柱高度进行测量。一般采用水银或水为工作液,用单管、U 形管或斜管进行测量。其特点是结构简单,使用方便。但测量范围窄,常用于低压、负压或压差的检测,被广泛用于实验室压力测量或现场锅炉烟、风道各段压力、通风空调系统各段压力的测量。

② 弹性式压力计。它是将被测压力转换成弹性元件变形的位移进行测量。如弹簧管压力表、波纹管压力计、膜片(或膜盒)式压力计等。其结构简单、使用方便、价格低廉,但有弹性滞后现象。弹性式压力计测压范围宽,可测高压、中压、低压、微压、真空度,适用范围很广。

③ 电气式压力计。它是通过机械和电气元件将被测压力转换成电量(如电压、电流、电阻、电容、频率等)的变化来间接测量压力,例如电容式、电阻式、应变片式压力计等。此类仪表,适用范围宽,易于远传,与其他仪表连用可构成自动控制系统,可测压力变化快、脉动压力、高真空与超高压场合。

2.4.2　弹性式压力检测

弹性式压力计是利用弹性元件在被测压力作用下产生弹性变形的原理来度量

被测压力的。一般弹性压力表中所用感受压力的元件有弹簧管、波纹管、膜片等，如图 2.4-2 所示。膜片、波纹管等弹性元件一般用于测量中低压及微压；而弹簧管既可以测量中、高压，也可做成测量真空度的真空表，因而获得最广泛的应用。下面仅对弹簧管压力表做一介绍。

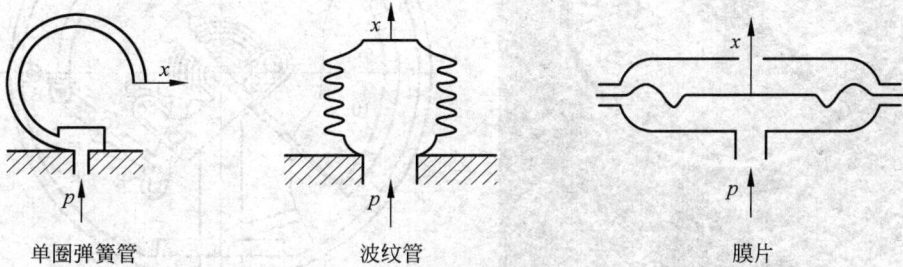

图 2.4-2　常用的弹性测压元件

　　单圈弹簧管压力表的测量元件是一个弯成圆弧形的空心管子，中心角 θ 通常为 $270°$，如图 2.4-3 所示。其截面一般为扁圆形或椭圆形，管子自由端封闭，作为位移输出端；弹簧管的另一端开口并且固定，作为被测压力的输入端。当被测压力从输入端通入到弹簧管的内腔后，由于椭圆形截面在压力的作用下将趋于圆形，因而弯成弧形的弹簧管随之产生向外挺直的扩张变形，其自由端就从 B 移到 B′，从而将压力变化转换成位移，压力越大，位移量越大，这就是弹簧管测量压力的基本工作原理。

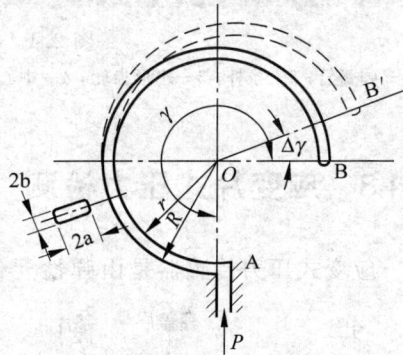

图 2.4-3　单圈弹簧管的测压原理

　　弹簧管压力计的结构如图 2.4-4 所示，当被测压力通入后，弹簧管 1 的自由端向右上方挺直扩张，自由端的弹性变形位移经连杆 2 使扇形齿轮 3 作逆时针转动，与扇形齿轮啮合的中心齿轮 4 作顺时针转动，从而带动了同轴指针 5，在面板 6 的刻度尺上显示出被测压力的数值。由于在一定范围内，自由端位移与被测压力之间具有比例关系，因此弹簧管压力表的刻度标尺是线性的。

　　制造弹簧管的材料，根据被测介质性质与被测压力高低而不同，测低压常采用磷青铜；测中压用黄铜，测高压时则采用不锈钢或合金钢。当被测介质有腐蚀性时，例如测量氨气的压力时，必须用不锈钢而不可采用铜质材料。

　　除上述单圈弹簧管压力表外，为增大位移输出量，还可采用多圈弹簧管压力表，其原理是完全相同的。当需要进行上下限报警时，可选用电接点式弹簧管压力表。

　　弹簧管压力表结构简单、使用方便、价格低廉、测量范围宽，应用十分广泛。一般工业用弹簧管压力表的精度等级为 1.5 级或 2.5 级。

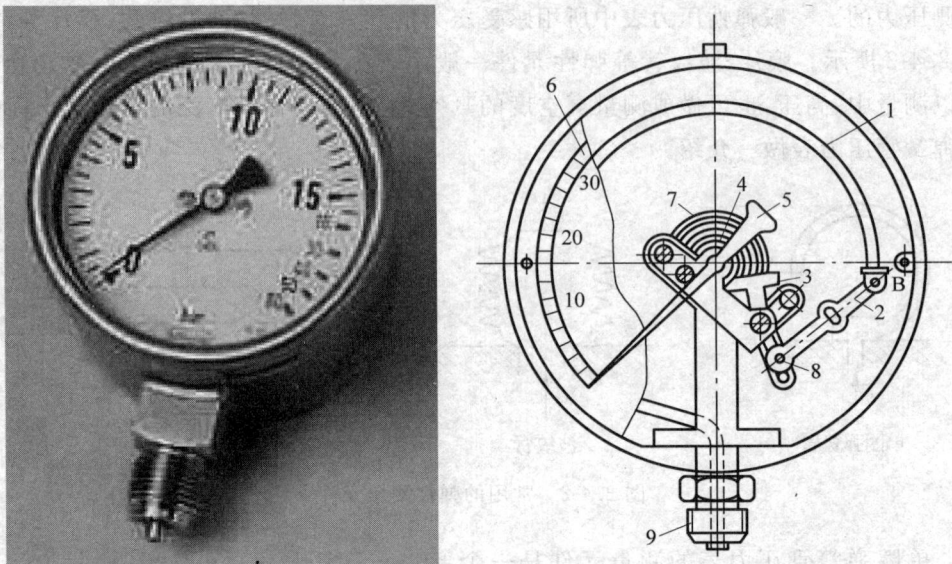

图 2.4-4　弹簧管压力计的结构

1—弹簧管；2—拉杆；3—扇形齿轮；4—中心齿轮；5—指针；6—面板；7—游丝；8—调整螺钉；9—接头

2.4.3　应变片式压力检测

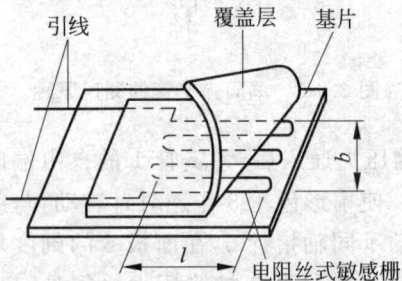

图 2.4-5　金属电阻应变片的结构

应变式压力传感器是由弹性元件、电阻应变片及相应的桥路组成，它是利用电阻应变原理构成的。电阻应变片有金属应变片（金属丝或金属箔）和半导体应变片两类。被测压力使应变片产生形变。当应变片产生压缩应变时，其阻值减小；当应变片产生拉伸应变时，其阻值增加。应变片阻值的变化，再通过桥式电路获得相应的毫伏级电势输出，并用毫伏计或其他记录仪表显示出被测压力，从而组成应变片式压力计。金属电阻应变片的结构如图 2.4-5 所示。

应变片一般要和弹性元件结合使用，将应变片粘贴在弹性元件上，当弹性元件受压形变时带动应变片也发生形变，其阻值发生变化，通过电桥输出测量信号。考虑到应变片电阻温度系数较大，其电阻值会受到环境温度的影响，因此需要采取有效的补偿措施。最常用的做法是采用两个或四个以上静态性能完全相同的应变片，使它们处于同一电桥的不同桥臂上，实现温度的自动补偿。

应变片压力传感器的结构如图 2.4-6（a）所示，图中应变片 r_1 和 r_2 的静态性能完全相同，r_1 轴向粘贴，r_2 径向粘贴。当膜片受到外力作用时，弹性筒轴向受压，使应变片 r_1 产生轴向压缩，阻值减小；而应变片 r_2 受到轴向压缩，引起径向拉伸，阻值变大。实际上，r_2 的变化量比 r_1 的变化量小，主要作用是温度补偿。

应变片 r_1 和 r_2 与两个阻值相等的精密固定电阻 r_3 和 r_4 组成桥式电路，如图 2.4-6(b) 所示。由图可以看出，当压力增大时，r_1 和 r_2 的阻值一减一增，使桥路失去平衡而有较大的输出；当环境温度变化时，r_1 和 r_2 同时增减，不影响电桥平衡。在桥路供给直流稳压电源最大为 10V 时，可得最大 ΔU 为 5mV 的输出，传感器的被测压力可达 25Mpa。由于传感器的固有频率在 25 000Hz 以上，故有较好的动态性能，适用于快速变化的压力测量。传感器的非线性及滞后误差小于额定压力的 1%。将电桥输出电压进一步调理转换为标准信号输出，即可得到应变式压力变送器。

应变式压力检测仪表具有较大的测量范围，被测压力可达几百兆帕，并具有良好的动态性能，适用于快速变化的压力测量。尽管测量电桥具有一定的温度补偿作用，应变片式压力检测仪表仍有比较明显的温漂和时漂，因此只适用于一般要求的动态压力检测，测量精度一般在 0.5%～1.0% 左右。

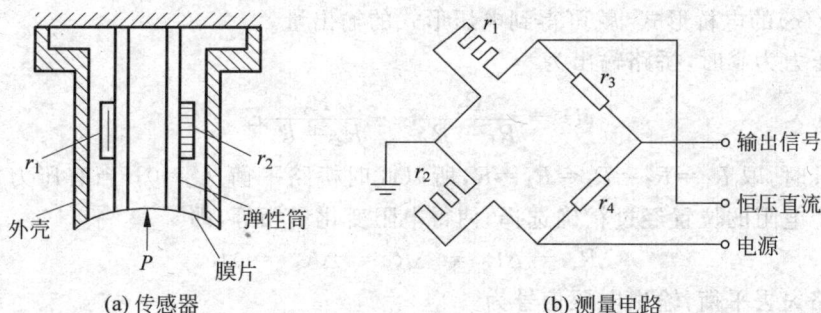

(a) 传感器　　　　　　　　　　(b) 测量电路

图 2.4-6　应变片压力传感器

2.4.4　扩散硅压力传感器

扩散硅压力传感器是利用单晶硅的压阻效应，采用 IC 工艺技术扩散四个等值应变电阻，组成惠斯登电桥。不受压力作用时电桥处于平衡状态；当受到压力(或压差)作用时，电桥的一对桥臂电阻变大，另一对变小，电桥失去平衡。若对电桥加一恒定的电压(电流)，便可检测到对应于所加压力的电压信号，从而达到测量液体、气体压力大小的目的。

扩散硅压力变送器属应变式压力变送器。它也是基于电阻应变原理测量压力的。扩散硅压力变送器检测部件的原理结构如图 2.4-7(a) 所示。它的感压元件叫做扩散硅应变片。这是一种弹性半导体硅片。其边缘有一个很厚的环形。中间部分则很薄，略具杯形，故也称为"硅杯"。在硅杯的膜片上利用集成电路工艺，按特定方向和排列扩散有四个等值电阻，其电阻布置如图 2.4-7(b) 所示，杯内腔承受被测压力 p，杯的外侧为大气压力。如用来测量差压，则分别接 p_1 及 p_2。

当被测压力作用于杯的内腔时，硅杯上的膜片将受力而产生变形，其中，位于中间区域的电阻 R_2 和 R_3 受到拉应力的作用而拉伸，电阻值增大，而位于边缘区域的

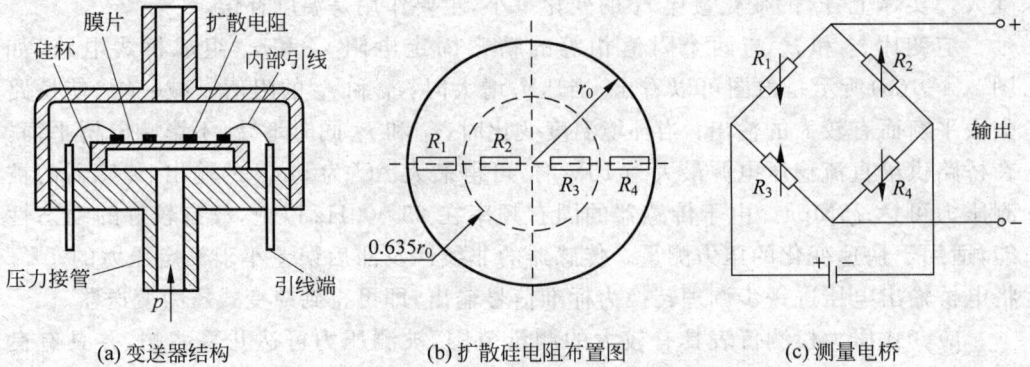

(a) 变送器结构　　　　　　　(b) 扩散硅电阻布置图　　　　　　(c) 测量电桥

图 2.4-7　扩散硅压力变送器的测压原理

电阻 R_1 和 R_4 则受到压应力作用而压缩,电阻值减小,如果把这四个应变电阻接成图 2.4-7(c)的电桥形式,就可得到电压形式的输出量。

当压力为零时,桥路输出为

$$U = \frac{R_2}{R_1 + R_2}E - \frac{R_4}{R_3 + R_4}E \qquad (2.4-1)$$

硅杯设计时,取 $R_1 = R_2 = R_3 = R_4 = R$,所以此时桥路平衡,$U = 0$;当有压力作用时,由于四个电阻的位置经过精确选择,使得电阻变化量相等,即

$$\Delta R_1 = \Delta R_2 = \Delta R_3 = \Delta R_4 = \Delta R$$

这时桥路失去平衡,输出电压信号为

$$U = \frac{\Delta R}{R}E \qquad (2.4-2)$$

式(2.4-2)表明桥路的输出电压与应变电阻的变化量成正比,这个信号再经放大和转换,变成 4~20mA 直流电流信号作为显示和调节仪表的输入。

　　通常扩散硅压力变送器的硅杯尺寸十分小巧紧凑,直径约为 1.8~10mm,膜厚 50~500μm。为了防止被测介质的腐蚀污染,在硅杯的两面都用硅油保护,被测介质的压力或压差经过隔离膜片传给硅油,再作用于硅杯的膜片上,这种压力仪表体积小、重量轻、动态响应快、性能稳定可靠,精度可达 0.2 级,有多种量程范围,还能用于低温、高压、水下、强磁场以及核辐射等恶劣的工业场合。

2.4.5　电容式压力检测

　　电容式压力变送器是利用转换元件将压力变化转换成电容变化,再通过检测电容的方法来测量压力的。图 2.4-8 给出了一个电容式差压传感器的基本结构。电容差压传感器左右对称有两个不锈钢基座,外侧加工成环状波纹沟槽,并焊上波纹隔离膜片。被测压力 P_1、P_2 分别加于左右两个隔离膜片上,通过硅油将压力传送到测量膜片。测量膜片将玻璃层内的空间隔离成对称的两个测量室,并直接与外侧的波纹隔离膜片相连通,整个空间充满硅油。该测量膜片由弹性温度稳定性好的平板金

属膜片制成,作为差动可变电容的活动电极,在两边压力差的作用下,可左右产生微小的位移。在测量膜片左右,有两个用真空蒸发法在玻璃凹球面制成的金属固定电极,并有导线通往外部。当测量膜片向一边鼓起时,它与两个固定电极间的电容量一个增大,一个减小,通过引出线测量这两个电容的变化,便可知道差压的数值。

这种结构对膜片的过载保护非常有利。在过大的差压出现时,测量膜片平滑地贴紧到一边的凹球面上,不会受到不自然力的应力,因而过载后恢复特性非常好。图中隔离膜片的刚度非常小,在过载时,由于测量膜片先停止移动,赌死的硅油便能支持隔离膜顶住外加压力,隔离膜的背后有波形相同的靠山,进一步提高了它的安全性。

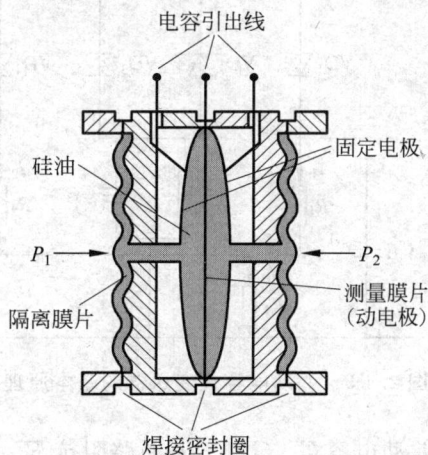

图 2.4-8 电容式差压传感器的原理

根据上述电容式差压传感器设计成的变送器,既可以测量绝对压力,也可以测量表压。对于表压变送器,大气压施加在传感膜片的低压侧;对于绝压压力变送器,则低压侧始终保持一个参考压力。传感膜片的最大位移量为 0.004in(0.1mm),且位移量与压力成正比。两侧的电容极板检测传感膜片的位置。传感膜片和电容极板之间电容的差值被转换为相应的电流、电压或数字 HART(高速可寻址远程变送器数据公路)输出信号。

设测量膜片在差压 P 的作用下产生位移量为 Δd,由于位移量很小,可近似认为位移量与输入压差成比例变化,即

$$\Delta d = K_1 P \tag{2.4-3}$$

其中,K_1 为比例系数。此时,测量膜片即可动极板与左右两固定极板之间的距离由初始距离 d_0 变为 $d_0 + \Delta d$ 和 $d_0 - \Delta d$。根据平板电容器电容的计算公式,可动极板与两固定电极间的电容量分别可写作

$$C_1 = \frac{K_2}{d_0 + \Delta d}, \quad C_2 = \frac{K_2}{d_0 - \Delta d} \tag{2.4-4}$$

式中,系数 K_2 由电容器极板面积和介质介电系数决定。根据以上两式可以得到差压 P 与差动电容之间的关系式

$$\frac{C_2 - C_1}{C_2 + C_1} = \frac{\Delta d}{d_0} = \frac{K_1}{d_0}P = K_3 P \qquad (2.4\text{-}5)$$

这里，$K_3 = K_1/d_0$ 为常数。根据上式可以看出，电容式压力变送器的主要任务就是测量 $C_2 - C_1$ 与 $C_2 + C_1$ 之比，并将其转换为电压或电流。图 2.4-9 给出了一种测充放电电流的方法。

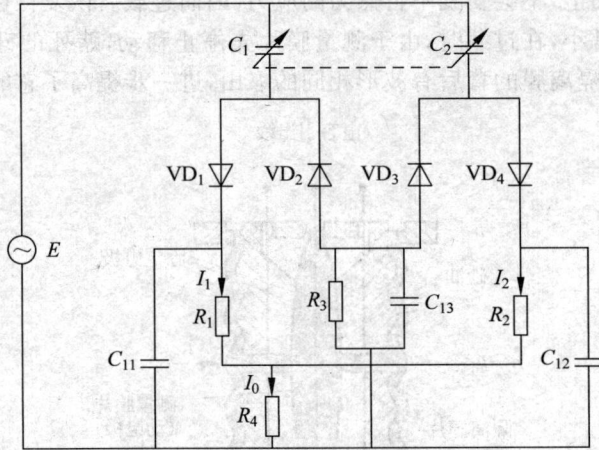

图 2.4-9　差动电容式变送器的基本原理

正弦波电压 E 加于差动电容 C_1、C_2 上，若回路阻抗 R_1、R_2、R_3 和 R_4 都比 C_1、C_2 的阻抗小得多，则由图 2.4-9 可以看出

$$I_1 = \frac{I_0}{C_2\left(\dfrac{1}{C_1} + \dfrac{1}{C_2}\right)} = I_0 \frac{C_1}{C_1 + C_2} \qquad (2.4\text{-}6)$$

$$I_2 = \frac{I_0}{C_1\left(\dfrac{1}{C_1} + \dfrac{1}{C_2}\right)} = I_0 \frac{C_2}{C_1 + C_2} \qquad (2.4\text{-}7)$$

$$I_0 = I_1 + I_2 \qquad (2.4\text{-}8)$$

式中，I_0、I_1、I_2 均为经二极管半波整流后的电流平均值。令 R_1、R_2 和 R_4 上的压降分别为 V_1、V_2 和 V_4，则有

$$\frac{V_1 - V_2}{V_4} = \frac{I_1 R_1 - I_2 R_2}{I_4 R_4} = \frac{C_1 R_1 - C_2 R_2}{(C_1 + C_2) R_4}$$

若取 $R_1 = R_2 = R_4$，则上式可化为

$$\frac{V_1 - V_2}{V_4} = \frac{C_1 - C_2}{C_1 + C_2} \qquad (2.4\text{-}9)$$

合并式(2.4-5)，有

$$\frac{V_1 - V_2}{V_4} = -K_3 P \qquad (2.4\text{-}10)$$

因此，只要保持上式中 V_4 恒定，则差压 P 就与 $V_1 - V_2$ 成正比，从而只要测量出电阻 R_1、R_2 上的电压差，即可测知差压 P。

图 2.4-10 给出了测量上述压差的一个实际电容式压力变送器的实现方案。图中,运算放大器 A_1 作为振荡器的电源提供者,可用来调节振荡器输出电压 E_1 的幅度,通过负反馈保证 R_4 两端的电压 V_4 恒定,使差动电容 C_1、C_2 变化时,流过它的电流之和恒定。放大器 A_2 用来将电阻 R_1、R_2 两端的电压相减,并通过电位器 RP_1 引入输出电流的负反馈,实现压流转换;还可通过调节 RP_1 改变变送器的量程。

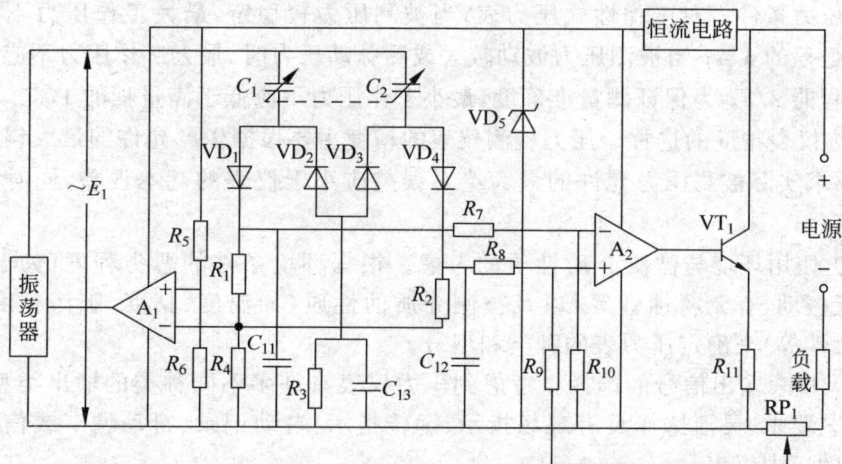

图 2.4-10 电容式差压传感器的原理

显然,这个变送器是一个两线制变送器,图中恒流电路用来保持变送器基本消耗电流(4mA)恒定,构成输出电流的起始值,流过晶体管 VT_1 的电流(0~16mA)则随被测压力的大小作线性变化。

图 2.4-11 给出了电容式压力变送器的一个智能仪表实现方案,可以看出智能型变送器与模拟变送器的异同。图中仅仅给出了一个功能性描述,其硬件组成往往具有比较通用的结构,可参考第 8 章现场总线控制系统中的介绍。

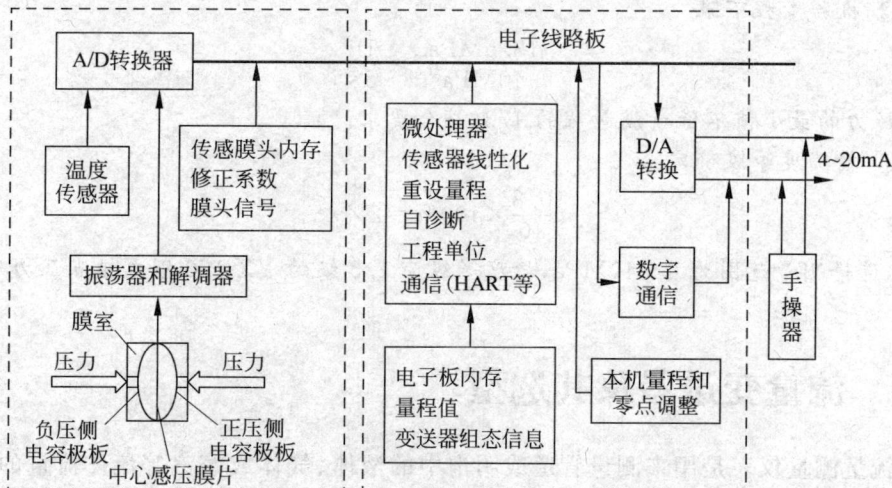

图 2.4-11 智能电容式差压传感器的基本原理

2.4.6　压力仪表的选型与安装

压力仪表的选择主要从以下几个方面考虑。

（1）仪表量程的选择。主要根据被测压力的大小确定仪表量程，并优先满足最大工作压力条件。对于弹性式压力表，当被测压力较稳定，最大工作压力不应超过仪表满量程的3/4；当被测压力波动较大或测脉动压力时，最大工作压力不应超过仪表满量程的2/3；为保证测量准确度，最小工作压力不应低于满量程的1/3。

（2）仪表精度的选择。压力检测仪表的精度主要根据生产允许的最大误差来确定，即要求实际被测压力允许的最大绝对误差应小于仪表的基本误差，同时考虑经济、实惠。

（3）使用环境与被测介质性质的考虑。根据环境条件的恶劣程度（如温度、湿度、有无振动、有无腐蚀性等）以及被测介质的性质（如温度、粘度、脏污程度、腐蚀性、易燃性等）来确定压力表的种类和型号。

（4）仪表输出信号的选择。考虑到压力仪表有许多不同种类的输出类型，需要根据工艺要求，灵活选择具有现场指示、远传指示、自动记录、自动调节或信号报警等功能的压力仪表。

例2.4-1　有一台空压机的缓冲罐，其工作压力变化范围为13.5～16MPa，工艺要求最大测量误差为0.8MPa，并可就地观察及高低限报警。试选一合适的压力表（包括测量范围、精度等级）。

解

① 仪表量程选择：空压机的缓冲罐的压力视为脉动压力

$$P = P_{max} \times 2 = 16 \times 2 = 32MPa$$

根据就地观察及能进行高低报警的要求，可选用（YX-150型）电接点压力表，测量范围为0～40MPa。

② 检验量程下限

$$\frac{13.5MPa}{40MPa} > \frac{1}{3}$$

被测压力的最小值不低于满量程的1/3，符合要求。

③ 精确度等级确定

$$\frac{0.8}{40} \times 100\% = 2\%$$

所以，选择测量范围为0～40MPa，精度等级为1.5级的YX-150型电接点压力表。

2.5　流量变送器及其选型

流量测量仪表是用来测量管道或明沟中的液体、气体或蒸汽等流体流量的工业自动化仪表，又称流量计。

在工业生产中,流量是重要的过程参数之一,是判断生产过程的工作状态、衡量设备的运行效率以及评估经济效益的重要指标。在具有流动介质的工艺流程中,物料(如气体、液体或粉料)通过管道在设备间传输和配比,直接关系到生产过程的物料平衡和能量平衡。为了有效地进行生产操作和控制,就必须对生产过程中各种物料的流量进行测量。另外,在大多数工业生产中,常用测量和控制流量来确定物料的配比与耗量,实现生产过程的自动化和最优化。对其他过程参数(如温度、压力、液位等)的控制,也经常是通过对流量的测量与控制来实现的。同时,为了进行经济核算,也需要知道一段时间内流过或生产的介质总量。所以,流量的测量和控制是实现生产过程自动化的一项重要任务。

工程上,流量是指单位时间内流经管道有效截面的流体数量,也就是所谓的瞬时流量;此外,在生产上,往往还需测定一段时间内物料通过的累计量,称为总流量或累积流量。为此,可以在流量计上附加积算装置或积算模块,实现瞬时流量对时间的积分运算,以获取一段时间内通过的物料总量。

无论是瞬时流量,还是累积流量,当流体数量用体积表示时称为体积流量;流体数量用质量表示时称为质量流量。体积流量 Q 常用"立方米/小时"(m^3/s)、"升/秒"(L/s)等单位来表示。质量流量 Q_m 常用单位为"千克/秒"(kg/s)、"吨/小时"(t/h)等。显然,质量流量等于体积流量与物料密度 ρ 的乘积。

流量测量因被测介质多样、工况复杂,因此仪表种类繁多。按照测量原理不同,可将流量仪表划分为容积式、速度式和差压式三类。

① 容积式流量计,是利用机械测量元件把流体连续不断地分隔成单位体积并进行累加而计量出流体总量的仪表,如椭圆齿轮流量计、腰轮流量计、刮板流量计、活塞流量计等。

② 速度式流量计,是以测量管道内或明渠中流体的平均速度来求得流量的仪表,如涡轮流量计、涡街流量计、电磁流量计、超声波流量计等。

③ 差压式流量计,是利用伯努利方程的原理测量流量的仪表,通过输出差压信号来反映流量的大小,如节流式流量计、均速管流量计、弯管流量计等。浮子流量计作为一种特例也属于差压式流量计。

2.5.1 容积式流量计

容积式流量计,又称定排量流量计,它是利用机械部件使被测流体连续充满具有一定容积的空间,然后再不断将其从出口排放出去,根据排放次数及容积来测量流体体积总量的流量计。容积式流量计有椭圆齿轮流量计、腰轮式流量计、螺杆式、活塞式等多种形式,其中椭圆齿轮流量计应用最多。

椭圆齿轮流量计的基本结构如图 2.5-1 所示。在金属壳体内有互相啮合(齿较细,图中未画出)的一对椭圆形齿轮,当流体自左向右通过时,在被测流体的压力推动下产生旋转运动。例如,在图 2.5-1(a)位置时,A 轮左下侧压力大,右下侧压力小,产生的力矩使 A 轮作顺时针转动,它把 A 轮与壳体间半月形容积内的液体排至出口,并带动 B 轮转动;在图(b)位置上,A 轮和 B 轮都有转动力矩,继续转动,并逐渐将一定的液体封入 B 轮与壳体间的半月形空间;到达位置(c)时,作用于 A 轮上的力矩为零,但 B 轮的左上侧压力大于右上侧,产生的力矩使 B 轮成为主动轮,带动 A 轮继续旋转,把半月形容积内的液体排至出口。这样连续转动,椭圆齿轮每转一周,流量计排出四个由齿轮与壳壁围成的半月形容积的流体体积,只要计量齿轮的转数即可得知有多少体积的被测流体通过仪表。

椭圆齿轮流量计是按照固定的容积来测量流体的,所以只要加工精确,配合紧密,防止腐蚀和磨损,便可以得到极高的精度,一般可达 0.2%,较差的也可保证 0.5%～1% 的精度,故常作为标准表及精密测量之用。

椭圆齿轮流量计的精度与流体的流动状态,即雷诺数的大小无关;被测液体的黏度越大,齿轮间隙中泄漏的量越小,引起的误差越小,故特别适宜于高黏度液体的测量。当被测介质含有肮脏污物或颗粒时,上游需装设过滤器以避免将齿轮卡死或引起严重磨损;在测量含有气体的液体时,必须装设气体分离器,以保证测量的准确性。此外,椭圆齿轮流量计的工作温度不能超出规定的范围,不然由于热胀冷缩可能发生卡死或增大测量误差。总之,在实际使用中,被测介质的流量、温度、压力、黏度的使用范围必须与流量计铭牌规定的相符,并应按有关规定进行定期检查、维护和校验。

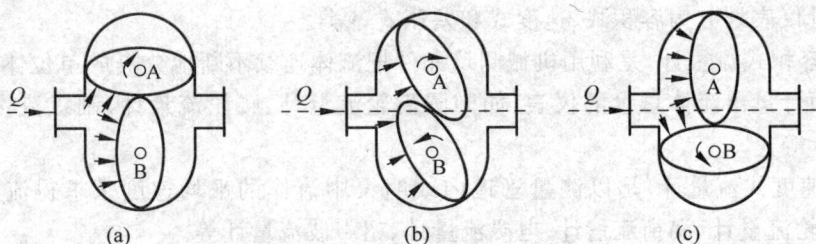

图 2.5-1   椭圆齿轮型容积流量计的基本结构

2.5.2   节流式流量计

节流式流量计又称差压式流量计,是目前工业生产过程中最成熟、应用最广泛的一种流量测量方法。差压式流量计通常由节流装置、引压管和差压计(或差压变送器)及显示仪表组成。其基本工作原理是,在管道中安装一个固定的阻力件,并在该阻力件的中央开一个比管道截面积小的孔。当流体流过该阻力件时,由于流体流束突然收缩而使流速加快、静压力降低,结果在阻力件的前后就会形成一个较大的压差。此压差的大小与流体流速的大小有关,流速越大,压差也越大。因此,只要能够测量出压差就可以推算出流速,进而可计算出流体的流量。

流体流过阻力件使流束收缩导致压力变化的过程称为节流过程,其中的阻力件称为节流件。节流件分为标准型和特殊型两种,其中标准节流件包括标准孔板、标准喷嘴、标准文丘里管。对于标准节流件,在设计计算时都有统一的标准规定、要求和计算所需要的有关数据和程序,安装和使用时不必进行标定。特殊节流件主要用于特殊介质或特殊工况条件的流量检测,它必须用实验方法单独标定。

下面以最常用的节流件——标准孔板为例,介绍节流式流量检测的原理、设计以及实现方法。

1. 节流原理

节流式流量计是以流体力学中的能量平衡与转换理论为根据,通过测量流体流动过程中由于受到节流作用而产生的静差压来实现流量测量的。流动流体的能量有两种形式:静压能和动能。流体由于有压力而具有静压能,又由于有流动速度而具有动能,这两种形式的能量在一定条件下是可以相互转化的。

设稳定流动的流体沿水平管流经节流件,在节流件前后将产生压力和速度的变化,其分布如图 2.5-2 所示。流体在节流件上游的截面 I-I 前不受节流件影响,以一定的流速 v_1 充满管道平行连续地流动,其静压力为 p_1'。当流体流过截面 I-I 接近节流装置时,由于受到节流装置的阻挡,使一部分动能转化为静压能,出现节流装置入口端面靠近管壁处流体的静压力升高至最大 p_1;流体流经节流件时,导致流束截面产生收缩运动,流体流速增大,在惯性的作用下,流束截面经过节流孔以后继续收缩,到截面 II-II 处达到最小,此处的流速最大为 v_2,其静压力最小为 p_2'。随后,流束逐渐摆脱节流装置的影响又逐渐地扩大,到达截面 III-III 后,完全恢复到原来的流通面积,此时的流速 $v_3 = v_1$,静压力逐渐增大到 p_3'。由于流体流动产生的涡流和流体流经节流孔时需要克服的摩擦力,导致流体能量的损失,所以在截面 III-III 处的静压力 p_3' 不能恢复到原来的数值 p_1' 而产生永久的压力损失。

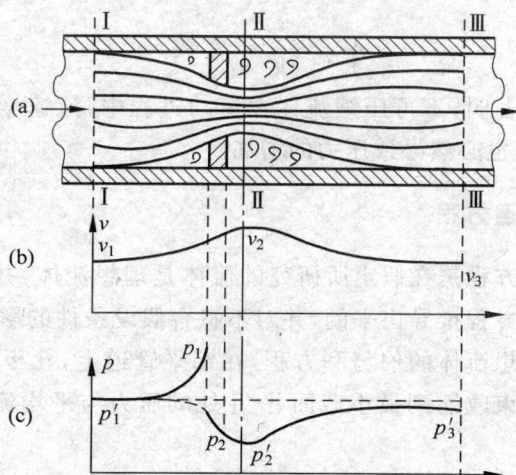

图 2.5-2 差压流量计的基本原理

2. 伯努利方程

伯努利方程实际上就是能量守恒定律在运动流体中的具体应用。可以证明,当无黏性正压流体在有势外力的作用下做定常运动时,其总能量(位置势能、压力能和流体动能之和)沿流线是守恒的。

对不可压缩液体,伯努利方程可以表示为

$$gz + \frac{p}{\rho} + \frac{v^2}{2} = 常数 \tag{2.5-1}$$

或

$$z + \frac{p}{\rho g} + \frac{v^2}{2g} = z + \frac{p}{\gamma} + \frac{v^2}{2g} = 常数 \tag{2.5-2}$$

式中 g 为重力加速度(m/s^2); z 为垂直位置高度(m); p 为流体的静压力(Pa); ρ 为流体的密度(kg/m^3); v 为流体的平均流速(m/s), γ 为流体重度(N/m^3)。

式(2.5-1)左边三项分别表示单位质量流体的位置势能、压力能和流体动能。整个公式表示单位质量流体的总能量沿流线守恒。而式(2.5-2)的形式具有明显的几何意义,左边第一项代表流体质点所在流线的位置高度,称为位势头;第二项相当于液柱底面压力为 p 时液柱的高度,称为压力头;第三项代表流体质点在真空中以初速度沿直线向上运动所能达到的高度,称为速度头。按式(2.5-2),位势头、压力头和速度头之和沿流线不变。

将伯努利方程应用于流量测量领域时,位置高度往往变化很小或基本不变,所以,不可压缩流体的伯努利方程可简化为

$$\frac{p}{\rho} + \frac{v^2}{2} = 常数 \tag{2.5-3}$$

或

$$\frac{p}{\gamma} + \frac{v^2}{2g} = 常数 \tag{2.5-4}$$

以上两式可以清楚地表明,不可压缩流体在流动过程中,流速增加必然导致压力的减小;相反,流速减小也必然导致压力的增加。

3. 节流装置的流量方程

节流装置的流量方程是在假定所研究的流体是理想流体,并在一定条件下根据伯努利方程和连续性方程推导出来的,并对不符合假设条件的影响因素进行修正。

根据不可压缩理想流体的伯努利方程,在水平管道上,孔板前面稳定流动段Ⅰ-Ⅰ截面上的流体与流束收缩到最小截面Ⅱ-Ⅱ处的压力与平均流速之间必然存在如下关系

$$\frac{p_1'}{\rho_1} + \frac{v_1^2}{2} = \frac{p_2'}{\rho_2} + \frac{v_2^2}{2} \tag{2.5-5}$$

设 A_1 和 A_2 分别为截面Ⅰ-Ⅰ与截面Ⅱ-Ⅱ处管道流体流通面积(m^2),则满足连续性

方程
$$A_1 v_1 = A_2 v_2 \qquad (2.5\text{-}6)$$

对于不可压缩流体,其密度 ρ 为常数,即 $\rho_1 = \rho_2 = \rho$,可以推得

$$v_2 = \frac{1}{\sqrt{1 - \mu^2 \beta^4}} \sqrt{\frac{2}{\rho}(p_1' - p_2')} \qquad (2.5\text{-}7)$$

$$\beta = \frac{d}{D} = \sqrt{\frac{A_0}{A_1}}$$

式中,p_1' 和 p_2' 为两截面 I-I 与 II-II 处的静压力(Pa);v_1 和 v_2 为两截面处的平均流速(m/s);ρ_1 和 ρ_2 为两截面处的流体密度(kg/m³);μ 为流束收缩系数($A_2 = \mu A_0$),大小与节流件的形式及流动状态有关,A_0 为节流孔面积;β 为节流装置的直径比;d 为节流件的开孔直径(m);D 为管道内径(m)。

此外,用固定取压点测定的压差代替式(2.5-7)中的($p_1' - p_2'$),工程上常取紧挨孔板前后的管壁压差($p_1 - p_2$)代替($p_1' - p_2'$),显然它们的数值是不相等的,为此引用系数 ψ 加以修正

$$\psi = \frac{p_1' - p_2'}{p_1 - p_2}$$

将这些关系代入式(2.5-7)得

$$v_2 = \sqrt{\frac{\psi}{1 - \mu^2 \beta^4}} \sqrt{\frac{2}{\rho}(p_1 - p_2)} \qquad (2.5\text{-}8)$$

事实上,由于实际流体中的摩擦和黏性,会造成流动损失,因此上式中有关系数还必须进行修正。另外,对于可压缩流体,不再满足 $\rho_1 = \rho_2$,因此必须进一步修正,从而将这两种情况统一起来。根据上述流速公式最终推得可压缩流体的统一流量方程为

体积流量　　　　　　$$Q = \alpha \varepsilon A_0 \sqrt{\frac{2}{\rho} \Delta p} \qquad (2.5\text{-}9)$$

质量流量　　　　　　$$Q_m = \alpha \varepsilon A_0 \sqrt{2 \rho \Delta p} \qquad (2.5\text{-}10)$$

式中,α 为流量系数;ε 为可膨胀性系数;A_0 为节流件的开孔面积;ρ 为节流装置前的流体密度;$\Delta p = p_1 - p_2$ 为节流装置前后实际测得的压差。

流量系数 α 主要与节流装置的型式、取压方式、流体的流动状态和管道条件等因素有关。因此,α 是一个影响因素复杂的综合性参数,也是节流式流量计能够准确测量流量的关键所在。对于标准节流装置,α 可以从有关手册中查出;对于非标准节流装置,α 值由实验测得。

可膨胀性系数 ε 用来校正流体的可压缩性。对于不可压缩性流体,$\varepsilon = 1$;对于可压缩性流体,则 $\varepsilon < 1$。具体应用时,可以查阅有关手册。

大量的实验表明,只有在流体接近于充分湍流时,α 才是与流动状态无关的常数。流体力学中常用雷诺数 Re 反映湍流的程度,即 $Re = v D \rho / \eta$(这里,v 为流速,D 为管道内径,ρ 为流体密度,η 为流体动力黏度),这是一个无因次量。流量系数 α 只

在雷诺数大于某一界限值(约为 10^5 数量级)时才保持常数。

差压流量计在较好的情况下测量精度为 $\pm 1\% \sim 2\%$，由于雷诺数及流体温度、黏度、密度等的变化，以及孔板边缘的腐蚀磨损，精度常远低于 $\pm 2\%$。尽管差压流量计的精度较差，但其结构简单，制造方便，目前还是使用最普遍的一种流量计。

2.5.3 　电磁流量计

电磁流量计(electro magnetic flow meter,EMF)是基于法拉第电磁感应定律来测量导电液体体积流量的测量仪表。根据法拉第电磁感应定律，一个导体在磁场中做切割磁力线运动时，导体中将产生感应电势，其电动势方向可由右手定则来确定，电磁流量传感器就是根据这一原理制成的。电磁流量计可用于检测具有一定电导率的酸、碱、盐等溶液，腐蚀性液体以及含有泥浆、矿浆、纸浆等含有固体颗粒的液体(但不能够检测气体、蒸汽和非导电液体的流量)，因此在化工、造纸、矿山等工业部门得到广泛应用。

电磁流量计整套仪表由电磁流量传感器、信号变换器和积算仪三部分组成。传感器安装在工艺管道中，它的作用是将流经管道内液体流量值线性地变换成感应电势信号，并经过传输线将此信号送到信号变换器中去。信号变换器的作用是将传感器送来的流量信号进行比较、放大，并转换成标准的输出信号。积算仪用来采集变换器输出的标准信号，实现对被测液体流量的显示、记录、积算或调节。

电磁流量传感器主要由内衬绝缘材料的测量管、左右相对安装的一对电极及上下安装的磁极 N 和 S 组成，三者互相垂直。当具有一定导电率的液体在垂直于磁场的非磁性测量管内流动时，液体中会产生电动势，如图 2.5-3 所示。该感应电势由两电极引出，其电势的数值与流体的速度、磁场强度、管径等有关，可由下式表示

$$E_x = KBDv \tag{2.5-11}$$

式中，E_x 为感应电势(V)；K 为比例系数；B 为磁感应强度(T)；D 为管道内径(m)；v 为垂直于磁力线的流体流动速度(m/s)。

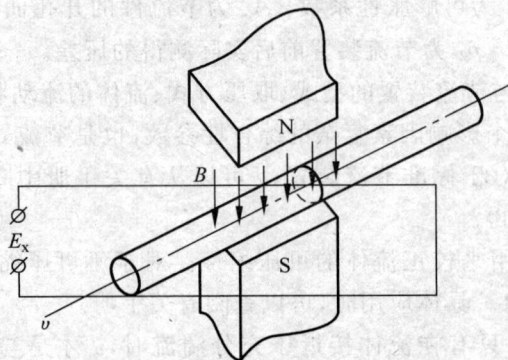

图 2.5-3 　电磁流量计的基本原理

考虑到体积流量 q_v 与流速 v 的关系为

$$q_v = \frac{\pi D^2}{4} v \tag{2.5-12}$$

将上式代入式(2.5-11),可得

$$q_v = \frac{\pi D}{4BK} E_x \tag{2.5-13}$$

当 B 恒定,K 由校验确定后,被测流量完全与电势成正比。信号转换器接受来自两电极的电压信号,进行放大、转换后输出模拟电压(1~5V DC)或模拟电流(4~20mA),可实现流量的显示。

电磁流量计不受流体密度、黏度、温度、压力和电导率等参数变化的影响,并且测量导管内无可动部件、不易阻塞、压力损失极小,对直管段要求也较低。此外,电磁流量计反应迅速,可以测量脉动流量,测量范围大,可选流量范围宽;口径范围比其他品种测量仪表宽,从几毫米到 2 米以上;零点稳定,精确度较高(可优于 1 级)。

在安装电磁流量计时,要注意远离电力电源,避免大电流通过测量管内的流体,以减小测量干扰。在使用中也要注意维护,必须适时清理电极处的污垢及测量管的内表面。

2.5.4　旋涡(涡街)流量计

涡街流量计是利用流体振动原理来进行流量测量的一类新型流量仪表,诞生于 20 世纪 60 年代后期。在特定流动条件下,流体一部分动能可以产生流体振动,且振动频率与流体的流速(或流量)有一定关系。涡街流量计就是在流体中安放一根非流线型旋涡发生体,通过采用压电元件将旋涡产生的频率检测出来,经放大器输出得到体积流量。

涡街流量计适用于测量液体、气体或蒸汽。它没有移动部件,也没有污垢问题。涡街流量计会产生噪音,而且要求流体具有较高的流速,以产生旋涡。

涡街流量计根据旋涡形式的不同可分为自然振荡的卡门旋涡分离型和流体强迫振荡的旋涡进动型两种。前者是在管道内横向地设置阻流元件,使流体因附面层的分离作用产生自然振荡,在下游形成两排交替的旋涡列,根据这种旋涡产生的频率与流量的关系测量流量,称为涡街流量计。后者是在管道内设置螺旋形导流片,强迫流体产生围绕流动轴线旋转的旋进旋涡,根据旋涡绕流动轴线旋转的角速度(旋进频率)与流量的关系测定流量,称为旋进旋涡流量计。

涡街流量计在管道内垂直于流体流动方向插入一个非流线型的旋涡发生体(如圆柱形、方柱形,或者三角柱形),当流体绕过旋涡发生体时会在其两侧后方交替产生旋转方向相反的旋涡,形成旋涡列,犹如街道旁的路灯,故有"涡街"之称,如图 2.5-4 所示。

据卡门研究,这些涡列多数是不稳定的,只有形成相互交替的、内旋的两排涡列,且涡列宽度 h 与两列相邻的两旋涡的间距 l 之比满足公式 $h/l = 0.218$ 时,这样的涡列才是稳定的,称为卡门涡街,如图 2.5-4 所示。涡街流量计是根据卡门旋涡频率,实现流量测量的仪表。根据卡门涡街原理,旋涡发生频率 f 与流体的平均流速 v 及旋涡发生体的迎面宽度 d 有如下关系

$$f = S_t \frac{v}{d} \tag{2.5-14}$$

式中,S_t 为斯特劳哈尔数,它主要与旋涡发生体宽度 d 和流体雷诺数有关,不受流体物性和组分变化的影响。在雷诺数为 5000～150000 的范围内,S_t 基本上为常数,而旋涡发生体宽度 d 也是定值,因此,旋涡产生的频率 f 与流体的平均流速 v 成正比。所以,只要测得旋涡的频率 f,就可以得到流体的流速 v,进而可求得体积流量。

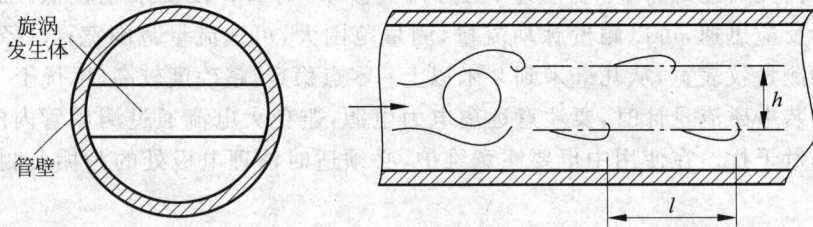

图 2.5-4　涡街流量计的原理

　　涡街流量计的优点是管道内无可动部件,运行稳定,安装维护方便。此外,涡街流量计的压损也较小,精确度约为 0.5%～1%,量程比可达 20∶1 或更大。涡街流量计不仅可测液体,也可以测量气体的流量,所以很受欢迎。缺点是不适于低雷诺数的情况;对于高黏度、低流速、小口径的使用有限制。

　　流量计安装时要有足够的直管段长度,即旋涡发生体上下游的直管段分别不少于 20 倍及 5 倍的管道直径,同时,应尽量杜绝振动。

2.5.5　超声波流量计

　　一般来说,超声波流量测量属于非接触式测量方法,像其他速度测量计一样,可用来测量体积流量值。超声波流量计通过发射换能器发射超声波,超声波在流体中传播时,会载带流体流速的信息。因此,通过接收换能器接收穿过流体的超声波就可以检测出流体的流速,从而换算成流量。

　　传播时间法和多普勒效应法是超声波流量计常采用的方法,用以测量流体的平均速度。它是无阻碍流量计,如果超声变送器安装在管道外测,就无须插入。它适用于几乎所有的液体,包括浆体,精确度高。但管道的污浊会影响精确度。

　　超声波是振荡频率高于 20kHz 的声波。人类能够听到的声波范围是 16Hz 到 20kHz 之间,低于 16Hz 的波为次声波。超声波换能器又称为超声波探头,其在系统中完成高频声能与电能之间的相互转化。以压电式电性换能器——压电陶瓷为例,根据能量转换原理,利用压电陶瓷的伸缩效应可实现电声能量的转化。该换能器的

结构如图 2.5-5 所示,其核心是极化了的压电陶瓷。在压电陶瓷的两端加力时,在它的表面会产生电荷,且电荷量与所加的作用力成正比,当力去掉时电荷会消失,这就是压电陶瓷的压电效应。

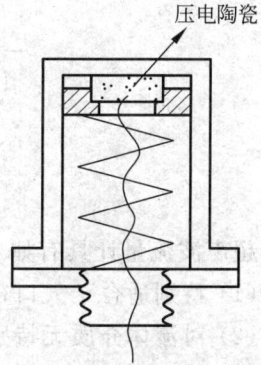

图 2.5-5　超声波换能器(压电陶瓷)的基本结构

　　超声波的接收和发射是基于正压电效应和逆压电效应。所谓逆压电效应,是指将具有压电效应的介质置于电场内,由于电场作用引起介质内部正负电荷中心发生位移,这种位移在宏观上表现为产生了形变(或应变)。应变和电场强度成正比,如电场反向,则应变亦反向。这一现象称为逆压电效应。将适当的交变电信号施加到压电晶体(比如压电陶瓷),它将产生交替的压缩和拉伸,因为产生振动,振动频率与交变电压的频率相同,若把晶体耦合到弹性介质中,那么晶体将充当一个超声源的作用,超声波将被辐射到那种介质中。因此此时的换能器处在发射状态,将电能转为声能。

　　所谓正压电效应,则是当压电晶体(比如压电陶瓷)接收到超声波时,它将产生振动,这种振动引起陶瓷晶体在轴向产生交替的压缩和拉伸,就相当于外加了一个力使其产生交替的形变。这种形变将引起内部正负电荷中心发生相对的位移从而产生交替的极化,在介质两端面上出现符号相反的束缚电荷,将声能转换为电能。

　　超声波的测量又有多种不同的方式,如传播时间法、旋涡法、多普勒效应法等。传播时间法是根据声波在流体中的传播速度,顺流时会增大,逆流时会减小的原理测流速的。又可以分为:测量超声波在顺流、逆流时的传播时间差的时差法;测量超声脉冲在顺流、逆流时的相位差的相位差法以及测量超声脉冲在顺流、逆流时的重复频率的频差法。

　　时差法测量是在管道中安装两对声波传播方向相反的超声波换能器。换能器一般都倾斜安装在管壁的外侧,两只发送、两只接收;也可以用一对换能器互为发射和接收,如图 2.5-6 所示。此时,超声波在流体中的传播方向与管道轴线的夹角为 θ,两换能器相互间的距离为 $l(\mathrm{m})$。设超声波在静止流体中的传播速度为 $C(\mathrm{m/s})$,流体的速度为 $v(\mathrm{m/s})$,则超声波顺流和逆流从发送器到接收器所需要的时间分别为

$$t_1 = \frac{l}{C + v\cos\theta}, \quad t_2 = \frac{l}{C - v\cos\theta}$$

二者的时间差为

$$\Delta t = t_2 - t_1 = \frac{l}{C - v\cos\theta} - \frac{l}{C + v\cos\theta} = \frac{2lv\cos\theta}{C^2 - v^2\cos^2\theta} \approx \frac{2lv\cos\theta}{C^2}$$

则流速计算公式为

$$v = \frac{C^2}{2l\cos\theta}\Delta t = \frac{C^2\tan\theta}{2D}\Delta t \tag{2.5-15}$$

式中 D 为管道直径。可见,当声速 C 和传播距离 l(或管道直径 D)已知时,只要测出声波的传播时间差 Δt,就可以求出流体的流速 v,进而可求出流量值。

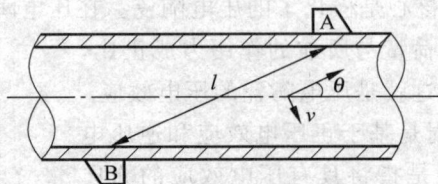

图 2.5-6　超声波传感器测速原理

超声波流量计具有如下特点：

（1）特别适合于大口径管道、大流量的流体流量测量。

（2）对流体介质无特别要求，不仅可以测量液体、气体，甚至对双相介质的流体流量也可以测量；由于采用非接触式测量方式，不用破坏管道，没有压力损失，不会对管道内流体的流动产生影响，并且被测流体也不会对流量计造成磨损或腐蚀伤害，因此可以测量强腐蚀性、非导电性、放射性的流体流量。

（3）超声波流量计的流量测量准确度几乎不受被测流体温度、压力、密度、黏度等参数的影响。测量流体流量精度可达 0.2 级，测量气体精度可达 0.5 级。

（4）超声波流量计的测量范围较宽，一般量程范围可达 20∶1。

2.6　物位变送器及其选型

物位是指存放在容器或工业设备中物质的高度或位置。通常把固体粉末或颗粒状物质堆积的相对高度或表面位置称为料位，把液体在各种容器中积存的相对高度或表面位置称为液位，而把在同一容器中由于密度不同且互不相溶的液体间或液体与固体之间的分界面位置称为界位。液位、料位、界位的测量总称为物位测量。物位测量仪表（简称物位仪）就是测量相关材料的液面和积存（或装载）高度的工业自动化仪表。物位一般可由长度单位或百分数表示。

在工业生产过程中，测量物位的目的主要有两个：一是通过测量物位来确定容器或储罐里的原料、半成品或成品的数量，以保证生产中各环节之间的物料平衡或进行经济核算等；二是通过物位测量可以及时了解生产的运行情况，以便将物位控制在一个合理的范围内，保证安全生产以及产品的数量和质量。

物位测量与被测介质的物理性质、化学性质以及工作条件关系极大，针对不同的测量对象，应选择不同的物位测量仪表。物位仪种类很多，常用的有直读式液位计、差压式物位计、电容式物位仪、超声波式物位仪以及核辐射物位仪等。

2.6.1　静压式液位测量

静压式液位计是根据液体在容器内的液位与液柱高度产生的静压力成正比的原理进行工作的。图 2.6-1(a)为敞口容器的液位测量原理图，将压力计与容器底部

相连,根据流体静力学原理,所测压力与液位的关系为

$$P = H\rho g \tag{2.6-1}$$

式中,P 为容器内取压平面上由液柱产生的静压力;H 为从取压平面到液面的高度;ρ 为容器内被测介质的密度;g 是重力加速度。由式(2.6-1)可知,如果液体介质的密度是已知的,而且在某一工作条件范围内保持恒定,就可以根据测得的压力按下式计算出液位的高度

$$H = \frac{P}{\rho g} \tag{2.6-2}$$

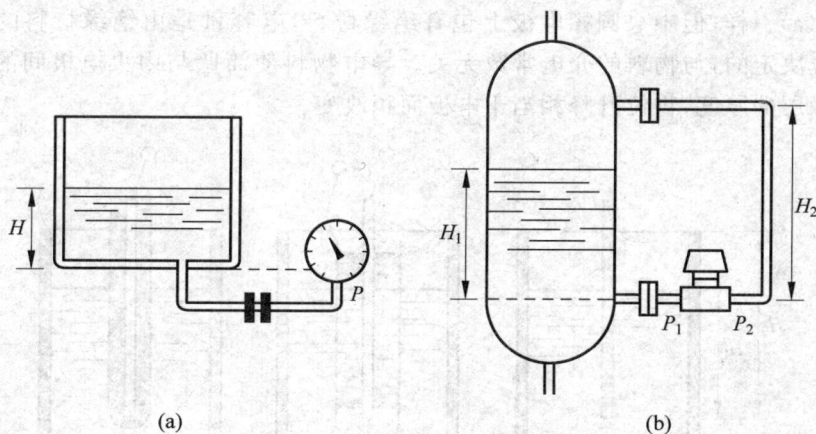

图 2.6-1　单法兰及双法兰液位计

在测量受压密闭容器中的液位时,由于介质上方的压力影响会产生附加静压力,因此可以考虑采用差压法测量液位,其原理如图 2.6-1(b)所示。差压变送器的高压侧与容器底部的取压管相连,低压侧与液面上方容器的顶部相连。如果容器上部空间为干燥的气体,则此时差压变送器高、低压侧所感受的压力差为 ΔP,则液位高度计算公式为

$$H = \frac{\Delta P}{\rho g} \tag{2.6-3}$$

综上所述,利用静压原理测量液位,就是把液位测量分别转化为压力或差压测量,只要量程合适,各种压力和差压测量仪表都可用来测量液位。通常把用来测量液位的压力仪表和差压仪表分别称为压力式液位计和差压式液位计。

2.6.2　电容式液位测量

电容式物位计主要基于圆筒形电容器原理设计,它将被测介质料位的变化转化成电容量的变化,并通过对电容的检测与转换将其变为标准的电流信号输出。

电容式物位计的工作原理如图 2.6-2 所示,大致可分成三种工作方式。图 2.6-2(a)适用于导电容器中的绝缘性物料,且容器为立式圆筒形,器壁为一极,沿轴线插入金

属棒为另一极,其间构成的电容与物位成比例,也可悬挂带重锤的软导线作为电极。忽略杂散电容和端部边界效应的影响,两极间的总电容由料位上部的气体为介质的电容以及料位下部的物料为介质的电容两部分组成,并且与料位的高度成比例,随物位的变化而变化。图 2.6-2(b)适用于非金属容器,或虽为金属容器,但非立式圆筒形,物料为绝缘性的。这时,在棒状电极周围用绝缘支架套装金属筒,筒上下开口或整体上均匀分布多个孔,使内外物位相同。中央圆棒及与之同轴的套筒构成两个电极,其间电容和容器形状无关,只取决物位高低。由于固体粉粒容易滞留在极间,因此这种电极只用于液位的测量。图 2.6-2(c)适用于导电性物料,其形状和位置和图 2.6-2(a)一样,但中央圆棒电极上包有绝缘材料,电容量是由绝缘材料的介电常数和物位决定的,与物料的介电常数无关。导电物料使筒壁与中央电极间的距离缩短为绝缘层的厚度,物位升降相当于电极面积改变。

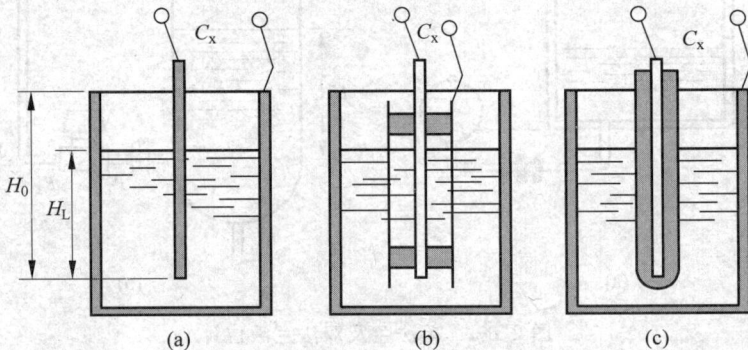

图 2.6-2　电容式物位计的三种工作方式

不难证明,上述三种情况下得到的电容或电容变化量都与物位成正比关系,所以只要测出电容量的变化,便可知道物位高度,传感器转换部分的测量线路通常是采用交流电桥法或充放电方法将电容变化转换为电流量输出,然后送与有关单元,进行物位的显示或控制。

电容式物位计既可测量液位、粉状料位,也可测界位,具有结构简单,安装要求低等特点;同时,其无可动部件,且与物料密度无关。但要求物料的介电常数与空气介电常数差别大,且需用高频电路。此外,当被测介质黏度较大时,液位下降后,电极表面仍会粘附一层被测介质,从而造成虚假液位示值,严重影响测量精度;其他诸如被测介质的温度、湿度等的变化等也会影响测量精度,当精度要求较高时,应采用修正措施。

2.6.3　超声波式液位计

超声波类似于光波,具有反射、透射和折射的性质。当超声波入射到两种不同介质的分界面上时就会发生反射、折射和透射现象,这就是应用超声波技术测量物位的原理之一。超声波液(物)位测量的原理是,由声换能器(传感器)发出一定频率的脉冲超声波射向液面,声波经液(物)体表面反射后,再由同一换能器将该超声波转换为电信号,并由声波的发射和接收之间的时间来计算传感器到被测液(物)体的距离。

超声波传感器(声换能器)由压电元件制成,利用这种晶体元件的逆压电效应,即交变电场(电能)引发振动(声波),以及正压电效应即振动产生交变电场,做成声波发射器和接收器(声换能器)。超声波是机械波,传播衰减小,界面反射信号强,且发射和接收电路简单,因而应用较为广泛。

超声波物位测量的基本原理如图 2.6-3 所示,设超声波探头至物位的垂直距离为 H,由发射到接收所经历的时间为 t,超声波在介质中的传播速度为 v,则存在如下关系

$$H = \frac{1}{2}vt \qquad (2.6\text{-}4)$$

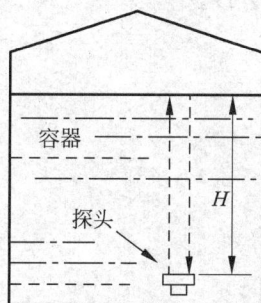

图 2.6-3　超声波物位测量
的基本原理

对于某种介质对应的 v 是已知的,因此,只要测得时间 t 即可确定距离 H,也就是被测物位高度。

超声波液(物)位仪一般是由微处理器控制的数字液(物)位仪表,具有自动功率调整、增益控制、温度补偿,对干扰回波有抑制功能,保证测量结果的真实与准确。由于采用非接触的测量,被测介质几乎不受限制,可广泛用于水、污水、水泥、酸碱、煤粉、泥浆、酒类、饮料等多种环境。但超声波的传播速度受介质的密度、浓度、温度、压力等因素影响,测量精度较低。

2.6.4　雷达式液位计

微波是波长为 1m～1mm 的电磁波,它既具有电磁波的特性,又与普通的无线电波及光波不同。微波遇到各种障碍物易于反射,绕射能力差,传输性能好,受烟雾、火焰、灰尘、强光等影响很小。介质对微波吸收与介质的介电常数成比例,水对微波的吸收作用最强。当前广泛应用于石化领域的雷达式物位计就是一种采用微波技术的物位测量仪表。它没有可动部件,不接触介质,没有测量盲区,可用于对大型固定顶罐、浮顶罐内腐蚀性液体、高黏度液体、有毒液体的液位进行连续测量。而且测量精度几乎不受被测介质温度、压力、相对介电常数及易燃易爆等恶劣工况的限制。

雷达式物位计是以时域反射(time domain reflectometry)原理为基础,雷达波由天线发出,波与液面相遇后,一部分波被反射,被同一天线接收,通过往返时间计算即可测量液位。如图 2.6-4 所示,雷达波往返时间 t 正比于天线到液面的距离,其运行时间与物位距离关系为

$$t = 2\frac{d}{c} \quad \text{或者} \quad d = c\frac{t}{2} \qquad (2.6\text{-}5)$$

$$H = L - d = L - c\frac{t}{2} \qquad (2.6\text{-}6)$$

式中，c 为电磁波传播速度（3.0×10^8 m/s）；d 为被测介质与天线之间的距离（m）；t 为天线发射与接收到发射波的时间差（s）；L 为天线距罐底高度（m）；H 为液位高度（m）。

由式（2.6-5）和式（2.6-6）可知，只要测得微波的往返时间 t，即可计算得到液位高度 H。

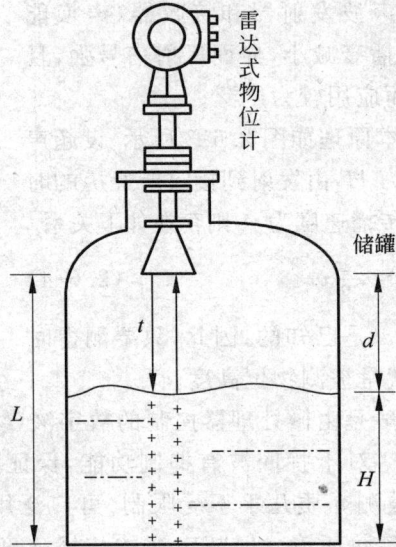

图 2.6-4　雷达式物位测量的基本原理

2.7　成分分析仪表

成分分析仪表是对物质的化学成分及性质进行分析的仪表。可以用来测量生产过程中原料、中间产品及最后产品的性质和含量。通过它来判断生产过程进行得正常与否，比其他工艺参数（如温度、压力、流量等）更直接、也更有效。随着科学技术的发展，成分分析仪表已深入到石油、化工、冶金、制药、食品、卫生及环保等众多领域。它对于提高产品质量、降低能源消耗、保证安全生产、防止环境污染等方面都具有十分重要的意义，并将发挥越来越大的作用。

成分分析仪表可以用来测量物质的组成和含量以及物质的各种物理特性。成分分析仪表又分为实验室分析仪器和过程分析仪表两大类。过程分析仪表大多数是从实验室分析仪器演变而来的，但它们往往要求安装在现场，能够自动地连续取样，对试样进行预处理（抽吸、过滤、干燥等），自动地进行分析、信号的处理和远传。对过程分析仪表来讲最重要的是要求稳定、可靠、连续运行。它们的精度往往比实验室分析仪表略低。

过程分析仪表在石油、化工、冶金、电力、食品、制药、轻工等行业以及环保工程、生物工程方面都有着广泛的用途,是自动化仪表的一个重要组成部分,它对于提高产品质量、降低能源消耗、保证生产安全、防止环境污染等方面都起着十分重要的作用。例如对工业窑炉烟气中含氧量的分析,可以得到炉膛中过剩空气系数值的大小,进而调整锅炉的送风量,以保证最佳空气燃料比,这样就可以达到节约能源、减少环境污染的双重效果。在化肥工业合成氨生产流程中,用工业气相色谱仪对变换器中的 CO_2、CO、N_2 和 O_2 的含量进行分析,对变换效率进行监视,这对提高产量具有重要的作用。在制药工业中、用 pH 酸度计监视青霉素的发酵生产过程。在水产养殖场中用溶解氧测量仪对水中含氧量进行监视,它们对生产过程的顺利进行都起着重要的作用。另外,易燃易爆气体对安全生产是一个巨大的威胁,有毒气体和腐蚀性气体、氧化性气体对人员和设备的影响更是人所共知。这一切都必须进行有效的监测并加以有效的控制。

2.7.1　热导式气体分析仪

热导式气体分析仪是热学式成分分析仪的一种,是历史最悠久的一种物理分析方法,它具有结构原理简单,易于工程实现等特点。

我们知道,热量的传递一般以三种方式进行:导热(传导)、对流和热辐射。固体、液体和气体都有导热换热的能力。各种物质组分的导热能力是有一定差异的,对于多组分气体,由于组分含量不同,混合气体的导热能力将会发生变化。根据传热学理论,影响物质导热能力的主要因素是导热系数,介质不同,导数系数大小就不同。一般来说,固体和液体的导热系数比较大,气体的导热系数比较小。

气体导热的实质是气体分子在热运动过程中相互碰撞而传递能量。气体导热系数与温度有关,当温度上升时,分子热运动加剧,因而导热系数增大,在一定范围内,气体的导热系数与温度的关系可写成

$$\lambda = \lambda_0(1 + \beta \cdot t) \qquad (2.7\text{-}1)$$

式中,λ 是温度为 t 时介质的导热系数;λ_0 是温度为 0℃ 时介质的导热系数;β 是介质导热系数的温度系数。当然,气体导热系数也会随气体压力变化而变化,因为气体在不同的压力下密度不同,导热系数必然也不相同,但在常压范围内,压力变化不大时,导热系数没有明显的变化。表 2.7-1 给出了常用气体的相对导热系数(各种气体的导热系数与相同条件下空气导热系数的比值)及其温度系数的数值。

表 2.7-1　常见气体的相对导热系数及温度系数

气体名称	相对导热系数(0℃时)	温度系数(℃)(0~100℃)
空气	1.000	0.00253
一氧化碳	0.964	0.00262
甲烷	1.318	0.00655
氮	0.998	0.00264
乙烷	0.807	0.00583

气体名称	相对导热系数(0℃时)	温度系数(℃)(0～100℃)
氩	0.685	0.00311
乙烯	0.735	0.00763
氧	1.015	0.00303
氖	1.991	0.00256
氢	7.130	0.00261
二氯甲烷	0.273	0.00530
二氧化碳	0.614	0.00495
二氧化硫	0.344	—

从上表可以看出,氢气的导热系数特别大,是一般气体的 7 倍多。此外,CO_2 等气体的导热系数比一般气体要小,大多数无机气体的导热系数与空气相近,近似为 1。使用热导式气体分析仪主要用来分析一个混合气体中 H_2 的含量。此外,也可以用来分析 CO_2、SO_2、NH_3 等气体的含量或上述气体中杂质的含量。

混合气体的导热系数是由所含组分气体的导热系数共同决定的,对于彼此之间不起化学反应的多种组分的混合气体,其(平均)导热系数可以近似认为是各组分导热系数的加权平均值,即

$$\lambda_m = \sum_{i=1}^{n} \lambda_i C_i \tag{2.7-2}$$

式中,λ_m 是混合气体的平均导热系数;λ_i 是混合气体中第 i 组分的导热系数;C_i 为混合气体中第 i 组分的体积百分比含量。导热系数的大小可以用实验的方法确定。

我们设混合气体中的待测组分 $i=1$,其体积百分比含量为 C_1。若混合气体中除待测组分外的其余气体(我们称之为背景气体)的导热系数基本相同,即 $\lambda_2 \approx \lambda_3 \approx \cdots \approx \lambda_n$,同时满足 $C_1 + C_2 + \cdots + C_n = 1$,则有

$$\lambda_m = \lambda_1 C_1 + \lambda_2 (C_2 + C_3 + \cdots + C_n)$$
$$= \lambda_1 C_1 + \lambda_2 (1 - C_1)$$
$$= \lambda_2 + (\lambda_1 - \lambda_2) C_1 \tag{2.7-3}$$

上式表明待测组分浓度 C_1 与多组分混合气体平均导热系数 λ_m 的函数关系。从以上推导的假设条件及函数关系可以知道,要使 λ_m 与 C_1 之间有唯一确定的函数关系,应满足下列条件:

(1)背景气体的导热系数要基本相同,即 $\lambda_2 \approx \lambda_3 \approx \cdots \approx \lambda_n$,近似程度越高,仪表的测量精度就越高。若有个别气体的 λ 值与其他背景气体相差较远时,则被视为测量的干扰成分,在分析之前要去除掉。

(2)待测气体的导热系数 λ_1 要与背景气体的导热系数 λ_2 有较大的差别,这种差别越大,则仪表的灵敏度越高。所以用热导式气体分析器测量 H_2 的含量时灵敏度是最高的。

例如,要分析某一烟道中二氧化碳的含量,混合气体中除含 CO_2 外,还有 SO_2,

N_2，O_2，CO 等。由表 2.7-1 可知，除待分析的 CO_2 的导热系数为 0.614 外，其余组分的导热系数 N_2 为 0.998，O_2 为 1.015，CO 为 0.964，彼此相近，可近似等于 1，这与待分析组分相差相当大，但 SO_2 的导热系数为 0.344，与其他组分的导热系数相比很小，如果其含量过高，必然会给分析结果带来很大的误差，一般称这种组分为干扰组分。对干扰组分应采用措施，在预处理系统中滤掉后才能送入检测器。例如，可通过硫化物过滤器，用化学方法除去 SO_2。

上面分析结果表明，通过对混合气体的导热系数的测量就可以确定待分析组分的含量，但实际上要直接测量气体的导热系数是很困难的，目前一般是将气体导热系数的测量转化为对置于气体中的热敏电阻的阻值测量。

图 2.7-1 是热导式气体分析仪的检测器结构示意图。检测器又称热导池，其中包括圆柱形腔体（内壁半径为 r_c）以及悬挂其中作为热敏元件的铂或钨的细电阻丝，电阻丝通过引线与电源连接，引线与腔体之间用绝缘件保持绝缘。当热敏电阻上通以恒定电流 I 时，电阻丝产生的热量会向四周散发，当热导池内通入待分析气体，而气体的流量很小时，热量主要靠气体的导热散失。假定热敏电阻通过的电流恒定，气室壁温度 t_c 恒定（一般都有恒温装置），那么电阻丝的热平衡温度就由气体的导热系数决定。例如，如果我们用热导池来测量混合气体中氢气的含量，当混合气体中氢气含量增加时，混合气体导热系数 λ_m 会增大，电阻丝产生的热量通过气体传导到热导池壁的热量必然也会增大，电阻丝的平衡温度 t_n 就会下降，这就导致电阻丝的电阻值 r_n 的减小。这样，我们就将气体导热系数的变化，转换为电阻丝阻值的变化，然后用平衡电桥或不平衡电桥来测定电阻丝的阻值，从而实现氢气含量的测量。

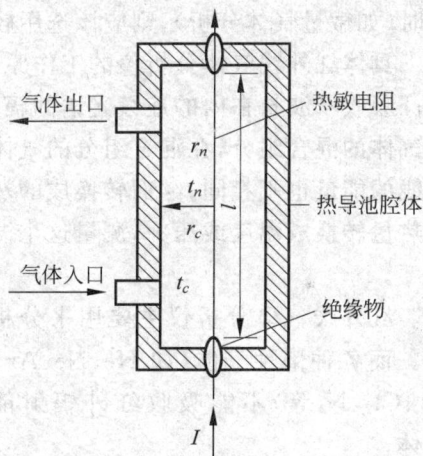

气体出口

热敏电阻

热导池腔体

气体入口

绝缘物

I

图 2.7-1　热导池的基本结构

2.7.2　红外线气体分析仪

红外线气体分析仪是利用不同气体对红外波长的电磁波能量具有特殊的吸收特性而进行分析的。红外线是指波长为 $0.76 \sim 300 \mu m$ 的不可见光波，也是一种电磁波。在工业红外线分析仪中使用的红外线波长一般在 $1 \sim 25 \mu m$ 之间。气体分析器属于光学式分析仪器中的一种，光学式分析仪器品种之多、测量对象之广在分析仪器中位居首位。

各种气体的分子本身都具有特定的振动和转动频率，只有当红外线光谱的频率和气体分子本身的特定频率相同时，这种气体分析才能够吸收红外光谱的辐射能，并部分地转化成热能，从而利用测温元件来测量红外辐射能的大小。这就是利用红外线进行气体成分分析的基本原理。

光的吸收定律即朗伯—贝尔定律描述了单色平行光通过均匀介质时能量被介质吸收的规律，该定律可表达为

$$I = I_0 e^{-\mu cl} \tag{2.7-4}$$

式中，I_0 为入射光强度（辐射强度）；I 为透射出的光强度（辐射强度）；l 为光通过待测组分的路径长度；c 为待测组分的浓度；μ 为待测组分的吸收系数。

根据式（2.7-4）可以看出，当 I_0、l 一定，同时具体气体的 μ 又是一定时，红外线通过待测组分后透光强度 I 与待测组分浓度 c 之间就成单值函数关系，并且呈指数规律变化。将式（2.7-4）按照幂级数展开，当 $\mu cl \ll 1$ 时，该式可近似为

$$I = I_0(1 - \mu cl) \tag{2.7-5}$$

此时，I 与 c 之间就成线性关系。

为了满足上述近似条件，当被测气体确定后，μ 就确定了，此时只能够使 cl 的值尽量取小。因此，当被测气体的浓度 c 较大时，应选用较短测量（分析）气室；当 c 较小时（如微量气体分析），则应该选用较长的测量（分析）气室。

具体红外线气体分析仪的工作原理是，首先用人工方法制造一个包括被测气体待征吸收峰波长在内的连续光谱的辐射源，让这个连续光谱通过固定厚度的含有被测气体的混合组分，在混合组分的气体层中，被测气体的浓度不同，吸收固定波长红外线的能量也不相同，继而转换成的热量也不相同。在这个特制的红外检测器中再将热量转换成温度或压力，测量这个温度或压力就可以准确地测量出被分析气体的浓度。

红外线气体分析仪主要用来分析 CO、CO_2、CH_4、C_2H_2、C_2H_4、C_2H_6 及水蒸气等。而各种惰性气体（如 He、Ne、Ar 等）以及相同原子组成的双原子气体（如 O_2、H_2、Cl_2、N_2 等）不能吸收红外辐射能，所以红外线气体分析仪不能够分析这类气体。

红外气体分析仪具有灵敏度高、精度高、选择性能好等特点，并且能够进行连续分析，操作简单、维护方便，广泛用于石油、化工、环保、医疗卫生等部门，特别适用于工业流程的气体监视及大气污染的自动气体分析。

2.7.3　色谱分析仪

色谱分析方法是一种高效、快速、灵敏的物理式分离分析方法，它可以定性、定量地把几十种组分一次全部分析出来。因此，被广泛应用于石油、化工、医药、食品等生产及科研中。

色谱法是一种物理的分离方法，它包括两个核心技术，第一是分离技术，它要把复杂的多组分的混合物分离开来，这取决于现代色谱柱技术。第二是检测技术，经过色谱柱分离开的组分要进行定性和定量的分析，这取决于现代检测器技术。

色谱分析方法是在 20 世纪初,由俄国植物学家茨维特(M. Tswett)创立的。当初他想研究植物叶绿素的组成,于是把植物叶绿素浸取液加到装满碳酸钙($CaCO_3$)颗粒的一支玻璃试管的顶端,此时浸取液中的叶绿素就被吸附在试管顶端的碳酸钙颗粒上。然后用纯净的石油醚倒入试管内加以冲洗。由于碳酸钙对不同的植物色素吸附能力不同,吸附能力弱的色素较快地通过吸附剂,而吸附能力强的色素则受到较长时间的滞留,前进较慢。于是,试管内叶绿素慢慢地被分离成几个具有不同颜色的谱带,按谱带的颜色对混合物进行鉴定,发现果然是叶绿素所含的不同成分。当时茨维特即把这种分离的方法称为色谱法,该方法是根据颜色谱带的不同来分析物质成分。这种最早的分析方法就是现代色谱分析技术的雏形。当时使用的试管,我们现在称之为色谱柱,碳酸钙颗粒称为固定相(吸附剂),石油醚称为流动相(冲洗剂),而植物叶绿素称做被分析的样品。

一根简单的色谱柱加上冲洗剂竟能轻而易举地完成了当时认为极难分离的物质,确实是一项重大的发现,引起了广泛的注意。近百年来色谱技术有了很大发展,最初分离出的有色物质只能用肉眼来观察区别,现已用灵敏度高而选择性好的各种检测器所代替,因此,色谱的分析对象已远远不限于有色物质了,但色谱这个名称却一直沿用下来。

在色谱分析法中,凡移动相是液态的称为液相色谱,移动相是气态的称为气相色谱。固定相与流动相配合可分别组成气—固、气—液、液—固和液—液色谱技术。对于气—固色谱来讲,是吸附和脱附的过程;对于气—液色谱来讲,是溶解和析出的过程。由于物质在气态中传递速度快,样气中各组分与固定相作用次数多,所以气象色谱分离效能高、速度快;加之气相检测器的灵敏度高,使气相色谱获得了最广泛的应用。

工业流程中使用的色谱仪一般为气相色谱仪,这是一种使用冲洗法的柱色谱的分离技术。

气相色谱仪的基本设备和工作流程如图 2.7-2 所示。气相色谱仪中的流动相为气体,称之为载气,一般可以用 N_2、H_2、He、Ar 等。载气装在高压载气瓶中,经过减压阀调整后输出,再经过流量计以便监视载气流速的变化,调整减压阀可以调节载气流量的大小。被分析样品进样后,首先进入汽化室。若样品为液体则会立即汽化(这是由加热装置完成的)。进入的样品在载气的带动下进入色谱柱,色谱柱安装在由电路控制的恒温箱(色谱炉)内。由于载气的不断冲刷,具有不同吸附能力的组分在色谱柱中前进的速度产生了差别,因而各种组分流出色谱柱的时间也就不同。组分流出色谱柱后进入检测器中,在检测器中产生电信号,经放大器放大处理后由记录仪在记录纸上画出随时间变化的一组曲线,称之为色谱图,图中每一个组分的色谱流出曲线称为色谱峰,每个色谱峰对应一种组分。根据出峰时间先后,峰的形状可进行定性和定量分析。为了保持仪器工作稳定,要求保证色谱柱及某些检测器温度恒定,为此将这些部件装在恒温箱中,由恒温控制器调节温度、温度高低由分析对象所决定。

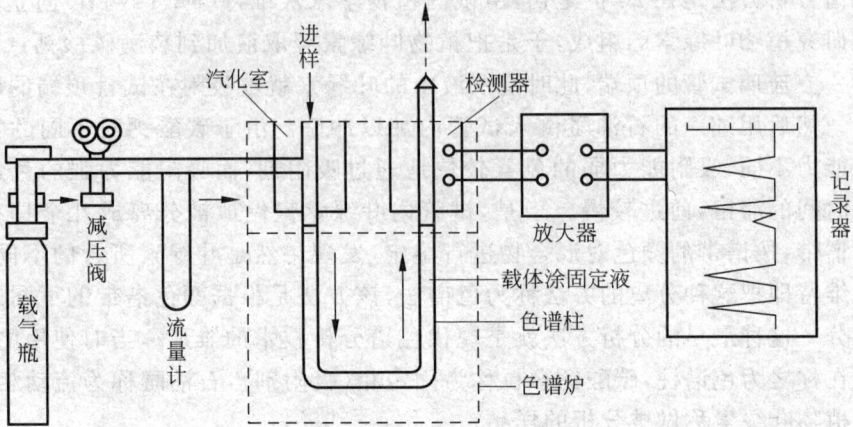

图 2.7-2　气相色谱仪的基本设备和工作流程

从图 2.7-3 中可以看出,两个组分 A、B 的混合物经过一定长度的色谱柱后,逐步分离,在不同的时间流出色谱柱,进入检测器产生输出信号,于是在记录仪中出现色谱峰。我们可以根据色谱峰出现的不同时间,如 t_1 和 t_5 来进行定性分析,同时还可以根据色谱峰的高度或峰面积进行定量分析。

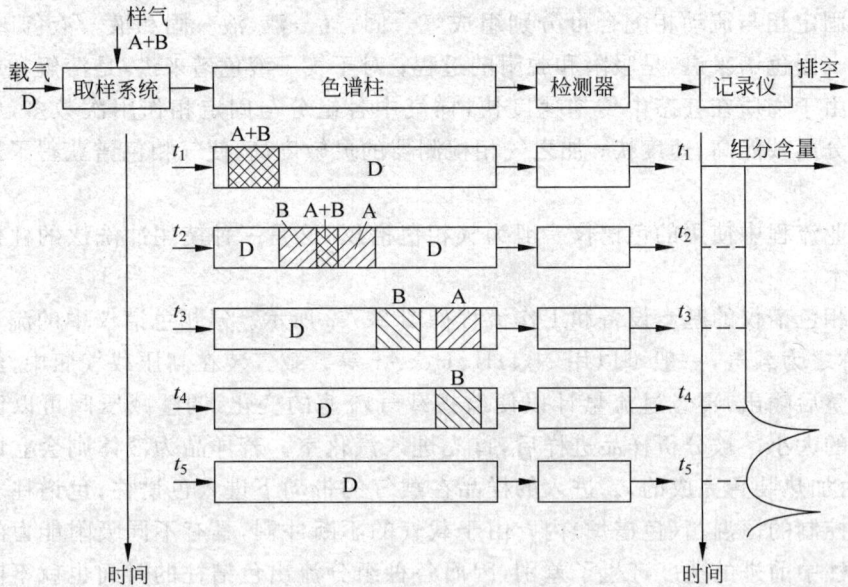

图 2.7-3　混合物的色谱分离过程

近年来,微处理器已应用于色谱分析,检测器的输出色谱峰信号可直接送入微机的信号处理系统,经处理装置的转换、运算等信息处理后,可直接显示或打印出成分量的数据。

气相色谱分析仪具有下述特点:

① 高效率,它可以一次分析上百种组分;

② 高选择性,对同位素和烃类异构体这种性质极为相近的物质也能区分;

③ 高灵敏度,它可进行痕量分析;

④ 高速度,在几分钟至几十分钟内可以连续测得上百个数据;

⑤ 范围广,对于气体、液体、有机物和无机物都可以分析。

色谱法是一种分离的技术,它可以定性、定量地一次分析多种物质,但它不能发现新的物质。如果它与质谱仪、光谱仪及核磁共振仪联用,就会成为剖析未知物质的有效工具。除了进行多组分混合物成分分析的分离色谱技术外,还有制备色谱技术,用这种方法可以制备一种或多种高纯的物质、纯度可达 99.99%,大规模的生产可在工厂里完成,小规模的制备,例如制备几毫克的纯净物质,可在实验室里进行。

2.7.4　氧化锆氧量分析仪

氧化锆(ZrO_2)是一种在高温时对氧离子具有良好传导特性的固体电介质,氧化锆氧量分析仪是根据氧浓差电池原理来进行工作的。这种氧量计与其他过程气体分析仪器的最大不同在于,氧化锆探头可以直接插入烟道中连续检测分析各种工业窑炉烟气中的氧含量,从而系统可以根据其氧含量控制送风量,以保证最佳的空气燃料比,达到节能及环保的双重目的。所以,氧化锆氧量分析仪在冶金、化工、炼油、电力等工业部门被广泛用来分析各种工业锅炉、轧钢加热炉、窑炉中烟道气中的氧含量。

氧浓差电池原理如图 2.7-4 所示,它是由掺杂有 CaO 的 ZrO_2 固体电解质以及两侧用涂敷和烧结的方法制成的几微米到几十微米厚的多孔铂层及焊在铂层上的铂丝引线所组成。测试时,电池一侧通以参比气体,一般为空气(氧浓度为 20.95%);另一侧通以待分析烟气(氧含量一般为 4%~6%)。当待分析烟气和参比气体含氧浓度不同时,则探头便输出一个与两侧氧气浓度差相关的输出电动势,称为浓差电动势。只要测出浓差电动势,就可测出待分析气体的氧含量。

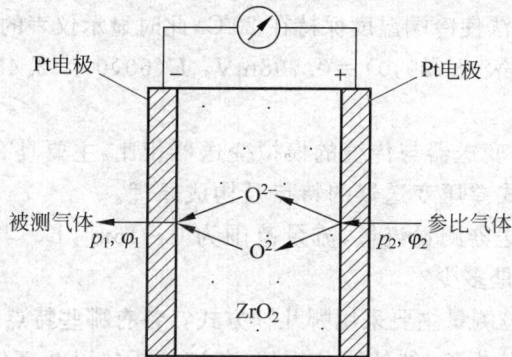

图 2.7-4　氧化锆氧浓差电池原理

氧浓差电动势 E 可由下式计算

$$E = 4.961 \times 10^{-5} T\lg \frac{20.95}{c_x} \qquad (2.7\text{-}6)$$

式中，T 为待测气体的绝对温度(K)，c_x 为待分析气体的氧含量(%)。

从式(2.7-6)可知，氧浓差电动势的大小与测试探头的温度及待分析气体的含氧量有关，在温度 T 一定时，浓差电动势就只是待分析气体含氧浓度的函数。一般在工程中，使探头处于恒定温度(550~850℃)下工作，或在仪表线路中采取温度补偿措施。

氧化锆氧量分析仪作为电化学式成分分析仪，主要包括氧化锆探头(或称氧浓差电池)、转换电路及显示装置等部分。氧化锆氧量分析仪具有灵敏度高，速度响应快，安装使用方便等特点，是目前工业上测量烟道气氧含量的主要测量仪表。

过程参数的检测是生产过程自动化系统中的难题之一，到目前为止，许多过程参数仍然不能被准确地在线测量和获取，各种新的检测仪表还在不断地研究和发展中，本章仅对一些比较成熟且在过程工业中有普遍应用的检测技术及测量仪表进行了讨论。

习题与思考题

2-1　什么是两线制变送器？智能型变送器主要有哪些优点？

2-2　请简要叙述直流电流信号传输标准具有什么特点？

2-3　某控制系统根据工艺设计要求，需要选择一个量程为 0~100m³/h 的流量计，要求流量检测误差小于 ±0.6m³/h，试问选择何种精度等级的流量计才能满足系统设计要求？

2-4　热电偶测温的原理是什么？热电偶回路产生热电势的必要条件是什么？

2-5　热电偶中间导体定律与中间温度定律是什么？有什么实用性？

2-6　利用热电偶测温时，为什么要采用补偿导线对冷端进行补偿？

2-7　补偿导线的作用是什么？使用补偿导线时应注意什么？

2-8　用分度号为 K 的镍铬-镍硅热电偶测量温度，在没有采取冷端温度补偿的情况下，显示仪表指示值为 500℃，而这时冷端温度为 60℃。试问：实际温度应为多少？如果热端温度不变，设法使冷端温度保持在 20℃，此时显示仪表的指示值应为多少？

（提示：根据分度表，$E(20,0)=0.798$mV，$E(60,0)=2.436$mV，$E(500,0)=20.64$mV）

2-9　试述智能型变送器与传统的模拟变送器相比，主要具有哪些优势？

2-10　说明电容式差压变送器的特点及构成原理。

2-11　用差压变送器测量流量，流量范围为 0~16m³/h。当流量为 12m³/h 时，问变送器的输出电流是多少？

2-12　常用的液位测量主要采用哪几种方式？各有哪些特点？其应用有何不同？

2-13　试述热导分析仪、红外线分析仪、色谱分析仪以及氧化锆分析仪的工作原理及用途。

第3章

过程执行器与防爆栅 >>>>

3.1　过程执行器

执行器(actuator)处于过程控制回路的最终位置,因此又称最终控制部件(final control element),它是自动控制系统中的操作环节,其作用是接受控制器输出的控制信号,并转换成位移(直线位移或角位移)或速度,以改变流入或流出被控过程介质(物料或能量)的大小,将被控变量维持在所要求的数值上(或范围内),从而达到生产过程的自动化。

如果把自动调节系统与人工调节过程相比较,检测单元是人的眼睛,调节控制单元是人的大脑,那么执行单元就是人的手和脚。要实现对工艺过程某一参数如温度、压力、流量、液位等的调节控制,都离不开执行器。

从结构上看,执行器一般由执行机构和调节机构两部分组成。执行机构是执行器的推动部分,它按照调节器所给信号的大小,产生推力或位移;调节机构是执行器的调节部分,最常见的是调节阀,它受执行机构的操纵,改变阀芯与阀座间的流通面积,调节工艺介质的流量。

根据执行器所配执行机构使用的动力,执行器可分为气动、电动、液动三种,即以压缩空气为动力源的气动执行器,以电为动力源的电动执行器,以液体介质(如油等)压力为动力的液动执行器。一般来说,调节阀部分是通用的,既可以与气动执行机构匹配,也可以与电动执行机构或其他执行机构匹配。

近年来,随着变频调速技术的应用,一些控制系统已开始采用变频器和相应的电动机(泵)等设备组成执行器,取代调节阀,通过采用变频调速技术,采用变频器改变有关运转设备的转速,降低能源消耗。

考虑到执行器,特别是调节阀,安装在生产现场,直接与介质接触,通常在高温、高压、高黏度、强腐蚀、易结晶、易燃易爆、剧毒等场合下工作,其结构、材料和性能直接影响过程控制系统的安全性、可靠性和系统的控制质量,因此,应引起足够的重视。

3.1.1　电动执行器

电动执行器由执行机构和调节阀两部分组成,其中,调节阀部分与气动执行器是通用的,不同的只是电动执行器使用电动执行机构,即使用电动机等电的动力来驱动调节阀。

最简单的电动执行器是电磁阀,它利用电磁铁的吸合和释放,对小口径阀门进行通断两种状态的控制。由于结构简单、价格低廉,常和两位式简易调节器组成简单的自动调节系统,在生产中有一定的应用。除电磁阀外,其他连续动作的电动执行器一般都使用电动机作动力元件,将调节器来的信号转变为阀的开度。

连续动作的电动执行器将来自控制器的 $4\sim20\mathrm{mA}$ 阀位指示信号转换为实际的阀门开度,其具有一般随动系统的基本结构,如图 3.1-1 所示。从调节器来的控制信号通过伺服放大器驱动伺服电机,经减速器带动调节阀,同时经位置反馈机构将阀杆行程反馈给伺服放大器,组成位置随动系统;依靠位置负反馈,保证输入信号准确地转换为阀杆的行程。此外,其间一般还配备有手动操作器,可进行手动操作和电动操作的切换;可在现场通过转动执行器的手柄,就地进行手动操作。

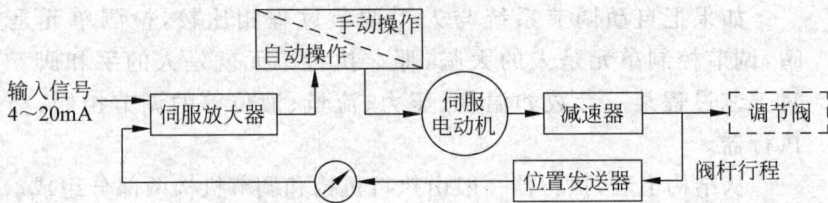

图 3.1-1　电动执行机构的基本原理

电动执行机构具有动作迅速、响应快、所用电源取用方便、传输距离远等特点;电动执行机构根据配用的调节阀不同,输出方式有直行程、角行程和多转式三种类型,可和直线移动的调节阀、旋转的蝶阀、多转的感应调压器等配合工作;也可根据输入信号与输出位移的关系,分为比例式、积分式两类,比例式电动执行机构的输出位移与输入信号成正比,积分式电动执行机构的输出位移与输入信号对时间的积分成正比。

气动执行机构在整个控制阀运行过程中都需要有一定的气压,虽然可采用消耗量小的放大器等,但日积月累,耗气量仍是巨大的。采用电动执行机构,在改变控制阀开度时,需要供电,在达到所需开度时就可不再供电,因此,从节能看,电动执行机构比气动执行机构有明显节能优点。

电动执行机构主要具有如下特点:

①　电动执行机构一般有阀位检测装置来检测阀位(推杆位移或阀轴转角),因此,电动执行机构与检测装置等组成位置反馈控制系统,具有良好的稳定性。

②　电动执行机构通常设置有电动力矩制动装置,使电动执行机构具有快速制动

功能,可有效克服采用机械制动造成机件磨损的缺点。

③ 结构复杂、价格昂贵,且不具有气动执行机构的本质安全性,当用于危险场所时,需考虑设置防爆、安全等措施。

④ 电动执行机构需与电动伺服放大器配套使用,采用智能伺服放大器时,也可组成智能电动控制阀。通常,电动伺服放大器输入信号是控制器输出的标准 4～20mA 电流信号或相应的电压信号,经放大后转换为电动机的正转、反转或停止信号。

⑤ 适用于无气源供应的应用场所、环境温度会使供气管线中气体所含的水分凝结的场所和需要大推力的应用场所。

近年来,电动执行机构也得到较大发展,主要是执行电动机的变化。由于计算机通信技术的发展,采用数字控制的电动执行机构也已问世,例如步进电动机的执行机构、数字式智能电动执行机构等。

3.1.2　气动执行器

气动执行器是指以压缩空气为动力的执行器,一般由气动执行机构和调节阀组成。目前使用的气动执行机构主要有薄膜式和活塞式两大类。其中,气动活塞式执行机构依靠气缸内的活塞输出推力,而气缸允许压力较高,故可获得较大的推力,并容易制成长行程的执行机构。气动薄膜执行机构则使用弹性膜片将输入气压转换为推力,由于结构简单,价格低廉,使用更加广泛。

典型的力平衡式气动薄膜执行器的结构如图 3.1-2(a)所示,它可以分为上、下两部分。上半部分是产生推力的执行机构;下半部分是调节阀。气动薄膜执行机构主要由弹性薄膜、推杆和平衡弹簧等部分组成。当 20～100kPa 的标准气压信号 P 进入薄膜气室时,在膜片上产生向下的推力,并克服弹簧反力,使推杆产生位移,直到弹簧的反作用力与薄膜上的推力平衡为止。因此,这种执行机构的特性属于比例式,即平衡时推杆的位移与输入气压大小成比例。图中,调节螺丝可用来改变压缩弹簧的起始压力,从而调整执行机构的工作零点。

调节阀部分主要由阀杆、阀体、阀芯及阀座等部件组成。当阀芯在阀杆的带动下在阀体内上下移动时,将改变阀芯与阀座之间的流通面积,调节通过的介质流量。图 3.1-2(a)所示为单座调节阀,所谓"单座"是指只有一套阀芯阀座。单座调节阀的缺点是被调节流体对阀芯有作用力。例如,当流体如图 3.1-2(a)所示自左向右流动时,阀芯将受到一定的向上推力,在阀门全关时此推力最大;当流体自右向左流动时,由于流体对阀芯有抽吸作用,在阀芯上将受到一个向下的作用力。在阀前后压差高或阀尺寸大时,这一作用力可能相当大,严重时会使调节阀不能正常工作。因此,在自动调节系统中,有时需要采用如图 3.1-2(b)所示的双座阀,它有两套阀芯、阀座,流体同时从上下两个阀座通过,由于流体对上下阀芯的作用力方向相反而大致抵消,因而双座阀的不平衡力小,适宜做自动调节之用。双座阀的缺点是上下两

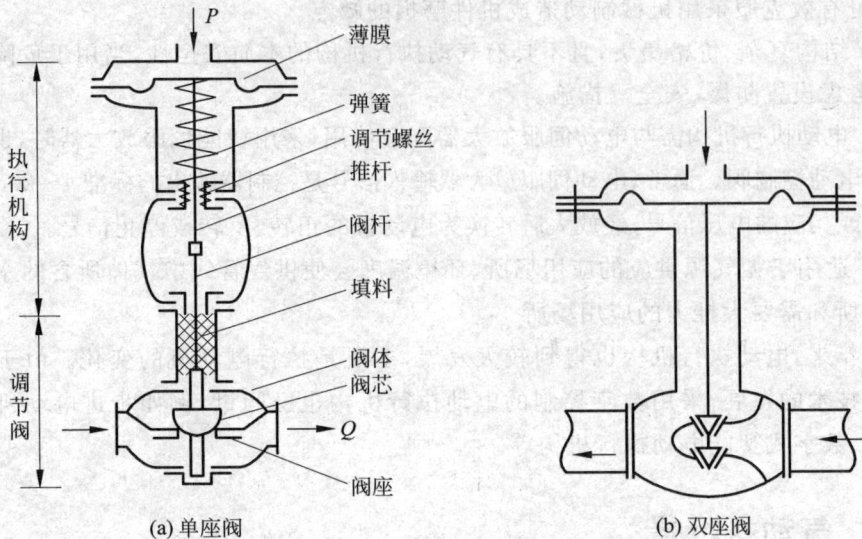

图 3.1-2　气动执行器

组阀芯不容易保证同时关闭,因而关闭时泄漏量比单座阀大。此外,成本也比单座阀高。单座阀与双座阀的实物剖面图如图 3.1-3 所示。

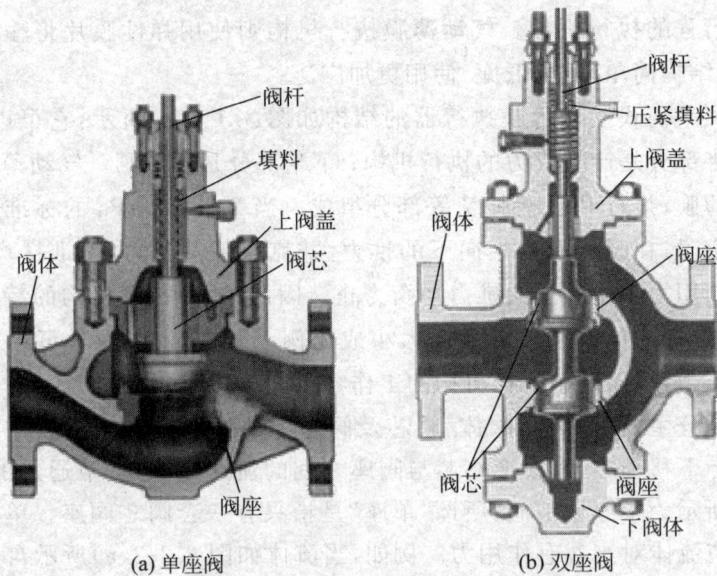

图 3.1-3　单座阀与双座阀的实物结构

气动执行器的阀杆位移是由薄膜上的气压推力与弹簧反作用力平衡来确定的,因此阀杆摩擦力、被调介质压力变化等附加力会影响定位精度。为此,可采用(模拟)电/气阀门定位器,如图 3.1-4 所示,其作用是把控制器输出的 4~20mA 电信号按比例转换成驱动调节阀动作的 20~100kPa 的气动信号,推动气动执行机构动作,而且具有阀门定位功能,即利用负反馈原理来改善调节阀的定位精度和灵敏度,从而确保阀芯位置按调节仪表来的气动信号准确执行,从而实现阀芯的准确定位。具体工作原理是这样的,输入电流 I 通过绕于杠杆外的力线圈,它产生的磁场与永久磁铁相作用,使杠杆绕支点 O 转动,改变喷嘴挡板机构的间隙,使其背压改变,此压力变化经气动功率放大器放大后,推动薄膜执行机构使阀杆移动。在阀杆移动时,通过连接杆及反馈凸轮,带动反馈弹簧,使弹簧的弹力与阀杆位移成比例变化,在反馈力矩等于电磁力矩时杠杆平衡。这时,阀杆的位移必定精确地由输入电流 I 确定。

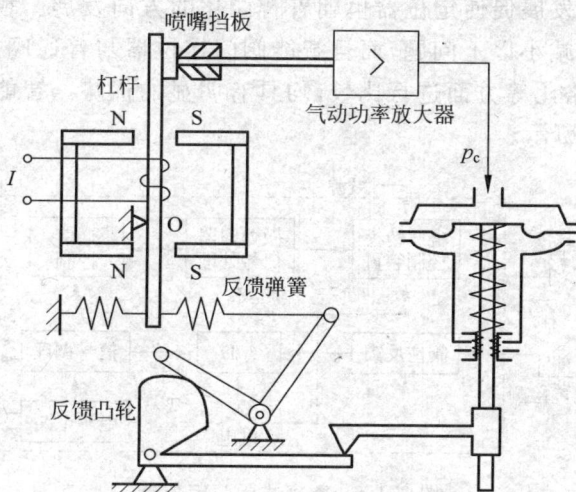

图 3.1-4　模拟电/气阀门定位器的基本原理

阀门定位器的主要功能如下:

(1) 实现准确定位。通过阀位负反馈,可以有效克服阀杆的摩擦,消除调节阀不平衡力的扰动影响,增加调节阀的稳定性。

(2) 改善调节阀的动态特性。可以有效地克服气压信号的传递滞后,改变原来调节阀的一阶滞后特性,使之成为比例环节。

(3) 改善调节阀的流量特性。通过改变阀门定位器中反馈凸轮的几何形状,可改变反馈量,即补偿或修改调节阀的流量特性。

(4) 实现分程控制。当采用一个控制器的输出信号分别控制两只气动执行器工作时,可用两个阀门定位器,使它们分别在信号的某一区段完成行程动作,从而实现分程控制。

虽然阀门定位器的出现使调节阀的调节品质得到了明显的改善,但是它仍然存在着以下几个问题:

(1) 因采用机械力平衡式原理工作,定位器中有很多相互作用的小零件,可动件较多,容易受温度波动的影响,误差较大。

(2) 耐环境性差。采用机械力平衡式原理的定位器易受到外界振动的影响,外界振动传到力平衡机构,有时会使定位器难以工作。

（3）装好的调节阀由于尺寸、衬垫摩擦等是多变的，若将各种调节阀也作相应改变，达到最佳控制状态，难以实现。

（4）喷嘴本身就是一个潜在的故障源，易被空气中的灰尘或污染颗粒堵住，使定位器不能正常工作。

（5）能耗大。常规定位器由喷嘴连续供给压缩空气，在执行器处于稳定状态也要供给压缩空气，当工厂使用的执行器较多时，能耗较大，也即所费成本较大。

（6）常规定位器零点和行程的调整分别用手动调整，需反复进行，很费时间。

计算机技术的发展促使定位器也朝着智能化的方向发展。智能阀门定位器不仅能很好地消除或减小以上问题，而且智能阀门定位器与普通阀门定位器在性能、使用情况、性能价格比等方面进行比较，均具有明显的优势。智能阀门定位器的具体组成如图 3.1-5 所示。

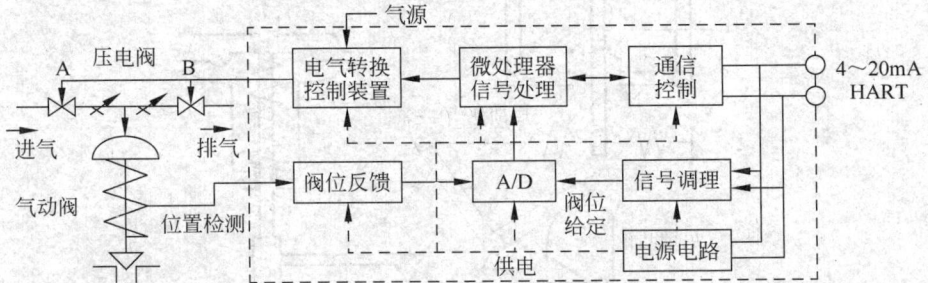

图 3.1-5　数字式阀门定位器

智能阀门定位器以微处理器为核心，一般配备有液晶显示面板和操作按键（图中略），可实现本地显示与维护操作；同时，也可借助通信控制电路，实现阀门定位器的远程组态、调试与诊断等功能。此外，阀门定位器一方面从输入信号线上提取电源，为系统中各个单元供电；另一方面，从模拟 4～20mA（或 HART、FF、Profibus PA 等现场总线信号）传输线上读取阀位输入（设定）信号，与反映实际阀门开度的阀位检测信号一起，分别通过 A/D 转换器变为数字信号，交给 CPU 计算偏差。如偏差超出定位精度，则 CPU 通过主控板的输出口，发出不同长度的控制脉冲（基于 PID 控制算法的 PWM 信号），控制电气转换装置，使相应的开/关"压电阀"动作，驱动阀杆上下移动，减小阀门定位偏差，实现阀门的准确定位。阀位检测可以采用霍尔传感器、电位器式传感器或磁阻效应传感器等。

可以看出，虽然智能电气阀门定位器与传统定位器在控制规律上基本相同，都是将输入信号与实际位置反馈信号进行比较后，对输出压力信号进行调节，但在执行元件上智能定位器和传统定位器有很大的不同。智能定位器以微处理器为核心，利用了新型的压电阀代替传统定位器中的喷嘴、挡板调压系统来实现对输出压力的调节，耗气量极小，定位精度高。以图 3.1-5 为例，压电阀 A 和 B 分别用来控制压缩空气进、出气动调节阀。这两个阀都只有"开"和"关"两种状态；在任一时刻，阀 A、B 中只能有一个开通，另一个关闭。当 A 开通时，压缩空气进入薄膜气室，在膜片上产生向下的推力,推动阀杆向下移动,阀门关小;反之,当 B 开通时,调节阀气室内的压缩空气经 B 排入大气,阀杆在弹簧的作用下,向上移动,阀门开大。这样,相对于传统定位器的连续耗气型元件(喷嘴、挡板系统),智能定位器只有在减小输出压力时,才向外排气,因此在大部分时间内处于非耗气状态,其总耗气量很低,相对于传统定位器来说可以忽略不计。

　　压电阀是利用功能陶瓷片在电压作用下产生弯曲变形原理而制成的一种两位式(或比例式)控制阀。控制压电阀动作只需提供足够的电压,电功耗几乎为零。其基本原理是依据压电材料的压电效应。用一小片特殊制作的压电陶瓷片,在它两侧加上 24～30V 电压,压电陶瓷片就会发生弯曲,总的形变量可达几十微米,从而可以堵住(或放开)进气口(或排气口),达到控制气流的目的。由于压电陶瓷的阻抗很高,所以这种控制阀的优点是功耗极低,易于实现二线制仪表和本安防爆。此外,它动作速度快、质量轻,因而在振动较大的环境中仍能可靠工作。

3.1.3　调节阀的流通能力

　　调节阀是一个局部阻力可变的节流元件,通过改变阀芯的行程可以改变调节阀的阻力系数,达到控制流量的目的。流过调节阀的流量不仅与阀的开度即流通面积有关,而且还与阀门前后的压差有关。为了衡量不同调节阀在特定条件下单位时间内流过流体的体积,引入了调节阀流通能力(常记作 C)的概念。

　　根据流体力学可知,不可压缩流体流过节流元件(如调节阀)时产生的压力损失 ΔP 与流体速度之间的关系为

$$\Delta P = \xi \rho \, \frac{v^2}{2} \tag{3.1-1}$$

式中,v 为流体的平均流速;ρ 为流体密度;ξ 为调节阀的阻力系数,与阀门的结构形式及开度有关。考虑到流体的平均流速 v 等于流体的体积流量 q_v 除以调节阀连接管的截面积 A,即 $v = q_v/A$,代入式(3.1-1)并整理,可得流量表达式

$$q_v = \frac{A}{\sqrt{\xi}} \sqrt{\frac{2\Delta P}{\rho}} \tag{3.1-2}$$

若面积 A 的单位取 cm^2,压差 ΔP 的单位取 kPa,密度 ρ 的单位取 kg/m^3,流量 q_v 的单位取 m^3/h,则式(3.1-2)可写成数值表达式

$$q_v = 3600 \times \frac{1}{\sqrt{\xi}} \times \frac{A}{10^4} \sqrt{2 \times 10^3 \frac{\Delta P}{\rho}}$$

$$= 16.1 \frac{A}{\sqrt{\xi}} \sqrt{\frac{\Delta P}{\rho}} \tag{3.1-3}$$

由式(3.1-3)可以看出,通过调节阀的流体流量除与阀两端的压差及流体种类有关外,还与阀门口径及阀芯、阀座的形状等因素有关。当压差 ΔP、密度 ρ 不变时,阻力系数 ξ 减小,则流量 q_v 增大;反之,ξ 增大,则流量 q_v 减小。调节阀就是通过改变阀

芯行程来改变阻力系数,从而达到调节流量的目的的。

所谓调节阀的流通能力 C,是指调节阀两端压力差为 100kPa、流体密度为 1000kg/m³、调节阀全开时,每小时流过阀门的流体体积。根据上述定义,可知

$$C = 5.09 \frac{A}{\sqrt{\xi}} \qquad (3.1\text{-}4)$$

在调节阀的手册上,对不同口径和不同结构形式的阀门分别给出了流通能力 C 的数值,可供用户选用。因此,可将式(3.1-4)代入式(3.1-3),于是式(3.1-3)可改写为

$$q_v = C \sqrt{\frac{10\Delta P}{\rho}} \qquad (3.1\text{-}5)$$

式(3.1-5)可直接用于液体的流量计算,同时可用来在已知差压 ΔP、液体密度 ρ 及需要的最大流量 $q_{v\max}$ 的情况下,确定调节阀的流通能力 C,从而可进一步选择阀门的口径及结构形式。但当流体是气体、蒸汽或二相流时,以上的计算公式必须进行相应的修正。

设 D_g 为调节阀的公称直径,调节阀的接管截面积 $A = \frac{\pi}{4} D_g^2$,则

$$C = 4.0 \frac{D_g^2}{\sqrt{\xi}} \qquad (3.1\text{-}6)$$

流通能力 C 的大小与流体的种类、性质、工况及阀芯、阀座的结构尺寸等许多因素有关。而阻力系数 ξ 则在一定条件下是一个常数,因而,根据流通能力 C 的值就可以确定 D_g,即可确定阀的几何尺寸了。因此,流通能力 C 是反映调节阀口径大小的一个重要参数。

例 3.1-1 某调节阀的流通能力 $C = 200$。当阀前后压差为 1.2MPa,流体密度为 $0.8\lg/cm^3$ 时,问所能通过的最大流量是多少?如果压差变为 0.2MPa 时,所能通过的最大流量为多少?

解 由公式(3.1-5)可得

$$q_v = C \sqrt{\frac{10\Delta P}{\rho}} = 200 \times \sqrt{\frac{10 \times 1200}{0.81 \times 10^3}} = 769.8 (m^3/h)$$

当压差变为 0.2MPa 时

$$q_v = 200 \times \sqrt{\frac{10 \times 1200}{0.81 \times 10^3}} = 314.3 (m^3/h) \qquad ■$$

可见,对于同一口径的调节阀,提高调节阀两端的压差可使阀所能通过的最大流量增加,也就是说,在工艺要求的最大流量已经确定的情况下,增加阀两端的压差可减小所选阀的尺寸,以节省投资。

3.1.4　调节阀的流量特性

从过程控制的角度来看,系统调节阀的最重要特性是它的流量特性,即调节阀

阀芯位移与流量之间的关系。调节阀的特性对整个控制系统的调节品质有很大的影响。实际上,不少控制系统工作不正常,往往是由于调节阀的特性选择不当或阀芯在使用中因受腐蚀或磨损使特性变坏而引起的。

调节阀的流量特性是指介质流过阀门的相对流量与相对阀门开度之间的函数关系,即

$$\frac{q_v}{q_{vmax}} = f\left(\frac{l}{L}\right) \tag{3.1-7}$$

式中,q_v/q_{vmax} 为相对流量,即调节阀某一开度流量与全开流量之比;l/L 为相对开度,即调节阀某一开度行程与全行程之比。

1. 调节阀的固有流量特性

在调节阀前后压差固定不变的情况下,得出的阀芯位移与流量之间的关系特性称为固有流量特性,也称理想流量特性。这种流量特性完全取决于阀芯的形状,不同阀芯曲面可得到不同的流量特性。理想流量特性有直线、对数、抛物线和快开等四种。

（1）直线流量特性

该特性是指调节阀的流量（相对最大流量的百分数）特性与阀芯的相对开度（阀芯位移相对满行程的百分数）成直线关系,即调节阀相对开度变化与所引起的流量变化之比是常数。即

$$\frac{d\left(\dfrac{q_v}{q_{vmax}}\right)}{d\left(\dfrac{l}{L}\right)} = K_v \tag{3.1-8}$$

式中,q_v 为流体的体积流量,K_v 为调节阀的放大系数。积分得

$$\frac{q_v}{q_{vmax}} = K_v \frac{l}{L} + c \tag{3.1-9}$$

式中 c 为积分常数。当 $l=0$ 时,$q_v = q_{vmax}c = q_{vmin}$;当 $l=L$ 时,$K_v = 1-c$。其中,q_{vmin} 不等于阀的泄漏量,而是比泄漏量大的可以控制的最小流量。这里进一步引入阀门特性参数 R,称为调节阀的可调范围（又称做"可调比"）,定义如下

$$R = \frac{q_{vmax}}{q_{vmin}} \tag{3.1-10}$$

R 通常取为 $20\sim50$ 之间的数。将式(3.1-10)代入式(3.1-9),并整理得到

$$\frac{q_v}{q_{vmax}} = \frac{1}{R} + \left(1 - \frac{1}{R}\right)\frac{l}{L} \approx \frac{l}{L} \tag{3.1-11}$$

可见,q_v/q_{vmax} 与 l/L 成直线关系。K_v 是常数,即阀芯相对开度变化所引起的流量变化是相等的。但是,它的流量相对变化量（流量变化量与原有流量之比）是不同的,在开度小时,相同的开度变化所引起的流量相对变化量大;而在开度大时,其流量相对变化量小。

（2）对数（等百分比）流量特性

对数流量特性是指阀芯位移与流量间成对数关系。考虑到这种阀的阀芯位移量一定时所引起的流量变化与该点原有流量成正比，即同样阀芯位移量所引起的流量变化的百分比是相等的，所以也称为等百分比流量特性。其数学表达式为

$$\frac{d\left(\dfrac{q_v}{q_{vmax}}\right)}{d\left(\dfrac{l}{L}\right)} = K\left(\frac{q_v}{q_{vmax}}\right) = K_v \tag{3.1-12}$$

可见，与直线流量特性相比，对数调节阀的放大系数 K_v 在不同工作点是不同的。将式（3.1-12）重新整理，得

$$\frac{d(q_v)}{q_v} = Kd\left(\frac{l}{L}\right), \quad 或者\ d(\ln q_v) = Kd\left(\frac{l}{L}\right) \tag{3.1-13}$$

可以看出，调节阀流量的对数与阀门开度成正比。根据边界条件，式（3.1-13）还可重新写作

$$\frac{q_v}{q_{vmax}} = R^{\left(\frac{l}{L}-1\right)} \tag{3.1-14}$$

可知，q_v/q_{vmax} 与 l/L 成对数关系。采用对数流量特性的调节阀，在阀开度较小（即小流量）时 K_v 小，控制缓和平稳；在阀开度较大（即流量大）时，K_v 大，控制及时有效。

（3）快开流量特性

这种阀在开度较小时，流量变化较大，随着开度增大，流量很快达到最大值，所以叫快开特性。可用如下数学表达式来描述

$$\frac{d\left(\dfrac{q_v}{q_{vmax}}\right)}{d\left(\dfrac{l}{L}\right)} = K\left(\frac{q_v}{q_{vmax}}\right)^{-1} = K_v \tag{3.1-15}$$

根据边界条件可得

$$\frac{q_v}{q_{vmax}} = \frac{1}{R}\left[1 + (R^2-1)\frac{l}{L}\right]^{1/2} \approx \sqrt{\frac{l}{L}} \tag{3.1-16}$$

具有上述特性的快开阀又称做平方根阀（有的阀门还具有更快的开启特性）。快开流量特性主要适用于两位式控制。

上述三种理想流量特性曲线示于图 3.1-6。图中阀芯位移和流量都用自己的最大值的百分数表示。从阀芯的形状来说，如图 3.1-7 所示，快开特性的阀芯是平板型的，加工简单；对数和直线特性的阀芯都是柱塞型的，两者的差别是对数阀阀芯曲面较胖，而直线特性的阀芯较瘦。阀芯曲面形状的确定，目前是在理论计算的基础上，再通过流量试验进行修正得到的。三种阀芯中，以对数阀芯的加工最为复杂。

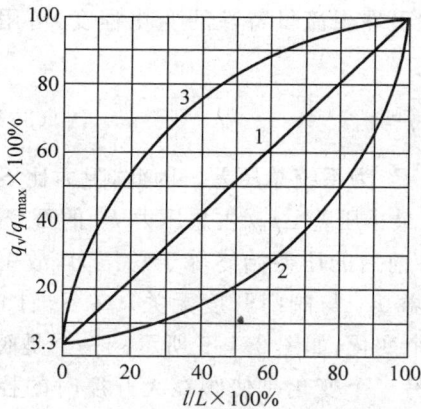

图 3.1-6　调节阀的理想流量特性图
1—直线特性；2—对数特性；3—快开特性

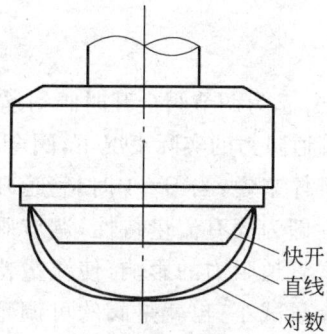

图 3.1-7　调节阀的三种形状

2.调节阀的工作流量特性

调节阀在实际使用时,其前后压差有可能随具体工作状况而发生变化,一般把在各种具体使用条件下,阀芯位移对流量的控制特性,称为工作流量特性。在实际的工艺装置上,调节阀由于和其他阀门、设备、管道等串联或并联,使阀两边的压差随流量变化而变化,导致调节阀的工作流量特性不同于固有流量特性。串联的阻力越大,流量变化引起的调节阀前后压差也越大,特性变化得也越厉害。所以阀的工作流量特性除与阀的结构有关外,还取决于具体配管情况。同一个调节阀,在不同的外部条件下,具有不同的工作流量特性,在实际工作中,使用者最关心的也是工作流量特性。

调节阀如何在外部条件影响下,由固有流量特性转变为工作流量特性呢? 以图 3.1-8(a)表示的调节阀与工艺设备及管道阻力串联的情况为例,这是一种最常见的典型情况。如果外加压力 P_0 恒定,那么当阀开度加大时,随着流量 q_v 的增加,设备及管道上的压降 Δp_g 将随流量 q_v 的平方增加,如图 3.1-8(b)所示。随着阀门的开大,阀前后的压差 Δp 将逐渐减小。因此,在同样阀芯位移下,此时的流量变化与阀前后保持恒压差的理想情况相比要小一些。特别是在阀开度较大时,由于阀前后压差 Δp 变化厉害,阀的实际控制作用可能变得非常迟钝。

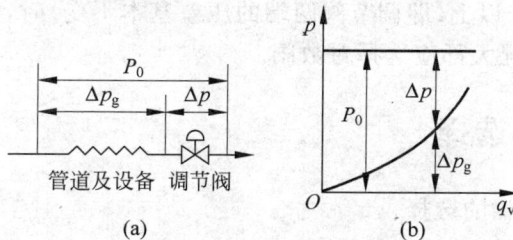

图 3.1-8　调节阀和管道阻力串联的情况

　　为了衡量调节阀实际工作流量特性相对于理想流量特性的变化程度,可用阻力比 S 来表示,即

$$S = \frac{\Delta p_{\min}}{P_0} \tag{3.1-17}$$

式中,$\Delta p_{\min}$ 为调节阀全开时阀门前后的压差;P_0 为系统总压差。因此,阻力比 S 表示存在管道阻力的实际工况下,阀全开时阀前后最小压差 $\Delta p_{\min}$ 占总压力 P_0 的百分数。

　　具体来说,当 $S=1$ 时,管道压降为零,阀前后的压差始终等于总压力,故工作流量特性即为固有流量特性,调节阀的放大增益 K_v 与阀门开度无关;在 $S<1$ 时,由于串联管道阻力的影响,使流量特性发生两个变化,如图 3.1-9 所示。一个是阀全开时的流量减小,也就是阀的可调范围变小;另一个变化是使阀在大开度时的控制灵敏度降低。例如图 3.1-9(a)中,固有流量特性是直线的阀,随着管路系统阻力比 S 的减少,当开度到达 $50\%\sim70\%$ 时,流量已接近其全开时的数值,即 K_v 随着开度的增大而显著下降,工作流量特性变成快开特性。图 3.1-9(b)中,在理想情况下,调节阀的放大增益 K_v 随着阀门开度的增大而增加;而随着管路系统阻力比 S 的减少,K_v 渐近于常数,即理想对数特性趋向于直线特性。阻力比 S 的值愈小,流量特性变形的程度愈大。因此,在实际使用中一般要求 S 值不能低于 0.3。

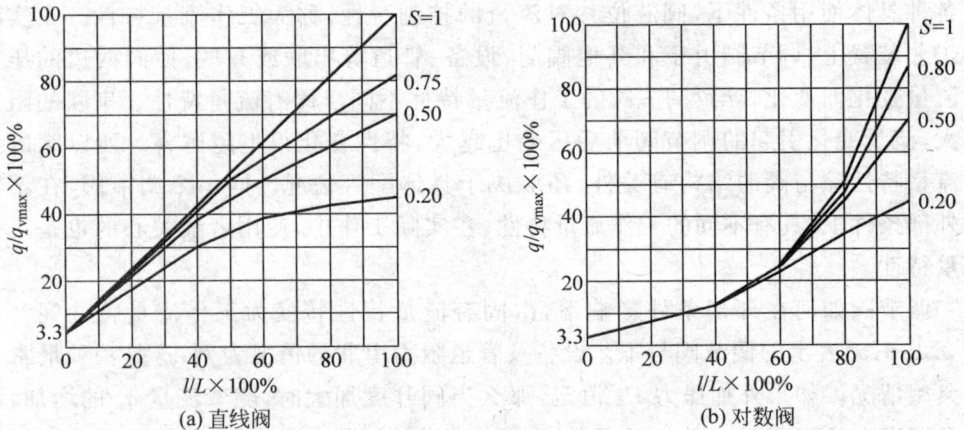

图 3.1-9　串联管道中调节阀的工作流量特性

　　在工程设计中,应先根据过程控制系统的要求,确定工作流量特性;再结合配管情况,根据流量特性的畸变程度确定理想流量特性。一般地,当对象特性近似线性而且阻力比大于 0.60 以上(即调节阀两端的压差基本不变)时,才选择线性阀,如液位控制系统;其他情况大都应选择对数阀。

3.1.5　执行器的选择

1. 执行器执行机构的选择

(1) 输出力的考虑。执行机构不论是何种类型,其输出力都是用于克服负荷的

有效力(主要是指不平衡力和不平衡力矩加上摩擦力、密封力、重力等有关力的作用)。因此,为了使调节阀正常工作,配用的执行机构要能产生足够的输出力来克服各种阻力,保证高度密封和阀门的开启。

(2) 执行机构类型的确定。对执行机构输出力确定后,根据工艺使用环境要求,选择相应的执行机构。对于现场有防爆要求时,应选用气动执行机构,且接线盒为防爆型,不能选择电动执行机构。如果没有防爆要求,则气动、电动执行机构都可选用,但从节能方面考虑,应尽量选用电动执行机构。对于液动执行机构,其使用不如气动、电动执行机构广泛,但具有调节精度高、动作速度快和平稳的特点,因此,在某些情况下,为了达到较好的调节效果,必须选用液动执行机构。

2. 调节阀的阀体类型选择

阀体的选择是调节阀选择中最重要的环节。调节阀阀体种类很多,常用阀体类型及特点如下。

(1) 直通单座阀。结构简单、泄漏量小、易于保证关闭;不平衡力大。适用于小口径、泄漏量要求严格、低压差管道的场合。

(2) 直通双座阀。大口径的调节阀一般选用双座阀,其所需推力较小,动作灵活;不平衡力小,泄漏量较大,适用于阀两端压差较大、泄漏量要求不高的场合。

(3) 角形阀。流路简单、阻力小。主要应用场合是现场管道要求直角连接,适用于高压差,高黏度、含有少量悬浮物和颗粒状固体流量的场合。

(4) 隔膜阀。结构简单、流阻小、流通能力大、耐腐蚀性强。主要适用于有强腐蚀介质的场合。

(5) 三通阀。有三个出入口与工艺管道连接,可组成分流与合流两种形式,主要用于配比控制或旁路控制。

(6) 蝶阀。结构简单、重量轻、价格便宜、流阻极小、泄漏量大。主要适用于大口径、大流量、低压差、含少量纤维或有悬浮物的液体或气体。

(7) 球阀。阀芯与阀体都呈球形体。适用于流体黏度高、污秽的场合。其中,O型阀一般作双位控制,V 型阀作连续控制用。

在选择阀门之前,要对控制过程的介质、工艺条件和参数进行细心的分析,收集足够的数据,了解系统对调节阀的要求,根据所收集的数据来确定所要使用的阀门类型。在具体选择时,还可从以下几方面考虑。

(1) 阀芯形状结构。主要根据所选择的流量特性和不平衡力等因素考虑。

(2) 耐磨损性。当流体介质是含有高浓度、磨损性颗粒的悬浮液时,阀芯、阀座接合面每一次关闭都会受到严重摩擦。因此阀门的流路要光滑,阀的内部材料要坚硬。

(3) 耐腐蚀。由于介质具有腐蚀性,在能满足调节功能的情况下,尽量选择结构简单的阀门。

(4) 介质的温度、压力。当介质的温度、压力高且变化大时,应选用阀芯和阀座的材料受温度、压力变化小的阀门。

（5）防止闪蒸和汽蚀。当液体通过调节阀时，在缩流部压力低于阀入口温度下的饱和蒸汽压力时，一部分液体迅速汽化，使通过阀门的液体成为气液两相流的现象称为"闪蒸"。缩流部后液体的压力逐渐恢复，混杂在液体中的气泡破碎，在气泡破碎时造成压力升高，并释放出巨大的能量，引起内部零件的振动，产生汽蚀噪声，气泡越多，噪声越严重。在实际生产过程中，闪蒸和汽蚀不仅影响流量系数的计算，还会形成振动和噪声，使阀门的使用寿命变短，因此在选择阀门时应防止阀门产生闪蒸和汽蚀。

3. 调节阀的气开、气闭方式选择

所谓"气开"方式，是指当气体的压力信号增加时，阀门开度增大，趋于打开（即所谓的"气大阀开"）；气闭（或气关）式调节阀则相反，即气压信号增加时，阀门关小，趋于关闭（即"气大阀关"）。气开阀与气闭阀的基本结构如图 3.1-10 所示。这种调节阀的各个部分是用螺丝连接的，其阀体可和阀芯一起上下倒装，很容易将"气开"式调节阀改装成"气闭"式调节阀，反之亦然。

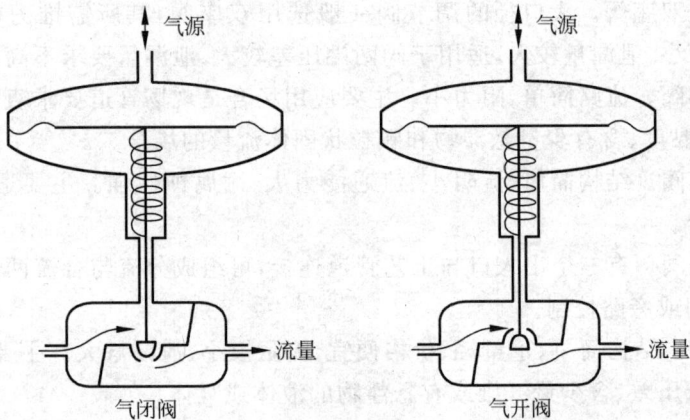

图 3.1-10　气开阀和气闭阀的基本结构

气开、气闭的选择主要从生产安全角度考虑。当工厂发生断电或其他事故引起气压信号中断时，调节阀的开闭状态应保证被控生产装置不会损坏或伤害操作人员。例如，若无气源时，希望阀全关，则应选择气开阀，如加热炉燃气调节阀；若无气源时，希望阀全开，则应选择气关阀，如加热炉进风蝶阀。

4. 调节阀流量特性的选择

调节阀流量特性的选择一般分为两步进行。首先，根据过程控制系统的要求，确定工作流量特性，然后根据流量特性曲线的畸变程度（配管情况），确定理想流量特性。调节阀（工作）流量特性的选择可以通过理论计算，但所用的方法和方程都很复杂。目前多采用经验准则，具体从以下几方面考虑。

（1）从调节系统的调节质量分析

首先，从调节原理来看，要保持一个调节系统在整个工作范围内都具有较好的品质，就应使系统在整个工作范围内的总放大倍数尽可能保持恒定。通常，变送器、调节器和执行机构的放大倍数是常数，但调节对象的特征往往是非线性的，其放大倍数随工作点变化。因此选择调节阀时，希望以调节阀的非线性补偿调节对象的非线性。例如，在实际生产中，很多对象的放大倍数是随负荷加大而减小的，这时如能选用放大倍数随负荷加大而增加的调节阀，便能使两者互相补偿，从而保证整个工作范围内都有较好的调节质量。由于对数阀具有这种类型的特性，因而得到广泛的应用。

若调节对象的特征是线性的，则应选用具有直线流量特征的阀，以保证系统总放大倍数保持恒定。至于快开特性的阀，由于小开度时放大倍数高，容易使系统振荡，大开度时调节不灵敏，在连续调节系统中很少使用，一般只用于两位式调节的场合。

（2）从工艺配管情况考虑

当 $S=1.0\sim0.6$ 时，理想流量特性与工作流量特性几乎相同；当 $S=0.3\sim0.6$ 时，调节阀工作流量特性无论是线性的或对数的，均应选择对数的理想流量特性；当 $S<0.3$ 时，一般已不宜用于自动控制。

（3）从负荷变化情况分析

从负荷变化情况看，对数特性调节阀的放大系数是变化的，因此能适应负荷变化的场合，同时也能适用于调节阀经常工作在小开度的情况，即选用对数调节阀具有比较广泛的适应性。

最后，需要补充说明的是，选择好调节阀的流量特性，就可以根据其流量特性确定阀门阀芯的形状和结构，但对于像隔膜阀、蝶阀等，由于它们的结构特点，不可能用改变阀芯的曲面形状来达到所需要的流量特性，这时，也可通过改变所配阀门定位器的反馈凸轮外形来实现。

5. 调节阀口径的选择

调节阀口径的选择和确定主要依据阀的流通能力即 C。在各种工程仪表的设计和选型时，都要对调节阀进行 C 计算，并提供调节阀设计说明书。从调节阀的 C 计算到阀的口径确定，一般需经以下步骤：

（1）计算流量的确定。根据现有的生产能力、设备负荷及介质的状况，决定计算流量的 q_{vmax} 和 q_{vmin}。

（2）阀前后压差的确定。根据已选择的阀流量特性及系统特点选定阻力比 S，再确定计算压差。

（3）计算 C_{max}。根据 q_{vmax}、ρ 以及 Δp，按照 C 的计算公式求出 C_{max} 的值。

（4）选用 C。根据 C_{max} 值，在所选用的产品型号的标准系列中，选取大于 C_{max} 计算值，并且最接近它的一级 C 值。

（5）调节阀的开度验算。一般要求最大计算流量情况下的调节阀开度应大于等于 90%，最小计算流量时的开度小于等于 10%，否则会使控制性能变坏，甚至失灵。

（6）调节阀实际可调比的验算。一般要求实际可调比 R 不小于 10。

（7）阀座直径和公称直径的确定。通过上述验证合适后，根据 C 确定合适的调节阀公称直径以及阀座直径。

3.2　变频器

变频器是交流电气传动系统的一种装置，是将恒定电压、恒定频率（CVCF，constant voltage constant frequency）的交流工频电源转换成变频变压（VVVF，variable voltage variable frequency）即频率、电压都连续可调的适合交流电机调速的三相交流电源的电力电子变换装置。

随着交流电动机控制理论、电力电子技术、大规模集成电路和微型计算机技术的迅速发展，交流电动机变频调速技术已日趋完善。变频技术用于交流鼠笼式异步电动机的调速，其性能已经胜过以往一般的交流调速方式。

变频器可以作为自动控制系统中的执行单元，也可以作为控制单元（自身带有 PID 控制器等）。作为执行单元时，变频器接收来自控制器的信号，根据控制信号改变输出电源的频率；作为控制单元时，变频器本身兼有控制器的功能，单独完成控制调节作用，通过改变电动机电源的频率来调整电动机转速，进而达到改变能量或流量的目的。

3.2.1　变频器的基本工作原理

以交流（直流）电动机为动力拖动各种生产机械的系统我们称为交流（直流）电气传动系统，也称交流（直流）电力拖动系统，其典型系统构成如图 3.2-1 所示。直流电气传动系统的特点是系统内的控制对象为直流电动机，控制原理简单，调速方式单一；性能优良，对硬件要求不高；电机有换向电刷（换向火花）；电机功率设计受限；电机易损坏，不适应恶劣现场；需定期维护。交流电气传动系统特点是控制对象为交流电动机；控制原理复杂，有多种调速方式；性能较差，对硬件要求较高；电机无电刷，无换向火花问题；电机功率设计不受限；电机不易损坏，适应恶劣现场；基本免维护。20 世纪 70 年代以前直流调速占统治地位，交流调速只在大功率电机调速上使用。

近些年来，随着新型电力电子器件、高性能微处理器的应用以及控制技术的发展，电气传动系统朝着驱动的交流化，功率变换器的高频化，控制的数字化、智能化和网络化的方向发展。目前，普遍采用变频器作为交流调速装置，其控制对象为三相交流异步电机和三相交流同步电机。

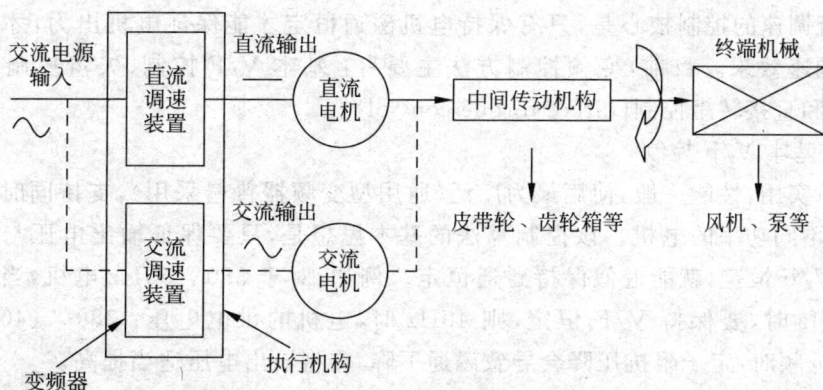

图 3.2-1　交流（直流）电气传动系统

　　变频调速与其他交流电机调速方式相比的优势主要体现在：①可平滑软启动，降低启动冲击电流，减少变压器占有量，确保电机安全；②在机械允许的情况下，可通过提高变频器的输出频率提高工作速度；③无级调速，调速精度大大提高；④电机正反向无需通过接触器切换；⑤非常方便接入通信网络，实现生产过程的网络化控制。

　　变频器作为系统的重要功率变换部件，因可提供可控的高性能变压变频的交流电源/稳压器而得到迅猛发展。变频器的性能价格比也越来越高，体积越来越小，同时，朝着小型轻量化、高性能化和多功能化以及无公害化方向进一步发展。

　　典型的交-直-交通用变频器的原理如图 3.2-2 所示。图中，整流部分是将交流电变换成直流电的电力电子装置，其输入电压为正弦波，输入电流非正弦，带有丰富的谐波。储能环节可采用电解电容（电压型）或电抗器（电流型）。逆变部分则是根据控制单元发来的指令将直流电源调制成某种频率的交流电源输出给电动机的电力电子装置；其输出电压为非正弦波，输出电流近似正弦。逆变回路一般输出频率可在 0～50Hz 之间连续变化，输出电源频率越低，电源电压也随之降低，使得电动机的瞬时功率下降，以保证磁通不变。控制单元以 CPU 为核心，对有关运行数据进行检测与比较，完成控制运算（V/F 控制加转矩提升），并发出具体指令，控制电源输出回路，调整输出电源频率。

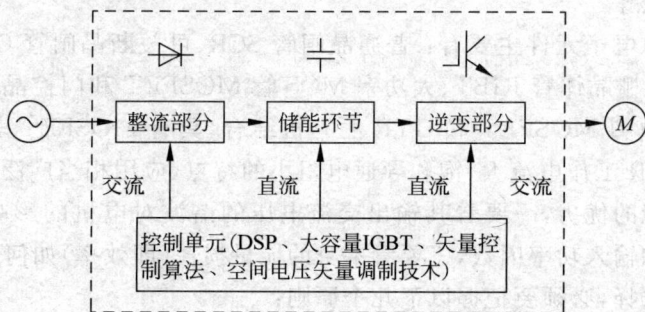

图 3.2-2　交-直-交通用变频器的原理

交流调速的控制核心是,只有保持电机磁通恒定才能保证电机出力,才能获得理想的调速效果。目前,变频控制方法主要有:基本 V/F 控制、矢量控制(vector control)和直接转矩控制(direct torque control)。

(1) 基本 V/F 控制

简单实用,性能一般,使用最为广泛(通用型变频器普遍采用),支持同时驱动不同类型、不同功率的电机。该控制算法的基本思想是,只要保证输出电压与输出频率之比 V/F 恒定,就能近似保持磁通恒定。例如,对于 380V 50Hz 电机,当运行频率为 40Hz 时,要保持 V/F 恒定,则 40Hz 时,电机的供电电压:$380 \times (40/50) = 304V$。低频时,定子阻抗压降会导致磁通下降,需将输出电压适当提高。

(2) 矢量控制

性能优良,可以与直流调速媲美,技术成熟较晚,考虑到电机参数对控制性能的影响较大,一般只能驱动一台电机。矢量控制实现的基本原理是模仿直流电机的控制方法,通过测量和控制异步电动机定子电流矢量,根据磁场定向原理分别对异步电动机的励磁电流和转矩电流进行控制,从而达到控制异步电动机转矩的目的。具体是将异步电动机的定子电流矢量分解为产生磁场的电流分量(励磁电流)和产生转矩的电流分量(转矩电流)分别加以控制(即实现解耦),并同时控制两分量间的幅值和相位,即控制定子电流矢量,所以称这种控制方式为矢量控制方式。矢量控制算法性能优良,控制相对复杂,直到 20 世纪 90 年代计算机技术迅速发展才真正大范围使用。

(3) 直接转矩控制

直接转矩控制是继矢量控制技术之后发展起来的一种高性能异步电动机变频调速技术,具有鲁棒性强、转矩动态响应速度快、控制结构简单等优点,它在很大程度上解决了矢量控制中结构复杂、计算量大、对参数变化敏感等问题。该算法的基本思想是,把电机和逆变器看成一个整体,采用空间电压矢量分析方法在定子坐标系进行磁通、转矩计算,通过跟踪型 PWM 逆变器的开关状态直接控制转矩。因此,无需对定子电流进行解耦,免去矢量变换的复杂计算,控制结构简单。其主要缺点是在低速时转矩脉动较大。

一般来说,矢量、直接转矩控制方式主要用在高动态、高精度响应方面,如卷曲、张力、同步、定位等。

常用的电力电子元件主要有:普通晶闸管 SCR、可关断晶闸管 GTO、大功率晶体管 GTR、绝缘栅晶体管 IGBT、大功率 MOS 管 MOSFET 和门控晶闸管 MCT 等。其中,IGBT 是电力 MOSFET 和 GTR 的有机结合,具有 MOSFET 驱动功率小、开关频率高和 GTR 工作电流大、饱和导通电阻小的特点,应用相当广泛。

变频器性能的优劣,一要看其输出交流电压的谐波对电机的影响,二要看对电网的谐波污染和输入功率因数,三要看本身的能量损耗(即效率)如何。

变频器的选择,必须要把握以下几个原则:

① 充分了解控制对象性能要求。一般来讲,如对启动转矩、调速精度、调速范围

要求较高的场合,则需考虑选用矢量变频器,否则选用通用变频器即可。

②　了解负载特性,如是通用场合,则需确定变频器是 G 型(通用型)还是 P 型(风机、水泵专用型)。

③　了解所用电机主要铭牌参数:额定电压、额定电流。

④　确定负载可能出现的最大电流,以此电流作为待选变频器的额定电流。

⑤　以下情况要考虑容量放大一档,即长期高温大负荷,异常或故障停机会出现灾难性后果,目标负载波动大、现场电网长期偏低而负载接近额定,绕线电机、同步电机或多极电机(6 极以上)等。

现在市场上有很多品牌的变频器,通用变频器一般能满足大部分控制要求,特别是在变转矩负载类,采用这类变频器比较经济。考虑变频器运行的经济性和安全性,变频器选型保留适当的余量是必要的。

现在很多变频器有总线接口,如 Profibus、CAN 总线等,变频器作为网络的一个节点,与其他设备通信联网,系统总体费用可能更经济,控制精度更高,更智能化。这是因为现场总线技术是集计算机控制技术、通信技术、自动控制技术于一体的新技术。由于采用数字信号替代模拟信号,采用串行通信,因而可实现一对电线上传输多个信号参量(包括多个运行参数值、多个设备状态、故障信息等),同时又可为多个设备提供电源,这就为简化系统结构,节约硬件设备、连接电缆与各种安装、维护费用创造了条件。

3.2.2　变频器在过程控制中的应用

随着微电子技术和电力电子技术的飞速发展,变频器的可靠性不断提高,价格又趋于低廉,许多泵类负载越来越多地由传统的固定转速拖动改为变频调速拖动。它能根据负载的变化使电机实现自动、平滑的增速或减速,且效率高、调速范围宽、精度也高,是异步电机最理想的调速方法,尤其适用于水泵和风机。与传统的阀门、挡板调节相比,节电效率高达 40% 以上,并且这些领域对变频器的性能要求不高。

在工业生产的液体流量控制系统中,传统的水泵流量都是靠安装在泵出口管路上的阀门开度大小来调节。以图 3.2-3 所示的一套液位控制系统为例,要保持受控水槽的液位恒定,就得靠阀门的开度来调节水泵送出的流量。具体控制过程是这样的,首先,液位变送器把检测到的液位信号变换成为标准的 4~20mA 信号,送给调节器。调节器根据给定液位与实际液位信号进行比较,完成控制运算,并控制调节阀的开度,使液位始终保持在给定的液位高度。这种控制方式能量损失比较大,现改为由变频器调节电机转速来控制泵的流量,以实现液位的自动控制,如图 3.2-4 所示。调节器输出的 4~20mA 信号,作为变频器的频率给定,通过变频器对电机实现无级调速,由泵的转速变化即实现水泵的变速运行,实现流量控制,从而达到液位的控制要求。对比两种控制方式可以看出,当稳态条件下进水流量比较低时,采用变频控制降低转速运行比阀门控制具有明显的节能效果。

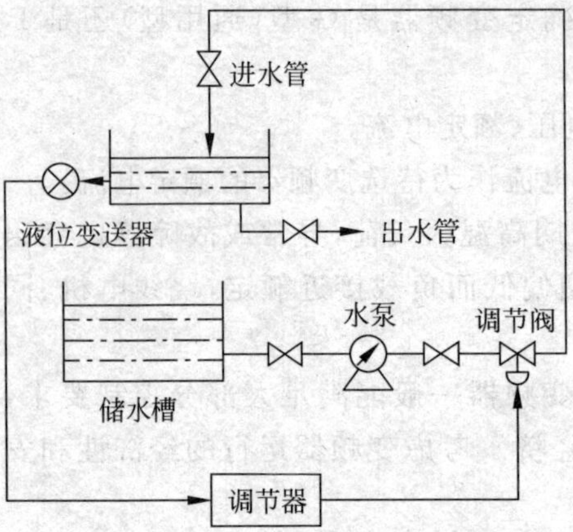

图 3.2-3　由阀门开度调节流量 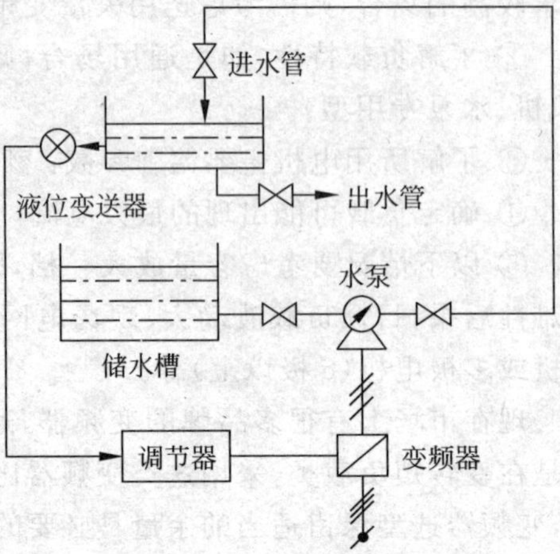　　　　图 3.2-4　由变频器调节流量

上述系统中，与传统的控制系统相比，变频调速器取代了控制执行单元，其在自动化领域的应用前景十分广阔。可以说，在泵类及风机负载中，变频控制取代阀门控制已成为必然。因为，变转矩负荷风机、泵类节能效果普遍来说要比恒定转矩负载明显，这是基于负载的物理特性决定的，风机、泵类的输出功率与转速的三次方成正比，而恒转矩负载的功率与转速的一次方成正比。

需要注意的是，在使用变频器时，应注意变频器产生的高次谐波和噪声。一些老的电子设备、仪器对某些高次谐波特别敏感，与变频器一起使用时，不能正常工作。这是因为变频器的整流和逆变部分的非线性元件造成电源部分畸变，带来了谐波干扰。因此，需要采用必要的屏蔽、接地和滤波等措施来抑制噪声。不过，一般变频器都通过合理的软硬件设计，有效地防止和滤去了绝大部分高次谐波，符合电磁兼容性。

3.3　防爆栅

3.3.1　安全火花防爆系统的基本概念

前面讨论的变送器和执行器等自动化仪表都安装在工业生产现场，如果现场存在易燃、易爆的气体、液体或粉尘，一旦仪表发生危险火花，就有可能引起燃烧或爆炸事故。由于爆炸性混合物普遍存在于煤炭、石油、化工、纺织、粮食加工等行业的生产、加工、储运等场所，如发生爆炸则危害极大。于是，人们采取了多种防爆技术方法，防止危险性环境的形成及其爆炸。

混合物的燃烧或爆炸一般需要同时具备以下三个条件才可能发生：第一，必须存在爆炸性物质或可燃性物质；第二，要有助燃性物质，主要是空气中的氧气；第三，就是还要存在引燃源（如火花、电弧和危险温度等），它提供点燃混合物所必需的能量。只有这三个条件同时存在,才有发生爆炸的可能性,其中任何一个条件不具备,就不会产生燃烧和爆炸。

气动、液动仪表从本质上讲属于安全仪表,而电动仪表则存在产生火花的可能。传统的电动仪表防爆方法都是从结构上采取防爆措施,具体有充油型、充气型、隔爆型等,其基本思想是把可能产生危险火花的电路从结构上与爆炸性气体隔离开来。随着电子器件的集成化,电路的功耗电流大大减小,为降低电路打火能量创造了条件,因而出现了安全火花防爆方法。

安全火花型防爆方法是仪表从电路设计开始就考虑防爆,把电路在短路、开断及误操作等各种状态下可能发生的火花都限制在爆炸性气体的点火能量之下,是从爆炸发生的根本原因上采取措施解决防爆问题的,因而此类仪表被认为可以和气动、液动仪表一样,列入本质安全防爆仪表之内。与结构防爆仪表相比,安全火花型防爆仪表的防爆等级更高,可用于后者不能胜任的氢气、乙炔等最危险的场所;并且,长期使用不降低防爆等级。因此,被广泛用于石油、化工等危险场所的控制。

安全火花防爆系统的基本结构如图 3.3-1 所示。构成一个安全火花防爆系统的充分和必要条件是:①在危险现场使用的仪表必须是安全火花型的;②现场仪表与非危险场所(包括控制室)之间的电路连接必须经过防爆栅。

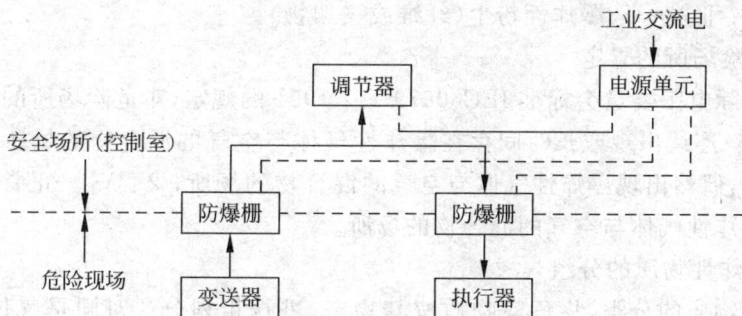

图 3.3-1　安全火花防爆系统的基本结构

防爆栅又称为安全栅、安全保持器,是一种对送往危险现场的电压和电流进行严格限制的单元,它接在本安型和非本安型电路之间,其一方面保证信号的正常传输;另一方面控制流入危险场所的能量在爆炸性气体或爆炸性混合物的点火能量之下,可保证各种状态下进入现场的电功率在安全的范围之内,因而是组成安全火花系统必不可少的环节。

上述两个条件缺一不可。首先,仅现场都采用安全火花防爆仪表,只能够保证自己内部不产生危险火花,对控制室引来的电源线是否安全是无法保证的。如果从控制室引来的电源线没有采取限压限流措施,那么,在变压器接线端子上或传输途中发生短路、开路时,完全可能在现场产生危险火花,引起燃烧或爆炸事故。其次,进出导线都经过防爆栅,系统也不一定就是安全防爆系统了。因为防爆栅只能限制进入现场的瞬时功率,如果现场仪表不是安全火花型仪表,其中有较大的电感或电容储能元件,那么,当仪表内部发生短路、开路等故障,储能元件上长期积累的电磁能量完全可能造成危险火花,引起爆炸。因此,只有同时满足上述两个条件,才能保证事故状态下,现场仪表自身不产生危险火花,从危险现场以外也不引入危险火花。

3.3.2　危险场所的划分与安全火花防爆的等级

在危险场所中安全地使用电气设备的前提条件是合理的选择、正确的安装和必要的维护。合理地选择防爆电气设备,首先要求所选设备要与其所在的危险场所相适应。因此,首先要明确什么是危险场所? 它又是如何划分的?

危险场所就是由于存在易燃、易爆性气体、蒸汽、液体、可燃性粉尘或者可燃性纤维而具有引起火灾或者爆炸危险的场所。典型的危险场所,如石油化工行业中爆炸性物质的生产、加工和储存过程中所形成的环境、煤矿井下(由于煤层中不断渗透出的甲烷气体而形成的工作环境)等。按照国际电工委员会(IEC)和相应的国家标准以及行业标准,可用"类别"、"区域"和"组别"三层概念来说明危险场所的划分。

(1) 爆炸性物质的分类

爆炸性物质可分为三类,即 Ⅰ 类——矿井甲烷; Ⅱ 类——爆炸性气体混合物(含蒸汽、薄雾); Ⅲ 类——爆炸性粉尘(纤维或飞絮物)。

(2) 危险场所的界定

按照国际电工委员会标准 IEC60079-11:1991 的规定,对危险场所的划分如下:

0 区——连续出现或长时间存在爆炸性气体与空气的混合物的场所; 1 区——正常运行时,偶然出现爆炸性气体与空气的混合物的场所; 2 区——正常运行时,几乎不出现爆炸性气体与空气的混合物的场所。

(3) 爆炸性物质的分组

爆炸性物质的分类,将危险物质按其物态,进行粗划分。对同是气体的爆炸性物质,由于其爆炸特性差别很大,故又将爆炸性气体进行了分组,将爆炸性气体按其安全火花能量的限制水平,分为 ⅡA、ⅡB、ⅡC 三组。三组的代表性气体分别为: 丙烷(其他包括乙烷、汽油、甲醇、乙醇、丙酮、氨、一氧化碳等)、乙烯(其他包括乙醚、丙烯腈等)和氢气/乙炔(其他包括二硫化碳、水煤气、焦炉煤气等)。爆炸性物质的分组,可以说是基本上说明了危险场所中存在的是哪种危险物质。

(4) 自燃温度的分组

爆炸性气体混合物的引燃温度是能被点燃的温度极限值。电气设备按其最高表面温度分为 T1~T6 组,使得对应的 T1~T6 组的电气设备的最高表面温度不能超过对应的温度组别的允许值。对温度级别 T1~T6 的定义是: 在环境温度 40℃时,电气设备故障状态下产生的最高表面温度分别为 450℃、300℃、200℃、135℃、100℃、85℃。

防爆电气设备的防爆标志内容包括"防爆型式+设备类别+(气体组别)+温度组别",其中,防爆型式是指,根据所采取的防爆措施,将防爆电气设备分为隔爆型

（Exd）、增安型（Exe）、本质安全型（Exia、Exib）、正压型（Exp）、油浸型（Exo）、充砂型（Exq）、特殊型（Exs）等多种防爆技术，每种防爆方法的技术规范都由国际和国家的标准强制规定。不同的防爆技术适合不同的防爆场合，需用不同的防爆仪表。

爆炸性气体环境用电气设备分为：Ⅰ类，煤矿井下用电气设备。Ⅱ类，除煤矿外的其他爆炸性气体环境用电气设备。Ⅱ类隔爆型"d"和本质安全型"i"电气设备又分为ⅡA、ⅡB、和ⅡC类。这种分类对于隔爆型电气设备按最大试验安全间隙划分；对于本质安全型电气设备按最小引燃电流划分；标志ⅡB的设备可适用于ⅡA设备的使用条件，标志ⅡC的设备可适用于ⅡA及ⅡB设备的使用条件。Ⅲ类，是可燃性粉尘环境用电气设备，分为A型尘密设备、B型尘密设备、A型防尘设备、B型防尘设备。

为了更进一步地明确防爆标志的表示方法，对气体防爆电气设备举例如下：如电气设备为Ⅱ类隔爆型，气体组别为B组，温度组别为T3，则防爆标志为ExdⅡBT3。如电气设备为Ⅱ类本质安全型 ia，气体组别为A组，温度组别为T5，则防爆标志为ExiaⅡAT5。这里，Ex 意指防爆（explosionproof）；Exia 等级表示在正常工作一个故障和两个故障时均不能点燃爆炸性气体混合物的电气设备；Exib 等级是指在正常工作和一个故障时不能点燃爆炸性气体混合物的电气设备。

3.3.3　防爆栅的基本组成与工作原理

控制系统是由多种功能各异的仪表构成的，一部分是安装在安全区控制室内的非防爆型仪表，一部分是安装在危险区的安全防爆仪表，如电动仪表中的变送器、执行器、电气转换器等。从原理上讲，防爆栅是本安系统中连接本安设备与非本安设备的关联设备，它一方面负责传输信号，另一方面将流入危险场所的能量控制在爆炸性气体或混合物的点火能量以下。尤其，当现场的本安仪表发生故障时，防爆栅能将串入到故障仪表的能量限制在安全值以内，从而确保现场设备、人员和生产的安全。

防爆栅安装在安全场所，分齐纳式防爆栅和隔离式防爆栅两种。

1. 齐纳式防爆栅

齐纳式防爆栅是通过（快速熔断）保险丝、齐纳二极管和电阻等保护器件限制流入危险场所的能量，使得在本安防爆系统中，不论现场本安仪表发生任何故障，都能保证传输到现场危险区域的能量都处于一个安全值内（不会点燃规定的分级、分组爆炸性气体的混合物），从而保证现场设备及生产人员的安全。

齐纳式防爆栅是基于齐纳二极管击穿特性来工作的。其主要构成元件是齐纳管，也叫稳压二极管。但齐纳二极管只能把电压值控制住，那么构成电能的第二要素的电流由什么元件控制呢？电阻。具备一定功率承受能力的电阻在这里充当了限流的作用，使通过防爆栅输向危险区域的电流始终控制在一个允许的范围内，从而达到本质安全要求。现场发生故障时，限流电阻将电流限制在安全范围内，齐纳二极管将电源电压限制在安全电压以内，两只齐纳二极管是为了提高可靠性。发生高电压时,齐纳二极管击穿,同时快速熔断器熔断,保证过电压与现场隔离。

　　齐纳式防爆栅典型电路原理图如图 3.3-2 所示。其工作原理是这样的,当输入 V_i 在正常范围内时,背靠背连接的齐纳管 VD_1、VD_2 不动作,只有当输入出现过电压,达到齐纳管击穿电压(约 28V)时,齐纳管才导通,于是大电流流过快速熔断丝 F,使熔断丝很快熔断,保护齐纳管不致损坏,同时使危险电压与现场隔离。上述两个齐纳管采用背靠背方式连接且在背靠背连接的中点接地,这样,不仅可保证两根信号线上分别对地的电压不超过一定的数值,而且在正常工作范围内,这些齐纳管都不导通,防爆栅是不接地的,这样可避免整个信号回路的多点接地,防止干扰的发生。为了保证限压的可靠性,图中用了两级齐纳管限压电路。

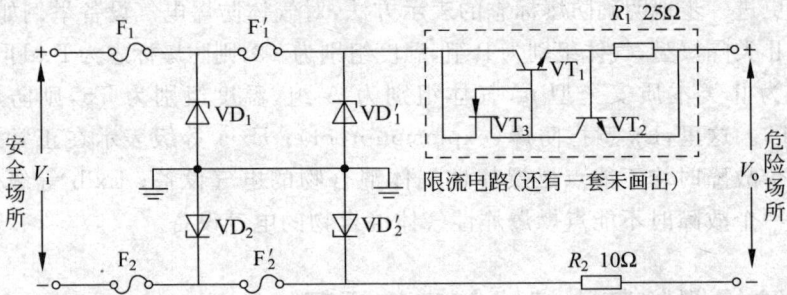

图 3.3-2　齐纳式防爆栅的基本结构

　　理想的限流电阻在安全范围内不起限流作用,即阻值应接近零;而当电流一旦超过安全范围,其阻值骤增,动态电阻值趋向无穷大,可起到强烈的限流作用。因此,图 3.3-2 中采用晶体管限流电路,而不用固定电阻,可以达到接近理想的限流效果。图中只画出了其中的一套,实际装置中为确保安全采用完全相同的两套电路串联。其工作原理是这样的,场效应管 VT_3 工作于零偏压,作为恒流源向晶体管 VT_1 提供足够的基极电流,保证 VT_1 在信号电流为 4~20mA 的正常范围内处于饱和导通状态。因此,在正常范围内,防爆栅的电阻很小,信号电流可十分流畅地通过。在事故状态下,如果回路电流超过 24mA,则电阻 R_1 上的压降将超过 0.6V,于是晶体管 VT_2 导通,使恒流管 VT_3 的电流一部分流向 VT_2,由于 VT_1 的基极电流被减少,VT_1 将退出饱和,在集电极-发射极之间呈现出一定的电阻值,起到限流作用。随着回路电流的进一步加大,限流作用也愈加强烈,最终把电流限制在不超过 30mA。

　　目前,采用网络总线通信技术取代 4~20mA 模拟通信的现场总线控制系统获得了越来越广泛的应用。现场总线防爆系统与传统本安系统的最大区别在于:现场总线系统中单一线路上具有多台本安现场总线设备,即具有"多负载"特性,并要求满足"可互换性"和"可相互操作性"的要求,即允许不同制造厂商生产的现场总线设备自由地挂接在同一总线上,以实现相互通信。采用齐纳式防爆栅的现场总线本安防爆系统的典型结构如图 3.3-3 所示,这里,防爆栅参数设计的重点是确保现场设备可获取足够的电流,以满足现场总线"多负载"特性的要求,同时,根据安全防爆理论,防爆栅参数还要受到一些边界条件的限制。由于本质安全防爆限制去现场的能量,使得本安主干线的供电能力有限,因此,每根总线挂接现场仪表的数量相对非本安场合要少。

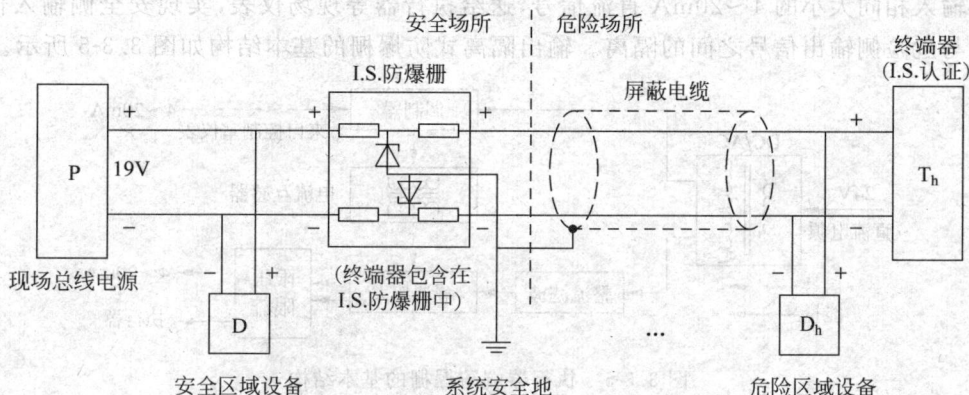

图 3.3-3　现场总线控制系统中的齐纳式防爆栅连接

一般来讲,齐纳防爆栅选型容易,不易损坏,价格相对低廉,对原系统结构要求改动的地方比较少,优点比较明显。在正常工作时,齐纳防爆栅就相当于两个电阻串入电路。另外,齐纳防爆栅由于无信号的转变,对原信号精度也没有影响。

2. 隔离式防爆栅

隔离式防爆栅分为输入式防爆栅(从现场到控制室)和输出式防爆栅(从控制室到现场)两种。隔离式防爆栅中使用较多的是隔离变压器式防爆栅。隔离式防爆栅隔离能量的关键部件是脉冲变压器,由它控制流向危险区域的能量。输入电源经DC/AC 变换器变成交流方波,再经电源耦合、整流滤波得到直流稳压电源,为解调放大器提供电源,或者通过限压、电流电路为现场仪表(如变送器等)提供隔离直流电源。

输入隔离式防爆栅,接受来自现场变压器的 4~20mA 输出电流,经调制变成交流方波信号,通过信号变压器耦合到安全侧,经解调放大还原为相同大小的 4~20mA 直流信号输出给控制室内的调节或记录仪表,这样,即可实现电源隔离和危险侧输入信号与安全侧输出信号隔离。输入隔离式防爆栅的基本结构如图 3.3-4 所示。

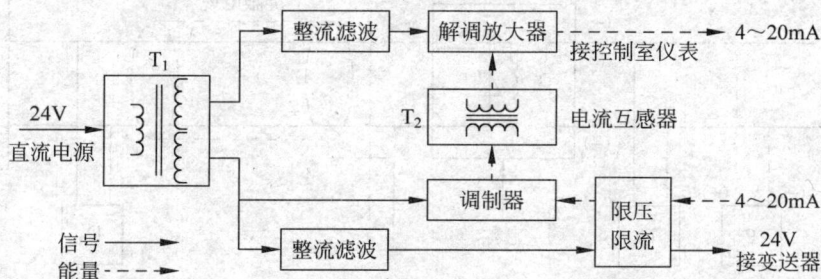

图 3.3-4　检测端防爆栅的基本结构

　　输出隔离式防爆栅,来自控制室(安全侧)内仪表的输入 4～20mA 直流信号通过调制变成交流方波信号,经信号变压器耦合到危险侧,送入解调放大器后,输出与原输入相同大小的 4～20mA 直流信号,送给执行器等现场仪表,实现安全侧输入信号与危险侧输出信号之间的隔离。输出隔离式防爆栅的基本结构如图 3.3-5 所示。

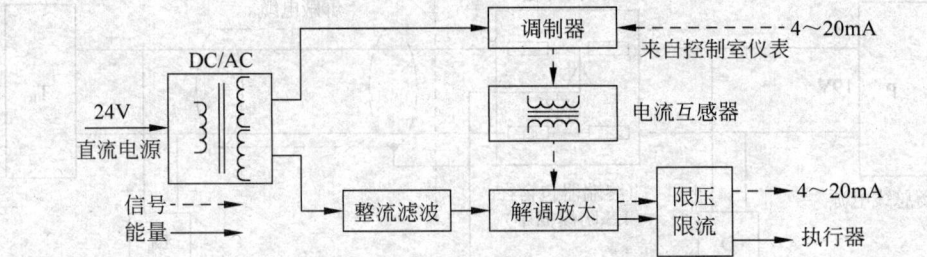

图 3.3-5　执行器端防爆栅的基本结构

　　与齐纳式防爆栅相比,隔离式防爆栅具有以下突出优点:

　　(1) 通用性强,使用时不需要特别本安接地,系统可以在危险区域或安全区域认为合适的任何一方接地,使用十分方便。

　　(2) 隔离式防爆栅的电源、信号输入、信号输出均通过变压器耦合,实现信号的输入、输出完全隔离,使防爆栅的工作更加安全可靠。

　　(3) 隔离式防爆栅由于信号完全浮空,大大增强信号的抗干扰能力,提高了控制系统正常运行的可靠性。

　　但是,隔离式防爆栅是以高频作为基波,将信号进行调制解调,信号有了变动,精度会受到防爆栅电路的影响。隔离式防爆栅由于具有高频振荡电路,将产生出射频干扰,对系统不利。

　　采用隔离式防爆栅的现场总线本安防爆系统的典型结构如图 3.3-6 所示。由于现场总线系统必须满足在地电位平衡的状态下运行,隔离式安全栅可有效地将危险场所的电路与地可靠隔离,从而保证现场总线系统的安全运行。

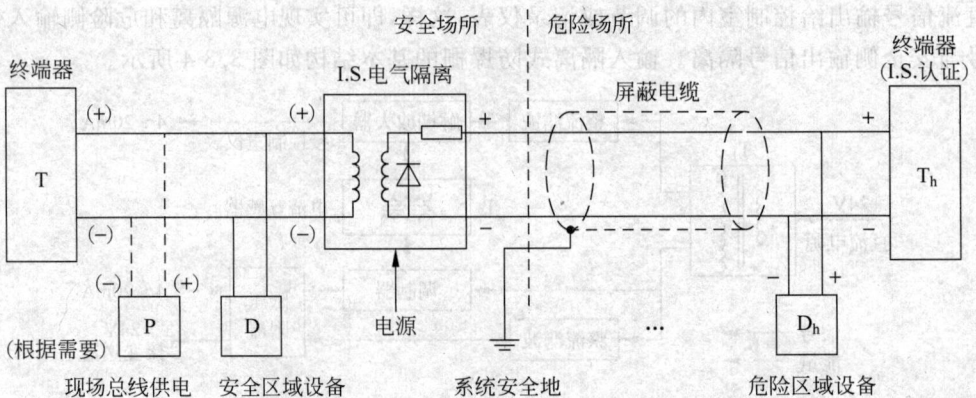

图 3.3-6　现场总线控制系统中的隔离式防爆栅连接

习题与思考题

3-1 试述电动执行机构的构成原理、主要特性,并说明伺服电动机的转向和位置与输入信号有什么关系?

3-2 常用的气动执行机构有哪几类?各有什么特点?

3-3 阀门定位器应用在什么场合?简述电/气阀门定位器的工作原理。

3-4 简要说明智能阀门定位器与模拟电/气阀门定位器相比,具有哪些不同特点?

3-5 何谓调节阀的可调比和流量特性?理想情况下和工作情况下的流量特性有何不同?

3-6 选择气动执行器作用方式(气开或气关)的依据是什么?

3-7 如何选择调节阀的流量特性?

3-8 变频调速器在哪些应用场合可以取代传统的控制执行单元?其工作原理是什么?具有哪些优点?

3-9 什么是防爆栅?什么是安全火花防爆系统?

3-10 简要叙述防爆栅的基本组成与工作原理,并说明现场总线防爆系统与传统本安系统的主要区别是什么。

第 4 章

PID控制算法及其实现技术

在工业过程控制系统当中,控制器部分实际上区别于被控过程,是在控制设备中独立实现的。控制器是整个控制系统的灵魂,其在整个闭环系统中的地位如图 4-1 中阴影部分所示。本章重点讲解 PID 控制算法及其实现技术,力求从经典控制理论当中提取出简单实用的 PID 控制算法,并与实际应用结合起来,对过程控制的基本思想有个基本的认识。

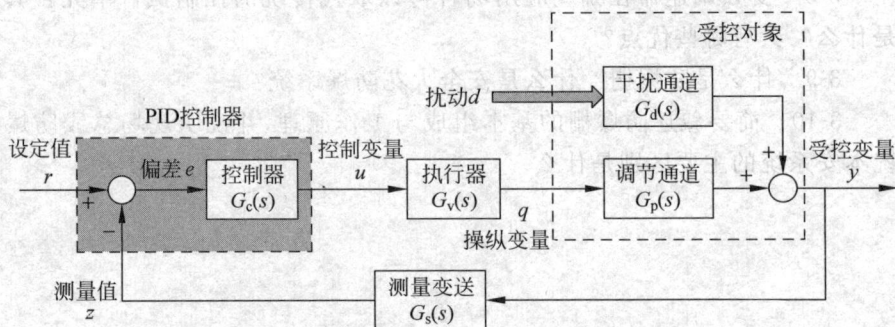

图 4-1　PID 控制器在过程控制系统中的基本定位

4.1　基本 PID 控制算法

PID 控制的概念真正明确提出,并作为标准控制算法应用于工业过程控制,可以追溯到 20 世纪 30 年代。当时,美国 Taylor 仪器公司在乳品加工(杀菌处理)行业占据统治地位,其核心产品温度检测、记录仪表在当时已成为该行业事实上的标准仪表。该公司于 1933 年,生产出第一台真正"增益可调整"的比例控制器: Model 56R(Fulscope)。其后,于 1936 年推出第一台阀门定位器,其中就引入了积分动作。大约同一时间,人们将上述仪表应用在化纤工业温度控制中,发现效果并不理想。通过改进实验,引入微分动作,结果大大改善了控制效果,当时人们戏称微分动作为"预动作(pre-act)",这就是最早的微分控制,该算法首先被引入到控制器 Model 56R(Fulscope)中。

美国另一家著名仪表公司 Foxboro 公司,则在石油加工行业占据主导,其核心产品为流量检测仪表,也是该行业事实上的标准仪表。该公司于 1934—1935 年,生产出第一台比例积分记录控制仪表,型号为 Model 40。

　　虽然 PID 控制算法自 20 世纪 30 年代诞生至今,经历了近百年的历史。其间,控制系统的体系结构也在发生巨大的变化,至今发展到集散控制系统(DCS)以及现场总线控制系统(FCS),但系统的核心算法依旧停留在 PID 类算法上。据统计,有近 90%以上的工业过程控制都采用 PID 类控制算法,这是为什么呢? 原因很简单,PID 控制器作为工业控制中的主导控制器结构,其获得成功应用的关键在于,大多数被控过程可由低阶动态环节(一阶或二阶惯性加纯滞后,简记作 FOPDT 及 SOPDT)近似逼近,而针对此类过程,PID 控制器确实代表了一个实用而廉价的解。PID 控制算法不仅简单、实用,而且不需要对象精确的数学模型,具有较强的鲁棒性,参数整定也十分方便。

　　事实上,PID 算法的精髓还远不止这些,PID 动作事实上还具有一定的仿人"智能性",具体表现在:

　　① "比例控制"类似人的"联想"或"想象"能力,我们可以通过想象,将事物变得更大或更小。

　　② "积分控制"接近人的"记忆"能力,俗话说,"历史决定未来",同样,对历史事件的回顾与反思,有助于我们采取更加有效的行动来改变我们的未来取向。

　　③ "微分控制"相当人的"预测"能力,有了预测能力,就可根据事物的变化趋势,提前调整对策,使我们少走弯路。

　　因此,PID 控制的精髓就是"总结过去、基于当前、着眼于未来"的最简练的控制算法。正因为如此,PID 控制及其变形算法一直是自动化仪表中的标准运算模块,西方学者更是形象地将其称为自动控制领域的"面包"和"黄油"。

　　随着控制理论学习的进一步深入,我们将会看到,针对大多一阶或二阶(加纯滞后)对象,采用"先进控制算法"设计所得到的最优控制器往往具有 PID 控制器的典型结构(因而可以用来帮助整定 PID 控制器的参数)。同时,这也意味着,针对大多数工业被控过程,只要恰当选取合适的 PID 控制器参数(或进行适当的结构调整),即可达到许多最优控制或先进控制算法所追求的控制效果。

　　下面,我们从基本的两位式控制(又称开关控制、ON/OFF 控制)出发,逐步引入比例(P)、积分(I)、微分(D)控制动作,以改善控制性能。作为实用的控制算法,考虑到被控对象与控制要求的多样性,仅仅有基本的 PID 控制算法还是远远不够的。为此,进一步引入变形的 PID 控制算法。再考虑到实际控制过程存在的非线性、控制器的可操作性等,还将给出 PID 控制器的具体工程实现技术,最终将比较完整的实用 PID 控制算法揭示出来。同时,考虑到 PID 控制算法的计算机实现,对控制算法的数字实现技术作了简要的介绍。

4.1.1　从 ON/OFF 控制到比例(P)控制

　　最简单、最容易实现,且使用最广泛的控制器是 ON/OFF 控制器,一般采用继电器(relay)控制,其输入输出特性如图 4.1-1 中实线所示,其控制算法的数学描述如式(4.1-1)所示。

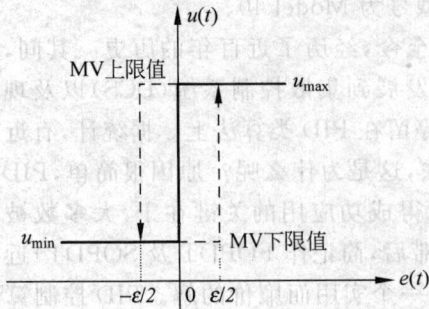

图 4.1-1　两位式 ON/OFF 控制的
输入输出特性

$$u(t) = \begin{cases} u_{max}, & e(t) \geqslant 0 \\ u_{min}, & e(t) < 0 \end{cases} \quad (4.1\text{-}1)$$

式中,$u(t)$ 为控制器输出,u_{max} 为控制器输出上限值,通常为 100%;u_{min} 为控制器输出下限值,通常为 0;$e(t)$ 为控制偏差,满足

$$e(t) = r(t) - y(t) \quad (4.1\text{-}2)$$

式中,$r(t)$ 为给定值;$y(t)$ 为被控变量的测量值。

两位式控制器在工业生产上一些调节质量要求不是很高的场合,如一些液位、温度等控制回路上经常采用。当然,在日常生活中更是随处可见。例如,我们日常使用的冰箱或空调,用来控制储藏室内温度或居室内温度,就是通过两位式控制器不时启动压缩机进行制冷,产生冷气来调节温度的。

值得指出,在实际使用时,上述调节特性并不理想。原因是,当被调过程变量达到设定值附近时,由测量噪声或者各种扰动因素诱发的测量值的任何微小波动都会触发控制器输出在上下限值之间来回不停地摆动,不仅会给被控过程带来冲击,而且会很快磨损执行机构,严重时影响其使用寿命。为了避免执行器中移动部件的过度磨损,实际采用的控制特性如图 4.1-1 中的虚线所示,即引入"死区"(或称"滞环"),其宽度 ε 决定于现场噪声水平,一般取为满量程的 0.5%~2.0% 左右。

两位式控制的主要缺点是过程变量会围绕期望值在一定范围内不停地振荡,如图 4.1-2 所示。其本质原因在于,两位式控制实际上是一种"断续"控制方式,即每当误差超出上限 $e_{max} = \varepsilon/2$ 或低于下限 $e_{min} = -\varepsilon/2$ 时控制器才会动作;而其他时刻,系统实际处于开环状态。即任凭被控变量缓慢波动而不调节。因此,两位式控制是一种非常粗糙的控制方式。

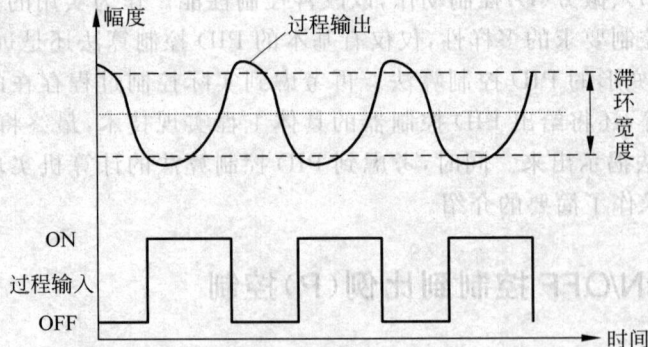

图 4.1-2　两位式 ON/OFF 控制的时间响应性能

要想提高调节质量,就要采用"连续"的调节方式。其中,最简单的连续控制就是比例控制,比例控制的数学表达式为

$$u(t) = \begin{cases} u_{\max}, & e(t) > e_{\max} \\ u_0 + K_c e(t), & e_{\min} \leqslant e(t) \leqslant e_{\max} \\ u_{\min}, & e(t) < e_{\min} \end{cases} \tag{4.1-3}$$

式中,常量 u_0 表示零偏差时控制器的输出,$e_{\min}$ 与 $e_{\max}$ 反映比例控制器线性区间的大小,在区间 $[e_{\min}, e_{\max}]$ 内,控制器输出与偏差成线性关系,比例系数为 K_c,通常称为比例增益。根据式(4.1-3)可以画出比例控制器输入输出关系特性如图 4.1-3 所示。

比例控制属于连续控制方式,其不停地检测偏差,并根据偏差大小进行连续调节,以克服各种扰动对被控过程变量的影响。比例控制器只有一个可调整参数,即比例增益 K_c。但是,工程上,更多地采用"比例度"这一名称,其定义为比例增益的倒数,即当比例增益 K_c 为无量纲数时,定义

图 4.1-3　比例控制的输入输出特性

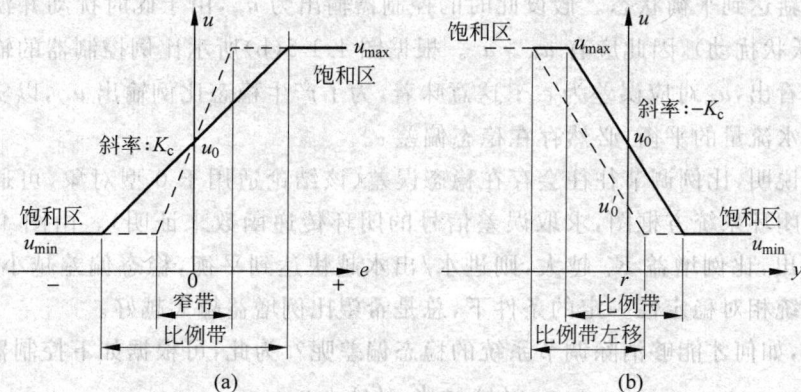

$$PB = \frac{1}{K_c} \times 100(\%) \tag{4.1-4}$$

称 PB(proportional band)为"比例度",如图 4.1-4(a)中实线所示。其物理含义是:在只有比例作用的情况下,能使控制器输出作满量程变化的输入量相对变化的百分数。

有时,我们希望直接看到测量值与控制器输出之间的关系曲线,为此可以将式(4.1-2)代入式(4.1-3),得到控制器输出 $u(t)$ 与测量值 $y(t)$ 之间的关系式,即

$$u(t) = u_0 + K_c(r(t) - y(t)), \quad e_{\min} < e(t) < e_{\max} \tag{4.1-5}$$

输入输出曲线如图 4.1-4(b)中实线所示,图中,比例度反映了"使控制器输出与偏差输入成线性关系的测量值变化区间大小的度量"。由此可见,比例度实际反映了控制器输入输出关系中线性区域的宽度,因此有时也称做"比例带宽度"。

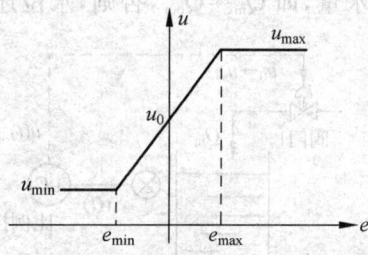

图 4.1-4　比例度的定义及其意义

　　由图 4.1-4 中虚线可以进一步看出,增大比例增益 K_c,则比例带变窄;当比例增益 K_c 为无穷大时,则比例控制就"蜕化"为 ON/OFF 控制。类似地,调整直流偏置量 u_0,则比例带会左右移动。当偏差或测量值超出比例带区间时,就表示控制器输出进入了饱和区,达到饱和状态。

　　连续比例控制相对于 ON/OFF 控制器,可以消除测量信号的振荡现象,但又产生了新的问题。以图 4.1-5(a)所示水槽水位比例控制系统为例,假设系统处于初始无偏差平衡状态,即 $e(t)=0$,对应控制器输出 $u(t)=u_0$。此时,水槽进水量一定等于出水量,即 $Q_{in}=Q_{out}$,否则,水位还会继续变化而不会达到稳定状态。

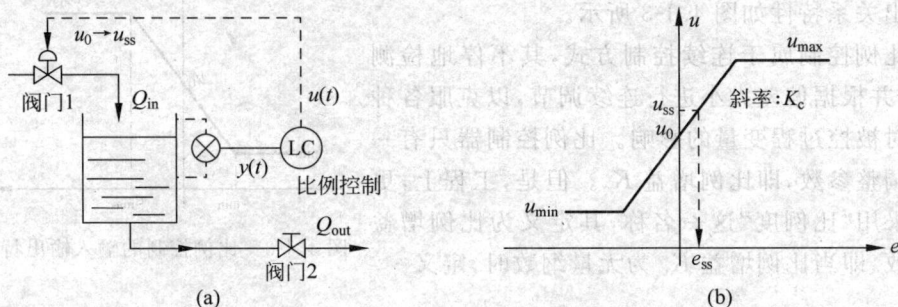

图 4.1-5　水槽水位控制系统的稳态特性分析

　　假设给系统施加一扰动,即将输出手阀(阀门 2)开度增大一些而导致负荷突然增大。此时,出水流量瞬间会增大,并且大于进水流量,系统暂时会失去平衡而导致水槽水位的下降。考虑到,比例控制在偏差为零的条件下,不会开大进水量,因此可以预料,当水槽水位最终达到稳态时,必然存在稳态偏差。具体过渡过程是这样的,首先,扰动发生后水位由于进水/出水失去平衡而开始逐渐降低,产生液位偏差,控制器通过比例作用会不断增大 $u(t)$,从而开大进水阀。随着水位继续降低,偏差会进一步增大,进水流量也会逐渐增大;而出水流量则会在瞬间的增大(大于进水流量)后,随液位降低而逐渐减小。经过一段时间的过渡过程,进水量等于出水量,于是系统重新达到平衡状态。假设此时的控制器输出为 u_{ss},由于此时扰动并没有消除(类似阶跃状扰动),因此应有 $u_{ss}>u_0$。根据图 4.1-5(b)所示比例控制器的输入输出特性可以看出,u_{ss} 对应误差为 e_{ss};这意味着,为了产生稳态比例输出 u_{ss},以实现进水流量与出水流量的平衡,必然存在稳态偏差 e_{ss}。

　　以上说明,比例调节往往会存在稳态误差(该结论适用于 0 型对象,可通过比例控制下的闭环系统方框图,求取误差信号的闭环传递函数来证明)。由图 4.1-5(b)还可以看出,比例增益 K_c 越大,则进水/出水越快达到平衡,稳态偏差越小。因此,在保证系统相对稳定性一定的条件下,总是希望比例增益越大越好。

　　那么,如何才能够消除调节系统的稳态偏差呢? 为此,可根据如下控制器输出

$$u(t) = K_c e(t) + u_0 \tag{4.1-6}$$

求得

$$e_{ss} = \frac{u_{ss} - u_0}{K_c} \tag{4.1-7}$$

根据式(4.1-7)容易看出,通过以下两种手段,可以消除稳态误差。

(1) 取足够大的比例增益 K_c。此时,比例控制逼近 ON/OFF 控制器

以图 4.1-5 所示单个容积过程为例,由于该过程的相位滞后不可能超过 $90°$,因而采用比例调节时不会振荡;换句话说,单容过程在比例带逼近零时也不会振荡。这就说明,只要有一个极小的偏差就能通过迅速调整阀门开度实现快速补偿,因而可以几乎不产生稳态偏差。当然,以上所述只是理想情况,它要求系统是完全线性的,并且控制机构(调节阀)具有足够快的响应特性(而不会发生饱和现象,ON/OFF 控制器中的振荡就是由饱和非线性引起的),并且保证系统稳定。

(2) 灵活调整直流分量 u_0。通过取合适的 u_0 值,即取 $u_0 = u_{ss}$,可以消除稳态误差。其中,u_{ss} 为实现无偏差时的控制器稳态输出。

显然,一定的 u_0 并不能够对不同设定值(或干扰大小)同时得到满足。当然,可以考虑根据设定值变化来对 u_0 进行相应调整,此时有必要知道被控过程的稳态增益。但对于未知干扰,则不那么方便。

因此,对于式(4.1-3)的比例控制,在参数整定时,可以在满足闭环稳定性要求的前提下,取最高的比例增益,以减小稳态误差。而初始直流分量 u_0 则可设定在控制信号操作范围的中间,以使在不同对象的控制中,可能出现的最大稳态误差平均最小,因此,在大多数控制器中,取 $u_0 = 50\%$(对应:$u_{max} = 100\%$, $u_{min} = 0$)。

4.1.2　积分的引入——比例积分(PI)控制

实际被控过程并不都是简单的单容过程,并且往往还含有纯滞后,因此比例增益不可能取得过大;另外,某一具体的直流分量 u_0 只能够保证某一特定的设定值无偏差,而一旦设定值发生变更,或过程负荷发生变化,都会导致被控变量偏离设定值。

为了解决比例控制中的稳态误差问题,同时又不致采用过大的控制器增益,可引入积分动作(integral/reset action)。积分动作的特点是低频增益很大,稳态(直流)增益甚至为无穷大,因而可用来消除稳态误差。

积分控制很少单独采用,一般与比例动作结合在一起,可获取二者的优点,其时域表达式如下

$$u(t) = K_c \left[e(t) + \frac{1}{T_i} \int_0^t e(\tau) d\tau \right] \tag{4.1-8}$$

式中,K_c 为控制器比例增益;T_i 为积分时间常数。由上式可以看出,当偏差为恒值时,每过一个 T_i 时间,积分项产生一个比例调节的量。大多情况下,减小 T_i,会加速系统的响应,但同时也会降低系统的阻尼系数;增大 T_i,会导致响应变慢,但控制更稳定。

另外,对比式(4.1-6)与式(4.1-8)可以看出,积分项实际上是对直流分量 u_0 的一种(自动)"重置"(reset);并且当稳态偏差 $e(t)$ 逼近零后,积分项 $u_I(t)$ 就逼近"理

想"的直流分量 u_{ss}，如式(4.1-9)所示。这里，所谓"理想"是指稳态无偏差时所要求的比例控制器输出 u_0，即

$$u_I(t) = \frac{K_c}{T_i}\int e\,dt = u_0 \qquad (4.1-9)$$

式中，$u_I(t)$ 表示积分项的输出。

积分动作之所以可以消除稳态误差，我们还可以从时域上来进一步认识。容易看出，如果系统存在稳态偏差，如图4.1-6所示，则积分项就会不停地累积，控制器输出就会继续加大，进而对象输出也会变大，因而误差不可能恒定。除非误差为零，否则系统也不可能达到稳态。换句话说，只要达到稳态，误差一定为零；而积分项稳态输出恰好就等于能够消除稳态误差所需的直流偏置量 u_0。因此，积分项针对任一设定值或阶跃状扰动，能够自动找出合适的 u_0，而不必知道过程的稳态增益。这样，比例积分控制器同时解决了比例控制器的稳态误差问题以及 ON/OFF 控制器中的振荡问题，是 PID 类控制器家族中最常采用的控制器结构形式，适合于大多数过程。

图4.1-6　积分调节时的稳态误差分析

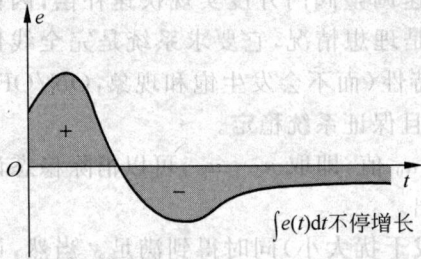

但是，可以看出，比例与积分动作都是对过去控制误差进行操作，而不对未来控制误差进行预测，该特征限制了其可实现的控制性能。

举例来说，图4.1-7所示为两个不同的被控过程——过程Ⅰ和过程Ⅱ。假设截止到同一当前时刻 t，两过程的误差积分以及在 t 时刻的瞬时误差大小均相同，则 PI 控制器在 t 时刻只能给出完全相同的控制输出信号。但这显然是不合理的。因为，针对过程响应(a)，似乎控制量已经足够大，因为误差有加速减小的趋势，甚至控制输出应当减小，以避免在未来时刻发生大的超调。但是，过程响应(b)则不同，其误差已经开始变大，似乎原有控制量不够，甚至应要求控制器作用再强烈一些，以便更快地减小误差。显然，针对上述两种不同类型的过程，比例积分控制无法给出不同的控制器输出，为此，有必要引入新的控制器动作方式。

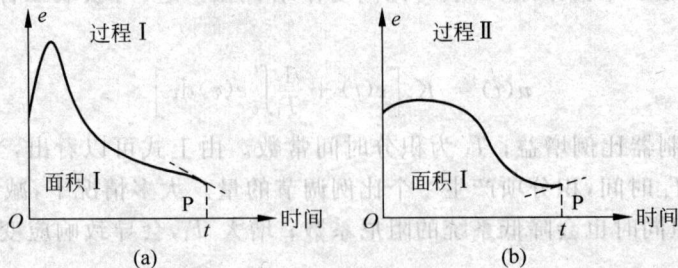

图4.1-7　比例积分控制的局限性

4.1.3　微分的引入——比例积分微分（PID）控制

　　比例积分（PI）控制是基于历史偏差以及当前偏差所做出的控制策略，我们会想到，如果能够再把误差的未来变化趋势引入控制器设计，或许会取得更好的控制效果。尤其针对诸如温度等大惯性对象，其输出变化趋势往往非常明显，通过对控制误差进行简单的求导，即可对其未来的误差（变化量）进行比较准确的预估，从而可实现基于未来有限时段的误差变化量的调节动作，即微分动作，其数学描述为

$$u_D(t) = K_c T_d \frac{de(t)}{dt} \qquad (4.1\text{-}10)$$

式中，$u_D(t)$ 代表微分环节，误差预估时段 T_d 称为微分时间常数。则针对图 4.1-7 所示两类不同过程，在同一时刻 t，由于图 4.1-7（a）中 $u_D(t)<0$，而在图 4.1-7（b）中 $u_D(t)>0$；因而上述微分环节可以采取截然不同（增大/减小）的调节动作。所以，将式（4.1-10）微分动作加入到前述比例（P）或比例积分（PI）控制器当中，即可弥补比例积分（PI）控制的不足。

　　由于在稳态条件下，即使误差很大，单纯的微分环节不会产生任何调节作用。因此，微分从不单独采用。微分与比例合用，成为如下所示的比例微分（PD）控制算法

$$u(t) = K_c \left[e(t) + T_d \frac{de(t)}{dt} \right] \qquad (4.1\text{-}11)$$

如果控制偏差趋势变化比较平缓，如图 4.1-8 所示，则有

$$e(t + T_d) \approx e(t) + T_d \frac{de(t)}{dt}$$

从而有

$$u(t) \approx K_c e(t + T_d) \qquad (4.1\text{-}12)$$

图 4.1-8　微分项是基于 $t + T_d$ 时刻的误差预估值进行调节

对比式（4.1-11）和式（4.1-12）可以看出，比例微分（PD）控制器输出正比于 $t + T_d$ 时刻的误差估值，微分时间常数 T_d 则反映了预测时域的大小。显然，微分时间常数越大，误差估值与实际误差的偏离可能越大，并且对不同的对象特性，偏离程度是不同的；偏离越小，微分动作的控制效果越理想，越适合于采用微分动作。预测值与实际值偏离过大，只能说明该对象可能并不适合于采用微分环节。

　　事实上，不论从时域上看，还是从频域上看，在稳态条件下，比例微分控制就等同于比例控制，故与比例控制器一样，PD 调节依然存在稳态误差，但可改善系统的动态调节品质。

　　最后，将比例、积分、微分三个动作组合到一起，可以实现如式（4.1-13）所示的并联形式的 PID 控制律

$$u(t) = u_0 + K_c \left[e(t) + \frac{1}{T_i} \int_0^t e(\tau) d\tau + T_d \frac{de(t)}{dt} \right] \qquad (4.1\text{-}13)$$

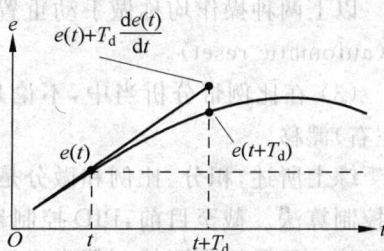

式中，u_0 为直流分量，由于具有积分动作，因而可以省略；K_c 为比例增益；T_i 表示积分时间常数；T_d 则为微分时间常数。

下面再对直流分量 u_0 的取值补充说明如下。

（1）一般来说，在含有积分的 PID 控制器中，积分项消除静差在本质上就相当于积分项通过不断地"试凑"，最终总能够找到合适的 u_0 值（除非系统不稳定）。这也意味着，在含有积分的 PID 控制算法中，可以不必考虑直流分量。

（2）在实际工程上，经常会遇到某些过程控制系统，不宜采用积分项，但又要求稳态误差足够得小，此时，工程上有两种处理方法：

① 通过手动调整调节器设定值（可能不同于实际期望值），来实现被控变量与实际期望值保持一致。这需要操作工干预控制过程，而且新的设定值通常需要反复尝试才能得到。

② 试着用手动调整偏置量 u_0 到合适的数值，即在 PD 控制器中引入一手动调整变量，常称做 MR（manual reset），如下式所示，即

$$u(t) = K_c \left(e(t) + T_d \frac{\mathrm{d}e(t)}{\mathrm{d}t} \right) + MR \qquad (4.1\text{-}14)$$

在稳态条件下，通过细调 MR（相当于手动调节 u_0）来改善稳态特性。

以上两种操作均称做手动重置；相对地，采用积分动作的调整方式称做自动重置（automatic reset）。

（3）在比例带分析当中，不论是通过积分还是手动调节 u_0，都会导致比例带的（左右）漂移。

综上所述，积分、比例和微分是分别基于过去（I）、现在（P）和将来（D）控制偏差的控制算法。截至目前，PID 控制器依然是最具主导地位的反馈控制形式。即使是在监控一级采用预测控制等先进控制技术，但底层基础一级回路上也大都采用 PID 控制，此时，PID 控制器已经成为上层许多先进控制器的基础级控制器或备份级控制器，其对于保证整个系统的安全运行具有十分重要的意义。

4.2　各种变形的 PID 控制算法

基本 PID 控制器是基于偏差来进行调节的，以实现过程的闭环控制。引起偏差的主要因素主要来自于两个方面，其一是生产过程中发生的各种各样的输入或输出扰动（其中主要是负荷扰动），简称过程扰动；其次是设定值变化，或者称设定值扰动。整个闭环系统对于过程扰动以及设定值扰动的响应特性反映了系统的两个不同侧面（具有不同的闭环传递函数），它们对于基本 PID 控制器的要求往往是不同的，换句话说，采用同样一组 PID 控制器参数往往很难保证两方面的特性都十分理想。为此，需要对基本的 PID 控制算法做些改进，以便进一步提高操作性能和控制品质，以适应不同的工况。下面介绍几种有代表性的 PID 变形算法。

4.2.1 微分先行 PID 控制算法

在过程控制仪表,特别是在数字仪表内部,设定值一般是通过操作界面用键盘或通过与上位计算机数字通信进行快速变更的。而微分动作是建立在对未来 $t+T_d$ 时刻控制误差的估计基础上的。当设定值不变时,微分不起作用;而当设定值调整时,往往属于阶跃式变化,微分对其不仅不具有预测作用,而且还会给过程造成冲击(常称做"微分冲击"),故一般过程调节系统(以定值控制、扰动抑制为主)往往让微分动作仅仅作用于测量值,而不作用于设定值,这样就可以避免微分冲击,控制算法如下式所示

$$u(t) = K_c \left[e(t) + \frac{1}{T_i} \int_0^t e(\tau) d\tau - T_d \frac{dy(t)}{dt} \right] \tag{4.2-1}$$

用传递函数描述为

$$U(s) = K_c \left[\left(1 + \frac{1}{T_i s} \right) E(s) - T_d s Y(s) \right] \tag{4.2-2}$$

式中,$E(s) = R(s) - Y(s)$。

上述 PID 控制器的结构可用图 4.2-1 中虚线框所示的方框图来描述。相对于标准 PID 控制算法,这里测量值在进行偏差计算之前先做微分运算,因而这种结构的PID 算法常常被称做"微分先行"的 PID 控制算法,简记作:PI-D 算法。由图 4.2-1可以看出,PI-D 控制对测量值反馈输入通道仍然进行基本的 PID 运算,而对前向设定值通道则只进行基本的 PI 控制。数字控制仪表中的 PID 控制器多以微分先行PID 控制算法为基础。

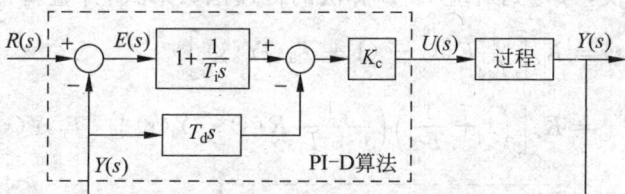

图 4.2-1 微分先行 PID 算法

特殊地,微分先行的 PD 控制算法(简称 P-D 算法)还具有速率反馈的控制结构,如图 4.2-2 所示。这是因为,根据图 4.2-1 可以看出,当不含积分环节时,有

$$U(s) = K_c [E(s) - T_d s Y(s)] = K_c [R(s) - (1 + T_d) Y(s)] \tag{4.2-3}$$

根据式(4.2-3)的输入输出关系,可以证明:"具有位置和速率反馈的比例控制器"就等价于"P-D 控制算法"。

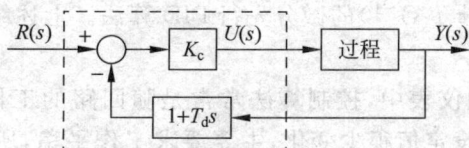

图 4.2-2 微分先行(P-D 控制)算法的速率反馈等效结构

　　将图 4.2-2 所示的 P-D 控制方框图进一步变换，可以得到如图 4.2-3 所示的具有设定值滤波的比例控制算法结构，从而可以给出 P-D 控制算法的进一步解释，即微分先行的 PD 控制算法就相当于在基本 PD 控制器的设定值前向通道上加了一个惯性时间常数为 T_d 的滤波器，即 $G_f(s) = (1 + T_d s)^{-1}$，从而减缓了调整设定值对过程带来的冲击。

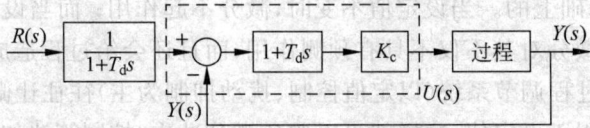

图 4.2-3　微分先行（P-D 控制）算法的设定值滤波等效结构

4.2.2　比例先行 PID 控制算法

　　微分先行 PID 算法的采用，解决了操作工人在改变设定值时对微分冲击的担心。这使人想到，如果对比例动作也作同样的修改，那么比例冲击也能消除，设定值的变更可以更大胆地进行了。故可进一步将比例也先行，从而构成比例微分先行 PID 控制算法，简称比例先行 PID 控制，记作 I-PD 算法，其对应控制器结构如图 4.2-4 所示，对应时域输入输出关系如式（4.2-4）所示

$$u(t) = K_c \left[-y(t) + \frac{1}{T_i} \int_0^t e(\tau) \mathrm{d}\tau - T_d \frac{\mathrm{d}y(t)}{\mathrm{d}t} \right] \tag{4.2-4}$$

将上式取拉氏变换，可得到对应 I-PD 算法的传递函数形式，并重新整理可得到

$$U(s) = K_c \left[\frac{1}{T_i s} E(s) - (1 + T_d s) Y(s) \right]$$

$$= K_c \left[\left(1 + \frac{1}{T_i s} \right) \left(\frac{1}{1 + T_i s} R(s) - Y(s) \right) - T_d s Y(s) \right] \tag{4.2-5}$$

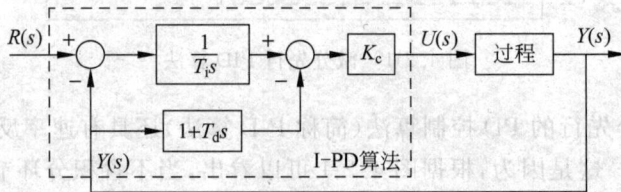

图 4.2-4　比例先行 I-PD 控制算法

　　从式（4.2-5）可以明显看出，比例先行 PID 算法等价于带设定值滤波（滤波器的传递函数为 $G_f(s) = (1 + T_i s)^{-1}$）的微分先行 PID 算法。上述结论也可以通过方框图变换来进行验证。

　　在实际的数字控制仪表中，控制算法常常是随回路的工作方式而自动改变的。在做定值调节时，因为设定值很少变化，主要要求工作平稳，所以一般采用比例先行

的 PID 算法。但当控制器工作在跟踪(随动)方式时,例如在串级控制系统中,副调节器以主调节器的输出量作为自己的给定值,副回路要能够快速跟随主调节器的输出变化,因此常采用微分先行 PID 控制算法。

4.2.3　带设定值滤波的 PID 控制算法

为了取得介于微分先行与比例先行之间的调节效果,可引入"部分的比例先行",即引入如图 4.2-5 所示的控制器结构。图中,β 为一可调参数,取 $0 \leqslant \beta \leqslant 1$。显然,当 $\beta = 0$ 时,图 4.2-5 所示控制器结构就是比例先行 PID 控制;而当 $\beta = 1$ 时,则对应微分先行 PID 算法;当 $0 < \beta < 1$ 时,则属于部分比例先行的 PID 控制结构。显然,图 4.2-5 所示控制器结构包含了 PI-D 与 I-PD 两种算法,属于更一般的控制器结构。

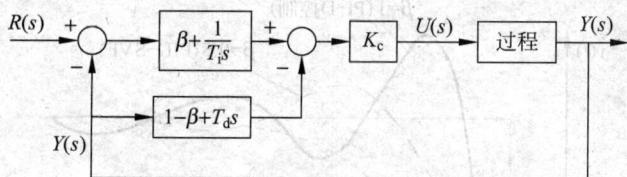

图 4.2-5　部分比例先行的 PID 控制结构

部分比例先行的 PID 控制器传递函数参考图 4.2-5 可描述如下

$$U(s) = K_c \left[\left(\beta + \frac{1}{T_i s} \right) E(s) - (1 - \beta + T_d s) Y(s) \right]$$

将上式进行整理可得

$$U(s) = K_c \left[\beta R(s) - Y(s) + \frac{1}{T_i s} E(s) - T_d s Y(s) \right] \tag{4.2-6}$$

对应的时域表达式为

$$u(t) = K_c \left[\beta r(t) - y(t) + \frac{1}{T_i} \int_0^t e(\tau) d\tau - T_d \frac{dy(t)}{dt} \right] \tag{4.2-7}$$

对比式(4.2-4)与式(4.2-7)可以看出,图 4.2-5 所示部分比例先行 PID 算法,实际上就是"设定值加权"的 PID 控制算法。不仅如此,事实上,将图 4.2-5 进行等价变换,可得到如图 4.2-6 所示带设定值滤波的 PI-D 控制器的等价结构。

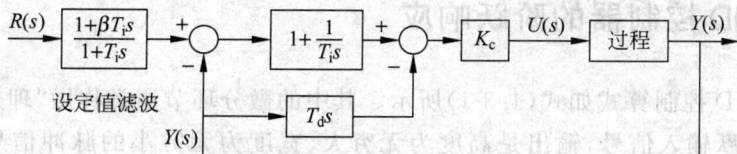

图 4.2-6　带设定值滤波的 PI-D 控制算法等价结构

从图 4.2-6 可以看出,带设定值加权的 PID 控制算法在结构上等价于在微分先行 PID 控制器基础上加一设定值滤波器,该滤波器带有一可调参数 β。因此,又称做

"带设定值滤波"的 PID 控制算法,简记作 PID-SVF。

　　PID-SVF 控制算法具有"二自由度"控制器的典型结构。一般来说,优化设定值输入响应特性与过程输入输出扰动的响应特性对 PID 控制参数的整定要求往往是不同的,如果针对其中之一进行最佳整定,对另一方面未必能得到满意的响应,两者很难兼顾。而采用图 4.2-6 所示的双自由度控制结构,我们就可以首先针对过程输入输出扰动进行 PID 参数的最佳整定;然后再通过调整设定值输入滤波器参数来进一步改善设定值响应特性,从而可取得设定值响应特性及对扰动的调节品质都比较好的综合控制效果。

　　换个角度说,通过调整图 4.2-5 中的参数 β(从 0 到 1),可以取得介于比例先行与微分先行之间的控制效果,系统闭环响应特性如图 4.2-7 所示。关于参数 β 的最佳整定策略,可参考第 5 章。

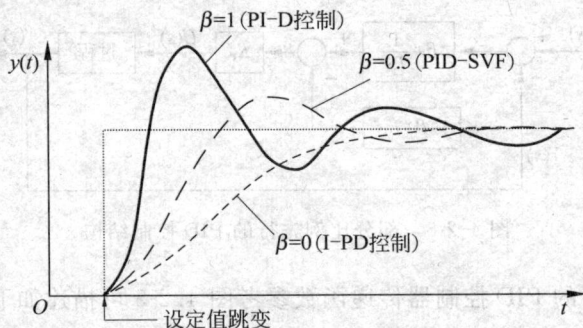

图 4.2-7　带设定值滤波的 PID 控制算法的调节特性

4.3　PID 控制算法的时域、频域分析

　　不论是基本的 PID 控制,还是变形的 PID 控制算法,其核心都是对输入信号(设定值信号、测量信号或者偏差信号等)做基本的比例、积分、微分运算,最终提供给被控过程良好的调节信号。为了加深对 PID 控制动作的理解,本节给出基本 PID 控制器针对单位阶跃输入信号的响应特性,以及 PID 控制器的频域响应特性。

4.3.1　PID 控制器的阶跃响应

　　基本 PID 控制算式如式(4.3-1)所示。其中的微分环节通常称做"理想微分",其针对单位阶跃输入信号,输出是高度为无穷大、宽度为无穷小的脉冲信号。但在实际工程上,这种理想的微分校正既不可能实现(不可能超过电源电压),同时也并不受欢迎。这是因为,在调节系统出现阶跃偏差时,调节器的输出将脉冲式地变化,输出一下子冲到极限值,而一瞬间又完全消失。这样,在调节器后面的执行器和调节对象根本来不及反应,得不到应有的效果。相反,它还会起坏的作用,因为调节系统中难免有高频干扰存在(例如,检测仪表的输出中经常包含有电源纹波和电路噪声),这些高频分量经过微分运算,可能使调节器产生很大的脉动输出,甚至使调节器输出饱和。

$$u(t) = K_c \left[e(t) + \frac{1}{T_i} \int_0^t e(\tau) d\tau + T_d \frac{de(t)}{dt} \right] \qquad (4.3-1)$$

因此,有必要对理想微分的幅度加以一定限制,同时将持续时间延长,即引入"不完全微分"的概念。不完全微分项 $u_D(t)$ 的传递函数描述具体如式(4.3-2)所示,即

$$U_D(s) = K_c \frac{T_d s}{1 + \frac{T_d}{N} s} E(s) = \frac{1}{1 + \frac{T_d}{N} s} \cdot (K_c T_d s) E(s) \qquad (4.3-2)$$

式中,$N = 8 \sim 10$。可以看出,"不完全微分"可看做是对输入变量先进行"完全"(即理想)微分,然后再通过一阶惯性环节进行滤波运算。不完全微分项的时域表达式为

$$\frac{T_d}{N} \frac{du_D(t)}{dt} + u_D(t) = K_c T_d \frac{de(t)}{dt} \qquad (4.3-3)$$

显然,单位阶跃输入条件下,微分项的初始输出值由无穷大减弱为 NK_c 倍的阶跃输入量的大小,如图 4.3-1 所示。工程上,常常把阶跃输入作用下,输出的最大跳变值与单纯由比例作用产生的输出变化值之比,称做"微分增益",记作 K_d,显然:$K_d = N$。

根据叠加定理,整个 PID 调节器的阶跃响应曲线可以看成是由比例项、积分项及不完全微分项三部分相叠加而得到的,如图 4.3-2 所示。微分作用的效果主要出现在阶跃信号输入的瞬间,而积分作用的效果则是随时间而增加的。随着时间的推移,积分分量越来越大,微分分量越来越小,最后微分作用可以完全忽略。

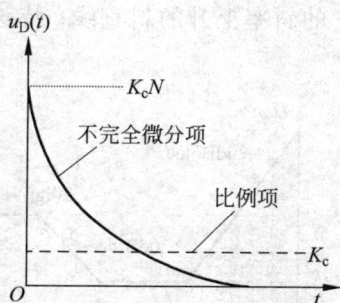

图 4.3-1　不完全微分的阶跃响应特性

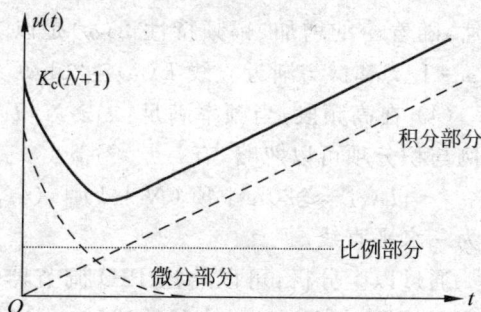

图 4.3-2　PID 控制算法的阶跃响应特性

图 4.3-2 所示的阶跃响应表明,当调节器输入端出现阶跃状的偏差信号时,微分和比例作用首先产生跳变输出,迅速做出反应;此后,如果偏差仍不消失,那么随着微分作用的衰减,积分效果与时俱增,直到稳态误差消除为止。当然,在实际生产过程中,偏差总是不断变化的,因此比例、积分、微分等三种作用在任何时候都是协调配合地工作的。

4.3.2　PID 控制器的频率特性

为了分析 PID 控制器的频率特性,可将 $s=\mathrm{j}\omega$ 代入具有不完全微分的 PID 控制器的传递函数中,有

$$G_{\mathrm{PID}}(s)\big|_{s=\mathrm{j}\omega}=K_c\left[1+\frac{1}{\mathrm{j}\omega T_i}+\frac{\mathrm{j}\omega T_d}{1+\mathrm{j}\omega\dfrac{T_d}{N}}\right] \tag{4.3-4}$$

将上式两边取对数且乘以 20 可求其对数幅频特性 $L(\omega)=20|G_{\mathrm{PID}}(\mathrm{j}\omega)|$。考虑到实际参数值一般满足:$T_i>T_d>T_d/N$,则可将对数幅频特性分段近似做出。

(1) 在低频段,假设 $\omega\ll1/T_i$,故微分与比例项可以忽略,于是可得到 PID 控制器的对数幅频特性为

$$L(\omega)\approx20\lg\left|\frac{K_c}{\mathrm{j}\omega T_i}\right|=20\lg K_c-20\lg(\omega T_i) \tag{4.3-5}$$

显然,在低频段,随着 ω 的增加,幅频特性 $L(\omega)$ 是以 20dB/dec 的斜率下降的斜直线;当 $\omega=1/T_i$ 时,与直线 $L(\omega)\cong20\lg K_c$ 相交。

(2) 在中频段,当频率较低,且满足:$1/T_i\ll\omega\ll1/T_d$ 时,积分与微分项都可以忽略,只剩下比例项,因此幅频特性 $L(\omega)$ 成为一水平直线

$$L(\omega)\approx20\lg|K_c| \tag{4.3-6}$$

(3) 在中频段,当频率较高,且满足:$1/T_d\ll\omega\ll N/T_d$ 时,比例与积分项可以忽略,有

$$L(\omega)\approx20\lg|K_c\cdot\mathrm{j}\omega T_d|=20\lg K_c+20\lg(\omega T_d) \tag{4.3-7}$$

显然,随着 ω 的增加,幅频特性 $L(\omega)$ 是以 20dB/dec 的斜率上升的斜直线;特殊地,当 $\omega=1/T_d$ 时,与渐近直线 $L(\omega)\cong20\lg K_c$ 相交。

(4) 在高频段,当频率满足:$\omega\gg N/T_d$ 时,比例与积分项可以忽略,有

$$L(\omega)\approx20\lg|K_c(N+1)| \tag{4.3-8}$$

成为一水平直线。

通过以上分析,可以绘出 PID 调节器的对数幅频特性,如图 4.3-3 中的曲线 $L(\omega)$ 所示,它由两段斜线和两段水平线组成,三个转折频率分别为:$\omega_1=1/T_i,\omega_2=1/T_d,\omega_3=N/T_d$。其相应的相频特性可用上面类似的方法求得,也可用最小相位系统的幅频特性与相频特性的关系推出,如图 4.3-3 中曲线 $\psi(\omega)$ 所示。

根据图 4.3-3 可以看出,PID 调节器的积分作用,体现在幅频特性的低频段,即当频率趋向零(相当系统接近稳态)时,每 10 倍频程增益

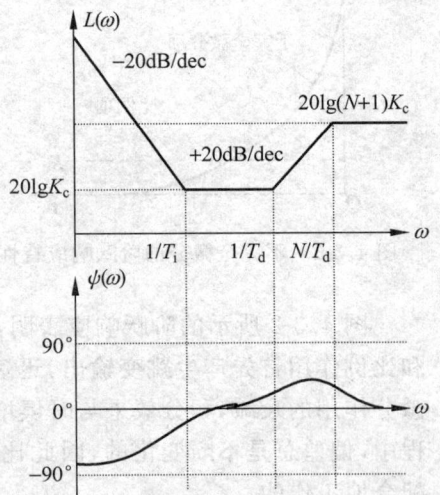

图 4.3-3　PID 调节器的对数频率特性

增长 20dB,理想情况下将趋向无穷大,从而可以用来消除调节系统的稳态误差。当然,其低频相位滞后则不是我们所希望的。PID 调节器的微分作用则体现在高频段,主要是可在系统临界频率附近产生相位超前作用,提高系统的相位裕度,从而改善系统的稳定性;并拓宽频带,提高调节动作的快速性,改善动态性能。PID 调节器的比例项则在整个频率范围内起同样的调节作用。在实际使用当中,根据不同的控制对象,可方便地通过修改 PID 参数,满足绝大多数控制系统的要求。

值得指出,图 4.3-3 画出的仅是 PID 控制器的近似频率特性,但是大多数(包括先进)控制器的频率特性具有近似的形状,只是曲线的细节不同。

4.4　PID 控制算法的数字实现技术

目前,实际工业过程控制系统基本上都是计算机控制系统,也就是说从实际被控过程中提取出来的连续信号都要首先转换为数字信号,交给计算机进行控制运算,由计算机实现 PID 控制算法,并将计算所得数字调节信号转换为模拟信号驱动执行设备及调节阀,调节被控过程。本节在介绍计算机过程控制系统基本结构的基础上,重点讲解 PID 控制算法的数字实现技术。

4.4.1　数字控制系统的基本结构

在传统数字控制系统(如直接数字控制系统、集散控制系统)中,数字调节器内部都有模数转换器(A/D)以及数模转换器(D/A),用来将来自检测仪表的 4～20mA 标准模拟传输信号转换为数字信号,或将数字信号转换为 4～20mA 标准模拟传输信号发送给现场执行器,驱动执行机构。如图 4.4-1 所示,图中,D/A 转换器后接零阶保持器(ZOH),将时间离散的数字信号转换为时间连续的阶梯状模拟信号。

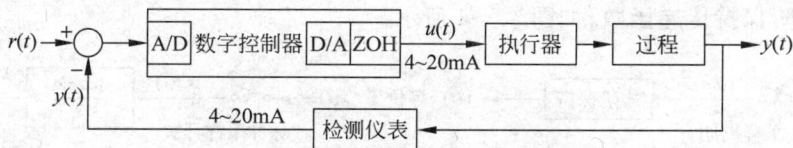

图 4.4-1　计算机过程控制系统的基本结构

随着计算机技术与网络通信技术的发展,越来越多的现场变送器与执行器成为智能化仪表,并逐渐开始采用数字通信技术实现与数字控制器之间的信息传递,如图 4.4-2 所示。典型的就是现场总线控制系统(或新一代的集散控制系统)。当然,数字通信也需要标准化。目前,在过程控制领域最常用的数字通信标准包括:HART 协议、FF H1(IEC61158-2 物理层协议)、Profibus-PA 等。

过程控制系统的网络化连接具有节省电缆等硬件开支、通信内容更丰富、系统维护更方便等优点,因此,大大提高了系统的可靠性;同时,还可实现不同厂商设备之间的互换性和可互操作性,给用户带来很大的方便,易于降低系统的总成本。但不利因素也是明显的,即网络通信会带来网络延迟,处理不当可能会降低系统的控制性能,这在控制器设计时需要格外加以注意。

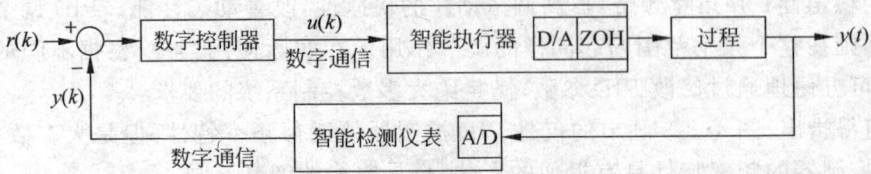

图 4.4-2　计算机过程控制系统的网络化结构

4.4.2　数字控制器的设计思想

计算机控制系统的闭环控制回路结构如图 4.4-3 所示,它是图 4.4-2、图 4.4-1 所示物理结构的进一步简化。下面简要介绍一下数字控制理论的基本思想。

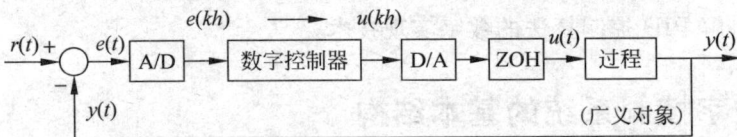

图 4.4-3　数字反馈控制系统的一般结构

首先,连续时间信号经过 A/D 采样后,得到时间离散(幅值量化)的数字信号,经数字控制器运算处理后,得到数字化的控制器输出信号,该信号再通过 D/A 转化、零阶保持后,成为阶梯状的连续时间信号。若省略掉数字控制器,并且假设 A/D 与 D/A 同步采样,则可以证明:数字采样外加零阶保持在数学上就等价于脉冲采样开关外加零阶保持传递函数,如图 4.4-4 所示。

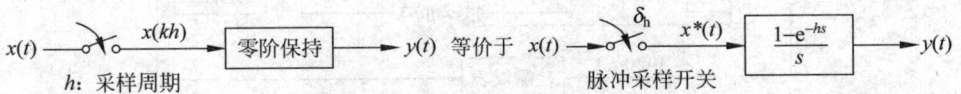

图 4.4-4　数字采样与零阶保持器的等效传递函数描述

以连续信号 $x(t)$ 为例,经过采样与零阶保持后,其输出 $y(t)$ 为

$$y(t) = \sum_{k=0}^{\infty} x(kh) \left[1(t-kh) - 1(t-kh-h) \right] \tag{4.4-1}$$

式中,$1(t)$ 为单位阶跃信号。对上式取拉式变换,有

$$Y(s) = \sum_{k=0}^{\infty} x(kh) \frac{e^{-khs} - e^{-(k+1)hs}}{s} = \frac{1 - e^{-hs}}{s} \sum_{k=0}^{\infty} x(kh) e^{-khs} \tag{4.4-2}$$

若令周期性脉冲采样函数 δ_h 为

$$\delta_\mathrm{h} = \sum_{k=0}^{\infty} \delta(t - kh) \tag{4.4-3}$$

则式(4.4-2)可转化为

$$Y(s) = \frac{1 - \mathrm{e}^{-hs}}{s} \mathcal{L}\Big[\sum_{k=0}^{\infty} x(t)\delta(t - kh) \Big] = \frac{1 - \mathrm{e}^{-hs}}{s} \mathcal{L}[x^*(t)] \tag{4.4-4}$$

其中脉冲采样信号 $x^*(t)$ 定义为

$$x^*(t) = x(t) \sum_{k=0}^{\infty} \delta(t - kh) = \sum_{k=0}^{\infty} x(kh)\delta(t - kh) \tag{4.4-5}$$

根据式(4.4-1)与式(4.4-4)可以看出图 4.4-4 中二者的等价关系。

其次,根据上述等价关系,对图 4.4-3 中每一环节建立其数学模型,可得到图 4.4-5 所示闭环系统的传递函数方框图,也即计算机控制系统的数学等效方框图。图中控制器传递函数 $G_\mathrm{c}(s)$,外加输出脉冲采样开关后,其等效传递函数(图中阴影部分)就是数字控制器算法的数学描述 $G_\mathrm{c}(z)$。

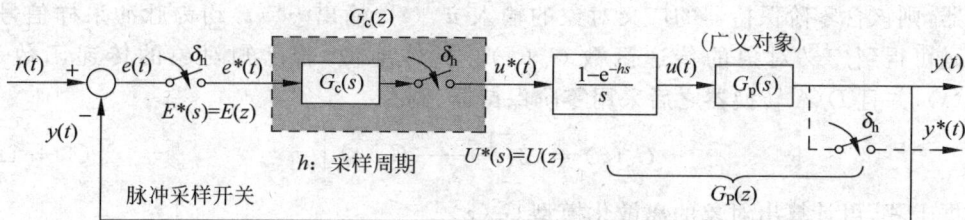

图 4.4-5 数字反馈控制系统的等效传递函数方框图

前面已经说明,连续偏差信号 $e(t)$ 经脉冲采样(即与周期脉冲采样函数相乘)后,成为脉冲采样信号 $e^*(t)$。对 $e^*(t)$ 取拉式变换,有

$$E^*(s) = \mathcal{L}[e^*(t)] = \sum_{k=0}^{\infty} e(kh)\mathrm{e}^{-khs}$$

$$= \sum_{k=0}^{\infty} e(kh)z^{-k} = E(z) = \mathcal{Z}[E(s)] \tag{4.4-6}$$

其中 $z = \mathrm{e}^{hs}$,$E(z)$ 称为偏差信号 $e(t)$ 的 z 变换。根据上式可以看出,脉冲采样信号的拉式变换(简称带星号的拉氏变换)就是该连续信号的离散化 z 变换。

假设连续控制器的传递函数是 $G_\mathrm{c}(s)$,其单位脉冲响应为 $g_\mathrm{c}(t)$,则当输入为脉冲采样信号 $e^*(t)$ 时,根据系统的线性、时不变性与因果性质,控制器输出为

$$u(t) = \sum_{m=0}^{\infty} e(mh)g_\mathrm{c}(t - mh) \tag{4.4-7}$$

当控制器输出与输入信号在同一时刻($t = kh$)采样时,可得到如下控制器输出的脉冲采样信号

$$u^*(t) = \sum_{k=0}^{\infty} \sum_{m=0}^{\infty} e(mh)g_\mathrm{c}(kh - mh)\delta(t - kh) \tag{4.4-8}$$

对 $u^*(t)$ 取拉氏变换,有

$$U^*(s) = \mathcal{L}[u^*(t)] = \sum_{k=0}^{\infty} \sum_{m=0}^{\infty} e(mh) g_c(kh - mh) z^{-kh}$$

$$= \sum_{k=0}^{\infty} \sum_{m=0}^{\infty} e(mh) z^{-mh} g_c(kh - mh) z^{-(kh-mh)}$$

$$= \sum_{m=0}^{\infty} e(mh) z^{-mh} \sum_{k=m}^{\infty} g_c(kh - mh) z^{-(kh-mh)}$$

$$= E^*(s) G_c^*(s) = E(z) G_c(z) \qquad (4.4\text{-}9)$$

因此有

$$G_c(z) = \frac{U(z)}{E(z)}, \quad 或者 \quad G_c^*(s) = \frac{U^*(s)}{E^*(s)} \qquad (4.4\text{-}10)$$

其中，$G_c(z)$ 称为脉冲传递函数。上述过程还可描述如下

$$U^*(s) = [G_c(s) E^*(s)]^* = G_c^*(s) E^*(s) \qquad (4.4\text{-}11)$$

最后，将广义对象包含零阶保持器传递函数 $(1 - e^{-hs})/s$，其输出引入一脉冲采样器，则该含零阶保持器的广义对象的输入 $u^*(t)$、输出 $y^*(t)$ 均为脉冲采样信号，于是可得到广义对象的传递函数 $G_p(z)$。具体地说，若已知对象的传递函数为 $G_p(s)$，并且 D/A 转换器之后采用零阶保持器，则有

$$G_p(z) = \mathcal{Z}\left[\frac{1 - e^{-hs}}{s} G_p(s) \right] \qquad (4.4\text{-}12)$$

根据上式，可计算出对象的离散化模型 $G_p(z)$。

现在，剩下的问题就是如何设计或者选择数字控制器的脉冲传递函数 $G_c(z)$，其一般形式为

$$G_c(z) = \frac{U(z)}{E(z)} = \frac{b_0 + b_1 z^{-1} + \cdots + b_n z^{-n}}{1 + a_1 z^{-1} + \cdots + a_n z^{-n}} \qquad (4.4\text{-}13)$$

在实际系统中，数字控制器算法主要是求解一个差分方程，该差分方程是由脉冲传递函数 $G_c(z)$ 给出的。事实上，由式 (4.4-13) 可直接写出差分方程形式，即

$$u(k) = -a_1 u(k-1) - \cdots - a_n u(k-n) + b_0 e(k)$$
$$+ b_1 e(k-1) + \cdots + b_n e(k-n) \qquad (4.4\text{-}14)$$

式中，$u(k)$ 是当前时刻控制器的输出；$e(k)$ 是当前周期的控制偏差。显然，要计算 $u(k)$，可能用到控制器输出与过程变量的历史数据，这是动态控制器的特征。

通过上面的分析，可以看出，只要求得 $G_c(z)$，就得到了数字控制算法。当然，若已知连续控制器的传递函数 $G_c(s)$，则通过下式，同样可得到 $G_c(z)$，即

$$G_c(z) = \mathcal{Z}[G_c(s)] \qquad (4.4\text{-}15)$$

目前，数字控制器设计方法大致可归为两类，即：直接设计方法与间接设计方法。

(1) 数字控制器的直接设计方法（DIR）

这是通过采样数字控制理论，借助移位算子 (z^{-1}) 来直接进行数字控制器设计的一种方法；其中，采样周期 h 也是一个设计参数。这里，数字控制器以外的整个系统可看做是输入输出都是数字量的数字控制系统，如图 4.4-6 中阴影部分所示。

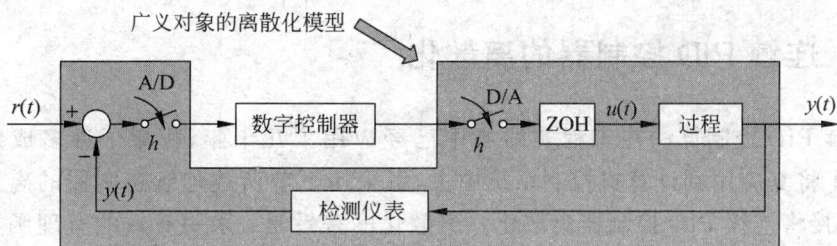

图 4.4-6　数字控制器的直接设计方法

具体来说,就是直接根据广义对象的数字量输入输出,采用离散化系统辨识技术,辨识对象的离散化模型 $G_p(z)$。根据 $G_p(z)$,可直接设计数字控制器 $G_c(z)$。当然,若已知对象的传递函数为 $G_p(s)$,则根据式(4.4-12)也可以计算出 $G_p(z)$。目前,许多高级控制算法大都采用这种方法。

(2) 数字控制器的间接设计——连续控制器的数字离散化方法(DIG)

这是根据连续对象的传递函数模型,借助传统的连续控制器设计方法,首先设计出连续控制器 $G_c(s)$,然后再将其离散化,计算出等价的数字控制器 $G_c(z)$ 的一种数字控制器设计方法。也就是求解 $G_c(z)$,使得图 4.4-7 中实际数字控制器实现部分(即图中阴影部分"A/D+$G_c(z)$+D/A+ZOH")的传递函数逼近控制器 $G_c(s)$。

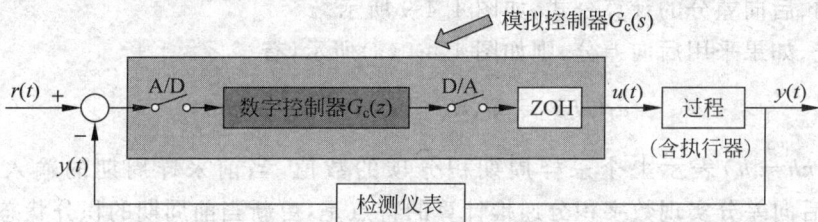

图 4.4-7　数字控制器的间接设计方法

当然,当采样周期(或算法计算时间)较长时,需要考虑数字控制系统中普遍存在的采样保持器延迟(或计算延迟)的补偿问题,因为闭合回路中的时间延迟会引起相位滞后,并使闭环系统的稳定裕度降低。因此,在设计原型模拟的连续控制器时,就应事先考虑到闭环中应允许这一滞后,即有足够的稳定裕度。例如,可在广义对象之前引入如图 4.4-8 所示的延迟与惯性环节,使设计出的模拟控制器满足系统设计的性能指标要求。

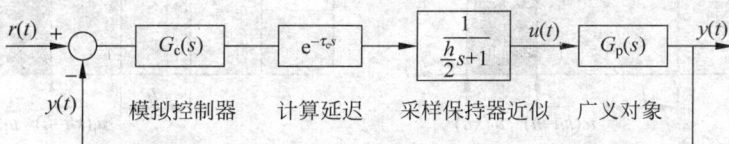

图 4.4-8　连续控制器设计中的计算延迟与采样延迟补偿

4.4.3　连续 PID 控制器的离散化

连续 PID 控制算法在工程实践当中已经应用了几十年,积累了许多成熟的经验。为了将其应用到计算机控制系统中去,可采用上节所述连续控制器的离散化技术,即直接将连续 PID 控制器离散化。离散化的宗旨是:采用有效的有理函数逼近等式 $z = e^{hs}$ $\left(或等式 s = \dfrac{1}{h}\ln z\right)$。最简单常用的逼近方法,即

（1）后向差分: $s = \dfrac{1-z^{-1}}{h}$;其应用包括不完全微分项的计算、惯性滤波算法等。

（2）前向差分: $s = \dfrac{1-z^{-1}}{hz^{-1}}$;其应用包括抗积分饱和算法中的积分项等。

（3）其他如双线性变换、零点-极点匹配映射法等。

前面两种方法属于采用矩形近似的数值积分方法,要求采样周期相对系统的主要时间常数要足够的小,即属于"准连续"数字控制算法。

下面以 PID 控制器中积分项 $U_1(s) = K_c \dfrac{1}{T_i s} E(s)$ 的数字离散化逼近实现为例,说明前向、后向差分的计算公式,如图 4.4-9 所示。

首先,如果采用后向差分,则如图 4.4-9(a)所示,有

$$u_1(kh) = u_1(kh-h) + K_c \frac{h}{T_i} e(kh) \tag{4.4-16}$$

式中 $u_1(kh-h)$ 表示上个采样周期积分项的数值,当前采样周期的输入偏差是 $e(kh)$。后向差分实现数字积分递推计算的特点是,更新当前周期的积分状态要用到当前采样周期的测量误差,也就是说积分项不能够提前一个周期计算。

其次,如果采用前向差分,则如图 4.4-9(b)所示,有

$$u_1(kh) = u_1(kh-h) + K_c \frac{h}{T_i} e(kh-h) \tag{4.4-17}$$

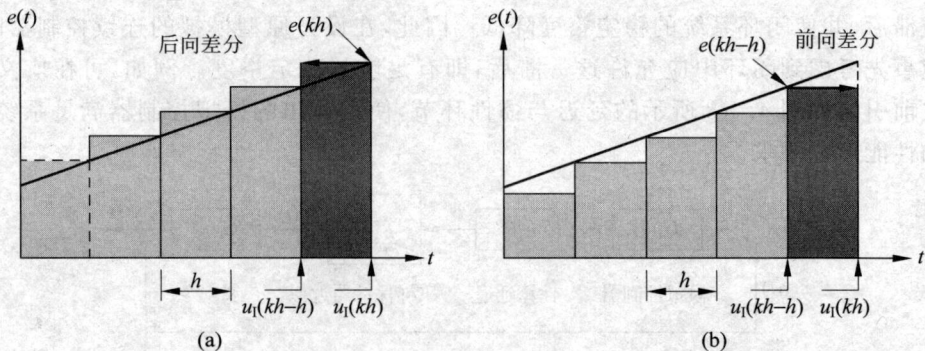

图 4.4-9　积分环节后向、前向差分的计算公式

此时,更新当前周期的积分状态不需要用到当前时刻的测量误差,而是采用上个周期的测量误差数值,因而可以提前一个周期计算。但是前向差分有可能得到不稳定的解,因此使用要谨慎。

下面以一阶惯性数字滤波器的数字实现为例来说明后向差分的数字实现技术的应用。一阶惯性环节在数字控制系统中是最常用的数字滤波运算模块。

【例 4.4-1】 求解如下一阶惯性环节的离散差分方程实现

$$Y(s) = \frac{1}{1 + T_f s} X(s) \tag{4.4-18}$$

式中,$x(t)$ 为输入信号;$y(t)$ 为滤波器输出信号。

解 将上式化作时域形式,取采样周期为 h,将 $s = \dfrac{1 - z^{-1}}{h}$ 代入式(4.4-18);同时,将输入、输出换作时域形式,将 z^{-1} 解释作时域信号延迟一拍,于是有

$$y(kh) + T_f \frac{y(kh) - y(kh - h)}{h} = x(kh)$$

整理有

$$y(kh) = \frac{T_f}{h + T_f} y(kh - h) + \frac{h}{h + T_f} x(kh) \tag{4.4-19}$$

或者

$$y(kh) = \alpha y(kh - h) + (1 - \alpha) x(kh) \tag{4.4-20}$$

式中,$\alpha = \dfrac{T_f}{h + T_f}$。　　　　　　　　　　　　　　■

从式(4.4-20)可以看出,数字惯性滤波的实质,是取一定百分比(α)的上个周期输出,外加一定百分比($1 - \alpha$)的当前信号输入。显然,参数 α 就体现出了惯性的大小。

惯性滤波在 PID 控制算法中的直接应用就是不完全微分。考虑到不完全微分项可写作如下形式

$$U_D(s) = -K_c \frac{T_d s}{1 + \frac{T_d}{N} s} Y(s) = \frac{1}{1 + \frac{T_d}{N} s} (-K_c T_d s) Y(s) \tag{4.4-21}$$

即不完全微分运算就等价于对输入信号首先做理想微分,然后再进行惯性滤波,因此应用式(4.4-19)可直接写出离散化后的不完全微分表达式为

$$u_D(kh) = \frac{T_d/N}{h + T_d/N} u_D(kh - h) + \frac{h}{h + T_d/N} \left[-K_c T_d \frac{y(kh) - y(kh - h)}{h} \right]$$

重新整理后,可得到

$$u_D(kh) = \frac{T_d/N}{h + T_d/N} u_D(kh - h) - \frac{K_c T_d}{h + T_d/N} \left[y(kh) - y(kh - h) \right]$$

$$\tag{4.4-22}$$

上式给出了连续 PID 控制器的不完全微分项的离散化递推算法。

4.4.4　数字 PID 控制的位置式与增量式算法

如果 PID 控制算法直接算出的是希望的阀门开度（或称阀门位置），则称其为位置型 PID 算法；如果 PID 算法给出的是阀门开度的变化量，则对应的算法称为增量式 PID 控制算法。具体采用何种方式，主要与执行机构的属性有关。

1. 位置式数字 PID 控制算法

这里，给出位置型 PID 算法的具体计算步骤。一般来说，在实现 PID 算法时，比例、积分、微分三个环节独立来算比较方便，即

$$u_{PID}(kh) = u_P(kh) + u_I(kh) + u_D(kh) \tag{4.4-23}$$

式中，$u_{PID}(kh)$ 表示当前控制周期 PID 控制器的输出，其中：

① 比例（P）部分：可直接计算如下

$$u_P(kh) = K_c(\beta r(kh) - y(kh)) \tag{4.4-24}$$

② 积分（I）部分：一般采用前向差分，这样可以在控制计算完成并输出更新后，利用每个控制周期剩余时段，提前计算下个周期（$kh + h$ 时刻）积分项的值，从而降低过程信号采样与控制信号生成之间的计算量，减小控制延迟，即

$$u_I(kh + h) = u_I(kh) + K_c \frac{h}{T_i} e(kh) \tag{4.4-25}$$

③ （不完全）微分（D）部分：一般采用后向差分，这样微分项对于所有 T_d 都是稳定的（而前向差分对于小的 T_d 会发生"振铃"现象，也会导致不稳定）。

具体计算如下

$$u_D(kh) = a_d u_D(kh - h) - b_d[y(kh) - y(kh - h)] \tag{4.4-26}$$

式中

$$a_d = \frac{T_d/N}{h + T_d/N}, \quad b_d = \frac{K_c T_d}{h + T_d/N} \tag{4.4-27}$$

这里，微分仅仅对测量值来做。

2. 增量式数字 PID 控制算法

增量式数字 PID 控制算法可描述如下

$$u_{PID}(kh) = u^r(kh - h) + \Delta u_{PID}(kh) \tag{4.4-28}$$

式中，$u^r(kh - h)$ 代表上个周期控制器的实际输出值，并且

$$\Delta u_{PID}(kh) = \Delta u_P(kh) + \Delta u_I(kh) + \Delta u_D(kh) \tag{4.4-29}$$

每个控制周期只需要计算出 PID 控制器输出的增量部分，即 $\Delta u_{PID}(kh)$ 即可。具体计算包括：

① 比例（P）部分：

$$\Delta u_P(kh) = K_c \Delta e(kh) = K_c[e(kh) - e(kh - h)] \tag{4.4-30}$$

② 积分(I)部分：采用后向差分，即

$$\Delta u_{\mathrm{I}}(kh) = K_{\mathrm{c}} \frac{h}{T_{\mathrm{i}}} e(kh) \tag{4.4-31}$$

或者前向差分，即

$$\Delta u_{\mathrm{I}}(kh) = K_{\mathrm{c}} \frac{h}{T_{\mathrm{i}}} e(kh - h) \tag{4.4-32}$$

③ 微分(D)部分：采用后向差分有

$$\Delta u_{\mathrm{D}}(kT) = \frac{T_{\mathrm{d}}/N}{h + T_{\mathrm{d}}/N} \Delta u_{\mathrm{D}}(kh - h) - K_{\mathrm{c}} \frac{T_{\mathrm{d}}}{h + T_{\mathrm{d}}/N} [\Delta y(kh) - \Delta y(kh - h)]$$

$$\tag{4.4-33}$$

以上各式中 $e(kh) = r(kh) - y(kh)$。

上面给出了位置式与增量式 PID 控制算法的计算步骤。增量式 PID 控制器的具体实现结构如图 4.4-10 所示，图中来自执行器输出的反馈(虚线表示)用来指出，如果有可能的话，最好取实际阀位信号来反馈到缓冲单元，图中同时揭示出了手动控制与 PID 自动控制之间的模式切换结构。从图中可以看出，增量式与位置式算法的区别主要反映在具体的操作层面上，即关键还在于记录上个周期控制器输出的缓冲单元要能够跟踪实际控制器的输出阀位信号 $u^{\mathrm{r}}(kh)$，不论是手动还是自控控制模式。

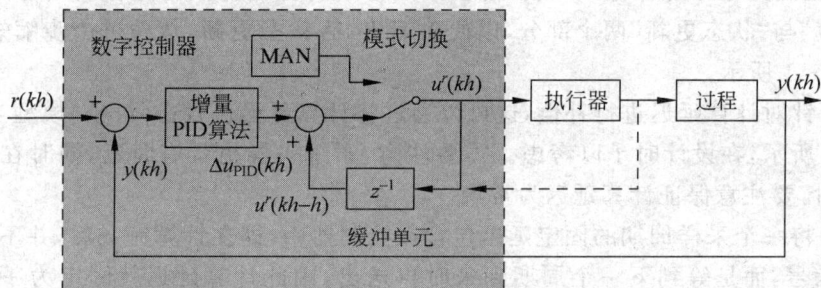

图 4.4-10　位置式 PID 控制算法的实现结构

增量式算法相对于位置式算法主要具有如下三个特点：

(1) 如果执行机构本身具有积分特性，仅仅要求输入阀位的修正量(例如脉冲式步进电机驱动的控制阀门)时，就可采用增量式算法，直接将输出增量 $\Delta u_{\mathrm{PID}}(kh)$ 输出，被控制执行单元使用。

(2) 增量式算法本质上具有抗积分饱和功能，即不会发生积分饱和现象。

(3) 对增量式算法，将控制器从手动(MAN)模式切换到自动(AUTO)模式时，可以实现无扰切换，不需要对输出进行任何形式的初始化。

但是，增量式 PID 算法有一个微小的不足，即必须包含积分环节。因为纯比例、微分项除了在设定值改变后的一个周期内与设定值有关外，其他时间均与设定值无关(尤其是微分先行、比例先行算法更是如此)。这样，如果缺少了积分环节的话，当被控过程变量由于扰动作用而发生漂移(或偏离设定点)时，得不到有效的纠正。

计算机内部实现 A/D 转换、数字 PID 控制、D/A 输出处理等的基本流程,如图 4.4-11 所示。图中具体的执行代码主要可分为:模拟量输入处理(A/D)、控制计算、数字量输出处理以及控制器动态环节的状态更新。对于 PID 控制算法,状态更新主要涉及到积分状态的更新,也就是积分环节的提前一周期计算。

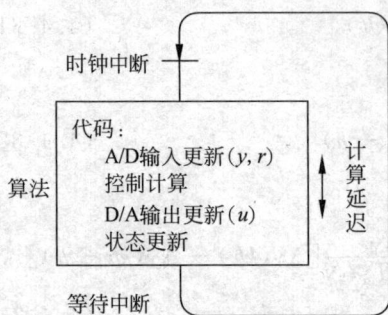

图 4.4-11　采样控制系统中的控制算法流程

在计算机控制系统中,计算延迟是一个不容忽视的问题。其主要表现在,控制器输出 $u(k)$ 不能够在 t 时刻过程采样信号 $y(k)$ 得到后立刻生成(而采样控制理论是这样假设的),需要耗费一定时间(τ)进行诸如 $u(k)=f(y(k),\cdots)$ 的控制计算,该段时间 τ 称为控制延迟(或计算延迟),如图 4.4-12(a)所示。针对该延迟,一般可以采用如下解决办法:

(1) 设计控制器,使其具有足够的鲁棒性,能够克服计算时延的变化(抖动)对系统性能的影响。这可能是最复杂的一种方法。

(2) 当时延相对于采样周期 h 来说比较小时,可以直接忽略不计,这在实践中经常证明是可行的。例如,我们可以通过优化程序编码,使延迟最小化,也就是使 A/D 与 D/A 之间的程序操作量最小化。同时,还可以将控制算法程序代码划分为"控制输出计算"与"状态更新"两个部分,以便先输出,后状态更新,从而进一步缩短时延,如图 4.4-11 所示。

(3) 针对计算延迟进行补偿,这可以通过将计算延迟包含在(对象)模型当中,如图 4.4-8 所示,在设计时予以考虑。需要注意,系统采样也具有时延,同时在书写程序代码时,要注意保证计算延迟为常量。

(4) 将一个采样周期的固定延迟包含在控制器中,即在计算完成后,并不立即发出控制信号,而是等到下一个周期到来时再送出,因此计算延迟就固定为一个采样周期 h,如图 4.4-12(b)所示。这样做,更容易实现补偿。

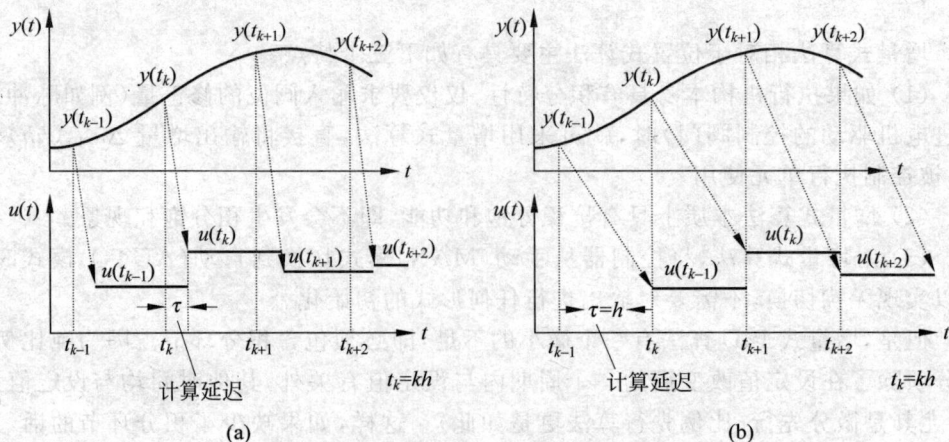

(a)　　　　　　　　　　　　　　　(b)

图 4.4-12　采样控制系统中的计算延迟

概括来说,最简单的处理就是努力减小时延,从而使其可以忽略不计;即使不能忽略时延,也应促使时延为一个固定常量,从而在算法上易于实现补偿。

4.4.5　数字 PID 控制器采样周期、积分字长的选取

1. 采样周期的确定

为了满足各种控制回路的不同要求,一般数字控制仪表可以根据被控对象特点,选择不同的采样周期。因此,有必要了解采样周期对控制质量的影响,并得出选择采样周期的大致原则。

一般说来,计算机控制系统的控制性能会随着采样加快而得到改善;但同时对控制设备软硬件的要求也会更高。因此,一般数字仪表采用高速采样的控制回路数(或编程步数)往往要受到限制。所以,在系统性能与成本之间往往需要进行一定的折衷。换句话说,在保证控制性能要求的条件下,来合理选择采样周期。

那么,采样周期如何选择才能满足性能要求呢? 一般主要由对象动特性和扰动情况两个方面来决定。按照香农采样定理,为了不失真地恢复模拟信号,采样频率应该不小于模拟信号频谱中最高频率的 2 倍。采样定理说明了采样频率与信号频谱之间的关系,是连续信号离散化的基本依据。图 4.4-13 给出了当输入信号为正弦信号时,数字采样信号经恢复后的信号表观频率与输入真实信号频率之间的关系。可以看出,当输入信号的频率大于采样频率的一半时,经采样后,信号中的高频成分就会以干扰信号的形式出现在低频段而发生频率混叠现象,导致无法准确地恢复原有信号。

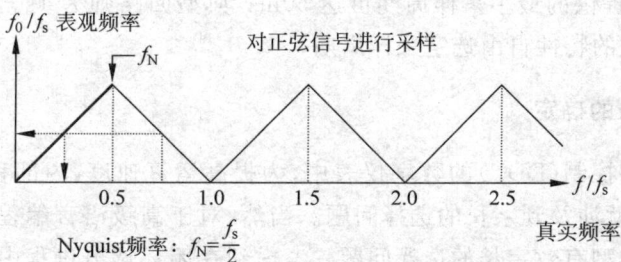

图 4.4-13　采样信号表观频率与真实频率之间的关系

事实上,采样定理的要求还是很宽松的,这是因为它是基于如下两点假设的:①原始信号是周期的;②根据在无限时域上的采样信号来恢复原始信号。但是,在实时采样控制系统中,则要求在每个采样时刻,以有限个(历史)采样数据近似恢复原始信号,所以不能照搬采样定理的结论。

具体应用上,如果作用在系统上的主要扰动周期为 T,则采样周期应该小于 $T/5$,工程上,一般取采样周期为

$$采样周期 \ T \leqslant [主要扰动周期]/10 \tag{4.4-34}$$

　　在与对象动特性关系方面,因为数字调节器的输出是阶梯状的,为使对象测量信号上不出现阶梯跳动,采样周期还应比对象的惯性时间常数小得多,一般取

$$采样周期 \ T \leqslant [对象时间常数]/10 \tag{4.4-35}$$

需要说明,上式中的对象时间常数可以按照"广义对象"时间常数考虑。例如,在流量控制系统中,尽管其狭义对象(管道)的时间常数只有毫秒级,但加上调节阀和测量仪表的动作时间后,其广义对象的时间常数就达到秒级了,这样,数字仪表的采样周期选择也就不难满足式(4.4-35)的要求了。

　　最后,采样周期的选取还与噪声水平有关,当信噪比较小时,采样周期应该适当增大。噪声不同于过程负荷扰动,一般频率较高。例如,由周围环境电磁干扰导致的各种测量噪声、由水槽入水击打液面所引起的液位波动等。当然,我们是无法靠控制器的调节作用来消除噪声的;反过来,当噪声水平较大而采样频率过高时,控制器反而会对噪声过于敏感,使得执行器进行不必要的频繁动作,不仅使执行机构易于磨损,同时对过程也会带来冲击。因此,当信噪比较小时,可以适当加大采样周期,即隐含着等到过程信号幅度变化足够大,超出噪声水平后再采样,这就等于降低了整个闭环系统的带宽;进而,还可进一步降低模拟低通滤波器的带宽,从而可以通过滤波器将噪声更有效地滤除掉,此时,闭环系统对噪声就不会过于敏感了。

　　综上所述,我们需要根据被控过程变量的测量值与期望值之间偏差的采样信息及时了解被控过程的运行状况,准确识别扰动以及误差信息,从而采取及时有效的调控手段进行补偿。这就要求采样周期的选择应该能够保证采样数据可以及时反映过程实时运行状态,也就是说,通过采样数字信息应该可以恢复原始的有用模拟信息,这样基于数字采样信息所进行的控制才是可靠和有效的。工业上广泛采用的DCS系统,一般提供的最小采样周期可达50ms,典型回路则为1s。在实际使用时,可根据被控过程的特性自由选定采样周期。

2. 积分字长的确定

　　在直接数字控制(DDC)的数字仪表中,为提高运算速度,内部程序一般采用汇编语言编写,这就涉及到字长的选择问题。当然,对于高级语言编程,也涉及到数据类型以及相应类型有效字长的选择问题。考虑到在闭环调节过程中,主要依靠积分项来消除最后的残余误差,而此时若积分字长选取不当,就有可能丧失对误差持续不断的积累效果,会严重影响控制精度。下面以双字节 PID 控制运算为例加以说明。

　　假设针对某一特定对象,调节器的参数整定结果分别为:比例度:$PB=500(\%)$,积分时间常数:$T_i=1800s$,采样周期:$h=0.2s$。同时,假设给定值、测量值以及控制器输出值均采用归一化数据,并且小数点在最高位。那么,只有当偏差足够大,大到满足下面不等式

$$\Delta u_1(kT) = K_c \frac{h}{T_i} e(kh) \geqslant \frac{1}{2^{16}} \tag{4.4-36}$$

该项才不会被舍弃掉。代入以上数据,有

$$| e(kT) | \geqslant \frac{PB \cdot T_i}{h} \cdot \frac{1}{2^{16}} = \frac{5 \times 1800}{0.2} \cdot \frac{1}{2^{16}} = 69\% \qquad (4.4\text{-}37)$$

式(4.4-37)的物理含义是:只有当偏差幅度超过满刻度的 2/3 以上时,积分项才能发挥作用,否则,其数值始终不变,而正常情况下偏差不可能大到这种程度,所以积分项事实上形同虚设。

那么,积分项字长到底要取多少个字节才合适呢? 根据积分公式

$$\Delta u_1(kh) = K_c \frac{h}{T_i} e(kh) \qquad (4.4\text{-}38)$$

当式(4.4-38)中所有调整参数同时取允许的极限值条件下,积分项可能达到某一最小值,应根据此最小值来选取合适的字长,使得该最小值不会因为字长有限而被舍弃掉。这样,每个参数的有效取值范围才都是有意义的。

以 YS80 系列仪表 SLPC 为例,A/D 转换器为 12 位,数值[0,4095]对应电压[0, 6.353V],则输入 1~5V 对应内部数值 645~3223,归一化为 0.0~1.0,因此每 1bit 输入量变化对应相对满量程的百分比是 $e_{min} = 100/2578(\%)$。

根据 SLPC 仪表说明书,查得各参数的极限值分别为 $T_i = 9999s, PB = 999.9(\%)$, $h = 0.1s$,因此有

$$\frac{100}{PB} \cdot \frac{T}{T_i} \cdot e_{min} = 0.1 \times 0.0001 \times 0.1 \times \frac{1}{2578} = 2^{-n}, \quad n \approx 31.3 \qquad (4.4\text{-}39)$$

故,积分运算至少取 4 个字节,考虑到小数点前还要留有适当的整数位数,故实际取 5 个字节。

简而言之,积分字长的一般选取原则是:在最大允许积分时间常数、最小比例增益的极端情况下,积分作用仍能将 12 位 A/D 转换器所能分辨的最小测量值变化量进行累积,以提高稳态精度,改善调节品质。

4.5　PID 控制算法的工程实现技术

前面各节重点引入了 PID 控制的基本思想以及数字实现方法,使大家对最常用的过程控制算法——PID 控制的基本属性有了初步认识。事实上,PID 控制的吸引力远不止于此,其在工业上的广泛应用,还在于它能够有效地处理诸如执行器非线性以及积分饱和等许多重要的工程实际问题,这一点在本节中加以介绍。

4.5.1　PID 控制器的正/反作用方式

如果仔细回想一下实际生活或工业生产当中的各种不同类型的对象特性时,就会发现,当增大被控过程的输入量时,有些过程的输出被控制量是增大的,也有些可能是减小的。例如,我们要控制室内的温度,当采用冷气调节时,增大输入量则室内温度(过程输出)会降低;当采用暖气调节时,增大输入量则室内温度变大。如果用

传递函数来描述的话,前者的稳态增益就是负的;后者的稳态增益就是正的。对象稳态增益的不同,会直接影响到控制器的动作方式。

以图 4.5-1 所示典型闭环系统为例,图中被控对象假设可以由一阶惯性加纯滞后环节来描述,K_p,T_p,τ 均为正,过程稳态增益的正负靠其前面的正负符号显式来描述。根据自动控制理论,为了实现负反馈,当广义对象的稳态增益为正时,则由过程输出 $y(t)$ 到控制器输出 $u(t)$ 之间的控制器增益就应该为负;反之,当广义对象的稳态增益为负时(图中即如此),则由过程输出 $y(t)$ 到控制器输出 $u(t)$ 之间的控制器增益就应该为正。至于 $r(t)$ 输入(前向)通道的符号,则应该与反馈输入通道符号相反;只有这样,通过 PID 控制器的调节作用,输出 $y(t)$ 才能保持与 $r(t)$ 的一致。

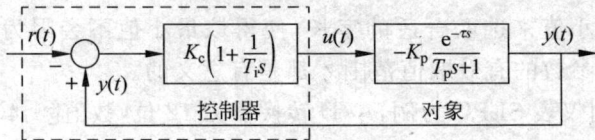

图 4.5-1 对象特性与控制器特性对系统正负反馈的影响

为了在工程实践当中方便地选择过程输出 $y(t)$ 到控制器输出 $u(t)$ 之间的控制器增益的符号,适应不同对象的特性,以实现负反馈,一般定义如下控制器的正/反作用方式开关供操作人员现场选择(这里,假设控制器增益 K_c 始终为正):

① 正作用(direct action)方式:随着被控过程输出测量信号的增加,调节器输出也增加;具体对应的数学算式描述为

$$\text{DIR 方式} \quad e(t) = y(t) - r(t) \tag{4.5-1}$$

② 反作用(reverse action)方式:随着被控过程输出测量信号的增加,调节器输出减小。

$$\text{DIR 方式} \quad e(t) = r(t) - y(t) \tag{4.5-2}$$

以图 4.5-2 为例,当在某一时刻测量值(PV)偏离设定值(SV)下降时,如果需要控制器输出(MV)增大,则应该采用反作用方式;如果需要控制器输出(MV)减小,则应该采用正作用方式。

当然,控制器正/反作用方式的选取不仅与对象特性有关,还直接与执行机构的特性有关。以气动调节阀为例,当阀门的气开/气闭特性根据工艺要求改变时,其对应的广义对象的增益符号会改变,因此正/反作用方式也应调整。概括起来,控制器的正/反作用方式的确定原则是:

根据工艺要求,从安全角度来选择阀门的气开/气闭特性;然后再结合对象特性,来确定控制器的正/反作用方式,以保证控制回路成

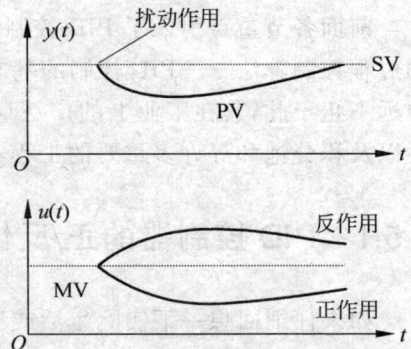

图 4.5-2 PID 控制器正/反作用方式的时域响应特性

为"负反馈"系统。

具体工程上的判断方法主要有两种：

（1）假设检验法，先假设控制器的作用方向，再检查控制回路能否成为"负反馈"系统。如果形成"正反馈"，则改变控制器的正反作用方式即可。

（2）回路判别法，先画出控制系统的方块图，并确定回路中除控制器外的各环节的作用方向（即稳态增益的符号），再来确定控制器的正/反作用方式。基本原则是保证回路中包括控制器在内的所有环节的稳态增益的符号乘积为负。

最后，再强调一下，通过正/反作用开关来改变测量输入到控制器输出之间控制器稳态增益的正负符号，最终是为了实现整个闭环回路的负反馈。

4.5.2　PID 控制器的抗积分饱和算法

在常规 PID 算法中，当有较大扰动量发生，并且过程本身存在较大惯性和滞后时，PID 控制算法中积分项对误差的持续、单方向累积会使 PID 算法的计算输出达到或超过满量程，这种现象，俗称"积分饱和"。当发生积分饱和现象时，如果偏差依然存在，积分项还会单方向持续累积，导致进入深度"饱和"状态。此时实际调节阀开度会保持在最大开度上而不可能继续增大；当偏差变向后，调节器实际输出由于算法内的积分项过大而不能及时退出满幅度输出，最终往往导致系统呈现出较大的超调和较长时间的波动。

工作在扰动幅度大或频繁启动的断续生产过程中的调节器常常容易发生积分饱和现象。以图 4.5-3 为例。如果调节规律中包含积分动作，当被调量长时间偏离给定值，偏差信号长时间处于较大的数值时，PID 控制器的积分项就会不停地累积，使得比例、积分和微分三项之和，即总的控制器输出 $u(t)$ 大大超过执行机构的满幅度值（满幅度常为 100%），如图 4.5-3 中 t_1 至 t_3 时段。而实际执行器输出不可能超过满量程输出，它们之间已经表现出明显的不一致。结果，即使偏差反向（图 4.5-3 中 t_2 时刻开始），由于积分项已经累计得过大，使得 $u(t)$ 一时很难降到满幅度值以下，导致执行器仍然处于全开状态，这显然是不合理的。结果，一直到反向偏差持续足够长的时间，方可使控制器输出脱离饱和状态（图 4.5-3 中 t_3 时刻开始）。这种积分饱和现象的发生，从控制效果来看，会导致系统调节质量下降，超调量变大（图 4.5-3 中 y_1），过渡过程时间延长，严重时还会引起振荡，甚至发生事故。

积分饱和现象产生的内部根源在于实际执行机构中的饱和非线性，如图 4.5-4 所示，它使得控制器的实际计算输出不能够被如实地表现为过程的输入。一般执行机构都具有饱和非线性，例如，信号输出电压不可能超过电源电压，阀门的开度不可能超过 100%，甚至 D/A 转换器的位数及输出也是有限的，等等。显然，饱和非线性是实际物理设备所无法避免的。

积分器进入深度饱和的外部触发条件有两个：一是大幅度偏差信号的长时间存在，二是积分器输出达到饱和值后积分项数据的继续累加。解决其中的一个，便可

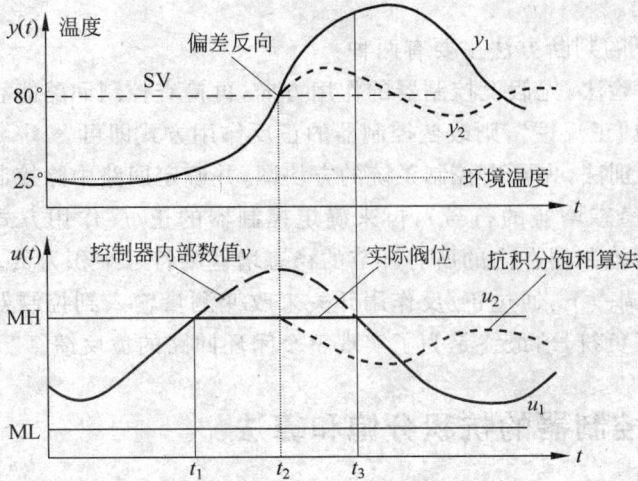

图 4.5-3 积分饱和对系统性能的影响

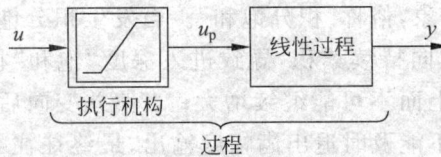

图 4.5-4 具有饱和非线性执行机构及过程

避免深度饱和现象的发生。显然，前者是由生产上负荷变动或其他扰动等客观因素决定的，不决定于控制器。因此，合理的解决办法是在控制器输出达到饱和值后，不要让积分进一步累积。工程上比较常用的方法是，当计算出的控制信号达到饱和值后，重新调整（reset）积分项的数值，使新的积分项（与比例、微分三项之和）恰好使得控制信号维持在饱和限幅值上，具体实现方框图如图 4.5-5 所示。

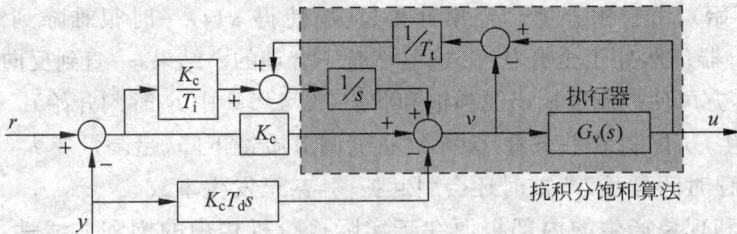

图 4.5-5 具有阀位反馈的抗积分饱和结构

在图 4.5-5 中，通过引入实际阀位信号反馈，可以动态监视或"跟踪"执行器实际阀位的输出，并与控制器计算输出进行比较，及时探测到饱和状态，并进行相应的处理。图中还引入一时间常数为 T_t 的低通滤波器动态地实现积分项的调整，其等价方框图如图 4.5-6 所示。

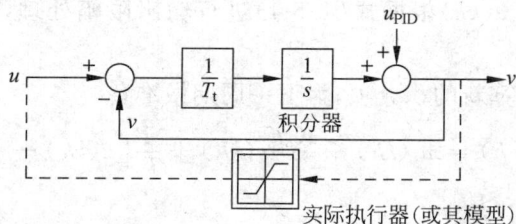

图 4.5-6　具有阀位反馈的抗积分饱和算法的等价结构

由图 4.5-6 可以明显看出,参考值 u 取自于执行器阀位反馈(或执行器模型输出),而 PID 控制器计算输出 v 则努力跟踪参考值 u,跟踪时间常数为 T_t。具体来说,图 4.5-6 中未发生饱和时,实际阀位 $u=v$,积分器不动作;当 v 超出饱和限制后,则 $u=u_{min}$ 或 $u=u_{max}$ 为常量,积分器进行调整,以实现 v 跟踪 u 的目的。事实上,整个闭环相当于一个低通滤波器。另外,图中积分器与 PID 控制器中的积分器一般可取为同一个积分器。

图 4.5-6 所示抗积分饱和算法的时域表达式为

$$v(t) = K_c \left[e(t) + \frac{1}{T_i} \int_0^t e(\tau) d\tau - T_d \frac{dy(t)}{dt} \right] + \frac{1}{T_t} \int_0^t \left[u(\tau) - v(\tau) \right] d\tau \qquad (4.5\text{-}3)$$

其中,执行器饱和特性的数学描述为

$$u = f(v) = \begin{cases} u_{max}, & v \geqslant u_{max} \\ v, & u_{min} < v < u_{max} \\ u_{min}, & v \leqslant u_{min} \end{cases} \qquad (4.5\text{-}4)$$

在实际工程当中,有时执行器并不能够提供阀位反馈信号。此时,可采用图 4.5-7 给出的结构,即采用执行器模型来预测当前阀位,可以取得同样的效果。

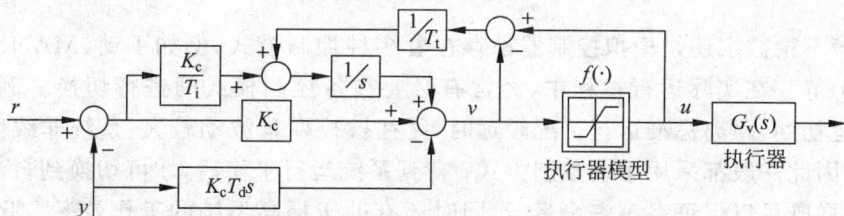

图 4.5-7　采用执行器模型的抗积分饱和结构

下面给出具体抗积分饱和的计算机 PID 控制算法供大家参考。算法实现(采用执行器模型)如下:

① 输出更新:在一个周期内,首先 A/D 采样,得到过程变量 $y(kh)$,设定值 $r(kh)$;并根据式(4.4-24)、式(4.4-26)分别计算比例、微分项。于是,可得到 PID 控制器输出

$$v(kh) = u_P(kh) + u_I(kh) + u_D(kh) \qquad (4.5\text{-}5)$$

其中,积分项 $u_I(kh)$ 已在上一周期状态更新步骤中提前一个周期计算完成。

② 输出限幅：由 $v(kh)$ 根据式（4.5-4）进行输出限幅处理，计算出 $u(kh)$，并送 D/A 转换输出。

③ 状态更新：计算新的积分项，为下一周期做准备

$$u_I(kh+h) = u_I(kh) + \frac{K_c h}{T_i} e(kh) + \frac{T}{T_t}[u(kh) - v(kh)] \tag{4.5-6}$$

并且（缓存处理）

$$u_I(kh) = u_I(kh+h)$$

同时，进行微分状态更新

$$y(kh-h) = y(kh) \tag{4.5-7}$$

④ 等待下一周期中断，返回①。

注意：这里积分以及抗积分饱和处理采用了前向差分，这是必要的。因为，如果采用后向差分，也就是将式（4.5-5）、式（4.5-6）换作如下所示算式

$$v(kh) = u_D(kh) + u_P(kh) + u_I(kh-h) + \frac{K_c h}{T_i} e(kh) + \frac{h}{T_t}[u(kh) - v(kh)] \tag{4.5-8}$$

则由于上式右边 $u(kh)$ 及 $v(kh)$ 都是未知的，因而无法计算出 $v(kh)$。

目前，过程控制系统普遍开始采用网络化系统结构实现，这样，通过采用现场智能执行器，借助现场总线的双向通信，可以将执行器的实际阀位状态在线实时发送给控制器模块。因此，相对于传统的 4～20mA 模拟传输信号，分布式控制系统的抗积分饱和算法更加容易实现。需要指出，有时为了加快响应过程，或者避免测量噪声等的影响，还需要人为引入适当程度的饱和。

4.5.3　PID 控制器的无扰切换技术

一般不论数字还是模拟控制器都存在着多种控制模式，例如手动（MAN）、自动（AUTO）等。在实际运行过程中，经常有必要在各控制模式间进行切换。例如，在系统投运初期，距离标准运行工况较远时，往往被控变量波动较大，系统非线性也比较严重，因此一般都采用手动控制方式；待到系统运行平稳后，才可切换到自动控制模式，这样既可以保证系统安全运行，同时还有助于提高系统的工作效率。此外，在 PID 自动控制模式下，如果系统发生异常，也经常需要人工手动干预。总之，无论属于上述哪种情况，在切换控制模式时，都有一个共同要求，即模式切换操作不会对调节过程带来大的冲击。

实现 PID 自动控制（A）与手动控制模式（M）之间无扰切换（简称 A/M 切换）的关键是在切换前后，控制器输出值不会发生大的跳变。一般由自动切换到手动后，控制器输出维持不变，因此通常无扰。问题主要出现在从手动切向自动，因为在手动控制模式下，PID 控制器事实上处于开环状态；此时，PID 控制器的状态（如积分器状态、微分状态等）数值在切换前应该是明确和适当的，否则由手动控制模式切换到自动控制模式时，控制器的输出值将是无法预测的，会给系统带来意想不到的冲

击。因此,有必要引入无扰切换算法。

　　为了实现无扰切换,可考虑在切换之前,即手动模式下,PID 控制器的输出可以通过状态更新来跟踪手动输出,即满足下式

$$u_{PID}(t-) = u_{MAN}(t-) \tag{4.5-9}$$

式中,$u_{PID}(t-)$ 表示在手动模式下(切换前)PID 控制器的计算输出;$u_{MAN}(t-)$ 表示切换前实际控制器手动输出。在切换到自动控制模式之后,控制器实际输出为

$$u_{PID}(t+) = u_P(t+) + u_I(t+) + u_D(t+) \tag{4.5-10}$$

式中,$t+$ 表示切换后的 PID 控制运算。要实现无扰切换,必须满足

$$u_{PID}(t+) \approx u_{MAN}(t-) \tag{4.5-11}$$

为此,在手动模式下,可以令积分项按照下式来进行状态更新,即

$$u_I(t+) = u_{MAN}(t-) - u_P(t-) - u_D(t-) \tag{4.5-12}$$

其中,$u_P(t-)$、$u_D(t-)$ 是在手动控制模式下,比例、积分项的实时计算数值。换句话说,在非 PID 自动控制模式下,仍然要根据现时误差做比例、微分运算。同时,按式(4.5-12)提前进行积分状态的更新,为可能发生的手动到自动的切换做准备。这样,一旦切换到自动状态,则按照式(4.5-10)和式(4.5-12)有

$$u_{PID}(t+) = u_{MAN}(t-) - u_P(t-) - u_D(t-) + u_P(t+) + u_D(t+) \tag{4.5-13}$$

显然式(4.5-11)成立,这样就实现了手动到自动的无扰动切换。值得指出,式(4.5-13)等号右边切换前后比例、微分部分的数值之差实际上反映了 PID 控制器的正常周期间的调节量。

　　图 4.5-8 给出了控制器 A/M 无扰模式切换算法的方框图描述。图中,在手动状态下,PID 控制器要跟踪手动控制器的输出,其原始积分项输入可为零;跟踪时间常数为 T_t。手动调节时间常数 T_m 用来设定手动拨杆调节的快慢。类似地,在自动控制模式下,手动控制器也要跟踪自动控制器的输出,跟踪时间常数为 T_r。这样,两种控制模式之间无论何时切换,都不会给系统带来冲击,可实现无扰切换。

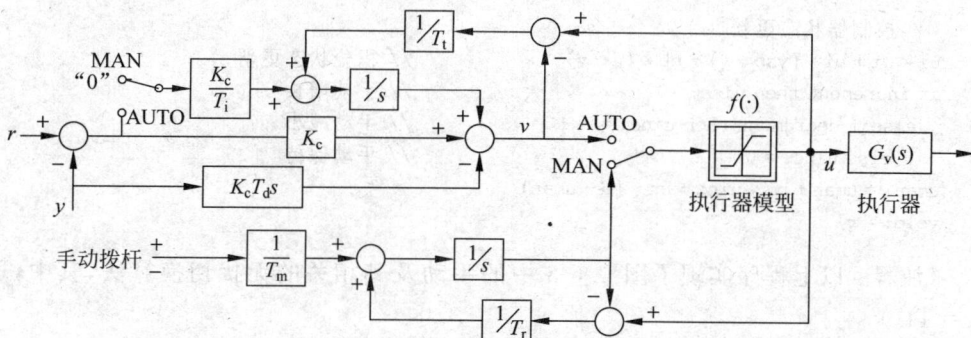

图 4.5-8　控制器的手动/自动无扰模式切换

　　需要指出,当系统在线调整 PID 参数时,也要求参数的变动不会导致控制器输出大幅波动,避免对过程造成不必要的干扰。

　　具体地说,在 PID 参数调整之前,假设 PID 控制器输出为

$$u(t-) = u_P(t-) + u_I(t-) + u_D(t-) \tag{4.5-14}$$

在 PID 参数调整之后,按照新的一组 PID 参数计算出的控制器输出为

$$u(t+) = u_P(t+) + u_I(t+) + u_D(t+) \tag{4.5-15}$$

为了实现参数无扰切换,当前周期积分项的数值需要按照下式重新计算,即

$$u_I(t+) = u(t-) - u_P(t+) - u_D(t+) \tag{4.5-16}$$

以便满足 $u(t+) \approx u(t-)$。待到输出更新完成后,再按照正常的积分状态更新算法计算下个周期的积分项。

最后,需要补充说明的是,由于 PID 控制器是一个动力学系统,因此在初始接入时恰当地设定控制器的初始状态也是很重要的。如果不这样做,同样可能出现大的切换瞬态过程。为此,可借助上述无扰切换处理算法,在投运之初,先将控制器投入到手动运行状态,直到过程输出接近其期望值为止。这是解决 PID 控制器状态初始化的简便方法。

附录 1:PID 控制器程序编码

具有抗积分饱和功能以及手动/自动无扰切换的 PID 控制算法的程序编码:

```
( * 系数初始化计算 * )
bi: = Kc * h/Ti; bt: = h/Tt; bm: = h/Tm;
ad: = Td/(Td + N * h); bd: = Kc * Td * N/(Td + N * h);


( * 计算控制输出 * )
ysp: = ADIn(yspChannel); y: = ADIn(yChannel);      // 测量通道信号输入
up: = Kc * (beta * ysp - y);                        // 比例项,给定值 r 记作 ysp
ud: = ad * ud - bd * (y - yold);                    // 微分项
v: = up + ui + ud;                                  // PID 控制器计算输出
if mode = auto then u: = sat(v,umax,umin) else u: = sat(uman,umax,umin)
// 输出限幅
DAOut(u,uchannel)                                   // 控制输出通道更新


( * 控制器状态更新 * )
ui = ui + bi * (ysp - y) + bt * (u - v);            // 积分状态更新
if increment then uinc: = 1                         // 手动增长
   elseif decrement then uinc: = - 1                // 手动减小
      else uinc: = 0                                // 手动保持
uman: = uman + bm * uinc + bt * (u - uman)
yold: = y
```

(注释:以上程序实现了图 4.5-8 中的手动及其相关的无扰切换算法,其中,取 Tr=Tt。)

附录 2:PID 控制器大事纪

1788 年:James Watt 为其蒸汽机配备飞球调速器,是历史上第一种具有比例控制能力的机械反馈装置。

1933 年:Taylor 公司(现已并入 ABB 公司)推出 56R Fulscope 型控制器,第一种具有全可调比例控制能力的气动式调节器。

1934.5—1935 年：Foxboro 公司推出 40 型气动式调节器，是第一种比例积分式控制器。

1940 年：Taylor 公司推出 Fulscope 100，第一种拥有装在一个单元中的全 PID 控制能力的气动式控制器。

1942 年：Taylor 公司的 John G. Ziegler 和 Nathaniel B. Nichols 公布著名的 Ziegler-Nichols 整定准则。

第二次世界大战期间，气动式 PID 控制器用于稳定火控伺服系统，以及用于合成橡胶、高辛烷航空燃料及第一颗原子弹所使用的 U-235 等材料的生产控制。

1951 年：Swartwout 公司（现已并入 Prime Measurement Products 公司）推出其 Autronic 产品系列，第一种基于真空管技术的电子控制器。

1959 年：Bailey Meter 公司（现已并入 ABB 公司）推出首个全固态电子控制器。

1964 年：Taylor 公司展示第一个单回路数字式控制器，但未进行大批量销售。

1969 年：Honeywell 公司推出 Vutronik 过程控制器产品系列，这种产品具有从负过程变量而不是直接从误差上来计算的微分作用。

1975 年：Process Systems 公司（现已并入 MICON Systems 公司）推出 P-200 型控制器，第一种基于微处理器的 PID 控制器。

1976 年：Rochester Instrument systems 公司（现已并入 AMETEK Power Instruments）推出 Media 控制器，第一种封装型数字式 PI 及 PID 控制器产品。

1980 年至今年：各种其他控制器技术开始从大学及研究机构走向工业界，用于更为困难的控制回路中。这其中包括人工智能、自适应控制以及模型预测控制等。

习题与思考题

4-1　在 PID 控制家族中，什么类型的控制器动作有助于改善系统的稳态误差？什么类型的控制器动作有助于改善系统的瞬态响应特性？什么类型的控制器动作有助于同时改善稳态和瞬态性能？

4-2　假设图 4.1-5(a)所示水槽水位系统处于初始平衡状态，进水流量等于出水流量。当系统处于开环状态时，假设用户将输出手阀（阀门 2）增大一定开度，试分析水槽水位的动态变化过程。若采用闭环比例积分控制，水槽水位变化又有何不同？

4-3　什么是比例度、积分时间和微分时间？其物理含义为何？

4-4　说明微分增益的物理意义，它的大小对调节器的输出有什么影响？

4-5　模拟调节器的比例积分（PI）运算的传递函数为

$$G_{PI}(s) = K_c \frac{1 + \dfrac{1}{T_i s}}{1 + \dfrac{1}{K_i T_i s}}$$

上式中，K_i 称做"积分增益"，其定义为在阶跃偏差输入作用下，PI 控制器输出的最大值与单纯由比例作用产生的输出值之比。显然，积分增益 K_i 反映了模拟调节器引入积分作用后静差减小的倍数。试画出模拟 PI 调节器的频率响应特性曲线，与标准的 PI 算式相比有何不同。

4-6　试比较比例(P)、比例积分(PI)、比例微分(PD)、比例积分微分(PID)等各个调节规律的特点，以及这几种调节规律在控制系统中的作用。

4-7　如何用频率特性描述调节器的调节规律？分别画出 PI、PD、PID 的对数幅频特性。

4-8　试通过方框图变换，验证比例先行 PID 算法等价于带设定值滤波的微分先行 PID 算法，其中滤波器为 $\dfrac{1}{1+T_i s}$。

4-9　试分析一般调节器产生积分饱和现象的原因，应怎样解决？

4-10　数字调节器如何保证"自动"→"手动"、"手动"→"自动"的无扰动切换？

4-11　在自动化行业有一句时常引用的格言，即"如果不能用手动操作来控制一个过程，那么也就不能实现对它的自动控制"。这句格言可能会有例外情况，譬如对一些响应非常快的过程就不一定如此，但这句格言在很大程度上还是正确的。当对一个过程进行自动控制而遇到困难时，可以试着采用手动控制。请问：在计算机数字控制系统中，如何实现手动控制？

4-12　结合图 4.4-10 说明，为什么增量式 PID 控制算法不会发生积分饱和现象，并且可以实现自动到手动控制的无扰切换？

4-13　工业用数字调节器中为何要设置 PID 控制器的正反作用开关？

第5章

单回路控制系统设计及调节器参数整定

单回路控制系统也称为简单控制系统,通常是指在一个控制对象上,用一个控制器只对一个被控参数进行控制;而控制器只接收一个测量变送器发送的信号,其输出也只控制一个执行机构。单回路控制系统主要由四个基本环节组成,即被控对象(简称对象)、测量变送装置、控制器和执行器,其典型结构如图 5-1 所示。对于不同对象的简单控制系统,尽管其具体装置与变量不相同,但都可以用相同的方块图来表示,这就便于对它们的共性进行研究。

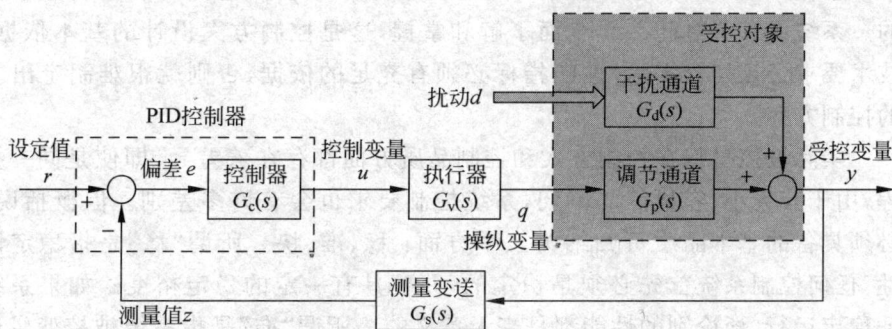

图 5-1　单回路控制系统的典型结构

单回路控制系统虽然结构比较简单,但却是最基本的过程控制系统。即使是在高水平的自动控制方案中,简单控制回路依然占据着主导地位。据统计,简单控制系统约占控制系统总数的 80% 以上。一般只有在单回路控制系统不能满足生产要求的情况下,才用复杂的调节系统。而且,我们还将看到,复杂控制系统也是在简单控制系统的基础上构建的。因此,学习和掌握简单控制系统的分析和设计方法既具有广泛的实用价值,又是学习掌握其他各类复杂控制系统的基础。

本章将把 PID 控制器放置到简单控制系统中,针对不同特性对象,进行闭环系统分析,完成整个系统的设计工作。

5.1　单回路控制系统设计概述

我们知道,过程控制的任务主要是在了解掌握生产工艺流程和生产过程的静态、动态特性的基础上,根据产品质量、运行平稳性以及安全生产要求,应用控制理论对控制系统进行分析和综合,最后采用适宜的技术手段加以实现。其中,被控过程是由生产工艺要求所决定的客观存在,一旦确定下来一般情况下就不能随意改变。因此,过程控制系统设计的主要任务就在于制定正确的控制方案,建立合理的回路结构,选用适当的过程检测与控制仪表,组成先进、可靠和经济的控制系统。

5.1.1　过程控制系统设计的步骤

了解了过程控制系统设计的任务,接下来我们来看设计的具体内容和步骤。

1. 熟悉系统的技术要求和性能指标

系统的技术要求或性能指标通常是由用户或被控过程的设计制造单位提出来的。系统设计者对此必须全面了解和掌握,这是控制方案设计的基本依据。当然,技术要求必须切合实际,性能指标必须有充足的依据,否则就很难制定出切实可行的控制方案。

实际被控过程在控制方式和控制品质方面都存在着差异,即使是同一类被控过程,由于其大小、容量等的不同,系统控制要求也会有许多差别。但概括说来,系统必须具备的基本品质可归纳为三个方面:稳、准、快。所谓“稳”是指稳定性或平稳性,任何控制系统首先必须是稳定的,并要具有一定的稳定裕度。如果系统不能保证稳定运行,谈论别的性能都是毫无意义的。所谓“准”是指系统被控变量的实际运行状况与希望状况之间的偏差应尽量小,具体可分为动态偏差和稳态偏差(或称静差)。所谓“快”是指系统从一种状态过渡到另外一种状态的时间应尽量短。

在实际工程上,上述三种要求往往是需要相互平衡的。例如,为了保证平稳运行,系统的快速性就可能降低;而为了提高控制精度,系统的平稳性就可能受到影响。因此,在设计过程控制系统时应根据工程实际情况折中考虑,或分清主次矛盾,优先满足最重要的控制要求。

在实际生产过程中的控制系统多为恒值调节系统。因此,在过程控制系统中更多地采用衰减率 ψ 来表示调节系统的稳定度。所谓衰减率就是指每经过一个振荡周期以后,过程波动幅度衰减的百分数。在生产中,衰减率 ψ 的取值一般在 $0.75\sim0.9$ 之间,也就是经过一个到两个振荡周期以后就看不出波动了,在稳定的前提下,尽量满足准确性和快速性的要求。

过程控制的实践当中,最常采用的是“典型最佳调节过程”指标,即在阶跃扰动作用下,保证调节过程波动的衰减率 ψ 为 0.75(或更高)的前提下,使过程的最大动态偏差、稳态误差和调节时间最小。

2. 对工艺过程、设备以及对象的动、静态特性进行深入的了解

设计一个调节系统,首先应对调节对象进行全面的了解。我们知道,生产过程是由各个环节或工艺设备构成的,各个工艺设备之间必然存在着相互联系、相互影响。常有这种情况,只要把工艺设备和管线作一些更动,就可以简化自动化装置,同时也可以提高调节质量。因此,在进行系统总体设计和布局时,应全面考虑这些影响和联系,明确局部自动化和全过程自动化之间的关系,从生产过程的全局出发,考虑整个系统的布局,合理设计每个控制系统。

为了满足系统的控制要求,还必须深入了解系统的动态、静态特性,建立系统的数学模型。数学模型是系统理论分析和设计的基础,只有采用恰当的数学模型来描述系统,系统的理论分析和设计才能深入。这里所要求的数学模型主要是为控制系统分析与设计服务的,不同控制算法(包括参数整定方法)采用的模型形式、类型以及复杂程度可能是不同的,例如,许多先进控制器都采用基于模型的控制算法,对模型的要求就相对较高。

总之,了解被控对象的特性,并建立适当的数学模型是十分重要的,必须给予足够的重视。从某种意义上讲,系统控制方案确定的合理与否在很大程度上取决于对被控过程认识的深入程度以及数学模型的精度。精度越高,方案设计就越趋合理,反之亦然。

3. 确定控制方案

设计控制系统的关键就是制定控制方案,这其中包括系统被控参数的选择、控制参数的选择、测量信息的获取和变送、调节阀(执行器)的选择和调节规律的确定等内容。制定控制方案时,不仅要依据被控过程的特性、控制任务和技术指标的要求,还要综合考虑方案的简单性、经济性以及技术实施的可行性等,并经反复研究和比较,才能制定出比较合理的控制方案。一旦确定了系统的控制方案,系统的组成以及控制方式就决定了。

4. 系统分析与综合——控制器参数整定

根据系统的技术指标要求,通过对系统的动态和静态特性进行分析,确定调节器的调节规律等,可初步确定系统的控制方案。而采用理想的控制规律并不一定就可取得良好的控制效果,还需要进一步确定最佳的控制器参数,使其与被控过程获得最佳匹配。因此,调节器参数的整定是在控制方案合理制定的基础上,使系统运行在最佳状态的重要步骤,也是系统设计的重要环节。

系统理论分析与综合的方法很多,如经典控制理论的频率特性法、根轨迹法、现代控制理论的优化设计方法等。计算机 CAI 与 CAD 则为系统的理论分析与综合提供了更加方便快捷的手段,应该尽量采用。

5. 实验验证

实验验证是检验系统理论分析、综合正确与否的重要步骤。许多在理论设计中难以考虑或考虑不周的因素，可以通过实验加以补充完善，以便最终确定系统的控制方案并进行工程实施。

在上述过程控制系统的设计步骤当中，控制方案的确定、过程控制器的设计和参数整定是过程控制系统设计的最重要内容。当然，过程控制系统的设计除包括上述方案设计、调节器参数整定等几个主要环节外，通常还包括诸如工程化设计、仪表调校、工程安装等一系列工程实践部分。其中，工程设计是在控制方案确定的基础上进行的，它包括仪表选型、控制室和仪表盘设计、仪表供电供气系统的设计、信号联锁、系统保护等。仪表调校包括仪表的校验和仪表零点、量程的调整、标定等。工程安装是控制系统的具体实施。系统安装前后，要对各个控制检测仪表进行调校和对整个控制回路进行联调，以保证系统的正常运行。

总之，过程控制系统的设计是一个从理论设计到工程实践、再从工程实践到理论设计的多次反复和试验过程。

5.1.2　过程控制系统控制方案的制定

单回路控制系统控制方案的确定主要包括：系统被控变量的选择、控制变量的选择，调节规律的确定等内容。当然，在工程实际中，控制方案的确定是一件涉及多方面因素的复杂工作，既要满足生产工艺过程控制的实际需要，又要满足技术指标的要求，同时还可能受到许多客观环境以及经济条件的制约。一个好的控制方案的确定，一方面要借助于许多实际工程经验，另一方面还要依赖于许多理论分析和计算。有鉴于此，这里只给出一些一般性的方案确定原则，以供参考。

1. 确定被控变量

生产过程中希望借助自动控制保持恒定值（或按一定规律变化）的变量称为被控变量或被控参数。在构成一个自动控制系统时，被控变量的选择十分重要，它关系到系统能否达到稳定操作、增加产量、提高质量、改善劳动条件、保证安全等目的，关系到控制方案的成败。若被控参数选择不当，则无论组成什么样的控制系统，选用多么先进的过程检测控制设备，均不会达到预期的控制效果。

被控变量的选择是与生产工艺密切相关的，而影响一个生产过程正常操作的因素是很多的，并非所有影响因素都要加以自动控制。只有那些能够较好地反映工艺生产状态的变化，又是人工控制难以满足要求，或操作十分紧张、劳动强度很大，客观上要求进行自动控制的参数才去自动控制。所以，必须深入实际，调查研究，分析工艺，找出影响生产的关键变量作为被控变量。

被控参数的选择一般有两种方法，一是选择能直接反映生产过程中产品产量、质量又易于测量的参数作为被控参数的称为直接参数法。当选择直接参数有困难时，如：直接参数检测很困难或根本无法利用现行仪器进行检测，或虽能检测但信号很微弱或滞后很大，则可以选择那些能间接反映产品产量、质量又与直接参数有线性单值函数对应关系、易于测量而反应又快的另一变量，如温度、压力等作为被控参数，这样的方法称为间接参数法。

应当指出，直接参数或间接参数的选择并不是唯一的，更不是随意的，要通过对过程特性进行深入分析，才能做出正确的选择。下面是选取被控变量的一般原则，可供参考。

（1）选择对产品的质量和产量、安全生产、经济运行和环境保护等具有决定性作用的、可直接测量的工艺参数作为被控变量。

（2）当不能用直接参数作为被控变量时，应该选择一个与直接参数有线性单值函数对应关系的间接参数作为被控变量。

（3）当间接参数用作被控参数时，该参数对产品质量应具有足够高的控制灵敏度，否则就难以保证对产品质量的控制效果。

（4）被控参数的选取，必须考虑工艺过程的合理性以及所用仪表的性能、价格等因素。

2. 确定调节量（选择控制介质）

在自动控制系统中，把用来克服或补偿干扰对被控变量的影响，实现控制作用的变量称为调节量（或操纵变量），最常见的调节量是介质的流量。

当被控变量选定以后，接下去应对工艺进行分析，找出有哪些因素会影响到被控变量发生变化。一般来说，影响被控变量的外部输入往往有若干个而不是一个，在这些输入中，有些是可控（可以调节）的，有些是不可控的。原则上，是在诸多影响被控变量的输入中选择一个对被控变量影响显著而且可控性良好的输入，作为操纵变量，而其他未被选中的所有输入量则视为系统的干扰，如图 5-1 所示。

选择不同的调节量就决定了不同的调节通道与干扰通道；不同干扰通道、调节通道对象动态、静态特性对系统调节性能的影响是不同的。因此，判断系统可控性是否良好也是选择调节量的重要依据，为此，本章 5.3 节将重点加以介绍。

根据以上分析，概括来说，调节量的选择原则主要有以下几条：

（1）调节量应是可控的，即工艺上允许调节的变量。

（2）调节量一般应比其他干扰对被控变量的影响更加灵敏。为此，应通过合理选择调节变量，使控制通道的放大系数（相对干扰通道）适当大、时间常数适当小（但不宜过小，否则易引起振荡）、纯滞后时间尽量小。为使其他干扰对被控变量的影响减小，应使干扰通道的放大系数尽可能小、时间常数尽可能大。

（3）在选择调节量时，除了从自动化角度考虑外，还要考虑工艺上操作的合理性、可行性与生产的经济性等诸多因素。一般说来，不宜选择生产负荷作为调节量，因为生产负荷直接关系到产品的产量，是不宜经常波动的。另外，从经济性考虑，应尽可能地降低物料与能量的消耗。

3. 确定调节规律,选择合适的调节器

选定了调节量和被调量,则对象(包括调节通道与干扰通道)特性就确定下来了,接下来就需要依据对象特性来选择合适的调节规律。为此,需要首先清楚地认识,常用调节规律(包括比例、积分、微分等)对系统闭环调节性能的影响,这部分内容在本章5.4节进行详细论述。

调节方案确定之后,可以变动的就只有调节器参数了。同一个调节系统,不同的整定参数值就有不同的调节过程,系统设计的任务就是要找出对生产过程来说能够实现相对"最佳调节过程"的整定参数值,即所谓的"最佳整定"。对此,本章5.5节进行详细讨论。

通过以上讨论可以看出,控制方案设计是系统设计的核心。如果控制方案设计不合理,则无论选用何种先进的仪表,都不能发挥其应有的作用。不合理的控制方案不仅会使系统的性能指标得不到满足,甚至会使系统无法运行。因此,系统设计的成败主要取决于控制方案的合理与否。

为了制定出合理的控制方案,下面我们将从被控对象的建模、对象动特性对调节性能的影响、不同调节规律对闭环性能的影响以及控制器参数整定等几个方面分别进行更加深入的阐述。

5.2　典型对象动态特性的数学描述及其实验测定

一般将反映过程输出量与输入量之间关系的数学描述称为数学模型。工业过程的数学模型一般可分为动态数学模型和静态(或称稳态)数学模型。静态数学模型是反映不随时间变化的输出变量与输入变量之间的数学关系。动态数学模型是表示输出变量与输入变量之间随时间而变化的动态关系的数学描述;换句话说,是描述被控过程的输出变量因输入作用而如何随时间发生变化的数学表达式。从控制的角度来看,过程输入变量就是调节变量和扰动变量,输出变量就是被控变量。调节输入总是力图使被控过程按照某种期望的规律变化,而扰动量一般总是迫使被控过程偏离期望运行状态。

工业过程的静态数学模型用于工艺设计和最优控制等,同时也是制定控制方案的基础。工业过程的动态数学模型则用于各类自动控制系统的设计和分析,用于工艺设计和操作调节的分析和确定。动态数学模型的表达方式很多,对它们的要求也各不相同,主要取决于建立数学模型的目的。在工业过程控制中,建立被控对象数学模型的目的主要有以下几种:

(1) 进行工业过程优化操作;

(2) 控制系统方案的设计和仿真研究;

(3) 控制系统的调试和控制器参数的整定;

（4）作为模型预测控制等先进控制方法的数学模型；

（5）工业过程的故障检测与诊断；

（6）设备启动与停车的操作方案；

（7）操作人员的培训系统。

例如，借助于生产工艺过程及其相关设备的数学模型进行仿真或分析，有助于分析有关因素对整个被控过程特性的影响，从而指导生产工艺及其设备的设计与操作。通过采用过程的数学模型在计算机上进行仿真、计算、分析，可获取代表或逼近真实过程的定量关系，可以为过程控制系统的设计与调试提供所需的信息数据，从而大大降低设计实验成本，加快设计进程。

对工业过程数学模型的要求随其用途不同而不同，总的说来是简单且准确可靠。但这并不意味着越准确越好，而应根据实际应用情况提出适当的要求。在线运用的数学模型还有实时性的要求，它与准确性的要求往往是矛盾的。

一般说，用于控制的数学模型由于控制回路具有一定的鲁棒性，所以不要求非常准确。因为模型的误差可以视为扰动，而闭环控制在某种程度上具有自动消除扰动影响的能力。

实际生产过程的动态特性是非常复杂的。控制工程师在建立其数学模型时，不得不突出主要因素，忽略次要因素，否则就得不到可用的模型。为此，往往需要做很多近似处理，例如线性化、分布参数系统集总化和模型降阶处理等。在这方面有时很难得到工艺工程师的理解。从工艺工程师看来，有些近似处理简直是难以接受的，但它却能满足控制的要求。

设计一个自动调节系统，首先应对调节对象的特性作全面的分析和测定。一般研究调节对象特性的方法有两种。对于简单的对象（或者系统各个环节的）特性，可以首先分析过程的物理或化学机理，通过建立过程的物料、能量的动态或静态平衡关系，获取描述对象动态特性的微分方程式或传递函数，这种方法称为机理分析法。但是，复杂对象的微分方程式很难建立，也不容易求解，所以，另一种方法是通过实验测定，对取得的数据进行加工整理而求得对象的模型，这种方法称为实验测定法。

对于一个调节对象来说，输入变量是引起被调量等输出变量变化的因素。一般调节对象的输入有调节作用和干扰作用两种。调节作用至输出变量之间的信号联系称为调节通道。干扰作用至被调量的信号联系称为干扰通道，如图 5-1 所示。

在不同的生产部门中调节对象千差万别，下面举例说明生产过程中常见对象的特性以及建模方法。

5.2.1　单容对象动特性及其数学描述、对象的自衡特性

在连续生产过程中，最基本的关系是物料平衡和能量平衡。在静态条件下，单位时间流入对象的物料或能量等于从系统中流出的物料或能量；此时，系统处于平衡状态下，借此条件可用来确定系统的静态平衡工况点。然而，对象的动态特性是

研究系统变量随时间而变化的规律。在动态条件下,单位时间内进入系统的物料(或能量)与单位时间内流出的物料(或能量)之差等于系统内物料(或能量)的变化率。借助上述动、静态关系,可以得到对象围绕平衡工况点的动态微分方程描述。对象动态特性的微分方程式,就是描述对象输出变量与输入变量之间随时间变化关系的函数关系式。

下面以几个典型对象微分方程式的推导为例,说明对象动态特性的机理分析方法,并从中阐明对象的某些基本性质,如容量、放大系数、时间常数及自衡特性等。

1. 水槽水位的动特性

图 5.2-1(a)是一个简单的水槽水位调节对象,流入水槽的水流量 Q_i(单位:m^3/s)是由进水管路上的阀门 1 来调节的;流出的水流量 Q_o 由排水管路上的阀门 2 来控制,它是根据用户需要来手动改变的。这里,水位 h(单位:m)是系统的输出被调量,阀门 2 的开度变化用来代表来自外部的系统负荷变化引起的过程输入扰动,而调节阀门 1 的开度变化是系统的输入调节作用。

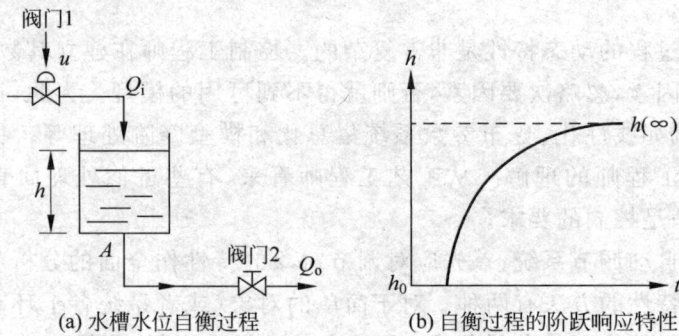

(a) 水槽水位自衡过程   (b) 自衡过程的阶跃响应特性

图 5.2-1   水槽水位的动态特性

研究对象的动特性,就是要找出对象输入变量和输出变量之间相互作用的规律,而对象的微分方程式便是这种规律的数学描述。

下面研究图 5.2-1 所示对象的动特性。假设水槽横截面积为 A(单位:m^2),则根据进出水流量与水槽水位之间的动态输入输出关系,可得到如下微分方程式

$$A \frac{\mathrm{d}h}{\mathrm{d}t} = Q_i - Q_o \qquad (5.2\text{-}1)$$

由式(5.2-1)可以看出,水位变化 $\mathrm{d}h/\mathrm{d}t$ 决定于两个因素:一个是水槽的横截面积 A,一个是流入量与流出量的差额。A 越大,$\mathrm{d}h/\mathrm{d}t$ 越小。因此,A 是决定水槽水位变化率大小的内因,称为水槽的容量系数,又称液容 C。它的物理意义是:要使水位升高 1m,水槽内应该流入多少体积的水。

在式(5.2-1)中,假设调节阀门 1 为线性阀,即流入量 Q_i 与阀门 1 的开度 u 成正比,系数为 k_u,即

$$Q_i = k_u u \qquad (5.2\text{-}2)$$

而流出量 Q_o 与水槽水位高度的平方根成正比，即

$$Q_o = k \sqrt{h} \qquad (5.2\text{-}3)$$

将以上两式代入式(5.2-1)中，有

$$\frac{\mathrm{d}h}{\mathrm{d}t} = \frac{1}{A}(k_u u - k\sqrt{h}) \qquad (5.2\text{-}4)$$

显然，式(5.2-4)为非线性微分方程，若令

$$f(h,u) = \frac{1}{A}(k_u u - k\sqrt{h})$$

则可将式(5.2-4)写作一般形式，即

$$\frac{\mathrm{d}h}{\mathrm{d}t} = f(h,u) \qquad (5.2\text{-}5)$$

令 (h_0, u_0) 对应平衡工况点，即 $\left.\dfrac{\mathrm{d}h}{\mathrm{d}t}\right|_{h=h_0, u=u_0} = f(h_0, u_0) = 0$，对应水槽进水量与出水量相等，处于平衡状态。并以增量形式(Δ)表示各变量偏离起始稳态值的程度，即有 $\Delta h = h - h_0, \Delta u = u - u_0$。则在该平衡点进行线性化处理，根据泰勒级数展开，有

$$f(h,u) = f(h_0, u_0) + \left.\frac{\partial f}{\partial h}\right|_{h=h_0, u=u_0} \Delta h + \left.\frac{\partial f}{\partial u}\right|_{h=h_0, u=u_0} \Delta u + \alpha(\Delta h, \Delta u) \quad (5.2\text{-}6)$$

其中，$\alpha(\Delta h, \Delta u)$ 对应高阶项，可忽略。则有

$$\frac{\mathrm{d}\Delta h}{\mathrm{d}t} = \left.\frac{\partial f}{\partial h}\right|_{h=h_0, u=u_0} \Delta h + \left.\frac{\partial f}{\partial u}\right|_{h=h_0, u=u_0} \Delta u$$

$$= \frac{1}{A}\left(k_u \Delta u - \frac{k}{2\sqrt{h_0}}\Delta h\right) \qquad (5.2\text{-}7)$$

对比式(5.2-4)与式(5.2-7)可以看出，可以更简单地将式(5.2-4)中的非线性函数(即平方根项)直接进行线性化处理，来得到式(5.2-7)。

这里，还可定义液阻 R_S，其物理意义是，要使输出流量单位增长(即增加 $1\mathrm{m}^3/\mathrm{s}$)所需要液位升高的高度。它反映了流出管路上阀门 2 的阻力大小。根据式(5.2-7)，可得到 R_S 的表达式为

$$R_S = \frac{\Delta h}{\Delta Q_o} = \frac{2\sqrt{h_0}}{k} \qquad (5.2\text{-}8)$$

将式(5.2-7)整理，可得

$$T\frac{\mathrm{d}\Delta h}{\mathrm{d}t} + \Delta h = K\Delta u \qquad (5.2\text{-}9)$$

式中，$T = R_S C = R_S A, K = k_u R_S$。该式就是描述水槽水位对象输入输出关系的动态微分方程。通过拉氏变换写成传递函数的形式为

$$G_P(s) = \frac{H(s)}{U(s)} = \frac{K}{Ts+1} \qquad (5.2\text{-}10)$$

这就是水槽水位对象调节通道的传递函数，式中 T 称为对象的时间常数，而 K 则是对象的放大系数，$U(s)$ 和 $H(s)$ 分别为传递函数描述的过程输入、输出。

通过水槽水位对象动态数学模型的建立过程可以看出，过程输入、输出和状态

变量采用增量形式表示,不仅便于把原来的非线性系统线性化,而且通过坐标的移动,把稳态工作点定为原点,使得输入输出关系更加简单清晰,便于运算。在控制理论中广泛应用的传递函数,就是在初始条件为零(对应稳态工作点)的情况下定义的。

不论是对象的机理建模,还是阶跃响应实验建模,所得到的对象传递函数都描述了对象在标准(平衡)工况条件下,对象输入增量 Δu 与所引起的对象输出 Δh 之间的动态关系或变化规律;当对象输入输出为零时,对应对象处于初始平衡状态。因此,我们就可以理解,闭环系统的传递函数方框图在初始零状态实际对应于系统的初始平衡状态。

2. 对象的自衡特性

仔细观察一下水槽水位对象的动态特性可以发现一个有趣的现象,即当给进水流量加一扰动,例如当进水管路的阀门增大开度时,水槽水位会自动寻求一新的平衡位置,具体过渡过程如图 5.2-1(b)所示。随着输入流量的增加,进出流量失去平衡,使水槽中的水位逐渐上升,同时作用在流出阀上的压头增高,并导致输出流量的增长,这种增长将延续到出水流量的增量 ΔQ_o 与进水流量的增量 ΔQ_i 相等为止。

这里,我们把对象在扰动作用破坏其平衡工况后,在没有操作人员(或调节器)干预的情况下,能够自动恢复平衡的特性,称为自衡特性(self-regulating)。根据上面分析可以看出,判断对象有无自衡特性的基本标志是被调量能否对破坏工况平衡的扰动作用施加反作用。以图 5.2-1(a)单容水槽为例,其数学模型式(5.2-7)可用图 5.2-2 所示的方框图描述。

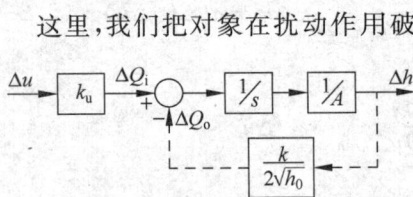

图 5.2-2　水槽水位调节对象的内在反馈结构

通过图 5.2-2 可以明显看出,像单容水槽这样的自衡对象实际上内部包含着自然形式的负反馈。其中,积分作用保证了稳态条件下进水流量与出水流量之间的平衡。

在有自衡特性的对象中,常以自衡率 ρ 来说明对象自衡能力的大小。如果能以被调量较小的变化(Δh)来抵消较大的扰动量(Δu)的话,那就表示这个对象的自衡能力大,因此,可定义自衡率 ρ 为

$$\rho = \frac{\Delta u}{\Delta h(\infty)} = \frac{1}{K} \tag{5.2-11}$$

式中,$\Delta h(\infty)$ 表示稳态条件下被调量的变化量。可见,ρ 和对象的静态放大系数 K 互为倒数。对一个调节对象来说,一般总是希望自衡率 ρ 大一些。如果 ρ 大,那么即使加上一个很大的扰动 Δu,输出量 $\Delta h(\infty)$ 变化也会很小,对象自身的抗干扰能力就强。

实际上有些对象不具有自衡特性,如图 5.2-3 所示的水位对象就是一个典型例子。它与图 5.2-1 不同之处只是其流出量是靠一个水泵压送,由于这时的流出量与

水位无关,这样当流入量有一个阶跃变化后,流出量保持不变。流入量与流出量的差额并不会随水位的改变而有所调整,而是始终保持不变。对象的水位将会一直上升(或下降)直至水槽顶部溢出(或抽空),如图 5.2-3(b)所示。在这种情况下,由于被调量不能对扰动作用施加反作用,只要对象的平衡工况一旦被破坏,就再也无法自行重建平衡。这就是无自衡特性。其内部结构就如同图 5.2-2 所示方框图中没有虚线反馈部分。

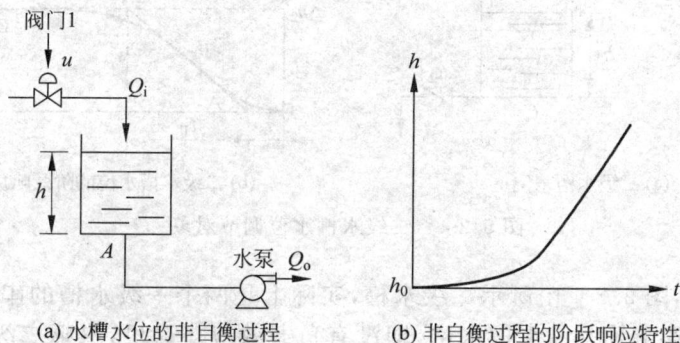

(a) 水槽水位的非自衡过程　　　(b) 非自衡过程的阶跃响应特性

图 5.2-3　水槽水位调节对象

根据图 5.2-2 可以看出,自衡过程与非自衡过程的动态特性一般可以分别用如下传递函数来近似描述,即

自衡过程
$$G(s) = \frac{K}{1+Ts} e^{-\tau s} \tag{5.2-12}$$

非自衡过程
$$G(s) = \frac{K}{Ts} e^{-\tau s} \tag{5.2-13}$$

列写非自衡对象的动态微分方程,与前面有自衡特性的水槽对象相比,在很多方面都一样,只是在流出量方面有差别。

工业过程的对象特性常见的还有采用二阶环节加纯滞后过程来近似描述,如式(5.2-14)和式(5.2-15)所示。即

自衡过程
$$G(s) = \frac{K}{(T_1 s+1)(T_2 s+2)} e^{-\tau s} \tag{5.2-14}$$

非自衡过程
$$G(s) = \frac{K}{T_1 s(T_2 s+1)} e^{-\tau s} \tag{5.2-15}$$

上述传递函数中,T(或者 $T_i, i=1,2$)代表对象惯性环节的时间常数,K 代表对象的稳态增益,τ 代表对象的纯滞后时间常数。

5.2.2　多容对象动特性及其数学描述、容量滞后、纯滞后

实际对象往往比较复杂,不只有一个储蓄容量的对象,而是具有一个以上的储蓄容量。例如,图 5.2-4 所示的调节对象具有上下两个串级连接的水槽,常称做二级水槽。由于具有两个可以储水的容器,因此也称做双容对象。

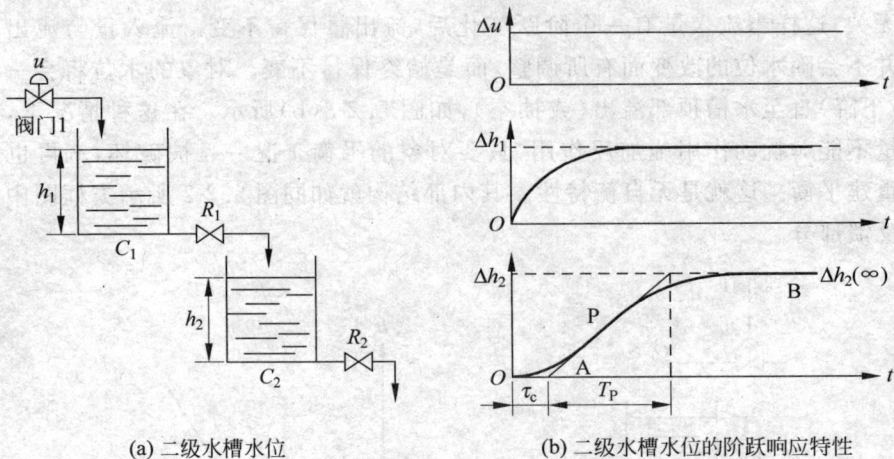

(a) 二级水槽水位　　　　　　　(b) 二级水槽水位的阶跃响应特性

图 5.2-4　二级水槽水位调节对象

可以看出，图 5.2-4 中所示二级水槽，实际上是两个一级水槽的串联，并且第二级水槽水位不影响第一级水槽水位，即没有负载效应。这里，取第二级水槽水位 h_2 为被控变量，而第一级水槽的进水流量选作调节量。根据上节单级水槽的动态特性，并假设出水流量与水槽水位的高度成正比（即成线性关系），于是可直接给出此二级水槽水位的动态特性分别如下

$$C_1 \frac{\mathrm{d}h_1}{\mathrm{d}t} = k_\mathrm{u}u - \frac{1}{R_1}h_1 \tag{5.2-16}$$

$$C_2 \frac{\mathrm{d}h_2}{\mathrm{d}t} = \frac{1}{R_1}h_1 - \frac{1}{R_2}h_2 \tag{5.2-17}$$

分别对式(5.2-16)和式(5.2-17)取拉氏变换，可以得到水槽 1 和水槽 2 的输入输出传递函数为

$$\frac{H_1(s)}{U(s)} = \frac{k_\mathrm{u}R_1}{R_1C_1s + 1} \tag{5.2-18}$$

$$\frac{H_2(s)}{H_1(s)} = \frac{R_2/R_1}{R_2C_2s + 1} \tag{5.2-19}$$

将以上两式合并，可得到二级水槽水位控制系统的传递函数为

$$\frac{H_2(s)}{U(s)} = \frac{R_2k_\mathrm{u}}{(R_1C_1s + 1)(R_2C_2s + 1)} \tag{5.2-20}$$

可以看出，二级水槽是由两个一阶惯性环节串联起来得到的，具有式(5.2-14)的典型结构，被调量是第二级水槽水位高度 h_2。当输入量施加一个阶跃输入 Δu 时，被调量变化的反应曲线如图 5.2-4(b)中曲线 Δh_2 所示。它不再是简单的指数曲线，而是呈现出 S 形的一条曲线。事实上，每增加一个容器就会使调节对象的飞升特性在时间上更加落后一步。

在图 5.2-4(b)中 S 形曲线的拐点 P 上做切线，该切线与时间轴交于 A 点。时间段 OA 可以近似地衡量由于多了一个容器而使飞升过程向后推迟的程度，因此常称为容量滞后，通常用 τ_c 来表示。因此，双容对象的飞升曲线，可以用容量滞后 OA 外

加指数曲线 APB 来近似逼近,其中,等效惯性时间常数 T 采用在曲线拐点 P 处做切线的方法求得,而稳态增益同样为 $K = \Delta h_2(\infty)/\Delta u$,即双容对象的传递函数可近似描述为

$$\frac{H_2(s)}{U(s)} = \frac{K}{Ts+1}\mathrm{e}^{-\tau_c s} \tag{5.2-21}$$

以上讨论的是双容对象的阶跃响应特性,实际调节对象容器数目可以很多,每个容量也不相同,但它们的飞升曲线和图 5.2-4 相似,仍然呈 S 形,只是容量滞后 τ_c 和惯性时间常数 T 更大了。不过,都可以用 τ_c、T 和 K 这三个参数来表征。

在工业生产过程中,除多容环节会导致容量滞后外,当物料或能量沿着一条特定的路径传输时,也会出现延迟现象,这种不是由于储蓄容量的存在,而是由于信号的传输引起的滞后常称做传输滞后、纯滞后或纯时延(time delay)。显然,路径的长度和运动的速度是构成延迟的主要因素,大多数过程都或多或少存在一定程度的传输延迟。

以图 5.2-5 所示采用蒸汽来控制水温的过程控制系统为例,蒸汽量的变化一定要经过长度为 l 的管道长度以后才会反应在温度传感器的检测输出上,这是由于控制(或称扰动)作用点与被调量测量点相隔一定的距离造成的。如果水的流速为 v,则由扰动引起的测点温度的变化,需要经过一段时间 $\tau_0 = l/v$,这就是纯滞后时间。在工业生产过程中,对于皮带输送机和长的输送管路等都可以认为是一个纯滞后的环节,在传递函数中体现为 $\mathrm{e}^{-\tau_0 s}$。

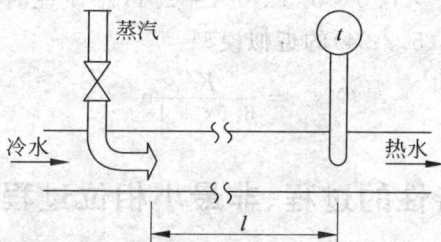

图 5.2-5　蒸汽控制水温调节对象

有些对象既有纯滞后,又有容量滞后,通常把这两种滞后加在一起,统称为滞后,用 τ 表示,即 $\tau = \tau_c + \tau_0$。对象滞后的存在,从时域上看,会导致扰动作用不能及早察觉,调节效果不能适时反映;从频域上看,会产生较大的相位滞后,降低系统的稳定裕度。因此,不论是容量滞后还是纯滞后,都会对系统的调节品质造成不利的影响。

通过对上述多容对象的阶跃响应描述以及采用一阶惯性加纯滞后环节的近似逼近,可以看出,高阶模型可以用具有相似动态特性和稳态特性的低阶模型近似逼近。下面给出高阶模型低阶逼近的一般方法,可以看出上述采用 τ、T 和 K 这三个参数来表征多容过程的理论依据。

我们知道,纯滞后传递函数可以采用泰勒级数展开,对于小的 s 值,截断展开中

一阶以后的项可提供一个合适的近似

$$e^{-\tau s} \approx 1 - \tau s \tag{5.2-22}$$

式(5.2-22)表明,该纯延迟近似具有一个右半平面零点 $s = 1/\tau$。

另一种近似由如下传递函数构成

$$e^{-\tau s} = \frac{1}{e^{\tau s}} \approx \frac{1}{1 + \tau s} \tag{5.2-23}$$

上面推导式(5.2-22)和式(5.2-23)的目的是用其近似纯滞后项。然而,这些表达式反过来也可以用左侧的纯延迟项来近似方程右侧的极点或零点。

针对包含多个时间常数的高阶模型,有学者(Skogestad)提出了一种近似方法,按照以下方式近似最大可忽略的时间常数:该时间常数值的一半加到存在的纯延迟中(如果存在),另一半加到最小的被保留时间常数中;小于最大可忽略时间常数的时间常数近似为纯延迟,如式(5.2-23)。该"折半规则"的出发点是为了推导更适于控制系统设计的近似的低阶模型。

例如,考虑如下传递函数

$$G(s) = \frac{K(-0.1s+1)}{(5s+1)(3s+1)(0.5s+1)} \tag{5.2-24}$$

采用上述"折半规则"可推导近似的一阶惯性加纯滞后模型。

首先,保留主导时间常数:$T = 5$;最大可忽略时间常数为:3;小于最大可忽略时间常数的时间常数为:0.5 和 0.1。根据"折半规则"以及式(5.2-22)和式(5.2-23),可知总延迟时间为:$\tau = 3 \times 0.5 + 0.5 + 0.1 = 2.1$,总惯性时间常数为:$T = 5 + 3 \times 0.5 = 6.5$,于是可给出式(5.2-24)的近似模型

$$G(s) = \frac{K}{6.5s+1} e^{-2.1s} \tag{5.2-25}$$

5.2.3　具有反向特性的过程、非最小相位过程

在阶跃输入作用下,过程输出先降后升,或者先升后降,即过程响应曲线在开始的一段时间内变化方向与以后最终的变化方向相反的特性,我们称为反向响应特性,或逆向响应特性(inverse response)。

具有反向特性的典型对象是锅炉汽包水位系统。在燃料供热恒定,并且蒸汽量也基本恒定的情况下,当锅炉供给的冷水按照阶跃形式增加后,由于两种相反影响的共同作用,使得汽包内沸腾水的总体积以及水位会呈现出如图 5.2-6 所示的变化。

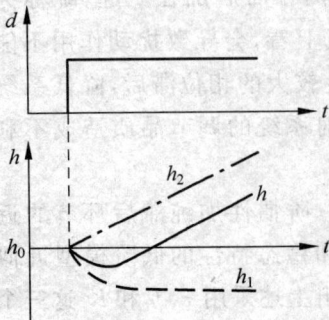

图 5.2-6　汽包水位在给水阶跃扰动
作用下的响应特性

具体来说,一方面冷水的增加会引起汽包内水的沸腾突然减弱,水中气泡迅速减少,水位下降,如图 5.2-6 中 h_1 所示,该曲线表示把汽包当作

单容对象时水位应有的变化。另一方面,液位会随着进水量的增加而提高,并呈现出积分特性,如图 5.2-6 中 h_2 所示。

根据叠加原理,给水流量阶跃扰动 d 突然增加时,实际水位的变化 h 是不考虑水面下气泡容积变化时的水位变化 h_2 与只考虑水面下气泡容积变化 h_1 的叠加,即 $h = h_1 + h_2$,如图 5.2-6 中 h 所示。这种在给水量阶跃增加作用下的开始一段时间内水位不升反降,形成虚假水位下降的现象,即是所谓的"假水位"现象。

用传递函数来描述可表示为

$$\frac{H(s)}{D(s)} = \frac{H_1(s)}{D(s)} + \frac{H_2(s)}{D(s)} = -\frac{K_1}{T_1 s + 1} + \frac{K_2}{s} = \frac{(K_2 T_1 - K_1)s + K_2}{s(T_1 s + 1)}$$

(5.2-26)

式中,K_2 为反应物料平衡关系的水位飞升速度;K_1,T_1 分别为只考虑水面下气泡容积变化所引起的水位变化 h_2 的放大倍数和时间常数。

观察式(5.2-26)可以看出,当 $\dfrac{K_1}{T_1} > K_2$ 时,在响应初期 $\dfrac{-K_1}{T_1 s + 1}$ 占据主导地位,过程将呈现出反向特性。若该条件不成立,则过程不会出现反向特性。进一步可以看出,在 $\dfrac{K_1}{T_1} > K_2$ 条件下,过程模型实际在右半平面出现一个正的零点,其值为 $s = \dfrac{-K_2}{K_2 T_1 - K_1} > 0$。

下面再考虑一个具有单零点的过阻尼二阶过程的情况,其传递函数为

$$G(s) = \frac{K(T_a s + 1)}{(T_1 s + 1)(T_2 s + 1)} \quad (T_1 > T_2)$$

(5.2-27)

在单位阶跃输入下的响应输出为

$$y(t) = K\left(1 + \frac{T_a - T_1}{T_1 - T_2} e^{-\frac{t}{T_1}} - \frac{T_a - T_2}{T_1 - T_2} e^{-\frac{t}{T_2}}\right)$$

(5.2-28)

分析式(5.2-28)可以看出,零点的引入不改变单位阶跃响应的终值,也不改变极点的数量和位置。但是,零点会影响响应模态(指数项)的权值,即影响响应曲线的形态。

通过数学分析可以看出,对不同的零点值,传递函数式(5.2-27)具有三种类型的响应,如图 5.2-7 所示。①当 T_a 充分大,即 $T_a > T_1 > T_2$ 时,过程的单位阶跃响应会发生超调(overshoot);②当 $0 < T_a \leqslant T_1$ 时,类似于一阶过程响应;③$T_a < 0$ 时,存在右半平面零点(即正零点),过程的阶跃响应将呈现出反向响应特性。

通过对以上具有反向特性的自衡过程和非自衡过程的分析可以看出,具有反向特性的过程,其传递函数总具有一个正的零点,属于非最小相位系统。所以,反向特性响应又称为非最小相位响应,较难控制,需要特殊处理。

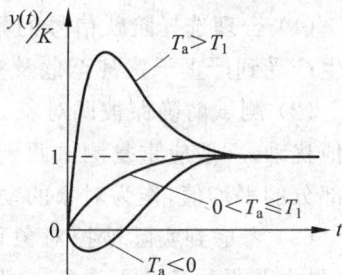

图 5.2-7　过阻尼二阶系统对不同单零点值的阶跃响应

　　工业过程除上述几种类型外,常见过程中有些还具有严重的非线性,如中和反应器和某些生化反应器;在化学反应器中还可能存在不稳定过程,它们的存在会给控制器带来棘手的问题,要控制好这些过程,必须掌握对象的动态特性。

5.2.4　对象特性的实验测定方法

　　在采用机理分析的方法推导不出对象数学模型时,常需要依靠实验方法来取得;有时,即使能得到数学模型,也希望通过实验测定来验证。因此,用实验法测定对象的动态特性,尽管所得结果有时颇为粗略,对生产也有些影响,仍然不失为了解对象的简易途径,在工程实践中应用较为广泛。目前,用来测定对象动态特性的实验方法主要有三种:

　　(1) 时域法。通过输入阶跃或方波测试信号,求取对象的飞升曲线或方波响应曲线。这种方法的优点是实验简单、工作量较小,故应用甚广。缺点是测试精度不高,且对生产有一定影响。

　　(2) 频域法。通过输入正弦波或近似正弦波,测得对象的频率特性。这种方法的优点是原理上和数据处理上比较简单,对生产影响较小,测试的精度比时域法高。缺点是需要专门的超低频测试设备,测试工作相当费时,基本上只适用于线性定常过程,一般用于某些快速的线性设备,譬如仪表、调节器、放大器等。

　　(3) 统计研究法。即通过输入加上某种随机信号(如白噪声,随机开关信号等)或直接利用对象输入端本身存在的随机噪声,观察和记录对象各参数的变化。其优点是对生产影响很小,试验结果不受干扰影响,精度高。缺点是要求积累大量数据,并用相关仪和计算机对这些数据进行计算和处理。

　　时域法建模是实验建模中的一种,该方法是在被控对象上人为地加入非周期信号后,测定被控对象的响应曲线,然后再根据该曲线的特征参数,求出被控对象的传递函数。时域法建模可分为阶跃响应曲线法和矩形脉冲响应曲线法,下面主要对阶跃响应曲线法进行介绍。

　　首先,为了得到可靠的阶跃响应测试结果,阶跃响应的测定应注意以下几点:

　　(1) 合理选择阶跃信号的幅度。过小不能保证测试结果的可靠性,过大会使正常生产受到严重干扰甚至危及安全。一般取额定值的 $8\% \sim 10\%$。

　　(2) 测试前确保被调对象处于某一稳定工况,测试中应设法避免发生偶然性的其他扰动,一般应重复测试两到三次,从中剔除某些显然的偶然性误差,求出其中合理部分的平均值,作为对象的动态特性曲线。

　　(3) 考虑到实际被控对象可能存在的非线性,应选取不同负荷,一般在对象最小、最大及平均负荷下进行。即使在同一负荷下,也要在正向和反向扰动下重复测试,以求全面掌握对象的动态特性。

　　(4) 试验时,必须特别注意被调量离开起始点状态时的情况。同时,应准确记录加入阶跃作用的计时起点,以便计算对象纯滞后的大小,这对以后调节器参数整定来说具有重要的意义。

假设加入如图 5.2-8 所示对象的阶跃输入测试信号,得到图中 S 形单调的阶跃响应曲线。下面分两种情况对其进行拟合,并求出相应的特征参数。

1. 用切线法确定一阶惯性加纯滞后环节的特征参数

根据式(5.2-12),对象特征参数有三个:过程的静态放大系数(也称稳态增益)K、惯性时间常数 T 以及纯滞后时间 τ。设阶跃输入幅度为 $\Delta u = u_1 - u_0$,阶跃响应的初始值和稳态值分别为 y_0 和 y_∞,如图 5.2-8 所示。则 K 值可计算如下

$$K = \frac{\Delta y(\infty)}{\Delta u} = \frac{y_\infty - y_0}{\Delta u} \qquad (5.2\text{-}29)$$

为了求得 T 和 τ,可在图 5.2-8 所示响应曲线的拐点 P 处做切线,它与起始平衡工况点(可设为新的坐标原点)所在的时间轴交于 A 点,与响应稳态值渐近线交于 B 点。这时,图中所标出的起点到 A 点、B 点所分别对应的时间段为

$$\tau = t_1 - t_0, \quad T = t_2 - t_1 \qquad (5.2\text{-}30)$$

图 5.2-8　对象的阶跃响应测试

按照式(5.2-29)以及式(5.2-30),即可通过试验曲线作图的方法,求出对象的三个特征参数,进而建立对象的传递函数描述。

采用上述切线作图法拟合度较差,切线的画法也具有较大的随意性。然而作图法十分简单,直观明了,而且实践表明它可以成功地应用于 PID 调节器的参数整定,故应用较广泛。

2. 用两点法确定一阶惯性加纯滞后环节的特征参数

考虑到切线法不够准确,现利用阶跃响应曲线上的两点来计算出时间常数 T 以及 τ,而过程的静态放大系数 K 的计算仍采用式(5.2-29)来完成。

为方便处理,取 (u_0, y_0) 为坐标原点,并将过程输出 $y(t)$ 转换成无量纲形式 $y^*(t)$,即

$$y^*(t) = \frac{y(t) - y_0}{y(\infty) - y_0} \qquad (5.2\text{-}31)$$

这样,与式(5.2-12)相对应的阶跃响应无量纲形式为

$$y^*(t) = \begin{cases} 0 & (t < \tau) \\ 1 - \mathrm{e}^{-\frac{t-\tau}{T}} & (t \geqslant \tau) \end{cases} \qquad (5.2\text{-}32)$$

为了求出式(5.2-32)中两个参数 T 和 τ,需要选择两个时刻 t_1 和 t_2,要求 $t_2 > t_1 \geqslant \tau$,并且从测试结果中读出 $y^*(t_1)$ 和 $y^*(t_2)$,则可建立如下两个方程

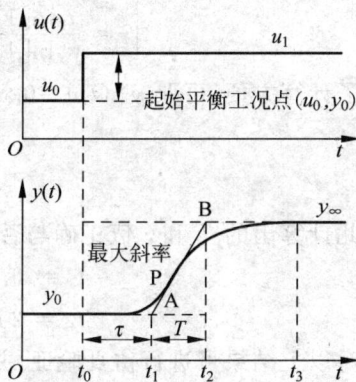

$$\begin{cases} y^*(t_1) = 1 - e^{-\frac{t_1-\tau}{T}} \\ y^*(t_2) = 1 - e^{-\frac{t_2-\tau}{T}} \end{cases} \tag{5.2-33}$$

联立求解上述方程组可以解出如下参数 T 和 τ 之值

$$\begin{cases} T = \dfrac{t_2 - t_1}{\ln[1 - y^*(t_1)] - \ln[1 - y^*(t_2)]} \\ \tau = \dfrac{t_2 \ln[1 - y^*(t_1)] - t_1 \ln[1 - y^*(t_2)]}{\ln[1 - y^*(t_1)] - \ln[1 - y^*(t_2)]} \end{cases} \tag{5.2-34}$$

为了计算方便,可取 $y^*(t_1) = 0.39$,$y^*(t_2) = 0.63$,则可得

$$\begin{cases} T = 2(t_2 - t_1) \\ \tau = 2t_1 - t_2 \end{cases} \tag{5.2-35}$$

由此计算出的 T 和 τ 值正确与否,还可以另取两个时刻进行校验如下

$$t_3 = 0.8T + \tau, \quad y^*(t_3) = 0.55 \tag{5.2-36}$$

$$t_4 = 2T + \tau, \quad y^*(t_4) = 0.87 \tag{5.2-37}$$

针对以上结果可进行仿真验证,并与实验曲线进行比较。

3. 用两点法确定二阶惯性加纯滞后环节的特征参数

图 5.2-9 中的 S 形飞升曲线也可以用式(5.2-14)去拟合。由于它包含两个一阶惯性环节,因此可以期望拟合得更好。

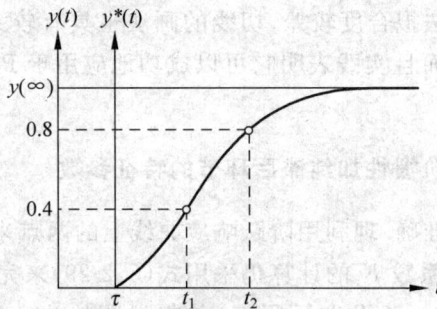

图 5.2-9　对象的阶跃响应测试

式(5.2-14)中的稳态增益 K 仍然可以用式(5.2-29)来完成。纯滞后时间 τ 可以根据阶跃响应曲线从起点开始,到开始出现变化的时刻为止的这段时间来确定,如图 5.2-9 所示。将输出 $y(t)$ 除以纯滞后部分(相当于纵坐标右移时间长度 τ),并化为无量纲形式的阶跃响应 $y^*(t)$,其对应的传递函数为

$$G^*(s) = \frac{1}{(T_1 s + 1)(T_2 s + 2)}, \quad T_1 \geqslant T_2 \tag{5.2-38}$$

与式(5.2-38)对应的阶跃响应为

$$y^*(t) = 1 - \frac{T_1}{T_1 - T_2} e^{-\frac{t}{T_1}} + \frac{T_2}{T_1 - T_2} e^{-\frac{t}{T_2}}$$

或者

$$1 - y^*(t) = \frac{T_1}{T_1 - T_2} e^{-\frac{t}{T_1}} - \frac{T_2}{T_1 - T_2} e^{-\frac{t}{T_2}} \tag{5.2-39}$$

根据式(5.2-39),在如图 5.2-9 所示阶跃响应曲线上取两个数据点:$(t_1, y^*(t_1))$ 和 $(t_2, y^*(t_2))$ 代入得到两个方程联立求解,即可确定出参数 T_1 和 T_2。

为了计算简单起见,不妨取 $y^*(t_1) = 0.4$、$y^*(t_2) = 0.8$,然后从曲线上定出 t_1 和 t_2,如图 5.2-9 所示,就可得到如下联立方程

$$\begin{cases} \dfrac{T_1}{T_1 - T_2} e^{-\frac{t}{T_1}} - \dfrac{T_2}{T_1 - T_2} e^{-\frac{t}{T_2}} = 0.6 \\[3mm] \dfrac{T_1}{T_1 - T_2} e^{-\frac{t}{T_1}} - \dfrac{T_2}{T_1 - T_2} e^{-\frac{t}{T_2}} = 0.2 \end{cases} \tag{5.2-40}$$

求得式(5.2-40)的近似解为

$$T_1 + T_2 \approx \frac{1}{2.16}(t_1 + t_2) \tag{5.2-41}$$

$$\frac{T_1 T_2}{(T_1 + T_2)^2} \approx 1.74 \frac{t_1}{t_2} - 0.55 \tag{5.2-42}$$

因此,从图 5.2-9 中查得 t_1 和 t_2 后,代入上面两式中就能求得时间常数 T_1 和 T_2。需要指出,以上各式中的 t、t_1 和 t_2 是以 τ 时刻作为横坐标计时零点的。

总之,在生产过程中,大多数对象的飞升曲线是过阻尼的,因此,这种传递函数可以适用于一大批工业对象。

在大多数情况下,一个好的测试方案应能在给过程带来最小扰动的条件下准确地确定对象的属性。对于一个不熟悉的过程,为了把测试工作保持在最小限度,有必要收集和运用有关过程的所有可利用的知识。通过观察容器和管路,考察所涉及的化学和物理机理以及与操作人员交谈等方式来了解,可得到有关过程的一些初步资料。例如,根据物料和能量平衡可以计算出某些静态增益;而容器的容积和流量总是可以得知的,由此可以计算出时间常数;管路的长度和直径可以用来确定迟延环节,等等。用这种方法辨识出所有已知的或可知的环节之后,测试结果对确定该回路其余未知环节就会具有更大的价值。

F. G. Shinskey 给出了了解被控过程结构的一个简化测试方案。该方法包括一个开环测试和一个闭环测试。在做闭环测试时,只利用调节器的比例作用。其具体测试步骤如下:

(1) 将调节器置于手动状态,手动操作调节阀做阶跃或脉冲动作,其幅度要足以产生一个可以观察到的效果,然后利用图 5.2-8 所示方法找出等效迟延时间 τ_d。

(2) 将微分时间调至最小,积分时间调至最大,再把调节器切换至自动位置,然后调整比例带到接近产生不衰减振荡的数值,记下这时的临界振荡周期 T_m 和比例带整定值 P_m(最初可能需要外加一个脉冲扰动使振荡得以开始)。

在这个测试中,只需要让回路打开(即处于手动操作状态)足够长的时间以测出迟延时间 τ_d,任何其他类型的开环测试都要花费更长的时间。闭环测试是在过程处

于最具有重要意义的条件下,即在自然周期下进行的。只需两个完整的周期就足以测出 $T_{\rm m}$。如果产生等幅振荡不现实的话,衰减振荡也能满足要求,不过这时的比例带读数和测得的衰减振荡周期都应进行一定的修正。

从所获得的数据,就可以把该过程中各种动态环节的结构模式建立起来:

① 如果 $T_{\rm m}/\tau_{\rm d}=2$,则过程为纯粹的迟延环节。

② 如果 $2<T_{\rm m}/\tau_{\rm d}<4$,则迟延时间起重要作用。

③ 如果 $T_{\rm m}/\tau_{\rm d}=4$,则过程中有一个起重要作用的单容。

④ 如果 $T_{\rm m}/\tau_{\rm d}>4$,则过程中存在一个以上的容积。

此外,产生等幅振荡的比例带整定值 $P_{\rm m}$ 就等于该回路中其他各环节在自然周期 $\tau_{\rm n}$ 下的增益积。把这些资料与已知环节的特性结合起来,就能非常准确地构造出过程的形象。例如,如果已经知道过程包含着一个主要的容积,而且 $T_{\rm m}/\tau_{\rm d}=4$,那么就不必再去寻找别的时间常数了。

后面我们还会看到,通过上述测试,不仅有助于了解对象的属性,而且同时可根据 Z-N 整定公式,获得一组最佳的 PID 控制器参数值。

5.3 对象动特性对调节质量的影响

要正确选择和设计一个控制系统,除了需要知道被控对象的特性以外,还需要知道对象在什么情况下容易控制。控制的难易程度称为对象的控制性能。假设如图 5.3-1 所示对象的调节通道与干扰通道的动态特性都可以用一阶惯性加纯滞后来近似逼近,即可以用放大系数、惯性时间常数以及纯滞后等三个参数来近似描述如下

$$G_{\rm p}(s) = \frac{K_{\rm P}}{1+T_{\rm P}s}{\rm e}^{-\tau_{\rm p}s} \tag{5.3-1}$$

$$G_{\rm d}(s) = \frac{K_{\rm d}}{1+T_{\rm d}s}{\rm e}^{-\tau_{\rm d}s} \tag{5.3-2}$$

则我们可以通过分析对象相关通道参数的不同取值对系统控制性能的影响,来合理选择对象的调节变量。

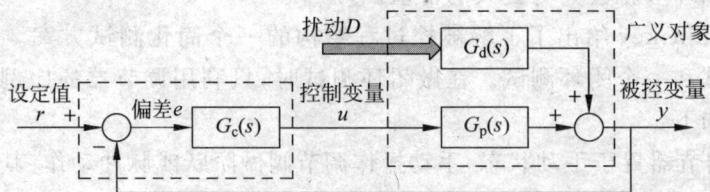

图 5.3-1 单回路控制系统的输入输出通道

5.3.1 干扰通道对象动特性对调节质量的影响

生产过程中的调节对象一般比较复杂,影响某一被调量的因素往往不止一个。

这些因素在确定调节方案之前,都是干扰量,而且都可能被选作调节量。因此,分析干扰对被调参数的影响,对选择、确定调节量就很重要了。这里,为了了解干扰对调节质量的影响,主要从干扰通道的对象动特性参数以及干扰进入系统的位置两方面来分析。

1. 干扰通道的放大系数、时间常数及纯滞后的影响

干扰通道的放大系数 K_d 影响着干扰加在系统上的幅值。若调节系统是有差系统(如比例控制),则干扰通道放大系数愈大,控制系统的静差也愈大。所以,希望干扰通道放大系数越小越好,可以使控制系统精度得到提高。

干扰通道时间常数 T_d 影响扰动作用于系统的快慢,如果干扰通道是一阶惯性环节,其时间常数为 T_d,则阶跃干扰通过惯性环节后,其对过程输出的影响将被减缓,调节器的补偿作用相对变得更加及时,因而由干扰引起的过渡过程动态分量的幅值就会减小。因此,由干扰引起的最大偏差会随着 T_d 的增大而减小,从而可改善调节质量。同理,如果干扰通道增加为两个惯性环节,其时间常数分别为 T_{d1}、T_{d2},则干扰的动态分量经过两级滤波将更大地衰减,使调节质量得到进一步的改善。

当干扰通道存在纯滞后 τ_d 时,由扰动引起的调节系统的被调参数变化为

$$y_d(t) = y(t - \tau_d) \tag{5.3-3}$$

即干扰对被控变量的影响推迟了时间 τ_d,因而,控制作用也推迟了时间 τ_d,使整个过渡过程曲线推迟了时间 τ_d。只要控制通道不存在该纯滞后,通常是不会影响控制质量的。

以上分析可以得出如下结论:干扰通道的放大系数希望越小越好,这样可使静差减小,控制精度提高;干扰通道的时间常数 T_d 的增加,可以使最大动态偏差减小,这也是我们所希望的;而干扰通道存在纯滞后 τ_d,对调节质量没有影响。

一般来说,一旦对象确定下来,对象的干扰通道参数也就确定了,对象干扰通道的参数也就很难再变。因此,如果发现某干扰量的幅值过大,就需要考虑另外增加一个调节系统来稳定该干扰量,或采取别的措施以减小干扰的幅度。

2. 干扰进入位置的影响

复杂生产过程中的干扰量往往不止一个,各个干扰量进入系统的位置也往往不同,因此,每一个干扰量至被调量通道间的传递函数也常常不一样。为了讨论方便,这里假设对象是由多个惯性环节串联组成,其间有不同的扰动发生,如图 5.3-2 所示,下面着重分析不同扰动进入位置对系统调节性能的影响。

设对象的每个串联环节都是一阶惯性环节,其传递系数均为 1,时间常数相差不多,干扰 d_1、d_2、d_3 分别在三个位置进入系统,如图 5.3-2 所示。各个干扰量相对于调节量进入系统的位置不同,系统总的输入输出关系式为

$$Y(s) = \frac{G_c G_{03} G_{02} G_{01}}{1 + G_c G_{03} G_{02} G_{01}} R(s) + \frac{G_{03} G_{02} G_{01}}{1 + G_c G_{03} G_{02} G_{01}} D_3(s)$$

$$\frac{G_{02}G_{01}}{1+G_cG_{03}G_{02}G_{01}}D_2(s)+\frac{G_{01}}{1+G_cG_{03}G_{02}G_{01}}D_1(s) \tag{5.3-4}$$

式中，$G_0(s)$ 为对象的传递函数；$G_c(s)$ 为调节器传递函数。

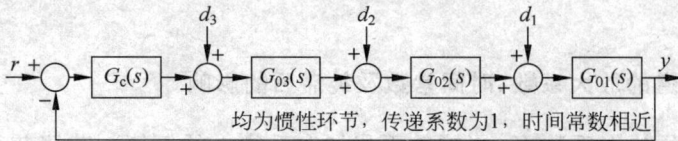

图 5.3-2　多个干扰作用在对象不同点上的调节系统方块图

作为定值调节系统，给定值 r 一般保持不变，因此，系统的运动基本上由式(5.3-4)右边第二项及其以后几项决定，它可表示为各干扰量对被调量的闭环传递函数之和。

可以看出，各干扰量对调节质量的影响是不同的，因为各个干扰通道的闭环传递函数是不同的。然而，各干扰通道闭环传递函数的分母是一样的，亦即系统的特征方程式都一样，因此，不管是哪一个干扰量，系统的稳定程度、过渡过程的衰减系数、振荡周期等都是一样的。考虑到各干扰通道闭环传递函数的分子不同，因此，最大动态偏差以及静差则有可能不同。如果调节器用了积分作用，则静差为零；若无积分作用，则存在静差。当各个惯性环节传递系数为 1 时，则静差也基本相同。因此，下面主要就干扰作用的位置对最大动态偏差的影响进行定性讨论。

假设图 5.3-2 中三个不同进入位置的干扰 d_1、d_2、d_3 分别发生阶跃变化，所引起的被调参数的开环响应曲线可分别用图 5.3-3 的 a_1、a_2、a_3 分别表示。此外为简单起见，这里控制器 $G_c(s)$ 用两位式调节器，y_x 为调节器的灵敏限，b 表示调节器所产生的反馈校正作用，在图中以反向画出。当被调参量上升到 y_x 时，信号为调节器所感受，调节器发出控制信号，被调参数在调节作用影响下沿着曲线 c 变化。由图 5.3-3比较三种情况可知，当干扰作用点的位置离测量点近，则动差大；反之，干扰离测量点远，则动差小，调节质量高。这也可以由各干扰量和被调节量通道间传递函数不同来解释，即 d_1 通道的惯性小，受干扰后被调参数变化速度快，而调节器作用的调节通道惯性大，要经过三个环节，相对扰动补偿被调参数变化的速度要慢得多，当调节作用见效时，被调参数已经变化不少了。若干扰直接从测量点进入系统，那么调节过程的超调量与没有调节时完全一样，调节器不能及时克服干扰的影响。干扰作用点向离开测量点方向移动，干扰通道的容量滞后增加，调节质量变好。从这个意义上说，如果干扰和调节作用一道进入系统，系统调节质量最好。

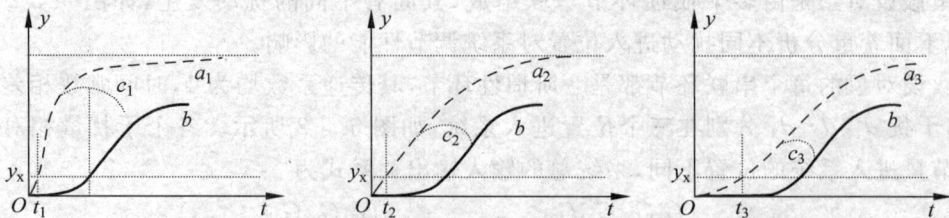

图 5.3-3　干扰由不同位置进入系统时，系统的反应曲线

事实上,我们可以借用上一小节的结论,因为我们看到,干扰由不同位置进入,所不同的只是干扰通道的传递函数,考虑到纯滞后引入干扰通道对调节质量无影响,因此只需考虑引入到干扰通道的增益以及惯性时间常数的大小。如果 G_{02}、G_{03} 的稳态增益小于 1,显然有利;至于对干扰施加更多的惯性滤波,当然是有利的。

因此,一般说来,有如下结论:干扰进入系统的位置离被调量测量点越远,干扰通道的时间常数越大,干扰的影响越小,调节质量越高。因此,在选择调节方案时,应尽力使干扰作用点向调节阀处移动。调节系统不能降低从测量点处直接进入的干扰所引起的动态误差,故应尽力避免。

5.3.2　调节通道对象动特性对调节质量的影响

对象调节通道的动态特性同样可用一阶惯性加纯滞后来近似逼近,从而只要分析对象的稳态增益、惯性时间常数以及纯滞后时间三个参数大小对系统调节性能的影响。其中,稳态增益项可借用对象的自衡特性来进行分析。

1. 对象的自衡特性与控制性能的关系

我们知道,有自衡特性的对象,当扰动作用将其内部物料或能量的平衡状态破坏后,在没有操作人员或调节器干预的情况下,能自己稳定到一个新的平衡点,因此,对象的自衡能力应有助于提高系统的控制性能。由此可以得出,自衡对象调节通道的放大系数应该适当地小一些,这样对象不仅对于输入扰动具有较强的自衡能力,而且还可以使系统具有较大的稳定裕度,有助于提高闭环回路控制器的放大系数,进而减小过程输入扰动导致的稳态误差。

大多数对象都有自衡特性,但也有一些无自衡特性的对象。对于后者,当输入或输出的平衡破坏后,被调量就一直变化下去,因此需要人为引入反馈机制,以抵御扰动的破坏作用。例如,锅炉汽包水位调节系统可以看做是没有自衡能力的对象。无自衡特性的对象控制性能就差些,而且有些调节器(如积分调节器)就不能采用,因为系统不易稳定。

2. 调节通道对象的滞后和时间常数的影响

控制器的调节作用,是通过调节通道施加于对象去影响被控变量的。所以调节通道的时间常数按理不能过大,否则会使操纵变量的校正作用迟缓、超调量大、过渡时间长。要求对象调节通道的时间常数 T_p 小一些,使之反应灵敏、控制及时,从而获得良好的控制质量。

另一方面,控制通道的物料输送或能量传递都需要一定的时间,这样造成的纯滞后 τ_p 对控制质量是有影响的。因此,纯滞后 τ_p 显然应该是越小越好。

下面举例加以说明。假设对象调节通道的动特性,可以近似地用时间常数 T_p 和纯滞后 τ_p 来表示。先看纯滞后对调节质量的影响,如图 5.3-4 所示。

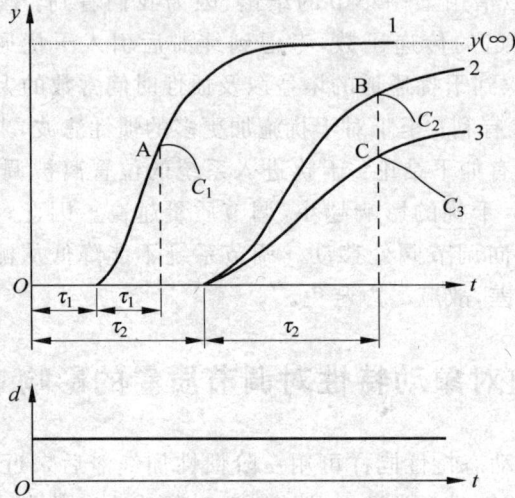

图 5.3-4　纯滞后对调节质量的影响

设曲线 1 是对象输入扰动 d 作用下的开环飞升响应曲线,由于存在着纯滞后,其输出不是立即变化,而是经过一个时间滞后 τ_1 后开始变化,逐渐趋向于稳态值 $y(\infty)$。在时间 τ_1 以内 y 的变化甚微,即实际上可以认为输入作用 d 的变化在这一段时间内尚未作用到 y 上,因此调节器是不动作的。当 $t=\tau_1$ 时,输出量 y 开始变化,假如调节器十分灵敏,没有死区,则调节器应在 $t=\tau_1$ 时开始调节动作。但调节器的作用同样需经过 τ_1 的时间后才在被调量上反映出来。此时输出量 y 已经达到 A 点,然后沿 c_1 曲线下降。因此,不论调节作用如何强烈,调节过程中的最大偏差不可能再比 A 点的 y 值更小。该值可以大致反映系统的最大动态偏差以及由此导致的调整时间的大小。

如果对象的其他参数不变,而纯滞后增大为 τ_2,如图 5.3-4 中曲线 2。和上述分析的道理一样,调节器动作后输出量要变化到 B 点后才开始沿曲线 c_2 下降。由于纯滞后增大了,所以 B 点的输出值比 A 点的要大。可见,纯滞后的存在,超调量将会增加,调节质量将会恶化。调节通道的纯滞后越大,这种质量也就越坏。

再看对象时间常数的影响。图 5.3-4 中曲线 3 纯滞后为 τ_2(与曲线 2 相同),而对象的时间常数不一样,曲线 3 时间常数大,因而曲线的斜率小,由图中可以看出,其最大偏差 C 点的 y 值要比 B 点小。

这似乎在说,调节通道对象时间常数越大越好,但仔细想来,并非如此。因为,图 5.3-4 是从惯性环节对干扰滤波的角度来看得出的结论;但是,如果从调节通道的补偿作用来看,调节通道时间常数过大,会导致操作变量的校正作用迟缓,尤其是针对其他位置进入系统的干扰。因此,一般来说,时间常数大,反应速度慢,需要较长的过渡过程时间,但过程平稳;时间常数小,反应快,过渡过程时间相应减小。时间常数过小,容易引起振荡和超调。

根据上面的分析可以看出,最大动态偏差的大小可以参照图 5.3-4,按照下面的算法进行粗略的估计。首先,假设输入、输出变量都用相对值来表示,即阀门开度用全行程的百分数表示,被调量则以相对于测量仪表全量程的百分数表示,这样便于在相同的基础上对各种被控对象进行比较。显然,对象放大系数 K_p 为无量纲数,T_p 的量纲是时间。经过一段延迟时间 τ_p 以后,被调量开始以某个速度变化,这个起始速度称为响应速度 ε。对于多容对象,可以用一阶惯性加纯滞后特性来近似逼近,则 ε 就代表过程阶跃响应拐点处的斜率(参考图 5.2-4)。根据一阶对象阶跃响应特性

$$\Delta y(t) = K_p(1 - e^{\frac{t-\tau_p}{T_p}})\Delta d, \quad t \geqslant \tau_p \tag{5.3-5}$$

根据式(5.3-5),可求得对象的响应速度为

$$\varepsilon = \frac{\mathrm{d}\Delta y(t)}{\mathrm{d}t}\bigg|_{t=\tau} = \frac{K_p}{T_p}\Delta d \tag{5.3-6}$$

显然,上升速率大小决定于对象的放大系数、惯性时间常数以及阶跃扰动输入幅度的大小。于是,对象在单位阶跃输入下的最大动态误差可近似估算为

$$\delta = \frac{K_p\tau_p}{T_p} \tag{5.3-7}$$

显然,δ 实际上是衡量对象难控程度的一个指标,这个概念是符合实际的,因为它近似描述了系统闭环调节过程中最大动差的大小,同时也与上述关于对象调节通道动特性对系统调节性能影响的结论相一致。因此,可称做对象的难控性指标,该指标直接反映了对象的难控程度。

3. 调节通道时间常数的匹配

在实际生产过程中,广义的被控过程(包括被控过程、测量元件和调节阀等)可近似看做由若干个一阶环节串联组成。例如,假设广义控制过程的传递函数为

$$G_0(s) = \frac{K}{(T_1s + 1)(T_2s + 1)(T_3s + 1)} \tag{5.3-8}$$

根据劳斯稳定判据,其相应的临界稳定增益由下式给出

$$-1 < K < 2 + \frac{T_1}{T_2} + \frac{T_2}{T_1} + \frac{T_2}{T_3} + \frac{T_3}{T_2} + \frac{T_1}{T_3} + \frac{T_3}{T_1} \geqslant 8$$

显然,当三个时间常数都相同时,使闭环系统稳定的增益具有最小上界;三个时间常数彼此相差越远,增益的稳定区间越大,系统的增益裕度也越大。因此,我们总是希望各个惯性环节的时间常数能够尽量错开。

5.3.3　调节方案的确定

通过以上调节对象的动态特性对调节质量影响的分析,可以看出:单纯由延迟构成的过程,或者是延迟环节占据主导地位的过程是很难控制的;而单容过程,尤其是具有自衡能力的单容过程则很容易控制。它们代表了两种极端的情况。

基于对象动特性对调节质量的影响,在选择调节变量的时候,主要应遵守以下原则:

（1）调节变量应是可控的，即工艺上允许调节的变量。

（2）调节变量一般应比其他干扰对被控变量的影响更加灵敏。为此，应通过合理选择操纵变量，使调节通道的对象增益相对其他扰动通道适当大、时间常数适当小（但不宜过小，否则易引起振荡）、纯滞后时间尽量小。

考虑到对象的自衡特性有利于控制，因此，调节通道对象增益越小（则控制器增益可以取得更大）越有利于控制。此外，为使其他干扰对被控变量的影响减小，应使干扰通道的放大系数尽可能小、时间常数尽可能大。

（3）在选择调节变量时，除了从自动化角度考虑外，还要考虑工艺的合理性与生产的经济性。一般说来，不宜选择生产负荷作为调节变量，因为生产负荷直接关系到产品的产量，是不宜经常波动的。另外，从经济性考虑，应尽可能地降低物料与能量的消耗。

（4）干扰进入系统的位置离被调量测量点越远，干扰通道的时间常数越大，干扰的影响小，调节质量高。因此，在选择调节方案时，应尽力使干扰作用点向调节阀处移动。调节系统不能降低从测点处直接进入的干扰所引起的动态误差，故应尽力避免。

（5）调节系统的广义对象（包括调节阀及检测仪表）常由几个惯性环节串联组成，在选择调节参数时，应尽力把几个时间常数错开，也就是其中有一个时间常数比其他的都大得多（即尽力逼近单容过程）。这样，系统允许有较大放大倍数，而仍能保证闭环系统有一定稳定裕度，从而使系统调节性能指标提高，调节时间短，偏差小。设计时应注意减小第二个、第三个时间常数，以达到上述目的。

下面以一个实际例子来说明如何确定调节方案。图 5.3-5 是喷雾式干燥设备，生产的工艺要求是将浓缩的乳液用空气干燥成乳粉，控制要求是乳粉含水量一定。具体工艺过程是，已浓缩的乳液由高位槽流下，经过滤器（两个轮换使用，以保证连续操作）去掉凝结块，然后经干燥器从喷嘴喷出。空气则由鼓风机先送至加热器加热（用蒸汽间接加热），热空气经风管至干燥器，乳液中水分即被蒸发，而乳粉则随湿空气一道送出再行分离。干燥后成品质量要求高，含水量不能波动大。干燥器出口的气体温度和产品质量有密切关系，要求维持在一定值上，因此就选作被调量。至于调节量，则需先对影响出口温度的各种扰动进行分析，从中选择合适的量作为调节量。

假设通过建模，得到对象的具体特性如下：热交换器为双容积对象，其惯性时间常数分别为：$T_1 = T_2 = 100\text{s}$。风管至干燥器的纯延迟时间为 3s；干燥器传递函数为 G_0。这里，影响出口温度的干扰主要有三类：

干扰 f_1——乳液流量、温度的变化；

干扰 f_2——热交换器散热及温度变化（旁通冷风流量）；

干扰 f_3——蒸汽温度、压力的变化。

因此，可以选择三种调节参数，组成以下三个调节方案。

方案1，取乳液流量为调节参量，达到调节温度的目的（调节阀1）；

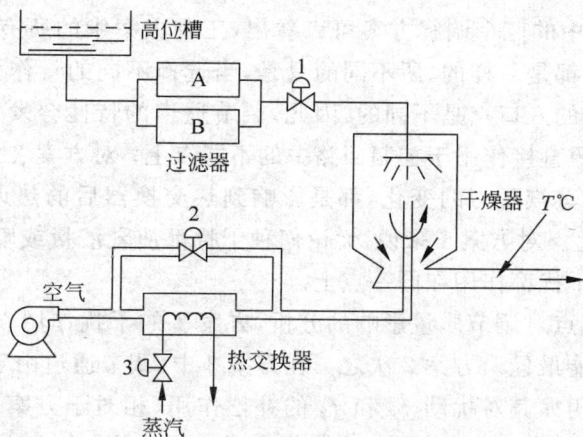

图 5.3-5　喷雾式干燥设备生产过程及调节系统示意图

方案 2,取旁通的冷风为调节参量(调节阀 2);

方案 3,取蒸汽为调节参量(调节阀 3)。

对应上述控制方案的控制系统方框图如图 5.3-6 所示,其中,G_c 为调节器,调节方案 1 中的输入扰动 x_1 为乳液流量或喷雾口热风温度的变化。在方案 2 中,调节器作用到旁管路,由于有管路的传递纯滞后存在,故较第 1 方案多一个纯滞后环节 $\tau = 3\mathrm{s}$(对本例而言)。x_2 为交换器后热风温度的变化。在方案 3 中,调节器调节热交换器的蒸汽流量,热交换器本身为一双容积对象,因而又多了两个容积。这里每个容积的时间常数 $T = 100\mathrm{s}$。x_3 为送入热交换器的蒸汽流量的变化。

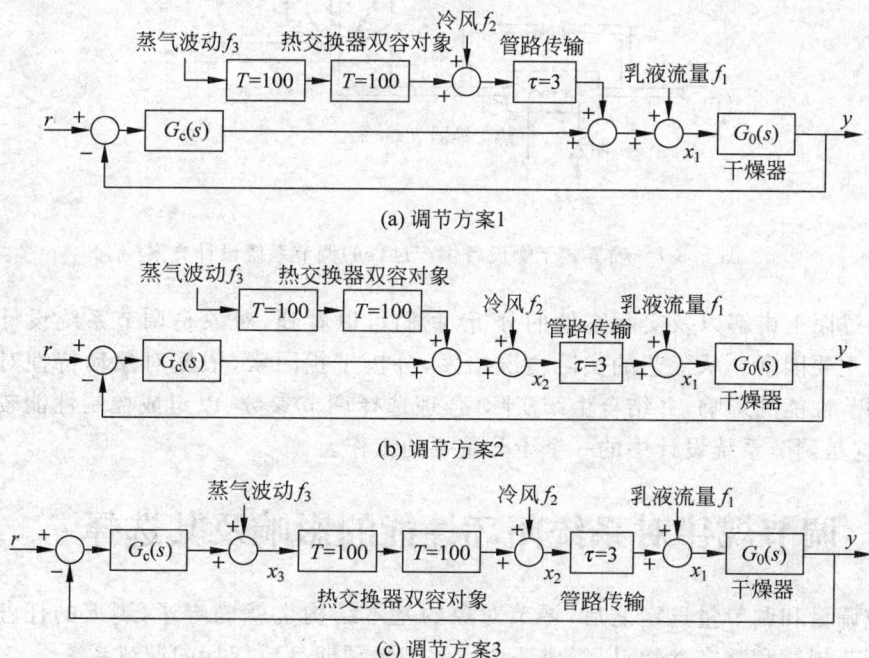

(a) 调节方案1

(b) 调节方案2

(c) 调节方案3

图 5.3-6　喷雾式干燥设备三种调节方案的方块图

对比图 5.3-6 中的三个调解方案可以看出,三种方案中的所有扰动源到被控变量之间的通道特性都是一样的,所不同的只是,当选择不同的量作为调节量时,各干扰最后作用于回路的入口点是不同的,因此,调节通道的特性会发生变化。例如,在方案 3 中,各干扰源直接作用于控制回路中的不同点上;对方案 2 来说,因为无论是鼓风温度的变化或蒸汽压力的变化,都是影响到热交换器后的热风温度。因此 f_2、f_3 作用在同一点上。对方案 1 来说,无论何种干扰都使乳液量或喷雾口热风温度发生变化,因而三个干扰都作用在同一点上。

根据干扰作用点对调节质量影响的分析,方案 1 的干扰作用点与对象的输入重合,因而其控制性能最佳。方案 2 次之。在方案 3 中,调节通道由于增加了两个惯性环节,使得调节作用尤其对扰动 f_1 和 f_2 的补偿作用(相对于方案 1 和方案 2 来说)将变得更加滞后,因而方案 3 最差。从控制品质方面考虑,应该选择方案 1,即选择乳液流量作为调节量。但是,在选择调节方案时,还得从工艺角度来考虑,方案 1 并不是最有利的。因为若以乳液量作为调节参数,则它就不可能始终在最大值上工作,也就限制了该装置的生产能力。另外在乳液管线上装了调节阀,容易使浓缩乳液结块,降低产量和质量,因此综合上述分析比较,选择如图 5.3-7 的方案 2 是比较好的。

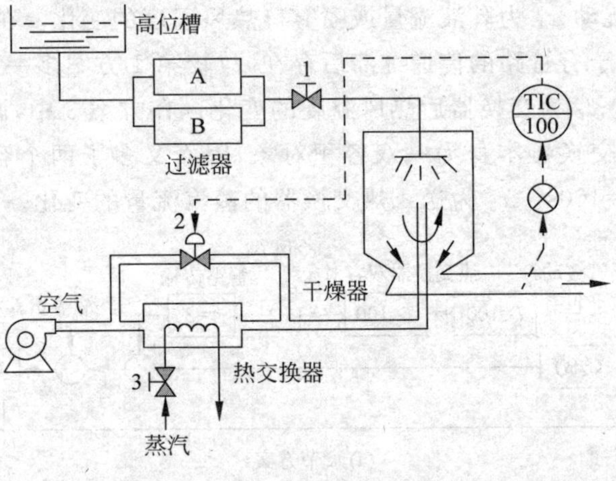

图 5.3-7 喷雾式干燥设备生产过程的调节系统设计方案

通过以上讲解以及实际案例的分析,我们可以看到,对象是调节系统设计需要考虑的主要因素。从工艺的实际情况出发,分析干扰因素,依据对象动特性对闭环系统调节性能的影响,并结合生产实际,合理选择调节参数,以组成控制性能较好的系统,这是调节系统设计中的一个十分重要的工作。

5.4 调节规律对系统闭环性能的影响及其选择

被调量和调节量选定之后,调节对象的基本结构也就确定了,剩下的任务就是选择调节规律和整定参数,以组成一个能够满足预期品质指标的调节系统。

人们在实践中发现,系统的动态过程不外乎振荡的衰减和单调的衰减两种情况,单调衰减过程可以看成是振荡衰减过程的一个特例。而且,一个闭环调节系统的动态过程和一个二阶振荡环节很相似;反过来,二阶振荡环节的过渡过程与频率特性之间的联系也近似地适用于一个闭环调节系统,尤其是在低、中频段很相似,仅高频段差别大,这在过渡过程上反映为过程刚开始一个短暂阶段有些差别而已。所以,分析 PID 调节规律对系统的动态调节性能的影响可以用一个二阶系统来近似代替。

回想第 4 章引入 PID 算法时,主要是从时域上说明引入"积分"的目的主要是消除稳态误差,但其对闭环动态性能的影响还没有详细分析;同时,说明引入"微分"动作的目的主要是控制器可以基于未来 T_d 时刻后可能出现的误差进行调节,但其对闭环调节性能的影响也未给出证明。此外,它们也并不是针对所有不同类型的过程都是有利的。为此,下面将就不同调节规律对系统闭环调节性能的影响以及它们的适用范围、参数整定方法等进行必要的讲解。

下面,首先以二阶对象为例,定量分析比例(P)控制对系统闭环调节性能指标(稳定性、准确性与快速性)的影响;然后,引入描述对象可调节性能的可控性指标。在此基础上,可以进一步分析,引入积分(I)与微分(D)动作如何影响对象的可控性能,从而归纳出不同调节规律对系统闭环性能的影响。

5.4.1　比例调节规律对系统动特性的影响

我们首先以图 5.4-1 所示双容对象的比例调节为例来说明比例调节规律对系统各项性能指标的影响。然后,再以比例调节系统为参考,分别说明引入积分、微分会如何进一步影响闭环调节性能。

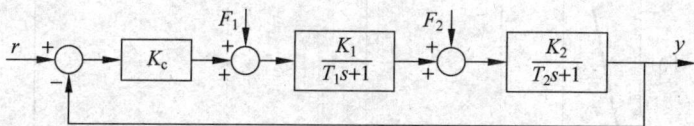

图 5.4-1　双容对象的比例调节

首先我们研究在扰动 F_1 作用下,系统的闭环响应特性。为此,可写出系统对扰动 F_1 的闭环传递函数为

$$\frac{Y(s)}{F_1(s)} = \frac{K_1 K_2}{(T_1 s + 1)(T_2 s + 1) + K_c K_1 K_2} = \frac{K_1 K_2}{1 + K}\left[\frac{1}{\dfrac{T_1 T_2}{1 + K}s^2 + \dfrac{T_1 + T_2}{1 + K}s + 1}\right]$$

(5.4-1)

式中,K_c 为控制器的比例增益;$K = K_c K_1 K_2$ 为开环系统放大系数。为了将上式化为标准形式,引入如下参数

$$\omega_0 = \sqrt{\frac{1 + K}{T_1 T_2}}$$

(5.4-2)

$$\zeta = \frac{T_1 + T_2}{2\sqrt{T_1 T_2 (K+1)}} \qquad (5.4-3)$$

式中,ω_0 为二阶系统的自然频率;ζ 为系统的阻尼系数。于是,闭环传递函数为

$$\frac{Y(s)}{F_1(s)} = \frac{K_1 K_2}{1+K} \cdot \frac{\omega_0^2}{s^2 + 2\zeta\omega_0 s + \omega_0^2} \qquad (5.4-4)$$

至此,我们可以研究系统在扰动 F_1 作用下,系统的过渡过程,从中可以得出某些工程实践上的重要关系和结论。首先,闭环系统特征方程的根为

$$S_{1,2} = -\zeta\omega_0 \pm j\sqrt{1-\zeta^2}\,\omega_0 \qquad (5.4-5)$$

当 $\zeta < 1$ 时,在单位阶跃扰动 F_1 作用下,系统输出为

$$y(t) = \frac{K_1 K_2}{1+K}\left[1 - \frac{e^{-\zeta\omega_0 t}}{\sqrt{1-\zeta^2}}\sin(\sqrt{1-\zeta^2}\,\omega_0 t + \phi)\right] \qquad (5.4-6)$$

式中,$\phi = \arctan\dfrac{\sqrt{1-\zeta^2}}{\zeta}$。

图 5.4-2 是式(5.4-6)描述的过渡过程曲线。由此,我们可以得出以下几个指标和系统参数的关系。

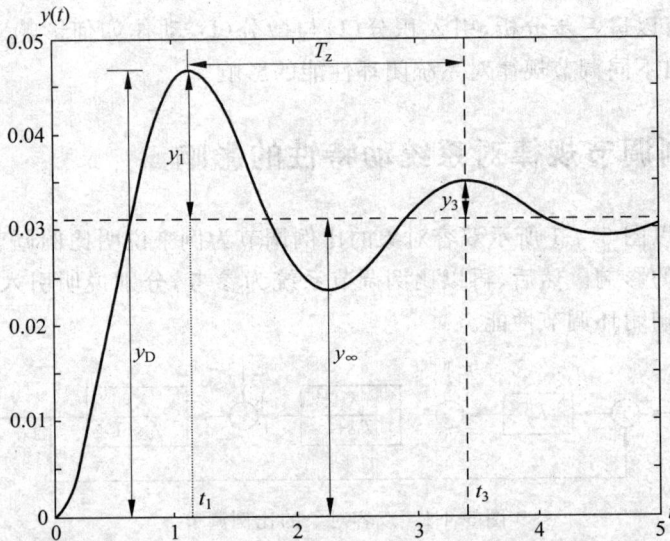

图 5.4-2   二阶系统过渡过程曲线($K=31, K_1 = K_2 = 1, T_1 = 4, T_2 = 1$)

(1)稳态误差

$$y(\infty) = y_\infty = \frac{K_1 K_2}{1+K} = \frac{K_1 K_2}{1 + K_c K_1 K_2} \qquad (5.4-7)$$

(2)过渡过程振荡频率

$$\omega_z = \omega_0\sqrt{1-\zeta^2} \qquad (5.4-8)$$

对应振荡周期

$$T_z = \frac{2\pi}{\omega_z} = \frac{2\pi}{\omega_0\sqrt{1-\zeta^2}} \qquad (5.4-9)$$

（3）超调度。过渡过程的超调度可以从式（5.4-6）算出来。根据该式的分析以及图 5.4-2 可以看出，波动过程的第一个波峰 y_D 出现在阶跃干扰开始后再经过半个波动周期的 t_1 时刻，即

$$t_1 = 0.5T_z = \frac{\pi}{\omega_0\sqrt{1-\zeta^2}} \tag{5.4-10}$$

将 t_1 代入式（5.4-6），可得到第一个波峰高度为

$$y_D = y(t_1) = \frac{K_1K_2}{1+K}\left(1 + e^{\frac{-\pi\zeta}{\sqrt{1-\zeta^2}}}\right) \tag{5.4-11}$$

因此，超调度为

$$M_t = \frac{y_D}{y_\infty} = 1 + e^{\frac{-\pi\zeta}{\sqrt{1-\zeta^2}}} \tag{5.4-12}$$

当 $\zeta \to 0$ 时，M_t 达到最大值 2，也就是说，系统的最大动态误差逼近其稳态值的一倍。

（4）衰减率。衰减率的定义可参考图 5.4-2 所示，为 $\psi = \dfrac{y_1 - y_3}{y_1}$。第二个波峰比第一个波峰要迟一个振荡周期，于是第二个波峰时间 t_3 为

$$t_3 = t_1 + T_z = \frac{3\pi}{\omega_0\sqrt{1-\zeta^2}} \tag{5.4-13}$$

将上式代入式（5.4-6）可得到第二个波峰高度为

$$y(t_3) = \frac{K_1K_2}{1+K}\left(1 + e^{\frac{-3\pi\zeta}{\sqrt{1-\zeta^2}}}\right)$$

于是，根据 $y(t_1)$ 与 $y(t_3)$ 可得到输出围绕稳态误差的波动幅度 y_1 和 y_3 分别为

$$y_1 = \frac{K_1K_2}{1+K}e^{\frac{-\pi\zeta}{\sqrt{1-\zeta^2}}}, \quad y_3 = \frac{K_1K_2}{1+K}e^{\frac{-3\pi\zeta}{\sqrt{1-\zeta^2}}} \tag{5.4-14}$$

由此，可得到衰减比 ξ 为

$$\xi = \frac{y_3}{y_1} = 1 - \psi = e^{\frac{-2\pi\zeta}{\sqrt{1-\zeta^2}}} \tag{5.4-15}$$

衰减率 ψ 为

$$\psi = 1 - \xi = 1 - e^{\frac{2\pi\zeta}{\sqrt{1-\zeta^2}}} \tag{5.4-16}$$

（5）共振比（闭环系统最大动态增益即闭环谐振峰值与直流增益之比）

$$M_\omega = \frac{1}{2\zeta\sqrt{1-\zeta^2}} \tag{5.4-17}$$

其中，谐振频率（对应谐振峰值的频率）

$$\omega_r = \omega_0\sqrt{1-2\zeta^2} \tag{5.4-18}$$

对比以上各参数可以看出，阻尼系数是二阶系统的重要参数，M_t、M_ω、ψ 及 ξ 都是阻尼系数 ζ 的单值函数。上述 5 个指标中，只有 3 个指标是独立的，而 M_t、M_ω、ψ 及 ξ 中任意一个定了，其他三个就定了。当 ζ 在 0～0.5 之间变化时，可以绘出 M_t、M_ω 及 ψ 的曲线如图 5.4-3 所示。上述关系是十分重要的，它定量地揭示出了二阶系统过渡过程与其参数之间的联系，而这种联系同样近似地适用于一般闭环系统。

超调度　衰减率　　　　　　　　　　　　　　　　　　　　　共振比　M_ω

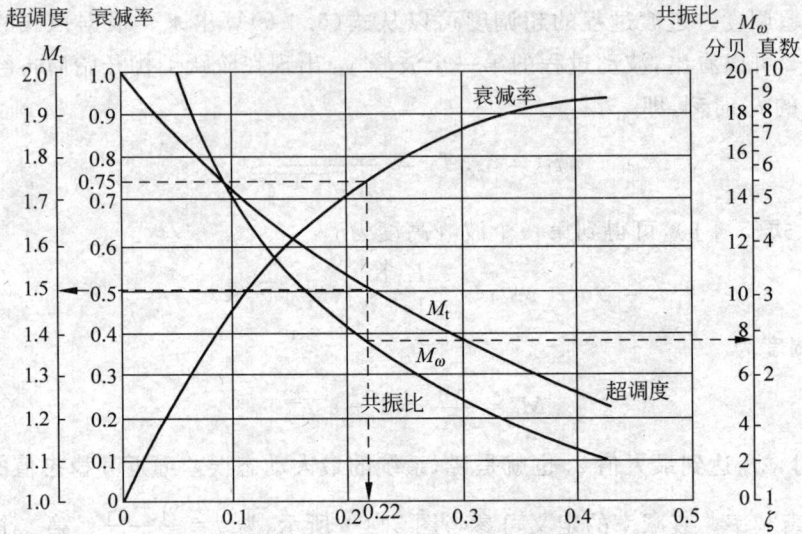

图 5.4-3　二阶系统阻尼系数 ζ 和 M_t、M_ω、ψ 之间的关系曲线

衰减率 ψ 直接反映了系统的相对稳定性,一般取 $\psi=0.75\sim0.9$。衰减率 ψ 决定于阻尼系数 ζ。根据式(5.4-3)可以看出,阻尼系数 ζ 与对象的惯性时间常数和开环放大系数 K 有关。并且,双容对象的两个时间常数相差越大,阻尼系数越大,系统的稳定裕度越大;当其相等时,阻尼系数与时间常数无关。在对象时间常数一定的情况下,阻尼系数 ζ 的大小主要随系统开环放大系数 K 而变。因此,为了保持系统的相对稳定性不变,如果对象的稳态增益变大,则控制器比例增益就得相应减小;如果对象稳态增益变小,则控制器比例增益就可以取大。这一结论在对象增益是时变的增益自适应控制系统中非常有用。

当控制对象确定了以后,系统中能调的就只有调节器的比例增益 K_c 了。图 5.4-4 给出了当对象参数一定($K_1=K_2=1$,$T_1=4s$,$T_2=1s$),调节器比例增益取不同值时,图 5.4-1 所示系统对单位阶跃扰动 F_1 的响应曲线。可以看出,在扰动 F_1 作用下,过渡过程稳态终值就是扰动引起的稳态误差,比例增益越大,稳态误差越小。另外,最大动态误差与稳态误差之比,即超调度 M_t 都不超过 2。

下面归纳一下调节器放大系数的大小对二阶对象闭环调节性能的影响。

当增大放大系数 K_c 时,将使:

(1) 系统稳定性下降。根据式(5.4-3),K_c 增大也就是使 K 增大,阻尼系数 ζ 值将减小,衰减系数 ψ 亦将随之下降,因而系统的振荡加剧。

(2) 调节过程加快。由式(5.4-3)和式(5.4-8)表明,K_c 增大导致阻尼系数降低,自然振荡频率 ω_0 增大,过渡过程振荡频率 ω_z 将随 K_c 的增加而升高,所以,调节过程加快了。

(3) 系统的稳态误差减小,最大动态误差减小。根据式(5.4-7),K_c 增大则由输入扰动引起的稳态误差 $y(\infty)$ 随之降低。同时,由于调节器的补偿作用加快,使得动态误差也相应地降低。

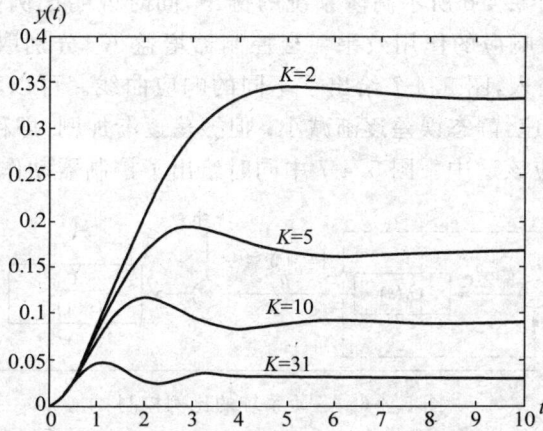

图 5.4-4　取不同比例增益 K_c 时,单位阶跃扰动 F_1 作用下系统的过渡过程曲线

$(K_1 = K_2 = 1, T_1 = 4s, T_2 = 1s)$

　　综上所述:增大调节器的放大倍数,在一定程度上可提高系统的准确度,减小偏差,使调节过程加快,但过大的增益会降低系统的稳定性。

　　下面来分析单位阶跃扰动 F_2 作用下,系统的过渡过程响应特性。图 5.4-5 给出了在 $K_1 = K_2 = 1, T_1 = 4s, T_2 = 1s$ 时,不同比例增益 K_c 取值时,系统的闭环响应曲线。可以看出,扰动 F_2 作用位置相对扰动 F_1 以及调节作用 u 更加靠近输出 y,因此动态误差相对要更大些,尤其是超调度可能远大于 2。

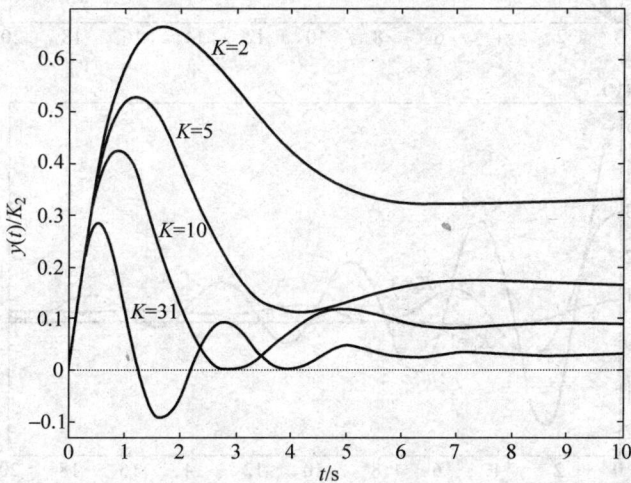

图 5.4-5　取不同比例增益 K_c 时,单位阶跃扰动 F_2 作用下系统的过渡过程曲线

$(K_1 = K_2 = 1, T_1 = 4s, T_2 = 1s)$

　　以上对单纯比例调节的二阶系统作了初步分析,阐明了调节器的参数对系统性能的影响,所得结果很直观。它包含了我们所需要的信息,而且由此引出的基本概念和数据,可以推广到更加复杂的调节系统中去。

下面再举一个图 5.4-6 所示高阶系统的例子,同时说明比例控制器参数对系统设定值单位阶跃输入响应的作用效果。当控制器增益 K_c 分别取值为 1、3、5 时,对于设定值单位阶跃输入,图 5.4-7 给出了不同的响应曲线。可以看出系统响应速率随增益 K_c 增大而加速,静态误差逐渐减小;但振荡逐渐加剧,即稳定性会逐渐恶化。因此,增益 K_c 取值应该适中。图 5.4-7 中同时给出了控制器动作曲线。

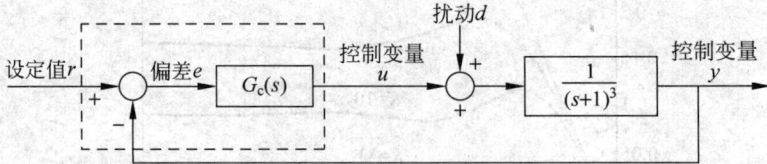

图 5.4-6　三阶系统的比例控制

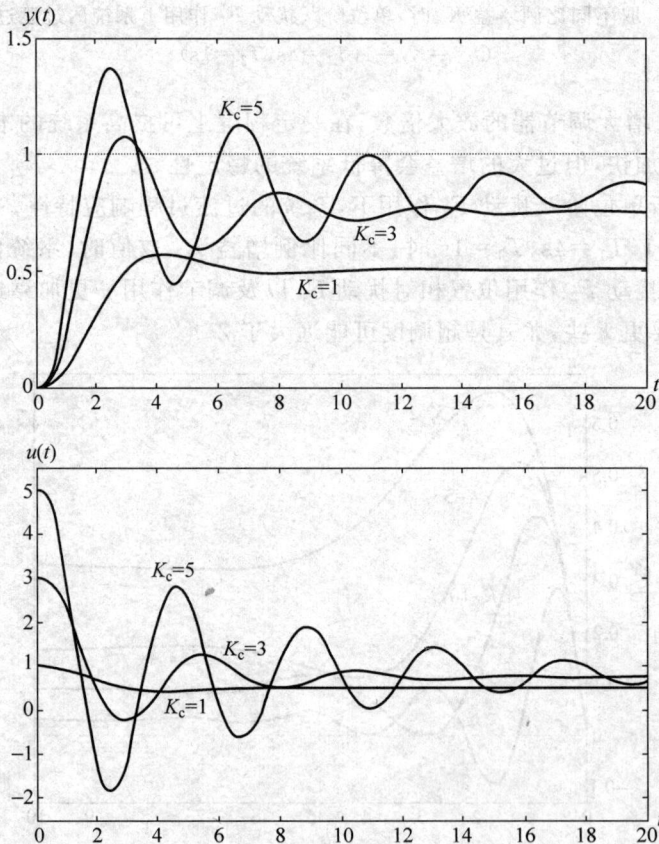

图 5.4-7　比例控制器参数对系统设定值单位阶跃输入响应的作用效果

5.4.2　系统调节性能指标(又称可控性指标)

我们知道,实际调节对象往往要比简化的二阶系统复杂得多,而调节规律也不一定是简单的比例调节,更多地是采用比例、积分、微分等几种调节规律的组合,此时,若还用以上方法分析更复杂调节规律对系统动态品质的影响比较困难,为此,可以以"比例调节系统"为基准,借助于系统中容易获得的某些数据,确定一个判定系统调节性能的基本准则,用它来衡量在比例控制的基础上再引入积分、微分等调节规律对系统性能的影响,将使这项工作大为简化。

下面,以比例调节系统为基础,建立衡量系统控制性能的可控性指标。

首先,衡量调节过程的好坏可以从稳定性、准确性和快速性三个方面来衡量,它们可以分别用四个指标,即衰减率 ψ、稳态误差 y_∞ 和最大动差 y_D、工作频率 ω_z 来描述。工业上认为衰减率 ψ 是一定要保证的。对于典型最佳调节过程一般确定 $\psi = 0.75$ 左右,在此前提下,系统调节过程的好坏主要看 y_∞、y_D 和 ω_z,而在对象参数一定的情况下,$y_\infty \propto K_c^{-1}$。此外,$\psi$ 确定后,阻尼系数 ζ 就确定了,于是超调度 M_t 也就确定了(参考图 5.4-3),因此有

$$y_D = M_t y_\infty = 1.5 y_\infty \propto K_c^{-1} \tag{5.4-19}$$

于是,系统调节的准确性主要决定于比例增益 K_c。此外,调节过程的快慢与波动频率 ω_z 成正比。由此看来,调节过程进行的情况主要决定于 K_c 和 ω_z 这两个参数的大小:K_c 愈大,偏差越小,而 ω_z 愈大,则过渡过程进行得越快。

其次,对同一个调节对象,如果采用不同的调节规律,在最佳整定情况下的 K_c 和 ω_z 的大小当然也会不同,但每种情况下,它们的大小都主要决定于该系统的临界调节器比例增益 K_{cmax} 和临界频率 ω_m,即该系统处于稳定边界情况下的调节器放大倍数和振荡频率。同时,人们在实践中发现,只要调节系统的参数选配得当,对控制作用或加在对象输入端的扰动作用的响应,类似于弱阻尼二阶系统,其振荡频率 ω_z 比临界频率 ω_m 低 $10\% \sim 30\%$,而系统的最佳调节器增益 K_c 约等于其临界增益 K_{cmax} 的一半。例如,对于 PI 调节来说

$$K_c \approx 0.5 K_{cmax}, \quad \omega_z \approx (0.7 \sim 0.9) \omega_m \tag{5.4-20}$$

因此,在粗略的估算中,我们可以用乘积 $K_{cmax} \omega_m$ 作为系统的调节性能指标(又称可控性指标),也就是说,在衰减率一定(0.75 或更高)的条件下,不论是 K_{cmax} 还是 ω_m 增大一倍,都可算作系统的调节性能提高了一倍。

最后,我们知道,调节器的最佳整定参数应该决定于对象的特性和参数。而 K_{cmax} 和 ω_m 这两个数值恰恰如实地反映了对象的特性。下面给出具体的证明。

如果已知对象的传递函数为 $G_0(s)$,控制器为 $G_c(s)$,则可根据闭环系统达到临界稳定的幅值条件与相角条件,即

$$\angle G_c(j\omega_m) + \angle G_0(j\omega_m) = -180° \tag{5.4-21}$$

$$|G_c(j\omega_m) \cdot G_0(j\omega_m)| = 1 \tag{5.4-22}$$

求得 K_{cmax} 与 ω_m。特殊地,在纯比例调节的情况下,K_{cmax} 与 ω_m 满足如下两式

$$\angle G_0(j\omega_m) = -180° \tag{5.4-23}$$

$$|K_{cmax} \cdot G_0(j\omega_m)| = 1, \quad \text{或者} \quad |G_0(j\omega_m)| = 1/K_{cmax} \tag{5.4-24}$$

此时,系统的可控性指标 $K_{cmax} \omega_m$ 实际上就反映了对象传递函数的极坐标图与负实

轴的交点处的频率与动态增益的大小,是对象(频域)特性的集中反映,如图 5.4-8 所示。事实上,后面将要介绍的 PID 控制器参数的最经典的整定方法——临界比例度法整定公式就是基于 K_{cmax} 和 ω_m 来计算最佳 PID 参数的。因此,系统的可控性指标实际上反映了对象的可控性能,因此,也可作为衡量对象的"可控性"指标来使用。

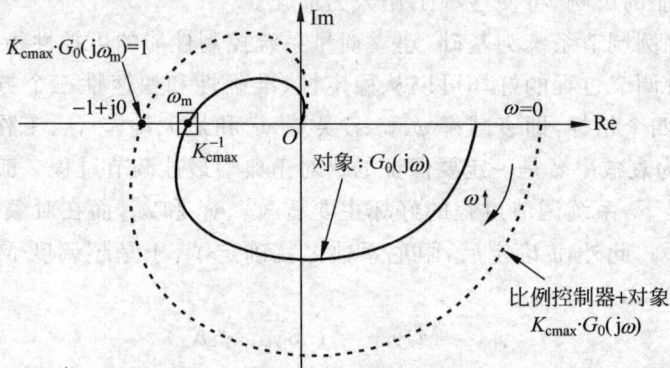

图 5.4-8 调节性能指标(K_{cmax} 与 ω_m)在对象极坐标图上的解释

不仅如此,$K_{cmax}\omega_m$ 作为调节性能指标,实质上与调节过程的误差绝对值积分(IAE)指标 $\int |e(t)| \, dt$ 最小也是一致的,只是可控性指标用于工程实践上更为简便。

可控性指标($K_{cmax}\omega_m$)与 IAE 最小指标的一致性,可用图 5.4-9 加以说明。图中半波 A 的面积正比于波幅除以振荡频率,半波面积 B 与半波面积 A 之比,等于它们的波幅比。当衰减比为一定值(如 1/4)时,其相临两正半波的面积比也就确定了。这样一来,误差绝对值的积分便与第一个正半波的面积成正比,也就是正比于第一个正半波的波幅与振荡频率之商。如前所述,第一个正半波的波幅是与比例增益 K_c 成反比,以及考虑 K_c、ω_z 与 K_{cmax}、ω_m 的近似比例关系,最后可得出结论:误差绝对值对时间的积分,与开环系统的临界控制器比例增益 K_{cmax} 和临界频率 ω_m 之积成反比。

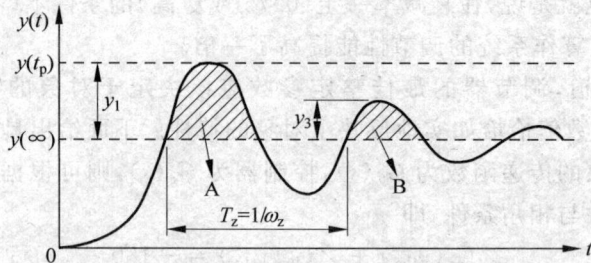

图 5.4-9 调节性能指标($K_{cmax}\omega_m$)与 IAE $= \int |e(t)| \, dt$ 指标的对比

下面就以系统的临界控制器比例增益 K_{cmax} 与临界频率 ω_m 的乘积作为系统的调节性能指标,来衡量在比例控制器的基础上分别引入积分与微分动作对系统性能的影响。

5.4.3　比例积分(PI)调节器对系统动特性的影响

对象在比例控制下,其调节性能可用可控性指标来衡量。为了改善系统的稳态性能,我们可以进一步引入积分动作,即采用比例积分调节规律,其传递函数为

$$G_c(s) = K_c\left(1 + \frac{1}{T_i s}\right) \tag{5.4-25}$$

此时,我们可以将系统看做是对象为 $G_c'(s)G_0(s)$ 的比例控制系统,其中 $G_c'(s)$ 定义为

$$G_c'(s) = 1 + \frac{1}{T_i s} \tag{5.4-26}$$

传递函数项 $G_c'(s)$ 可以看做是针对"被控对象"的一个修正,目的是用来改善系统某一方面的性能。因此,仍可当作比例控制来计算系统的可控性指标,以评估引入积分动作后系统调节性能的变化情况。

为此,在式(5.4-25)中,令 $s = j\omega$ 可得到 PI 控制器的频率特性

$$G_c(j\omega) = K_c\left(1 + \frac{1}{j\omega T_i}\right) = K_c - j\frac{K_c}{\omega T_i} \tag{5.4-27}$$

于是,其幅频特性与相频特性分别为

$$A_c(\omega) = |G_c(j\omega)| = K_c\left(1 + \frac{1}{\omega^2 T_i^2}\right)^{1/2} \tag{5.4-28}$$

$$\varphi_c(\omega) = \angle G_c(j\omega) = -\arctan\left(\frac{1}{\omega T_i}\right) \tag{5.4-29}$$

其矢量图如图 5.4-10 所示。根据以上两式可以看出,在比例增益不变的条件下,引入积分将会引入另一频率分量,会引起相位滞后,幅频特性曲线上移,尤其在低频段作用更加明显,在高频段作用微弱。

下面我们来分析引入积分项后,对系统可控性指标的影响。显然,系统临界振荡时的调节器比例增益 K_{cmax} 和临界频率 ω_m 满足以下两式

图 5.4-10　PI 调节器的矢量图

$$\angle G_c(j\omega_m) + \angle G_0(j\omega_m) = -180° \tag{5.4-30}$$

$$|K_{cmax}G_c'(j\omega_m)G_0(j\omega_m)| = 1 \tag{5.4-31}$$

求解以上两式,可得到系统的可控性指标。

根据式(5.4-28)可以看出,$A_c(\omega)$ 总是大于 1 的,特别是当 $\omega \to 0$ 时,比例积分调节器传递函数的模将为 ∞,这便是积分作用能够消除稳态偏差的原因。根据式(5.4-29)可知,积分将在系统中引入一滞后相位,而为了满足式(5.4-30),$G_0(j\omega)$ 的容许滞后相位就得相应地减少。一般来说,对象 $G_0(j\omega)$ 的滞后相位随 ω 的升高而增加,而其幅值则不断减小。因此,$G_0(j\omega)$ 的容许滞后相位减小就意味着系统的临界频率 ω_m 将下降,进而 $|G_c'(j\omega_m) \cdot G_0(j\omega_m)|$ 会增大,此时,为了满足式(5.4-31),临界比例增益 K_{cmax} 就得相应地减小。综上所述,由于积分作用引入滞后相位的关系,最终将导致

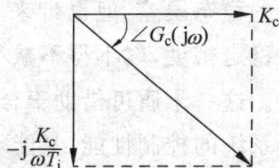

ω_m 和 K_{cmax} 减小,即系统的控制性能降低。

　　积分作用对系统调节性能的影响也可以用开环传递函数的极坐标图来进行描述。假设进行比例控制的开环传递函数的奈奎斯特曲线为图 5.4-11 中实线所示;引入积分项后,奈奎斯特曲线为图中虚线所示,这里假设比例增益保持不变。由图 5.4-11 可以看出,引入积分项后,临界频率 ω_m 将下降,而系统的增益裕度会降低,因此系统的调节性能必然降低。

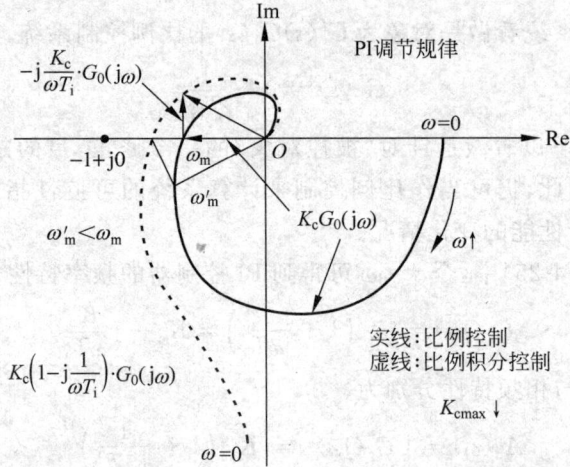

图 5.4-11　描述 PI 调节器对系统调节性能影响的极坐标图

　　从上面的分析可以看出,引入积分作用的初衷主要是为了消除比例调节中系统存在的稳态误差,但也带来了降低系统稳定性的不良后果。当然,为使系统保持一定的稳定裕度,就不得不减小调节器的放大系数 K_c,这会导致系统的动差增大,调节变慢。这一矛盾可借助于合理选择积分时间 T_i 来解决。T_i 的选择,应以既不显著降低系统的控制性能,又能较快地消除静差为原则。

　　对于各式各样的具体对象,有很多人做过准确的计算,得到的结果是

$$T_i = (0.3 \sim 6)T_m \tag{5.4-32}$$

其中,T_m 是系统只加比例作用时的临界振荡周期。这个式子表明,T_i/T_m 的最佳比值,视具体的调节对象而定,其变化范围很广。但其中最佳比值偏离 1 较远的,都属于对象动态特性比较特殊的情况。例如,对象的纯滞后特别大时,积分时间常数的取值就要偏大些;而当多容对象的两个较大的时间常数比较接近而与第三个时间常数相差很远时,积分时间常数就可取得足够小。

　　对于一般的调节对象,T_i/T_m 的最佳比值大致在 0.8~2 这个范围内,即

$$T_i = (0.8 \sim 2)T_m \tag{5.4-33}$$

　　考虑到积分时间的改变对于误差绝对值积分 $\int |e(t)| \, dt$ 的最小值的影响不很敏感。所以通常的规则是使积分时间等于临界周期,即

$$T_i = T_m = \frac{2\pi}{\omega_m} \tag{5.4-34}$$

在这种情况下,积分环节导致的相位滞后就是

$$\phi = -\arctan \frac{1}{\omega_m T_i} = -9° \tag{5.4-35}$$

所以,在估算过渡过程时,先取 $T_i = T_m$,再根据衰减率 ψ 的要求确定调节器的放大倍数 K_c。在一般情况下,可以认为此时过渡过程接近最佳。这时积分作用在原临界频率处产生的滞后相位为 9°,或 180° 的 5%。对于大多数生产过程而言,由调节器产生的这一额外滞后相位,将使临界频率和临界放大系数降低仅 10%~20%。若采用较大的积分时间,比如 $(3\sim10)T_m$,则积分作用对系统的调节性能指标的影响很小,却使负载变化引起的残余偏差消失得很慢;而用一个很小的积分时间,如 $(0.1\sim0.3)T_m$,又将使调节器的滞后相位很大,以致调节性能指标显著降低。

图 5.4-12 给出了某三阶对象在 PI 控制下,取比例增益为恒定值时,取不同积分时间常数,系统设定值阶跃输入条件下的闭环响应特性。从中可以看出,积分可以消除稳态误差,并且,随着 T_i 从最大逐渐减小,消除静差的速率会逐渐加快,直到如式(5.4-33)所示的适中位置达到最佳值。但随着 T_i 进一步减小,系统的振荡幅度会逐渐增大,导致动态误差以及振荡周期逐渐增大,因此系统的调节性能又会逐步恶化。因此,积分时间常数 T_i 的大小要结合对象的特性认真选取。

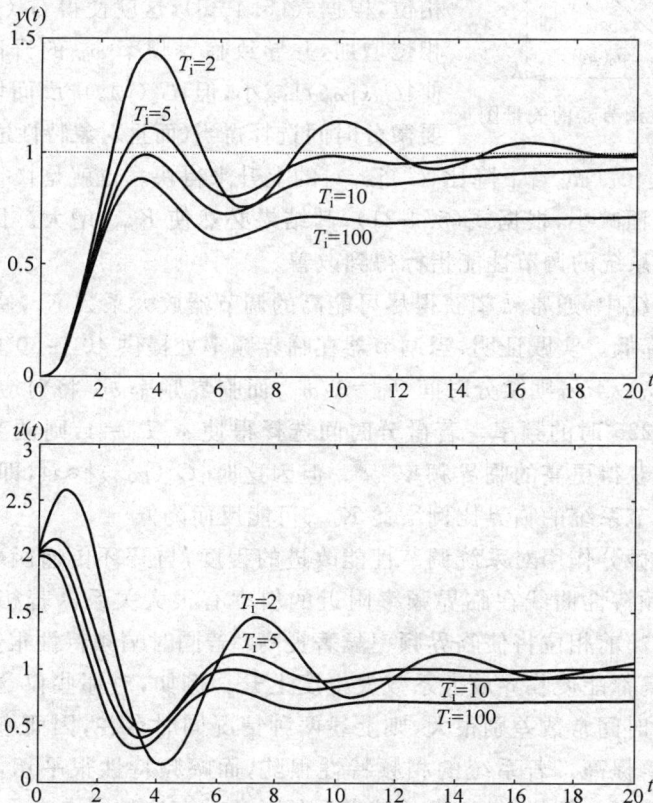

图 5.4-12 PI 调节器对系统调节性能的影响

5.4.4　比例微分(PD)调节器对系统动特性的影响

为了改善系统的动态性能,我们可以在比例控制的基础上引入微分动作,即采用比例微分调节规律,其传递函数为

$$G_c(s) = K_c(1 + T_d s) \qquad (5.4\text{-}36)$$

此时,我们可以将系统看做是对象为 $G'_c(s)G_0(s)$ 的比例控制系统,其中 $G'_c(s)$ 定义为

$$G'_c(s) = 1 + T_d s \qquad (5.4\text{-}37)$$

同样地,传递函数项 $G'_c(s)$ 可以看做是被控过程的一个校正环节。为此,可按照比例控制来计算系统的可控性指标,以评估引入微分动作后系统调节性能的好坏。

为此,在式(5.4-36)中,令 $s = j\omega$,可得到 PD 控制器的频率特性

$$G_c(j\omega) = K_c(1 + j\omega T_d) = K_c + K_c \cdot j\omega T_d \qquad (5.4\text{-}38)$$

其幅频特性与相频特性分别为

$$A_c(\omega) = |G_c(j\omega)| = K_c(1 + \omega^2 T_d^2)^{1/2} \qquad (5.4\text{-}39)$$

$$\phi_c(\omega) = \angle G_c(j\omega) = \arctan(\omega T_d) \qquad (5.4\text{-}40)$$

其矢量图如图 5.4-13 所示。

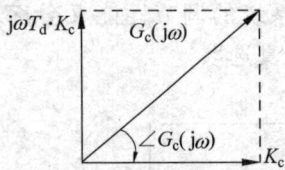

图 5.4-13　PD 调节器的矢量图

引进微分作用的结果,使调节器产生一个超前相位,根据式(5.4-30),这就使得 $G_0(j\omega)$ 的容许滞后相位增加,并导致临界频率 ω_m 的升高。ω_m 的增高使 $|G_0(j\omega_m)|$ 减小,但 $|G'_c(j\omega_m)|$ 反而增加。然而,只要微分时间选择得当(而且对象特性适合于采用微分动作),就可能使 $|G_0(j\omega_m)|$ 下降比 $|G'_c(j\omega_m)|$ 的上升来得快。也就是 $|G'_c(j\omega_m)G_0(j\omega_m)|$ 将随 ω_m 的增高而减小,根据式(5.4-31),其结果必然使 K_{cmax} 增大。因此,微分作用使用得当,会使系统的调节性能指标得到改善。

PD 调节系统中,通常希望获得尽可能高的调节器放大系数 K_c,使由负载变化引起的静态误差降低。实践证明,当调节器在临界频率处提供 $40° \sim 60°$ 的超前相位,一般是 $\arctan \omega_m T_d = 45°$,则微分时间 $T_d = 1/\omega_m$,而临界频率 ω_m 将对应于对象滞后相位 $180° + 45° = 225°$ 时的频率。若微分时间选择得使 $\omega_m T_d = 4$,则调节器将提供 $76°$ 的超前相位,并获得更高的临界频率 ω_m。但因这时 $|G'_c(j\omega_m)| \approx 4$,即较纯比例调节时大 4 倍,故调节系统的临界比例增益 K_{cmax} 可能反而降低。

应当指出,微分作用对系统调节性能改进的程度,与开环传递函数的 Bode 图中幅频特性和相频特性曲线在临界频率附近的斜率有很大关系。若相频特性比较平坦,则调节器的超前相位将使临界频率显著提高;若同时幅频特性很陡,则甚至临界频率的少量增高都能使临界放大系数大幅度上升。例如,对那些仅含有若干个单容环节的对象,如时间常数差别很大,则上述两种情况同时存在,因而微分作用能使调节性能指标显著提高。若系统的相频特性很陡,而幅频特性很平坦,这时微分作用的效果就不显著了。例如,具有大的纯滞后的对象就有这种特点。

最后还应指出,以上分析都使用了调节性能指标作对比,而调节性能指标 K_{cmax} ω_m 作为对系统质量完整分析、比较是有条件的。它基本上适用于扰动作用在调节对象输入端的系统,或扰动作用点到对象输出端之间所谓"前向传递函数"内包含了广义对象中最大的时间常数的系统(这种闭环系统零点的影响不显著),因为调节性能指标 $K_{cmax}\omega_m$ 只是取决于闭环系统传递函数的极点分布情况。因为特征方程决定了系统的稳定性和工作频率,若增加闭环系统零点,由于幅值稳定裕度不变,则相同衰减比下的 $K_{cmax}\omega_m$ 值仍将不变。但是增加闭环零点将会引起最大偏差明显增加,正如在 5.4.1 节研究图 5.4-1 所示的系统,F_1 与 F_2 扰动作用点不同,对系统的超调度 M_t 影响是不一样的。F_2 扰动作用下 M_t 可远大于 2,因这时系统引入了零点,系统最大偏差明显增大,这时再用调节性能指标做比较就不适宜了。

5.4.5　比例积分微分(PID)调节器

为了既能够改善系统的动态特性,又同时使静差消除,可以考虑同时引入比例、积分和微分作用,其传递函数为

$$G_c(s) = K_c\left(1 + \frac{1}{T_i s} + T_d s\right) \tag{5.4-41}$$

频率特性为

$$G_c(j\omega) = K_c\left[1 + j\left(T_d\omega - \frac{1}{T_i\omega}\right)\right] \tag{5.4-42}$$

可以看出相角可以超前,也可以滞后,视频率 ω 大小而定。相角为零时的频率称为交接频率 ω_c,而 $\omega_c = 1/\sqrt{T_i T_d}$,PID 调节器的频率特性如图 5.4-14 所示。

一般说来,如果对象的特性适合于采用积分和微分动作,则采用 PID 调节器可以把三种调节规律的优点都集中起来,克服各自存在的缺点,取得比较完善的控制效果。在比例的基础上,采用积分是为了消除静差,但由于产生了相位滞后,进而降低了系统的稳定裕度和工作频率。此时,可以再加入微分动作,来产生相位超前,以提高系统

图 5.4-14　PID 调节器的幅频、相频特性

的稳定裕度,加快工作频率。积分和微分动作综合起来,最终往往可以把比例增益和工作频率进一步提高,从而使得系统的动态、静态特性取得比较均衡的控制效果。这就是自动控制系统较广泛采用 PID 控制规律的原因。

为了便于比较和看出各种调节规律的控制效果,我们可以就同一对象针对对象的阶跃状态输入扰动,使用 P、PI、PD 以及 PID 等不同的调节规律,可以整定成具有同样衰减特性的典型最佳调节过程,通过比较各种调节规律对象闭环调节特性的不

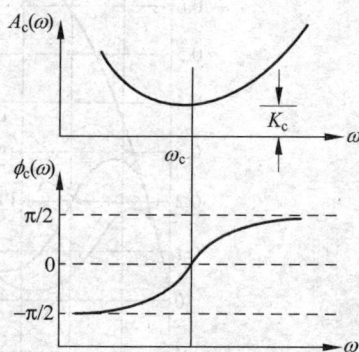

同特点,最终可结合工业实际要求,选择最佳的控制规律。

例如,图 5.4-15 所示的调节系统,对象是二阶惯性环节,F_2 是主要扰动,则被调量 y 对干扰 F_2 的闭环传递函数为

$$\frac{Y(s)}{F_2(s)} = \frac{\dfrac{K_0}{T_1 s + 1}}{1 + G_c(s) \dfrac{K_0}{(T_1 s + 1)(T_1 s + 1)}} \tag{5.4-43}$$

其中 $T_1 = 20\text{s}$。

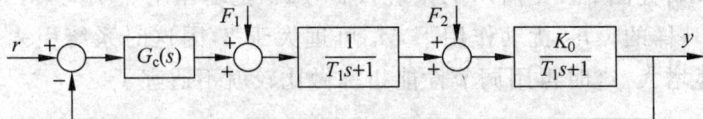

图 5.4-15　调节系统

对这个系统选用不同调节规律的调节器,借变更调节器的参数,使调节的过渡过程接近最佳,这里都选取衰减率 $\psi = 0.9$。在阶跃干扰的作用下,求出各个过渡过程,如图 5.4-16 所示。其中,PD 调节动态偏差最小。这是由于有了微分作用,可使比例放大系数增大,调节时间大大缩短,但因无积分作用,所以仍有静差。只是比例放大系数增大,静差只有比例调节的一半左右。

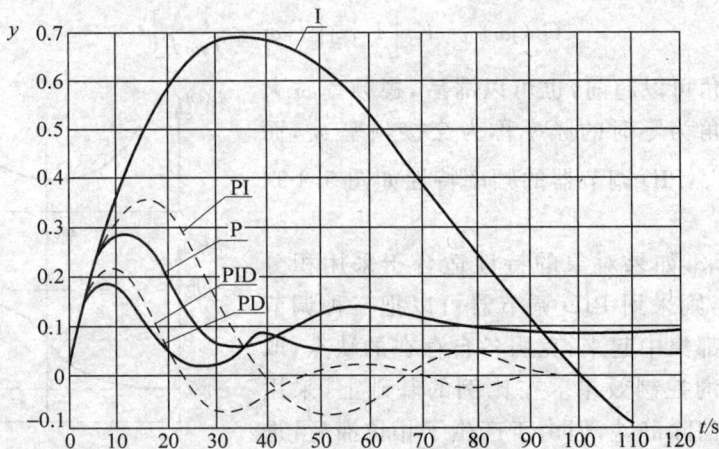

图 5.4-16　在阶跃输入干扰作用下,各种调节规律作用下的过渡过程比较

对于 PID 调节,动态最大偏差比 PD 调节稍差,由于有积分作用,静差为零。但由于引入积分作用,使振荡周期增长了,即调节时间增长了。再相互比较其他几条曲线,可以得出结论:微分作用减少超调量和过渡过程时间,积分作用的特点是能够消除静差,但使超调量和过渡过程时间增大。通过这个例子及图 5.4-16 的曲线,我们可以看出各种调节规律对调节质量影响的相对好坏排列次序,就可以根据对象特性及工艺要求作初步的调节规律选择。

5.4.6　调节器调节规律的选择

以上我们讨论了不同调节规律对调节性能的影响，所得的一些结论，可以作为初步选择调节规律的依据。选择调节规律的目的，是使调节器与调节对象能很好配合，使构成的调节系统满足工艺上对调节质量指标的要求。所以，应当在详细研究调节对象特性以及工艺要求的基础上对调节规律进行选择。当然，选得是否恰当，还得靠计算或实践来最后检验。这里只简要地介绍一些基本原则。

如果现成的调节器都是规格化的，同时具有 PID 三种基本调节规律，每一种参数都在一定范围内可调。

（1）若系统工艺上要求不高，调节通道时间常数较小，对象的 τ/T 小（滞后很小，近似为惯性环节），对象容易调节，可控性很好，K_c 可选得很高，静态误差可以很小，这时可选 P 调节器。例如，一般的液位调节和压力调节系统均可采用比例调节。

（2）对于静态准确度要求高，同时调节通道的容量滞后较小，对象阶数、时间常数不太大，负载变化也不很大的调节系统，可选 PI 调节器。例如：管道流量、压力控制系统常常具有较小的容量滞后，因而适合于采用 PI 控制。

（3）如果对象调节通道时间常数较大（或容积延迟较大）时，或者经常启动和制动，对动态要求也高时，可选用 PD 调节器。T_d 不能选得太大，并且当高频干扰作用频繁，或存在周期性干扰时，应避免使用微分调节（因为微分与输入信号的变化率成正比，所以 T_d 太大会使系统对高频干扰过于敏感，这是我们所不希望的）。

（4）若系统的动态和静态都要求较高时，可选用 PID 调节器，它是常规调节中相对最好的一种调节器。它综合了各类调节器的优点，有更高的调节质量，不管对象滞后、负荷变化、反应速度如何，基本上均能适应。

（5）如果广义对象调节通道时间常数很大，且纯时延较大、负荷变化也剧烈时，简单控制系统就难以满足工艺要求，应采用复杂控制或其他先进控制方案。

5.5　PID 调节器的参数整定方法

我们在选择了调节规律以及相应的调节器之后，下一步就需要研究如何整定控制器的参数。调节器参数整定是指通过设定控制器的可调参数，使其特性和过程特性获得"最佳"匹配，以改善系统的动态和稳态性能，取得最佳的控制效果。对于 PID 控制器来说，可调整参数包括比例度 PB（或比例增益 K_p）、积分时间 T_i 和微分时间 T_d。那么什么才是"最佳"的整定参数呢？

最佳的控制器参数首先决定于对象特性，联想到对象的可控性指标以及难控性指标分别揭示了对象的特性，因此，我们可从频域和时域两个方面分别给出 PID 控制器参数的经验整定公式。其次，最佳的控制器参数还决定于人们提出的所要达到的性能指标,同时还要兼顾各种约束条件,例如要求被控变量变化幅度小、超调量小,响应速度快,调整时间短等。当然,要同时满足上述要求往往比较困难,因此所谓"最佳",事实上仅仅代表着一种折中。

传统的折中是在"紧的控制"(tight control)与"松的控制"(loose control)之间展开的,"紧的控制"是指操作变量动作剧烈,以致更加靠近不稳定的边界,其趋向于减小受控变量的波动,付出的代价是调节变量的变化幅度较大,同时也对过程参数的变化更加敏感。"松的控制"意指操作变量较为温和,受控变量变化则会较大,但对过程参数的变化更能容忍,即鲁棒性较强。参数调整则是努力寻求性能与鲁棒性之间可接受的一个良好组合。

以下 PID 参数整定的系统调节性能指标均采用典型最佳调节性能指标。

5.5.1 稳定边界法

稳定边界法又称临界比例度法,是一种闭环整定方法,是在生产工艺容许的情况下,基于纯比例控制系统临界振荡试验所得数据,即临界比例度 P_m 与振荡周期 T_m,按经验公式求出调节器的整定参数。

临界比例度法的提出是有划时代意义的。在 1940 年以前,PID 控制器的参数还没有有效的方法进行调整。美国 Taylor 仪表公司的两位工程师 John G. Ziegler 和 Nathaniel B. Nichols 在调整 Fulscope 控制器时,发现调整两个参数时已经比较困难,更别提三个参数了,于是决定致力于参数整定方面的研究工作。当时,John G. Ziegler 是一位工程师,具有丰富的过程控制应用经验,并做了所有的仿真测试,其导致了所寻求的调整方法的诞生。Nathaniel B. Nichols 则是一位数学家,他将所有的数学计算简化为易于为技术人员和操作工理解的一些简单的关系式。到了 1942 年,当时正处于第二次世界大战期间,他们获得了相对直接的调整 PID 控制器参数的方法,并决定将其发表,这就是最著名的 Ziegler-Nichols(简称 Z-N)整定方法,又称临界比例度法,该方法可以说是"改变了整个控制工业"。该整定准则,当时主要用于单级气动式 PID 控制器的参数设定,该控制器当时广泛用于稳定火控伺服系统以及合成橡胶、高辛烷航空燃料及第一颗原子弹所使用的 U-235 等材料的生产控制。该整定方法已经成为 PID 控制器参数整定的一个"工业标准"方法,而被广泛引用。

Z-N 整定方法基于如下"试错(trial and error)"过程进行整定,具体步骤如下:

(1) 在过程已经达到(至少接近达到)稳态后,将 PID 控制器中的积分与微分作用切除,取比例增益为较小值(或比例度 PB 较大值),并投入闭环自动运行;

(2) 逐渐增大比例增益 K_c(或 PB 由大到小逐步变化),每次给系统引入一个小的暂时的设定值阶跃变化,使得被控变量偏离设定值。以小增量缓慢地增大 K_c,直到导致闭环响应由衰减振荡逐步达到等幅振荡状态,此时,如果进入增幅振荡状态,则说明参数调整量太大,应反向调整,直到回复到等幅振荡。

(3) 记录达到等幅振荡时,控制器的临界比例增益 K_{cm}(或临界比例度 P_m),以

及输出的振荡周期 T_m，然后利用表 5.5-1 中的 Ziegler-Nichols(Z-N)整定公式，结合控制器类型，计算并设定 PID 参数。

（4）通过引入一个小的设定值变化，观察系统的闭环响应，是否满足性能指标要求，否则可进一步整定参数。

表 5.5-1　临界比例度法整定公式

调 节 规 律	K_c	T_i	T_d
P	$0.5K_{cm}$		
PI	$0.45K_{cm}$	$0.85T_m$	
PID	$0.6K_{cm}$	$0.5T_m$	$0.125T_m$

Ziegler-Nichols 于 1942 年提出的整定公式是以实验方式确定的，它使控制系统具有 1/4 衰减比的闭环响应。对于纯比例控制，因为 K_c 取临界增益的一半，因此 Z-N 整定提供了 2 倍的安全裕度。当添加积分动作后，由于积分会引入相位滞后，降低系统稳定裕度，因此，为了维持原有的稳定性指标，需要将增益 K_c 由 $0.5K_{cm}$ 减小到 $0.45K_{cm}$。对于 PID 控制，微分增强系统稳定性（产生相位超前）的效果允许 K_c 增大到 $0.6K_{cm}$。

需要指出，在 $K_c > K_{cm}$ 的情况下，闭环系统是不稳定的，在理论上将会具有无界的增幅振荡。但实际上，控制器饱和将会阻止响应成为无界的，相反也会产生连续等幅振荡。如果将此时的增益当作 K_{cm}，K_{cm} 的估计值以及由此计算得到的 K_c 值都会很大。因此，在试验测试中应注意避免发生控制器饱和现象。

Z-N 整定方法也有一些缺点，具体表现在：

（1）如果需要多次试验而同时过程动态特性缓慢，则参数整定过程是非常耗时的，并且长时间试验还会导致生产量减少，或者使产品质量降低。

（2）在很多应用中，连续振荡是令人担忧的，因为过程被推到了稳定边界，此时如果发生外部扰动或过程变化，将导致不稳定或者危险情况的发生（如化学反应失控等）。

（3）Z-N 整定步骤不适用于积分或者开环不稳定过程，因为它们的控制回路通常在增益取较大或者较小值时不稳定，而在取中间值时稳定。

（4）对于没有延迟的一阶或者二阶系统，临界增益不存在。这是因为如果增益 K_c 的符号正确，闭环系统对于所有的 K_c 值都是稳定的，然而，在实际中，没有临界增益的控制回路并不常见。

我们可以通过采用下节介绍的阶跃响应测试方法（step test method）来避免前两个缺点。作为选择，如果能够得到过程模型，可以通过频率响应分析决定 K_{cm} 和 T_m。

Z-N 控制器参数整定方法已经广泛用来作为衡量不同整定方法和控制策略的比较基准。因为 Z-N 参数设定基于 1/4 衰减比指标，它们对于设定值变化往往产生振荡响应和很大的超调。因此，可以采用其他更加保守的控制器参数整定方法。

尽管 PID 控制器的 Z-N 整定公式地位十分显著，但其到底是为 PID 控制器串联形式还是并联形式提出的，目前业界还不能够确定。但可以确定的是，该整定方法是为具有串联结构的 Taylor Instruments 公司的气动式 PID 控制器发展起来的，但仿真研究却是通过一个有助于并联结构仿真的微分分析器进行的。由于把 Z-N 参数设定应用于并联结构将导致更保守的控制，因此，一般更倾向于把其应用于并联形式的 PID 控制器。

5.5.2　反应曲线法

反应曲线法属于 Z-N 整定方法的开环版本，该方法适合于存在明显纯滞后的自衡对象，而且广义对象的阶跃响应曲线可用一阶惯性加纯滞后（FOPDT）来近似，即

$$G(s) = \frac{K}{Ts+1} e^{-\tau s} \tag{5.5-1}$$

反应曲线整定步骤如下：

（1）将被控对象置于开环工作状态，通过手动模式将对象调整到正常平衡工况点上。例如，对于常值对象输入 $u(t)=u_0$，对象输出稳定在 $y(t)=y_0$。

（2）在初始 t_0 时刻，给对象加入从 u_0 到 u_∞ 大约 $10\% \sim 20\%$ 满量程大小的阶跃状扰动输入。

（3）记录对象输出曲线，直到稳定在新的平衡工况点上。假设所得到的曲线如图 5.5-1 所示，称为过程反应曲线。

（4）按照 5.2.4 节所述方法，计算模型参数如下

$$K = \frac{y_\infty - y_0}{y_{\max} - y_{\min}} \bigg/ \frac{u_\infty - u_0}{u_{\max} - u_{\min}}, \quad T = t_2 - t_1, \quad \tau = t_1 - t_0 \tag{5.5-2}$$

则（根据表 5.5-1 的整定公式，可推导出）基于对象阶跃响应曲线参数的整定公式如表 5.5-2 所示。

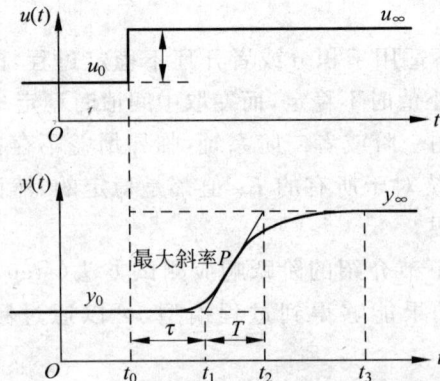

图 5.5-1　过程开环响应曲线

表 5.5-2　反应曲线法整定公式

调 节 规 律	P	T_i	T_d
P	$\dfrac{K\tau}{T} \times 100\%$		
PI	$1.1 \dfrac{K\tau}{T} \times 100\%$	3.3τ	
PID	$0.85 \dfrac{K\tau}{T} \times 100\%$	2τ	0.5τ

需要补充说明的是，总体来说，Z-N（反应曲线法）对比值 τ/T 较为敏感，即在比值较大（如大于 $\tau/T>1.5$）时效果不好，科恩-库恩（Cohen 和 Coon）基于同样的模型做了进一步研究，给出了和纯滞后与时间常数之比具有一定相关性的另外一组整定公式，如表 5.5-3 所示，称为科恩-库恩（Cohen-Coon）反应曲线法（或简称为 CC 方法），该公式对不同 τ/T 比值，具有较好的一致性。由整定公式可以看出，在比值 τ/T 较小时，Z-N 法与 CC 法是非常接近的。

表 5.5-3　Cohen-Coon 反应曲线法整定公式

调 节 规 律	K_c	T_i	T_d
P	$\dfrac{T}{K\tau}\left[1+\dfrac{\tau}{3T}\right]$		
PI	$\dfrac{T}{K\tau}\left[0.9+\dfrac{\tau}{12T}\right]$	$\tau\left[\dfrac{30+3\tau/T}{9+20\tau/T}\right]$	
PID	$\dfrac{T}{K\tau}\left[\dfrac{4}{3}+\dfrac{\tau}{4T}\right]$	$\tau\left[\dfrac{32+6\tau/T}{13+8\tau/T}\right]$	$\dfrac{4\tau}{11+2\tau/T}$

5.5.3　改进的齐格勒-尼科尔斯（RZN）方法

Z-N 法整定的 PID 参数会使闭环系统响应的超调量或最大偏差仍比较大，有一定的缺陷。因此有不少研究者进行了各种不同的改进。例如 1984 年 K. J. Astrom 和 T. Hagglung 提出了基于继电器原理的整定方法；1991 年 C. C. Hang，K. J. Astrom 和 W. K. Ho 通过对典型被控过程的数学模型进行仿真研究，提出了基于设定点加权的 PID 参数整定公式，该公式给出了第 4 章部分比例先行 PID 控制算法（或称带设定值滤波的 PID 控制器）参数的整定方法，一般称改进的 Z-N 方法（refined Z-N 法）。在众多的改进方法中，RZN 方法无疑是最成功的方法之一。

RZN 方法是基于设定值加权的 PID 整定方法，通过大量实验，RZN 方法克服了 Z-N 方法整定造成的超调量过大和抗干扰能力差的缺点。

RZN 方法提出了描述系统特性的两个参数，即规范化的过程增益 k 和规范化的时滞时间 θ，并用来作为一种系统分类的标准，从而采用不同的整定公式。

对于具有自衡特性的过程，其规范化时滞时间 θ 定义为过程纯滞后时间 τ 和过

程时间常数 T 之比,即

$$\theta = \frac{\tau}{T} \tag{5.5-3}$$

规范化过程增益 k 定义为过程开环稳态增益 K_p 和闭环临界比例增益 K_u(ultimate gain,即在比例反馈控制下,闭环系统达到临界稳定状态时的比例控制器增益)的乘积,即

$$k = K_p K_u \tag{5.5-4}$$

事实上,k 与 θ 之间是紧密相关的,基本上 k 随着 θ 增大而单调减小,一般 k 可近似用 θ 来表示,即

$$k = 2\left(\frac{11\theta + 13}{37\theta - 4}\right) \tag{5.5-5}$$

在 RZN 方法中,实际 PID 算式中在设定值项增加了加权系数 β,则实际 PID 控制算式可写为

$$u(t) = u_0 + K_c\left[\beta r(t) - y(t) + \frac{1}{T_i}\int_0^t e(\tau)\mathrm{d}\tau - T_d\frac{\mathrm{d}y_f(t)}{\mathrm{d}t}\right] \tag{5.5-6}$$

其中

$$e(t) = r(t) - y(t) \tag{5.5-7}$$

采用不完全微分,有

$$\frac{T_d}{N}\frac{\mathrm{d}y_f(t)}{\mathrm{d}t} + y_f(t) = y(t) \tag{5.5-8}$$

式中,β 是设定值加权系数;N 为微分增益,一般取 8～10,常取 $N=10$;K_c 为比例增益;T_i 为积分时间;T_d 为微分时间;$r(t)$ 为设定值;$y(t)$ 为测量值。

通过第 4 章的分析,我们已经知道,通过引入设定值加权,实际上就是对设定值引入了一个滤波器,延缓设定值的变化速率,从而可以有效地抑制设定值改变带来的过大超调量。

RZN 方法整定步骤如下:

(1) 取广义对象为标准型式,即

$$G_p(s) = \frac{K_p e^{-\tau s}}{1 + Ts} \tag{5.5-9}$$

(2) 按 Z-N 方法求出 K_u 和 T_u(即 T_m);

(3) 计算 RZN 方法的两个特性参数 k 与 θ;

(4) 按下列不同控制律、k 或者 θ 的不同数值范围分别取如下整定公式:

① 对于 PID 控制器

当 $2.25 < k < 15$,或者 $0.16 < \theta < 0.57$ 时,取

$$\beta = \frac{15 - k}{15 + k},\text{此时超调量约为 } 10\% \tag{5.5-10}$$

$$\beta = \frac{36}{27 + 5k},\text{这时超调量约为 } 20\% \tag{5.5-11}$$

其他 PID 参数与 Z-N 方法相同。

这里,对应纯滞后的较小区间,RZN 方法相对 Z-N 方法,仅仅引入了设定值加权系数,因而改善的只是设定值响应特性;扰动响应特性二者是完全一样的。

当 $1.5 < k < 2.25$,或者 $0.57 < \theta < 0.96$ 时,取

$$\beta = \frac{8}{17}\left(\frac{4}{9}k + 1\right), \quad T_i = 0.5\mu T_u, \quad \mu = \frac{4}{9}k < 1 \quad (5.5\text{-}12)$$

其中 μ 反映了 RZN 法与 Z-N 法积分时间常数之比。其他参数即 K_c 与 T_d 与 Z-N 法相同。此时设定值响应超调量约为 20%。

这里,RZN 方法随着对象纯滞后加大,通过不断增强积分作用,即减小积分时间常数,来改善设定值响应(减小反向超调,或称欠调量,undershoot);同时引入并加强设定值滤波,来抑制由此带来的过大超调量。

② 对于 PI 控制器

当 $1.2 < k < 15$,或者 $0.16 < \theta < 1.4$ 时,取

$$K_c = \frac{5}{6}\left(\frac{12 + k}{15 + 14k}\right)K_u, \quad T_i = \frac{1}{5}\left(\frac{4}{15}k + 1\right)T_u, \quad \beta = 1 \quad (5.5\text{-}13)$$

此时,对于设定值响应,大约有 10% 的设定值超调量。

这里不采用设定点加权,是因为对于 PI 控制,一般并不要求"紧的控制",因而,设定值变化不会带来很大的冲击。

RZN 较 Z-N 改进之处主要在于,对纯滞后较小过程,主要改善系统的阻尼状况,增强稳定裕度;而在纯滞后较大时,则加快设定值与负荷扰动响应速度。

在一般情况下,RZN 法比 Z-N 法整定参数所得的动态响应要好。但是 RZN 法所需的先验知识要比 Z-N 法多。Z-N 法只需求知 K_u 和 T_u,而 RZN 法除求知 K_u 和 T_u 之外,尚需知道对象的特性 K_p,T 和 τ 的数值。

5.5.4　PID 控制器的现场"试凑法"整定

采用前述经验公式整定出来的 PID 参数一般仅仅为系统控制器提供了一组参数初值,还需要基于 PID 参数对闭环系统调节性能的影响来对其进行"手工细调(fine-tuning)",这总是必要的。此外,如果全部由手动来通过"试凑法(trial-and-error)"配置 PID 参数,为了提高参数整定的效率以及效果,可按照如下步骤来进行,即参考 Z-N 整定步骤,按照 P、I、D 的顺序来调整参数,具体步骤如下:

(1) 置调节器积分时间 $T_i = \infty$,微分时间常数 $T_d = 0$,调整 K_c,接近性能指标。例如,可以先在按经验设置的比例度初值条件下,将系统投入运行,整定比例度 P,求得满意(例如,1/4 衰减比)的过渡过程曲线。

(2) 减小 T_i 到合适的数值,这会导致稳定性降低,因而,相应的要减小 K_c,以保持稳定性不变。例如,在引入积分作用后,可将上述比例度 P 适当加大(例如,取其 $1.1\sim1.2$ 倍),然后再将 T_i 由大到小进行整定。随着 T_i 逐步减小,积分消除静差的速率会逐步加快,但系统的稳定性会减弱,响应周期会变慢。

(3) 当 PI 调节令人满意后,如有必要,还可进一步引入微分。T_d 增大一般会导

致稳定性增强,这意味着增益 K_c 可进一步加大,积分时间常数 T_i 可进一步减小。其中,可将 T_d 按经验值或按 $T_d = (1/3 \sim 1/4)T_i$ 设置,并由小到大加入,直到满意为止。

值得指出,增大微分时间常数 T_d 可提高响应速率和稳定性,但这只是在一定上限范围内有效,否则会削弱稳定性。因为过大的 T_d 会导致对未来误差的估计不准;其次,会对噪声及其他扰动有放大作用。一般后者决定其上限值。

又比如,T_i 增加,按理说积分作用减弱,从频域分析,响应会总体变快;但从时域分析,产生扰动补偿量的时间有可能延长(每过一个 T_i,产生一个比例作用的效果)因而消除静差的响应速率可能会变慢。

5.6   工业过程常见回路的特点及其设计

一般工业过程除液位对象外的大多数被控对象本身是稳定的自衡对象,对象动态特性存在不同程度的纯迟延,对象的阶跃响应通常为单调曲线,除流量对象外的被调量的变化相对缓慢,被控对象也往往具有非线性、不确定性与时变等特性。

对于常见的过程变量,例如温度、压力、流量、液位和成分等,其控制回路往往具有一些典型特征,在选择控制规律以及整定控制器参数时也存在着一般性指导原则。这些常见的指导原则在过程模型未知的情况下很有用,但是必须谨慎地使用,因为确实会存在例外情况。

1. 流量控制回路

流量控制在过程工业被广泛采用,例如,炼油厂大概有一半的控制回路都是流量控制。流量控制回路的调节量和被调量往往都是流量,虽然它们的量程范围和线性程度可能不同,然而它们都是同一种变量。流量和压力控制回路的特征是响应快(以秒为量级),而且基本上没有延迟,但流量的响应并不是瞬时的。例如,对于流动的液体都具有惯性,流体不可能不经过加速过程就开始快速流动,也不可能不被减速就停止。如果流体是气体,则压力降低时它就要膨胀,因此管路中所容纳的气体就会随着压降发生变化,从而也随着流量的不同而产生某些变化。

流量控制回路的动态特性是由可压缩性(在气流中)或惯性效应(在液体中)与大口径管道上的控制阀的动态特性共同作用产生的。其中,调节阀通常是最慢的环节,它的动态特性很复杂,响应速度受限。通常调节流量的方式有两种,一种是采用(驱动马达)全速运转的泵外加调节阀的方式改变流量;另一种是采用变速泵,即采用变频器调节泵驱动马达的转速来达到调节流量的目的。一般用调速的办法控制流量总比用调节阀控制流量的时间滞后要长,但前者在流量较大时的闭环响应特性要好,因为泵的线性度较好,且不存在滞环问题。

一般流量回路的振荡周期为 $1 \sim 10\text{s}$ 左右。在流量检测中经常遇到噪声问题。噪声是一种随机的或周期性的扰动,它变动得非常快,以致控制作用无法对它进行校正。在流量回路里,高频噪声起源于上游紊流、控制阀变化和水泵振动引起的,特别是在局部阻力部件附近,紊流现象是很突出的。重复高频噪声的存在使我们不能在流量控制中采用微分动作,因为微分作用会增强噪声,而且流量控制回路通常具有相对较小的过渡过程时间(与其他控制回路相比),所以没有必要使用微分作用来提高控制回路的响应速度。此外,采用动态滤波措施可以改善流量的记录曲线,但也会延缓控制回路的响应速度。

2. 液位和压力控制回路

液位和压力的控制属于流量累积的控制问题。液位是液体流量的累积,在恒定体积系统中气体流量的累积是压力。这些回路往往具有不同于其他回路的特点,例如,它们很可能是非自衡的,其测量值的变化速度是流入量和流出量之差的函数;流入量和流出量两者之中,总有一个与负荷有关,而另一个就是调节量。此外,在这些过程中,容积起主要作用,但却几乎没有延迟时间,这是由于压力波在过程中以声速传播的缘故。

正如液位控制常用来维持容器内液态物料平衡一样,气体的压力控制可用来实现气态物料平衡。由于流入量和流出量总要受到压力的影响,所以除了流量为零的情况下,气体压力过程通常都可以看做是单容的自衡过程。

在蒸汽锅炉、精馏塔或蒸发器中,热量传递是很重要的一种工艺措施,而且可以利用系统的压力控制来保持过程的热平衡。在这种情况下,压力调节器所面临的动态和静态关系与一般温度调节器所面临的形式大致相同。

液位控制一般用于两个目的,一个是使液位尽可能靠近其设定值,该设定值可能代表一个最佳操作点。例如,锅炉汽包水位,如果水位过高,有些水可能会被蒸汽一起带出锅炉;如果水位过低,蒸发管又可能过热。另一个目的是建立物料或能量平衡,以便在稳态时流入量与流出量相等。在这种情况下,许多容器的实际液位并没有什么经济或操作上的特别意义。

如果液位必须维持在设定值上,则调节器有必要采用积分动作,以便适应负荷的变化。否则就没有必要采用积分动作,因为积分总会使回路的动作变慢,并使其趋向不稳定;特别是对于积分过程更是如此。例如,专门用于吸收过程负荷扰动的缓冲容器,其设置的目的是为了解除装置之间的关联作用,它们的液位允许上升或下降,以便于吸收流入量的变化,从而使送到下游装置中的流量更加平稳。缓冲容器甚至能在其流入量暂时受阻或中断的情况下,继续维持对下游装置的供料。因此,把缓冲容器注入量和流出量联系起来的时间常数应尽可能长些。为此,建议只用比例调节动作,并加宽调节器的比例带(可整定在 100%),以使该时间常数达到最大。这样做的原因不仅仅是因为没有必要使液位回到某一设定值(例如 50%),而且也是由于不这样做实际上会减小容器的有效缓冲容积。

3. 温度控制

当被调量是温度(或成分)时,控制回路往往包括能量传递过程和物质传递过程。这些被调量总是流体的某些性质,这与被调量为流量或流量累积的控制回路根本不同。这些过程通常具有一种稳态,在这种状态下,其被调量是调节量流量与负荷之比值的函数。由于被控制的某种性质是随流体一起流动的,因此必须把它传送到测量元件处才能测量出来,这个传送过程就意味着存在时间延迟。所以,这种类型的控制回路中通常起支配作用的是延迟环节,它使过程难以控制,而且响应也很慢。

工业生产中有很多种类的过程和设备都含有热传递过程,而且它们都具有不同的时间尺度,例如,热交换器、蒸馏塔、化学反应器以及蒸发器等,它们的温度控制都很困难。因此,很难给出关于温度控制回路的一般性指导原则。纯延迟和多个热容的存在常常需要给控制器增益设定一个稳定限,通常采用 PID 控制器,以提高比 PI 控制器所能得到的更快的响应。

4. 成分控制

成分控制回路通常具有和温度控制回路类似的特性,但同时也有一些不同之处:
① 在成分回路中,测量(仪器)噪声是一个更显著的问题;
② 与分析仪及其抽样系统相关的纯延迟是一个重要的因素。
这两个因素限制了微分作用的有效性。因为它们的重要性以及控制的困难性,成分和温度控制回路经常是先进控制策略的主要考虑对象。

表 5.6-1 给出了几种常见回路的特点以及一般所采用的调节规律,仅供参考。

表 5.6-1　各种常见回路的特点

特　　点	流量和液体压力	气 体 压 力	液　　位	成　　分	温度和蒸汽压力
延迟	没有	没有	没有	不变的	变化的
容积	多容	单容	单容	1~100	3~6
周期	1~10s	0~2min	0~10s	分到小时	分到小时
线性特性	平方/线性	线性	线性	线性/对数	非线性
噪声	总有	没有	总有	常有	没有
比例带	100%~500%, 50%~200%*	0~5%	5%~50%	100%~1000%	10%~100%
积分	必需的	无必需	很少需要	必需的	需要
微分	不能有	无必要	不能有	如有可能即用	必需的
阀门	线性/等百分比	线性	线性	线性	等百分比

　* 适用于液体压力过程。

习题与思考题

5-1　试说明如何在闭环条件下测试被控过程的稳态增益。

5-2　试分析对象动特性对系统调节性能的影响。

5-3　试针对某一对象采用不同的整定方法进行 MATLAB-Simulink 仿真。

5-4　在 Z-N 整定公式中,在原比例控制的基础上引入积分动作后,为何比例增益要相应地降低?

5-5　既然具有自衡能力的水槽水位系统已经具有自我平衡能力,为何还有必要采用反馈调节? 比例调节相对开环系统具有哪些好处?

5-6　试采用 MATLAB/Simulink 仿真调试下图所示系统:

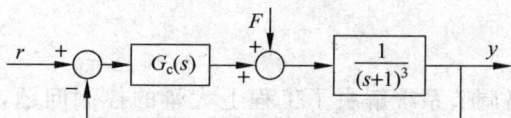

题图 5-6　三阶对象的 PI 控制

试讨论在 PI 控制下,取不同积分时间常数时,系统对阶跃状输入扰动的响应特性有何不同?

第 6 章

复杂调节系统

单回路调节系统解决了工程上大量的控制问题,它是一种最简单、使用最广泛的控制系统,也是我们学习过程控制系统的基础结构。但是,现代工业的发展,对调节质量的要求越来越高,操作调节越来越严格,任务越来越复杂或特殊,为此需要在简单控制回路的基础上再增加一些计算环节、反馈环节或其他控制环节,构成复杂调节系统。

复杂调节系统包括串级、均匀、比值、前馈、分程、选择性控制系统等。这些系统有的以它们的结构命名,有的以功能特征或原理命名,因此出现了交叉的复杂局面,而且它们还可以相互融合,多种结构结合在一起。目前,在集散控制系统(DCS)装置中一般都配备有很多种常用复杂控制系统的算法模块。

在各自特定的情况下,采用复杂调节系统对提高控制品质,扩大自动化应用范围,起着关键性的作用。作为粗略估计,复杂控制回路约占全部控制回路总数的 10%。

6.1 串级调节系统

6.1.1 串级控制的基本思想

串级控制是提高系统响应速度,改善系统调节品质的极为有效的方法,在工程上得到了广泛应用。下面通过实例来说明为什么要引入串级控制,深入体会采用串级控制的场合与必要性,以及串级控制能够改善系统调节品质的原因。

图 6.1-1 表示一个化学反应罐温度控制系统,物料自顶部连续流入反应罐(或称反应槽)中,经化学反应后从底部排出,反应产生的热量由夹套中的冷却水带走。为了保证产品质量,必须严格控制反应温度 T_1,为此采用调节阀来改变冷却水流量。图 6.1-1 中所示为一单回路控制结构,对应的控制系统方框图如图 6.1-2 所示。

从调节对象的输入输出分析可以看出,整个对象除调节阀、输入管道外,主要包括三个热容积过程,即夹套中的冷却水、槽壁和槽中的物料。引

起被调温度 T_1 变化的扰动因素主要来自两个方面：在物料方面，主要是它的流量、入口温度和物料的化学组分；在冷却水方面有它的入口温度以及调节阀前的压力。这里，假设冷却水方面的扰动是系统的主要扰动，并且分别用 D_1 和 D_2 代表来自原料和冷却水方面的扰动，它们的作用点不同，因此，对于温度 T_1 的影响也不一样。

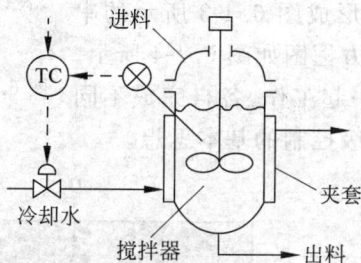

图 6.1-1　反应器温度的单回路控制

如果采用图 6.1-2 所示的单回路控制结构，则扰动 D_2 的抑制过程可描述如下：首先，在初始平衡状态下，调节阀开度一定。假设在某一时刻冷却水入口温度突然升高，进而会导致夹套内冷却水温度 T_2 上升，经对流传热引起槽壁温度升高，最终反应槽内物料温度 T_1 会上升，使其偏离设定值温度，引起调节器动作，并通过加大冷却水流量来进行适当补偿。

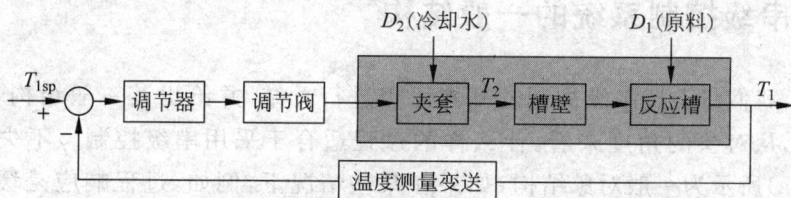

图 6.1-2　反应器温度单回路控制系统方框图

上述单回路控制结构存在的不足是：扰动 D_2 一经发生，首先会在夹套温度 T_2 上表现出来，但及至调节器动作，至少还要经过槽壁与反应槽两个惯性环节，尤其是反应槽容量滞后一般很大，待到产生偏差，其间已经经历了比较长的时间，调节补偿作用就很不及时；尤其在此期间，扰动作用的影响还会进一步累积，超调量因而会很大。

那么如何改进呢？当然，如果能在扰动出现后，调节器尽快开始动作，则控制效果就会大大改善。经过分析不难看出，冷却水方面的干扰 D_2 的变化会很快在中间变量——夹套温度 T_2——上表现出来，如果把 T_2 的变化及时测量出来，并反馈给一夹套水温调节器 TC₂，提前补偿冷却水方面的扰动，则控制动作即可大大提前。但是仅仅依靠调节器 TC₂ 还是不够的，因为控制的最终目标是保持 T_1 不变，而 TC₂ 只能稳定 T_2 不变，它还不能克服扰动 D_1 对 T_1 的影响，因而也就不能保证 T_1 符合工艺要求。为了解决这一问题,可以通过适当改变 TC_2 的设定值 T_{2sp},从而使 T_1 稳定在所需要的数值上。这个改变 T_{2sp} 的工作,可由反应温度调节器 TC_1 来自动实现,该调节器的主要任务就是根据 T_1 与 T_{1sp} 偏差自动改变 TC_2 的设定值 T_{2sp}。

根据上述思想,最终可形成图 6.1-3 所示的串级控制结构,相对应的系统方框图如图 6.1-4 所示。这种将两个调节器串联在一起工作,各自完成不同任务的系统结构,反映了串级控制的基本思想。

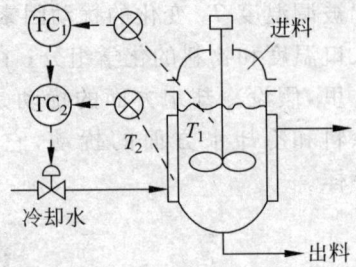

图 6.1-3　反应槽温度与夹套温度串级控制系统

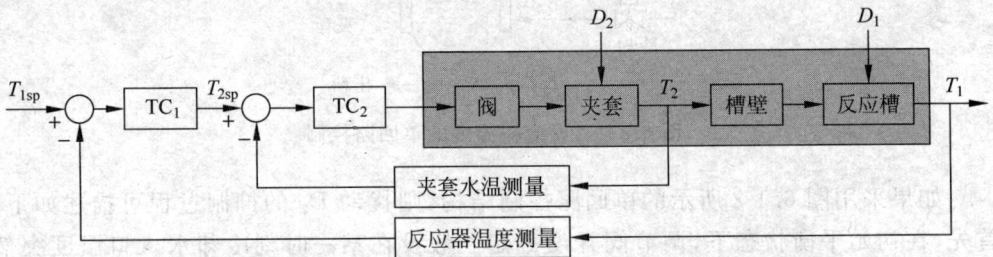

图 6.1-4　反应器温度串级控制系统方框图

6.1.2　串级控制系统的一般结构

这里,我们将上述串级控制的基本思想进行总结,并给出其一般结构。首先需要搞清楚,从对象的角度来看,什么样的过程适合于采用串级控制。不失一般性,图 6.1-5(a)所示为一般对象结构,如果在某些情况下,例如,过程响应是缓慢的,或者某一特定扰动变量 d_2 持续存在,并且对系统影响较大,为了改善系统的响应特性,如果我们能够找到一个中间过程变量,如图 6.1-5(b)所示,满足如下条件:

（1）该变量可以测量,并且对被控变量施加影响;

（2）该变量清晰地反映出了扰动 d_2 的影响;

（3）该变量可控,即可以通过 u 对其施加影响;

（4）该变量对 u 的响应比输出 y 要快。

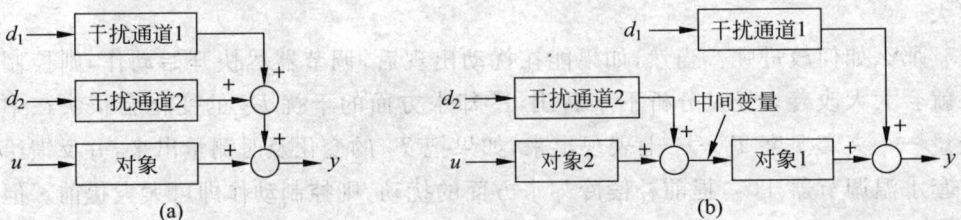

图 6.1-5　被控过程模型结构及其变换

　　则我们可以引入如图 6.1-6 所示的一般串级控制,其中,干扰通道 1、干扰通道 2 分别称做一次扰动通道及二次扰动通道;对象 1 及对象 2 分别被称做主对象及副对象;针对副对象构成的控制回路称为副回路(或内回路),控制器称为副调节器;针对主对象构成的控制回路称为主回路(或外回路),控制器称为主调节器。主调节器的输出作为副调节器的设定值输入,形成双闭环结构,其中副回路用来快速克服二次扰动的影响,而落在内环以外的所有主回路内的扰动都由主回路进行抑制。

　　图 6.1-6 对应的串级控制系统的传递函数方框图如图 6.1-7 所示。

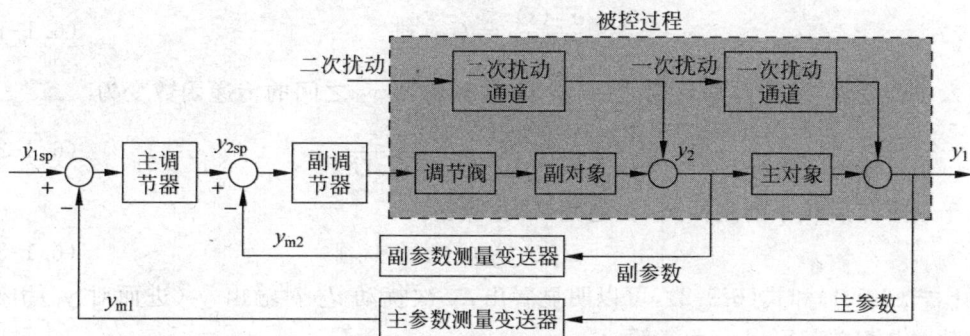

图 6.1-6　被控过程的通用串级控制结构

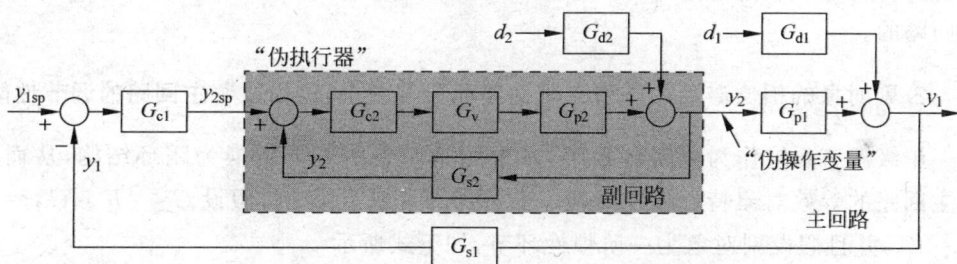

图 6.1-7　通用串级控制结构的传递函数描述

　　从图 6.1-7 可以看出,整个内环可以看做是执行器,可称做"伪执行器";而内环的输出变量,即中间过程变量针对主对象来说就相当是操作变量,可称做"伪操作变量"。从这个角度来看,内环的工作频率相对外环来说要足够地大,否则可能会引发"共振"现象,导致整个系统不稳定。

6.1.3　串级控制系统的特点和效果分析

　　我们已经知道对象(包括干扰通道与调节通道)动特性对系统闭环调节性能的影响,下面我们来具体分析串级控制结构是如何改善对象动特性,从而提高闭环调节性能的。串级调节系统与单回路调节系统相比,增加了一个检测元件、一个变送器和一个控制器,复杂程度有所增加,然而可在以下几个方面改善系统的性能。

1. 迅速克服进入副回路的扰动

可以说,串级控制系统主要是用来快速克服进入副回路的二次扰动的,其大多数应用都是属于这一目的。因此,设计时应设法让主要扰动的进入点位于副回路之内,使该扰动在影响主被调量之前,副调节器就可对其进行及时校正。

副环对于扰动更加有效的抑制作用,可以用图 6.1-7 来说明。在引入副回路之前,二次扰动 d_2 到输出 y_2 之间的传递函数为

$$\frac{Y_2(s)}{D_2(s)} = G_{d2}(s) \tag{6.1-1}$$

引入中间变量 y_2 的内部反馈之后,扰动 d_2 到输出 y_2 之间的传递函数变为

$$\frac{Y_2(s)}{D_2(s)} = \frac{G_{d2}}{1 + G_{c2}G_vG_{p2}G_{s2}} \tag{6.1-2}$$

对于动态滞后较小的副回路,在通频带内一般有

$$|\, G_{c2}G_vG_{p2}G_{s2}\,| \gg 1 \tag{6.1-3}$$

对比式(6.1-1)和式(6.1-2),可以明显看出,二次扰动 d_2 对输出 y_2(进而对 y_1)引起的动差与静差都可以大大降低。

有时,也可以认为,副回路起迅速的"粗调"作用,主回路起进一步的"细调"作用。人们经常采用流量作为中间变量引入副回路,也有采用压力、液位和温度作为副回路的。

2. 副对象的相位滞后由于引入副回路而显著减小,进而改善主回路的调节性能

串级调节系统作为双闭环系统,其中的副对象由开环转换为闭环结构,从而导致主回路的等效对象特性发生改变。以图 6.1-7 所示为例,假设 $G_{c2} = K_{c2}$,$G_{s2} = 1$,$G_v = K_v$,并且假设副对象为一阶惯性环节,如下式所示

$$G_{p2} = \frac{K_{p2}}{T_{p2}s + 1} \tag{6.1-4}$$

则等效广义对象(整个内环)的传递函数为

$$G'_{p2}(s) = \frac{K'_{p2}}{T'_{p2}s + 1} \tag{6.1-5}$$

其中

$$T'_{p2} = \frac{T_{p2}}{1 + K_{c2}K_vK_{p2}} < T_{p2} \tag{6.1-6}$$

$$K'_{p2} = \frac{K_{c2}K_vK_{p2}}{1 + K_{c2}K_vK_{p2}} \tag{6.1-7}$$

由式(6.1-5)可以看出,串级调节系统由于副回路的存在,使得主调节器的广义被控对象中式(6.1-6)所示的副对象等效时间常数明显减小,并且随着副调节器的增益越大,效果越发显著,这可引起整个系统调节过程波动频率的提高,改善调节质量。尤其对于不包含在副环范围内的扰动,主调节器发出的调节作用经过 $G'_{p2}G_{p1}$ 去

影响被调量,由于 G'_{p2} 比 G_{p2} 的惯性小,所以调节作用能够更快地克服偏差,从而使被调量的动态偏差也将减小。

3. 对副环内各环节的特性变化具有一定的自适应能力,并能自动地克服副对象增益或调节阀特性的非线性对控制性能的影响

总体来说,副对象由于引入闭环结构,使得副回路的闭环传递函数的稳态增益趋近于 1,实现跟随特性。例如,由式(6.1-7)可以看出,对于内环等效对象的增益,当满足 $K_{c2}K_vK_{p2}\gg 1$ 时,$K'_{p2}\approx 1$,即当副回路开环稳态增益足够大时,使副回路等效对象的增益基本上和副对象、调节阀的增益变化无关了。因而,当副对象或调节阀的增益存在非线性或时变特性时,内环闭环结构的引入必然增强了系统的鲁棒性。

此外,当副对象的增益与单位增益相比较大时,通过闭环结构可使等效对象的增益大大降低,从而可以提高主回路等效广义对象的可控性,使在相同衰减比的条件下,主调节器的增益显著提高。

然而,事物常常具有两面性。在简单控制系统中,人们常常考虑用阀门的非线性特性去补偿对象的非线性特性,但在串级控制系统中却不能利用阀门特性来校正主对象的非线性特性。

4. 副回路可按照主回路的需要对质量流量或能量流量实施精确的控制

这一特点体现在副回路为流量控制回路的场合。在未引入流量副回路时,像阀门的回差和阀前压力扰动等因素,都会影响操作变量的流量,使其不能与控制器输出信号保持严格的对应关系。采用串级控制系统后,引入流量副回路,会使实际流量测量值与主控制器的输出基本保持一致,从而可以更精确地控制流量。

例如,在前馈控制系统中,前馈补偿总是基于物料或能量平衡来进行的,因此精确地控制流量是十分重要的。一般说来,前馈系统的输出最好用作流量串级回路的设定值,而不直接用于控制阀门,因为阀门的位置不能足够准确地代表流量。

5. 可以实现更为灵活的控制方式,主调节器或副调节器在必要时可以切除

串级控制系统可以实现串级控制、主控或副控等多种控制方式。其中主控方式是切除副回路,由主控制器直接驱动调节阀,以主被控变量作为被控变量的单回路控制;副控方式是切除主回路,由副回路单独工作的单回路控制方式。

例如,有些变量的检测变送装置在性能上不够可靠,这在成分和物性测量上更属常见,直接构成简单控制系统,人们有些顾虑和担心。如采用串级控制方式,以这些变量作为主被控变量,则在必要时可将主控制器断开,让副回路独立工作,实现由串级到副控方式的切换,十分灵活。

6.1.4　串级控制系统的设计、投运与参数整定

1. 主、副回路的设计原则

串级控制系统的设计要紧密结合串级控制系统的特点进行,使其优良性能能够得到充分的发挥。首先,串级控制系统的主回路仍属于定值控制系统,因此,主回路的设计仍可采用单回路控制系统的设计原则进行。串级系统设计的核心是副回路的设计。

设计副回路时,除应注意工艺上的合理性外,应特别注意中间过程变量的选择。因为,从对象中能引出中间变量是设计串级控制系统的前提条件,当对象能有多个中间变量可引出时,这就有一个副被控变量如何选择的问题。

由串级控制系统的方块图可以看出,系统的操作变量由单回路时的改变阀门开度转变为先影响作为副被控变量的中间过程变量,然后再去影响主被控变量的。所以,应选择工艺上切实可行,容易实现,对主控变量有直接影响且影响显著的中间变量为副被控变量,构成副回路。

其次,从扰动抑制角度来看,串级控制系统副回路由于具有调节速度快、抑制扰动能力强等特点,所以在设计时,副回路应尽可能包含生产过程中主要的、变化剧烈、频繁和幅度大的扰动,只有这样才可以充分发挥副回路的长处,确保主被控变量的控制品质。

但同时要注意的是,副参数的选择应使副对象的时间常数比主对象的时间常数小,调节通道短,反应灵敏;也就是使副回路具有良好的随动性能,因为它是串级控制系统正常运行的首要条件。否则,系统可能发生"共振"现象。

"共振"是由于主、副回路的工作频率十分接近,以致系统进入增幅区,主,副参数依次产生大幅度振荡,相互影响经久不衰,最终导致系统不稳定。显然,共振现象在实际生产中是绝不允许的。

当可能发生共振的时候,从主控制器看来,内环闭环传递函数的幅频特性可用二阶振荡环节来近似描述,如图 6.1-8 所示。当其阻尼系数满足关系 $0 \leqslant \zeta \leqslant 0.707$ 时,会在谐振频率 ω_{r2} 处出现谐振峰值,并且在满足

$$\frac{1}{3} < \frac{\omega}{\omega_{r2}} < \sqrt{2} \qquad (6.1\text{-}8)$$

的频率区间内,内环动态增益会大于 1,会对外环控制器输出信号起放大作用,有可能导致"共振"现象的发生。因此,通常将上述区域称为"广义共振区"。为了避免"共振"现象的发生,就应该使得外环的工作频率 ω_{d1} 尽量避开此区域,即满足如下条件

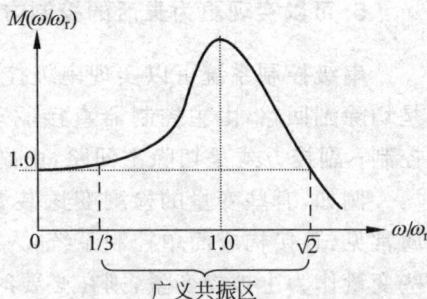

图 6.1-8　内环闭环传递函数的幅频特性

$$\frac{\omega_{d1}}{\omega_{r2}} < \frac{1}{3} \quad \text{或} \quad \frac{\omega_{d1}}{\omega_{r2}} > \sqrt{2}$$

当然,外环应该比内环工作频率低,同时考虑到 $\omega_{r2} \approx \omega_{d2}$,因此应满足

$$\omega_{d1} < \frac{\omega_{d2}}{3} \quad \text{或} \quad T_1 > 3T_2 \tag{6.1-9}$$

也就是说,为避免共振现象,一般要求主副回路的工作频率应该错开,相差三倍以上;或者副对象的时间常数和时滞应比主对象小一些,一般选择 $T_1/T_2 = 3 \sim 10$ 为好。

最后,结合串级控制系统有助于提高系统自适应能力的特点,应尽可能地将带有非线性或时变特性的环节包含于副回路中。

2. 主、副回路控制器的选择

在串级控制系统中,主、副控制器所起的作用是不同的。主控制器起定值控制作用,副控制器对主控制器输出起随动控制作用,而对扰动作用起定值控制作用,因此主被控变量要求无余差,副被控变量却允许在一定范围内变动。这是选择控制规律的基本出发点。

凡是设计串级控制系统的场合,对象特性总有较大的滞后,一般主控制可采用比例、积分两作用或比例、积分、微分三作用控制规律,副控制器采用单比例作用或比例积分作用控制规律即可。

3. 主、副控制器正反作用的选择

控制器正、反作用的选择原则是,要使系统成为负反馈系统,为保证所设计的串级控制系统正、副回路成为负反馈系统,必须正确选择主、副控制器的正、反作用。

在具体选择时,先依据控制阀的气开(K_v 为正)、气关(K_v 为负)形式,副对象的放大倍数 K_{p2},决定副控制器正反作用方式。例如,当 $K_v K_{p2} K_{s2}$ 乘积为正值时(其中 K_{s2} 通常总是正值),则应采用反作用方式。然后,再决定主控制器的正反作用方式。

主控制器的正反作用主要取决于广义对象的放大倍数 $K'_{p2} K_{p1} K_{s1}$,由于通常 $K'_{p2} K_{s1}$ 总是正值,因此实际决定于主对象的放大倍数。至于控制阀的气开、气关形式已不影响主控制器正反作用的选择,因为控制阀已包含在副回路内。举例来说,当 K_{p1} 为负值时,则主控制器应该选择正作用方式。

值得指出,当 $K_v K_{p2}$ 为负值时,则副调节器应取正作用方式;而内回路闭环放大倍数 K'_{p2} 一般总为正,因此其对主控制器的正反作用方式没有影响。但当切除副控制器,由主控制器直接驱动调节阀而构成单回路主控方式时,为实现负反馈,主控制器的原有正反作用方式就要取反。

4. 串级系统的投运与参数整定

串级控制系统的投运过程与简单控制系统一样,也必须保证无扰切换,通常都采用先副回路,后主回路的投运方式。参数整定相应地可以采取两个步骤,即主控

制器手动情况下,先整定副调节器参数,整定好后,主调节器切自动,整定主控制器参数。具体过程如下:

① 设置主控制器为"内给定"、"手动",设置副调节器为"外给定"、"手动";

② 主控制器手动输出,调整副控制器手动输出,直至偏差为零时,将副控制器切"自动";

③ 整定副控制器参数,使副被控变量的响应满足所需性能指标(如衰减比指标);

④ 调整主控制器手动输出,直至偏差为零时,将主控制器切"自动";

⑤ 整定主控制器参数,使主被控变量的响应满足所需性能指标(如 1/4 衰减比指标、零静差等)。

值得指出,设置副环的目的主要是提高主被控变量的控制品质,因此,对副控制器参数整定的结果不应作过多的限制,应以快速、准确跟踪主控制器输出为整定目标。

同时,参数整定时应注意防止发生"共振"现象,一旦出现共振,就应设法使主、副回路工作频率错开,例如,可以减小主控制器的比例增益(或加大副控制器的比例增益),这样虽然可能降低控制系统的品质,但可以消除"共振"现象。

最后,再以如图 6.1-9 所示二级水槽水位控制系统为例,从状态反馈控制的角度给出串级控制系统的另外一种解释;同时,还可阐明 PID 控制与状态反馈控制之间的关系。

可以看出,图 6.1-9 中所示二级水槽实际上就是两个一级水槽的串联,并且第二级水槽水位不影响第一级水槽水位,即没有负载效应。这里,取第二级水槽水位为被控变量,而第一级水槽的进水流量选作调节量。关于单级水槽的动态特性在第 5 章中已经详细描述过了,因此这里可直接给出此二级水槽水位的动态特性如下

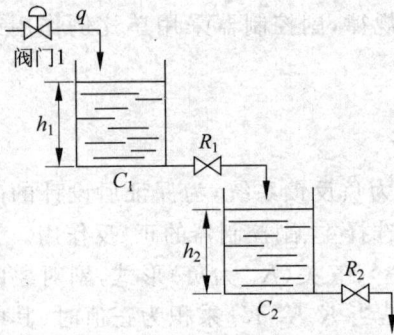

图 6.1-9   二级水槽水位调节对象

$$C_1 \frac{\mathrm{d}h_1}{\mathrm{d}t} = k_{\mathrm{u}} u - \frac{1}{R_1} h_1 \qquad (6.1\text{-}10)$$

$$C_2 \frac{\mathrm{d}h_2}{\mathrm{d}t} = \frac{1}{R_1} h_1 - \frac{1}{R_2} h_2 \qquad (6.1\text{-}11)$$

根据上两式,如取系统状态:$x_1 = h_1$,$x_2 = h_2$,则可得到对象的状态方程为

$$\begin{cases} \begin{bmatrix} \dot{x}_1 \\ \dot{x}_2 \end{bmatrix} = \begin{bmatrix} -\dfrac{1}{R_1 C_1} & 0 \\ \dfrac{1}{R_1 C_2} & -\dfrac{1}{R_2 C_2} \end{bmatrix} \begin{bmatrix} x_1 \\ x_2 \end{bmatrix} + \begin{bmatrix} k_{\mathrm{u}} \\ 0 \end{bmatrix} u = \boldsymbol{A} x + \boldsymbol{B} u \\[6pt] y = \begin{bmatrix} 0 & 1 \end{bmatrix} \begin{bmatrix} x_1 \\ x_2 \end{bmatrix} = \boldsymbol{C} x \end{cases} \qquad (6.1\text{-}12)$$

同样,可得到对象的传递函数为

$$G_{P1}(s) = \frac{H_1(s)}{U(s)} = \frac{R_1 k_u}{R_1 C_1 s + 1} \tag{6.1-13}$$

$$G_{P2}(s) = \frac{H_2(s)}{H_1(s)} = \frac{R_2/R_1}{R_2 C_2 s + 1} \tag{6.1-14}$$

假设两级水槽水位都是可测的,则可引入如图 6.1-10 所示的串级控制。

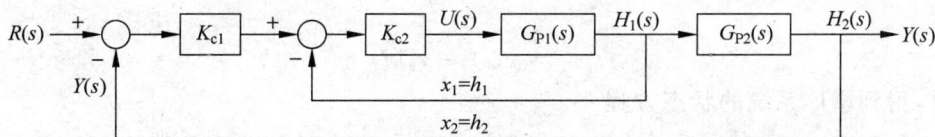

图 6.1-10 两级水槽水位控制系统的串级与状态反馈等价控制

根据图 6.1-10 所示串级控制系统的方框图,可计算出内环控制器的输出为

$$U(s) = K_{c2} K_{c1} R(s) - K_{c2}[K_{c1} H_2(s) + H_1(s)] \tag{6.1-15}$$

写成时域形式,有

$$u = K_{c2} K_{c1} r - K_{c2}[K_{c1} h_2 + h_1]$$

或者

$$u = K_{c2} K_{c1} r - K_{c2} K_{c1} x_2 - K_{c2} x_1 = K_{c2} K_{c1} r - [K_{c2} \quad K_{c2} K_{c1}] \begin{bmatrix} x_1 \\ x_2 \end{bmatrix} \tag{6.1-16}$$

显然,当主、副调节器都采用比例控制时,图 6.1-10 所示的串级控制结构就等价于状态反馈控制器;其中,状态反馈增益矩阵为

$$\boldsymbol{K}_c = [K_{c2} \quad K_{c2} K_{c1}] \tag{6.1-17}$$

另外,如果我们没有测得液位 h_1,而是根据式(6.1-11),通过输出 h_2 来重构 h_1,则有

$$H_1(s) = G_{PD}(s) H_2(s) \tag{6.1-18}$$

其中

$$G_{PD}(s) = R_1 C_2 s + \frac{R_1}{R_2}$$

$$= \frac{R_1}{R_2}(R_2 C_2 s + 1) \tag{6.1-19}$$

则可得到如图 6.1-11 所示具有比例微分先行的变形 PD 控制算法。由此可见,图 6.1-10 所示状态反馈控制结构,如果包含状态观测器,就等价于具有比例微分反馈的常规 PD 控制算法。

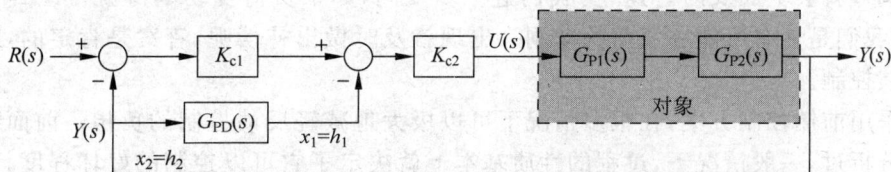

图 6.1-11 两级水槽水位控制系统的变形 PID 控制结构

由于上述算法都不包含积分运算,因此无法实现无静差调节。为此,在图 6.1-11 的主控制器当中可引入积分环节,如图 6.1-12 所示。相应地就给闭环系统增添了一个状态变量——积分状态 x_1,于是有

$$\boldsymbol{x}_I = \int_0^t (r(t) - y(t)) \mathrm{d}t, \quad y(t) = x_2(t) \tag{6.1-20}$$

或者

$$\dot{x}_1 = r(t) - x_2(t)$$

于是,得到增广系统的状态方程

$$\begin{cases} \begin{bmatrix} \dot{\boldsymbol{x}} \\ \dot{x}_I \end{bmatrix} = \begin{bmatrix} \boldsymbol{A} & \boldsymbol{0} \\ \boldsymbol{C} & 0 \end{bmatrix} \begin{bmatrix} \boldsymbol{x} \\ x_1 \end{bmatrix} + \begin{bmatrix} \boldsymbol{B} & \boldsymbol{0} \\ 0 & 1 \end{bmatrix} \begin{bmatrix} u \\ r \end{bmatrix} \\ y = \begin{bmatrix} \boldsymbol{C} & 0 \end{bmatrix} \begin{bmatrix} \boldsymbol{x} \\ x_I \end{bmatrix} \end{cases} \tag{6.1-21}$$

式中,矩阵 $\boldsymbol{A}$、$\boldsymbol{B}$ 与 $\boldsymbol{C}$ 如式(6.1-12)中定义。对上述系统状态引入状态反馈控制设计,有

$$u = K_{c2} K_{c1} r - K_{c2} K_{c1} x_2 - K_{c2} x_1 + K_{c2} K_I x_1$$

$$= K_{c2} K_{c1} r - \begin{bmatrix} \boldsymbol{C} & K_I K_{c2} \end{bmatrix} \begin{bmatrix} \boldsymbol{x} \\ x_I \end{bmatrix} \tag{6.1-22}$$

显然,图 6.1-12 所示就类似微分先行的 PID 控制算法。

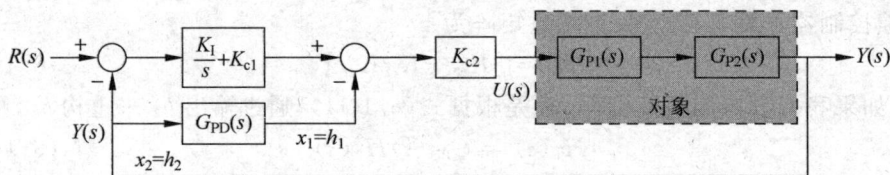

图 6.1-12　两级水槽水位状态反馈控制系统与变形 PID 控制的等价结构

6.2　前馈控制系统

串级控制的基本思想是,如果扰动发生后,其首先影响到的是过程中间变量,如果可以通过检测中间变量提早感知扰动的发生,并及时做出补偿,那么整个闭环系统的调节就会更加及时。这里,我们进一步要问,如果负荷扰动本身就可以直接测得,那我们是否有可能在负荷扰动刚一出现就及时做出补偿呢,答案是肯定的,这就是前馈控制。

采用前馈控制方案,在很多情况下可以极大地减轻反馈控制的负担。前面我们已经分析过,一般情况下,过程的性质基本上就决定了它可以控制的好坏程度,调节器的参数,进而回路的振荡周期等性能指标也都是过程的函数。一些由于本性难控而不能控制得很好的过程,对各种负荷变化所引起的扰动是非常敏感的。如果要完全依赖反馈控制来解决上述问题,是很困难的,因为单纯的反馈控制存在以下局限性:

　　① 反馈控制是"基于偏差的控制"，这意味着必须首先存在一个可以检测出来的偏差，才有可能产生一个恢复力，因此，反馈是一种"不及时"的控制，不可能获得"完美"的控制。

　　例如，我们可以看到，在稳态条件下，调节器的输出与负荷成比例，负荷变化后，调节器的输出必须改变才行。但含积分调节器的输出要从一个值过渡到另外一个值，必须完全依靠误差积分动作才行，因为在稳态条件下，调节器的比例和微分动作都不起作用。因此，调节器输出的最终净变化量决定于负荷或扰动，同时是误差积分的函数，即

$$\Delta u = \frac{K_c}{T_i}\int e dt \qquad\qquad (6.2\text{-}1)$$

小的比例控制增益与长积分时间常数的任何组合（这是难控过程的特点），其结果都会使单位负荷变化下的误差积分变得很大，即

$$\int e dt = \frac{T_i}{K_c}\Delta u \qquad\qquad (6.2\text{-}2)$$

因此，在反馈条件下，难控过程对于干扰是非常敏感的，闭环性能很难进一步提高。

　　② 反馈控制是基于"试错法（trial-and-error）"来进行控制的，即对于任意扰动输入，调节器并不知道其输出最终应该取多大，而是不停地改变其输出，直到测量值与给定值达到一致，自动"摸索"出合适的数值为止，这正是反馈回路出现振荡响应的原因。

　　③ 任何反馈回路都有一个固有的自然频率，假如扰动频繁，并且其间隔小于三个自然振荡周期，那么回路就很难达到稳定状态，这就类似于串级控制的"共振"现象。

　　④ 反馈控制系统，因构成闭环，故而存在一个稳定性问题。即使组成闭环系统的每个环节都是稳定的，闭环后是否稳定，仍然需要做进一步的分析。

　　前馈控制则不然，它是"基于扰动的控制"，这种控制方法是要把影响过程的主要扰动因素测量出来，连同设定值一起，用来计算正确的输出，以适应当前的状态。无论干扰何时出现，都立即开始校正，使扰动在影响到被调量之前就被抵消掉。从理论上讲，前馈控制可以实现很"完美"的控制，即使是难控过程，它的性能也仅仅受测量和计算精度的限制。

6.2.1　前馈控制的基本结构与工作原理

　　前馈控制系统的一种简化图如图 6.2-1 所示。顾名思义，前馈控制系统的主要特点是信息的向前流动，而且系统没有利用被调量，因为如果利用了被调量就相当于构成了闭环反馈。那么，为什么前馈控制没有利用被调量的连续测量值却又有可能控制这个被调量呢？这是因为，在设计前馈控制系统时，调节量应表达成各种负荷分量和被调量的函数，而方程中的所有被调量都要用设定值来代替，这点是很重要的。这也说明，在单纯的前馈控制系统中，设定值一般是必不可少的，况且任何控

制系统都需要有一个"指挥"给它发指令。换句话说,前馈控制器正是利用已知的给定值去改变调节量,同时测量扰动并对其做出补偿,以使被调量达到设定值。

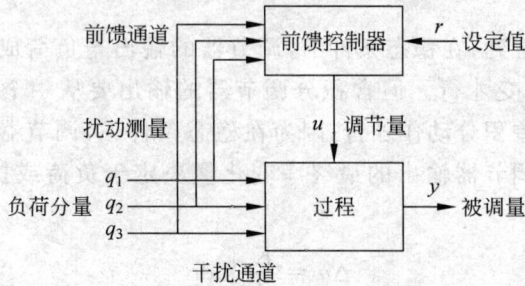

图 6.2-1 前馈控制的基本结构

单纯从扰动补偿的角度来看,在图 6.2-1 所示前馈控制系统中,从扰动作用点(负荷分量的变化)到被调量之间实际上存在着两条平行的通道,即过程干扰通道以及前馈补偿通道;如果这两个通道对输出影响的大小相同,而作用方向相反,则系统输出量完全不受扰动的影响,即实现了被调量对扰动的"完全不变性",这就是所谓实现不变性的双通道原理。

下面以图 6.2-2 所示换热器温度控制系统为例,说明前馈控制的基本原理。图中加热蒸汽通过换热器中的排管的外面,把热量传给排管内流过的被加热液体(工艺介质),介质的出口温度 T 用蒸汽管路上的调节阀来调节。引起温度改变的扰动因素很多,主要扰动是来自上一道工序的被加热介质的流量 q。

当发生负荷流量变化时,出口温度就会有偏差。如果用一般反馈调节,如图 6.2-2(a)所示,则一定要等到介质出口温度 T 偏离给定温度以后,才开始采取动作,改变加热蒸汽的流量。此后,又要经过热交换过程的惯性,才会使出口温度变化而反映出调节效果,这就使得出口温度产生较大的动态偏差。如果根据负荷流量的测量信号来控制调节阀,即采用图 6.2-2(b)所示的前馈控制结构,那么当负荷发生变化后,就不必等到流量变化反映到出口温度以后再去控制,而是可以直接根据负荷流量的变化计算出需要补偿的蒸汽流量,立即对调节阀进行控制,甚至可以在出口温度还没有变化前就及时将流量的扰动补偿了,这就是前馈控制的优点。

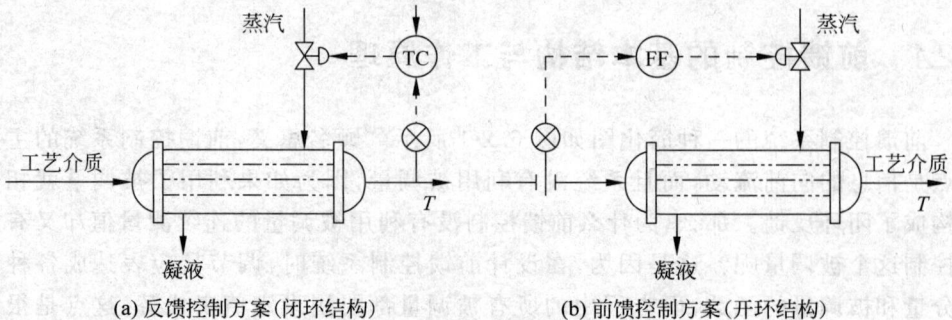

(a) 反馈控制方案(闭环结构)   (b) 前馈控制方案(开环结构)

图 6.2-2 换热器前馈、反馈控制系统

前馈与反馈控制在结构上的不同由图 6.2-2 可以清楚地看出,即反馈控制属于闭环结构,被调量温度的变化会影响调节阀的开度,调节阀的开度变化可以改变被控温度。前馈控制则明显不同,被调量温度不影响阀门开度;负荷扰动会通过前馈补偿器调节阀门开度,但是,阀门开度的变化是用来影响被调介质的温度,它不会对负荷流量即扰动本身施加影响,因而不形成闭环,完全是一种开环结构。

6.2.2　前馈控制器设计及其性能分析

假设被控过程干扰通道与调节通道如图 6.2-3 所示,某一特定扰动变量 d_2 持续存在,并且对系统影响较大,如果我们发现 d_2 满足如下条件:

(1) 该扰动变量可以可靠地测量;

(2) 该扰动变量不受过程输入变量 u 的影响(即不构成闭环反馈);

(3) 此干扰通道与调节通道的动态特性相近。
则可以在控制方框图中引入前馈控制,其中包括插入一检测扰动变量的传感器 $G_{sf}(s)$,改变操作变量通常采用的执行器 $G_v(s)$,以及一个新的前馈补偿控制器 $G_{ff}(s)$,如图 6.2-4 所示。

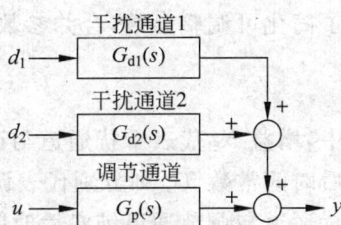

图 6.2-3　过程扰动与调节通道的传递函数描述

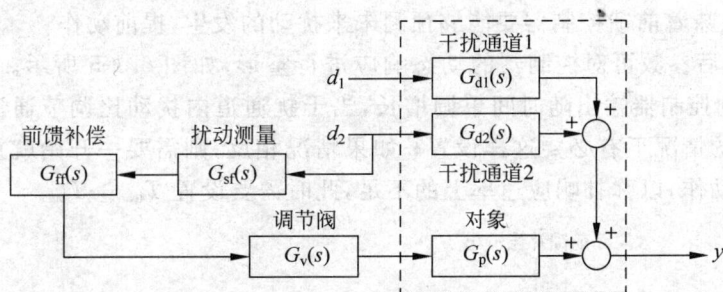

图 6.2-4　前馈控制系统的传递函数描述

为了消除扰动 d_2 对系统被调量 y 的影响,可先求得其间的传递函数为

$$Y(s) = [G_p(s)G_v(s)G_{ff}(s)G_{sf}(s) + G_{d2}(s)]D_2(s)$$

显然,当前馈补偿传递函数满足下式

$$G_{ff}(s) = \frac{-G_{d2}(s)}{G_{sf}(s)G_v(s)G_p(s)} \tag{6.2-3}$$

时,可实现被调量 y 对于干扰 d_2 的完全不变性。

根据式(6.2-3)可以看出,前馈控制器的控制规律,取决于被控对象的特性,因此,控制规律往往比较复杂。而工程上追求的是简单实用的补偿算法。因此,这里借鉴前面单回路控制系统设计时被控过程干扰通道和调节通道的简化模型,对式(6.2-3)进行简化处理,将传感器及调节阀特性并入对象中,并用 FOPDT 模型 $G_m(s)$ 来近似逼近,则有

$$G_m(s) = G_{sf}(s)G_v(s)G_p(s) = K_m \frac{1}{T_m s + 1} e^{-\tau_m s} \tag{6.2-4}$$

类似地,干扰通道的传递函数为

$$G_{d2}(s) = K_d \frac{1}{T_d s + 1} e^{-\tau_d s} \tag{6.2-5}$$

根据式(6.2-3)有

$$G_{ff}(s) = -\frac{K_d}{K_m} \cdot \frac{T_m s + 1}{T_d s + 1} e^{-(\tau_d - \tau_m)s} \tag{6.2-6}$$

为了简化可调整参数,合并参数,可得到比较通用形式的前馈控制器结构

$$G_{ff}(s) = -K_{ff} \cdot \frac{T_{lead} s + 1}{T_{lag} s + 1} e^{-\tau_{ff} s} \tag{6.2-7}$$

式中,增益 K_{ff} 代表干扰通道与调节通道中过程稳态增益的比值,超前时间常数 T_{lead}、滞后时间常数 T_{lag} 则分别代表调节通道与干扰通道内对象的等效时间常数,τ_{ff} 则为干扰通道与调节通道纯滞后时间之差。这四个参数可以像 PID 控制器参数那样,进行现场调整,以取得被控变量对于扰动 d_2 的良好响应特性。

四个参数当中,增益的作用是放大补偿器的输出响应,纯滞后时间常数则是延迟控制器的响应,当扰动通道纯滞后比调节通道过程纯滞后大时,使补偿器不会过早地影响受控变量。然而,如果情况相反,即扰动通道纯滞后小,则理想的控制要求负的 τ_{ff},这意味着前馈控制器要能够预测未来扰动的发生,提前动作。

超前、滞后参数可对控制器的动态响应进行整形,如图 6.2-5 所示。例如,如果 $T_{lag} > T_{lead}$,则控制器输出随时间单调增长,当干扰通道内扰动比调节通道内调节变量行进得慢的情况下有必要这样设置;如果情况相反,则需要一开始就提供更加剧烈的调节器动作,以弥补响应速率上的不足,此时需要设置 $T_{lead} > T_{lag}$。

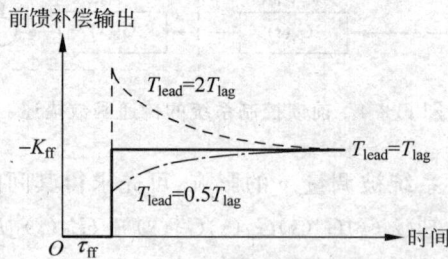

图 6.2-5　前馈控制器的阶跃响应

适合采用前馈控制的大部分过程,其扰动通道和调节通道的传递函数在性质上和数量上都是相近的。虽然在两者中还可能碰到纯延迟,但是它们的数值一般也比较接近。所以在大多数情况下,只需要考虑主要的惯性环节,也就是实现部分补偿,而上述简单的超前-滞后装置作为动态补偿器也就能够满足要求了。

需要指出,式(6.2-3)给出了基于扰动 d_2 的完全补偿条件,而式(6.2-7)给出了近似补偿算法,后者具有简单实用的优点。但是,单纯的前馈控制在实际应用过程中还是存在一定的局限性,包括:

(1) 前馈控制属于开环控制方式。在开环控制下没有对被控量的偏差进行检验。在图 6.2-2(b)所示换热器温度前馈控制的例子中,被控温度是不存在反馈的,因此,如果前馈控制效果不佳,或其他扰动出现,被控温度将偏离给定值,由于前馈系统无法获得这一偏差信息而不能做进一步的校正。故单纯的前馈控制方案一般不宜采用。

(2) 完全补偿难以实现。前馈控制只有在实现完全补偿的前提下,才能取得理想的动态品质。但完全补偿几乎不可能做到,因为:

① 要准确地掌握对象扰动通道特性及调节通道特性是不容易的,因而前馈控制器模型难以准确;且被控对象常含有非线性特性,在不同的运行工况下其动态特性参数将产生明显的变化,原有的前馈模型此时就不能适应了,因此无法实现动态上的完全补偿。

② 即使前馈模型能准确求出,有时工程上也难以实现。例如,该前馈模型可能含有高阶微分环节,可能是非因果的,因而物理上根本无法准确实现。

(3) 前馈控制具有指定性补偿的局限性,即只能对被前馈的可测主要扰动有校正作用,对系统中的其他扰动则无校正作用。但在实际生产过程中,往往同时存在着若干个扰动,如上述换热器温度系统中,物料流量、物料入口温度、蒸汽压力等的变化均将引起出口温度的变化。如果要对每种扰动都实行前馈控制,就需对每一扰动至少使用一套测量变送仪表和一个前馈控制器,这将会使控制系统庞大且复杂,从而将增加大量自动化设备的投资;退一步讲,即使我们设法对每一扰动都建立了前馈控制器,但参数整定不可能对所有扰动过程都十分准确。另外,尚有一些扰动量至今无法对其实现在线测量,而若仅对某些可测扰动进行前馈控制,则无法消除其他扰动对被控参数的影响。

(4) 对不可测的干扰无法实现前馈控制。以上这些因素均限制了前馈控制的应用范围。因此,在前馈控制的基础上,还有必要进一步引入反馈控制结构,这就是前馈-反馈复合控制系统。

6.2.3　复合控制系统

自动控制的核心是反馈控制,反馈控制的最大优点之一就是对引起被控变量偏离设定值的所有扰动均有校正作用;同时,反馈控制系统相对前馈控制来说,调节规律通常比较简单,主要就是 P、PI、PD、PID 等典型规律。再考虑到前馈控制所具有的局限性,促使我们考虑,在图 6.2-4 所示前馈控制的基础上可针对最终被控变量再引入反馈结构,形成所谓前馈-反馈"复合调节系统",如图 6.2-6 所示。

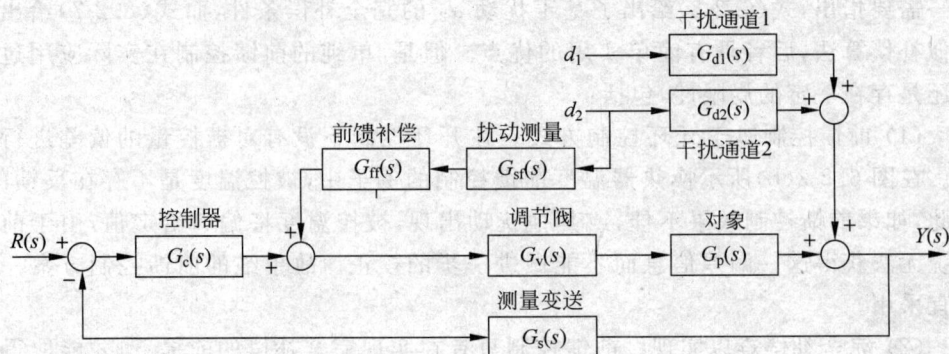

图 6.2-6　前馈反馈复合控制系统

复合调节系统输出的闭环传递函数为

$$Y(s) = \frac{G_{\mathrm{p}}(s)G_{\mathrm{v}}(s)G_{\mathrm{c}}(s)}{1+G_{\mathrm{s}}(s)G_{\mathrm{p}}(s)G_{\mathrm{v}}(s)G_{\mathrm{c}}(s)}R(s) + \frac{G_{\mathrm{d2}}(s)+G_{\mathrm{p}}(s)G_{\mathrm{v}}(s)G_{\mathrm{ff}}(s)G_{\mathrm{sf}}(s)}{1+G_{\mathrm{s}}(s)G_{\mathrm{p}}(s)G_{\mathrm{v}}(s)G_{\mathrm{c}}(s)}D_2(s)$$

$$+ \frac{G_{\mathrm{d1}}(s)}{1+G_{\mathrm{s}}(s)G_{\mathrm{p}}(s)G_{\mathrm{v}}(s)G_{\mathrm{c}}(s)}D_1(s) \tag{6.2-8}$$

上式右边第二项反映了扰动 d_2 对输出的影响,如果要实现针对扰动 d_2 的完全补偿或称完全不变性,则要求第二项为零,也就是

$$\frac{G_{\mathrm{d2}}(s)+G_{\mathrm{p}}(s)G_{\mathrm{v}}(s)G_{\mathrm{ff}}(s)G_{\mathrm{sf}}(s)}{1+G_{\mathrm{s}}(s)G_{\mathrm{p}}(s)G_{\mathrm{v}}(s)G_{\mathrm{c}}(s)}D_2(s) = 0 \tag{6.2-9}$$

因此,只有

$$G_{\mathrm{d2}}(s)+G_{\mathrm{p}}(s)G_{\mathrm{v}}(s)G_{\mathrm{ff}}(s)G_{\mathrm{sf}}(s) = 0$$

即要求

$$G_{\mathrm{ff}}(s) = \frac{-G_{\mathrm{d2}}(s)}{G_{\mathrm{sf}}(s)G_{\mathrm{v}}(s)G_{\mathrm{p}}(s)} \tag{6.2-10}$$

显然,这与式(6.2-3)的要求是一致的。

根据式(6.2-8)和式(6.2-10),我们可以得出关于前馈反馈复合控制系统的几点结论:

(1) 反馈控制系统的稳定性条件并不因为引入前馈环节而有所改变。

(2) 复合调节系统与开环的前馈调节系统具有同一前馈补偿调节算法,并不因为引进基于偏差的反馈控制而有所改变。

(3) 前馈扰动对被控变量的影响由于反馈的引入而大大减弱。我们知道,由于在通频带内,回路增益一般满足

$$\mid 1+G_{\mathrm{s}}(s)G_{\mathrm{p}}(s)G_{\mathrm{v}}(s)G_{\mathrm{c}}(s) \mid \gg 1$$

因此,即使前馈不能够实现完全不变性,该扰动引起的动态误差以及稳态误差也会因反馈而大大降低。如果反馈控制器含积分动作,则回路稳态增益为无穷大,还可实现稳态不变性。

(4) 针对其他扰动(如扰动 d_1),由于没有引入前馈补偿通道,因此不可能实现完全补偿。但是,由于引入了反馈调节,因此,在采用积分控制时,有

$$| 1 + G_s(s)G_p(s)G_v(s)G_c(s) |_{s=0} = \infty$$

即稳态增益为无穷大,因此针对扰动 d_1,反馈补偿易于实现稳态不变性。

关于复合调节系统的参数整定,显然,反馈控制器 G_c 与前馈控制器 G_{ff} 都要依据被控过程的特性进行参数整定,反馈控制器需要有关 G_m 的知识,而前馈控制器则需要同时了解 G_m 与 G_{d2} 的属性。在前馈控制器建立好了之后,则主要依据设定值 r 及扰动 d_1 的响应特性进行控制器 G_c 的参数调整。

在实际应用中,可以选择对象中主要的一些可测扰动作为前馈信号引入前馈控制,对其他引起被调参数变化的各种干扰则采用反馈调节,充分利用前馈和反馈这两种控制结构的优点,使调节质量进一步提高。当然,对于各种干扰,凡是能够在源头上对其进行有效抑制的方法应该是最优先选择的。

6.2.4　前馈控制系统设计及其工程实现

下面首先通过一个实例,来举例说明前馈控制系统的设计与工程实现。

例 6.2-1　石油工业中的管式加热炉的任务是把原油或重油加热到一定的温度,以保证下道工序的顺利进行,其工艺流程如图 6.2-7 所示。被加热的原料油流过炉膛四周的排管后,被加热到出口温度 T_2,工艺上要求油料出口温度的波动不能超过 $\pm 1 \sim 2 \, ℃$。加热炉出料温度为被调参数,用装设在燃料油管道上的调节阀来控制燃料油流量,以达到调节温度的目的。已知原料油及燃料油流量波动是主要的扰动源,试制订串级前馈复合控制方案予以补偿。

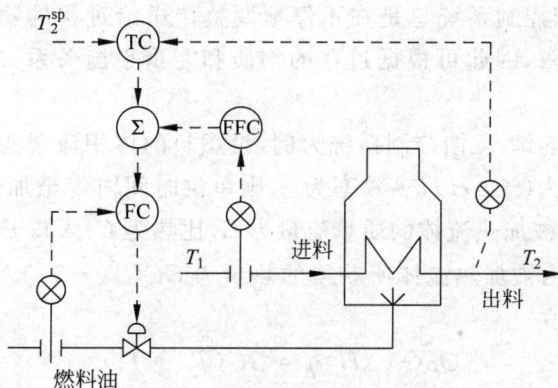

图 6.2-7　前馈反馈复合控制系统

解　这里,先来进行扰动分析,使原料油出口温度变化的扰动主要有:原料油的流量和进口温度的变化 f_1;燃料油流量、压力和喷油用的过热蒸汽的波动 f_2;以及燃烧供风和大气温度的变化 f_3 等。考虑到原料油的流量不稳定是主要的扰动源,属于负荷扰动,并且不可控(受到上一道工序的制约),因此应考虑引入前馈补偿通道,在进料量变大的同时,加大燃油流量,以便维持能量的平衡。至于燃料油流量波动,可通过调节燃料进料阀予以调节,因而属于闭环反馈调节,构成串级控制的内回路。

至于其他干扰,可通过直接检测出料温度 T_2 与给定温度 T_2^{sp} 进行比较,采用 PID 控制律进行有效的抑制。复合控制方案如图 6.2-7 所示,对应控制方框图如图 6.2-8 所示。

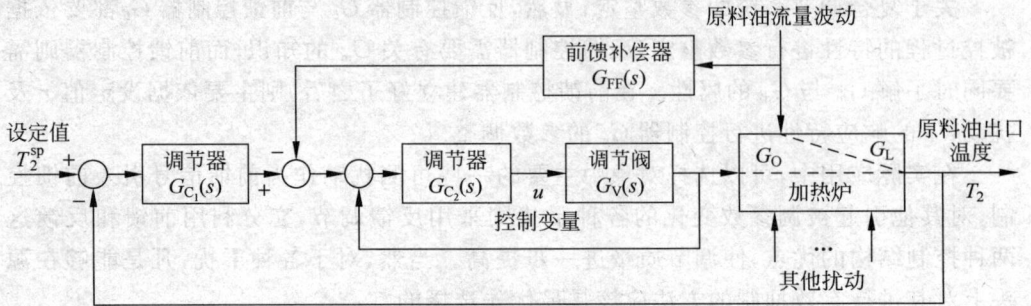

图 6.2-8　加热炉的前馈反馈复合控制系统

通过这个例子,可以看出反馈串级控制与前馈控制的明显区别:

① 串级内环。燃料油流量波动,通过内环控制器,及时调节燃料阀开度,以稳定燃料流入量,避免进一步影响被控温度,因而属于反馈闭环结构。

② 前馈补偿。负荷介质流入量改变,会通过前馈补偿器,调整燃料流入量,进而维持能量的平衡,减少对被控温度的影响,但这不会影响负荷介质本身流入量,因而属于开环结构。

简而言之,基于双通道补偿原理采用前馈,基于反馈补偿调节采用串级控制方案。

一般来说,前馈控制系统总是在不停地调整传送给过程的物质和能量,使之与负荷的需求保持平衡,因此可根据过程的物质和能量平衡关系,来进行前馈控制系统的设计。

以上述加热炉前馈-反馈控制系统为例,设燃料的体积流量为 Q,密度为 ρ,单位质量燃料的燃烧热为 $(-\Delta H)$,热效率为 η,则单位时间内传至加热炉管内的热量为 $Q\rho(-\Delta H)\eta$。又设被加热流体的质量流量为 G,比热为 C,入口温度为 T_1,出口温度为 T_2,则单位时间内被加热流体所获得的热量为 $GC(T_2-T_1)$。达到稳态时,下列热量平衡关系式成立

$$Q\rho(-\Delta H)\eta = GC(T_2 - T_1) \tag{6.2-11}$$

即

$$Q = \frac{GC(T_2 - T_1)}{\rho(-\Delta H)\eta} \tag{6.2-12}$$

这就是应该采取的前馈补偿装置的控制算法。如果 $\rho,(-\Delta H),\eta,C,T_1$ 都基本恒定,T_2 的设定值保持不变,则有补偿器的动态控制律

$$\Delta Q = \frac{C(T_2 - T_1)}{\rho(-\Delta H)\eta}\Delta G = K\Delta G \tag{6.2-13}$$

在实际仪表装置中要决定的仪表系数是下式的比例系数 K_d

$$\frac{\Delta Q}{Q_{\max} - Q_{\min}} = K_d \frac{\Delta G}{G_{\max} - G_{\min}}$$

式中$(Q_{\max} - Q_{\min})$和$(G_{\max} - G_{\min})$是相应仪表的量程。由此可知

$$K_d = \frac{G_{\max} - G_{\min}}{Q_{\max} - Q_{\min}} K = \frac{G_{\max} - G_{\min}}{Q_{\max} - Q_{\min}} \frac{C(T_2 - T_1)}{\rho(-\Delta H)\eta} \qquad (6.2\text{-}14)$$

以上介绍的可以看做是式(6.2-7)中前馈控制器比例增益K_{ff}的理论计算方法。

事实上,直接根据式(6.2-7)中K_{ff}的定义而采取的实测方法应用更加广泛。更简单的做法是,当引入反馈控制,并采用积分作用,如 PI 或 PID 控制规律时,达到稳态时的被控变量测量值必然等于设定值。不论是特地进行测试或从已有的操作数据做分析,总可找到在扰动量为d_1时所采用的调节量u_1,扰动量为d_2时所采用的调节量u_2,如假定过程特性为线性,则应取的前馈增益为

$$K_{ff} = \frac{\Delta u}{\Delta d} = \frac{u_2 - u_1}{d_2 - d_1} \qquad (6.2\text{-}15)$$

需要指出,上面考虑的仅仅是稳态情况。事实上,作为动态过程,其物质和能量不可避免地要储存在过程中,当过程从一个状态变成另一个状态时,它们的储存量也将发生变化。储存量的变化意味着能量或物质的暂时释放或吸收,这就会使被调量产生一个过渡过程,除非在计算中已经给予了考虑。式(6.2-14)显然并未考虑动态过渡过程,因而属于静态前馈补偿算法。

可见,要做到尽善尽美,控制系统就应该被设计成既能在稳态下保持过程的平衡,又能在两个稳态之间的过渡过程中保持过程的平衡。这样的控制系统必须像过程本身那样,既含有静态分量又含有动态分量,实际上它就是过程的一种模型。

当然,若考虑实现完全动态补偿,一般会导致过于复杂的计算,实际效果并不一定理想,而采用式(6.2-7)中的超前-滞后环节,并依据干扰通道与调节通道的具体情况来整定其时间常数,则可实现简单的动态补偿。

另一方面,需要指出,前馈系统的输出最好用作流量串级回路的设定值,而不要直接用于控制阀门,因为阀门的位置不能足够准确地代表流量。

综上所述,理想的过程控制一般都要求被控变量在过程特性呈现大滞后(包括容量滞后和纯滞后)和多干扰情况下,持续保持在工艺所要求的数值上。可是,由于调节器只有在输入被控变量与给定值之差之后才发出控制指令,因而系统在反馈控制过程中必然存在偏差,因而不能够得到完美的控制效果。而前馈控制直接按照干扰大小进行补偿控制,在理论上能够实现完美的控制。但前馈控制正如前文所述,也有局限性,因此,前馈控制只能够作为反馈控制的重要补充,而不能够完全取代反馈控制。

6.3 分程控制系统

6.3.1 分程控制系统的基本结构与工作原理

一般的反馈控制系统当中,通常是一台调节器输出只控制一个执行器;但在某

些生产过程中,根据工艺要求,需将调节器的输出同时送往两个或多个执行器,分别
驱动每个调节阀在调节器输出的不同信号范围内做全行程动作,这样的系统叫做分
程控制系统(split-range control)。

　　例如,图 6.3-1 所示为一间歇式化学反应器。每次化学原料加满后,都要保持在
一定温度下进行化学反应。反应开始前,需要用蒸汽加热以达到反应所需的温度,
引发化学反应;当反应开始后,因放出大量反应热,需要用冷却剂进行冷却,以取走
反应热,保证反应在规定的温度下进行。

　　为此,设计了图 6.3-1 所示以反应器内温度为被控参数,以蒸汽量和冷水量为调
节参数的分程控制系统。从安全角度考虑,蒸汽阀 A 采用气开式,冷水阀 B 采用气
闭式,因此温度调节器应当取反作用方式,蒸汽阀和冷水阀的分程关系如图 6.3-2
所示。

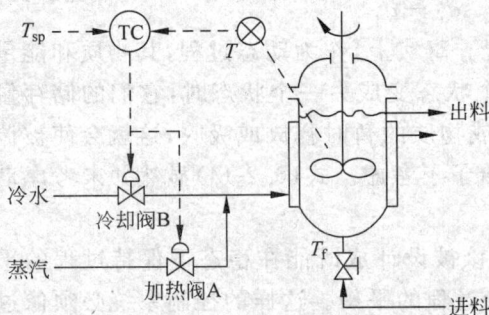

图 6.3-1　化学反应器温度分程控制　　　　　图 6.3-2　调节阀分程关系曲线

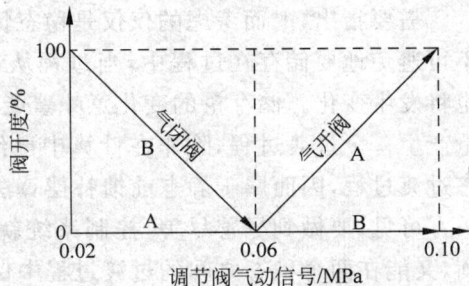

　　具体调节过程可描述如下:当投料完毕后,温度控制系统投入运行。此时温度
低于给定温度,调节器输出大于 0.06MPa,蒸汽阀 A 处于"开"的位置,反应物料温度
上升。等到化学反应开始以后,反应物料温度很快高于给定值,于是调节器输出下
降,关闭蒸汽阀 A,打开冷水阀 B,以带走反应热,使反应物料温度下降,并保持在给
定值附近。注意:气动控制信号的量程范围是:0.02~0.10MPa。

　　根据调节阀的气开、气闭形式和分程工作范围的先后,可将分程控制系统分为
以下两种不同的结构类型。

1.调节阀同向动作的分程控制系统

　　图 6.3-3 所示为调节阀同向分程动作的示意图,图 6.3-3(a)表示两个调节阀都
是气开型,其动作原理可描述如下。当调节器输出信号从 0.02MPa 开始增大时,阀
B 打开;当信号增大到 0.06MPa 时,阀 B 全开;同时,阀 A 开始打开;当信号达到
0.1MPa 时,阀 A 全开。图 6.3-3(b)表示两个调节阀都是气闭型,当调节器输出信
号从 0.02MPa 开始增大时,阀 A 由全开状态开始关小;当信号增大到 0.06MPa 时,
阀 A 全关;同时,阀 B 开始由全开状态开始关小;当信号达到 0.1MPa 时,阀 B 也
全关。

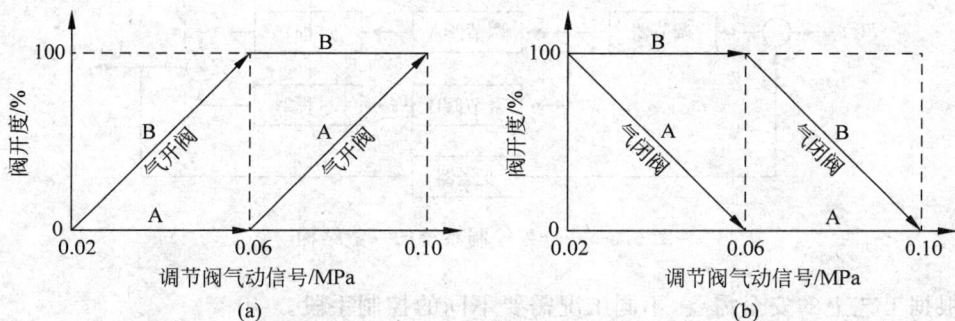

图 6.3-3 调节阀同向动作示意图

2. 调节阀异向动作的分程控制系统

图 6.3-4 所示为调节阀异向分程动作的示意图,图 6.3-4(a)中,调节阀 A 选用气开型,调节阀 B 选用气闭型。当调节器输出信号从 0.02MPa 开始增大时,阀 B 全开,阀 A 开启;达到 0.06MPa 后,阀 A 保持全开,阀 B 开始关小,直到 0.1MPa 时,阀 B 全关。图 6.3-4(b)表示调节阀 A 选用气开型,调节阀 B 选用气闭型,其动作与图 6.3-4(a)恰好相反。

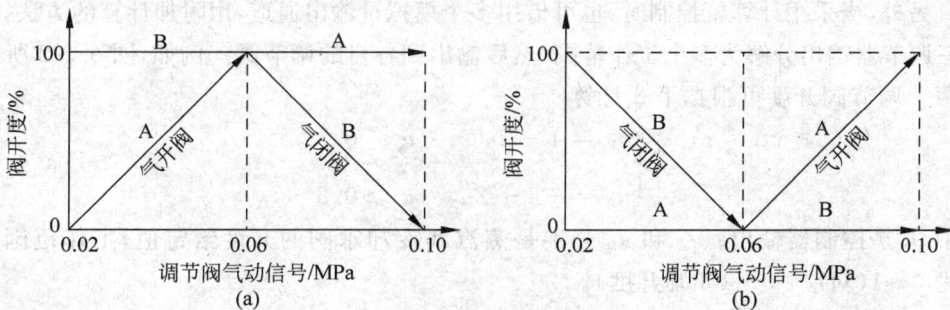

图 6.3-4 调节阀异向动作示意图

6.3.2 分程控制系统的设计、实现及其工程应用

分程控制系统本质上属于单回路控制系统,其典型结构如图 6.3-5 所示。它与单回路控制系统的主要区别是调节器的输出信号需要分程,并且调节阀多,在系统设计上有一些不同之处。

1. 分程控制工作范围的选择与实现

在分程控制中,调节器输出信号需要分成几个区段,哪一区段信号控制哪一个调节阀工作,完全取决于工艺要求;同时,调节阀是选择同向工作还是异向工作,也

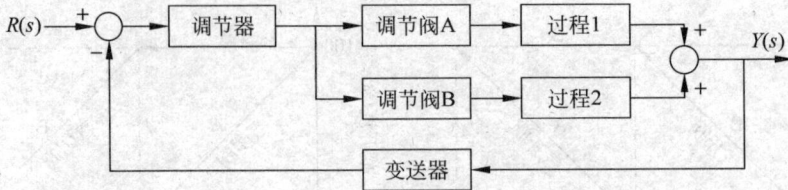

图 6.3-5　分程控制系统的一般结构

要根据工艺上的安全需要,不同工况需要不同的控制手段。

以图 6.3-1 所示分程控制系统为例,在化学反应初期,釜温相对设定点温度过低,为引发化学反应,应使调节器输出信号去控制蒸汽阀门 A;同时,为安全起见,阀 A 选用气开阀。而在化学反应中后期,由于是放热反应,故应使调节器去控制冷却水气开阀 B,以降低釜温,保持要求的反应温度。因此,需要采用图 6.3-4(b)所示结构。

由于分程控制系统的调节阀与一般调节阀的工作范围是不同的。一般调节阀工作范围是 0.02～0.1MPa,而分程控制的两个阀分别是 0.02～0.06MPa 和 0.06～0.1MPa。为此,可通过调节阀的附件即阀门定位器或其他仪表来实现。例如,可通过调整阀门定位器的零点和量程,或者选择不同的调节阀弹簧,使调节阀分别工作在不同的工作范围。

另外,当采用计算机控制时,也可借用多个模拟量输出通道,用附加计算的方法,将单一调节器输出分解为多个工作范围,然后输出到各自的调节阀。例如,图 6.3-2 所示的两个调节阀开度可根据下式计算

$$\begin{cases} u_B = 1 - 2u, & u \leqslant 0.5 \\ u_A = -1 + 2u, & u \geqslant 0.5 \end{cases} \tag{6.3-1}$$

式中,u 是控制器输出;u_A 和 u_B 分别是蒸汽和冷却水阀的开度给定值,工作范围则都为 0～1(对应:0～100％开度)。

2. 分程控制系统的工程应用

设计分程控制主要有两方面的目的:

① 扩大控制阀的可调范围,使得在小流量时有更精确的控制,以改善控制系统的品质;

② 满足工艺上操作的特殊要求。

调节阀有一重要静态指标,即阀的可调范围 R,用来表明调节阀执行规定特性(线性特性或等百分比特性)运行的有效范围。可调范围可用下式表示

$$R = \frac{C_{\max}}{C_{\min}} \tag{6.3-2}$$

式中,$C_{\max}$ 为阀的最大流通能力;$C_{\min}$ 为阀的最小流通能力。国产阀的固有可调范围 R 一般为 30。所以,$C_{\min} = 3.3\% C_{\max}$。

当控制阀膜头气压为 0 时,流过控制阀的流体流量是控制阀的泄漏量;当控制

阀膜头气压是 0.02 MPa 时, 流过控制阀的流体流量是控制阀的最小流量。

如果采用两个口径不同的控制阀, 实现分程后, 总的可调范围可大大扩大, 这种应用一般采用图 6.3-3 所示同向动作的调节阀。不过, 当分程控制用于扩大可调范围时, 应严格控制大阀的泄漏量。例如, 大阀 A 的 $C_{Amax}=100$, 小阀 B 的 $C_{Bmax}=4$, 则 $C_{Bmin}=4/30=0.133$。假设大阀的泄漏量为 0, 则分程控制后, 最小总流通能力为 0.133, 最大总流通能力为 $100+4$; 系统的可调范围为 $(100+4)/0.133=780$, 明显大于 $R=30$ 的水平。但是, 假设大阀的泄漏量为 1%, 即 1, 小阀的泄漏量为 0, 则分程控制后, 最小总流通能力为 1.133, 最大总流通能力为 $100+4$; 系统的可调范围又降低到 $(100+4)/1.133=91.8$。可见, 较大的泄漏量会导致可调范围大大降低。

分程控制除用于扩大可调范围外, 另外一个重要应用就是满足工艺上操作的特殊需求, 图 6.3-1 所示反应器温度分程控制就是一个典型的例子。下面再举一个储罐氮封分程控制的例子, 如图 6.3-6 所示。

在炼油厂或石油化工厂中, 有许多储罐存放着各类油品或石化产品, 它们一般建造在室外。为使这些油品或产品不与空气中的氧气接触, 防止氧化变质, 或引起爆炸风险, 常采用罐顶充氮气的办法, 以便与外界空气相隔绝。

实行氮封的技术要求是, 要始终保持储罐内的氮气压为微量正压。当储罐内储存物料量增减时, 将会引起罐顶压力的升降, 应及时进行控制, 否则将使储罐变形。因此, 当储罐内液面上升时, 应停止继续补充氮气, 并将压缩的氮气适量排出。反之, 当液面下降时应停止放出氮气。只有这样才能做到隔绝空气, 又保证容器不变形的目的。具体充放氮气分程控制方案, 如图 6.3-6 所示。图中, 控制器采用反作用方式, PI 控制规律; 进入储罐的氮气阀门 A 具有气开特性, 而排放氮气的阀门 B 具有气闭特性, 两阀的分程动作关系, 如图 6.3-7 所示。

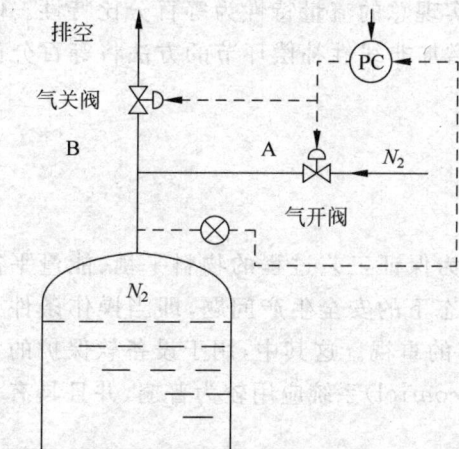

图 6.3-6 储罐氮封分程控制   图 6.3-7 储罐氮封分程控制调节阀动作关系

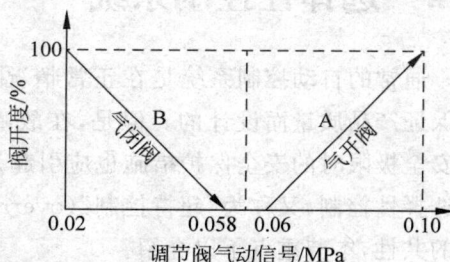

这里, 有必要指出, 图 6.3-7 中有意识地在 0.06 MPa 附近引入了不灵敏区(或称间歇区), 大小为 $\Delta=0.004$ MPa, 目的是要避免两调节阀在平衡工况附近频繁开闭,

以有效地节省氮气。因为,一般储罐顶部空隙较大,压力对象时间常数大,而氮气的压力控制精度要求不高,设置一不灵敏区是允许的。

3. 分程控制系统中调节阀的流量特性

用分程控制,可获得扩展可调范围的效果,但是从流量特性来看,还存在着由 A 阀到 B 阀(或由 B 阀到 A 阀)流量变化要平滑过渡的问题。但由于两个调节阀的增益不同,存在着流量特性的突变,对此必须采用相应的措施。

以图 6.3-8 所示为例,假设两只阀 A 和 B 都是气开型线性阀,并且采用均分的分程信号,其流量特性如图 6.3-8(a)、(b)所示。但组合在一起后,总的流量特性如图 6.3-8(c)所示在 0.06MPa 气压处出现了大的转折,呈现出严重的非线性。

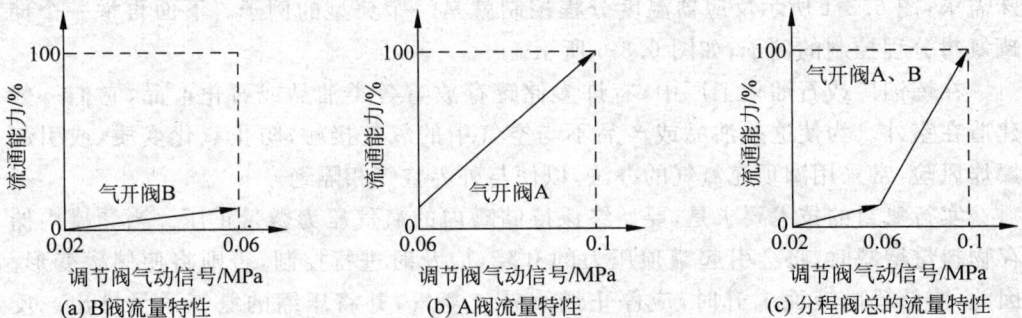

图 6.3-8　两只线性阀组成的分程控制系统综合流量特性

因此,对于线性流量特性的调节阀,只有当两个阀流通能力随气压信号变化的速率很接近时,两阀衔接成直线才能用于分程控制系统。此外,为了实现圆滑的过渡,还可采用两只等百分比特性的分程阀以实现总的流量特性为等百分比特性。假如系统要求阀的流量特性为线性,则可通过增加非线性补偿环节的方法将等百分比特性校正为线性。

6.4　选择性控制系统

通常的自动控制系统是在正常情况下,为保证工艺过程的物料平衡、能量平衡或保证产品质量而设计的。但是,在故障状态下的安全生产问题,即当操作条件到达安全极限时的安全保护措施也应引起足够的重视。这其中,用于设备软保护的一类选择性控制,又称为"超驰控制"(override control)系统应用较为普遍,并且具有一定的共性,本节重点予以介绍。

6.4.1　选择性控制系统的基本概念

一般地说,凡是在控制回路中引入选择器的系统都可称为选择性控制系统。随着自动控制技术的进展,应用计算机逻辑控制算法进行选择性控制十分方便。这其中,最为常见的是超持控制,它也属于极限控制一类,是从生产安全角度提出来的,广泛应用于包括大型透平压缩机的防喘振,化学反应器的安全操作以及锅炉燃烧系统的防脱火问题等工业生产过程当中。极限控制的特点是:在正常工况下,该参数不会超限,所以也不考虑对它进行直接(极限)控制;而在非正常工况下,该参数会达到极限值,这时就要求采取强有力的控制手段,避免超限。具体采取的措施包括以下两类:

(1)硬保护。当参数达到第一极限时报警,提示操作工设法排除故障;若没有及时排除故障,参数值会达到更严重的第二极限,此时需要经联锁装置动作,自动停车。

(2)软保护。当参数达到极限时报警,并设法排除故障。但同时,改变操作方式,按使该参数脱离极限值为主要控制目标进行控制,以防该参数进一步超限。这种操作方式一般会使原有控制质量暂时降低,但能够维持生产的继续运转,避免了停车。

由于现代工业生产的复杂性与快速性,操作人员处理事故的速度往往满足不了需要,而且处理过程容易出错;而自动联锁停机的办法又往往造成频繁的设备停机,严重时甚至造成无法开车。所以,一些高度集中控制的大型工厂中,仅仅依靠硬保护措施满足不了生产需要。而超持控制属于软保护措施,它是把由工艺生产过程的限制条件所构成的逻辑关系叠加到正常自动控制系统上去的一种控制方法。当生产操作趋向极限条件时,通过选择器,一个用于控制不安全情况的备用控制系统自动取代正常工况下的控制系统,待工况脱离极限条件回到正常工况后,备用的控制系统又通过选择器自动脱离,正常工况下的控制系统又重新自动投入运行。

6.4.2 选择性控制系统的结构与工作原理

下面以液氨蒸发器温度控制系统为例,来说明选择性控制系统的结构与工作原理。

液氨蒸发器是一个换热设备,在工业上应用极其广泛。它是利用液氨的汽化需要吸收大量热量,以此来冷却流经管内的被冷物料。在生产上,往往要求被冷却物料的出口温度稳定,这样就构成了以被冷物料出口温度为被控变量,以液氨流量为调节变量的控制方案,如图 6.4-1 所示。

这一控制方案用的是改变传热面积来调节传热量的方法。因液位高度会影响热交换器的浸润传热面积,因此,液位高度即间接反映了传热面积的变化情况。由此可见,液氨蒸发器实质上是一个单输入(液氨流量)两输出(温度和液位)系统。液氨流量既会影响温度,也会影响液位,温度和液位有一种粗略的对应性。通过工艺的合适设计,在正常工况下当温度得到控制后,液位也应该在一定允许区间内。

超限现象总是因为出现了非正常工况的缘故。在这里,不妨假设有杂质油漏入被冷物料管线,使传热系数猛降,为了取走同样的热量,就要大大增加传热面积。但当液位淹没了换热器的所有列管时,传热面积的增加已达极限,如果继续增加氨蒸发器内的液氨量,并不会提高传热量。但是液位的继续升高,却可能带来生产事故。这是因为汽化的氨是要回收重复使用的,氨气将进入压缩机入口,若氨气带液,液滴会损坏压缩机叶片,因而液氨蒸发器上部必须留有足够的汽化空间,以保证良好的汽化条件。为了保持足够的汽化空间,就要限制氨液位不得高于某一最高限值。为此,需在原有温度控制基础上,增加一个防液位超限的控制系统。

　　根据以上分析,这两个控制系统工作的逻辑规律如下:在正常工况下,由温度控制器操纵阀门进行温度控制;而当出现非正常工况,引起氨的液位达到高限时,被冷却物料的出口温度即使偏高,但此时温度的偏离暂时成为次要因素,而保护氨压缩机不致损坏已上升为主要矛盾,于是液位控制器应取代温度控制器工作(即操纵阀门)。待引起生产不正常的因素消失,液位恢复到正常区域,此时又应恢复温度控制的闭环运行。

　　实现上述功能的防超限控制方案,已表示在图 6.4-1(b)所示。它具有两台控制器,通过选择器对两个输出信号的选择来实现对控制阀的两种控制方式。在正常工况下,应选温度控制器输出信号,而当液位到达极限值时,则应选液位控制器的输出。这种控制方式,习惯上称为"超驰控制"。也有人称它为"取代控制",由于系统中具有选择器,所以又归为"选择性控制"。

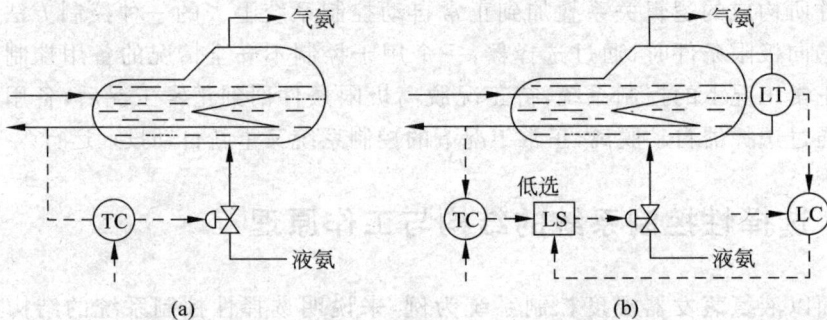

图 6.4-1　液氨蒸发器的控制方案

6.4.3　选择性控制系统的设计

　　选择性控制系统的设计包括选择器的类型,调节器控制规律以及正反作用方式,调节阀气开/气闭形式,系统参数整定等内容。

　　超驰控制系统设计选择器的类型,是指使用低值选择器,还是使用高值选择器。低值选择器常用 LS(low selector)或小于号"<"表示,高值选择器常用 HS(high selector)或大于号">"表示。确定选择器类型的前提是预先确定控制阀的气开、气关性质及控制器的正、反作用方式。以液氨蒸发器的控制为例,当气源中断时,为使氨蒸发器的液位不致因过高而满溢,应选用气开阀。相应地,温度控制器就应该选择正作用方式;而液位控制器则选反作用方式。选择器性质只是取决于起超持作用的这只控制器。由于液位控制器为反作用,当液位测量值超过设定值时,控制器输出信号会减小。该信号减小后,要求被选择器选中,以便及时减小流量。因此该选择器应为低值选择器。

图 6.4-2 所示是超持控制系统的方框图。从结构上看,这是具有两个被控变量,而仅有一个操作变量的过程控制问题。在正常工况下工作的温度控制器,其控制算式选择和参数整定均与常规情况相同;而对"超持"功能的液位控制器,为了取代及时,它的参数整定应使控制作用较常规情况强烈,一般采用较窄的比例带。

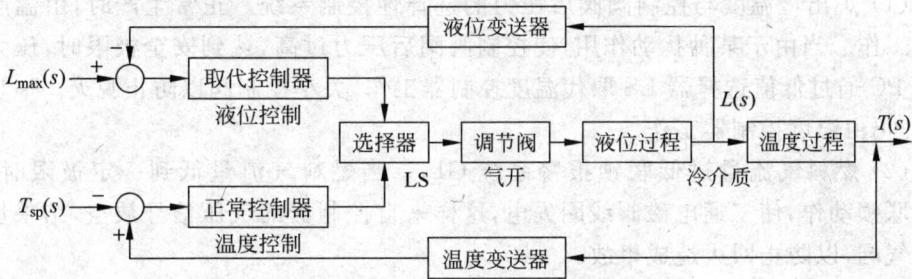

图 6.4-2　温度和液位选择性控制系统框图

另外,需要指出,在超持控制系统中,总有一台控制器处于开环状态。而处于开环状态的控制器只要具有积分作用,都会产生积分饱和现象。这是由于长时间存在偏差,会使调节器的输出达到最大或最小极限值的缘故。积分饱和现象会使调节器不能及时反向动作而暂时丧失控制功能,而且必须经过一段时间后才能恢复控制功能,这将给安全生产带来严重影响。为此,可以将选择器的实际输出信号反馈到控制器内,围绕其积分器进行相应的抗积分饱和处理,如图 6.4-3 所示。例如,当某一控制器起作用时,让另一备用控制器的输出跟踪起作用控制器的输出,从而避免备用控制器的积分累加。

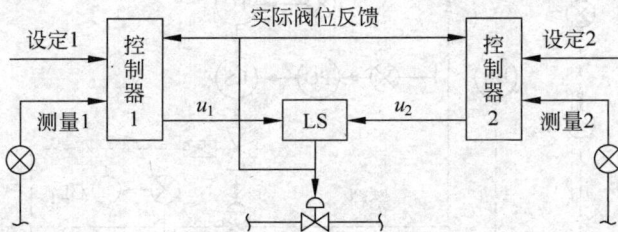

图 6.4-3　具有实际阀位反馈的选择性控制器

下面我们再以原料加热炉出口温度控制系统为例,说明选择控制的应用,同时介绍加热炉安全联锁保护系统,以此进一步说明软硬保护措施在实际工业中的应用。

在以燃料气为燃料的加热炉中,出口原料的温度是被控量。系统存在的主要危险包括：

（1）被加热工艺介质流量过少或中断，此时必须采取安全措施，切断燃料气控制阀，停止燃烧，否则会将加热炉管子烧坏，使其破裂造成严重的生产事故；

（2）当火焰熄灭时，会在燃烧室里形成危险的燃料空气混合物；

（3）当燃料气压过低即流量过小时，会出现回火现象，故要保证最小燃料气流量；

（4）当燃料气压力过高，喷嘴会出现脱火现象，以至造成熄火，甚至会在燃烧室里形成大量燃料气-空气混合物，造成爆炸事故。

作为例子，可设置如图 6.4-4 所示的安全联锁保护系统，它包括以下几部分：

（1）炉出口温度与控制阀阀后压力的选择性控制系统。正常生产时，由温度控制器工作。当由于某种扰动作用，使控制阀阀后压力过高，达到安全极限时，压力控制器 PC 通过低值选择器 LS 取代温度控制器工作，关小控制阀以防止脱火。一旦正常后，仍由温度控制器工作。

（2）燃料气流量过低联锁报警系统 GL_1。当燃料气流量低到一定极限时，则 GL_1 联锁动作，使三通电磁阀线圈失电，这样来自控制器的气压信号放空，结果切断燃料气阀，以防止回火造成事故。

（3）工艺介质低流量联锁报警系统 GL_2，当工艺介质流量过低或中断时，GL_2 动作切断燃料气控制阀，停止燃烧。

（4）火焰检测器开关 BS。当火焰熄灭时，BS 动作，切断燃料气控制阀，停止供气，以阻止燃烧室内形成燃料气-空气混合物造成爆炸事故。

上述三个联锁系统动作以后，不能自动复位，恢复正常后，需人工复位重新投入运行。

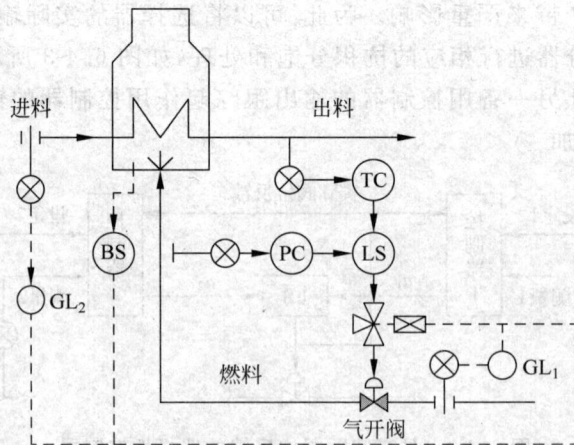

图 6.4-4   加热炉安全联锁保护系统

选择性控制系统除了上述应用外，还有很多用途。随着自动化程度的提高，选择控制在诸如生产过程开、停车控制等许多同时包含开关量与连续量的混合控制系统中都会得到越来越广泛的应用。

6.5　均匀调节系统

6.5.1　均匀调节系统的组成与工作原理

在过程工业中,其生产过程往往有一个"流程"。按物料流经各生产环节的先后,分成前工序和后工序。前工序的出料即是后工序的进料,而后者的出料又源源不断地输送给其他后续设备作为进料。均匀控制是针对"流程"工业中协调前后工序的物料流量而提出来的。

现以图 6.5-1 所示连精馏的多塔分离过程为例加以说明。在通常情况下,精馏塔Ⅰ为了保证分馏过程的正常进行,要求塔Ⅰ的液位稳定在一定的范围内,这可借设置一液位调节系统,调节塔底的液体排出量来达到。显然,液位的平稳是靠排出流量的剧烈变动维持的。而精馏塔Ⅱ希望进料平稳,所以设有流量调节系统。很明显,这两个系统的工作是有矛盾的。当塔Ⅰ的液面在干扰作用下上升时,液面调节器Ⅰ发出信号去开塔底调节阀门1,从而引起塔Ⅱ的进料增加。于是,流量调节器Ⅱ又发出信号去关小调节阀门2。这样,两者之间的矛盾不能很好解决,就会顾此失彼,影响正常操作。

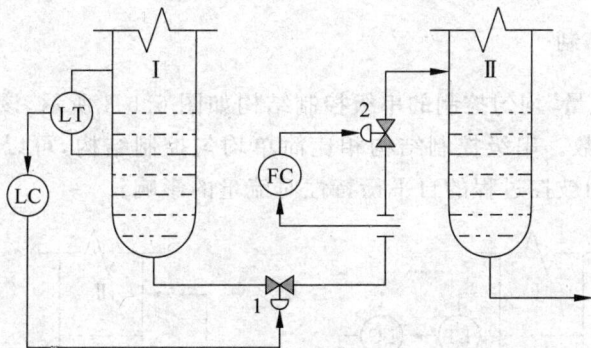

图 6.5-1　多塔分离过程物料供求关系

为了解决这一矛盾,在工艺上可能解决的办法之一是增设中间贮槽,使前后的相互影响减少。但是,如果在每相邻设备间都装上一只中间容器,那就太浪费了。我们进一步分析塔Ⅰ和塔Ⅱ的工艺特点,如果塔Ⅰ对液位调节的要求并不是很严格的,只要液位不超出其上下限即可;而塔Ⅱ对流量调节的要求,也不是使其进料流量恒定不变,限制的只是进料的变化速度。在全面分析工艺要求的基础上,制定出能统筹兼顾各方,使前后设备在物料供求上互相均匀协调的均匀调节系统。

均匀控制的常用控制方案包括以下几种。

1. 简单均匀控制系统

实现"液位-流量"均匀控制的单回路控制结构如图 6.5-2 所示。其系统结构与纯液位控制相同,单从控制系统简图是无法判断系统是按均匀控制运行还是按纯液位控制运行的。它们的差异主要反映在液位控制器参数的整定上。通常,均匀控制系统的调节器整定在较大的比例度(通常大于 100%)和积分时间常数上,以较弱的控制作用达到均匀控制的目的。

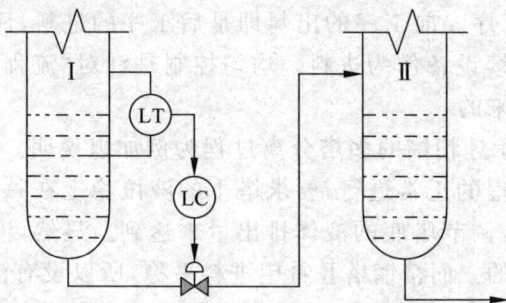

图 6.5-2　简单均匀控制系统

简单均匀控制的最大优点是结构简单、投运方便、成本低,但是其控制效果差。它只能够适用于扰动较小,对流量的均匀程度要求较低的场合。

2. 串级均匀控制

实现"液位-流量"均匀控制的串级控制结构如图 6.5-3 所示,该结构以液位为主参数、流量为副参数。串级控制结构相比简单均匀控制结构,可以有效地克服调节阀前后压力波动和被控过程的自平衡特性对流量的影响。

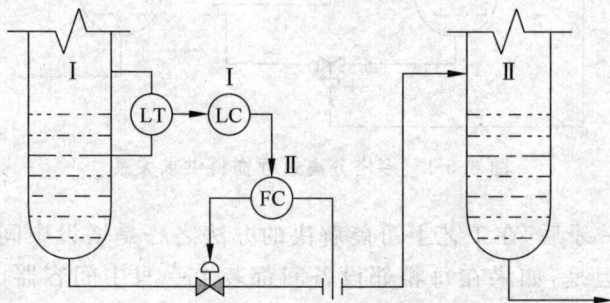

图 6.5-3　均匀控制系统的串级实现方案

串级控制结构与一般液位和流量串级控制系统在结构上也是一致的,但不同的是,这里采用串级控制形式并不是为了提高主参数液位的控制精度;而流量副回路的引入也主要是为了克服阀前后压力波动及自平衡特性对流量的影响,使流量变化平缓。串级均匀控制的主控制器即液位调节器与简单均匀控制的处理相同,以达到均匀控制的目的。

6.5.2　均匀调节系统控制规律的选择与参数整定

首先,来看简单均匀控制回路。对于纯液位控制,因为它的操作仅要求液位平稳,所以当液位经受扰动而偏离给定值时,就要求通过强有力的控制作用(或称"紧的控制")使液位返回给定值。而所谓强有力的控制作用,反映在控制器参数整定上,就要求有窄的比例度或小的积分时间。在现场,往往使用 $30\%\sim40\%$ 的比例度,有的甚至仅有 10% 的比例度。这种所谓强有力的控制作用,必然导致作为操纵变量的输出流量波动很剧烈。

均匀控制则与其相反,因为它的主要要求是操纵变量平稳,而作为被控变量的液位倒可以在允许范围里作一定波动。也就是当变量有较大偏离时,才要求操纵变量作一定的调整,所以均匀控制要求控制作用"弱"。所谓控制作用"弱",反映在控制器参数整定上,就要求宽的比例度和大的积分时间。用宽比例度来实现均匀控制,这已为人们所熟知,但往往忽视了积分时间的设置。而积分时间放得过小,这正是目前均匀控制使用不佳的重要原因。若对用图 6.5-2 表示的系统的控制器比例度和积分时间适当放大,就会出现液面波动幅度比较大,而流量却大大平稳和变化缓慢的现象。因此可以说,均匀控制是通过将液位控制器调整在宽比例度和大的积分时间来实现的。

总体来说,在简单均匀控制中,液位控制器模式(控制规律)的选择可按以下原则:

① 推荐采用纯比例控制器;

② 除在扰动去除后希望液位回复到给定值的情况外,尽量不使用比例积分;不用微分。

其次,来看串级实现方案。我们已经知道,均匀调节系统的目的是协调前后设备的供求,使两个参数缓慢地在允许的范围内变化。图 6.5-3 中调节器Ⅰ用来反映液位的变化,其输出作为给定值送进调节器Ⅱ。由流量测量、变送器、调节器Ⅱ、调节阀和管道组成的闭环系统,其功能是使流量既要跟随给定值变化,又要克服扰动的作用。当液面达到上限值时,调节系统能够使输出流量达到允许的最大值;当液面下降到下限值时,输出流量达到允许的最小值。这种系统既能保持液面在允许的上、下限之间变化,又能够使输出流量在允许的范围内缓慢而均匀地波动。由于它与一般的串级调节系统控制的目的和任务有所不同,因此系统的调节器选择和整定方法也不一样。

串级均匀控制的主调节器一般采用纯比例控制,有时也可采用比例积分控制规律;副调节器一般采用纯比例作用。如果为了照顾流量副参数,使其变化更稳定,也可选用比例积分控制规律。当然,在所有均匀控制系统中,都不需要也不应该加微分控制作用,因为微分是加快控制作用的,刚好与均匀控制的要求相反。

串级均匀控制的副环流量控制器的参数整定与普通流量控制器整定原则相同，即选用大的比例度和小的积分时间，所以不再进一步叙述。而在此主要讨论液位控制器的参数整定，使用的是"看曲线，整参数"的方法。根据液位和流量记录曲线整定液位控制器参数的方法，它基于这样两个原则：

① 先以保证液位不会超过允许波动范围的角度来放置控制器参数；

② 修正控制器参数，使液位最大波动接近允许范围，其目的是充分利用储罐的缓冲作用，使输出流量尽量平稳。

纯比例控制时：

① 先将比例度放置在估计不会引起液位超越的数值，例如比例度 $PB=100\%$ 左右；

② 观察记录曲线，若液位的最大波动小于允许范围，则可增加 PB 值，其结果必然是液位"质量"降低，而使流量更为平稳；

③ 当发现液位的最大波动可能会超过允许范围时，则应减小 PB 值；

④ 这样反复调整 PB 值，直到液位最大波动接近允许范围为止。

比例积分控制时：

① 按纯比例控制进行整定，得到液位最大波动接近允许范围时的 PB 值；

②适当增加 PB 值后，加积分作用。逐渐减少积分时间，使液位在每次扰动过后，都有回复到设定值的趋势；

③ 减小积分时间，直到流量记录曲线将要出现缓慢的周期性衰减振荡过程为止。

6.6　比值调节系统

在各种生产过程中，需要使两种物料的流量保持严格的比例关系是常见的，例如，在锅炉燃烧系统中，要保持燃料和空气流量成一定比例，以保证燃烧的经济性。而且往往其中一个流量随外界负荷需要而变，另一个流量则由调节器控制，使之成比例地改变，保证二者之比值不变。比例得当，可以保证优质、高产、低耗；否则，如果比例失调，就有可能产生浪费，影响正常生产，甚至造成生产事故。总之，这些比值调节的目的是使生产能在最佳的工况下进行。

6.6.1　比值调节系统的基本原理和结构

凡是用来实现两个或两个以上的物料按一定比例关系关联控制，以达到某种控制目的的控制系统，称为比值控制系统(rate control system)。比值控制系统是以功能来命名的。

比值控制系统中，需要保持比值关系的两种物料，必有一种处于主导地位，我们称此物料流量为主参数或主流量，如燃烧比值系统中的燃料量；另一种物料流量称为副参数或副流量,如燃烧比值系统中的空气量(含氧量)。比值控制系统就是要实现主参数与副参数的对应比值关系。

通常,选择的主参数应是主要物料或关键物料的流量,它们通常是可测而不可控,并且不足时可能会影响安全生产的物料流量。例如,该物料来自于前一道工序。副参数是跟踪主动量变化的物料流量,通常,副参数可测且可控,并且供应有余,可供调节。例如,反映过程中空气、水或水蒸气等。

比值控制系统主要有:单闭环比值控制系统、双闭环比值控制系统和变比值控制系统。

1. 单闭环比值控制系统

单闭环比值控制系统在结构上与单回路控制系统一样。常用的控制方案有两种形式:一种是把主参数的测量值乘以某一系数后作为副参数控制器的设定值,这种方案称为相乘的方案,是一种典型的随动控制系统,如图 6.6-1(a)所示;另一种是把流量的比值作为定值控制系统的被控变量,这种方案称为相除方案,如图 6.6-1(b)所示。

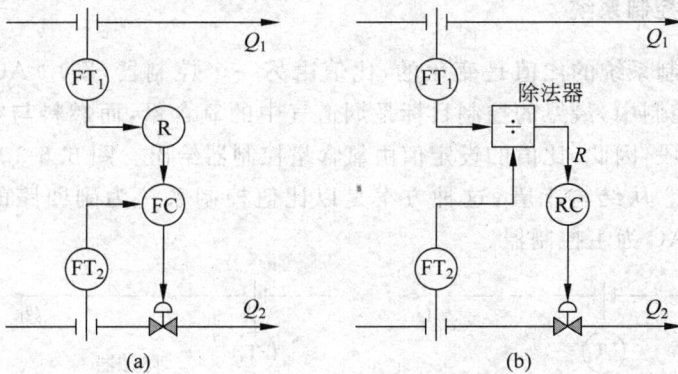

图 6.6-1　单闭环比值控制系统

2. 双闭环比值控制系统

双闭环比值控制系统如图 6.6-2 所示。其中,(a)为相乘方案,(b)为相除方案。这种控制方案与单闭环控制系统相比,是主参数也可控,在保证比值的情况下,还能够稳定主流量基本恒定。

双闭环控制系统与采用两个独立的流量控制系统相比,似乎后者更简单,但主要不同点在于,在正常工况(指主动量和从动量都能充分供应)时,二者都能起到相同的比值控制作用;然而,当由于供应的限制而使主动量达不到设定值时,或因特大扰动而使主动量偏离设定值甚远时,采用双闭环比值控制系统则仍能使两者的流量比例保持一致。

此外,这类比值调节系统,虽然主参数也形成闭合回路,但是由结构图可以看出,主、副调节回路是两个单回路系统。由于是两个闭环系统,副回路的过渡过程不影响主回路,所以,主、副调节器都可选用 PI 型调节器,并按单回路系统来整定。

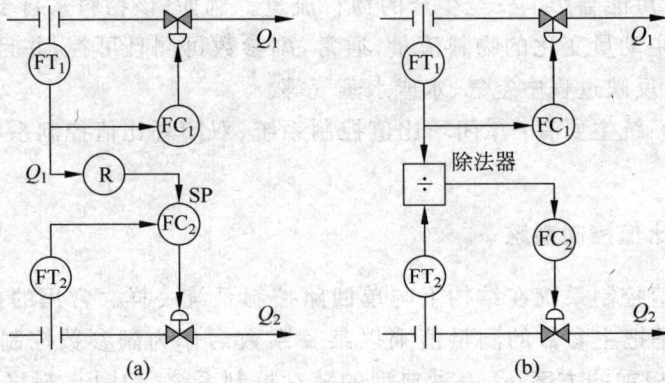

图 6.6-2　双闭环比值控制系统

3. 变比值控制系统

变比值控制系统的比值是变化的,比值由另一个控制器(图中 AC 所示)设定。例如,在燃烧控制中,最终的控制目标是烟道气中的氧含量,而燃料与空气的比值实质上是控制手段,因此,比值的设定值由氧含量控制器给出。图 6.6-3 所示分别是相乘与相除方案。从结构上看,这种方案是以比值控制系统为副回路的串级控制系统,而控制器 AC 为主控制器。

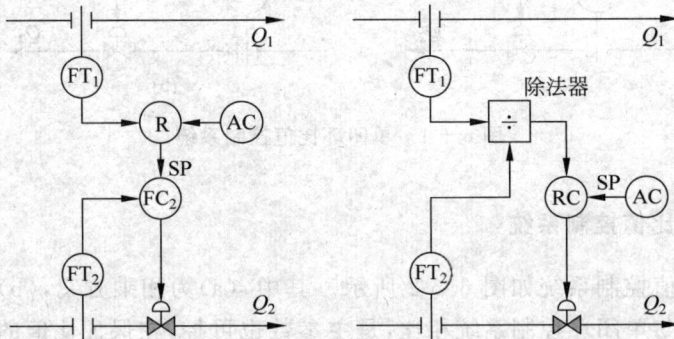

图 6.6-3　变比值控制系统

4. 比值控制系统的其他应用形式

除了上述常见的几类比值控制系统外,在实际应用中,比值调节系统还可以与串级调节系统组合在一起组成更复杂的组合系统。

以图 6.6-4 所示系统为例,该系统用在化工烷基化装置中。进入反应器的异丁烷-丁烯馏分要求按比例配以催化剂硫酸,它不仅要求流入反应器的两种流量各自比较稳定,而且要满足一定的比值。图中采用了两个独立的流量闭合回路,在二者之间设有比值器联系以实现比值调节要求。在稳定的状态下,流量 Q_1、Q_2 以一定的比值进入反应器。在某种情况下,流量受到干扰而变化,这里流量 Q_1 是主参量,它通过变送器 1 反馈到调节器 1 进行恒值调节。另一方面变送器 1 的信号经比值器作为调节器 2 的给定值,以实现比值调节。经过调节,Q_1、Q_2 都重新回到给定值,并保持原有比值不变。

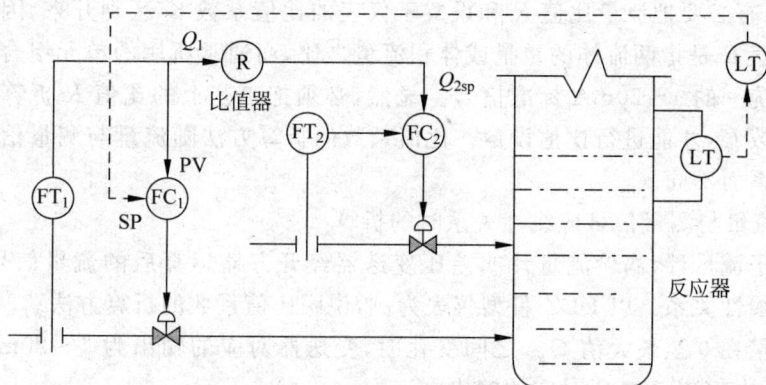

图 6.6-4　串级—比值组合调节系统

在此比值系统中,若另外要求反应器对象内的某参数,例如液位保持一定,则可由检测液位变送器经过另一个液位调节器由其输出来控制调节器 1 的给定值。这样就组成串级和比值调节组合系统,其副环是比值调节,主环是液位调节系统,导致流量 2 和流量 1 的所有扰动均表现为二次扰动。该串级比值系统对应的系统方块图如图 6.6-5 所示。

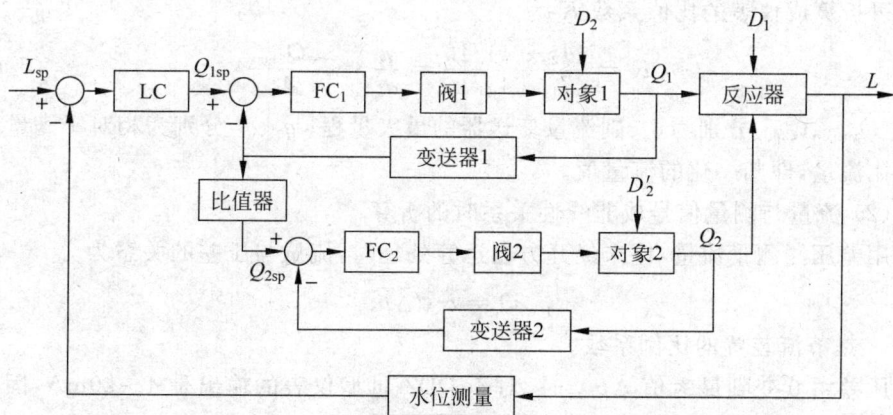

图 6.6-5　串级—比值组合调节系统方框图

6.6.2 比值调节系统的设计与参数整定

在比值系统中,比值器可以用比例调节器、除法器或乘法器组成,设计中可以根据操作要求、比值系数大小、精度要求程度等来选定。

1. 比值系数的折算

在此,有必要把流量比值 R 和设置于仪表的比值系数 K 区别开来,因为工艺上要求的比值 R 是指两流体的重量或体积流量之比,而通常所用的单元组合式仪表等使用的是统一的 4~20mA 标准信号。显然,必须把工艺上的比值 R 折算成仪表上的比值系数 K,才能进行比值设定。比值系数的折算方法随流量与测量信号间是否成线性关系而不同。

(1)流量与测量信号成线性关系时的折算

用转子流量计、涡轮流量计或差压变送器经开方器运算后的流量信号,均与测量信号成线性关系。以 DDZ-Ⅲ型仪表为例,说明比值系数的折算方法。

当流量在 0 至最大值 Q_{max} 之间变化时,变送器对应的输出为 4~20mA 直流信号,则任一中间流量 Q 所对应的输出电流为

$$I = \frac{Q}{Q_{max}} \times 16 + 4 \tag{6.6-1}$$

则有

$$Q = (I - 4)Q_{max}/16 \tag{6.6-2}$$

于是由式(6.6-2)可得工艺要求的流量比值

$$R = \frac{Q_2}{Q_1} = \frac{(I_2 - 4)/16}{(I_1 - 4)/16} \cdot \frac{Q_{2max}}{Q_{1max}}$$

由此可折算成仪表的比值系数 K 为

$$K = \frac{(I_2 - 4)/16}{(I_1 - 4)/16} = \frac{q_2}{q_1} = R\frac{Q_{1max}}{Q_{2max}} \tag{6.6-3}$$

式中,Q_{1max}、Q_{2max} 分别为主、副流量变送器的最大量程;q_1、q_2 分别为相对于满量程的百分比流量,即归一化的流量值。

(2)流量与测量信号成非线性关系时的折算

用差压法测量流量,但未经开方器运算处理时,流量与压差的关系为

$$Q = c\sqrt{\Delta p} \tag{6.6-4}$$

式中,c 是节流装置的比例系数。

压差由 0 变到最大值 Δp_{max} 时,对于 DDZ-Ⅲ型仪表的输出是 4~20mA,因此任一中间流量 Q 对应的输出电流为

$$I = \frac{Q^2}{Q_{max}^2} \times 16 + 4$$

则有

$$Q^2 = (I - 4)Q_{max}^2/16 \tag{6.6-5}$$

于是由式(6.6-5)可得工艺要求的流量比值

$$R^2 = \frac{Q_2^2}{Q_1^2} = \frac{(I_2 - 4)/16}{(I_1 - 4)/16} \cdot \frac{Q_{2max}^2}{Q_{1max}^2}$$

可求得折算成仪表的比值系数 K 为

$$K = \frac{(I_2 - 4)/16}{(I_1 - 4)/16} = \frac{q_2^2}{q_1^2} = R^2 \frac{Q_{1max}^2}{Q_{2max}^2} \tag{6.6-6}$$

可以证明比值系数的折算方法与仪表的结构型号无关,只和测量的方法有关。

由式(6.6-3)或式(6.6-6)可以清楚地看出,仪表内设置的比值系数 K 是将实际主、副流量值,根据流量变送器满量程(对应 $4\sim20$mA 标准传输信号)进行归一化处理后所得到的关于满量程的百分比流量值计算得到的,即 $K = q_2/q_1$ 或 $K = q_2^2/q_1^2$;而工艺要求的流量比值 R 则是指实际质量或体积流量之比,即 $R = Q_2/Q_1$。

事实上,上述变量的归一化过程在测量信号进入自动化仪表内部后,往往直接由系统自动处理完成,是系统内部围绕变量进一步做运算、处理或显示等的基础。所以,仪表内部宜采用比值系数 K。

2. 比值调节系统的实施方法——相乘方案与相除方案的比较

比值控制系统有两种实现的方案,依据 $q_2 = Kq_1$,那么就可以对 q_1 的测量值乘以比值 K,作为 q_2 流量控制器 FC_2 的设定值,称为相乘的方案。而依据 $K = q_2/q_1$,那么就可以将 q_2 与 q_1 的测量值相除,作为比值控制器 RC 的测量值,称为相除的方案。

相除方案的优点是直观,并可直接读出比值,使用方便,其可调范围宽,但也有其弱点,就是闭合回路中总有一个除法器,如图 6.6-6 所示。如果取比值系数如前所述,即 $K = q_2/q_1$,则回路增益随着(不可控)变量 q_1 变化,即

$$\frac{dK}{dq_2} = \frac{1}{q_1} \tag{6.6-7}$$

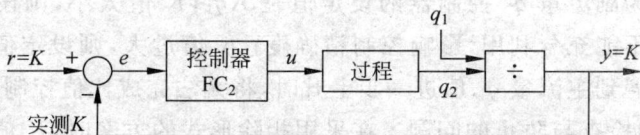

图 6.6-6 相除方案的控制方框图

如果改取比值系数 $K = q_1/q_2$,则回路变成非线性,因为这时回路增益随着调节器的输出变化,即

$$\frac{dK}{dq_2} = -\frac{q_1}{q_2^2} = -\frac{K}{q_2} \tag{6.6-8}$$

因此,由于比值计算总包括在控制回路中,对象的放大倍数在不同负荷下变化较大,在负荷小时,系统还不易稳定。

通过把比值的计算移到闭合回路之外所有这些问题都是可以克服的,如图6.6-7所示。这时,比值控制作用是在设定值通道中实现的,使得 $r=Kq_1$（或 $r=q_1/K$）。在这种结构中,一个变量是被调量,另一个变量则是用来产生设定值。在一个称做比值设定单元中不可控变量乘以可调系数 K 后被用作设定值。

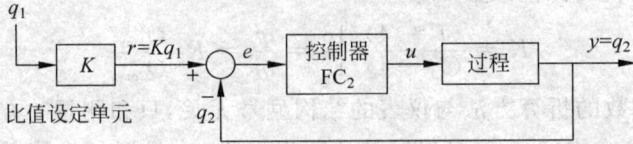

图 6.6-7　相除方案的控制方框图

根据以上分析可以看出,比值控制有多种实施方案,在具体选用时应分析各种方案的特点,根据不同的工艺情况、负荷变化、扰动性质、控制要求等进行合理选择。

3. 比值调节系统的设计与参数整定

设计比值控制系统时,需要先确定主、从流量。其原则是在生产过程中起主导作用、可测而不可控,且较昂贵的物料流量一般为主流量;其余的物料流量以它为准进行配比,则为从流量。另外,当生产工艺有特殊要求时,主、从流量的确定应服从工艺需要。

比值控制器控制规律是由不同控制方案和控制要求而确定的。例如,单闭环控制的副回路控制器选用 PI 控制规律,因为它将起比值控制和稳定从流量的作用;而双闭环控制的主、副回路控制器均选用 PI 控制规律,因为它不仅要起到比值控制作用,而且要起稳定各自的物料流量的作用;变比值控制可仿效串级系统控制器控制规律的选用原则。

比值系数 K 的选取范围与具体方案有关,在采用相乘形式时,K 值既不能太小,也不能太大,因为副流量 q_2 控制器的设定值是 Kq_1,K 值太小,则设定值也必然很小,仪表的量程不能充分利用,影响控制精确度;K 值过大,则设定值可能接近控制器的量程上限,遇到主流量 q_1 值进一步上升时,将无法完成比值控制的功能,仪表超限是设计时必须检查与防止的问题。在采用相除形式的方案时,K 值应取 0 5～0.8左右,这样,控制器的测量值处在整个仪表量程中间偏上的数值,既能保证精确度,又有一定的调整余地。

至于比值控制系统的投运,比值控制系统投运前的准备工作及投运步骤与单回路控制系统相同。

4. 比值调节系统的控制器参数整定

在比值控制系统中,变比值控制系统因结构上是串级控制系统,因此主控制器按串级控制系统整定。双闭环比值控制系统的主流量回路可按单回路定值控制系统整定。下面对于单闭环比值控制系统、双闭环的副流量回路、变比值回路的参数整定作简单介绍。

比值控制系统中副流量回路是一个随动系统,工艺上希望副流量能迅速正确地跟随主流量变化,并且不宜有过调。由此可知,比值控制系统实际上是要达到振荡与不振荡的临界过程。一般整定步骤如下所述。

(1) 根据工艺要求的两流量比值,进行比值系数计算。若采用相乘形式,则需计算仪表的比值系数 K 值;若采用相除形式,则需计算比值控制器的设定值。在现场整定时,可根据计算的比值系数投运。在投运后,一般还需按实际情况进行适当调整,以满足工艺要求。

(2) 控制器需采用 PI 形式。整定时可先将积分时间置于最大,由大到小的调整比例度,直至系统处于振荡与不振荡的临界过程为止。

(3) 在适当放宽比例度的情况下(一般放大 20%),然后慢慢把积分时间减少,直到出现振荡与不振荡的临界过程或微振荡的过程。

习题与思考题

6-1 已知题图 6-1 所示换热器的被加热液体的出口温度为被调参数,用蒸汽管路上的调节阀来调节。假如被加热液体与蒸汽的流量波动是主要的扰动源,试制订前馈与串级控制方案予以补偿。

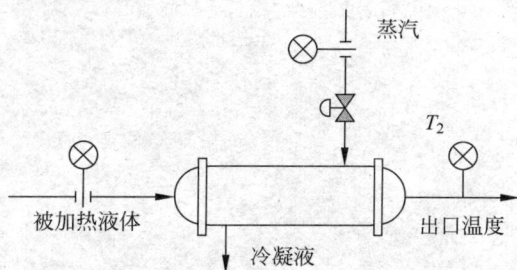

题图 6-1 前馈反馈复合控制系统

6-2 试简要说明串级控制结构的引入给对象干扰通道、调节通道的扰动输入响应特性会带来怎样的影响?

6-3 什么是分程控制系统? 工程上何时需要采用分程控制?

6-4 在选择控制系统中,决定采用高选或低选的主要依据是什么?

6-5 为什么说超持控制是一种软保护措施? 它与硬保护有什么不同?

6-6 一大型氨厂的锅炉燃烧控制系统如题图 6-2 所示。平时按蒸汽压力控制天然气燃料量,但为了防止阀后天然气压力过高造成脱火,而增加了阀后压力超持控制。已知控制阀为"气开"阀,试确定两压力控制器的正反作用方式、选择器类型。

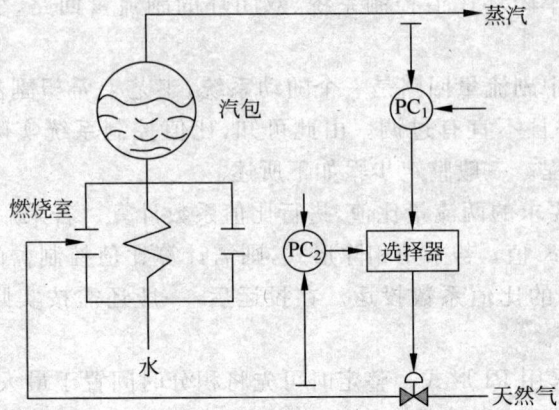

题图 6-2　锅炉燃烧控制系统

6-7　在均匀控制系统中，为何推荐采用纯比例控制器？

6-8　比值调节系统主要有哪几种实现形式？各有哪些特点？

第 7 章

先进控制系统

　　我们注意到,目前过程控制系统(如,FCS/DCS 等)取得显著进步主要是基于计算机技术和网络通信技术的迅速发展。事实上,我们可以看到在过程控制领域,不论是单回路或多回路数字调节器、DCS 控制系统,还是 FCS 控制系统,控制回路所采用的控制算法 90% 以上依然停留在 PID 类型的控制算法上,至多配备有 PID 参数自整定功能。但是,工业中还经常存在其他一些复杂被控过程,采用一般 PID 类控制算法,很难取得预期的控制效果,甚至导致系统不稳定,这些所谓难控过程主要包括:

　　① 大迟延过程(尤其是传输延迟过大);

　　② 时变过程;

　　③ 多变量、强耦合、约束过程;

　　④ 高阶振荡过程(开环不稳定、逆不稳定过程);

　　⑤ 严重的非线性过程。

　　针对上述复杂过程,同时,为了满足工业界在产品质量、成本及环保等方面对控制界提出的越来越高的要求,控制工作者除了致力于有效地用好经过长期实践证明行之有效的传统控制算法之外,正投入更大的力量去寻求更为先进的控制概念和策略。人们经过长期的理论研究与工程实践的探索,提出了许多先进控制算法,其中包括解耦控制、时滞补偿控制、自适应控制、预测控制、鲁棒控制、智能控制等,这些都是在实践中比较行之有效的控制算法,已经受到工程界的普遍重视和研究。可以预料,未来 FCS/DCS 制造商之间的竞争多半将取决于谁拥有能解决复杂控制问题的先进(控制算法)软件。

7.1　解耦控制系统

　　直到目前为止,讨论的范围还只限于具有单一调节量的控制系统,而且也只允许独立规定一个被调量。但是任何一个能够制造或提炼产品的工艺过程都不可能只在一个单回路控制下进行生产。事实上,每一个操作单元至少需要控制两个变量,即产量和质量。

　　如果在同一过程中具有多个输入变量和多个输出变量,准备采用多个控制回路,就会产生这样的问题:哪个阀门应该由哪个调节器来操纵? 有时答案是明显的。但当答案不明显时,就必须有某种依据才能做出正确的决定。这时变量之间总会有某种程度的相互关联,这自然要妨碍它们各自的控制作用。

如果不了解工艺过程的要求,就不能确定最有效的控制回路方案。本节将介绍一种方法,它可以确定过程中每个被调量对每个调节量的相对响应特性,以便指导设计者去构造控制系统。另外,这种方法还指出了关联的程度和类型究竟如何,以及它对控制回路性能的影响。本节最后还介绍一些工程方法,可用于对那些关联得非常紧密的变量进行解耦,同时给出了估计其效果的方法。

7.1.1 系统关联分析和相对增益

首先通过实例来说明多变量系统中存在的系统关联情况。图 7.1-1 所示为搅拌储槽加热器,其中包含温度与液位两个控制回路。当进口介质流入量 Q_i(负荷)波动或者液位的设定值改变时,回路 1 通过调整出口介质的流出量 Q_o,使液位保持在设定值上,但出口流量 Q_o 的变化就会对槽内温度产生扰动,使回路 2 通过控制加热蒸汽量来进行补偿。

另一方面,如果入口介质的温度发生变化(扰动)或控制器的温度设定值改变,回路 2 就会调整蒸汽的流量来稳定温度。但此时,液位并不会受到扰动。以上分析说明,这两个回路之间是单方向关联的。

更为严重的耦合情况如图 7.1-2 所示,压力和流量两个系统中,单把任一个系统投运都不成问题,在生产中也大量使用,但若把这两个控制系统同时投入运行,问题就出现了,控制阀门 1 和 2 对系统的压力都有相同的影响程度。因此,当管路压力 P_1 偏低而开大控制阀 1 时流量也将增大,于是流量控制器将产生作用,关小控制阀 2,其结果又使管路压力 P_1 上升。流量的控制也有类似的情况。类似这种情况在锅炉设备控制系统中存在,例如,锅炉进风(送氧)、炉膛(副压)、烟道、引风等一系列环节就相当于图 7.1-2 所示的管路情况,氧气的进风流量与炉膛副压控制之间就存在耦合,相互之间影响较大,具体可参考第 10 章。

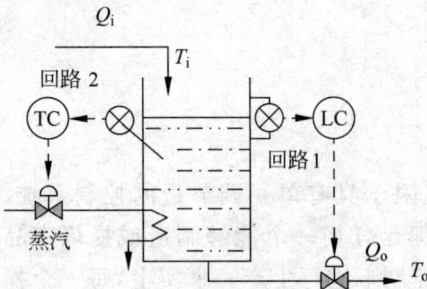

图 7.1-1 搅拌储槽加热器的控制回路

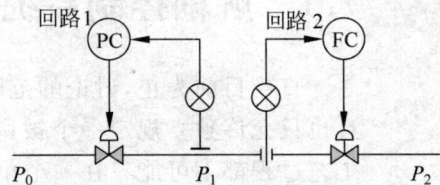

图 7.1-2 压力和流量控制系统的关联

下面通过传递函数矩阵来对系统的关联情况做进一步分析。设具有两个被控变量和两个操作变量的过程如图 7.1-3 所示。

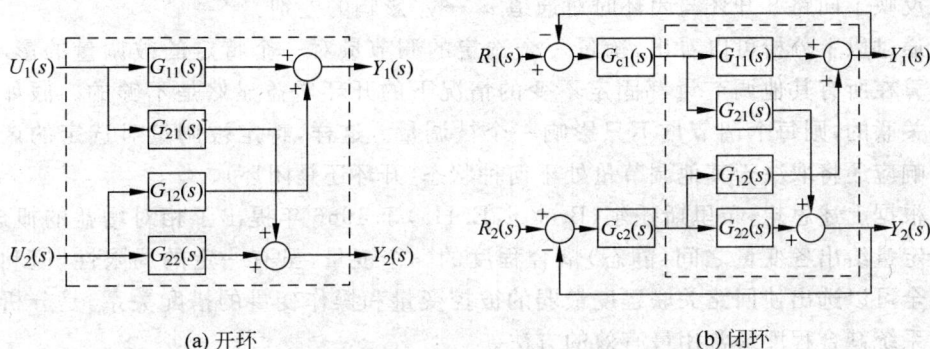

(a) 开环　　　　　　　　　　　　　　(b) 闭环

图 7.1-3　双输入双输出系统

图 7.1-3(a)开环系统的传递函数可写为

$$\boldsymbol{Y}(s) = \begin{bmatrix} Y_1(s) \\ Y_2(s) \end{bmatrix} = \begin{bmatrix} G_{11}(s) & G_{12}(s) \\ G_{21}(s) & G_{22}(s) \end{bmatrix} \begin{bmatrix} U_1(s) \\ U_2(s) \end{bmatrix} \qquad (7.1\text{-}1)$$

其中,传递函数 $G_{11}(s)$ 就反映了在开环情况下,在其他输入,如 u_2 不变,对应 $U_2(s) = 0$ 时,输入 u_1 对输出 y_1 的影响力度,其他可作类似解释。

如果传递函数 $G_{12}(s)$ 和 $G_{21}(s)$ 都等于零,则两个控制回路各自独立,其间不存在关联,系统间无耦合。此时,一个控制回路不管是处于开环还是闭环状态,对另一个控制回路均无影响。过程的输入输出关系应为

$$Y_1(s) = G_{11}(s)U_1(s) \qquad (7.1\text{-}2)$$

$$Y_2(s) = G_{22}(s)U_2(s) \qquad (7.1\text{-}3)$$

如果 $G_{12}(s)$ 和 $G_{21}(s)$ 有一个不等于零,则称系统为半耦合或称单方向关联系统。如果两个都不等于零,则称系统为耦合或双向关联系统。这时情况就比较复杂。

例如,在回路 2 开环时,$u_1 \rightarrow y_1$ 的传递函数是 $G_{11}(s)$,只有一条通道。当回路 2 闭环时,$u_1 \rightarrow y_1$ 除了上述直接通道外,还存在 $u_1 \rightarrow y_2 \rightarrow u_2 \rightarrow y_1$ 间接通道的影响。

在回路 2 闭环情况下,在 $R_2(s) = 0$ 时,如图 7.1-3(b) 所示,如果回路 2 运行理想,就有 $Y_2(s) = 0$,即 y_2 在设定值上不变化,则式(7.1-1)可写为

$$Y_1(s) = G_{11}(s)U_1(s) + G_{12}(s)U_2(s) \qquad (7.1\text{-}4)$$

$$0 = G_{21}(s)U_1(s) + G_{22}(s)U_2(s) \qquad (7.1\text{-}5)$$

由式(7.1-5)可得

$$U_2(s) = -\frac{G_{21}(s)}{G_{22}(s)}U_1(s)$$

代入式(7.1-4)可得

$$Y_1(s) = G_{11}(s)\left[\frac{G_{11}(s)G_{22}(s) - G_{12}(s)G_{21}(s)}{G_{11}(s)G_{22}(s)}\right]U_1(s) \qquad (7.1\text{-}6)$$

将式(7.1-6)与式(7.1-2)进行对比,可以看出,式(7.1-6)中 $\left[\dfrac{G_{11}(s)G_{22}(s)-G_{12}(s)G_{21}(s)}{G_{11}(s)G_{22}(s)}\right]$ 项就反映了回路 2 开环与闭环时对通道 $u_1 \rightarrow y_1$ 影响的差别。

通过以上分析可以看出,衡量一个选定的调节量对一个特定的被调量的影响,只计算在所有其他调节量都固定不变的情况下的开环增益显然是不够的。假如过程是关联的,则每个调节量不只影响一个被调量。这样,特定被调量对选定的调节量的响应还将取决于其他调节量处于何种状态(开环还是闭环)。

根据上述思想,布里斯托尔(Bristol,E. H.)于 1966 年提出了相对增益的概念,用来定量给出各变量之间(静态)耦合程度的一个度量,虽有一定的局限性,但利用它完全可以选出使回路关联程度最弱的被控变量和操作变量的搭配关系,是分析多变量系统耦合程度最常用最有效的方法。

相对增益的定义是:在多变量系统中,首先应该在所有其他回路均为开环,即所有其他调节量都保持不变的情况下,找出该通道的开环增益(第一放大倍数);然后再在所有其他回路均为闭环,即所有其他被调量都保持不变的情况下,再找出该通道的开环增益(第二放大倍数)。相对增益定义为第一放大倍数与第二放大倍数之比。

显然,如果两次所得开环增益没有变化,即表明该回路既不会影响其他回路,也不会受其他回路的影响,因而它与其他回路不存在关联,这时它的相对增益就是 1。反之,当两种情况下的放大倍数不相同,这时它的相对增益就不等于 1,则各通道间有耦合联系。

根据这个定义,考虑一般 n 输入 n 输出过程,被调量 y_i 对调节量 u_j 的相对增益可写作

$$\lambda_{ij}=\frac{\text{第一放大倍数}}{\text{第二放大倍数}}=\frac{\left.\dfrac{\partial y_i}{\partial u_j}\right|_{u_r=\text{常量}}}{\left.\dfrac{\partial y_i}{\partial u_j}\right|_{y_r=\text{常量}}}\xlongequal{\text{记为}}\frac{\left.\dfrac{\partial y_i}{\partial u_j}\right|_{u_r}}{\left.\dfrac{\partial y_i}{\partial u_j}\right|_{y_r}} \tag{7.1-7}$$

式中,第一放大倍数表示其他回路均为开环(即其他调节量 $u_r,r=1,2,\cdots n,r\neq j$,均不变)时该通道的开环增益;第二放大倍数表示其他回路均为闭环(即其他调节量都在调整,以维持其他被调量 $y_r,r=1,2,\cdots n,r\neq i$ 均不变)时该通道的开环增益。它是一个无因次量,表示过程关联的程度。

举例来说,如果在所有其余调节量都保持不变时,y_i 不受 u_j 的影响,则 λ_{ij} 为零。如果存在某种关联,则改变 u_j 将不但影响 y_i,而且也影响其他被调量 y_r。因此,如果其他被调量均保持不变,则在确定分母上的开环增益时,其余调节量必然会改变(以维持 y_r 不变,因而形成闭环),这样又使原被调量 y_i 发生变化。结果在两个开环增益之间就会出现差异(见式(7.1-6)),致使 λ_{ij} 既不是 0 也不是 1。

另一种可能是式(7.1-7)的分母趋于零。这就是说,其他闭合回路的存在阻碍了 u_j 对 y_i 的影响。这种情况的特征是 λ_{ij} 趋于无穷大,这些被调量或调节量都不是相互独立的。

　　因为过程一般都可用静态和动态相对增益来描述,所以相对增益也同样应该包含这两个分量。然而,在大多数情况下,可以看到静态分量更为重要,而且也更容易处理。因此,在一般情况下,暂时只分析静态相对增益,动态相对增益留待以后再考虑。

　　现以图 7.1-3 所示双输入双输出系统为例。该系统静态方程为

$$y_1 = k_{11}u_1 + k_{12}u_2 \tag{7.1-8}$$

$$y_2 = k_{21}u_1 + k_{22}u_2 \tag{7.1-9}$$

式中,k_{ij} 表示第 j 个输入变量作用于第 i 个输出变量的放大倍数。

　　下面先来求 λ_{21},根据定义式(7.1-7)以及式(7.1-9),令 u_2 为常量,则有 λ_{21} 的分子项为

$$\left.\frac{\partial y_2}{\partial u_1}\right|_{u_2=常量} = k_{21} \tag{7.1-10}$$

再来求 λ_{21} 的分母项,这里要求除 y_2 外,其他 y(这里只有 y_1)都不变。由式(7.1-8)可得

$$u_2 = \frac{y_1 - k_{11}u_1}{k_{12}}$$

代入式(7.1-9),有

$$y_2 = k_{21}u_1 + k_{22}\frac{y_1 - k_{11}u_1}{k_{12}}$$

考虑到要求 y_1 为常量(这里是通过调整 u_2 来补偿变量 u_1 对 y_1 的干扰),则有

$$\left.\frac{\partial y_2}{\partial u_1}\right|_{y_1=常量} = k_{21} - k_{22}\frac{k_{11}}{k_{12}} \tag{7.1-11}$$

于是,将式(7.1-11)和式(7.1-10)代入式(7.1-7),可得到 λ_{21}(类似地,可得到 λ_{12})

$$\lambda_{21} = \lambda_{12} = \frac{-k_{21}k_{12}}{k_{11}k_{22} - k_{12}k_{21}} \tag{7.1-12}$$

同样推导(或直接借用式(7.1-6)的结论)容易求得

$$\lambda_{11} = \lambda_{22} = \frac{k_{11}k_{22}}{k_{11}k_{22} - k_{12}k_{21}} \tag{7.1-13}$$

将上述结果可写成矩阵形式,有

$$\boldsymbol{\lambda} = \begin{bmatrix} \lambda_{11} & \lambda_{12} \\ \lambda_{21} & \lambda_{22} \end{bmatrix} \tag{7.1-14}$$

上式称为布里斯托尔(Bristol)阵列,或相对增益矩阵(relative gain array,RGA)。

　　值得指出,根据上面的定义,以图 7.1-3 为例,在计算 $u_1 \rightarrow y_2$ 通道的相对增益 λ_{21} 时,"其他回路闭环"此时就指 y_1 与 u_2 通过调节器构成闭合回路,而图 7.1-3 中并没有画出。因此,图 7.1-3 所示闭合回路结构仅仅表示计算 λ_{11} 与 λ_{22} 时的闭合回路连接情况。

　　对于多输入多输出系统的 Bristol 阵列中,元素还可通过矩阵运算求出。

　　已知多输入多输出系统的静态特性矩阵形式为

$$\boldsymbol{Y} = \boldsymbol{MU} \tag{7.1-15}$$

其中

$$Y = [y_1, y_2, \cdots, y_m]^T$$

$$U = [u_1, u_2, \cdots, u_m]^T$$

$$M = \begin{bmatrix} \dfrac{\partial y_1}{\partial u_1}\bigg|_u & \cdots & \dfrac{\partial y_1}{\partial u_m}\bigg|_u \\ \vdots & & \vdots \\ \dfrac{\partial y_m}{\partial u_1}\bigg|_u & \cdots & \dfrac{\partial y_m}{\partial u_m}\bigg|_u \end{bmatrix} = \begin{bmatrix} k_{11} & \cdots & k_{1m} \\ \vdots & \ddots & \vdots \\ k_{m1} & \cdots & k_{mm} \end{bmatrix} \tag{7.1-16}$$

设 M 有逆矩阵存在,则系统输入(调节量)可以表示为系统输出(被调量)的函数

$$U = M^{-1}Y \tag{7.1-17}$$

考虑到

$$u_i = \frac{\partial u_i}{\partial y_1}\bigg|_y y_1 + \frac{\partial u_i}{\partial y_2}\bigg|_y y_2 + \cdots + \frac{\partial u_i}{\partial y_m}\bigg|_y y_m$$

所以 M^{-1} 的(第 i 行,第 j 列)元素为 $\dfrac{\partial u_i}{\partial y_j}$。把 M^{-1} 转置,定义一个辅助矩阵 C

$$C = (M^{-1})^T \tag{7.1-18}$$

则通过转置,C 的(第 i 行,第 j 列)元素成为 $\dfrac{\partial u_j}{\partial y_i}\bigg|_y$。

因此,相对增益 λ_{ij} 为

$$\lambda_{ij} = \frac{\dfrac{\partial y_i}{\partial u_j}\bigg|_u}{\dfrac{\partial y_i}{\partial u_j}\bigg|_y} = \frac{\partial y_i}{\partial u_j}\bigg|_u \cdot \frac{\partial u_j}{\partial y_i}\bigg|_y \tag{7.1-19}$$

因此,相对增益矩阵各元素(λ_{ij})是矩阵 M 与矩阵 C 中各自对应(第 i 行,第 j 列)元素的相乘。这样,只要知道了所有的开环放大系数 k_{ij},相对增益 λ_{ij} 都可以求出。

相对增益具有以下特点:

(1)可以证明,相对增益矩阵中,每行和每列元素之和为1。利用这一特性,可简化求取相对增益的过程,减少计算量。例如,对于双输入双输出控制系统只需要计算相对增益矩阵中的一个元素,其他三个元素就可求出。例如,对于图 7.1-2 所示流量和压力控制系统中,$\lambda_{11} = 0.5$,则可求出 $\lambda_{12} = 1 - \lambda_{11} = 0.5$,$\lambda_{21} = 1 - \lambda_{11} = 0.5$,$\lambda_{22} = 1 - \lambda_{21} = 0.5$。

此外,这个性质表明相对增益矩阵各元素之间存在着一定的组合关系,例如,在一个给定的行或列中,所有元素都在 0 和 1 之间,如果出现一个比 1 大的数,则在同一行或列中就必有一个负数。由此可见,相对增益可以在负数到正数的一个很大的范围内变化。不同的相对增益正好反映了系统中不同的耦合程度。

(2)根据相对增益特性可知,无耦合系统的相对增益矩阵必为单位矩阵。反之,系统的相对增益矩阵为单位矩阵时,系统中还可能存在某种耦合。例如,在图 7.1-3 所示双变量系统中,假设 k_{12} 和 k_{21} 中只有一个为零,则由式(7.1-12)和式(7.1-13)可知,系统的相对增益矩阵仍然是单位矩阵,但此时明显存在着单方向关联现象。

（3）一般来说，当某通道的相对增益接近 1 时，例如 $0.8 < \lambda_{ij} < 1.2$，则表明其他通道对该通道的关联作用很小，不必采取特别的解耦措施。

当该通道的相对增益小于 0 或接近 0 时，说明使用本通道调节器不能得到良好的控制效果，换言之，这个通道的变量选配不恰当，应该重现选择。

当相对增益取值在 0.3 到 0.7 之间（即 $0.3 < \lambda_{ij} < 0.7$）或者大于 1.5（即 $\lambda_{ij} > 1.5$）时，则表明系统中存在着非常严重的耦合，解耦设计是必需的。

7.1.2　避免耦合的设计原则、减少或解除耦合的途径

1. 被控变量与操作变量间正确匹配

对多变量系统，减少与解除耦合的途径可通过被控变量与操作变量之间的正确匹配来解决，这是最简单的有效手段。前面已分析过的相对增益是选择使控制回路间关联程度最弱的输入变量和输出变量配对的有效方法。具体依据相对增益选择控制回路的原则可归纳如下：

（1）对于每一个被控变量 y_i，应选择具有最大且最接近于 1 的正相关增益的操作变量 u_j，即取 λ_{ij} 最接近于 1 的配对。

（2）绝不能够用相对增益为负数的被控变量与操作变量配对来构成控制回路。

（3）相对增益矩阵提供了从稳态衡量关联程度的尺度，所以上述控制回路的选择原则并不保证回路间动态关联也最小。

下面通过实例加以说明。图 7.1-4 所示物料混合过程，有浓度为 100% 的物料 A 和浓度为 0 的物料 B 混合，控制要求是混合后总输出流量为 Q_o，混合后浓度 C 为 80%。

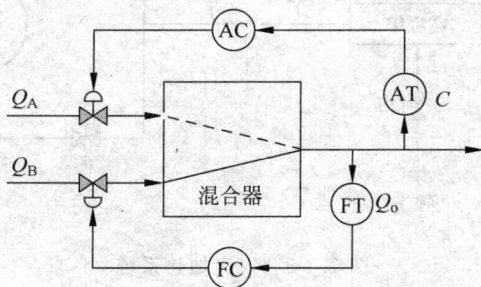

图 7.1-4　混合器浓度和流量控制系统

对于这个系统，控制要求为

$$Q_o = Q_A + Q_B \tag{7.1-20}$$

$$C = \frac{Q_A}{Q_A + Q_B} = \frac{Q_A}{Q_o} \tag{7.1-21}$$

上式中，Q_o 和 C 为被调量，Q_A 和 Q_B 为调节量。如果按照图 7.1-4 所示浓度 C 与 Q_A 进行配对，则可计算相对增益 λ_{11} 的分子与分母分别如下

$$\left.\frac{\partial C}{\partial Q_A}\right|_{Q_B=常量} = \frac{1-C}{Q_o}; \quad \left.\frac{\partial C}{\partial Q_A}\right|_{Q_o=常量} = \frac{1}{Q_o} \tag{7.1-22}$$

因此，可求得 λ_{11}

$$\lambda_{11} = 1 - C = 0.2$$

所以，系统的相对增益矩阵为

$$RGA = \begin{array}{c} \\ C \\ Q_o \end{array} \begin{array}{c} Q_A \quad\ Q_B \\ \begin{bmatrix} 0.2 & 0.8 \\ 0.8 & 0.2 \end{bmatrix} \end{array} \tag{7.1-23}$$

由相对增益矩阵可知，图 7.1-4 所示的匹配是不合理的，应该重新匹配组成按出口浓度 C 来控制流量 Q_B，而 Q_o 由 Q_A 来控制的系统。上述匹配也就是选择低含量的物料来调节浓度，这样其对流量干扰较小，而高含量的物料流量较大，可用来调节流量。显然，这与我们通常的理解是一致的。

2. 将操作变量进行适当组合来改善耦合程度

有时找不到合适的直接配对方案，但如果把操作变量适当组合，可得到新变量对应的相对增益，有可能找到较理想的配对。

如图 7.1-5 所示的气流加热系统中，气流是用点 A 和点 B 进入的热气体加热的，而热气体是由燃烧炉供给，其温度和压力又用送入的冷空气调节。该系统共有 4 个操作变量（$u_i, i=1,2,3,4$）和 4 个被控变量（$y_i, i=1,2,3,4$），如图 7.1-5 所示。

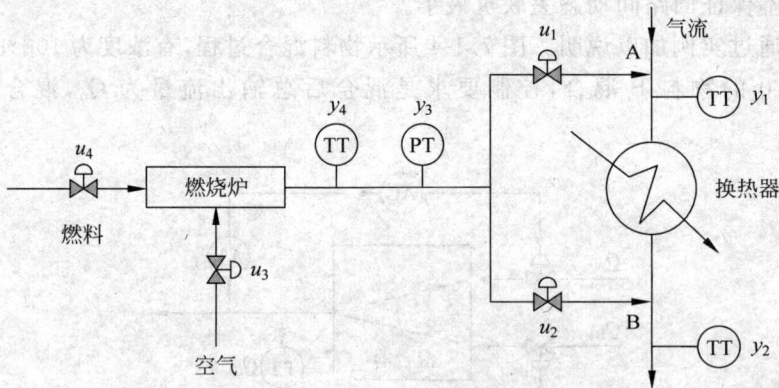

图 7.1-5　气流加热系统

表 7.1-1　各被控变量与操作变量之间的相对增益矩阵

λ_{ij}	y_1	y_2	y_3	y_4
u_1	0.54	-0.04	0.49	0
u_2	0.03	0.42	0.53	0
u_3	0.46	-0.68	0.01	1.0
u_4	0.36	1.3	-0.03	-0.6

表 7.1-1 给出了图中 $u_i \rightarrow y_i$ 间的相对增益,可以看出找不出合适的直接配对方案。但如果进行适当的组合,如取 y_1 控制器的输出 $p_1 = u_1 + u_2$,取 y_2 控制器的输出 $p_2 = u_4$,取 y_3 控制器的输出 $p_3 = u_1 - u_2$,取 y_4 控制器的输出 $p_4 = u_3/u_4$,则相对增益阵如表 7.1-2 所示。

表 7.1-2　操作变量适当组合后的相对增益矩阵

λ_{ij}	y_1	y_2	y_3	y_4
$p_1 = u_1 + u_2$	1.14	0.22	-0.36	0
$p_2 = u_4$	0.4	0.62	-0.2	
$p_3 = u_1 - u_2$	-0.55	0.16	1.38	0
$p_4 = u_3/u_4$	0	0	0	1

可见,采用 $p_i \rightarrow y_i, i = 1, 2, 3, 4$ 的配对较为理想。只是在实际操作时,要通过上述 p_i 计算出 u_i,因为实际工艺装置上的调节变量依然是 u_i。具体计算公式如下

$$u_1 = \frac{1}{2}(p_1 + p_3); \quad u_2 = \frac{1}{2}(p_1 - p_3); \quad u_3 = p_2 p_4; \quad u_4 = p_2 \qquad (7.1\text{-}24)$$

3. 控制器的参数整定

在上述途径无能为力或还嫌不够时,一条出路是在动态上设法通过控制器的参数整定,使两个控制回路的工作频率错开,两个控制器作用强弱不同。例如,在图 7.1-2 所示的压力和流量控制系统中,如果把流量作为主控变量,要求响应灵敏,那么流量控制回路就可以像通常一样整定,或整定得相对"紧"一些,即比例增益大一些,积分时间常数小一些;而把压力作为从属的被控变量,压力控制回路可整定得"松"些,即比例增益小一些,积分时间常数长些。这样,对流量控制系统来说,控制器输出对被控流量变量的作用是显著的,而该输出引起的压力变化,经压力控制器输出后对流量的效应将是相当弱的。这样,就减小了关联作用。当然,采用这种方法时,次要的被控变量的控制品质往往较差。

4. 减少控制回路

把上述方法推到极限,次要控制回路的控制器取无穷大的比例度,此时这个控制回路不再存在,它对主要控制回路的关联作用也就消失了。例如,图 7.1-2 中所示流量和压力控制系统就可以根据需要,选择重要的变量控制,而另一变量控制回路打到手动状态。

5. 串联解耦装置来消除耦合

在控制器输出端与执行器输入端之间,可以串联接入解耦装置 $D(s)$,基于前馈控制系统中的双通道原理,实现解耦,如图 7.1-6 所示。

由图 7.1-6 所示,可以看出

$$\begin{cases} \boldsymbol{Y}(s) = \boldsymbol{G}(s)\boldsymbol{U}(s) \\ \boldsymbol{U}(s) = \boldsymbol{D}(s)\boldsymbol{P}(s) \end{cases} \tag{7.1-25}$$

以上两式合并,有

$$\boldsymbol{Y}(s) = \boldsymbol{G}(s)\boldsymbol{D}(s)\boldsymbol{P}(s) \tag{7.1-26}$$

由式(7.1-26)可以看出,只要能使得 $\boldsymbol{G}(s)\boldsymbol{D}(s)$ 相乘后成为对角矩阵,就解除了系统之间的耦合,两个控制回路就不再关联。更具体说来,第一个控制回路的控制作用 u_1 通过交叉耦合通道 $G_{21}(s)$ 影响 y_2,对第二个控制回路来说是一个扰动因素,现通过解耦装置实现补偿通道 $D_{21}(s)$ 产生相应的控制作用 u_2,以补偿 u_1 对 y_2 的效应。

这种串接补偿装置近年来研究与应用很广,下一节将对其设计和应用做一些介绍。

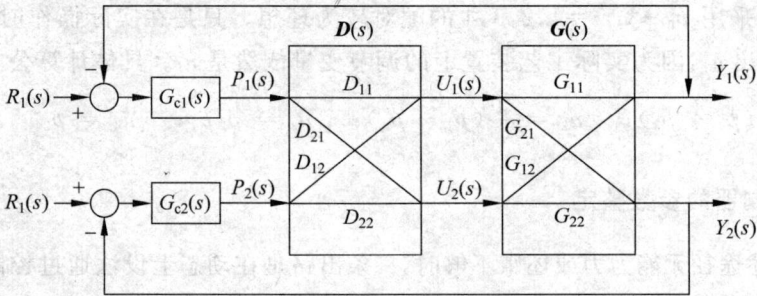

图 7.1-6　双输入双输出串接解耦系统

7.1.3　解耦控制系统的设计

前面已分析过,串接解耦装置 $\boldsymbol{D}(s)$ 的作用是使 $\boldsymbol{G}(s)\boldsymbol{D}(s)$ 的积成为对角矩阵,这样关联就消除了。要求 $\boldsymbol{G}(s)\boldsymbol{D}(s)$ 之积为对角矩阵,对其非零元素又有三类方法。

1. 对角线矩阵法

这种方法 $\boldsymbol{G}(s)\boldsymbol{D}(s) = \mathrm{diag}[G_{ii}(s)]$,如

$$\boldsymbol{G}(s)\boldsymbol{D}(s) = \begin{bmatrix} G_{11}(s) & 0 \\ 0 & G_{22}(s) \end{bmatrix} \tag{7.1-27}$$

即通过解耦,使各个系统的特性完全像原来的单回路控制系统一样。

因此,解耦装置 $\boldsymbol{D}(s)$ 可以由式(7.1-27)求得

$$\begin{aligned} \boldsymbol{D}(s) &= \begin{bmatrix} D_{11}(s) & D_{12}(s) \\ D_{21}(s) & D_{22}(s) \end{bmatrix} = \begin{bmatrix} G_{11}(s) & G_{12}(s) \\ G_{21}(s) & G_{22}(s) \end{bmatrix}^{-1} \begin{bmatrix} G_{11}(s) & 0 \\ 0 & G_{22}(s) \end{bmatrix} \\ &= \begin{bmatrix} G_{11}(s)G_{22}(s) & -G_{22}(s)G_{12}(s) \\ -G_{11}(s)G_{21}(s) & G_{11}(s)G_{22}(s) \end{bmatrix} \Big/ [G_{11}(s)G_{22}(s) - G_{21}(s)G_{12}(s)] \end{aligned}$$

$$\tag{7.1-28}$$

这样求出的解耦装置各元素传递函数可能相当复杂。

2. 单位矩阵法

单位矩阵法与式(7.1-27)相似,有

$$\boldsymbol{G}(s)\boldsymbol{D}(s) = \boldsymbol{I} = \mathrm{diag}[1,1,\cdots,1]$$

如

$$\boldsymbol{G}(s)\boldsymbol{D}(s) = \begin{bmatrix} 1 & 0 \\ 0 & 1 \end{bmatrix} \tag{7.1-29}$$

即通过解耦,使各个系统的对象特性成 1∶1 的比例环节。此时,解耦装置 $\boldsymbol{D}(s)$ 为

$$\boldsymbol{D}(s) = \begin{bmatrix} D_{11}(s) & D_{12}(s) \\ D_{21}(s) & D_{22}(s) \end{bmatrix} = \begin{bmatrix} G_{11}(s) & G_{12}(s) \\ G_{21}(s) & G_{22}(s) \end{bmatrix}^{-1}$$

$$= \begin{bmatrix} G_{22}(s) & -G_{12}(s) \\ -G_{21}(s) & G_{11}(s) \end{bmatrix} \bigg/ \big[G_{11}(s)G_{22}(s) - G_{21}(s)G_{12}(s) \big] \tag{7.1-30}$$

由式(7.1-30)可知,单位矩阵法得到的解耦装置 $\boldsymbol{D}(s)$ 为对象传递矩阵的逆。

3. 前馈补偿法

前馈补偿法借助前馈控制的思想,把交叉耦合信号当作干扰来处理,而它们都是已知的。因此,只要在各个回路的控制器中恰当引入前馈输出补偿即可实现。以双输入双输出系统为例,属于只规定对角线以外的元素为零,这样也完全解除了耦合。但是各通道的传递函数并不是原来的 $G_{ij}(s)$,此时可取某些 $D_{ij}(s)=1$。这样做显得比较简单,故有人称之为简易解耦。在通道数目不多时,用常规仪表也很容易实现,故具有很好的实用性。

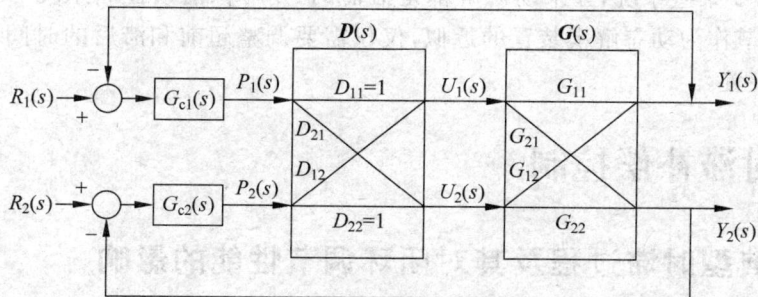

图 7.1-7　前馈解耦控制系统方框图

此时,取 $D_{11}(s)=D_{22}(s)=1$,解耦补偿装置 $D_{21}(s)$ 和 $D_{12}(s)$ 可根据前馈补偿原理求得

$$\begin{cases} G_{21}(s) + D_{21}(s)G_{22}(s) = 0 \\ D_{21}(s) = -\dfrac{G_{21}(s)}{G_{22}(s)} \end{cases} \tag{7.1-31}$$

又有

$$\begin{cases} G_{12}(s) + D_{12}(s)G_{11}(s) = 0 \\ D_{12}(s) = -\dfrac{G_{12}(s)}{G_{11}(s)} \end{cases} \tag{7.1-32}$$

在需要时,也可令 $D_{21}(s) = D_{12}(s) = 1$ 或 $D_{21}(s) = D_{22}(s) = 1$ 或 $D_{12}(s) = D_{11}(s) = 1$,按同样原理可以求得解耦装置的传递函数。

7.1.4　解耦系统的简化及其工程实现

能够求出解耦补偿器的数学模型并不等于实现了解耦。实际上,计算出的解耦器一般比较复杂,往往为了补偿过程的时滞或纯时延而需要超前,有时甚至是高阶微分环节而无法实现。因此,解决了解耦系统的综合方法后,还需要进一步研究其实现问题,才能使这种系统得到广泛的应用。

由解耦系统的各种综合方法可知,它们都是以获取过程的数学模型为前提的,而工业过程千变万化,影响因素众多,要想得到精确的数学模型相当困难,即使采用机理分析方法或实验方法得到了数学模型,利用它们来设计解耦器往往也非常复杂、难于实现。因此,有必要对过程的模型进行适当的简化。

在实际应用中,解耦控制系统的简化通常包括下列内容:

(1) 当系统中有快速和慢速两种类型被控对象时,可将快速对象整定得响应快些,慢速对象整定得慢些,从而减小系统间的关联。

(2) 有几个时间常数组成的被控过程模型中,可将时间常数较小(小于最大时间常数的 $0.1 \sim 0.2$)的项忽略,简化模型,并进一步简化解耦装置。

(3) 可尽量只采用静态解耦,不仅可简化解耦装置,而且容易实施。

(4) 对于某些系统,如果动态解耦是必需的,则可像前馈控制系统一样,采用超前-滞后环节作为动态解耦装置的近似,仅仅需要调整超前和滞后的时间常数,从而简化解耦装置。

7.2　时滞补偿控制

7.2.1　典型时滞过程及其对闭环调节性能的影响

工业生产对象大多在不同程度上存在着纯滞后。例如,在热交换器中,被调量是被加热物料的出口温度,而控制量是载热介质,当改变载热介质流量后,对物料出口温度的影响必然要滞后一段时间,即介质经管道所需的时间。纯滞后(或容量滞后)产生的主要原因有:①物料及能量在管道或容器中的传输及运送时间;②物质反应及能量交换需要一定的过程;③许多设备串联在一起;④测量装置的时间滞后;⑤执行机构的动作时间。

根据 5.3 节的分析,可知处于调节通道的对象纯滞后环节对闭环系统的调节性能是不利的。从时域响应来看,首先使得被调量不能及时反映系统所承受的扰动,其次即使测量信号到达调节器,调节器立刻作出补偿动作,也需要经过纯延迟时间 τ 以后才能反映在被调量上,使之受到控制。因此,这样的过程必然会产生较明显的超调量和较长的调节时间。从频域上看,纯滞后环节具有单位幅值,但相位滞后量却随频率成线性增长,因此,会导致闭环系统的稳定裕度降低,甚至不稳定。

所以,具有纯滞后过程被公认为是较难控制的过程,其难控程度将随着纯滞后 τ 占整个过程动态的份额的增加而增加,一般认为纯滞后时间 τ 与主要时间常数 T 之比超过 0.3,甚至更大,则说该过程是具有大延迟的过程。比值 τ/T 越大,难控程度越大,因此,纯滞后过程的控制一直受到许多学者的关注,成为重要的研究课题之一。

7.2.2　大时滞过程的常规控制方法

针对纯滞后过程,解决问题的最简单的方法还是利用常规 PID 控制适应性强的特点,采用合适的 PID 参数,在控制要求不太苛刻的情况下,满足生产过程的要求。正如在 5.5.3 节所述,早在 1953 年,Cohen 和 Coon 就研究了针对有大纯滞后的一阶模型如何整定 PID 控制器的问题,并给出了 PID 控制器的 C-C 整定公式,该公式对具有不同滞后大小的对象具有较好的一致性,是对 Z-N 整定公式的改进。要取得更理想的调节效果,就得采用基于模型的先进控制算法,这其中最经典的要属 Smith 于 1957 年在其著名论文"具有时延的回路闭环控制"中提出的预估补偿方法,后人称为 Smith 预估器。我们在 7.2.3 节详细介绍,这里我们给出在一般数字调节器中常用的适用于大纯滞后对象的间歇式采样 PI 控制算法(简称 PI-HLD 控制)。

需要指出,对于纯滞后环节,由于测量信号中已不包含关于过程未来变化的足够信息,通过微分进行预测是不可能的,所以大纯滞后过程一般都只使用 PI 控制算法。

采样 PI 控制的基本思想是仿照有经验的操作工的操作,因而算法简单实用,同样不需要对象的数学模型。图 7.2-1 是采样 PI 控制的动作时间图,其中,T_s 为采样周期,T_c 为控制时间。

所谓采样 PI 控制是指在每个采样周期内,PI 控制作用仅在最初短时间内动作,然后"等等看"的一种控制方式,即每次改变调节器的输出后,等待一段足够的时间,让控制作用得到充分的反应后,再决定下一步的控制动作,因而能够有效地消除纯滞后对系统调节品质的不良影响。那么,到底应该等待多长时间呢?显然,这决定于对象的纯滞后 τ 以及惯性时间常数 T,采样 PI 控制的参数选择的大致标准是

$$T_s = \tau + (2 \sim 3) * T, \quad T_c = T_s/10, \quad T_s \leqslant T_n/5$$

其中,T_n 为扰动时间常数。应该说,采样 PI 控制基本属于稳态控制,对大滞后对象,

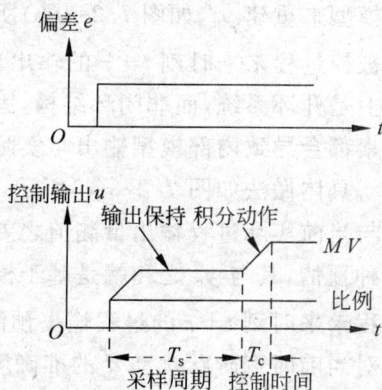

图 7.2-1　采样 PI 控制动作时间图

采取这种"调一调、等一等"的办法可以避免严重超调和不稳定,但这种方法只能说是一种粗糙的控制。如果在采样时刻之间发生较大的扰动,必须到下一次采样后,才能作出反应,所以对扰动的响应速度是不好的,这就要求我们寻求更加理想的控制算法。

7.2.3 Smith 预估补偿算法及其性能

Smith 预估补偿算法是得到广泛应用的方案之一,其标准结构方框图如图 7.2-2 所示,图中不失一般性,假设被控过程可近似建模为一阶惯性加纯滞后环节。Smith 预估控制算法的基本思路可描述如下。

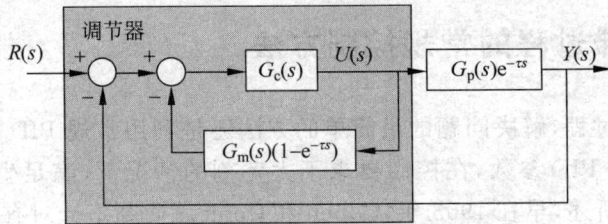

图 7.2-2 Smith 预估控制算法方框图

考虑到影响闭环性能的主要因素是纯滞后环节,为了克服 $e^{-\tau s}$ 产生的负面效应,一种可能的想法是使过程输出乘上 $e^{+\tau s}$,正好补偿。但是,$e^{+\tau s}$ 环节在物理上是无法实现的,因此不可能串入一个 $e^{+\tau s}$ 环节进行校正。比较理想的做法是把该环节设法移到闭环外面,取中间变量 y_p 作为反馈变量,如图 7.2-3(a)所示。遗憾的是,该变量实际上无法获得(否则就不存在问题了),而如果已知对象的数学模型,则可通过该模型来重建 y_p,如图 7.2-3(b)所示。显然,当前时刻 t 内部模型输出 y_p,实际上就是被控过程未来时刻 $t+\tau$ 的输出预测值,即 $y_p = \hat{y}(t+\tau|t)$;但由于图 7.2-3(b)事实上是开环系统,而非闭环结构,因此外界扰动、建模误差以及过程动态特性时变等因素都会导致内部模型输出与实际过程输出的不一致,因此有必要对其进行修正。

具体做法如图 7.2-3(c)所示,首先构造计算当前时刻过程的模型输出值 y_m,将其与当前实际过程输出量测值之差 e_f 作为修正项,该修正项实际上是对过程扰动的一种预估,其与 y_p 之和就是基于模型预测以及当前量测信息的在线反馈校正后,对过程未来时刻 $t+\tau$ 的过程输出预测值 $\hat{y}(t+L|t)$。显然,在模型精确的条件下,e_f 就是对当前时刻阶跃扰动 d 的准确度量,同时也是对未来扰动的预测值。通过上面的分析可以看出,Smith 预估补偿算法实际上就是建立在未来误差估计基础之上,取 τ 时刻之后的过程输出预估值作为反馈信号的闭环控制,并且具有预测控制的基本思想(关于预测控制,参考 7.4 节),这样可以有效避免常规 PID 基于当前误差进行控制的"短视"行为,同时也比采样 PI 控制的"等等看"补偿得更加及时,可以取得更佳的调节效果。

事实上,通过方框图的简单变换,容易看出,图 7.2-3(c)与图 7.2-2 是完全等价的；而在模型精确以及没有扰动的前提下，图 7.2-3(c)与图 7.2-3(a)则是完全等价，即此时可将纯滞后环节成功地移到环的外面，避免其对闭环性能的影响。此时，闭环系统的传递函数为

$$G(s) = \frac{G_c(s)G_p(s)}{1 + G_c(s)G_p(s)} e^{-\tau s}$$

因此，图 7.2-3(a)是图 7.2-3(c)的特殊情况，图 7.2-3(c)更具有一般性。

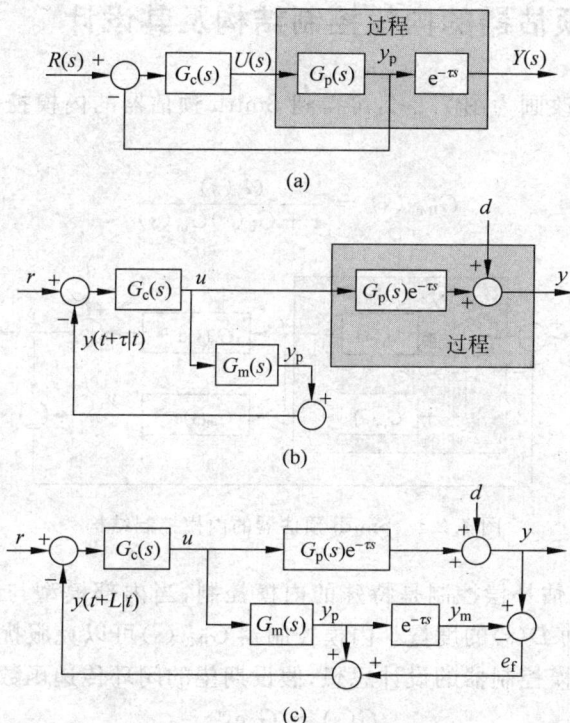

图 7.2-3　Smith 预估控制算法的基本原理

　　Smith 预估算法从其诞生到推广使用，其间也经历了很长的"滞后"，最主要的原因就是物理实现问题，在模拟式仪表中要实现较大的时滞环节是很困难的。随着数字计算机应用的开展，现在要用计算机来实施时滞算法已变得十分方便，这样才摆脱了技术工具的制约，在 8.1.7 节将给出 Smith 预估控制算法的数字编程实现及仿真程序。

　　Smith 补偿从理论上较好地解决了纯滞后系统的控制问题，最大的优点是将时滞环节移到了闭环之外，使控制品质大大提高。但 Smith 控制仍有缺陷，因为：①时滞补偿需要准确的过程数学模型，控制性能对模型误差较敏感；②预估长度限于时滞长度。因为，根据上面的分析可以看出，其基本上是针对阶跃扰动（当然过程控制领域内，大多数扰动为阶跃的）具有很好的预估效果，而当存在建模误差时，预估不是十分准确；模型失配较大时，甚至可能不稳定。

　　关于 Smith 预估控制器的参数整定，在图 7.2-2 中，如果 $G_p(s)$ 为一阶或二阶环

节,$G_c(s)$可以采用 PID 控制规律,其参数与无时滞系统的控制器参数基本一致,考虑到建模误差及工作点的偏移,通常增益可稍微取得小些,积分时间稍取大些。估计补偿器参数需要严格按照实际过程的参数确定。另外,根据图 7.2-2 容易看出,如取 $G_m(s)$ 为自衡对象模型,只要 $G_c(s)$ 含有积分环节,即使存在建模误差,闭环系统在稳态条件下也可实现无静差。

7.2.4　Smith 预估器的内模控制结构及其设计

将图 7.2-3(c)改画为图 7.2-4,可得到 Smith 预估器的内模控制结构。图中,内模控制器 $G_{IMC}(s)$ 为

$$G_{IMC}(s) = \frac{G_c(s)}{1 + G_c(s)G_m(s)} \tag{7.2-1}$$

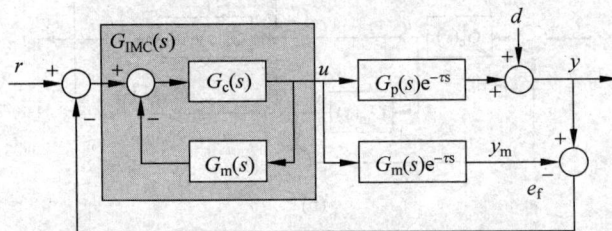

图 7.2-4　Smith 预估器的内模控制结构

因此,Smith 预估补偿控制是特殊的内模控制,当内部模型与过程一致时,反馈信号 $E_f(s)$ 就是扰动 $D(s)$ 的度量。内模控制器 $G_{IMC}(s)$ 可以克服扰动 $D(s)$ 对系统输出的影响。根据内模控制器的设计思想,假设期望的闭环传递函数为

$$G(s) = G_0 e^{-\tau s} \tag{7.2-2}$$

则在模型精确,即 $G_p(s) = G_m(s)$,且无扰动发生的条件下,相当开环,有

$$G_{IMC}(s)G_p(s)e^{-\tau s} = G_0 e^{-\tau s}$$

可得到内模控制器 $G_{IMC}(s)$ 为

$$G_{IMC}(s) = G_m^{-1}(s)G_0(s) \tag{7.2-3}$$

再结合式(7.2-1),进一步可得到 Smith 预估控制器 $G_c(s)$ 如下

$$G_c(s) = G_m^{-1}(s)\frac{G_0(s)}{1 - G_0(s)} \tag{7.2-4}$$

这里,假设 $G_m^{-1}(s)$ 是稳定的有理传递函数。读者可以验证,当根据 Dahlin 算法,取期望闭环传递函数为

$$G(s) = \frac{1}{1 + \alpha s}e^{-\tau s}$$

时,如果对象为一阶或二阶环节加纯滞后过程,则 Smith 预估控制器 $G_c(s)$ 分别对应 PI 控制或 PID 控制器。因此,式(7.2-4)可用来帮助整定标准 Smith 预估控制算法中的 PID 参数。

　　另外,如果采用如图 7.2-4 所示的内模控制器,则控制器的参数可以减少到四个,即 K_p, τ, T 以及 α;显然,要比 Smith 预估控制器易于参数整定。

　　例 7.2-1　考虑图 7.2-5 所示水槽水位控制系统,被控变量为水槽水位,调节量为进水流量,由于工艺上的原因,进水阀到水槽之间的管路传输导致较大的纯滞后,过程传递函数为

$$G(s) = \frac{1}{1 + 2s} \mathrm{e}^{-s}$$

如果我们希望对象的闭环传递函数为

$$G(s) = \frac{\mathrm{e}^{-s}}{s^2 + 1.3s + 1}$$

则根据式(7.2-3),可求得内模控制器 $G_{\mathrm{IMC}}(s)$ 为

$$G_{\mathrm{IMC}}(s) = \frac{2s + 1}{s^2 + 1.3s + 1}$$

同样,根据式(7.2-4),可求得 Smith 预估控制器 $G_c(s)$ 如下

$$G_c(s) = \frac{2s + 1}{s^2 + 1.3s}$$

显然,$G_c(s)$ 具有积分环节,因而可实现无静差控制。采用 MATLAB-Simulink 进行仿真,结果如图 7.2-6 所示,图中虚线为设定值阶跃输入曲线,实线为过程输出响应曲线;同时,在 10s 时刻,加入一个单位幅值的过程输入扰动。可以看出,理想条件下,系统具有良好的性能。

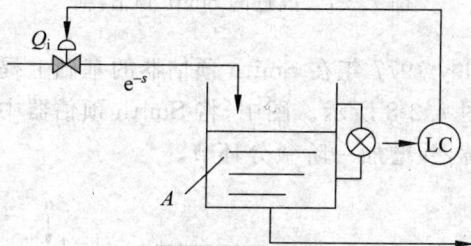

图 7.2-5　水槽水位控制系统

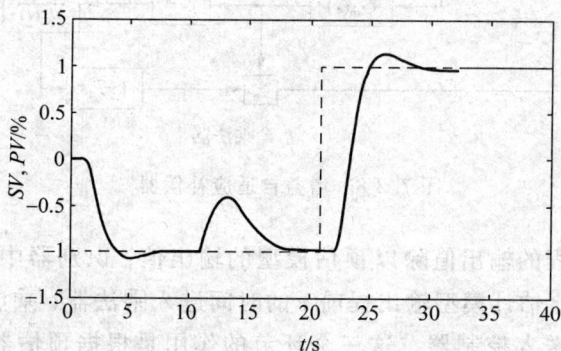

图 7.2-6　水槽水位 Smith 预估控制系统的阶跃响应

7.2.5　改进的 Smith 预估补偿算法

Hang 等对标准 Smith 预估器的性能进行了深入研究,发现只有在模型对象参数及噪声水平适中的情况下,标准 Smith 预估器的性能优于 PI 控制器。否则,其性能甚至不如 PI 控制器。为此,许多学者提出了改进的 Smith 预估器形式。

较简单的一种改进措施是在反馈通道上设置一滤波器 $G_f(s)$,如图 7.2-7 所示,一般可取

$$G_f(s) = \frac{1}{1 + T_f s} \tag{7.2-5}$$

则该滤波器并不改变系统的稳态性能,但却有利于提高系统的鲁棒性,降低对模型误差以及噪声的灵敏度。

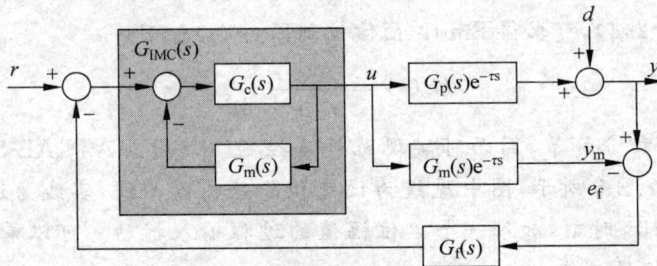

图 7.2-7　改进的 Smith 预估器

另外,Giles 和 Bartley 1977 年在 Smith 预估器的基础上提出了一个增益自适应补偿方案,其方框图如图 7.2-8 所示。图中,将 Smith 预估器中的减法器用除法器代替,加法器用乘法器代替,并增加一阶微分环节。

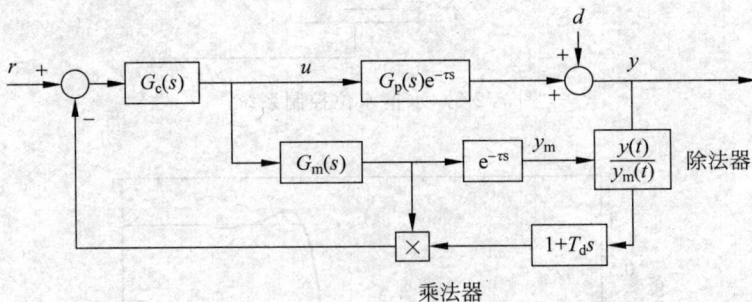

图 7.2-8　增益自适应补偿器

除法器是将过程的输出值除以预估模型的输出值;识别器中的微分时间 $T_d = \tau$,它将使过程输出比估计模型输出提前 τ 的时间进入乘法器;乘法器将预估器输出乘以识别器输出后送入控制器。这三个环节的作用是根据预估器补偿模型和过程输出信号之间的差值,提供一个能自动校正预估器增益的信号。

　　在理想情况下,当预估器模型与其实对象的动态特性完全一致时,图中除法器的输出是 1,此时即为史密斯预估补偿控制。

　　在实际情况下,预估器模型往往与真实对象动态特性的增益存在有偏差,图 7.2-8 所示的增益自适应补偿控制能起自适应作用。这是因为从补偿原理可以知道,若广义对象的增益由 K_p 增大到 $K_p+\Delta K$,则除法器的输出为 $y/y_m=(K_p+\Delta K)/K_p$,假设真实对象其他动态参数不变,此时识别器中微分项 $T_d s$ 不起作用,因而识别器输出也是 $(K_p+\Delta K)/K_p$。这样,乘法输出变为 $(K_p+\Delta K)G_m(s)$,可见反馈量也变化了 ΔK,相当于预估模型的增益变化了 ΔK,故在对象增益 K_p 变化 ΔK 后,补偿器模型仍能得到完全补偿。

　　大量仿真实验表明,增益自适应补偿器对过程增益变化的补偿效果最好,一般优于 Smith 补偿方案,具有较小的超调量和较短的调节时间。

7.3　自适应控制系统

7.3.1　自适应控制的基本原理

　　在日常生活中,所谓自适应是指生物能改变自己的习性以适应新的环境的一种特征。因此,直观地说,自适应控制器应当是这样一种控制器,它能修正自己的特性以适应对象和扰动的动态特性的变化。

　　自适应控制的研究对象是具有一定程度不确定性的系统,这里所谓的"不确定性"是指描述被控对象及其环境的数学模型不是完全确定的,其中包含一些未知因素和随机因素。

　　任何一个实际系统都具有不同程度的不确定性,这些不确定性有时表现在系统内部,有时表现在系统外部。从系统内部来讲,描述被控对象数学模型的结构和参数,设计者事先并不一定能准确知道,本身往往也存在不确定性。从系统外部来讲,外部环境对系统的影响,可以等效地用许多扰动来表示。这些扰动通常是不可预测的。此外,还有一些测量时产生的测量噪声等不确定因素进入系统。面对这些客观存在的各式各样的不确定性,如何设计适当的控制作用,使得某一指定的性能指标达到并保持最优或者近似最优,这就是自适应控制所要研究解决的问题。

　　在只存在不确定环境因素,但系统模型具有确定性的情况下,这是随机控制需要解决的问题;而自适应控制是解决具有数学模型不确定性为特征的最优控制问题。这时如果系统基本工作于确定环境下,则称为确定性自适应控制;如果系统工作于随机环境下,则称为随机自适应控制。

　　自适应控制的提法可归纳为:在系统数学模型不确定的条件下(工作环境可以是基本确定的或是随机的),要求设计控制规律,使给定的性能指标尽可能达到及保持最优。

　　为了完成以上任务,自适应控制必须首先要在工作过程中不断地在线辨识系统模型(结构及参数)或性能,作为形成及修正最优控制的依据,这就是所谓的自适应能力,它是自适应控制的主要特点。

常规的反馈控制系统对于系统内部特性的变化和外部扰动的影响都具有一定的抑制能力,但是由于控制器参数是固定的,所以当系统内部特性变化或者外部扰动的变化幅度很大时,系统的性能常常会大幅度下降,甚至是不稳定。所以对那些对象特性或扰动特性变化范围很大,同时又要求经常保持高性能指标的一类系统,采取自适应控制是合适的。但是同时也应当指出,自适应控制比常规反馈控制要复杂得多,成本也高得多,因此只是在用常规反馈达不到所期望的性能时,才会考虑采用。

最早的自适应控制方案是在 20 世纪 50 年代末由美国麻省理工学院怀特克(Whitaker)首先提出飞机自动驾驶仪的模型参考自适应控制方案。到目前为止,出现了许多形式不同的自适应控制方案,下面着重介绍几种工业上常用的自适应控制方案。

7.3.2　增益调度自适应控制

在很多情况下,过程动力学特性随过程的运行条件而变化的关系是已知的,此时我们就可以通过监测过程的运行条件来调整控制器参数,以适应被控过程特性的变化。增益调度自适应控制(gain scheduling control)也称为程序自适应控制,其基本思想是让控制器参数作为运行条件的函数,按照预先编程好的方式随运行条件变化而做相应调整。

增益调度自适应控制的原理如图 7.3-1 所示,即根据运行状态或外部扰动信号,按照预先规定好的模型或增益调度表,直接去修正控制器参数。

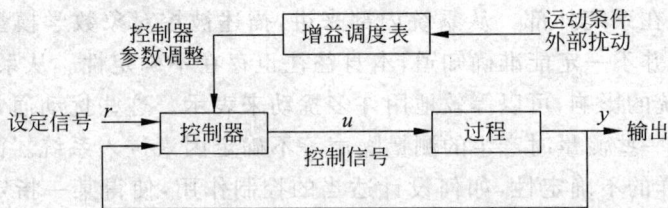

图 7.3-1　增益调度自适应控制系统

增益调度自适应控制的优点是具有快速的自适应能力。其缺点是它对于不正确的调度没有反馈补偿功能,因此属于一种开环补偿。此外,增益调度控制器设计需要具备较多的过程机理知识。

对于对象动态与静态特性不明确的大多数工业过程,实施增益调度自适应控制的最简单方法是采用"查表"法,即:将装置负荷或工况条件(也称工况点)分成若干区间,对应不同的工作点,可(事先)选定一套合适的控制器参数值。在实际工程应用中,遇到大幅度调整工况点时,就从增益调度表中换上一套相应的控制器参数。

只要保证控制器参数切换过程无扰动，就能达到控制系统自适应控制的目的。第 8 章给出了在数字调节器 YS1700 上实现增益调度自适应控制的一个实例，可供参考。

7.3.3　自整定 PID 控制器

PID 参数自整定概念中应包括参数自动整定（auto-tuning）和参数在线自校正（self-tuning on-line）。具有自动整定功能的控制器，能通过一按键（on-demand）就由控制器自身来完成控制器参数的整定，不需要人工干预，它既可用于简单系统投运，也可用于复杂系统预整定。自校正控制则是实现控制器参数的在线实时校正，力争在系统全部运行期间保持优良的控制性能，使控制器能够根据运行环境的变化，适时地改变其自身的参数整定值，以求达到预期的正常闭环运行，并有效地提高系统的鲁棒性。

具有自动整定功能和具有在线自校正功能的控制器被统称为自整定控制器（STC）。一般而言，如果过程的动态特性是固定的，则可以选用固定参数的控制器，控制器参数的整定由自动整定完成。对动态特性时变的过程，控制器的参数应具有在线自校正的能力，以补偿过程时变。

1. 继电器型 PID 自整定控制

继电器型自整定（relay auto-tuning）方法是 K. J. Aström 于 1984 年提出的在继电反馈下观测被控过程极限环振荡的自整定方法，用来替代著名的 Z-N 整定获取极限参数的方法。在这种继电器自整定方法中，采取一次简单的试验测试确定 K_u 和 P_u。

继电器型自整定的基本思想是，在控制系统中设置两种模式：测试模式和控制模式。在测试模式下，用一个滞环宽度为 h、幅值为 d 的继电器（即具有滞环的开关控制器）临时代替 PID 控制器，如图 7.3-2 所示。利用其非线性，使系统处于等幅振荡（极限环），这是开关控制的特性。这里设置宽度为 h 的滞环（dead band）是用来避免由于测量噪声引起的频繁开关。

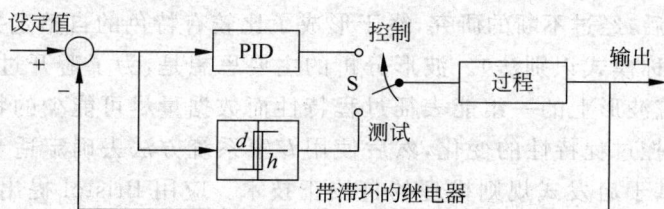

图 7.3-2　继电器型 PID 自整定控制的结构

临界增益 K_u 和临界周期 P_u 可以从图 7.3-3 轻易地得到。临界周期 P_u 就等于过程输出的振荡周期。K. J. Aström 推导出了临界增益的近似表达式

$$K_u = \frac{4d}{\pi a} \tag{7.3-1}$$

其中,d 为继电器幅值,由用户确定;a 是过程振荡的测量幅值。PID 整定参数的最后确定可以根据临界比例度法的 Z-N 整定公式计算得到。

新的 PID 参数整定完成后,可切回到控制模式。在控制模式下,控制器使用整定后的参数,对系统的动态性能进行控制。如果对象特性发生变化,可重新进入测试模式,再进行测试,以求得新的整定参数。

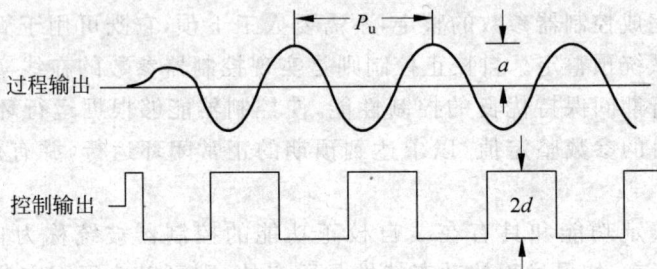

图 7.3-3 继电器型 PID 自整定控制器的输入输出

继电器型自整定方法与临界比例度法相比具有一些重要优点:

(1) 只需要一次单独的实验测试,而不需要反复试验。

(2) 过程输出的幅值 a 可以通过调整继电器的幅值 d 而得到限制。

(3) 过程不用被强制到达稳定边界。

(4) 可以通过商用产品轻易地使试验测试自动化。

继电器型整定方法的缺点是,被控对象须能在开关信号作用下产生等幅振荡,从而限制了其使用范围。对一些干扰因素多且较频繁的系统,则要求振荡幅度足够大,严重时将影响稳定的等幅振荡的形成,从而无法加以整定。另外,对于缓慢的过程,使过程受制于用来完成测试所需的 2~4 个振荡周期可能是不可接受的。

2. 波形分析型 PID 自整定控制

早在 1970 年美国的 Edgar. H. Bristol 就提出了根据实际响应波形来构造调节算法的思想,此后,经过不断的研究,终于形成了比较有特色的自整定控制方法——波形分析法(也称模式识别法)。波形分析的主要思想是,为了避开过程模型问题,用闭环系统响应波形上的一组能表征过程特性而数据量尽可能少的特征量作为状态变量,了解被控过程特性的变化,然后使用专家系统方法去确定适当的控制器参数。这是一种基于启发式规则推理的自校正技术。应用 Bristol 提出的方法,美国 FOXBORO 公司和日本横河公司从 1983 年起先后研制了 SPEC-200(EXACT)和 SLPC∗E(STC)自整定调节器,这些调节器采用闭环迭代整定 PID 参数,不必人为地加试验信号,由于可以选择多种 PID 优化指标,并且在整定过程中引进专家思想,提高了 PID 优化参数的准确性和实用性,在实用中受到好评。

YS-80/100/1000 系列调节器的自整定 PID 控制器的基本结构如图 7.3-4 所示。

图中虚线部分为控制器所配置的专家系统 STC 的结构。主要包括专家知识库和推理机构两大部分,其中,专家库主要提供整定规则,推理机构主要用来实现决策。

(1) 专家知识库。相当于一部 PID 参数的选择手册,其中记载有许多种基本控制规律及其对应的最佳参数,即专家整定经验数据。具体包括:

① 过程响应曲线:存有目标响应曲线。这是根据设定值 SV、测量值 PV、控制器输出值 MV 的变化情况,经过推理所得到的过程响应曲线。

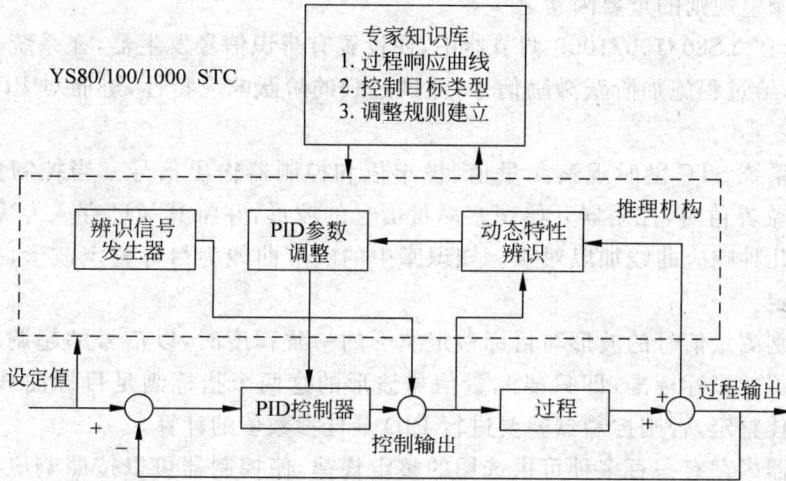

图 7.3-4　横河 YS80/100/1000 自整定 PID 控制器的基本结构

② 控制目标:有四种目标类型,如表 7.3-1 所示。用户可以根据对象特性以及控制要求进行选择。

表 7.3-1　YS1700 自整定控制目标

控制目标类型(OS)	属　　性	性　能　指　标
ZERO	超调:无	超调量:0
MIN	超调:小(大约 5%) 调节时间:短	加权误差积分面积:小 $\min \int_0^\infty |e| \cdot t \mathrm{d}t$
MED	超调:中(大约 10%) 上升时间:稍快	误差绝对值积分面积:小 $\min \int_0^\infty |e| \mathrm{d}t$
MAX	超调:大(大约 15%) 上升时间:快	误差平方积分面积:小 $\min \int_0^\infty e^2 \mathrm{d}t$

③ 调整规则:结合 PID 调节规律以及控制器参数对系统调节性能影响的理论知识以及专家针对不同工艺过程、不同参数控制积累的长期经验,总结出在不同控制性能指标要求下,不同响应曲线模式所应采取的 PID 参数调整算法,存放在知识

库中,供推理机构选择调用。

(2)推理机构。根据用户所选定的控制性能指标,结合动态特性辨识器在线所观测到的过程响应曲线及其特征参数,从知识库中选择适当的调整规则,求出相应的 PID 变化量,并加以设定。在这部分中,系统实时检测给定值 SV 的变化,以区分波形变化是由工况改变引起还是干扰引起的,以便于采用不同的调整规则。同时,系统实时监测输出,得到诸如超调、衰减比、稳定时间等有关特征量,作为选择或进一步充实调整规则的重要因素之一。

此外,在 YS80/100/1000 调节器中,还设置有辨识信号发生器,在系统初始启动等情况下,给过程施加阶跃激励信号,测试过程的阶跃响应特性,进而对 PID 参数进行整定。

专家系统 STC 随时观察测量值、设定值和控制器输出信号。当控制偏差超过 STC 启动临界值时,控制器开始观察测量信号的波形,并将其与已存入专家 STC 知识库的十几种响应曲线加以对照。知识库中的响应曲线为目标整定波形,按最佳条件进行整定。

在判别测量信号的波形与目标整定波形的一致程度时,以信号的超调量和衰减比作为评价的指标标准,即只要测量信号波形的这两个指标满足目标曲线,就被看做为是最佳整定,否则控制器就要进行 PID 最佳参数值的计算。

控制器内存有一百多种可供选用的整定规律,使控制器可以按照响应特性或响应特性的发展趋势,从中选择最佳整定规律。

7.3.4　模型参考自适应控制

早在 20 世纪 50 年代,由于飞行控制的需要,美国麻省理工学院(MIT)怀特克(Whitaker)教授及其同事首先提出了模型参考自适应控制方案,并且试图用其解决飞行器的自动驾驶问题,限于当时计算机技术以及控制理论的发展水平,飞行试验没有成功,这种新的控制思想因而未能得到应有的普及和推广。这种方法属于局部参数最优化方法,其主要缺点是不能够确保所设计的自适应控制系统的全局渐进稳定性。为此,在 20 世纪 60 年代中期,英国皇家军事科学院的 Parks 应用 Lyapunov 稳定性理论,提出了一类基于稳定性理论的设计方法。这种方法虽能保证控制系统的稳定性,但它需要利用系统的全部状态或输出量的微分信号。为克服此缺点,美国马萨诸塞大学的 Monopoli 在 1974 年提出了一种增广误差信号法,当用 Lyapunov 稳定性理论设计自适应律时,可避免出现输出量的微分信号,仅由系统的输入输出便可调整控制器的参数。与此同时,法国的 Landau 教授采用 Popov 的超稳定性理论进行设计,也得到了类似的结果。这是一种系统的设计方法,它可导出一大类稳定的自适应算法,为选择自适应律提供了更大的灵活性。已经发现,超稳定性理论设计方法和 Lyapunov 稳定性理论设计方法在本质上是一致的。近些年来许多学者在稳定性、收敛性和设计方法上继续做出了大量有益的工作,推动模型参考自适应控制的理论继续向前发展。

　　模型参考自适应控制(model reference adaptive control,or MRAC)由以下几个部分组成,即被控对象、反馈控制器、参考模型和调整控制器参数的自适应机构等,如图 7.3-5 所示。可以看出,这类系统包含两个环路:内环和外环。内环是由被控对象和控制器组成的普通反馈回路;而控制器的参数则由外环调整。参考模型的输出 y_m 就是对象输出的期望值。

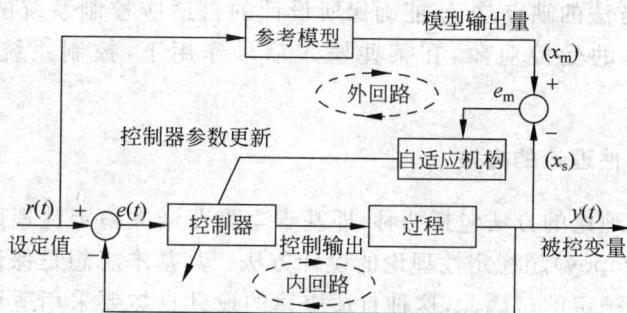

图 7.3-5　模型参考自适应控制系统

　　模型参数自适应系统的基本思想是使可调系统的运行性能或参数以可以接受的程度接近于参考模型的值,而参考模型是人们按照预期性能设计的系统,因此可调系统总按照预期性能要求运行,从而达到自适应控制的目的。

　　控制器参数的自适应调整过程为:当参考输入 $r(t)$ 同时加到系统和参考模型的入口时,由于对象的初始参数未知,控制器的初始参数不会调整得很好。因此,系统的输出 $y(t)$ 在初始运行时与参考模型的输出 $y_m(t)$ 也不会完全一致,结果产生偏差信号 $e(t)$。由 $e(t)$ 驱动自适应机构,产生适当的调节作用,直接改变控制器的参数,从而使系统输出 $y(t)$ 逐渐逼近模型输出 $y_m(t)$,直到 $y(t)=y_m(t)$,$e(t)=0$ 为止。当 $e(t)=0$ 后,自适应参数调整过程就自动停止了。当对象特性在运行过程中发生了变化,这时控制器参数的自适应调整过程与上述过程相同。

　　设计这类自适应控制系统的核心问题是如何综合自适应调整律(简称自适应律),即自适应机构所遵循的算法,使可调系统的实际行为逼近参考模型的行为。目前主要有三种设计方法:局部参数最优化方法、李雅普诺夫直接法以及基于波波夫超稳定性理论的设计方法等。

1. 局部参数最优化方法

　　这种方法的基本思路是:定义一个表示参考模型与可调系统之间结构距离以及状态距离的二次性能指标,这个指标一般说来是可调系统参数的函数。我们可以利用多元函数求极值的方法,将系统性能指标看做可调系统参数的函数。

$$(IP) = f(\theta_n) \tag{7.3-2}$$

当可调系统参数 θ_n 收敛于参考模型的参数 θ_m 时,(IP) 取最小值。反过来说,寻找(IP)最小值的过程,也就是调整可调系统参数θ_n使它接近于参考模型参数θ_m的过程。这就是参数最优化的含义。实现参数最优化的算法有梯度法、最速下降法和共轭梯度法等。最早的MIT自适应律就是利用这种方法求得的。

由于参数最优化方法中都常常要求多元函数为凸函数,这对模型参考自适应系统是十分苛刻的条件,于是只能在初始参数距离$\|\theta_\mathrm{n}-\theta_\mathrm{m}\|$较小的情况下,近似为凸函数成立,才可以应用这一方法。这也就是局部参数最优化方法中"局部"的含义。

因此,这种方法的缺点是,不能确保所设计的自适应控制系统的全局渐近稳定性。甚至对简单的受控对象,在某些输入信号作用下,控制系统也可能丧失稳定性。

2. 基于稳定性理论的方法

基于稳定性理论的方法包括两种,即基于李雅普诺夫稳定性理论的设计方法以及基于波波夫(Popov)超稳定性理论的设计方法。其基本思想是保证控制器参数自适应调节过程是稳定的。因此,这种自适应律的设计自然要采用适用于非线性系统的稳定性理论。李雅普诺夫稳定性理论和波波夫(Popov)超稳定性理论都是设计自适应律的有效工具。

按照李雅普诺夫稳定性第二定理(又称直接法),对于采用状态方程:$\dot{x}=f(x,t)$描述,且$f(\mathbf{0},t)=0,\forall t$的系统,如果存在一个具有连续偏导数的正定函数$V(x,t)$(称为能量函数),而且在沿着上述系统方程的轨迹上,$\dot{V}$是半负定(或负定)的,则称函数V为李雅普诺夫函数,且系统对于状态空间的坐标原点$x=0$为李雅普诺夫意义下稳定(或渐近稳定)的。

李雅普诺夫函数的几何意义可以理解为:$V(x,t)$表示状态空间原点到状态x的距离的度量,如果其原点到瞬时状态$x(t)$间的距离随着时间t的增长而不断减小,则系统稳定,$V(x,t)$对时间的一阶偏导数相当于$x(t)$接近原点的速度。

李雅普诺夫函数的物理意义可以理解为:一个振动着的力学系统,如果振动的蓄能不断衰减,则随着时间增长系统将稳定于平衡状态,而李雅普诺夫函数实质上可视为一个虚拟的能量函数。

采用李雅普诺夫稳定性方法,不需要求解系统特征方程,而是寻求一个李雅普诺夫函数(能量函数)去直接判定动态系统稳定性。

在模型参考自适应系统中,定义一个广义状态误差向量

$$e = x_\mathrm{m} - x_\mathrm{s} \tag{7.3-3}$$

从误差方程出发,寻找李雅普诺夫函数$V(x,t)$,进而确定自适应律,最终实现

$$\lim_{t\to\infty}e = 0 \tag{7.3-4}$$

即使可调系统状态x_s收敛于参考模型状态x_m。

模型参考自适应控制的特点是实现容易、自适应快,并在许多领域中获得了应用。模型参考自适应控制需在控制系统中设置一个参考模型,要求系统在运行过程中的动态响应与参考模型的动态响应一致(状态一致或输出一致),当出现误差时

便将误差信号输入给参数自动调节装置,来改变控制器参数或产生等效的附加控制作用,使误差逐步趋于消失。

7.3.5 自校正控制系统

自校正控制系统将参数估计递推算法与各种不同类型控制算法结合起来,形成一个能自动校正控制器参数的实时计算机控制系统,是"组合型"控制器设计思想的体现。自校正控制系统是自适应控制中一个相当活跃的分支,它基本上向两个方向发展:一个是基于随机控制理论和最优控制理论的发展;另一个是基于极点或零极点配置理论的自校正控制。

自校正控制的思想由 Kalman 在 1958 年最早提出。1970 年 Peterka 把自校正思想引入随机系统。直到 1973 年才获得实质性的突破,这一富有创见的工作是由瑞典隆德工学院的 Aström 和 Wittenmark 针对参数未知的定常系统正式提出的自校正调节器(STR),他们把系统的在线辨识技术和最小方差相结合,构成了自校正的基本思想。英国牛津大学的 Clark 和 Gawthrop 于 1975 年和 1979 年推广了 Aström的思想,在一般最优指标下,给出了广义最小方差自校正控制器、广义预测控制 GPC等。此外,人们也开始研究既能保持实现简单,又能具有直观性和鲁棒性的新方法,即使这种方法不是最优的,也能为工程界所接受,这就是极点配置自校正控制技术。近些年来,自校正控制技术发展迅速,自寻优自适应控制系统、变结构自适应控制系统、模糊自适应控制系统、智能自适应控制系统和基于神经元网络的自适应控制系统等都得到了迅速的发展,引起了人们的普遍关注。

自校正控制器的基本结构如图 7.3-6 所示。自校正控制器也由两个回路组成,内回路包括被控过程和线性反馈控制器。外回路用来调整控制器参数,它由递推参数估计器和控制器参数调整机构组成。递推估计器可以采用递推最小二乘算法、广义最小二乘法、辅助变量法等实时在线参数估计方法。最优控制器可以采用最小方差控制、线性二次型最优控制、极点配置和广义最小方差控制等。

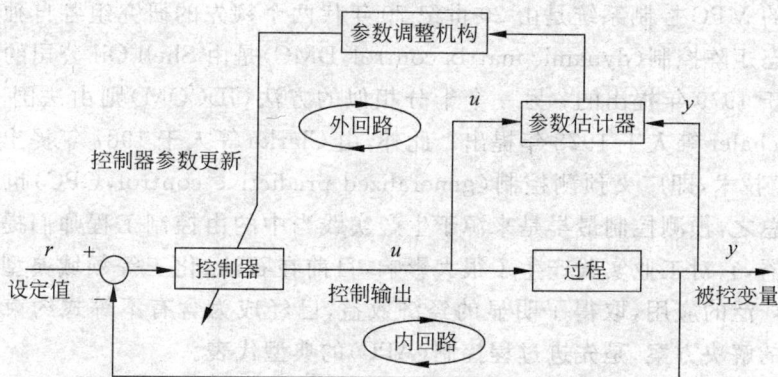

图 7.3-6 自校正控制器的基本结构

自校正控制基于对被控对象数学模型的在线辨识,然后按给定的性能指标在线地综合最优控制规律。它与一般确定性或随机性最优控制的差别是增加了被控制对象的在线辨识任务,它是系统模型不确定情况下的最优控制问题的延伸。

自适应控制自诞生以来,一直是控制界的热点,但是,除了简单适应控制系统以外,各种复杂的适应控制系统未能在工业上进一步推广。原因主要有:

(1) 适应控制是辨识与控制的结合,但两者有一个难解决的矛盾,辨识需要有持续不断的激励信号,控制却要求平稳少变,已经有人考虑过一些办法,然而实际上未能解决;

(2) 使用控制中,除了原来的反馈回路外,还增加了调整控制算法的适应作用回路。后者(外回路)常常是非线性的,系统的稳定性有时无法保证;

(3) 要知道对象模型阶数,这在实际上往往难以做到;

(4) 辨识模型因结构固定,只能反映实际模型参数不确定性,且对时滞及其变化十分敏感。有人评价,适应控制成绩不小,问题不少,总的来说,还需要新的突破。

7.4　模型预测控制

模型预测控制(model predictive control,MPC)是一种基于模型的计算机控制方法,它是针对多变量难控问题提出的一种重要的先进控制技术,它是在满足对输入量、输出量不等式约束的条件下,控制一个多输入多输出的过程。它的出现,有着深刻的理论发展与实际应用背景。众所周知,最优控制被看做是 20 世纪 60 年代初形成的现代控制理论的一个重要成果,但经典的最优控制方法在生产过程中的应用并未见到很好的效果,其原因主要是数学模型的建立比较困难,当实际过程有所变化时,控制系统的鲁棒性较差。20 世纪 70 年代以来,人们开始打破传统方法的约束,试图面对工业过程的特点,寻找对模型要求抵、综合控制质量好、在线计算方便的优化控制方法。模型预测控制算法就是在这种背景下发展起来的一类计算机优化控制算法。

最早的 MPC 控制系统是由 20 世纪 70 年代两个领先的研究组各自独立开发出来的。动态矩阵控制(dynamic matrix control,DMC)是由 Shell Oil 公司的 Cutler 及 Ramaker 于 1979 年提出的;另一个十分相似的方法(IDCOM)则由法国 ADERSA 公司的 Richalet 等人于 1978 年提出。此外,由 Clarke 等人于 1987 年提出的一种自适应 MPC 技术,即广义预测控制(generalized predictive control,GPC)也受到相当的关注。总之,预测控制最早是来源于生产实践当中的由控制工程师们提出的实用工业控制器,它对工业实践产生了很大影响,目前在石油、化工等领域典型生产装置上获得了广泛的应用,取得了明显的经济效益,已经成为含有不等式约束的多变量难控问题的解决方案,是先进过程控制(APC)的典型代表。

当初,开发 DMC 算法的初步构想是解决在石油、化工领域中普遍存在的多变量约束控制问题。在此之前,这些问题都是通过单回路控制器,配以不同的选择器(超驰控制)、解耦器、时延补偿器等来处理的。而 DMC 控制则通过采用对象的有限脉冲响应(FIR)或阶跃响应(FSR)模型进行有限时域的滚动优化控制,使得这些问题的解决变得非常容易。广义预测控制(GPC)是随着自适应控制的研究,在保持最小方差自校正控制的在线辨识、输出预测、最小方差控制的基础之上,吸取了 DMC 和 MAC(模型算法控制)中滚动优化的策略而发展起来的一种预测控制方法。为了方便起见,各种预测控制算法泛称为 MPC 控制。在介绍具体的模型预测控制算法之前,首先对这类算法的一般思想做一介绍,以便了解什么样的控制算法可称为模型预测控制算法。

7.4.1 预测控制的基本思想

顾名思义,模型预测控制算法应是以模型为基础的,同时包含预测的原理。另外,作为一种优化控制算法,它还应具有最优控制的基本特征。因此,假设我们通过实验建模或机理建模已经得到了一个比较准确的过程动态模型,并可以利用此模型外加当前的测量值来预测过程输出的未来值。于是,我们可以利用各种优化算法,在考虑过程输入输出约束的条件下,计算出合理的过程输入量,使得在此输入的作用下,过程未来预测输出能够更好(性能指标最佳)地逼近预期值。

在应用 MPC 算法时,主要有三种过程变量:①过程输出变量,习惯上称作被控变量(controlled variable,CV),一般是过程的可测变量,如温度、压力、流量、液位等,也可以是一些间接变量;②操纵变量(manipulated variable,MV),属于过程的可控输入变量,通常作为集散控制系统(DCS)中常规控制回路的设定值;③扰动变量,称作 DV(disturbance variable),是一些可测的、对系统输出有影响的但不能控制的过程输入变量,这些变量可作为前馈变量。

模型预测控制器的基本结构如图 7.4-1 所示。除被控过程外,控制器主要包括过程预测模型、扰动模型以及优化计算等几个部分,其核心为预测模型,用于预测被控过程未来的输出行为。图中各个数据项分别定义如下:

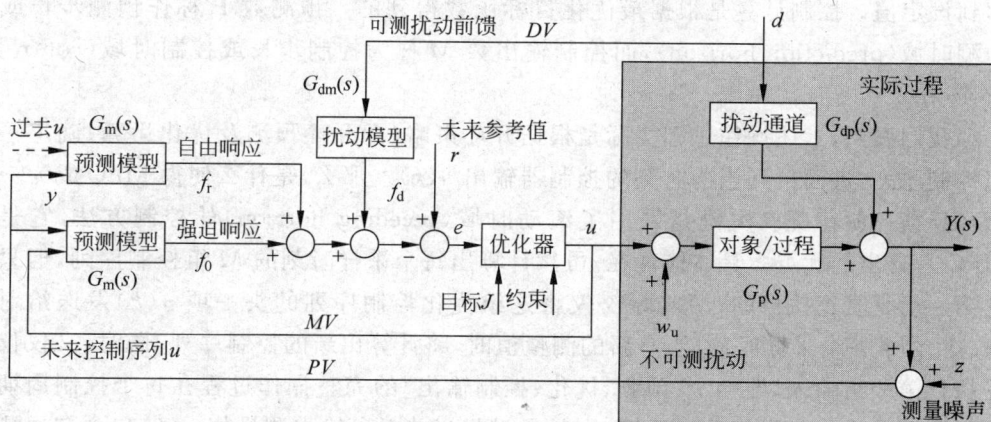

图 7.4-1 模型预测控制(MPC)的基本结构

（1）自由响应（又称零输入响应）：$f_r(k+j)$，$j>0$，即假设未来控制器输出不变，在当前 k 时刻，基于过程历史输入、输出数据以及当前量测信息，对过程未来输出 $y(k+j)$ 的预测值。

（2）强迫响应（又称零状态响应）：$f_0(k+j)$，$j>0$，即为实现目标函数最小化，采用"候选"的一组未来控制量 $u(k+j-1)$，$j=1,2,\cdots,M$ 所导致的对象输出响应附加分量。

对于线性系统，根据叠加原理，对象总的预测输出为

$$\hat{y}(k+j) = f_r(k+j) + f_0(k+j), \quad j=1,\cdots,P$$

如果考虑可测扰动对输出的影响，则上式中还应该包含基于扰动模型的输出预测分量 f_d。

（3）设定值、参考轨迹：$y_r(k+j)(j=1,\cdots,P)$ 是希望对象输出达到期望的设定值所经历的参考轨迹（reference trajectory）。

根据以上各项，即可计算出系统预测输出值与给定值的控制偏差为

$$e(k+j) = y_r(k+j) - \hat{y}(k+j)$$

为实现优化操作，还需指定：

（4）目标函数：即用来描述受控回路所期望性能的指标函数（也称成本函数）$J(e,u)$，它一般是关于误差与控制器输出的二次型函数，一般使其取得最小值来确定控制器输出。

（5）输入输出约束：即过程输入（控制）与输出变量的允许取值空间，一般采用不等式约束的表达方式。

MPC 控制计算的目的是得到一个控制动作序列（即操作量的改变），最终能使预测响应以最优方式趋向设定值。实际输出 y、预测输出 $\hat{y}$ 以及操作输出 u 如图 7.4-2 所示。当前采样时刻以 k 表示，MPC 策略是计算出由当前输入 $u(k)$ 和未来 $M-1$ 个输入构成的 M 组输入量 $\{u(k+j-1),j=1,2,\cdots,M\}$，在 M 个控制作用后，输入就保持为固定值。该输入序列使 P 个预测输出 $\{\hat{y}(k+j),j=1,2,\cdots,P\}$ 以最优的方式达到设定值。控制计算是根据最优化目标函数得到的。预测数 P 称作预测步长或预测时域（prediction horizon），而控制输出数 M 称为控制步长或控制时域（control horizon）。

我们看到，上述操作过程实际是根据开环策略（即开环预测及优化运算）确定一组控制序列，进而得到当前时刻的控制器输出 $u(k)$。那么，是什么使得 MPC 成为一闭环反馈控制律呢？关键是采用了滚动时域（receding horizon）的控制方法，它是 MPC 最突出的优点。具体体现在，虽然计算出每个采样时刻的 M 组控制序列，但只有第一组是真正执行的，即实际仅仅将这组优化控制序列的头一项 $u(k)$ 发送给对象；而在下一个采样时刻，当有新的测量值时，将计算出新的控制序列，同时，又仅仅是执行第一组输入，即整个"预测、优化、控制输出"的完整操作过程在每个控制周期内都要重复进行。至于输出反馈，则是通过将当前对象输出测量值 $y(k)$ 包含在预测方程中（即用于对过程未来输出的预测值进行定周期修正）来实现的。

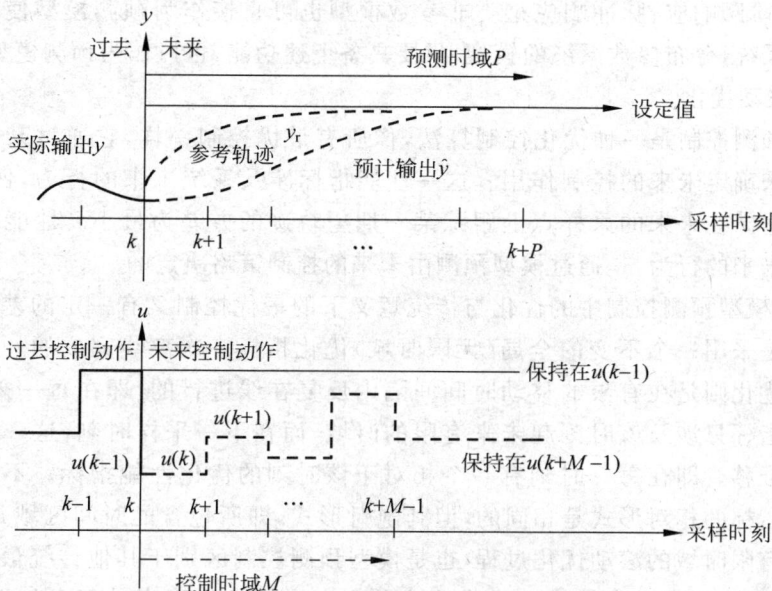

图 7.4-2　一般模型预测控制器(MPC)的建立

归纳起来,滚动优化策略的具体运算步骤如下:

(1) 在每一采样时刻 k,首先根据对象模型,预测被控过程对于一组假想的未来控制信号 $u(k+j)$(或者 $\Delta u(k+j)$)的输出响应 $\hat{y}(k+j)$。

(2) 对包含未来控制量及预测偏差信号的成本函数进行优化,寻求一组最优的未来控制序列 $u^*(k+j)$。

(3) 采用上步算出的未来(有限时域)最优控制序列的头一项控制量 $u^*(k)$(或者 $\Delta u^*(k)$)进行输出,并且在 $k+1$ 时刻重复以上操作。

由上述分析,我们可以看出,模型预测控制的基本思想还是非常简单"直观"的,就类似于人的思维模式。但 MPC 包含的内容却非常丰富,其基本组成单元:预测模型、目标函数、优化算法等,均可根据所研究问题做出必要调整。

总结预测控制,就一般意义来说,模型预测控制不管其算法形式如何不同,都具有以下三个基本特征:即模型预测、滚动优化和反馈校正。

(1) 模型预测

模型预测控制算法是一种基于模型的控制算法,这一模型称为预测模型。系统在预测模型的基础上根据对象的历史信息和未来(候选)输入预测其未来输出,并根据被控变量与设定值之间的误差确定当前时刻的控制作用,使之适应动态控制系统的存储性和因果性特点,这比仅由当前误差确定控制作用的常规控制有更好的控制效果。显然,这里不同于微分控制的简单预测,是基于模型的更加准确的预测;同时,也不同于 Smith 预估的单点预测,这里含有对未来多点时刻(整个预测时域)的预测。此外,需要指出,这里对于模型的要求只强调其(预测)功能而不在意其结构形式,因此,状态方程、传递函数这类传统的模型都可以作为预测模型。对于线性稳定对象,甚至阶跃响应、脉冲响应这类非参数模型也可直接作为预测模型使用。而对于非线性系统、分布参数系统的模型,只要具备上述功能,也可作为预测模型使用。

（2）滚动优化

模型预测控制是一种优化控制算法,像所有最优控制一样,它通过某一性能指标的最优来确定未来的控制作用。这一性能指标涉及系统未来的行为,例如,通常可取对象输出在未来的采样点上跟踪某一期望轨迹的方差为最小。性能指标中涉及的系统未来的行为,是通过模型预测由未来的控制策略决定的。

然而,模型预测控制中的优化与传统意义下的最优控制又有一定的差别。传统最优控制是采用一个不变的全局（无限时域）优化指标一次离线完成的。模型预测控制中的优化则是在有限的移动时间间隔内反复在线进行的,即在每一采样时刻,优化性能指标只涉及该时刻起未来有限的时域,而在下一采样时刻,这一优化时域同时向前推移。即在每一时刻有一个相对于该时刻的优化性能指标。不同时刻的优化性能指标的相对形式是相同的,但其绝对形式,即所包含的时间区域是不同的。这是一种有限时域的滚动优化过程,也是模型预测控制区别于其他传统最优控制的根本点。显然,对于动态特性经常发生变化和存在不确定因素的复杂工业系统,采用这种滚动优化方法更加适用。

（3）反馈校正

模型预测控制是一种闭环控制算法。在通过优化计算确定了一系列未来的控制作用后,为了防止模型失配或环境扰动引起控制对理想状态的偏离,预测控制通常不把这些控制作用逐一全部实施,而只是实现本时刻的控制作用。到下一采样时刻,则需首先检测对象的实际输出,并利用这一实时信息对模型给予的预测进行修正,然后再进行新的优化。

反馈校正的形式是多样的,可以在保持预测模型不变的基础上,对未来的误差做出预测并加以补偿,也可以根据在线辨识的原理直接修改预测模型。不论取何种修正形式,模型预测控制都把优化建立在系统实际的基础上,并力图在优化时对系统未来的动态行为做出较准确的预测。因此,模型预测控制中的优化不仅基于模型,而且构成了闭环优化。

在模型预测控制基本特征的基础上,采用不同的模型形式、优化策略和修正措施,可以形成不同的模型预测控制算法。

7.4.2　单输入单输出模型的预测

模型预测控制（MPC）中的动态模型可以是机理模型,也可以是实验模型;可以是线性模型,也可以是非线性模型;可以是传递函数模型,也可以是状态空间模型;可以是参数化模型,也可以是非参数化模型。MPC在工业应用中主要还是采用基于离散时间的以差分方程或阶跃响应模型形式表示的线性实验模型。阶跃响应模型属于非参数化模型,其缺点是模型参数过多,但也具有明显的优点,即实验获取容易,并且可以表示那些不能够用简单传递函数来描述的、带有非正常动态特性的稳定过程。

　　假设一个单输入单输出过程的单位阶跃响应的采样值为: $a_i, i=1,2,\cdots$。如果对象是稳定的,则当 $i\to\infty$ 时,a_i 趋近于一稳态值。因此,可截取阶跃响应系数的前 N 项($a_1,\cdots,a_N$)作为模型参数,来近似描述系统行为,称 N 为模型时域,取 $30\leqslant N\leqslant 120$。因此,根据线性系统的齐次性、可加性与时不变性,可得到如下基于过程阶跃响应系数描述的反映过程输入输出间动态关系的阶跃响应模型

$$y(k) = y_0 + \sum_{i=1}^{N-1} a_i \Delta u(k-i) + a_N u(k-N) \tag{7.4-1}$$

式中,$y(k)$ 是在 k 采样时刻的输出量。$\Delta u(k-i)$ 表示从一个采样时刻到另一个采样时刻操作量的变化,$\Delta u(k-i)=u(k-i)-u(k-i-1)$; y 和 u 分别是输出量、输入量相对于初始(或稳态)工作点的偏移量; y_0 是初始值,为简单起见,假设 $y_0=0$。

　　模型预测控制是基于在预测时域 P 内对未来输出的预测,因此下面来考虑模型预测输出的计算。同样,用 k 表示当前采样时刻,$\hat{y}(k+1)$ 表示 k 时刻对 $y(k+1)$ 的预测。如果 $y_0=0$,那么根据式(7.4-1)可得到输出的一步预测值

$$\hat{y}(k+1) = \sum_{i=1}^{N-1} a_i \Delta u(k-i+1) + a_N u(k-N+1) \tag{7.4-2}$$

上式可以进一步扩展为

$$\hat{y}(k+1) = \underbrace{a_1 \Delta u(k)}_{\text{当前控制作用的影响}} + \underbrace{\sum_{i=2}^{N-1} a_i \Delta u(k-i+1) + a_N u(k-N+1)}_{\text{过去控制作用的影响}} \tag{7.4-3}$$

上式等号右边的第一项表示当前输入 $u(k)$ 的作用,因为 $\Delta u(k)=u(k)-u(k-1)$。第二、三项表示过去输入 $\{u(i),i<k\}$ 的作用。推而广之,可得到过程输出 j 步预测的表达式,其中 j 是一个任意正整数

$$\hat{y}(k+j) = \underbrace{\sum_{i=1}^{j} a_i \Delta u(k+j-i)}_{\text{当前控制作用分量}} + \underbrace{\sum_{i=j+1}^{N-1} a_i \Delta u(k+j-i) + a_N u(k+j-N)}_{\text{过去控制作用分量}}$$

$$\tag{7.4-4}$$

上式右侧的第二项和第三项代表在没有当前或将来控制作用时的预测响应,即在 $i\geqslant 0, u(k+i)=u(k-1)$,或者等价于 $i\geqslant 0, \Delta u(k+i)=0$ 时的预测响应。由于此项考虑的是过去控制作用,因此称之为零输入预测响应(或自由响应),并以 $\hat{y}^0(k+1)$ 来表示,即 $\hat{y}^0(k+1)$ 定义为

$$\hat{y}^0(k+j) = \sum_{i=j+1}^{N-1} a_i \Delta u(k+j-i) + a_N u(k+j-N) \tag{7.4-5}$$

于是,式(7.4-4)可重新写作

$$\hat{y}(k+j) = \sum_{i=1}^{j} a_i \Delta u(k+j-i) + \hat{y}^0(k+j) \tag{7.4-6}$$

考虑式(7.4-6)中未来 P 个采样时刻的预测响应,并用向量或矩阵形式来描述,则 P

个采样时刻的预测输出响应向量可定义为

$$\hat{\boldsymbol{y}}(k+1) = [\hat{y}(k+1), \hat{y}(k+2), \cdots, \hat{y}(k+P)]^{\mathrm{T}} \tag{7.4-7}$$

式中,上标 T 表示矩阵转置。M 个采样时刻的控制作用向量可定义为

$$\Delta \boldsymbol{u}(k) = [\Delta u(k), \Delta u(k+1), \cdots, \Delta u(k+M-1)]^{\mathrm{T}} \tag{7.4-8}$$

根据式(7.4-5),零输入响应向量同样定义如下

$$\hat{\boldsymbol{y}}^0(k+1) = [\hat{y}^0(k+1), \hat{y}^0(k+2), \cdots, \hat{y}^0(k+P)]^{\mathrm{T}} \tag{7.4-9}$$

为便于计算,可将式(7.4-6)的模型预测写成向量形式,有

$$\hat{\boldsymbol{y}}(k+1) = \boldsymbol{A}\Delta \boldsymbol{u}(k) + \hat{\boldsymbol{y}}^0(k+1) \tag{7.4-10}$$

其中,$\boldsymbol{A}$ 是 $P \times M$ 维动态矩阵(dynamic matrix),定义为

$$\boldsymbol{A} = \begin{bmatrix} a_1 & \cdots & & 0 \\ a_2 & a_1 & & \\ \vdots & & \ddots & \vdots \\ a_M & a_{M-1} & \cdots & a_1 \\ \vdots & \vdots & & \vdots \\ a_P & a_{P-1} & \cdots & a_{P-M+1} \end{bmatrix}_{P \times M} \tag{7.4-11}$$

这里,控制时域 M 和预测时域 P 是模型预测控制器(MPC)的关键设计参数,一般说来,需要满足: $M \leqslant P, P \leqslant N+M$。

上面给出了基本 MPC 模型的输出预测。结合实际应用,可以对其进行必要的推广。例如,如果干扰量已知或可测,如图 7.4-1 所示,则可将其包含在阶跃响应模型里。设 d 代表可测扰动,$a_i^d, i=1,2,\cdots$ 是其阶跃响应系数,则式(7.4-2)所示的标准阶跃响应预测模型可以加上干扰项,如下所示

$$\hat{y}(k+1) = \sum_{i=1}^{N-1} a_i \Delta u(k-i+1) + a_N u(k-N+1)$$

$$+ \sum_{i=1}^{N_d-1} a_i^d \Delta d(k-i+1) + a_N^d d(k-N_d+1) \tag{7.4-12}$$

式中,N_d 是干扰量阶跃响应系数的个数。一般来说,$N_d \neq N$。

此外,考虑到脉冲响应模型与阶跃相应模型是紧密相关的,因此,模型预测控制策略还可以基于脉冲响应模型。例如,设对象的脉冲响应系数为 $\{g_i, i=1,2,\cdots\}$,则它与对象的阶跃响应系数之间具有如下关系

$$g_j = a_j - a_{j-1}, \quad \text{或} \quad a_j = \sum_{i=1}^{j} g_i, \quad j = 1,2,\cdots \tag{7.4-13}$$

其中 $a_0=0$。若已知对象的脉冲响应系数,则可由上式求得对象的阶跃响应系数。代入式(7.4-2)即可得到对象的阶跃预测模型。

7.4.3　输出反馈和偏差校正

上述基于开环模型的过程输出预测由于没有使用最新的测量值 $y(k)$,因而模型

的不准确性和不可测干扰累积的影响，可能会引起预测得不准确，因此，需要对其进行修正。设当前时刻实际对象的输出测量值 $y(k)$ 与前一采样时刻的一步预测输出 $\hat{y}(k)$ 之间的差为

$$e(k) = y(k) - \hat{y}(k) \tag{7.4-14}$$

显然该偏差包含模型失配或过程扰动信息，因此常称为干扰估计或残差。可利用该误差对未来模型预测输出 $\hat{y}(k+j)$ 进行修正，得到校正后的输出预测值 $\hat{y}_c(k+j)$ 为

$$\hat{y}_c(k+j) = \hat{y}(k+j) + he(k), \quad j = 1, 2, \cdots, P \tag{7.4-15}$$

式中，h 为误差修正系数。假设过程干扰在 $j = 1, 2, \cdots, P$ 时均为常数（即阶跃状扰动），并且是加在过程输出上的，则可取 $h = 1$，写成向量形式为

$$\hat{\boldsymbol{y}}_c(k+1) = \boldsymbol{A} \Delta \boldsymbol{u}(k) + \hat{\boldsymbol{y}}^0(k+1) + \boldsymbol{h}e(k) \tag{7.4-16}$$

式中，系统输出预测向量与修正向量分别为

$$\hat{\boldsymbol{y}}_c(k+1) = \left[y_c(k+1), \cdots, y_c(k+P) \right]^{\mathrm{T}} \tag{7.4-17}$$

$$\boldsymbol{h} = \left[h_1, \cdots, h_P \right]^{\mathrm{T}} \tag{7.4-18}$$

式中，$h_i = 1, i = 1, 2, \cdots, P$。

　　通过上述输出（误差）反馈校正，使得开环模型预测成为一闭环预测；模型算法控制也成为一反馈控制算法。

　　此外，如果考虑可测扰动，也可以采用同样的修正方法。不过，对于多步预测还需要对未来干扰进行假设。如果没有其他信息，则一般假设未来干扰等于当前干扰，即 $d(k+j) = d(k), j = 1, 2, \cdots, P$。当然，如果已知干扰模型，则预测精度就会提高。

7.4.4　多输入多输出模型的预测

　　对于 SISO 系统的分析借用叠加原理即可推广到多输入多输出（MIMO）系统。为此，我们可以先考虑一个二输入二输出过程。它的预测模型由四个单独的阶跃响应模型组成，每对输入输出模型是

$$\hat{y}_1(k+1) = \sum_{i=1}^{N-1} a_{11,i} \Delta u_1(k-i+1) + a_{11,N} u_1(k-N+1)$$
$$+ \sum_{i=1}^{N-1} a_{12,i} \Delta u_2(k-i+1) + a_{12,N} u_2(k-N+1) \tag{7.4-19}$$

$$\hat{y}_2(k+1) = \sum_{i=1}^{N-1} a_{21,i} \Delta u_1(k-i+1) + a_{21,N} u_1(k-N+1) + \sum_{i=1}^{N-1} a_{22,i} \Delta u_2(k-i+1)$$
$$+ a_{22,N} u_2(k-N+1) \tag{7.4-20}$$

式中，系数 $a_{21,i}$ 是关于输入 u_1 与输出 y_2 模型的第 i 个阶跃响应系数，其他输入输出间的阶跃响应系数以同样方式定义。一般来说，为了缩短计算时间，对于每个输入输出对可以规定不同的模型截取长度。例如，当 u_1 和 u_2 变化时，y_2 可能有不同的过渡过程时间，那么式（7.4-20）中的累加上限可以取为 N_{21} 和 N_{22}。

我们看到,MIMO 模型是式(7.4-2)所示 SISO 模型的直接推广。下面我们将其推广到有 r 个输入、m 个输出的情况,在典型的 MPC 应用中,一般有:$r < 20$ 和 $m < 40$。

设输出向量为 $\boldsymbol{y} = [y_1, y_2, \cdots, y_m]^{\mathrm{T}}$,输入向量为 $\boldsymbol{u} = [u_1, u_2, \cdots, u_r]^{\mathrm{T}}$,与 SISO 系统中的式(7.4-16)相似,带有校正预测的 MIMO 模型可以用动态矩阵形式来表示如下

$$\hat{\boldsymbol{Y}}_c(k+1) = \boldsymbol{A}\Delta\boldsymbol{U}(k) + \hat{\boldsymbol{Y}}^0(k+1) + \boldsymbol{H}e(k) \tag{7.4-21}$$

式中,$\hat{\boldsymbol{Y}}_c(k+1)$ 是 mP 维向量,它是 m 个输出在整个预测时域 P 中经过校正的预测值,即

$$\hat{\boldsymbol{Y}}_c(k+1) = [\hat{\boldsymbol{y}}_c(k+1), \hat{\boldsymbol{y}}_c(k+2), \cdots, \hat{\boldsymbol{y}}_c(k+P)]^{\mathrm{T}} \tag{7.4-22}$$

而 $\hat{\boldsymbol{Y}}^0(k+1)$ 也是 mP 维向量,是 m 个输出在整个预测时域 P 中的零输入响应预测值,即

$$\hat{\boldsymbol{Y}}^0(k+1) = [\hat{\boldsymbol{y}}^0(k+1), \hat{\boldsymbol{y}}^0(k+2), \cdots, \hat{\boldsymbol{y}}^0(k+P)]^{\mathrm{T}} \tag{7.4-23}$$

$\Delta\boldsymbol{U}(k)$ 是 r 个过程输入在下一 M 个控制作用的 rM 维向量,即

$$\Delta\boldsymbol{U}(k) = [\Delta\boldsymbol{u}(k), \Delta\boldsymbol{u}(k+1), \cdots, \Delta\boldsymbol{u}(k+M-1)]^{\mathrm{T}} \tag{7.4-24}$$

式(7.4-21)中,$mP \times m$ 维修正矩阵 $\boldsymbol{H}$ 定义为

$$\boldsymbol{H} = [\boldsymbol{h}_1, \cdots, \boldsymbol{h}_P]^{\mathrm{T}} \tag{7.4-25}$$

式中,$\boldsymbol{h}_i$ 一般取为 $m \times m$ 维单位矩阵。m 维偏差向量 $e(k)$ 定义为

$$e(k) = \boldsymbol{y}(k) - \hat{\boldsymbol{y}}(k) \tag{7.4-26}$$

式中 MIMO 动态矩阵 $\boldsymbol{A}$ 与式(7.4-11)中的 SISO 系统动态矩阵具有相同的结构,定义为

$$\boldsymbol{A} = \begin{bmatrix} \boldsymbol{a}_1 & \cdots & & 0 \\ \boldsymbol{a}_2 & \boldsymbol{a}_1 & & \\ \vdots & & \ddots & \vdots \\ \boldsymbol{a}_M & \boldsymbol{a}_{M-1} & \cdots & \boldsymbol{a}_1 \\ \vdots & & & \vdots \\ \boldsymbol{a}_P & \boldsymbol{a}_{P-1} & \cdots & \boldsymbol{a}_{P-M+1} \end{bmatrix}_{mP \times rM} \tag{7.4-27}$$

其中,$\boldsymbol{a}_i$ 是阶跃响应系数 $m \times r$ 维矩阵的第 i 步系数,即

$$\boldsymbol{a}_i = \begin{bmatrix} a_{11,i} & a_{12,i} & \cdots & a_{1r,i} \\ a_{21,i} & a_{22,i} & \cdots & a_{2r,i} \\ \vdots & \vdots & & \vdots \\ a_{m1,i} & a_{m2,i} & \cdots & a_{mr,i} \end{bmatrix}_{m \times r} \tag{7.4-28}$$

如果令 $\hat{\boldsymbol{Y}}_c^0(k+1)$ 表示经过当前采样周期输出反馈校正后的零输入预测值,即定义

$$\hat{\boldsymbol{Y}}_c^0(k+1) = \hat{\boldsymbol{Y}}^0(k+1) + \boldsymbol{H}e(k) \tag{7.4-29}$$

则式(7.4-21)可进一步简化为

$$\hat{\boldsymbol{Y}}_c(k+1) = \boldsymbol{A}\Delta\boldsymbol{U}(k) + \hat{\boldsymbol{Y}}_c^0(k+1) \tag{7.4-30}$$

对于稳定的对象模型,式(7.4-23)所示零输入预测响应 $\hat{\boldsymbol{Y}}^0(k+1)$ 可以由递推关系来计算,即状态空间模型的离散时间形式

$$\hat{\boldsymbol{Y}}^0(k+1) = \begin{bmatrix} \boldsymbol{0} & \boldsymbol{I}_m & \boldsymbol{0} & \cdots & \boldsymbol{0} \\ \boldsymbol{0} & \boldsymbol{0} & \boldsymbol{I}_m & \cdots & \boldsymbol{0} \\ \vdots & \vdots & \vdots & \ddots & \boldsymbol{0} \\ \boldsymbol{0} & \boldsymbol{0} & \cdots & \boldsymbol{0} & \boldsymbol{I}_m \\ \boldsymbol{0} & \boldsymbol{0} & \cdots & \boldsymbol{0} & \boldsymbol{I}_m \end{bmatrix}_{mP \times mP} \hat{\boldsymbol{Y}}^0(k) + \begin{bmatrix} \boldsymbol{a}_1 \\ \boldsymbol{a}_2 \\ \vdots \\ \boldsymbol{a}_{P-1} \\ \boldsymbol{a}_P \end{bmatrix}_{mP \times r} \Delta\boldsymbol{u}(k)$$

$$\tag{7.4-31}$$

式中, $\boldsymbol{I}_m$ 是 $m \times m$ 维单位矩阵。

当前,许多 MPC 的理论研究工作基于状态空间模型,因为它提供了重要的理论研究条件,即提供了一个线性或非线性控制问题研究的统一框架。基于状态空间模型的理论分析也十分方便,且适用于各种输出反馈策略。

7.4.5　模型预测控制的动态优化

在 MPC 控制算法中,控制的目的是使系统的输出 y 沿着一条规定好的曲线逐渐到达设定值 w,这条指定的曲线称为参考轨迹 y_r。设预测时域 P 内的参考轨迹是

$$\boldsymbol{Y}_r(k+1) = [\boldsymbol{y}_r(k+1), \boldsymbol{y}_r(k+2), \cdots, \boldsymbol{y}_r(k+P)]^{\mathrm{T}} \tag{7.4-32}$$

式中, $\boldsymbol{Y}_r$ 是一个 mP 维向量。

通常参考轨迹采用从现在时刻实际输出值出发的一阶指数函数形式,如图 7.4-2 所示。它在未来第 j 个时刻的值为

$$y_{i,r}(k+j) = y_i(k) + [w_i - y_i(k)](1 - e^{-jT_s/\tau_i}), \quad j=0,1,\cdots \tag{7.4-33}$$

式中, w_i 为输出设定值; τ_i 为参考轨迹时间常数; T_s 为采样周期。

习惯上令 $\alpha_i = e^{-T_s/\tau_i}$,则式(7.4-33)可简写作

$$y_{i,r}(k+j) = (\alpha_i)^j y_i(k) + [1 - (\alpha_i)^j] w_i, \quad j=0,1,\cdots \tag{7.4-34}$$

采用上述形式的参考轨迹将减小过量的控制作用,使系统的输出能平滑地到达设定值。还可看出,参考轨迹的时间常数 τ_i 越大,则 α_i 值也越大,系统的柔性越好,鲁棒性越强,但控制的快速性却变差。因此,在 MPC 的设计中, α_i 是一个很重要的参数,它对闭环系统的动态特性和鲁棒性将起重要的作用。

下面推导模型预测控制律。MPC 控制律控制计算主要是在满足约束的条件下,最小化与参考轨迹相比的预测误差。设当前采样时刻为 k,预测误差向量定义为

$$\hat{\boldsymbol{E}}(k+1) = \boldsymbol{Y}_r(k+1) - \hat{\boldsymbol{Y}}_c(k+1) \tag{7.4-35}$$

式中, $\boldsymbol{Y}_r(k+1)$ 和 $\hat{\boldsymbol{Y}}_c(k+1)$ 分别由式(7.4-32)和式(7.4-30)确定。

MPC 控制计算的目的是求取 r 个过程输入在下一个 M 时间间隔的控制作用

$\Delta U(k)$，即

$$\Delta U(k) = [\Delta u(k), \Delta u(k+1), \cdots, \Delta u(k+M-1)]^{\mathrm{T}} \tag{7.4-36}$$

使目标函数（也即性能指标）最小，从而求得 r 维向量 $\Delta u(k)$。前已述及，在 MPC 中通常采用线性或二次型目标函数，对于无约束 MPC，目标函数是对三种形式的偏差或误差的部分或全部进行最小化，它们是：

(1) 整个预测时域内的预测误差，即 $\hat{E}(k+1)$；

(2) 下一个 M 控制作用，$\Delta U(k)$；

(3) 整个控制时域内 $u(k+j)$ 相对期望稳态值 u_{sp} 的偏差。

一般首先进行前两步的优化，然后在保证其优化结果的基础上再实现操纵变量的理想设定值优化（即满足 IRV 要求），使系统的经济性指标更好。

对于基于线性模型的 MPC 优化计算，可以利用线性或二次型目标函数。为此，下面先考虑前两种偏差形式的二次型目标函数 J

$$\min_{\Delta U(k)} J = \hat{E}(k+1)^{\mathrm{T}} Q \hat{E}(k+1) + \Delta U(k)^{\mathrm{T}} R \Delta U(k) \tag{7.4-37}$$

式中，Q 是正定加权矩阵；R 是正半定加权矩阵，通常它们都是正对角元素的对角矩阵。加权矩阵用来对 $\hat{E}(k+1)$ 或 $\Delta U(k)$ 中最重要的元素进行加权。

为最小化式（7.4-37）中的目标元素，可对未知控制矢量 $\Delta U(k)$ 求导，并令 $\dfrac{\partial J(k)}{\partial \Delta U(k)}=0$，就可以解析地计算出 MPC 控制律

$$\Delta U(k) = (A^{\mathrm{T}} QA + R)^{-1} A^{\mathrm{T}} Q \lfloor Y_r(k+1) - Y_c^0(k-1) \rfloor \tag{7.4-38}$$

上述 MPC 控制律计算出的是 M 组输入量 $\Delta U(k)$，但仅执行第一个控制作用 $\Delta u(k)$。到下一个采样时刻，接收到新数据后计算出新的控制作用集，再次只执行第一个控制作用。这些动作在每个采样时刻重复着，故此控制策略称为滚动时域方法。于是，计算第一个控制作用 $\Delta u(k)$ 可以得到

$$\Delta u(k) = [I_m, 0, \cdots, 0]_{r \times mP} (A^{\mathrm{T}} QA + R)^{-1} A^{\mathrm{T}} Q \lfloor Y_r(k+1) - Y_c^0(k-1) \rfloor$$
$$\tag{7.4-39}$$

将上面控制律写为更加简洁的形式，有：

$$\Delta u(k) = k_c \lfloor Y_r(k+1) - Y_c^0(k-1) \rfloor \tag{7.4-40}$$

其中，控制增益矩阵 k_c 定义为

$$k_c = [I_m, 0, \cdots, 0]_{r \times mP} (A^{\mathrm{T}} QA + R)^{-1} A^{\mathrm{T}} Q \tag{7.4-41}$$

注意，k_c 是一个 $r \times mP$ 维矩阵，它可以离线而不用在线计算，只需要动态矩阵 A 和加权矩阵 Q、R 是常数项。

观察式（7.4-40）可以看出，MPC 控制律可以看成是基于多步预测误差的一个多变量比例控制律，而不同于基于当前误差（设定值-测量值）的常规控制律。其次，该控制律利用了最新测量值 $y(k)$，因为它出现在校正后的零输入预测输出 $\hat{Y}_c^0(k+1)$ 中，因而实现了输出反馈的闭环控制。此外，根据式（7.4-40）可以看出，该 MPC 控制律是一种增量式数字控制算法，其中隐含着积分作用，因为只要输入误差不为零，

控制器输出 $u(k)$ 就一直改变着,因而可以消除因设定值和持续干扰引起的误差。

滚动时域优化控制方法最重要的优点是立即利用最新测量值 $y(k)$ 这组信息来代替下一个 M 采样时刻应忽略的信息,否则多步预测和控制动作将会基于旧的信息而使不可测干扰产生不利的影响。

7.4.6　具有约束的 MPC 控制

我们知道,实际被控过程的输入输出都或多或少存在着各种约束,而 MPC 的主要优点之一就是可以把输入与输出受到的约束以系统的方式加以考虑,而不同于 PID 等常规控制所采用的特定处理解决方式,这也是早期研究 MPC 控制律的主要动力。

输入约束的产生是由于对诸如泵、控制阀和热交换器等工厂设备的物理限制。例如,操作流量可能有等于零的下限和取决于泵、控制阀和管道特性的上限;大型控制阀的动态特性还会限制操作流量的变化率。对过程输出量的约束是工厂运行策略中的关键因素,例如,一个普通精馏塔的控制目标是最大化产出率,但同时还要满足对产品质量的约束以及避免诸如液位和泄露等不希望出现的操作方式等的约束。

在控制计算中,实际过程输入输出约束主要采用不等式约束的描述形式,通常根据约束的属性以及重要程度,将约束分为"硬"约束(hard constraint)和"软"约束(soft constraint)。顾名思义,硬约束在任何时候都不可违背;相反,软约束却可以(短暂地)超越,但违反的程度会受到成本函数的惩罚。

MPC 针对 u 和 Δu 的不等式约束是典型的上下限硬约束,即

$$u_{\min}(k) \leqslant u(k+j) \leqslant u_{\max}(k), \quad j = 0, 1, \cdots, M-1 \tag{7.4-42}$$

$$\Delta u_{\min}(k) \leqslant \Delta u(k+j) \leqslant \Delta u_{\max}(k), \quad j = 0, 1, \cdots, M-1 \tag{7.4-43}$$

类似的输出硬约束为

$$y_{\min}(k+j) \leqslant \hat{y}_c(k+j) \leqslant y_{\max}(k+j), \quad j = 1, 2, \cdots, P \tag{7.4-44}$$

遗憾的是,输出硬约束可能导致最优化问题的不可行解,对于大的干扰尤其如此。因此,输出约束通常表示为带有松弛变量(slack variable),即

$$y_{\min}(k+j) - s_j \leqslant \hat{y}_c(k+j) \leqslant y_{\max}(k+j) + s_j, \quad j = 1, 2, \cdots, P \tag{7.4-45}$$

如果在式(7.4-37)所示的性能指标上加上松弛变量的惩罚项,那么在约束优化计算中可以得到松弛变量的数值。因此,定义 mP 维松弛变量向量为: $S = [s_1, s_2, \cdots, s_P]^T$,则修改后的性能指标为

$$\min_{\Delta U(k)} J = \hat{E}(k+1)^T Q \hat{E}(k+1) + \Delta U(k)^T R \Delta U(k) + S^T T S \tag{7.4-46}$$

式中, T 是 $mP \times mP$ 维松弛变量加权矩阵。

我们注意到,上述对于输出的不等式约束实际是加到未来经校正的预测输出上的,而不是实际输出,因为当前时刻我们得不到输出的未来值。因此,经过约束优化计算,虽然预测输出不会破坏约束,但实际输出有可能会超出约束限制,此时可将其看做是一种模型误差或不可测扰动来处理。

　　事实上，MPC 应用中对于被控变量 CV 的控制要求有设定值和区域控制两种类型。当输出被控变量没有设定值，控制目标是让它们维持在上下限之间，而不是驱使它们达到设定值，这种方法称为区间控制（range control）或区域（zone control）控制，它们的约束限就是区间限（range limits）或区域限（zone limits），这些限制还有可能随时间而变。例如，有很多输出量，如恒压罐中的液位，只要保持在一定的安全区间，事实上并不需要控制到设定值。只有当输出量必须维持在一个规定值附近时，才有必要设置设定值，例如 PH 或质量变量。区域控制的优点在于它为控制计算创造了附加自由度。

　　此外，MPC 应用中对于操纵变量 MV 的控制要求除了上文所述 MV 的位置约束和变化率（rate of change，ROC）约束等硬约束外，在系统具有多余的自由度时，还要考虑促使 MV 尽可能接近理想静态值（ideal resting value，IRV）或减少 MV 的变化，这是 MV 的优化。该静态值是根据系统的经济性指标由设定值计算（即稳态优化）得到的。例如，如果某些 MV 不需要做调整以满足其他的控制目标时，MV 理想设定值就用作最优位置。使某些 MV 在它的经济运行点或接近它的经济运行点上运行，是取得经济效益的手段之一。

　　过程输入输出约束的引入导致了一个约束优化问题，它可以借助线性或二次规划技术得到数值解。例如，考虑上面带有不等式约束的 MPC 设计问题，假设希望计算出 M 步控制策略 Δu，需要最小化式(7.4-46)中的性能指标 J，且满足式(7.4-42)、式(7.4-43)和式(7.4-45)的约束，预测输出可利用式(7.4-21)的阶跃响应模型求得，则上述 MPC 设计问题是典型的二次规划问题，可以利用二次规划技术得到数值解。

　　总结 MPC 技术中的约束处理可以看出，与传统约束处理方法不同，模型预测控制可以提前预知当前控制序列是否有可能导致未来约束条件的破坏，以便提前采取补救措施；而通常的控制方法（如 PID 控制）则是在约束起作用之时，才采取诸如超持控制、抗积分饱和等特定的处理措施。基于预测控制方法能够在控制器设计过程中系统地、显式地处理过程约束，因而具有非常重要的实用价值。

7.4.7　模型预测控制器（MPC）的工程实现与参数整定

　　模型预测控制是一个多变量、多目标、基于模型的优化控制器。在每个控制周期，MPC 控制器需要进行如下 7 个步骤的计算：

　　(1) 采集新数据，其中包括：被控变量 CV，操作变量 MV 和干扰变量 DV。

　　新的过程数据一般通过常规控制系统（一般为集散控制系统 DCS）来采集，其中 DCS 是通向过程的接口，一般通过 OPC（面向过程控制的 OLE 技术规范）接口实现。

　　(2) 更新模型预测，实现输出反馈。

　　利用过程模型和新的数据计算出新的输出预测值，实现在线反馈校正。

　　(3) 确定当前控制结构。

　　对 MPC 来说，在每个控制作用执行以前，必须确定哪些输出（CV）、哪些输入

（MV）和干扰（DV）是可用的，因为控制计算所用的变量因各种原因可能会发生变化，例如传感器可能由于管路维修或校正而暂时无法使用。输出变量常常分为关键的和不关键的，对于非关键输出量，失去测量值时，可以用模型预测值来代替或将此输出量移出控制结构；如果关键输出的传感器失效，那么 MPC 计算将立即停止，或在规定的执行步数之后停止。

（4）病态检查。

当控制结构发生变化时，下一步控制计算可能变成病态的。在进行 MPC 计算之前识别和校正这种情况是十分重要的。例如，在一个高纯度精馏塔中，塔顶塔底产品成分由回流量和再沸腾器热负荷来进行控制。由于每个输入量对两个输出量有相同的影响，但是方向不同，此时就会产生病态。结果，过程增益矩阵近似奇异，且独立控制这些输出量需要很大的输入量，因此，在当前控制结构下，利用计算过程增益矩阵的条件数来检查病态是十分重要的。

如果发现病态，有多种消除的有效策略。一种简单的方法是设置每个输出量的优先级，当发现了病态，则从控制结构中依次剔除那些低优先级的输出量，直到病态消除。当然，也可以通过调整加权矩阵 $\boldsymbol{R}$ 或采用基于奇异值分析的方法来妥善解决病态问题。

（5）计算设定值，确定控制目标，实现稳态优化。

MPC 设定值计算的目的是要通过最大化或最小化经济目标函数，为下一步控制计算确定最优的输入和输出设定值，或称目标（target），也即 $\boldsymbol{y}_{sp}$ 和 $\boldsymbol{u}_{sp}$。这种计算通常利用线性稳态模型和单一目标函数，典型的是取输入和输出的线性或二次型函数。线性模型可以是一个复杂非线性模型的线性化形式，也可以是用于控制计算的动态模型的稳态形式。输入输出的线性不等式约束也包含在稳态优化中。设定值计算在每个采样时刻重复进行，因为当前的约束可能由于干扰、仪器、设备可用性或变化了的过程环境等而频繁改变。

因为设定值计算常常每分钟都在重复，稳态优化问题必须既快又可靠地得到求解。如果最优化问题基于线性过程模型、线性不等式约束和线性或二次型价值函数，则可以采用线性规划或二次规划技术。

（6）完成控制计算，实现动态优化。

通过前面几节介绍的有约束 MPC 控制律的计算，产生 M 个控制作用集，且只执行第一个控制作用。

我们看到，在每个控制执行时间里，MPC 计算由两步计算来完成，即设定值计算和控制计算。在实际应用中，从两种计算中都可以得到显著的经济效益，但是稳态优化常常更重要。不过，两步计算都是基于有约束优化，因此就可能出现无可行解的问题。当控制自由度减少（例如控制阀检修）、大干扰的出现或者不等式约束与当前情况不相适应时，有可能导致不可行问题。此时，可根据无可行解产生的原因，临时性逐步释放一些低优先级的约束，或调整约束时域的下限，或者通过引入松弛变量实现约束"软化"等方法，寻求获得可行解。

（7）控制输出执行，把 MPC 计算输出 MV 传送给过程。

MPC 计算输出 MV 一般作为 DCS 中常规控制回路的设定值，由先进控制站借助网络通信传递给 DCS 系统。

按照上述步骤可实现 MPC 控制算法。设计 MPC 控制器相对于常规 PID 控制器来说，还有大量的设计参数需要设置或整定，具体包括：

（1）采样周期 T_s 和模型截断步长 N

设过程开环响应的过渡过程时间为 t_s，则应该选择采样周期 T_s 和模型截断步长 N，使其满足 $NT_s = t_s$，该选择将保证模型能反映输入量变化在达到稳态所需时间内引起的全部影响。一般采用 $30 \leqslant N \leqslant 120$。如果输出量具有不同的时间尺度，那么对每个输出量选择不同的 N；对于输入和干扰也可以用不同的模型截断时域。

（2）控制时域 M 和预测时域 P

当控制时域 M 增加时，则 MPC 控制器将变得更加剧烈，且所需计算量也随之增加。具有代表性的经验规则是 $5 \leqslant M \leqslant 20$ 和 $N/3 \leqslant M \leqslant N/2$，对每个输入量可以设定不同的 M 值。

预测时域通常选为 $P = N + M$，这样便于将最后输入动作的全部影响均考虑在内。P 的减少使控制器变化更加剧烈。如果每个输出量的过渡过程时间不同，则它们可以选择不同的 P。无限的预测时域也可以采用，并且有显著的理论上的优点。

（3）输出加权矩阵 Q 和控制加权矩阵 R

输出误差加权矩阵 Q 可以根据输出变量的相对重要性来进行加权。$mP \times mP$ 的对角矩阵 Q 能够使输出变量分别加权，对于最重要的变量应该有最大的权值。例如，如果一个反应器的温度比液位更重要，则给温度设置一个更大的加权因子。

控制加权矩阵 R 也要根据输入量的相对重要程度来对其进行加权。$rM \times rM$ 矩阵称为输入加权矩阵或动作抑制矩阵，通常选择为对角矩阵，其对角元素 r_{ii} 称为动作抑制因子。由于增加 r_{ii} 的值将减少输入作用的幅值而使 MPC 控制器趋于保守，因而便于参数整定。

如果采用参考轨迹，则动作抑制就没有必要了，R 也就可以设为零。

（4）参考轨迹的收敛参数 α_i

在 MPC 应用中，期望的未来输出特性可以设定为几种方式：设定值、高限、低限、参考轨迹或漏斗。参考轨迹和漏斗的方式均有一个调节因子，可用来调节每个输出的期望响应速度。例如，如果让 α_i 从 0 增加到 1，则期望的参考轨迹变得更慢。

模型预测控制作为一种新型的计算机控制算法，是有其鲜明特征的，它是一种基于模型预测、滚动实施并结合反馈校正的优化控制算法。算法的基本特征表明它是一种开放式的控制策略，体现了人们在处理带有不确定性问题时的一种通用的思想方法。从工业应用的角度看，模型预测控制算法在处理复杂的多变量控制问题时具有较大优势，它可以成功地应用于含有时滞、约束的多变量过程。其特有的隐式解耦能力可有效地克服传统分散控制、解耦控制所带来的繁琐和存在的缺陷，从而使模型预测控制算法成为工业过程递阶控制结构中介于基础控制级与优化级之间极为重要的动态控制器。所以,模型预测控制算法在石油化工等复杂工业过程中获得了成功的应用,成为目前先进过程控制的首选方法,用来解决复杂工业过程常规与非常规系统的控制问题,实现多变量约束过程的优化控制。

随着模型预测控制技术的发展和普及,其应用范围正逐渐扩大,至今已遍及工业应用的各个领域。国外著名的控制工程公司都开发了各自的商品化模型预测控制算法软件包,如美国 DMC 公司的 DMC,Setpoint 公司的 IDCOM-M、SMCA、Honeywell Profimatics 公司的 RMPCT,Aspen 公司的 DMCPLUS,法国 Adersa 公司的 PFC,加拿大 Treiber Controls 公司的 OPC 等,它们已广泛应用于大型工业过程,如原油蒸馏装置、催化裂化装置和聚乙烯反应器等。这些成功应用表明,模型预测控制算法已经成为一种主要的先进控制策略,代表着过程控制发展的一个新方向。

7.5　非线性过程控制

大多数物理过程都在一定程度上呈现出非线性特性,但如果满足如下两个条件之一,则一般还是优先采用简单实用的线性 PID 控制算法,即

(1) 非线性程度比较弱;

(2) 虽然过程本身可能是高度非线性的,但其工作区域比较窄,在小范围工作区间内仍可采用线性模型来进行描述。

我们看到,常规 PID 控制在工业现场获得了最广泛的应用,这说明大多数工业过程都满足上述两个条件之一。但是,还是有部分过程,其工作区域比较宽,而过程又在此范围内表现出高度的非线性,则仅仅采用诸如 PID 这样的线性控制策略往往很难满足控制要求,而采用非线性控制策略会显著改善控制效果。

下面我们首先分析过程控制中的典型非线性环节,然后介绍实用的非线性控制算法。

7.5.1　过程控制中的常见非线性环节

在各种过程及其控制系统中经常会出现具有非线性特性的环节。这其中,一部分存在于物理过程本身,例如对象的增益不是常数而是负荷等因素的非线性函数;一部分是用于实现控制的测量仪表或执行机构中包含非线性,例如阀门的等百分比、快开等特性;还有时,为了改善控制性能或者在满足性能的同时降低成本,还经常积极地利用非线性特性,人为地把一些非线性环节引入到控制器或回路中,例如控制器中的限幅器、两位式控制器等。

在构成闭环控制回路的诸环节中,当环节的输入输出静态特性呈现非线性关系时,称为非线性环节,此时环节的输入 x 与输出 y 之间的关系可描述如下

$$y = f(x) \tag{7.5-1}$$

这里 $f(x)$ 表示 x 的某种非线性函数。

非线性环节的典型输入输出特性如图 7.5-1 所示,曲线上各点的斜率是不同的,也就是说非线性环节的静态增益是变化的,其增益是环节输入的函数。在构成自动控制系统的环节中,有一个或一个以上的环节具有非线性特性时,这样的系统严格地说就是一个非线性控制系统。

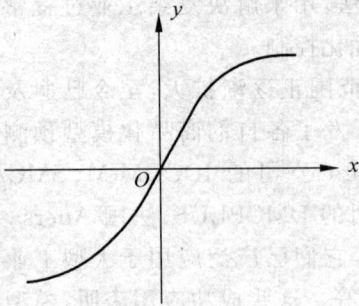

图 7.5-1 非线性环节的特性曲线

我们知道,如果一个控制回路总体表现为线性的,则其对各种幅度的扰动都具有相同的衰减度,即使回路中包含有为补偿实际过程中出现的非线性而有意引入的非线性环节。而非线性控制回路的典型特征是,回路增益是随着振荡幅度变化的。当振荡幅度增加时,回路增益可能增大,也可能减小,两种情况如图 7.5-2 所示。如果回路增益是随着振荡幅度增加而增大,如图 7.5-2 中曲线 A 所示,则小扰动引起的振荡由于回路增益小于单位增益(1.0)而会很快地被衰减掉;而当扰动充分大时,回路增益就可能超过单位增益,这时振荡幅度只能够越来越大,因此曲线 A 与单位回路增益直线的交点为一临界振荡点,称作"无返回点",这时,只有外加干预才可能使回路恢复稳定,也就是说必须撤掉调节器的控制作用,直到振荡幅度降低到"无返回点"以下。

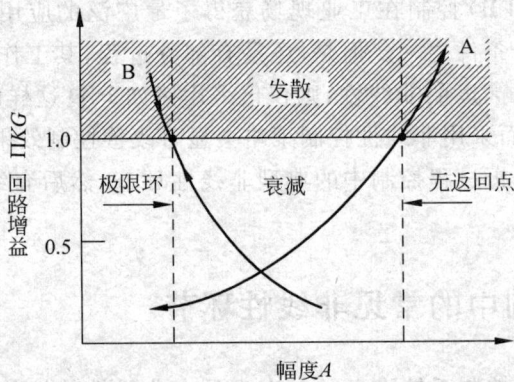

图 7.5-2 非线性环节的特性曲线

如果回路增益与振荡幅度的变化方向相反,如图 7.5-2 中曲线 B 所示,此时非线性会促使小幅度的偏差不断扩大,大幅度的扰动不断被衰减,两者最终导致等幅振荡,振荡的幅度等于回路增益为 1.0 时的幅度,这种幅度的振荡通常称作极限环。极限环可以存在于诸如阀门上下限位置这样的两种固有的界限之间,但也并不一定都是这样。

降低调节器的增益可以减小极限环的幅度,但极限环不可能消失。降低调节器的增益就是简单地把回路增益穿越 1.0 的点向幅度较低的地方移动(对应非线性环节的增益变大)。如果非线性环节的相位是随着振荡幅度变化的,则调整调节器增益的结果还会改变极限环的振荡周期。极限环往往是非正弦的,常见的有消顶正弦波和锯齿波,后者是前者的积分。

下面介绍一些典型的非线性环节。

1. 限幅器

限幅器,也称饱和元件,是在输入信号的幅度达到限幅值之前能够让其不失真地通过;如超出限幅值,输出的幅度则保持在限幅值不变,此时会导致限幅器的增益明显下降。因此,限幅器属于能够产生极限环的非线性环节。实际上,任何回路进入发散振荡后,调节量的幅度只能增加到阀门开度的极限位置,因此,当形成大幅度的极限环时,回路增益又会返回到单位增益(1.0)。

图 7.5-3 所示为限幅器的输入输出特性曲线。如果输入为幅度为 $A(A>a)$ 的正弦波,则其输出为一个幅度为 a 的消顶正弦波。

考虑到实际阀门存在的饱和特性,在 PID 控制模块中,都设置有输出限幅器,用于对实际阀门饱和特性进行建模,这有助于克服积分饱和现象的发生。

2. 死区

死区环节是在小信号范围内增益为零;超出小信号范围,输入输出特性曲线斜率取 1.0 的非线性环节。虽然死区的增益随着幅度的增加而增大,但是,由于其增益绝不会超过单位增益(1.0),因此,其几乎不存在造成发散振荡的危险。为了使还有死区的回路对所有的扰动都能稳定,回路应该在大幅度扰动下进行整定。

死区输入输出特性如图 7.5-4 所示。在有些控制系统中,利用死区来滤去对幅度敏感的噪声,也用它来防止顺序交替动作时出现的重叠现象。例如,顺序交替地往一种溶液中加酸和碱试剂,以控制溶液的 PH 值。为了避免同时往溶液中加酸和碱,可通过调整阀门,使一个阀门关闭与另一个阀门打开之间有一个有限的死区。

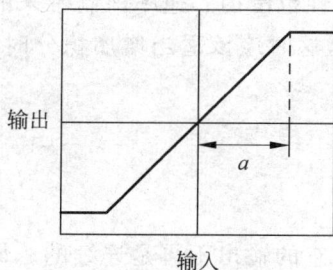

图 7.5-3　饱和

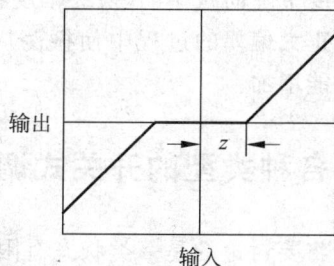

图 7.5-4　死区

3. 滞环

滞环与死区的区别在于信号上升和下降时所取的路径不同,如图 7.5-5 所示。阀门的驱动头通常都具有滞环,这是由于填料和导向装置的摩擦所致。因为摩擦在两个方向上都会阻碍运动,因此,当输入信号改变方向时,运动就会暂时停止,直至输入与输出的偏差产生一个足以克服摩擦的力。滞环既会产生相移,又会产生幅度衰减。

我们在后面还会经常看到,在开关式调节器设计、报警处理、带批量开关的 PID 控制器设计等许多场合,会有意识地引入一定宽度的滞环,用来克服测量噪声或扰动对调节器输出动作的不良影响,提高系统的抗干扰性能。

4. 速率限制

多数终端执行器操作的速率都是有限的,不管控制信号幅度多大,总存在一个速率上限,超过这个速率,由于所能够提供的能量有限,它们就不能加速动作了。这个速率称作执行器的行程速率。因而,执行器对小信号的响应看起来好像比对大信号的响应要快些,如图 7.5-6 所示。

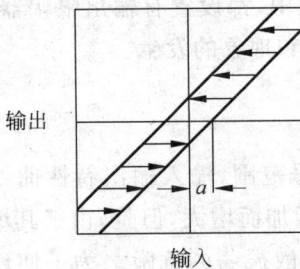

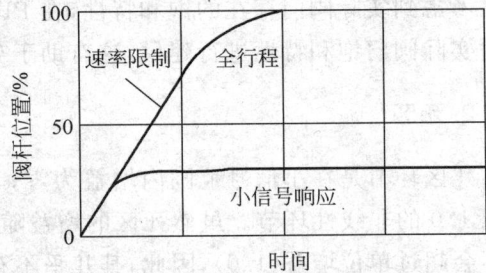

图 7.5-5　滞环　　　　　　　　　　　　　　图 7.5-6　速率限制

因为速率限幅器产生的相位滞后随着幅度增大而增大,所以被调量出现大偏差时的振荡周期往往比出现小偏差时的振荡周期更长些。如果调整调节器使回路在大偏差下是稳定的,那么可以保证振荡一定是衰减的。因为回路的增益和振荡周期是随着幅度下降而减小的,最终幅度将衰减到线性范围内。速率限制带来的主要问题是在矫正大偏差的过程中使振荡周期变长了,这时应该适当增加积分时间,但微分时间不能增加。

7.5.2　各种类型的开关式调节器

这里将要讨论的是一类状态有限的调节器,它的输出不再是连续的。最常见的是两位式调节器,通常也被称作开关式调节器。

1. 两位式调节器

理想的两位式调节器是根据被调量与设定值偏差的符号产生一个不是 100% (全开)就是 0(全关)的输出信号。因为这样的控制动作通常会产生极限环,所以两位式控制器只能用于低动态增益的过程,这时即使造成极限环,振荡幅度也小到可以接受的地步。

实际的两位式调节器在设定值与调节器的两个输出状态之间存在一个可检测的滞环,如图 7.5-7 所示,滞环宽度为 a。在各种简单的机械开关中,滞环主要是受灵敏度的限制而产生的。但是,在高灵敏度系统中,滞环是很有用的,可以用来避免由于信号噪声而引起不必要的输出颤抖。

具有滞环的两位式控制器输出动作原理如图 7.5-8 所示,具体算法是将偏差($E_n = PV_n - SV_n$)与正或负的 ON/OFF 滞环宽度进行比较,根据比较结果以及正反作用方式,决定操作输出 MV 值为 0 或 100%。其中,定义触点输出状态 ON 对应操作输出值 100%;定义触点输出状态 OFF 对应操作输出值 0。

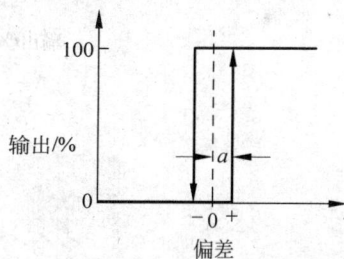

图 7.5-7 含滞环的两位式
控制器输出

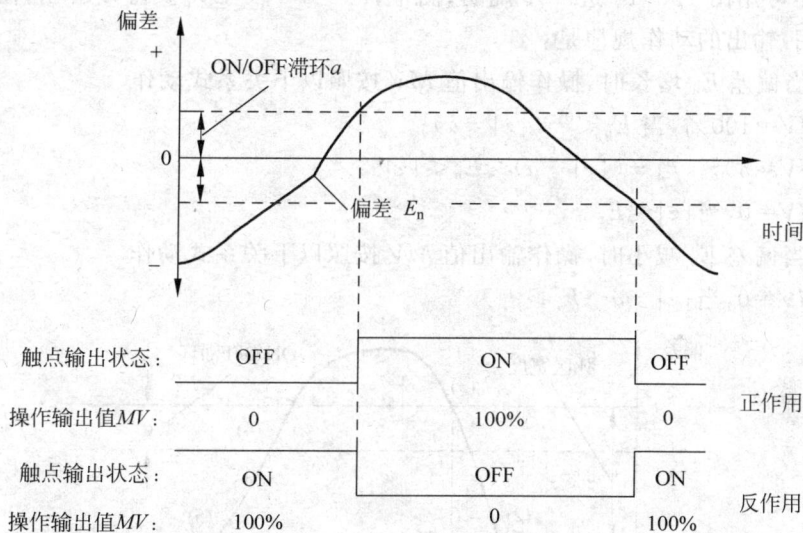

图 7.5-8 含滞环的两位式控制器输出状态随偏差变化的动作原理

2. 三位式调节器

到目前为止,仅讨论过两个状态的开关控制,所用的终端操作器是电磁阀或电热元件,它们的动作不是"开"就是"关"。但是,更常用的还是用定速可逆马达来驱动阀门或者操作杆。这种类型的操作器具有三个状态,上行、停、下行。为此,调节器也必须有相应的三个动作。实现这种功能的最简单的调节器可以用两个开关设备组成,它们的状态切换点用一个死区隔离。在死区内,马达停止转动。实际上,每个开关设备本身还包含一个小的滞环。这种三位置式调节器(three-position controller)的输入和输出关系如图 7.5-9 所示,可以用来驱动马达正转、反转或者在

死区内停止转动。其中，100％输出代表"正转"（开）、50％输出代表"停止"、0代表
"反转"（关）。

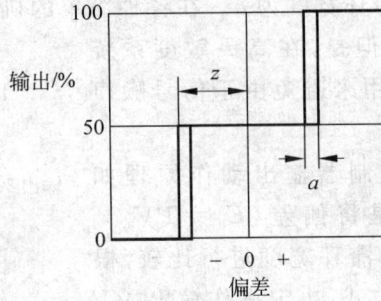

图 7.5-9 三位置式调节器的输入输出特性

通过两个触点开关实现 ON/OFF 动作的三位式调节器的具体控制算法（输出动作原理）还可用图 7.5-10 进一步说明，图中，$E_n = PV_n - SV_n$。可以看出，图中调节器（反作用）输出的动作规律是：

（1）当偏差 E_n 增长时，操作输出值 MV 按照以下关系式动作

① $MV = 100\%$，当 $E_n < -(|z|-a)$；

② $MV = 50\%$，当 $-(|z|-a) \leqslant E_n < |z|$；

③ $MV = 0$，当 $|z| \leqslant E_n$。

（2）当偏差 E_n 减小时，操作输出值 MV 按照以下关系式动作

① $MV = 0$，当 $|z| - a < E_n$；

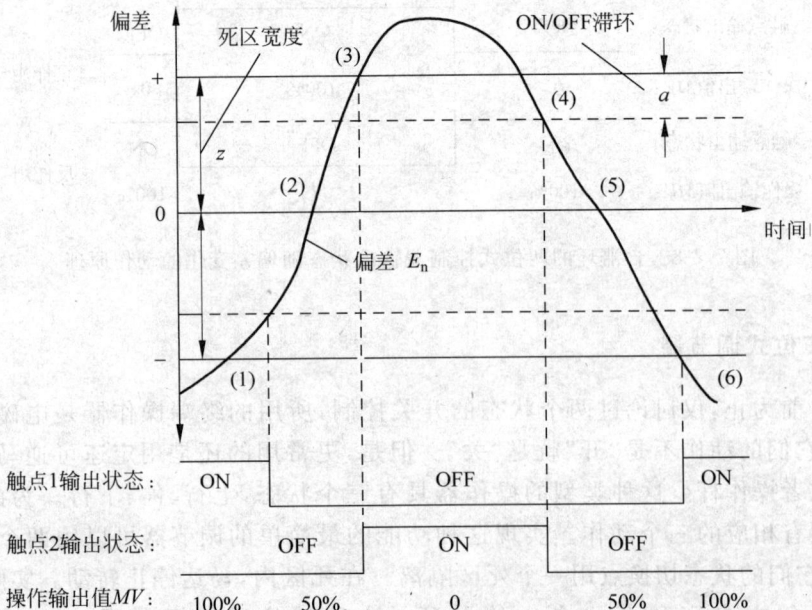

图 7.5-10 具有 ON/OFF 滞环的三位置式调节器输出状态随偏差变化的动作原理

② $MV=50\%$,当$-|z|\leqslant E_n<|z|-a$;

③ $MV=100\%$,当$E_n\leqslant-|z|$。

控制器将偏差与滞环宽度等进行比较,来决定输出 MV 的大小。从图 7.5-10 可以看出控制器动作的方向,即当测量值 PV 增长时,控制器输出是下降的;当测量值 PV 减小时,控制器输出是增长的,因此图中控制器采用的是反作用方式。

3. 比例-时间控制

在某些系统中,采用开关控制会产生极限环,其周期很长而且幅度也很大,针对这种情况可以进行一些改进。比例-时间控制就是一种改进的方法,它的开关输出用一种周期固定但"开"的持续时间是可变的信号进行调制。每个周期内调节器的输出最大信号所占的时间的百分数与偏差成比例,因此输出的平均值和比例调节器是一样的。图 7.5-11 表示偏差与调节器输出之间的关系。

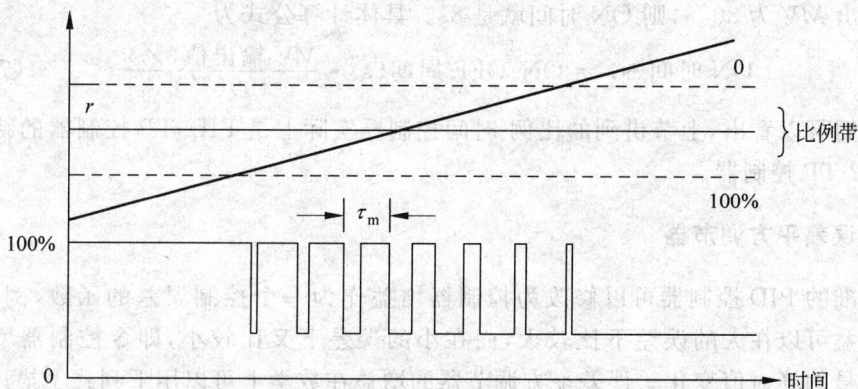

图 7.5-11　当被调量穿过比例带时,"开"的持续时间占整个周期的百分数是变化的

由于这种类型的调节器本来就是振荡的,因此回路会被迫形成周期等于调制信号周期 τ_m 的极限环。这个周期应该适当选择,以使过程的增益低到极限环的幅度可忽略不计的程度。如果做到这一点,回路就会接近于带有线性终端操作器的比例控制。调整比例带的准则基本上和线性回路一样,而且因同样的理由会存在残余偏差。但是,调制还可能产生谐振,甚至影响残余偏差。

7.5.3　非线性 PID 调节器

1. 时间-比例 ON/OFF 控制器

目前,在集散控制系统中,一般还设有时间-比例 ON/OFF 输出型 PID 控制器(time-proportioning ON/OFF controller,PID-TP),控制器算法为基本 PID 控制算法(或变形的 PID 算法),但控制器输出为周期一定的触点 ON/OFF 输出,其中,输出 ON 状态在一个周期内的持续时间(脉冲占空比)正比于 PID 控制器的操作输出

MV,如图 7.5-12 所示。该控制器常用于电炉的温度控制系统中。

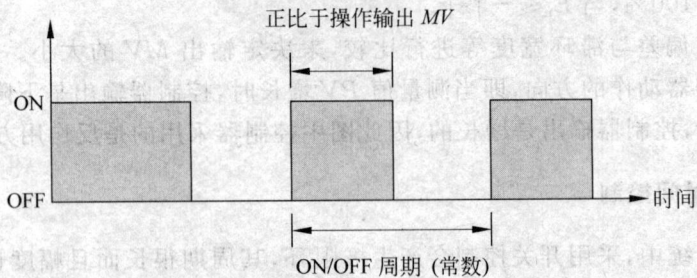

图 7.5-12　时间-比例 ON/OFF 输出的操作

PID-TP 控制器的时间-比例 ON/OFF 输出总是在操作输出 MV 为 0 时,输出 OFF 状态; MV 为 100% 时,输出 ON 状态。例如,如果 ON/OFF 输出周期为 10s,操作输出 MV 为 80%,则 ON 时间就是 8s。具体计算公式为

$$\text{ON 时间(s)} = \text{ON/OFF 周期(s)} \cdot \frac{MV \text{ 输出值(\%)}}{100(\%)} \qquad (7.5\text{-}2)$$

我们可以看出,上节讲到的比例-时间控制器实际上是 PID-TP 控制器的特殊情况,即 P-TP 控制器。

2. 误差平方调节器

标准的 PID 控制器可以修改为控制器增益作为一个控制误差的函数,例如,控制器增益可以在大的误差下比较大,而在小的误差下又比较小,即令控制器增益随误差信号的绝对值变化。误差平方调节器的增益在数学上可以用下列式子描述

$$K_c = \frac{100}{P} f \mid e(t) \mid \qquad (7.5\text{-}3)$$

其中

$$f \mid e(t) \mid = L + \frac{(1-L) \mid e(t) \mid}{100}, \quad 0 < L \leqslant 1 \qquad (7.5\text{-}4)$$

PID 控制器的表达式为

$$u(t) = K_c \Big[e(t) + \frac{1}{T_i} \int e(t) \mathrm{d}t - T_d \frac{\mathrm{d}y(t)}{\mathrm{d}t} \Big] \qquad (7.5\text{-}5)$$

式中, L 是表示线性度的一个可调参数; e 是偏差,用百分比表示。如果 $L=1$,则该调节器是线性的;当 L 接近于零时,控制作用变成误差平方控制律。

举例如下,假设取 $L=0.2$,则式(7.5-3)成为

$$K_c = \frac{100}{P} \Big[0.2 + 0.8 \frac{\mid e(t) \mid}{100} \Big] \qquad (7.5\text{-}6)$$

则,当误差 $e(t)=0$ 时, $K_c = 0.2 \cdot \frac{100}{P}$;当 $e(t)=50$ 时, $K_c = 0.6 \cdot \frac{100}{P}$;当 $e(t)=100$ 时, $K_c = \frac{100}{P}$。当然, L 等于零是不希望的,因为这将使调节器变得对小信号不灵敏,

结果会产生残余偏差。L 值在 0.1 附近时,调节器的最小增益为 $10/P$。

　　误差平方调节器的比例带必须根据预期的最大偏差来进行调整,因为该调节器对大信号的调节作用要比整定到适当衰减的线性调节器所提供的调节作用强,因此,过大的偏差容易造成回路的不稳定。另外,如同其他各种非线性调节器,其设定值响应一般要优于线性控制方式,这是因为设定值变化通常比负荷扰动变化要更大、更快些,这正好利用了非线性调节器在大偏差区域内具有高增益的优点。负荷扰动则以另一种面貌出现,它使被调量缓慢地偏离设定值。因为,线性调节器在设定值附近的区域内具有较高的增益,所以它对小负荷变化的响应往往比较有效。

　　工程上对中和过程的非线性过程进行补偿时,还经常采用 Shinskey 提出的三段式非线性调节器,其具体定义以及实现可参考第 8 章 YS1700 调节器中的非线性PID 控制算法,这里就不再赘述了。

习题与思考题

　　7-1　在多变量解耦控制系统中,为什么要合理选择变量的配对?

　　7-2　什么叫相对增益?在解耦控制系统的设计中具有什么指导意义?

　　7-3　在解耦控制系统的工程实现中,如何进行解耦系统的简化?

　　7-4　在实际应用中,模型不会与实际对象完全匹配,而且也必然存在各种扰动。这样,图 7.2-3(c)与图 7.2-3(a)就不完全等价,那么此时应如何解释 Smith 预估算法依然能够补偿时滞、改善控制效果?

　　7-5　试比较针对大纯滞后对象,分别采用比例微分(PD)、Smith 预估以及预测控制等三种控制算法所取得的控制效果有何不同?

　　7-6　工业过程控制仪表中的常见 PID 自整定算法主要有哪几种?其基本工作原理是什么?

　　7-7　工业上常用的自适应控制算法主要有哪几类?各有哪些特点?

　　7-8　简述模型预测控制的基本思想以及控制器的基本组成,并说明作为典型的先进过程控制(APC)算法,相对于其他控制算法主要具有哪些优点。

　　7-9　工业过程控制中主要采用的非线性控制器主要有哪些?相对传统的连续线性 PID 控制算法具有哪些优点?

第8章

单回路调节器与集散控制系统

我们在前面各个章节分别讲述了过程控制系统的理论基础,其中包括控制器算法及其实现技术、过程控制系统的简单以及复杂体系结构等,接下来各章节我们将重点阐述实现上述控制系统的硬件设备、软件设计以及系统集成等。

实现基本过程控制功能的最典型控制设备要数单回路调节器,采用单回路调节器与现场的传感器、变送器以及执行器相连接,即可实现对生产过程某个工艺参数的控制,构成典型的简单控制系统。将单回路控制器的结构加以扩充,可形成多回路控制器、操作功能与控制功能分开的分布式控制系统,以及现场总线控制系统等。当然,现场总线控制系统更加强调系统的网络化体系结构,与传统的控制系统结构相比具有更多革命性的变革,因此,我们将其放在第9章单独介绍。

下面,首先以单回路数字调节器 YS1700 为例,详细介绍数字控制系统中常见控制功能的设计及其实现技术。在商品化的控制器内实现的算法往往都是经过长期工程实践反复验证过的、比较成熟且常用的控制算法,应该引起我们的关注。在 8.2 节重点介绍在工程实践中使用最为广泛的集散控制系统的基本结构、工作原理以及基本设计思想。

8.1　单回路可编程调节器 YS1700

单回路可编程调节器是以微处理器为核心,具有模数转换器(A/D)和数模转换器(D/A),可实现多路模拟量输入输出以及开关量输入输出,具有丰富的运算、控制、通信及故障诊断功能,并且可通过编程灵活选择运算与控制功能模块的自动化仪表。考虑到数字仪表的硬件配置以及相应的软件处理能力,同时顾及到危险分散,一般单回路数字调节器只将一路模拟量输出进行压流转换,实现 4~20mA 直流电流信号输出以驱动现场的执行器,也就是该仪表原则上只控制一个执行器,因此被称为单回路调节器。近些年来,随着技术的进步,一些单回路数字调节器也逐渐将 4~20mA 直流电流信号输出通道扩充为两路,可实现双回路控制,但由于在 CPU 故障状态下的后退备用回路仍然只有一路,也就是只能够保证一个回路在异常状态下切换到硬手动的模拟电路工作方式,因此,虽然可实现双回路控制,但习惯上依然称作单回路调节器。

最初的过程控制主要采用的是单回路或多回路模拟调节器。当初,将计算机技术成功引入过程控制领域的一个重要途径就是设计单回路数字控制器以取代传统的模拟调节器,借以实现丰富的控制运算功能,提高系统的可靠性以及灵活的组态能力。同时,为了便于推广使用,其在外形结构和操作方式上继承了传统模拟仪表的特性,即在正面面板上常配置有显示设定值、测量值及输出阀位的表头,因此可与常规仪表混合使用,在仪表屏上直接替代模拟仪表。当然,单回路控制器的联络信号和传统的模拟仪表一样,在控制室与现场之间采用 4~20mA 直流电流信号,在控制室内采用 1~5V 直流电压信号。

我国已经大量生产多种型号的单回路数字控制仪表,品种较多,它们大都以 16 位或 32 位(单核或双核)微处理器为核心部件,硬件外围电路与软件设计思想也大同小异。为此,下面主要以日本横河公司 2007 年 2 月最新推出的 YS1700 型单回路可编程调节器为例,介绍数字化控制仪表的基本组成、设计思想、工作原理以及性能特点。

8.1.1　YS1700 的基本组成与工作原理

YS1000 系列单回路控制器(single loop controller)是日本横河电机 YS80 和 YS100 系列单回路控制器的后继产品。YS1000 系列具有更好的互连性,并且具有更新、更强的功能,适合于石油、化工、电力、造纸、食品加工等众多领域。

YS1000 系列单回路控制器相对传统的控制仪表更加简单易用,结构更加紧凑、小型轻量;除了具有与旧机型兼容的传统的文本编程方式外,YS1000 还提供了基于图形用户界面(GUI)的功能块编程方法,且具有在线模块监视功能,提高编程效率。此外,YS1000 具有包括专用 USB 电缆、以太网或 RS-485 在内的多种通信连接方式,支持点对点、MODBUS TCP/RTU、DCS 等多种通信模式。

YS1000 的基本控制性能相对于传统机型做了进一步提高,电压输入精度由 ±0.2% 提高到 ±0.1%,电压输出精度由 ±0.3% 提高到 ±0.1%,电流输出精度由 ±1.0% 提高到 ±0.2%,I/O 信号的内部分辨率由 1/1000 提高到 1/10000,PID 和其他运算的内部运算分辨率由 1/4096 提高到 1/65536。

YS1000 的技术进步还体现在内部数据的存储格式与运算上。目前,YS1000 内部数据一改之前的定点数存储与运算,开始采用 4 字节浮点数结构进行存储和运算,遵从 IEEE 754 单精度浮点数标准。IEEE 754 是由 IEEE 制定的有关浮点数的工业标准,被广泛采用。IEEE 754 规定,每个浮点数均由三部分组成,按次序依次为:符号位 S(占 1 位——0 为正;1 为负),指数部分 E(又称阶码,占 8 位,移码表示,移码值为 127)和尾数部分 M(占 23 位,原码表示)。在 IEEE 754 标准中,约定小数点左边隐含有 1 位,通常这位数就是 1,这样实际上使尾数的有效位数为 24 位,即尾数为 1. M。浮点数的采用,使得 YS1000 与以前的型号相比,具有更多强大的控制与运算功能,具有一百多种运算模块,新增如指数和对数函数及压力补偿等模块。

单回路调节器 YS1000 采用半反射型彩色液晶显示器,采用了类似集散控制系统的人机界面显示技术,具有丰富的操作界面,可通过前面板显示器设定所有参数。其显示操作画面包括数十种,按照功能划分,可分为如下三组,即:

① 运行画面:是实现日常监视、操作的基本画面组

具体包括:单回路或双回路的棒图画面、指针画面、趋势画面、报警画面、故障画面。

② 整定画面,主要实现 PID 控制参数、自整定参数、参数寄存器的设置等。

具体包括:PID 设定画面、STC 设定画面、参数设定画面、P 和 T 寄存器设定画面、输入输出数据画面。

③ 工程画面,主要实现调节器的工程组态工作,实现通信参数、控制算法、正反作用方式、后退备用控制方式、DI/DO 设定等的配置。

具体包括:功能设定画面、输入规格设定画面、密码设定画面、分段线性化功能设定画面、操作显示设定画面、LCD 设定画面、通信设定画面、DI/DO 设定画面、任意分段线性化功能设定画面、编程设定点设定画面、预调节 PID 设定画面、K 寄存器值显示画面。

为了提高可靠性,YS1000 系统内部使用非易失性存储器作为数据备份,由于不再使用电池、备用电容器以及其他相关元器件,存储器的使用寿命得到显著提高。此外,仪表内置双 CPU(主 CPU 和显示 CPU),这样即使某一个 CPU 出现异常,也可进行手动控制并且继续显示画面。控制电路采用独立的硬手动操作设计,确保在控制电路(包括 CPU)发生故障时,仍可进行手动操作。

可编程控制器 YS1700 的硬件结构如图 8.1-1 所示。该调节器具有双 CPU 结构。在正常情况下,由主 CPU 负责驱动 A/D 转换器,对过程变量 PV 进行定周期的数据采集,并实现控制运算,完成用户程序,最后负责将控制器输出的操作变量 MV 通过 D/A 转换器输出,具体信号流程如图中粗实线所示。显示 CPU 负责液晶显示器上的人机交互操作,包括上面所述各种画面的显示与管理。当主 CPU 发生故障的时候,通过次 CPU(即显示 CPU)中内置的 A/D 转换器测量 PV 值,并在画面中显示近似的 PV 值。同时可继续实现简易的显示功能,并可通过手动操作增长($>$)、减小键($<$)来实现手动操作 MV 输出。当显示 CPU 发生故障时,在主 CPU 的控制下,仍可实现画面的简化显示,并可实现手动操作按键的 MV 输出。一旦图中所示"控制电路"部分整体出现故障,则显示器关闭,自动转入硬手动操作模式下的手动操作。

YS1000 系列产品除 YS1700 可编程指示控制器外,还包括:YS1500 指示控制器、YS1310 指示报警器、YS1350 手动设定器、YS1360 手动操作器、YS110 便携式手动操作器。其中,基本型 YS1700 具有 5 点模拟量输入、3 点模拟量输出、6 点数字输入输出(编程指定输入或输出);此外,带扩展 I/O 功能的 YS1700,还可以增加附加

I/O，使得输入输出的总点数，包括仪器本体和扩展 I/O 在内，共计 8 点模拟输入、4 点模拟输出，以及 14 点数字量输入输出。

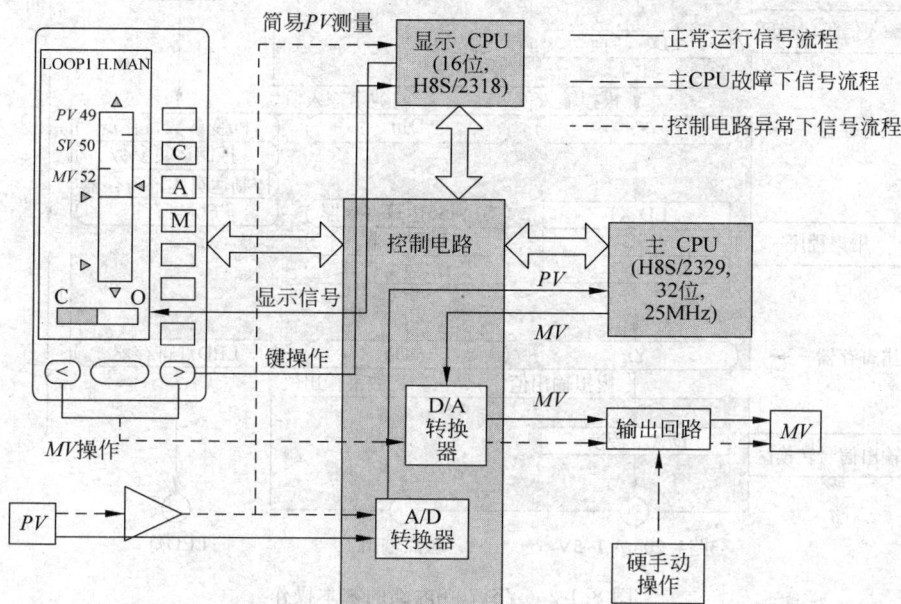

图 8.1-1　YS1700 的双 CPU 结构

8.1.2　YS1700 的基本操作与信息流程

在 YS1000 系列产品中，功能最齐全的控制器是具有编程功能的调节器 YS1700，系统软件定周期处理的核心工作、涉及的寄存器以及控制的信息流向等均如图 8.1-2 所示。整个信息流程可划分为三个部分，即输入处理，对应图中的输入转换区；控制运算，对应图中的用户程序区；以及输出处理，对应图中的输出转换区。

可以看到，用户程序位于输入信号转换区与输出信号转换区之间，由模拟量输入寄存器 $Xn(n=1,2,\cdots,5)$、数字量输入寄存器 $DIn(n=1,2,\cdots,6)$ 和模拟量输出寄存器 $Yn(n=1,2,3)$、数字量输出寄存器 $DOn(n=1,2,\cdots,6)$ 等在输入信号转换区与输出信号转换区之间充当接口的作用。三个区的具体操作可分别介绍如下：

（1）输入转换区——模拟量输入、数字量输入以及可变参数寄存器中参数的设定等在输入信号转换区内完成，具体操作由系统管理程序负责完成。

YS1700 共有 5 路模拟量输入信号分别对应于 5 个输入寄存器 X1～X5（与接线端子号一致）。其次，共有 6 个开关量输入输出寄存器 DIO，对应于两位式触点输入信号，或存放开关量输出信号，用以驱动继电器或晶体管开关触点。具体 6 路开关量是输入（DI）还是输出（DO），可通过 6 个 DI/DO 口配置参数（DIO16、DIO25、DIO34、…、DIO61）在组态或编程时，由用户指定。

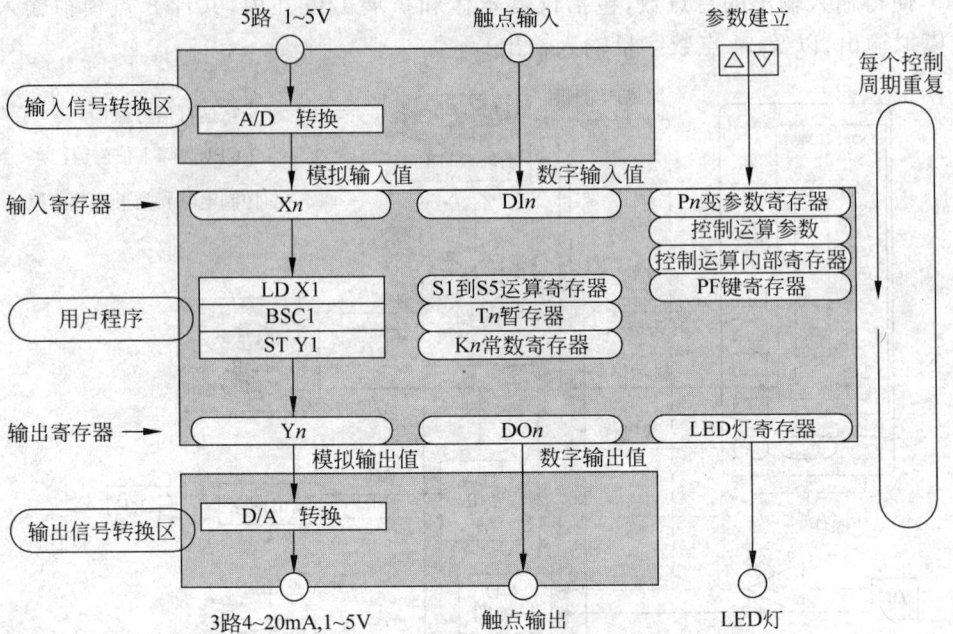

图 8.1-2　YS1700 内部的基本操作

在每个控制周期内,系统管理程序首先通过模拟量多路转换开关,依次选通各个通道的模拟量输入信号,进行 A/D 转换,并将转换的数字量进行必要的处理(例如,数字规范化、克服温度漂移等),在用户程序执行之前,将 1~5V DC 的输入信号转换成 0.0~1.0 之间的数据,存入输入寄存器 $Xn(n=1\sim5)$ 中;同时将输入给定值和两位式触点输入信息存入寄存器 Pn 和 DIn 中。

为了保证 A/D 转换器在长期连续工作状况下的转换精度,系统对其零点漂移和增益漂移采取了在线自动校准措施。除 5 路输入模拟电压之外,内部还有 2 路由仪表内藏的高精度基准电压源提供的基准 1V 和 5V 电压,用作 A/D 转换的零点和增益误差修正。具体做法是,在每个采样周期对输入电压 X1~X5 做 A/D 转换之前,先对这两路基准电压进行转换。如果转换得到的数字在预先规定的允许范围之内(据此实现 A/D 自检),则根据本次得到的数字,计算实际转换特性的斜率和截距,并据此实际转换特性直线方程以及各通道未知输入电压的 A/D 转换数字量,计算求得输入电压 X1~X5 的准确值。如果在对 2 路基准电压转换时,得到的数字超出允许的误差范围,表明转换电路已经出现故障,发出 A/D 故障报警信号。输入转换区的系统操作为后续用户程序提供最原始的外界输入数据。

(2)用户程序区——在输入转换结束后,用户程序可以启动。一般来说,用户程序首先从上述输入寄存器当中,读取不同的输入数据,根据程序要求,送往运算寄存器 S 当中,执行预定的控制运算。在计算完成后,将运算寄存器中的运算结果存入输出寄存器 Yn 当中,并将两位式触点输出信息放入 DOn 当中。

在图 8.1-2 中的用户程序区中,涉及的其他寄存器主要包括:

　　数字给定寄存器 $Pn(n=1\sim30)$ 又称作可变参数寄存器，主要用于存放过程控制中需要设定的必要参数。在用户控制程序中经常被用来存放诸如时间常数、对象模型参数等可能需要在线调整的参数。可变参数寄存器 Pn 在每个控制周期不会被系统复位。

　　可变参数寄存器 Pn 比较特殊，在组态软件中可为每一 Pn 寄存器单独设定内部数据 0.0 与 1.0 对应的工程量输出（显示）或输入的量程范围（$PSHn$、$PSLn$ 和 $PSDn$），量程可设定范围是：$-99999\sim99999$，缺省设置为：$0.0\sim100.0$，其中小数点位置为 1（即 ＃＃＃＃.＃）。当在用户程序中读取 Pn 寄存器内容时，量程上限（PSH）读入内部数据为 1.0，量程下限（PSL）读入内部数据为 0.0。

　　常数寄存器 $Kn(n=1\sim100)$，用于运算中的常数或系数设定。这些寄存器可以被用户程序读出，但不可以改变。因此，在运算中只能够读出而不能写入。

　　暂存寄存器 $Tn(n=1\sim60)$。暂存寄存器存储在 RAM 中，用于暂存中间运算结果，其内容可以被用户程序读出或写入。暂存寄存器在每个控制周期不会被系统复位。

　　运算寄存器 $Sn(n=1\sim5)$，五个运算寄存器 S1～S5 设计成堆栈结构，在运算功能中起重要的作用。可以说，基本运算、控制模块的所有入口参数以及运算执行结果即出口参数都存放在该类寄存器中，详细内容可参考 YS1700 用户手册中的指令表。

　　按键寄存器 KYn（仅 $n=1$，PF 健），按键状态读入这个寄存器当中。

　　LED 灯寄存器 $LPn(n=1\sim7)$，用于存储灯的点亮状态。其中，LP1 代表 PF 键的显示灯，其他 6 个寄存器分别用来存储回路 1 和回路 2 的串级（C）、自动（A）、手动（M）模式指示灯的点亮状态。

　　围绕上述基本寄存器，可实现基本的 PID 控制运算功能。为了扩充仪表的控制功能，同时又不会增大用户编程的复杂度，系统还设置了功能扩展寄存器，从而使得 YS1700 可方便地实现诸如输入输出补偿、变增益控制等多种常用控制功能。

　　关于用户程序所包含的功能模块以及程序书写方法，是下面各节重点要讲解的内容。

　　（3）输出转换区——输出转换区负责适时将输出寄存器中的内容作为模拟量（经 D/A 转换后）和数字量（两位式触点）通过调节器输出端子板输出，向现场发送。类似输入转换区，输出转换区的操作同样由系统管理程序负责完成。

　　模拟量输出寄存器 $Yn(n=1\sim6)$ 中的 Y1～Y3 对应于三个模拟输出信号。用户程序将控制运算结果存入这些寄存器后，系统管理程序在每个控制周期的末尾就将寄存器中的规范化内部数据（$0.000\sim1.000$ 之间）转换成 1～5V DC 或 4～20mA 的信息输出。而 Y4～Y6 则为通信辅助输出模拟寄存器。

　　一般来说，在进行本周期控制输出的 D/A 转换之前，需要首先进行模拟量输出通道的自检。具体做法是，首先借助事先连接好的模拟量输入通道，依次对上个周期的各路模拟量输出进行 A/D 转换，即实现输出通道的"反向读入"，将 A/D 反读的数字量与上个周期进行 D/A 输出时的输出数字量进行比较,如果误差在合理的范围内(误差大小主要决定于输出通道电压保持电路的性能),则说明输出通道(包括 D/A 转换器)工作正常,可以继续正常的 D/A 输出操作;否则,发出 D/A 通道输出报警。

需要指出,上述三个区的操作,即从输入转换、控制运算,一直到输出转换,都要安排在一个控制周期内完成,并且一般还要尽量保证采样、控制输出的定周期操作,这样才能符合数字采样控制理论的基本要求。至于计算延迟,一般较小并且恒定,故可以忽略不计。

我们还可以看到,YS1700 系统管理程序以及用户程序的工作主要都是围绕各种寄存器来完成。这里寄存器概念是广义的,仅仅是方便用户编程和记忆而取的概念,不同于 CPU 内部的寄存器,它实际上是在 RAM 区内指定的专用内存单元。

8.1.3　YS1700 用户程序的基本结构与编制方法

为便于控制工程师的理解和使用,数字仪表编程采用面向问题的 POL 语言。为此,预先按控制中要求的运算控制功能,编制好各种功能程序模块,每个模块相当于单元组合式仪表中的一块仪表,所以也称为内部仪表。当然,它仅仅是完成特定功能的一段程序,并不存在物理上的实体。

有了各种运算模块和控制模块之后,就可以像在各种模拟仪表间通过接线组成系统那样,使用 POL 语言,将内部仪表用程序连接起来,实现所需的功能。这种利用标准功能模块组成系统的工作,在数字控制仪表中称为"组态"。

YS1700 作为最新一代的数字调节仪表,为用户提供了两种编程语言,即与早期YS80、YS100 相兼容的文本编程语言以及在 DCS、FCS 中非常流行的功能块编程语言。下面主要就文本编程语言来加以讲解,而在实际编程操作过程中采用功能块语言则更加简捷。

为实现一定的运算控制功能,要使用三种基本指令,即信号输入指令(LOAD)、功能指令(FUNCTION,包括各种运算指令、逻辑判断指令及控制指令等)、信号输出指令(STORE)。整个控制运算都是在称为"S 寄存器"的五级运算寄存器中进行。输入指令(记作"LD")代表读数指令,负责将输入寄存器内的数据读到 S 寄存器中。每一条计算和控制指令(例如,"+","HSL","BSC1"等)都是针对 S 寄存器中的数据来做计算。功能指令的运算结果也都存放在 S 寄存器当中。输出指令(记作"ST")一般负责将计算结果保存到输出寄存器当中。计算寄存器 S1 到 S5 对于主程序、子程序以及仿真程序的使用规则都是一样。

下面以把两个变量相加后输出的运算为例,说明用户程序的构成方法。具体程序如下:

(1) LD　X1　　　属于输入指令,读入 X1 数据;

(2) LD　X2　　　属于输入指令,读入 X2 数据;

(3) ＋　　　　　　属于功能指令,对 X1、X2 求和;

（4）ST　Y1　　属于输出指令,将结果送往 Y1;

（5）END　　　　结束指令。

YS1700 的所有指令都是以五个运算寄存器 S1～S5 为中心工作。这五个运算寄存器实际上是在 RAM 中指定的一个先进后出的堆栈,当执行前述程序时,数据在寄存器中的移动情况如图 8.1-3 所示。具体指令执行过程如下:

第一步,LD　X1:若程序开始前各运算寄存器中分别存有随机数 A、B、C、D、E,则程序执行后,输入寄存器 X1 内的数据(第 1 路模拟量输入信号 X1 经 A/D 变换后的数据)进入运算寄存器 S1,根据堆栈原理,其余各运算寄存器中的数据顺序下移,原在 S5 中的信息被丢弃。

数据装入指令 LD 的数据源来自于指令所指定的寄存器(这里是 X1),目标始终是 S1 寄存器,即 LD 指令总是将指定(可读)寄存器中的数据压栈装入 S1 寄存器当中。

第二步,LD　X2:与第一步相似,将输入寄存器 X2 内的数据读入 S1,其余各寄存器内容再次下移,原在 S5 中的数据 D 被丢弃。

第三步,＋(相加):将运算寄存器 S1 和 S2 中的数据相加后,和数(X1＋X2)存入 S1。其余各寄存器内容向上弹起一格,但 S5 中的数据不变。其他更多运算指令的具体功能可参考 8.1.6 节。

第四步,ST　Y1:将运算寄存器 S1 中的数据送到输出通道 Y1 的数据寄存器,但所有运算寄存器中内容都不变。

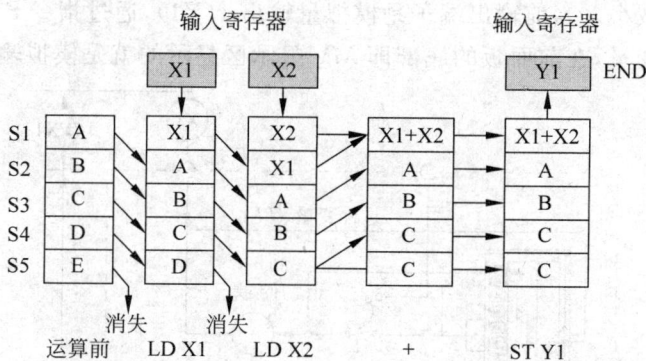

图 8.1-3　运算寄存器的工作原理

数据存储指令 ST 的数据源始终来自于 S1 寄存器,存储目标是指令所指定的寄存器(这里是 Y1),即 ST 指令总是将 S1 中的数据存入指定(可写)寄存器(一般为输出寄存器)当中。

从以上的例子中可看出,YS1700 中的输入输出指令都是对运算寄存器 S1 执行的,其他功能指令也都是围绕运算寄存器 S1～S5 运转的。显然,要用好这些指令,必须熟悉指令执行时各种数据在运算寄存器中的位置(具体可参考调节器用户手册中的指令表)。

PID 控制运算也是一类计算函数,其编程方法与其他功能指令是一致的。最基本的 PID 控制程序及其运算寄存器的使用如表 8.1-1 所示。

表 8.1-1　基本 PID 控制程序

指令	S1	S2	S3	S4	S5	解　释
LD X1	X1	A	B	C	D	将输入寄存器中的数据 X1 装入 S1
BSC1	MV1	A	B	C	D	进行 PID 运算,结果存入 S1
ST Y1	MV1	A	B	C	D	将输出值存入 Y1
END						结束程序

　　PID 模块 BSC1 控制运算与仪表面板上显示、操作环节之间的对应关系如图 8.1-4 所示。可以看出,BSC1 模块运算的入口条件是运算寄存器 S1 中要存放有过程输入信号(PV),该 PV 信号在装入 S1 前也可先进行输入滤波、开方处理等前期编程操作。模块 BSC1 启动运行后,首先将 S1 中的 PV 值送到 PV 显示寄存器,供面板 PV 数值的显示。因此,YS1700 仪表过程变量(PV)显示区域显示的是调用 BSCn 之前装入运算寄存器 S1 中的内容(PV 数值)。BSC1 控制的给定值在"C"模式下来自外部通信或模拟信号输入,在"A"或"M"模式下来自操作面板上的 SV 增长/减小按键操作,设定值(SV)显示区域显示的是不同模式下实际取得的 SV 数值。根据上述 SV 与 PV 数值进行偏差运算后,即可执行标准的 PID 或 PD 控制程序。在控制运算执行完后,操作变量 MV 值被存入 S1 中。在手动"M"模式下,MV 值可以通过 MV 操作键增长或减小。当前输出端子是模拟量输出 1(Y1),通过指令 ST Y1 将 MV 值取为操作输出变量,在前面板的底部即 MV 显示区显示的就是模拟输出 1(Y1)。

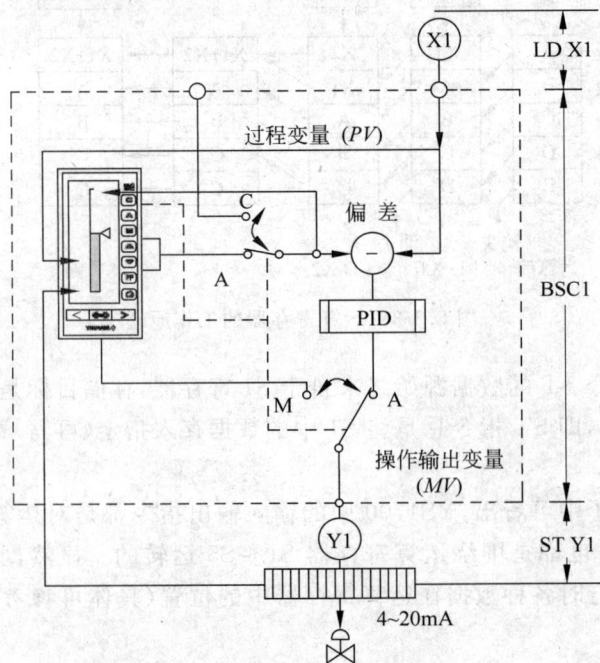

图 8.1-4　控制功能与控制器显示/操作区之间的对应关系

用户程序一般由主程序、子程序以及对象仿真程序组成。程序运行从主程序的第一步(第一条语句)开始,顺序执行;遇到转子指令,进入子程序运行,到指令RTN,返回主程序继续执行,直到最后遇到主程序中的 END 指令结束运行。图 8.1-5给出了主程序和子程序各包含 200 步的一个例子。

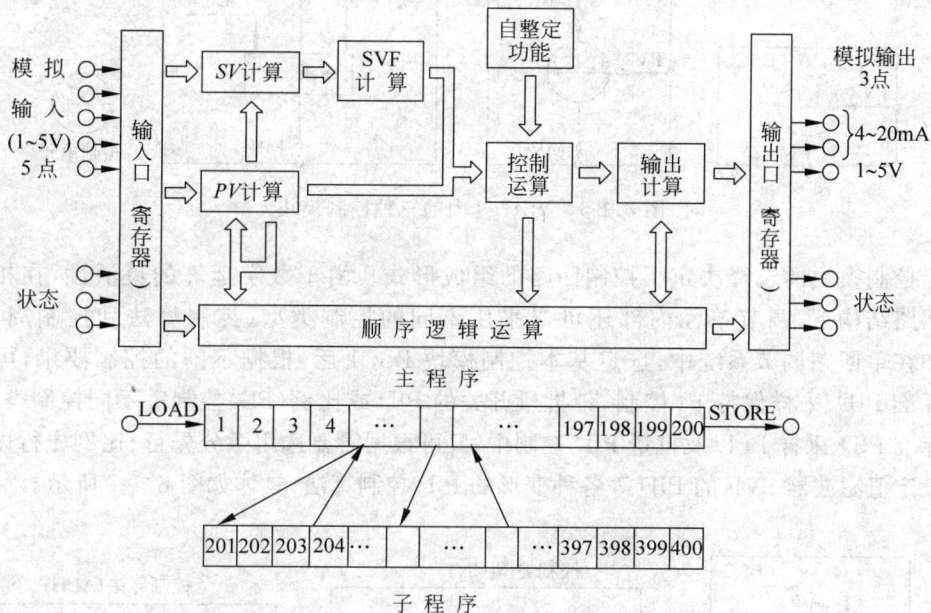

图 8.1-5 YS1700 的程序结构与大小

8.1.4 YS1700 控制功能模块的结构及其编程

YS1700 内的控制模块有三种功能结构,可用来组成不同类型的控制回路,如图 8.1-6 所示。其中:

(1) 基本控制模块(BSC1,BSC2)。实现单回路控制功能,使用 BSC1;实现双回路控制功能,可使用 BSC1 和 BSC2。两个基本控制模块各内含一个控制单元(CNTn,n=1,2),相当于模拟仪表中的 1 台 PID 调节器,可用来组成各种单回路或双回路调节系统。

(2) 串级控制模块 CSC,内含 2 个互相串联的控制单元 CNT1、CNT2,这样,使用一台 YS1700 就可组成串级调节系统。

(3) 选择控制模块 SSC,内含 2 个并联的调节单元 CNT1、CNT2 和 1 个自动选择器,在单一 YS1700 上可实现自动选择控制。

以上三种类型的控制模块在用户程序中只能够使用一次,其中 BSC1 和 BSC2各自可使用一次。此外,上述控制模块只能够用在主程序当中,不能够用在子程序中。

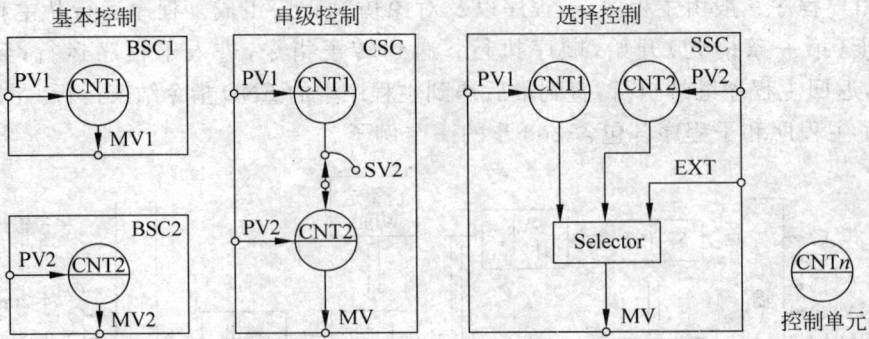

图 8.1-6　YS1700 中的三种控制模块

　　控制模块的选择决定了控制回路的组成形式。由于数字运算的灵活性,在相同的回路结构下,调节单元内部还可以采用不同的控制类型、控制算法和控制周期。例如在单回路调节系统中,选定基本控制模块 BSC1 后,根据不同的控制要求,可选用标准 PID、采样保持 PI 控制、带批量开关的 PID 或比例(PD)控制等不同控制类型。在标准 PID、采样 PI 以及批量 PID 控制中,又可根据需要选用微分先行、比例先行以及带设定值滤波器 SVF 的 PID 等各种变形的 PID 控制算法,具体如图 8.1-7 所示。

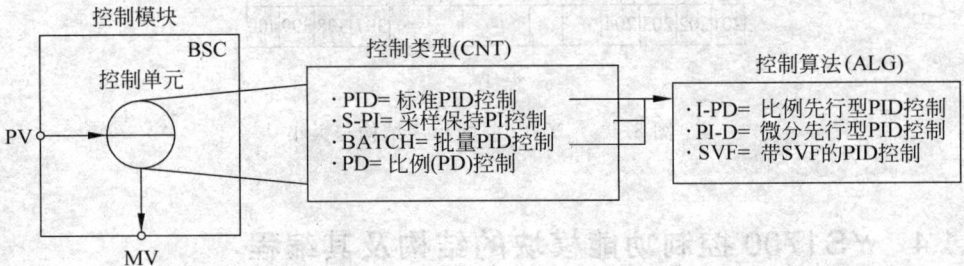

图 8.1-7　YS1700 控制模块中的控制类型和控制算法

　　调节器的控制周期最早大多都是单一固定的,并且相对大多数过程的主要时间常数来说都足够地小,因而数字调节器的 PID 控制一般也称作"准连续"PID 控制。随着半导体与计算机技术的发展,CPU 的处理速度越来越快,因此,现在调节器在增强软件编程功能与计算能力的同时,也提供给了用户几种不同的控制周期选择。以 YS1700 为例,我们可根据对象特性及扰动情况,在 50ms,100ms 以及 200ms 之中合理选择控制周期。

　　控制周期的选择还要考虑程序计算负荷的大小。YS1700 为用户提供了称为"负载率(Load factor)"的可在线测量指标来衡量控制器实际计算负荷的大小,其定义为

$$负载率(Load\ factor) = \frac{计算执行时间}{允许计算时间} \times 100\% \qquad (8.1\text{-}1)$$

其中,"计算执行时间"是整个系统内,包含系统计算(例如,显示处理、通信处理等)执行时间以及用户程序计算执行时间在内的实际数值之和。"允许计算时间"则是

在一个控制周期内提供给上述计算的最大时间。不同控制周期的允许计算时间以及最大负载率的推荐数值如表 8.1-2 所示。根据表中数据可以看出,控制周期与允许计算时间之差是常数(等于 33.5ms),是系统管理程序在一个控制周期内进行必要处理(如输入、输出处理等)所必须花费的时间。

表 8.1-2

控制周期	允许计算时间	最大负载率(参考值)
50ms	16.5ms	48%
100ms	66.5ms	64%
200ms	166.5ms	72%

一般情况下,当不使用自整定(STC)功能时,只要使得负载率低于 100% 就可以了。当可能使用 STC 功能时,考虑到 STC 计算会导致负载率进一步增大,此时建议按照表 8.1-2 中推荐的最大负载率来进行评估,选择合适的控制周期。

下面讲解 YS1700 内部控制模块的基本结构以及编程使用方法。

1. 基本控制模块(BSC1,BSC2)

基本控制模块 $BSCn(n=1,2)$ 的内部结构以及信号流程如图 8.1-8 所示,功能块 $BSCn$ 包含控制单元(CNT1)以及众多扩展功能寄存器。在调用 $BSCn$ 运算之前,首先需要采用输入指令(LD X1)将测量值 PV 存入 S1 寄存器。运算结束后,操作输出值 MV 存放在 S1 中。$BSCn$ 内部具有输入报警、偏差报警、输出限幅以及自动/手动/串级切换功能。其报警设定值以及 P、I、D 整定参数等,都可以通过寄存器自由设定。从功能块编程的角度看,其中的 S1 寄存器和控制数据寄存器等可以看做是控制器 $BSCn$ 的信号端子,通过"连线"(即输入、输出指令)将数据连接到这些端子可实现指定的功能。围绕控制模块的功能扩展寄存器,有如下三类:

(1) 控制数据寄存器

这是模拟量数据输入输出寄存器,主要包括:面板显示用指针寄存器 $PVMn$、$SVMn$ 以及 $MVMn$;过程变量寄存器 PVn、面板调整和上位机通信产生的设定值寄存器 SVn、来自模拟量输入通道的串级设定值寄存器 $CSVn$ 以及操作输出寄存器 MVn、输入补偿寄存器 DMn、可变增益寄存器 AGn、前馈寄存器 FFn、输出跟踪寄存器 $TRKn$ 等。

上述寄存器数据属于控制模块运算的相关过程信号输入输出值,可以通过用户程序置入或读出。控制数据输入寄存器可与调节器的输入寄存器(端子)或控制、运算模块的输出(端子)相连。

(2) 控制参数寄存器

用于存储 PID 模块 $BSCn(n=1,2)$ 控制运算所需要的各种参数,主要包括:过程变量报警上限设定值寄存器 PHn、下限设定值 PLn、上上限设定值 HHn、下下限设定值 LLn、偏差限幅设定值 DLn、变换率限幅值 VLn、变换率时间设定值 VTn;操作输出上限设定值 MHn、下限设定值 MLn。比例度寄存器 PBn、积分时间常数寄存器

PV 过程变量

S1

PV 显示 | PVMn

过程变量 | PVn

SV显示 | SVMn

设定值 | SVn

△▽ (面板或通信)

C ⟷ A切换标志 | CAFn

串级设定 | CSVn

SV模拟/计算机标志 | CCFn

PV 报警处理

A/M(0)

C(1)

CAFn=0(A/M)

Analog(0)

Computer(1)

CCFn=0(analog)

PHFn 上限报警输出
PLFn 下限报警输出
HHFn 上上限报警输出
LLFn 下下限报警输出
VLFn 变化率报警输出

PHn 上限设定值
PLn 下限设定值
HHn 上上限设定值
LLn 下下限设定值
VLn 变化率设定值
VTn 变化率时间设定

偏差报警输出 | DLFn

偏差设定 | DLn

偏差报警处理

输入补偿 | DMn

+

STCSW STC停止标志
STCS1 STC模式指定1标志
STCS2 STC模式指定2标志
STCLP STC回路标志
STCOD STC按需启动标志

可变增益 | AGn

SVF系数α | SFAn

SVF系数β | SFBn

比例带 | PBn

积分时间 | TIn

微分时间 | TDn

手动复位 | MRn

控制运算处理

控制类型(CNTn)

PID,PD,S-PI, BATCH

控制单元(ALGn)

I-PD,PI-D,SVF

GWn 非线性间隙宽度
GGn 非线性增益
STMn 采样PI采样周期
SWDn 采样PI控制时间
BDn 批量PID偏差设定
BBn 批量PID偏置
BLn 批量锁定宽度
RBn 积分偏置

前馈输入值 (输出补偿) | FFn

+

输出跟踪 | TRKn

ON(1) OFF(0)

输出跟踪标志 | TRKFn

TRKFn=0(OFF)

预置MV输出 | PMVn

ON(1) OFF(0)

预置输出标志 | PMVFn

PMVFn=0(OFF)

输出限幅处理

MHn MV上限设定值
MLn MV下限设定值

C/A ⟷ M 模式切换标志 | CAMFn

C/A(0) M(1)

CAMFn=0

Only when communication option is supported DDC switching processing

MVn 操作输出 ◁▷ (面板或通信)

DDC 输出标志 | DDCFn

DDCFn=0

/DDC(0) DDC(1)

输出限幅处理

MV显示 | MVMn

S1

n=1,2

控制参数寄存器,数据可以通过用户程序置入或读出

控制标志寄存器(0或1),数据可以通过用户程序置入或读出

控制数据寄存器,数据可以通过用户程序置入或读出

已经设置到功能扩展寄存器中的数据用于BSCn功能块的执行当中

BSCn功能块执行之后,存入功能扩展寄存器当中

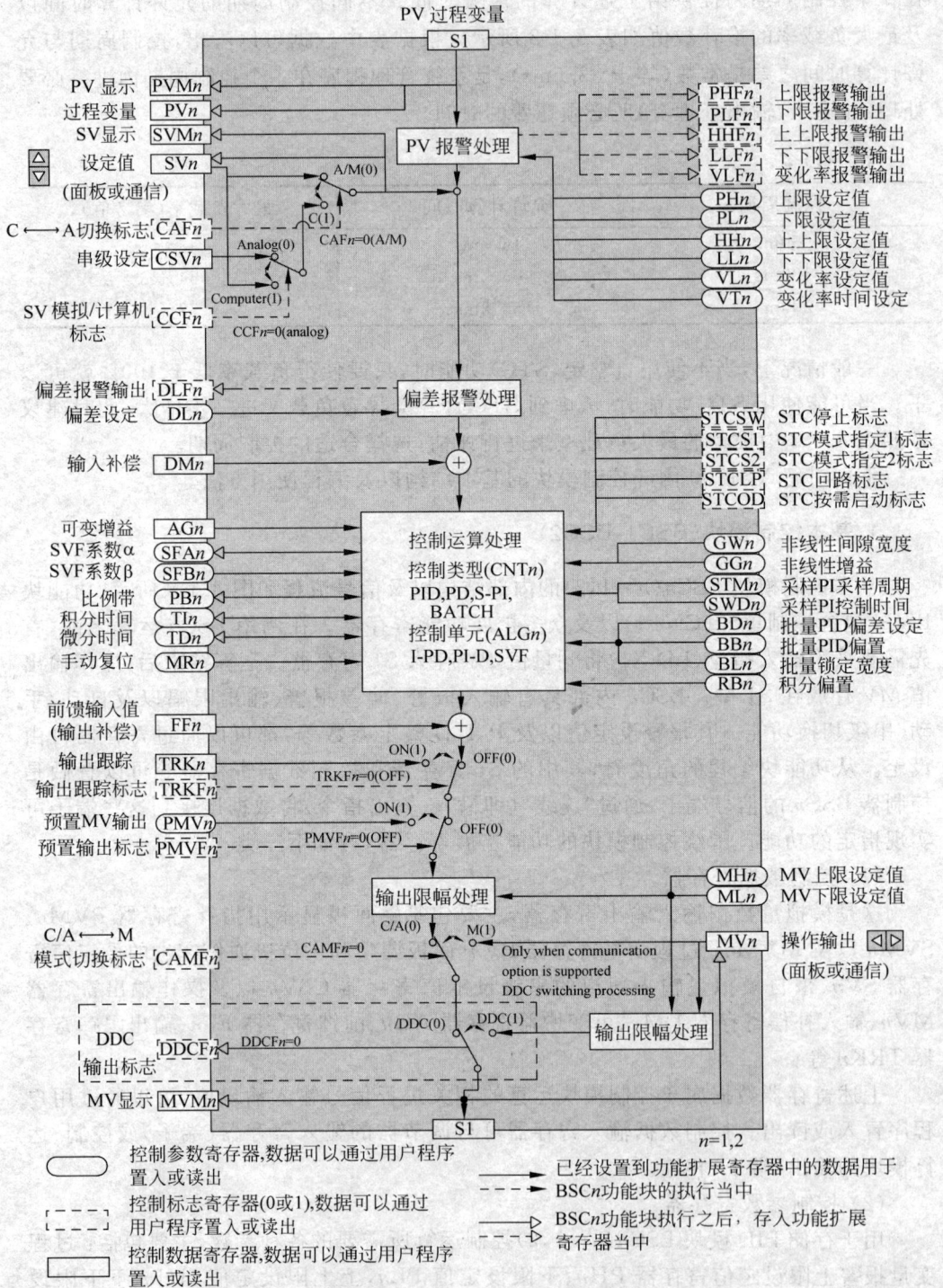

图 8.1-8　BSCn 功能块的内部结构

TIn、微分时间常数寄存器 TDn；手动重置寄存器 MRn；预置 MV 输出寄存器 PMVn、积分偏置 RBn。

SVF 控制相关的参数寄存器包括：SFAn 和 SFBn。采样 PI 控制相关的参数寄存器包括：采样周期寄存器 STMn、采样 PI 控制时间 SWDn。批量 PID 控制算法相关的寄存器包括：偏差限定宽度 BDn、批量 PID 偏置 BBn、批量锁定宽度 BLn。非线性 PID 相关的参数寄存器包括：非线性间隙宽度寄存器 GWn、非线性增益寄存器 GGn。

上述控制参数寄存器内数据主要通过"参数调整画面"进行参数设置，也可以通过用户程序置入或读出。

（3）控制标志寄存器

输出标志寄存器主要包括：上限报警输出 PHFn、下限报警输出 PLFn、上上限报警输出 HHFn、下下限报警输出 LLFn、变化率报警输出 VLFn、偏差报警输出 DLFn、上位机直接数字控制（DDC）输出标志 DDCFn。上述输出标志寄存器由控制模块运算时自动进行设置。

输入标志寄存器主要有：串级自动（CA）切换标志 CAFn、设定值模拟/计算机设定标志 CCFn、输出跟踪标志 TRKFn、预置 MV 输出标志 PMVFn、控制模式 CA/M 切换标志 CAMFn。此外，还有五个自整定控制器相关的输入标志寄存器：STC 停止标志 STCSW、STC 模式指定 1 标志 STCM1、STC 模式指定 2 标志 STCM2、STC 回路标志 STCLP 以及 STC 按需启动标志 STCOD。上述输入标志寄存器可通过调节器操作面板或画面内的软开关进行设定。

上述控制标志寄存器数据也可以通过用户程序置入或读出。

控制功能模块可读取在扩展功能寄存器中的输入数据以及控制参数，用于控制计算以及确定报警输出。其中，控制模式或算法决定于控制标志输入寄存器数据（0 或 1）。最后，将运算结果以及报警状态输出给相应的各控制输出寄存器当中。总之，在这些寄存器中输入合适的信号可实现扩展功能，而未使用的扩展功能寄存器在控制周期进入用户程序之前由系统程序置入合适的默认值，该默认值不会影响控制器的正常运行。

下面以串级前馈控制为例，举例说明控制模块扩展功能的使用方法。

假设 CNT1 运行在串级设定自动控制（C）模式下，该模式是基于外部设定值给定所做的控制，具体可通过模拟输入（称为模拟串级设定模式 CAS）或数字通信（称为计算机串级设定模式 CMP）实现串级设定值给定。进一步，计算机串级设定模式 CMP 又可分为上位计算机给定设定点控制（SPC）模式及上位机直接数字控制（DDC）模式，具体可通过通信寄存器 LS1 指定。在编程实现上，需要通过 ST 指令将串级给定输入信号接入寄存器 CSV1。为了实现前馈控制功能，还需要将前馈补偿信号输入到功能扩展寄存器 FF1 中。类似地，当还需要进行过程输入上下限报警时，需将 PHF1 和 PLF1 的状态值连接到（或输出给）寄存器 DOn。

需要指出，当功能扩展寄存器（即控制数据寄存器）或控制标志寄存器不使用时，用户可以不理睬它们，因为系统会将默认数据置入其中，使其处于无效或禁止使用状态。另外，在 YS1700 上设置的数据被存放在控制参数寄存器当中。

具体程序结构如图 8.1-9 所示。

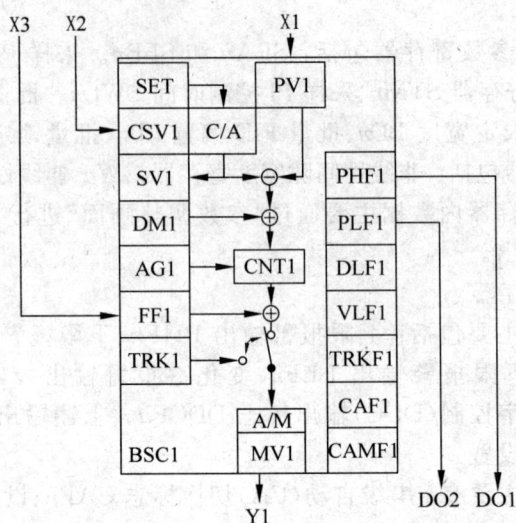

图 8.1-9　扩展功能寄存器的使用方法（回路 1 控制）

采用文本编程语言的程序清单及解释说明如表 8.1-3 所示。

【程序清单】

表 8.1-3　串级前馈控制程序清单

Program	S1	S2	S3	S4	S5	Explanation
LD X2	X2					串级设定输入（输入 X2）
ST CSV1	X2					存储到串级输入端子
LD X3	X3	X2				前馈输入（输入 X3）
ST FF1	X3	X2				存储到 FF1 输入端子
LD X1	X1	X3	X2			PV（输入 X1）
BSC1	MV1	X3	X2			基本控制运算
ST Y1	MV1	X3	X2			输出操作输出变量
LD PHF1	0/1	MV1	X3			读高限报警（报警 ON：1）
ST DO1	0/1	MV1	X3			报警输出（数字输出 1）
LD PLF1	0/1	0/1	MV1			读低限报警（报警 ON：1）
ST DO2	0/1	0/1	MV1			报警输出（数字输出 2）
END						程序执行结果

2. 串级控制模块（CSC）

串级控制模块 CSC 内含两个控制单元 CNT1 和 CNT2，其内部结构以及信号流程如图 8.1-10 所示。根据串级开关（OCF）的状态，CNT2 可以接受 CNT1 的输出作为设定信号，在单台 YS1700 上实现串级控制功能，也可以直接接受另一设定信号 SV2，实现副回路的单独控制。

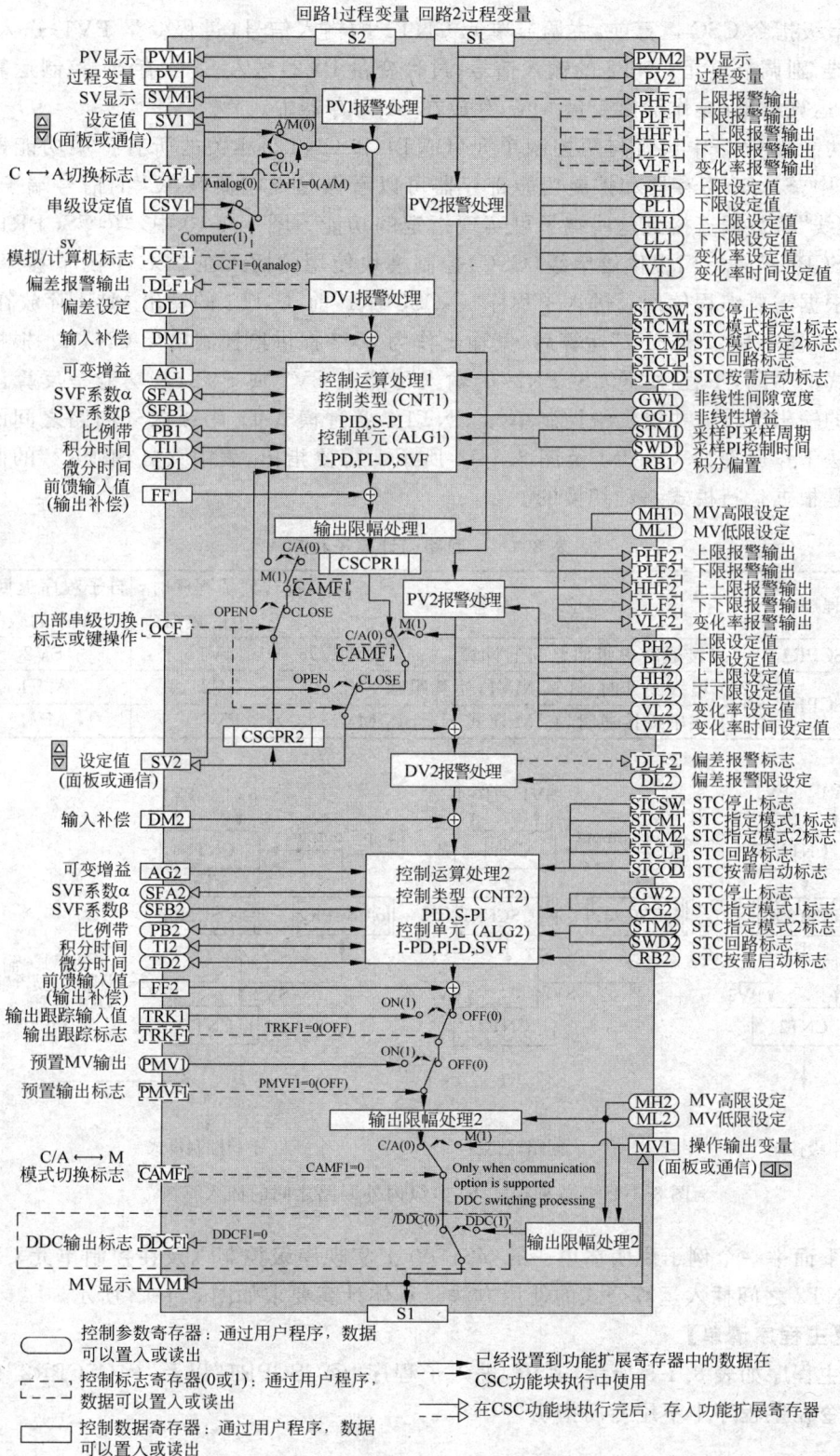

图 8.1-10 CSC 功能块的内部结构

　　串级指令 CSC 运算前,主调节单元 CNT1 的输入信号(过程变量 PV1)送入 S2 寄存器,副调节单元 CNT2 的输入信号(过程变量 PV2)送入 S1 寄存器,控制运算完成后,运算结果(操作输出变量 MV)存放在 S1 寄存器中。

　　功能块 CSC 中包含与两控制单元(CNT1 和 CNT2)相关的所有扩展功能寄存器,其中,S1、S2 寄存器和扩展功能寄存器可以看做是控制器"CSC"的信号端子,通过"连线"将数据连接到这些端子可实现指定的功能。图 8.1-10 中,"@CSCPR1"和"@CSCPR2"是专门提供给串级(CSC)控制模块使用的插入在 CSC 中的子程序,由用户根据需要编程使用。进入子程序"@CSCPR1"前,CNT1 的输出 MV1 存放在 S1 中,经子程序"@CSCPR1"运算后,其输出作为 SV2 提供给控制单元 CNT2。根据运行模式的不同,子程序"@CSCPR2"的输入可能是 SV2 或 PV2,其功能是反算出回路 1 的输出 MV1,并提供给控制单元 CNT1。各种模式下,串级内外回路之间的插入算法工作原理如表 8.1-4 及图 8.1-11 所示。需要指出,表中"@CSCPR2"的两个应用是根据运行模式自动切换的。

表 8.1-4　回路间计算子程序

子程序	应　用	跳转到子程序时,S1 中的数据	自子程序返回时,S1 中的数据
@CSCPR1	串级接通时串级回路间的计算	MV1	SV2
@CSCPR2	(1) 串级断开时,计算 MV1,使其跟踪 SV2	SV2	MV1
	(2) 在串级接通时,在 M 模式下,计算 MV1	PV2	MV1

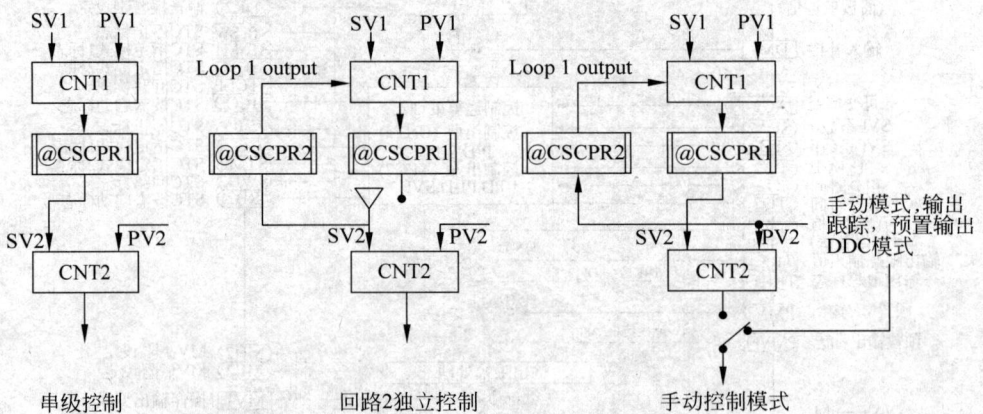

图 8.1-11　各种模式下,串级内外回路之间的插入算法

　　下面举一个例子说明在单一的 YS1700 上实现串级控制以及在控制单元 CNT1 和 CNT2 之间插入运算公式的使用方法。具体计算要求如图 8.1-12 所示。

【主程序清单】

　　主程序如表 8.1-5 所示,其中,进入子程序"@CSCPR1"以及"@CSCPR2"的跳转指令在主程序中不用专门指明。

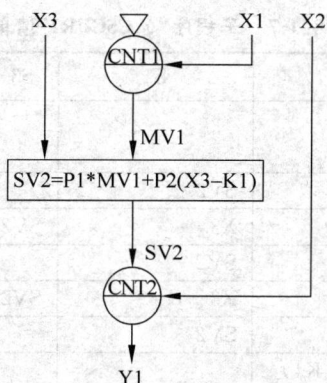

图 8.1-12　串级内外回路之间插入算法

表 8.1-5　主程序清单

程序	S1	S2	S3	S4	S5	解　释
LD X1	X1					读入过程变量 1(PV1)
LD X2	X2	X1				读入过程变量 2(PV2)
CSC	MV1					执行串级控制
ST Y1	MV1					输出操作输出变量
END						程序结束

【子程序"@CSCPR1"清单】

子程序"@CSCPR1"如表 8.1-6 所示,插入计算式:$SV2 = P1 * MV1 + (X3 - K1)$。

表 8.1-6　子程序"@CSCPR1"清单

程序	S1	S2	S3	S4	S5	解　释
SUB@CSCPR1	MV1					跳转时,MV1 存于 S1
LD P1	P1	MV1				读入比率
*	MV1 * P1					计算偏差
LD X3	X3	MV1 * P1				读入补偿输入
LD K1	K1	X3	MV1 * P1			读入偏置量
—	X3 − K1	MV1 * P1				计算偏差
LD P2	P2	X3 − K1	MV1 * P1			读入比率
*	P2(X3 − K1)	MV1 * P1				计算乘积
+	MV1 * P1 + P2(X3 − K1)					计算 SV2
RTN	同上					SV2 = MV1 * P1 + P2(X3 − K1)

【子程序"@CSCPR2"清单】

子程序"@CSCPR2"如表 8.1-7 所示,其编程实现"@CSCPR1"到"@CSCPR2"的逆运算,将"@CSCPR1"的运算公式变形,可计算出 MV1 为:MV1 =(SV2 − P2(X3 − K1))/P1。

表 8.1-7　子程序"@CSCPR2"清单

程序	S1	S2	S3	S4	S5	解　释
SUB@CSCPR2	SV2					跳转时，SV2 存于 S1
LDX3	X3	SV2				读入补偿输入
LD K1	K1	X3	SV2			读入偏置量
—	X3－K1	SV2				计算偏差
LDP2	P2	X3－K1	SV2			读入比率
*	P2(X3－K1)	SV2				计算比值
	SV2－P2(X3－K1)					
LD P1	P1	SV2－P2(X3－K1)				读入比率
/	(SV2 － P2 (X3 － K1))/P1					计算 MV1
RTN	同上					MV1 ＝（SV2 － P2(X3－K1))/P1

3. 选择控制模块（SSC）

选择控制模块 SSC 是在单一的 YS1700 仪表上执行自动选择控制。自动选择控制从三个控制器操作输出，即回路 1 的控制输出、回路 2 的控制输出以及选择器外部输入信号三者中选择最小或最大的信号输出。选择控制有两种运行模式，自动选择控制和手动选择控制，后者，通过选择器控制开关（SSW）来进行切换，具体如图 8.1-13 所示。

在用户程序功能扩展寄存器的操作中，设置选择器控制开关 SSW＝0，则指定自动选择控制。在 YS1700 组态显示画面 1（CONFIG1）中，通过设定自动选择参数 ATSEL＝HIGH（高）或 ATSEL＝LOW（低）数值，指定 SSC 高选或低选。

在自动选择运行状态，凡未被选中的控制单元，其控制算法自动改变为比例控制（增益＊偏差）。这样是为了避免未被选中的控制单元，其积分项因处于开环工作状态，会很快进入饱和，无法根据生产要求，无扰实现选择控制。

当设置选择器控制开关 SSW＝1、2 或 3 时，处于手动选择控制模式，可分别选择控制单元 CNT1、控制单元 CNT2 或者外部信号输出。在手动选择运行状态下，凡未被选中的控制单元需要跟踪实际操作输出变量，以便在重新输出被选择时能够实现无扰切换控制。

当设置选择器控制开关 SSW＝4 时，用于实现在两台 YS1700 上，显现自动选择控制。在主调节器一侧，设置 SSW＝0；在从调节器一侧，设置 SSW＝4。这样可实现 3 个或更多回路的自动选择控制。

图 8.1-13 所示是包含控制单元 CNT1 和 CNT2 以及扩展功能寄存器的 SSC 功能块。同样地，S1、S2 寄存器和扩展功能寄存器可以看做是控制器"SSC"的信号端子，通过"连线"将数据连接到这些端子可实现指定的功能。

回路1过程变量　回路2过程变量

S2　S1

PV显示　PVM1
过程变量　PV1
SV显示　SVM1
设定值　SV1
（面板或通道）

PV1报警处理

C ↔ A切换标志　CAF1
串级设定值　CSV1
SV
模拟/计算机标志　CCF1

A/M(0)
C(1)
Analog(0)　CAF1=0(A/M)
Computer(1)　CCF1=0(analog)

PV2报警处理

偏差报警输出　DLF1
偏差设定　DL1
输入补偿　DM1

DV1报警处理

可变增益　AG1
SVF系数α　SFA1
SVF系数β　SFB1
比例带　PB1
积分时间　TI1
微分时间　TD1

控制运算处理1
控制类型(CNT1)
PID,S-PI
控制单元(ALG1)
I-PD,PI-D,SVF

前馈输入值　FF1
（输出补偿）

PV2报警处理

设定值　SV2
（面板或通信）
串级设定值　CSV2
第二回路
远程/本地切换标志　LRF

Local(1)
Remote(0)
LRF=1

DV2报警处理

输入补偿　DM2

可变增益　AG2
SVF系数α　SFA2
SVF系数β　SFB2
比例带　PB2
积分时间　TI2
微分时间　TD2

控制运算处理2
控制类型(CNT2)
PID,S-PI
控制单元(ALG2)
I-PD,PI-D,SVF

前馈输入值　FF2
（输出补偿）
选择器外部信号　EXT

选择器选择回路　SEL

ATSEL 2 3
Autoselector processing
AUT(0)　1　2　3　4 (slave)

选择器控制切换　SSW

SSW=AUT(0)
ON(1)　OFF(0)
输出跟踪输入值　TRK1
输出跟踪标志　TRKF1　TRKF1=0(OFF)
ON(1)　OFF(0)
预置MV输出　PMV1
预置输出标志　PMVF1　PMVF1=0(OFF)

输出限幅处理2

M(1)
C/A(0)
C/A ↔ M　CAMF1　CAMF1=0
模式切换标志
Only when communication option is supported DDC switching processing

DDC 输出标志　DDCF1　DDCF1=0
/DDC(0)　DDC(1)
输出限幅处理2

MV 显示　MVM1

S1

PVM2　PV显示
PV2　过程变量
PHF1　上限报警输出
PLF1　下限报警输出
HHF1　上上限报警输出
LLF1　下下限报警输出
VLF1　变化率报警输出
PH1　上限设定值
PL1　下限设定值
HH1　上上限设定值
LL1　下下限设定值
VL1　变化率设定值
VT1　变化率时间设定值

STCSW　STC停止标志
STCM1　STC指定模式1标志
STCM2　STC指定模式2标志
STCLP　STC停止标志
STCOD　STC按需启动标志

GW1　非线性间隙宽度
GG1　非线性增益
STM1　采样IP采样周期
SWD1　采样IP控制时间
RB1　积分偏置

PHF2　上限报警输出
PLF2　下限报警输出
HHF2　上上限报警输出
LLF2　下下限报警输出
VLF2　变化率报警输出
PH2　上限设定值
PL2　下限设定值
HH2　上上限设定值
LL2　下下限设定值
VL2　变化率设定值
VT2　变化率时间设定值

DLF2　偏差报警标志
DL2　偏差报警限设定

GW2　非线性间隙宽度
GG2　非线性增益
STM2　采样PI采样周期
SWD2　采样PI控制时间
RB2　积分偏置

MH1　MV高限设定
ML1　MV低限设定

MV1　操作输出变量
（面板或通信）

控制参数寄存器：通过用户程序，数据可以置入或读出
控制标志寄存器(0或1)：通过用户程序，数据可以置入或读出
控制数据寄存器：通过用户程序，数据可以置入或读出

已经设置到功能扩展寄存器中的数据在SSC功能块执行中使用
在SSC功能块执行完后，存入功能扩展寄存器

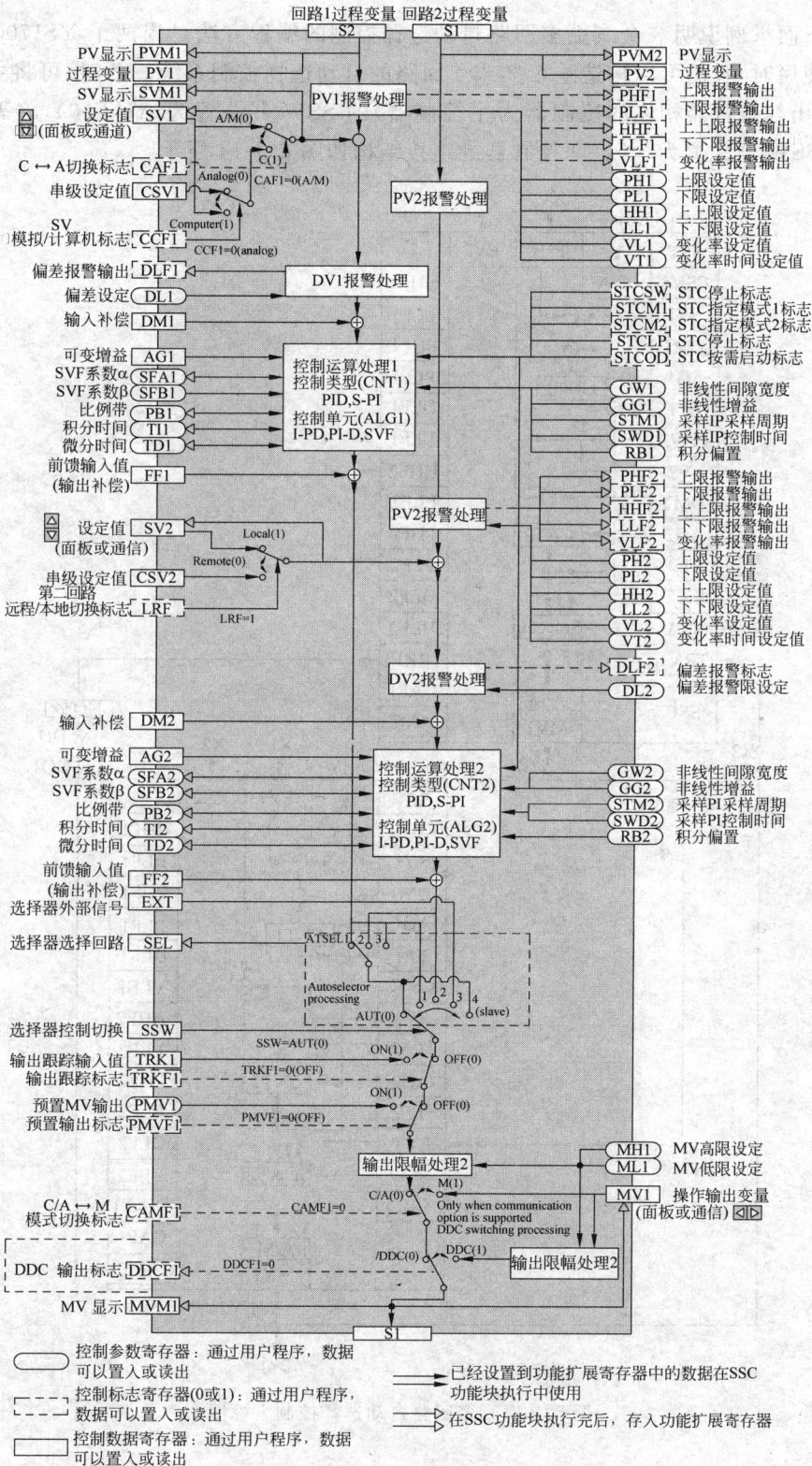

图 8.1-13　SSC 功能块的内部结构

下面举例说明 3 个或更多回路自动选择控制的编程方法。当两个 YS1700 仪表组合使用时,我们可以构造一个 3 或 4 回路的自动选择控制系统。此时,可将主控制器(输出与执行器相连的控制器为主控制器)的 SSW 开关置为 AUT(0),将副控制器的 SSW 开关置为"4"。两控制器的连接结构如图 8.1-14 所示。

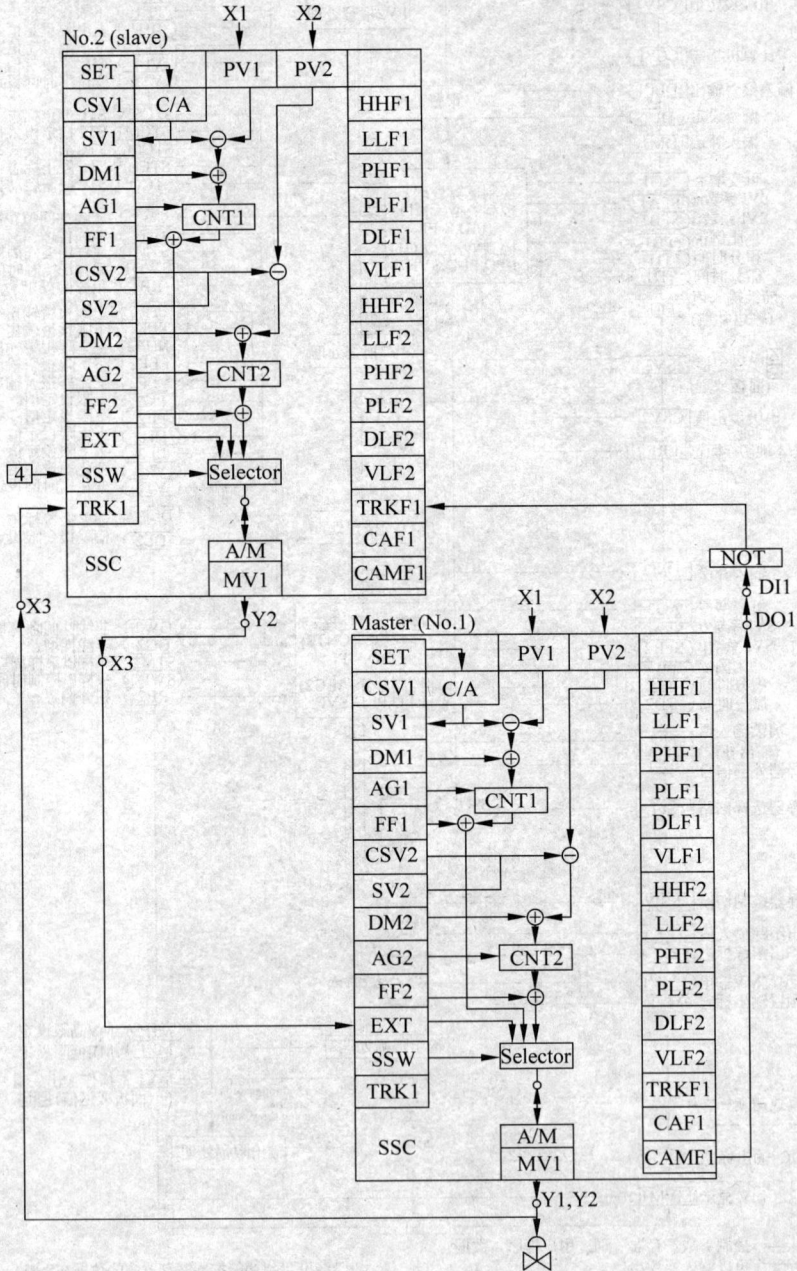

图 8.1-14　多回路自动选择控制方框图

【主控制器(No. 1)程序清单】

主控制器程序清单如表 8. 1-8 所示。主控制器的控制单元设置为：CNT1、CNT2＝PID(标准的 PID 控制)，选择器控制开关 SSW＝0(不必编程设置，因为 SSW 寄存器的默认值为 0)，高低选择参数 ATSEL＝LOW。

表 8.1-8　主程序清单

程序	S1	S2	S3	S4	S5	解　释
LD X3	X3					读入从控制器输出作为外部输入信号
ST EXT	X3					存入端子(EXT)
LD X1	X1	X3				读入 PV1
LD X2	X2	X1	X3			读入 PV2
SSC	MV1	X3				执行自动选择控制
ST Y1	MV1	X3				输出到执行器
ST Y2	MV1	X3				将控制输出反馈给从控制器
LD CAMF1	0/1	MV1	X3			读入模式切换标志位
ST DO1	0/1	MV1	X3			输出 A/M 状态给从控制器
END						终止程序的运行

【副控制器(No. 2)程序清单】

副控制器程序清单如表 8. 1-9 所示。副控制器(No. 2)发送操作输出变量给主 (host)控制器(No. 1)，通过设置 SSW＝4. 0(K1＝400. 0%)使本控制器成为"副 (slave)"控制器的运行状态(作为副控制器，需要从外部设备接收反馈信号)。副控制器从主控制器接收 A/M 信号以便在主控制器处于手动运行状态时，副控制器启动输出跟踪运行模式。此外，副控制器也检测是否被反馈信号选中，如果副控制器没有被选中做自动控制而处于旁路状态，此时应该处于比例运行状态。

副控制器的控制单元设置为：CNT1，CNT2＝PID(标准的 PID 控制)，选择器控制开关 SSW＝4，高低选择参数 ATSEL＝LOW。

表 8.1-9　副控制器程序清单

程序	S1	S2	S3	S4	S5	解　释
LD K1	4.0					设置从控制器上的自动选择器
ST SSW	4.0					SSW＝4.0
LD DI1	0/1	4.0				主控制器 A/M 信号，当主控制器处于手
NOT	1/0	4.0				动控制时，副控制器需要跟踪主控制器
ST TRKF1	1/0	4.0				输出
LD X3	X3	1/0	4.0			主操作信号
ST TRK1	X3	1/0	4.0			
LD X1	X1	X3	1/0	4.0		读入 PV3
LD X2	X2	X1	X3	1/0	4.0	读入 PV4
SSC	MV1	X3	1/0	4.0	4.0	执行自动选择控制
ST Y2	MV1	X3	1/0	4.0		输出给主控制器
END						终止程序的运行

8.1.5　YS1700 中的控制算法

在开始使用具有编程功能的 YS1700 控制器时,首先需要选择控制器模式(CTL)。YS1700 具有两种控制器模式,分别为:可编程模式(PROG)与功能选择模式。可编程模式是用户通过编程自由选择计算与控制功能模块的控制器运行模式;功能选择模式则是不需要用户编程,只需要在以下三种模式中任选其一,即单回路模式(SINGLE)、串级模式(CAS)以及选择控制模式(SELECT)。在功能选择模式下,YS1700 就相当于实现不带编程功能的多功能控制器 YS1500 的基本功能。此外,可编程模式的控制运算周期可在 50ms、100ms、200ms 之间进行选择;而功能选择模式的控制运算周期固定为 100ms。

除控制模式之外,还需要指定控制模块中的控制类型及算法。可选择的控制类型包括基本 PID 控制、比例(PD)控制、采样 PI 控制、带批量开关的 PID 控制(BSW)等。可选择的控制算法包括:微分先行算法(PI-D)、比例先行算法(I-PD)以及可调整设定值滤波算法(SVF)等。通过简单的参数设定,还可将一些附加控制功能添加到控制操作中,其中包括自整定(STC)功能、非线性 PID、带偏置设定值(RB)的 PID控制等。上述算法类型中,大多已在前面做过介绍,这里只对比例控制(PD)、采样 PI算法、批量 PID 等控制功能做一补充说明。

1. 采样 PI 控制(S-PI)

所谓采样 PI 控制是指在每个采样周期内,控制作用只在短时间内动作的一种控制方式。这是一种间歇式 PI 控制,即每做一段时间的正常 PI 动作后,都要"等等看",等待一段足够的时间,让控制动作得到充分的反应后再决定下一步的控制动作,因而能够有效地消除纯滞后对系统调节品质的不良影响。

YS1700 中实际使用的采样 PI 算法如图 8.1-15 所示,其中,STM 为采样周期,SWD 为控制时间。由此可见,PI 控制动作只在采样周期开始的一段很短时间 SWD内变化,其余时间保持等待。因此,采样 PI 控制主要适用于大滞后过程,其参数选择的大致标准是

$$STM = (2 \sim 3)T + L; \quad SWD = STM/10 \tag{8.1-2}$$

其中,L 为对象的纯滞后时间;T 为对象惯性时间常数。

一般说,为了减小超调,希望 STM 取大一些,但如果加于生产过程的主要扰动的最短周期小于采样周期 STM,则将不能有效地抑制扰动的影响。因此,采样 PI 控制的限制条件是采样周期 STM 必须小于主要扰动最短周期的五分之一。

顺便说明,在采样周期取得很长时,由于微分控制规律已失去超前预报作用,所以采样控制中都只用 PI 算法。

2. 带批量开关的 PID 控制(BSW-PID)

所谓批量 PID 控制算法,是一种针对批量生产过程经常处于起动过程而设计的

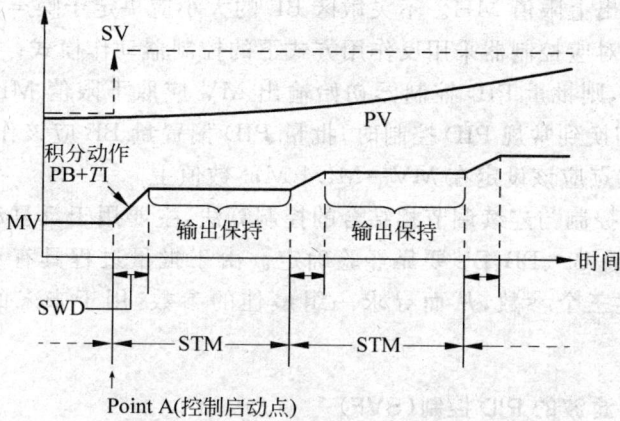

图 8.1-15　采样 PI 控制(S-PI)运算的特性

准最优控制算法,旨在起动时能以最快的速度向设定值靠近,而又不产生超调。其动作过程如图 8.1-16 所示。

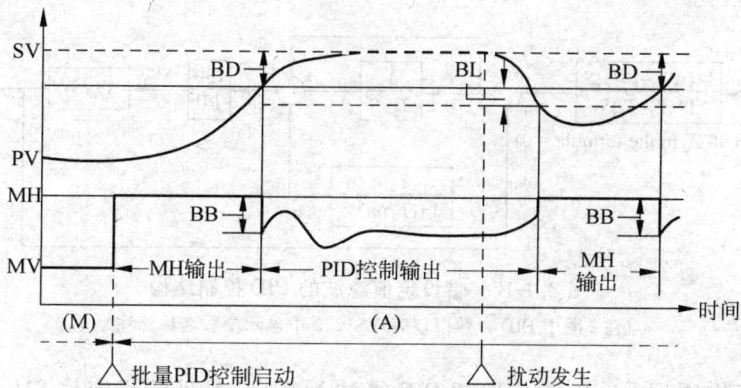

图 8.1-16　批量 PID 控制运算的特性

在批量生产开始时,测量值距离设定值较远(远超出偏差设定幅度 BD),因此调节单元 CNT 输出可能的最大上限值 MH,使测量值 PV 迅速接近设定值 SV,这一进程持续到设定值与测量值之差小于规定的偏差幅度 BD 为止,一旦进入这一范围,可认为已接近要求的稳定工况,便切换为常规的 PID 控制。为避免切换后发生超调,调节单元的输出值 MV 在切换时从上限值 MH 下降偏置量 BB,即从 $MV=MH-BB$ 作为起点开始进行常规的 PID 控制,以便抑制测量值继续增长的势头,平稳地接近要求的设定值。

假设在切换到常规 PID 控制后的某一时刻有扰动发生,导致 PV 衰减再次偏离设定值 SV,并超出偏差范围 BD,此时,为了避免测量噪声或干扰在切换点附近引起 PV 波动而导致 MV 频繁切换(在 MH 与 MH−BB 两点之间来回跳动),设定有偏差锁定宽度(死区范围)BL,使得只有在 PV 偏离预设的偏差范围超过 BL 以上,才能触发控制器再次输出上限值 MH。不灵敏区 BL 的大小应决定于噪声水平。

以上所述是对应控制器采用反作用方式下的控制器动作模式；如果控制器采用的是正作用方式，则批量 PID 控制器初始输出 MV 应取下限值 ML，而不是上限值MH。相应地，切换到常规 PID 控制时，批量 PID 偏置量 BB 应该作用在正方向上，即 MV 输出的起点应该设定在 MV＝ML＋MH 数值上。

这种将开关控制与连续调节相结合的控制算法，主要用于反复动作的定型批量生产，其设定参数 BD、BB、BL 要靠经验确定。由于批量过程具有重复性，因此，可反复"试凑"上述三个参数，从而寻求一组最佳的参数，用于未来的批量生产过程控制。

3. 带设定值滤波的 PID 控制（SVF）

基于克服过程扰动所得到的最优 PID 参数对于设定值跟踪特性来说可能并不理想，其设定值阶跃响应可能具有比较大的超调，为此可引入设定值滤波器来改善设定值响应特性，同时不影响过程扰动的最优调节性能。其控制方框图如图 8.1-17所示。

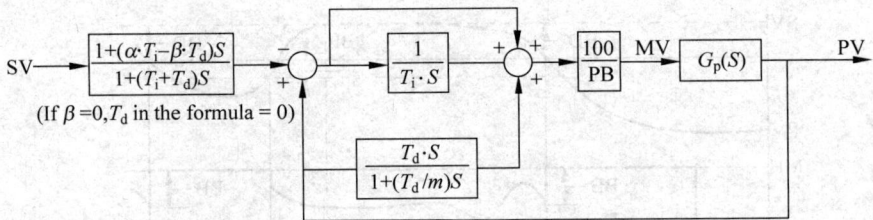

图 8.1-17　带设定值滤波的 PID 控制结构
（注：图中 PID 参数以仪表 YS1700 中显示参数名称标注）

具体工作原理是：以微分先行 PID 算法为基础，另外给设定值 SV 信号施加一滤波器，在不改变最优 PID 参数的情况下，可通过调整该设定值滤波器的参数：α(SFA) 和 β(SFB) 改善系统对于设定值 SV 变化的跟踪响应特性。具体滤波算法为

$$SVF = \frac{1 + (\alpha \cdot T_i - \beta \cdot T_d)s}{1 + (T_i + T_d)s}$$ (8.1-3)

其中，$0 \leq \alpha \leq 1, 0 \leq \beta \leq 1, \alpha \cdot T_i - \beta \cdot T_d \geq 0$。如 $\beta = 0$，则公式中的 $T_d = 0$。

根据式(8.1-3)可以看出，如果取滤波器 SVF 参数为 $\alpha = 1, \beta = 0$，就等价于微分先行 PID 算法；如果取 $\alpha = 0, \beta = 0$，则等价于比例先行的 IPD 算法；取 $0 < \alpha < 1$，则可取得介于上述两种算法之间的设定值跟踪响应控制效果，具体响应波形，如图 8.1-18所示。

设定点滤波器参数 α(SFA) 和参数 β(SFB) 的作用如图 8.1-19 所示。设定点滤波器参数 α(SFA) 越大，随设定值变化的跟踪响应得越快；设定点滤波器参数β(SFB)属于细调参数，增大该值可抑制过大的超调量。

　　具有设定值滤波功能的 PID 控制器参数的整定步骤：

（1）不使用自整定（STC）功能

① 调整控制器输出 MV，根据被控过程的输出响应，确定最优的 PID 参数；

② 改变设定值 SV，并调整设定值滤波器参数 α（SFA），以获取良好的跟踪响应波形。如果采用微分动作，可进一步细调设定值滤波器参数 β（SFB）；

③ 设定值滤波器参数 α（SFA）和 β（SFB）的推荐参数分别为：$\alpha=0.5$，$\beta=0.0$。

（2）使用自整定（STC）功能

可以使用自整定（STC）功能，依据扰动抑制性能确定 PID 参数，并结合设定值跟踪特性，确定设定值滤波器参数 α（SFA）。然而，STC 功能不负责计算参数 β（SFB）。为使用自整定（STC）功能，可初始设定 $\alpha=0.5$，$\beta=0.0$。

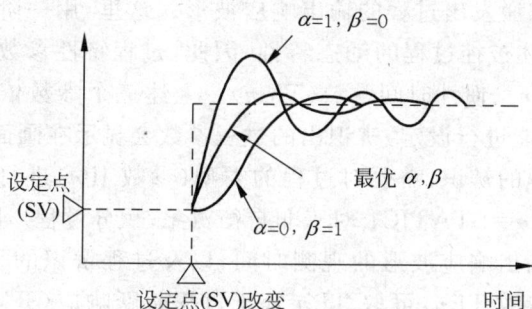

图 8.1-18　具有 SVF 的 PID 控制响应波形

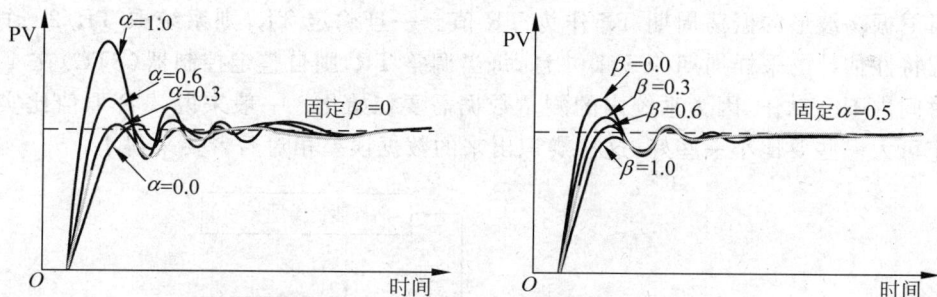

图 8.1-19　设定点滤波器参数 α（SFA）和参数 β（SFB）的作用

4. 自整定功能（STC）

　　PID 参数的"自动整定"功能实际上就是简单地模仿一位有经验的、知识渊博的控制工程师在回路第一次投入运行时对其进行的整定操作。"自整定"控制器可以通过自动的响应请求以生成合适的整定参数来完成整定。当控制功能失效时，操作人员只需要按动"整定"按钮并观察控制器的整定功能对过程进行操作，直到有足够多的符合过程自身特性的输入输出数据。一旦反馈控制功能启动后，整定功能就可以给出一套 P、I 和 D 的整定参数并得到理想的闭环回路行为。一旦回路完全运行后,冗余的"自整定"控制器还可以不停地更新它们自己的整定参数,以保持其理想的闭环回路特性。

一个自动整定器(auto tuner)与自整定控制器(self-tuning)相类似,唯一不同的是自动整定器的整定操作只进行一次,然后通过计算生成闭环回路控制器的参数。很多商业化的 PID 控制器都包含自动整定及自整定这两个选项。

YS1700 的自整定控制器的结构如图 8.1-20 所示,可对两个回路($n=1,2$)分别进行整定。其整定过程主要包括三个方面:

1) 过程特性的在线估计

STC 自整定功能首先根据过程输入与输出响应波形在线估计过程的动态特性,该波形可通过单独改变设定值 SV,或通过 OD(on-demand)命令在 MV 上触发产生阶跃状的测试信号来激发出过程的输出响应波形。这里,用一阶惯性加纯滞后模型(FOPDT)来近似描述被控过程的动态特性,因此,过程特性参数主要包括对象增益(GMn)、纯滞后(LMn)、惯性时间常数(TMn)。上述三个参数依靠仪表内部辨识算法自动计算出来,不能进行设定,辨识出的过程参数会显示在画面上。

为了有助于过程的辨识,需要对过程的类型(参数 IPn)进行指定。对于开环稳定的自衡对象,取 $IPn=STATIC$;对于非自衡对象(积分过程),$IPn=DYNAM$。

为了确定过程输出响应波形的观测时间,以及过程辨识的采样周期,用户需要指定过程响应时间参数 TRn,可取 TRn 等于过程阶跃响应(开环)上升达到稳态值所需时间的 95% 即可。如果对象用一阶惯性(T)加纯滞后(L)来逼近,则可取 $TR=L+3T$。对于积分过程,需要施加脉冲输入信号。对于欠阻尼过程,也可以读取阻尼振荡波形的振荡周期 TP 作为 TR 值。一旦确定 TR,则系统取 $TR/20$ 作为过程特性估计的采样周期(TS);并且,每当调整 TR,则自整定控制器(STC)在 4TR 的时间内不会动作,因为系统内的测量数据需要初始化。一般来说,TR 取值比实际值宁可大一些要比小一些好,这样辨识出来的数据误差相对后者要来得小。

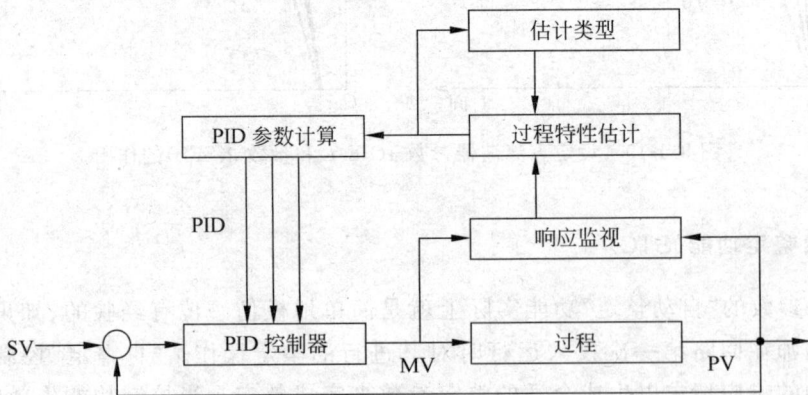

图 8.1-20 YS1700 参数自整定的基本结构

此外,过程的输出信号还会受到干扰或噪声的影响而发生波动,如果影响过大,会导致模型估计的准确性下降。为此,系统首先要求用户指定叠加在过程变量 PV 上的随机噪声的可能峰-峰值大小,用参数 NBn(noise band)来描述。其次,还给用户提供了一个衡量模型估计精度的误差指标 CRn,该指标反映了辨识模型与实际过程的匹配程度。如果经测试,过程模型与实际过程匹配良好,则显示出的 CRn 值就小;如果由于干扰或噪声导致估计结果不能令人满意,则显示输出的 CRn 值就会大。当 CRn 值超过 5％时,出于安全考虑,系统重新进行模型估计,而不做 PID 参数的计算。

2) PID 参数的计算

通过在线测试获取了对象的模型参数后,紧接着就需要计算 PID 参数。选取不同的控制目标(性能指标),就需要应用不同的整定公式进行计算。YS1700 为用户提供了四种控制目标类型,如表 8.1-10 所示。

表 8.1-10　YS1700 自整定控制目标

控制目标类型(OS)	属　　性	性 能 指 标
ZERO	超调:无	超调量:0
MIN	超调:小(大约 5％) 调节时间:短	加权误差积分面积:小 $\min \int_0^\infty \mid e \cdot t dt$
MED	超调:中(大约 10％) 上升时间:稍快	误差绝对值积分面积:小 $\min \int_0^\infty \mid e \mid dt$
MAX	超调:大(大约 15％) 上升时间:快	误差平方积分面积:小 $\min \int_0^\infty e^2 dt$

当 STC 控制模式设定为 DISP 或 ON,并且采用一阶惯性加纯滞后模型对过程进行描述的准确性较高,即 CRn 值不超过 5％时,则按照如下函数进行 PID 参数的计算

$$PB = f_1(LM, TM, GM, IP, OS, ALG)$$
$$TI = f_2(LM, TM, GM, IP, OS, ALG)$$
$$TD = f_3(LM, TM, GM, IP, OS, ALG)$$

显然,PID 参数的计算与对象模型、控制性能指标要求以及拟采用的控制算法有关。在自整定期间,为防止 PID 参数超过一定范围后影响被控过程,可以对 PID 参数的取值范围进行限定。比例度的最大、最小值分别由参数 PMXn、PMNn 指定;积分时间常数的最大、最小值由参数 IMXn、IMNn 指定;微分时间常数的最大值由参数 DMXn 指定,最小值为 0(此时为 PI 控制)。

3) 控制器参数的更新

控制器参数更新与否,与 STC 的模式有关。共有四种 STC 模式可供选择,如表 8.1-11 所示。

表 8.1-11　YS1700 自整定设定模式

设 定 模 式	说　　明
OFF	自整定功能(STC)停止
DISP	过程估计、计算 PID 参数,但不自动更新 PID 参数
ON	过程估计、计算 PID 参数,自动更新 PID 参数
ATSTUP (auto-startup)	在自启动或初始设定点未知时使用。根据过程阶跃响应计算自整定(STC)相关参数并自动设置

在 STC＝OFF 模式下,不做自整定操作,控制器按照普通 PID 来运行。其他几种模式分别介绍如下。

(1) DISP 模式

DISP 模式主要用于自整定功能(STC)的初步测试,在此模式下,控制器估计过程特性,计算 PID 参数,并将 PID 参数计算结果(PA_n,IA_n,DA_n)显示出来。通过观察这些数值,用户可以事先判断自整定功能应用于此控制过程是否有效。当然,实际内部 PID 参数(PB_n,TI_n,TD_n)并不会受到影响。

STC 控制器设定到 DISP 模式后,只要将控制器切换到自动控制(A)或串级设定自动控制(C)模式,即可启动自整定功能。然而,如果发生自整定报警(STCALM),则必须首先消除报警因素。

(2) ON 模式

在 STC 控制器设定到 ON 模式后,只要将控制器切换到自动控制(A)或串级控制(C)模式,即可启动自整定功能。此时,控制器估计过程特性,计算 PID 参数,并同时将用于控制的 PID 参数(PB_n,TI_n,TD_n)自动更新。

(3) ATSTUP 模式

要选定 ATSTUP 模式,需要在手动模式下选定 STC 模式,并通过手动将过程变量 PV 稳定在一合适的数值上,然后,将控制器运行模式切换到自动(A)或串级控制(C)模式下,启动 ATSTUP 自整定过程。控制器首先对被控过程做阶跃响应测试,然后根据测试结果,自动计算自整定(STC)相关参数(包括:PID 参数及其允许设定范围、过程模型参数、过程响应时间 TR 等)以及用于 SVF 的设定值滤波器参数 α(SFA),并加以设置。在参数设置完成后,将自整定模式切换到 STC＝ON 模式,并进行后续的控制。

ATSTUP 模式下自整定的关键是对象的阶跃响应测试。在 ATSTUP 模式启动后,控制器首先将当前控制器输出(MV)维持 30s 不变,然后在安全方向上(保持原有偏差方向不变,即偏差扩大方向)给操作输出变量(MV)施加适当幅度(由参数 MI_n 给定)的阶跃激励信号,观测过程变量 PV 相对阶跃输入的响应特性(如果 PV 变换范围 ΔPV 超过一定幅度(MI_n×1.5),控制器输出 MV 将自动返回到原始数值上)。当 PV 稳定后,控制器再将 MV 回复到原始的 MV 值上,并观测 PV 信号的响应过程。此外,如果过程增益低而 ΔPV 小于 2%,则系统认为采用自启动模式不合适。在这种情况下,经过最大观测时间(大约 80min)后,控制器运行模式返回到手动控制(M),并将 STC 模式选择切换到 DISP 模式,同时控制器发出自整定报警提示

(STCALM)并停止自启动模式。

通过上述测试过程,STC 控制器利用获取的过程阶跃响应数据,估计过程特性(GMn,LMn,TMn),并计算 PID 参数。同时,取 PID 参数(PBn,TIn,TDn)的 4 倍作为 PID 参数限幅值的上限设定值,PID 参数的 1/4 作为 PID 参数限幅值的下限设定值。过程响应时间(TRn)设定为($LMn+3TMn$)s。同时,根据过程变量 PV 在开始和结束阶段的信息确定过程类型(IPn)。此外,如果判断过程建模的结果不合适,控制器也会发出自整定报警提示(STCALM)并停止自启动模式。接着,控制器还需要连续观测一段时间(2~5min)的噪声峰值,并根据观测到的峰值计算噪声宽度(NBn,noise band)。

当以上所有参数项目都计算好并正确设定好后,STC 模式选择项会自动切换到"ON",启动 PID 控制以及自整定(STC)。

如果在自启动(ATSTUP)期间发生下列任一情况,控制器运行模式都将返回到手动控制(M),并将 STC 模式选择切换到 DISP 模式。

① 掉电;

② 发生自整定报警(STCALM);

③ 切换到手动(M)。

4) OD 命令触发的控制器参数整定

OD(on-demand)整定模式是在闭环状态下,经操作人员按键请求,在操作输出变量(MV)上叠加一阶跃测试信号,激发过程变量 PV 的响应过程,以实现自整定(当 STC=DISP 或 ON 时)。一般在给定值 SV 不允许改变的情况下,使用这种模式比较有效。在 OD=OFF 情况下,通过向上增长键将其数值改变为 OD=ON 后,启动一次激励过程;随后,OD 值会很快自动回复到 OD=OFF 状态。

根据上面的叙述可以看出,STC 控制器为了辨识过程的特性,一方面是通过改变给定值(或正常运行过程中的过程输入输出扰动)所激发出的过程变量 PV 的响应波形来进行辨识;另一方面是在 ATSTUP 模式下,做对象的开环阶跃响应测试,或在 OD 整定模式下,给 MV 施加阶跃激励信号,以获取所需的过程信息。无论 ATSTUP 模式,还是 OD 整定模式,都需要用户设定叠加在 MV 上的阶跃测试信号的幅度大小,用参数 MI 来进行描述。建议设定 MI 使得过程变量 PV 发生大约 5% 的波动幅度大小,以有利于识别对象。至于施加的方向,两种模式下是不同的,如表 8.1-12 所示。在 ATSTUP 模式下,由于是在手动控制(M)模式下操作,因此测试信号叠加的方向是维持误差在原有的方向上发展;而在 OD 整定模式下,是要在自动控制(A)或串级控制模式(C)下操作,因此测试信号叠加的方向应该是促使误差朝着减小的方向上演变。

表 8.1-12　过程辨识激励信号——MV 阶跃变化的方向

偏差符号	正作用(DIR)		反作用(REV)	
	ATSTUP	OD	ATSTUP	OD
SV > PV	+MI%	−MI%	−MI%	+MI%
SV < PV	−MI%	+MI%	+MI%	−MI%
SV = PV	+MI%	+MI%	−MI%	−MI%

　　各个功能模块中,STC 自整定算法涉及的功能扩展寄存器主要包括 STC 运行模式指定标志寄存器 STCM1,STCM2(00-OFF; 10-DISP; 01-ON; 11-ATSTUP)、STC 目标回路标志寄存器 STCLP(0-Loop1; 1-Loop2)、OD 整定模式启动标志寄存器 STCOD(0-OFF; 1-ON)、STC 启动/停止标志寄存器 STCSW(1-停止 STC 功能; 0-不停止 STC 功能)。除通过调整画面,采用按键操作外,通过用户程序对上述标志寄存器进行设定,也可以实现对 STC 功能的指定操作。

　　以上简要介绍了 YS1700 系列调节器中的自整定功能的基本工作原理。数字调节器设置 PID 参数的自整定功能,主要目的有两点,一方面在过程启动(俗称开车)过程中,可以减轻操作工调整参数的工作量;另一方面还能够在线跟踪被控过程静态或动态特性的变化,维持最优的控制性能。这其中,连续地反复"整定"或"自整定"是非常富有挑战性的工作,因为整定和控制功能是同时进行操作的,这些功能都是相互对立的。保持过程变量稳定就会削弱对于过程行为有用的整定功能;反之,模拟整个过程可以了解过程变量对控制量如何反应,但会减弱控制功能。控制器必须持续地保持过程变量在规定的范围之内,因此,它还必须试着了解过程变量是如何对控制量进行反作用的。关于连续"自整定"更深入的知识这里就不赘述了。

5. 预置 PID(preset PID)控制

　　YS1700 提供有预置 PID 控制功能,用户在组态时可预先设置好 8 组 PID 参数,存放在 PID 参数表(PPBn,PTIn,PTDn)中,其中,$n=1,2,\cdots,8$。控制回路 CNT1 和 CNT2 的 PID 参数具体选取哪一组分别决定于预置 PID 参数选择寄存器 PPID1 和 PPID2 的内容。用户程序可以在不同生产过程状态下,通过用户程序给选择寄存器 PPID1 和 PPID2 设置不同的数值,从而将(PPBn,PTIn,PTDn)中合适的 PID 参数值设置到控制运算使用的 PID 参数寄存器(PBn,TIn,TDn)中去。具体 PPIDn 中数值与 PID 参数组的选择关系,如表 8.1-13 所示。

表 8.1-13　预置 PID(PPIDn)寄存器内容与 PID 参数设置之间的关系

寄存器 PPIDn($n=1,2$)设定值	操作($n=1,2$)
$-8.000 \leqslant$PPID$n<0.000$	无操作(当前设定值维持不变)
$0.000 \leqslant$PPID$n<0.100$	将 PPB1、PTI1、PTD1 分别设置到 PBn、TIn、TDn 中
$0.100 \leqslant$PPID$n<0.200$	将 PPB2、PTI2、PTD2 分别设置到 PBn、TIn、TDn 中
$0.200 \leqslant$PPID$n<0.300$	将 PPB3、PTI3、PTD3 分别设置到 PBn、TIn、TDn 中
$0.300 \leqslant$PPID$n<0.400$	将 PPB4、PTI4、PTD4 分别设置到 PBn、TIn、TDn 中
$0.400 \leqslant$PPID$n<0.500$	将 PPB5、PTI5、PTD5 分别设置到 PBn、TIn、TDn 中
$0.500 \leqslant$PPID$n<0.600$	将 PPB6、PTI6、PTD6 分别设置到 PBn、TIn、TDn 中
$0.600 \leqslant$PPID$n<0.700$	将 PPB7、PTI7、PTD7 分别设置到 PBn、TIn、TDn 中
$0.700 \leqslant$PPID$n<0.800$	将 PPB8、PTI8、PTD8 分别设置到 PBn、TIn、TDn 中

　　热处理加热炉温度控制系统采用预置 PID 功能的一个应用实例如图 8.1-21 所示。根据被控炉膛温度大小来设置 PID 参数。当温度高于温度 1(由常数寄存器 K1

指定)时,BSC1 采用第二组 PID 参数;当温度低于温度 1 时,采用第一组 PID 参数。
表 8.1-14 给出了加热炉的预置 PID 控制程序清单。

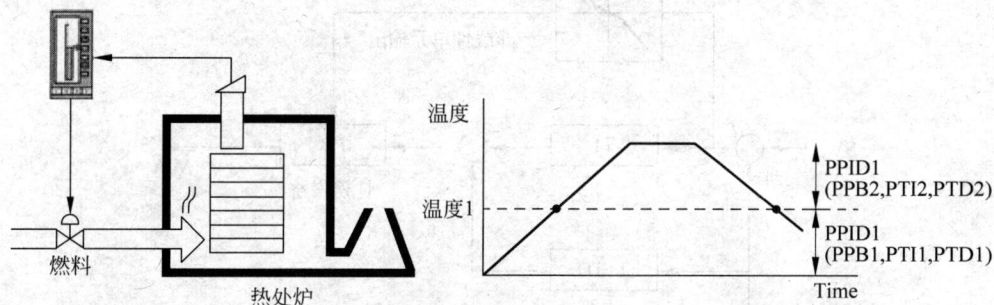

图 8.1-21　根据测量温度改变 PID 参数

【主程序清单】

表 8.1-14　加热炉的预置 PID 控制程序清单

程　　序	S1	S2	S3	S4	S5	解　　释
LD X1	X1					读输入值 X1
LD K1	K1	X1				设置比较值(温度 1)
CMP	0/1					比较输入值与温度 1 的大小
GIF @JUMP1	1/0					当过程温度大于温度 1 时,跳转到@JUMP1
LD P1	P1					P1＝0.050
ST PPID1						设置 PID 参数
GO @JUMP2						GO to @JUMP2
@JUMP1 LDP2	P2					P2＝0.150
ST PPID1						设置 PID 参数
@JUMP2 LD X1	X1					
BSC1	MV1					执行控制模块
ST Y1	MV1					
END						结束程序的执行

6. 非线性 PID(non-linear PID)控制

YS1700 中的非线性 PID 控制是指,当偏差小于非线性低增益区时,乘以设定的低非线性增益;当偏差大于非线性低增益区时,乘以 1 的 PID 控制。控制器结构方框图如图 8.1-22 所示。

非线性增益 NG 为

$$NG = \begin{cases} GG, & E \leqslant GW \\ \dfrac{E - GW + GG \times GW}{E} = 1 - (1 - GG) \times \dfrac{GW}{E}, & E > GW \end{cases} \qquad (8.1\text{-}4)$$

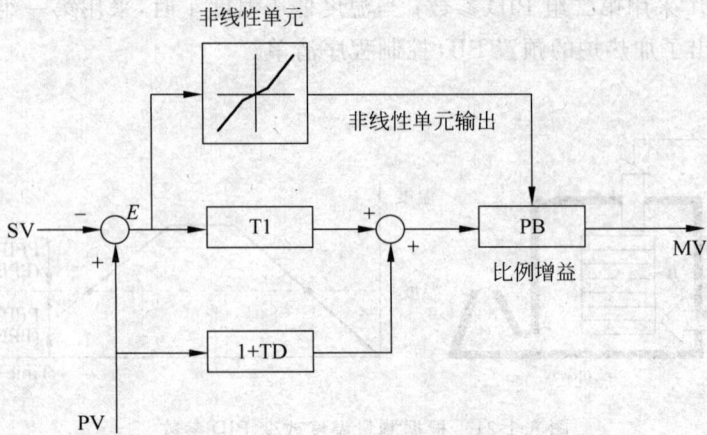

图 8.1-22 非线性 PID 控制器结构方框图

初始值 $GG=1.000$，$GW=0.0$，可以通过键盘修改设置。在 BSCn 内部运算时，取比例增益 $K=NG×K_c$，NG 可用图 8.1-23 表示。

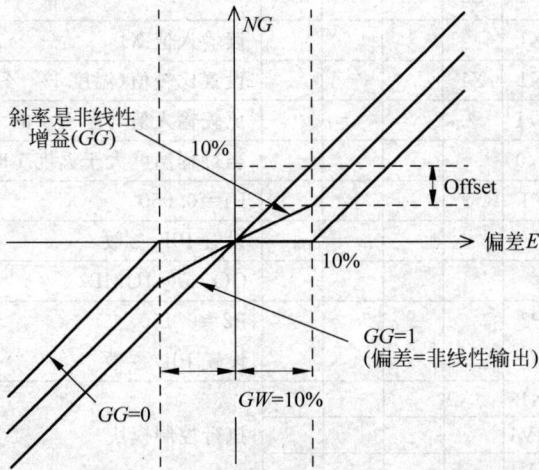

图 8.1-23 非线性 PID 控制器中，非线性增益 NG 的计算

非线性 PID 控制主要具有如下特点：

1）跟踪设定值变化的特性非常突出

当设定值变化超出非线性低增益区时，如果预先设定较窄的比例带，就可以获得快速的跟踪特性。当偏差很小时，低增益区的增益作用可抑制超调。

2）适合抑制噪声和周期性波动

在存在明显噪声以及周期性波动的场合，可以通过采用非线性 PID 控制，使小偏差时控制器增益降低，进而由噪声引起的控制阀门的位移就会比较平滑，从而提高系统的稳定性。偏差增大时，由于控制器预设窄的比例带的作用，使闭环系统呈现出很强的负反馈效果，还可改善快速响应特性。

3）适合罐的液位调节（均匀液面控制）

绝大多数液位控制在于稳定压力以及输出流量。因此，在液位控制系统中，非线性 PID 控制可不受飞溅、紊流、沸腾等引起的液位波动的影响，进而达到稳定输出的目的。

4）中和平衡控制

在控制点附近过程增益变化大的情况下，线性 PID 控制用于控制 PH7 的中和控制是比较困难的，因为中和滴定特性在 PH7 附近呈现高增益而在两端呈现低增益。但非线性 PID 控制器呈现出与中和滴定特性相反的增益特性，所以在大范围可获得一定的闭环增益，可使控制稳定。

7. 带复位偏置的 PID 控制

YS1700 中的 PID 控制器具有输出限幅器，在操作输出将要超过限幅值时，让积分动作停止。由于防止了积分饱和（由于积分作用而引起的饱和现象），而实现了超调量小，稳定性好的控制。但是，在一部分过程中我们可以积极地利用积分饱和，从而得到上升过程更快速的响应。

复位偏置（reset bias）功能由于能任意设定输出的饱和偏置量（通过参数 RBn 设定），因而从测量值输入（PV）开始回复起到输出（MV）离开限幅值这一段时间可任意设定。以简单的批量反应罐蒸汽加热处理过程为例，被控过程变量 PV 为槽内介质的温度，调量为加热蒸汽。前次批量过程刚一结束，在调节器的设定值和运转方式（AUTO）不变的情况下，就可关闭蒸汽的断流阀。此时，带复位偏置的 PID 控制的输入输出关系如图 8.1-24 所示。批量停止时，实际操作输出用输出上限限幅值限制，但由于复位偏置的效果，通过输出限幅器之前的操作输出（MV′）用（MH＋RB）钳位（一种受限幅度的积分饱和）。

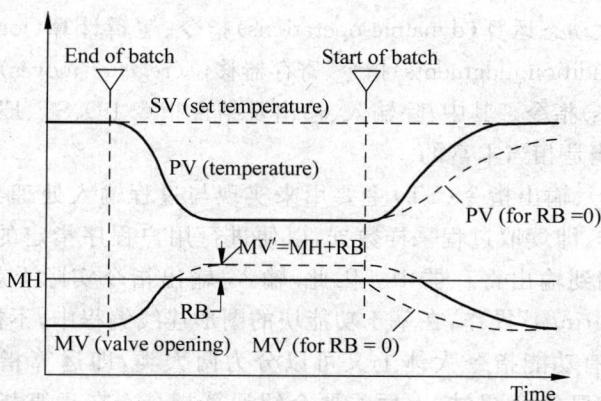

图 8.1-24　带复位偏置的 PID 控制

在此状态下，开始下一批量处理。打开蒸汽断流阀后，测量信号徐徐上升。但是 MV′由于偏置（RB）的影响，不能立刻从限幅点脱离出来，而是保持限幅值。由于这个作用，可以缩短测量信号的恢复时间。

相对地，仅仅输出限幅值时（和复位偏置 RB＝0 等价），由于无积分饱和，测量信号一开始上升，输出 MV 立刻从限幅值（MH）开始下降，因而，如图 8.1-24 中的点划线所示，测量值的恢复时间较长。

8. 比例（PD）控制

比例（PD）控制是从 PID 控制中去掉积分作用，取得特殊控制效果的一种控制功能。其传递函数表达式如式（8.1-5）所示

$$MV = \frac{100}{P}\left[E + \frac{T_D s}{1 + \left(\dfrac{T_D}{m}\right)s} \cdot PV \right] + MR \tag{8.1-5}$$

式中，MV 是操作输出；PV 是过程变量；E 为控制偏差；m 为微分增益；P 是比例度；T_D 是微分时间常数；MR 是手动复位（偏置量），用以补偿由比例控制引起的偏差。同时，为了避免因运转方式切换引起的扰动，采用一次滞后跟踪切换的方式。此外，比例控制也可以和非线性控制并用。

比例控制的典型应用是槽液位控制（积分性过程的控制）以及化学反应的终点控制等。例如，在依靠计量泵送出一定流量的积分性过程中，一般使用调节流入流量来控制液位的比例控制。使用比例控制，可得到无超调量的稳定的控制结果。相反，若用 PI 控制，因为积分控制作用造成连续不断的振荡，则得不到这样好的控制效果。

8.1.6　YS1700 中的运算模块

YS1700 型调节器的指令可分为输入、输出以及结束指令、基本计算（basic computations）指令、动态运算（dynamic operations）指令、逻辑计算（logic computations）指令、条件判断（condition judgments）指令、寄存器移位（register moves）指令以及控制功能（control functions）指令。其中，除输入、输出及结束指令 LD、ST、END 外，其余均为功能指令，可见功能是相当丰富的。

基本输入（LD）、输出指令（ST）主要用来实现与过程输入处理与输出处理任务的衔接或接口工作，即读取过程采样数据，以便进行用户程序指定的控制运算，最后再将运算结果存储到输出寄存器中。因此，输入、输出指令实际上就相当于功能块编程中的"连线（wiring）"操作，在基于功能块的图形连线编程中，不提供上述指令。

YS1700 的所有功能指令大体上又可以分为两大类，即运算指令和控制指令。控制指令前面各节已经介绍过，下面主要介绍运算指令。在运算指令当中，比较特殊的是动态运算指令。因为，除动态运算指令外，其他计算指令的特点是计算时不需要指定专用的存储区，只要程序总长度允许，使用次数没有限制。而动态运算指令运算时，必须具有专用的存储区存放参数、历史或状态数据。例如，每个 10 段折线函数模块必须有足够的存储单元存放转折点坐标。又如纯滞后模块，需要有存储区

存放纯滞后时间范围内的采样数据。因此,这些模块的使用数量是有限的,于是需要给它们加上编号(也称机器号),因此也称为带编号的运算模块。每个带编号的功能模块(动态环节)一般只能使用一次。

1. 基本计算模块

(1) 四则运算模块＋、－、×、÷、RATIO

对运算寄存器 S1、S2 中的数据进行四则运算,结果存入 S1 中。

值得注意的是,在做减法和除法时,S2 中的数作为被减数和被除数,S1 中的数做减数和除数,换句话说,先压入栈的是被减数或是被除数,随后压入堆栈的是减数或除数,二者不能颠倒。关于比率计算,可简单描述为

比率运算(RATIO):S1(计算后)＝(S4＋S3)×S2＋S1

其中,S4 为模拟输入,S3、S2、S1 为运算系数或常数。

一般功能指令的入口条件是,最先压入运算寄存器中的总是输入信号,随后压栈的是运算参数;出口条件,即运算结果总是存放在 S1 当中。

(2) 开方运算模块 SQT、SQTE

主要用于从差压信号中计算流量值。当差压较小时,因为不能准确反映流量大小,将小于一定数值的差压信号当做零对待,这种做法称为小信号切除。这里,运算模块 SQT 的小信号切除点是固定的,当输入的被开方数小于满刻度的 1% 时,令开方结果为 0。

运算模块 SQTE 的小信号切除点是可变的,运算前,被开方数存入 S2 寄存器,小信号切除阈值存入 S1 寄存器,做开方运算后,结果存入 S1 寄存器。当输入低于切除点时,处理方法也与上面不同,不是令输出为 0,而是令输出等于输入。

(3) 取绝对值运算模块 ABS

对寄存器 S1 中的数据取绝对值,结果仍在 S1 中。

(4) 高选、低选模块 HSL、LSL

从 S1、S2 两个寄存器的数据中分别选取高值或低值,结果存入 S1 中。

(5) 高、低限幅模块 HLM、LLM

将 S2 中的变量幅值限制在 S1 寄存器数据规定的上下限范围之内。

(6) 刻度转换模块 SCAL

模块 SCAL 将存在 S4 的规范化模拟量输入数据转换成工程量数据,令新转换 100% 刻度值存入 S3,0% 刻度值存入 S2,小数点位置存入 S1,经过刻度变换后的输出存放在 S1,具体计算公式为

$$S1(计算后)＝(输入值×(100\% 刻度值－0 刻度值)＋0 刻度值)/10^n$$
$$＝(S4×(S3－S2)＋S2)/10^n$$

上式中,n 表示 10 进制小数点位置,由 S1 指定,取值范围是 0～4。

(7) 数据规范化模块 NORM

模块 NORM 与模块 SCAL 属于互逆运算。模拟量输入在经过 SCAL 指令进行

刻度转换后,一定要采用规范化指令(NORM)返回到初始刻度(0~1),才能执行控制模块(BSC1、BSC2、CSC、SSC)。具体计算公式是

$$S1(计算后) = ((输入值 \times 10^n) - 0\ 刻度值)/(100\%\ 刻度值 - 0\ 刻度值)$$

$$= ((S4 \times 10^n) - S2)/(S3 - S2)$$

模块运算入口条件,即运算前 S1~S4 存放内容,同 SCAL 模块。

(8) 自然对数 LN、常用对数 LG、指数 EXP、幂 PWR

模块 LN 计算 S1 的自然对数,模块 LG 计算 S1 的常用对数;模块 EXP 计算 EXP(S1),即 e 的 S1 次方;模块 PWR 计算(S2)的(S1)次方,上述运算结果均存放在 S1 中。

(9) 温度补偿模块 TCMP1、TCMP2、TCMP3,压力补偿模块 PCMP1、PCMP2、PCMP3

温度、压力补偿模块用于测量气体质量流量时,进行温度压力补偿计算。当气体温度采用摄氏温度(℃)时,选用模块 TCMP1 进行温度补偿计算,其计算公式为

$$S1(计算后) = 输入流量 \times (基准温度 + 273.15) \div (输入温度 + 273.15)$$

$$= S3 \times (S1 + 273.15) \div (S2 + 273.15)$$

当气体温度采用绝对温度(K)时,选用模块 TCMP3 进行温度补偿计算,其计算公式为

$$S1(计算后) = 输入流量 \times 基准温度 \div 输入温度$$

$$= S3 \times S1 \div S2$$

当压力取单位 MPa 时,选用模块 PCMP1 进行压力补偿,计算公式为

$$S1(计算后) = 输入流量 \times (输入压力 + 0.101325) \div (基准压力 + 0.101325)$$

$$= S3 \times (S2 + 0.101325) \div (S1 + 0.101325)$$

当压力取单位 kgf/cm² 时,选用模块 PCMP2 进行压力补偿,计算公式为

$$S1(计算后) = 输入流量 \times (输入压力 + 1.03323) \div (基准压力 + 1.03323)$$

$$= S3 \times (S2 + 1.03323) \div (S1 + 1.03323)$$

当温度采用华式温度(℉)、压力采用 psi(pound per square inch)时,可分别采用温度补偿模块 TCMP2 和压力补偿模块 PCMP3 进行计算。

(10) BCD 码输入输出模块 DIBCD、DOBCD;二进制码输入输出模块 DIBCD、DOBIN

BCD 码、二进制(BIN)码输入输出模块,是利用调节器的开关量输入(DI)输出(DO)实现二进制码或 BCD 码的输入输出。以输入模块 DIBCD、DIBCD 为例,调用模块之前,首先采用 S2 指定 BCD 码或二进制码的起始 DI 位(最低位),采用 S1 指定 BCD 码或二进制码的总位数,则模块计算是将选定输入开关(DI)指示的 BCD 码或二进制码读入并转换为浮点数,存入 S1 中。考虑到加上扩展 I/O,DI/DO 的总数为 14,因此 S1 的取值范围是 1~10,S2 的取值范围是 1~11-(S1)。

例如,当取 S2 = 1 且 S1 = 10 时,通过 DI1 到 DI10 读入的 BCD 码数值范围是 0.0~399.0,读入的 BIN 码数值范围是 0.0~1023.0。

输出模块 DOBCD、DOBIN 则是先将输入数据(S3)转换为 BCD 码或 BIN 码,然后按照 S2 指定的 BCD 码或二进制码的起始 DO 位(最低位),S1 指定的 BCD 码或二进制码的总位数进行 BCD 码或二进制码的开关量输出。

(11) 取最大值模块 MAXn($n=2,3,4$)、取最小值模块 MINn($n=2,3,4$),取平均值模块 AVEn($n=2,3,4$)

取最大值模块 MAXn、取最小值模块 MINn、取平均值模块 AVEn 分别挑选或计算输入信号 S1 到 Sn 中的最大值、最小值和平均值,结果存于 S1 中。

(12) 增长模块 INC、减小模块 DEC

模块 INC 将 S1 内容加 1;模块 DEC 将 S1 内容减 1。

2. 带编号的运算模块

(1) 折线函数模块 FX1、FX2 及 GX1、GX2

这四个都是用 10 段折线逼近的非线性函数模块。所不同的是,FX1 和 FX2 的折线在自变量轴上是等分的,只需设置因变量轴上的坐标点(分别记作:FXO101～FXO111;FXO201～FXO211),如图 8.1-25 所示。而 GX1 和 GX2 两坐标轴都是自由分段的(横坐标分段点分别记作:GXI101～GXI111;GXI201～GXI211。纵坐标分段点分别记作:GXO101～GXO111;GXO201～GXO211)。因而能根据函数在各区间的不同曲率合理分段,更好地逼近所需的曲线,如图 8.1-26 所示。当然,为了记存自变量的分段点,内存需要多用一些单元。

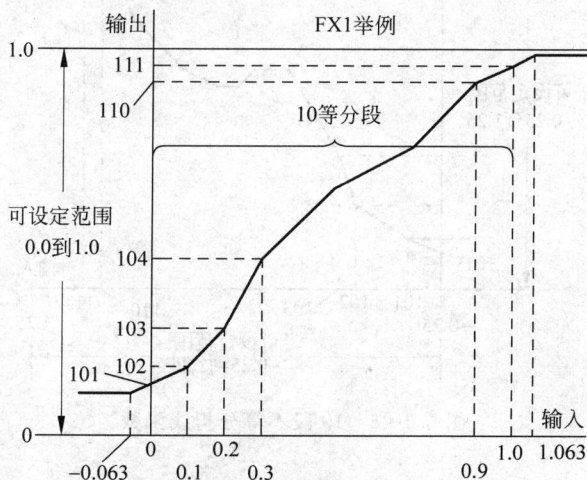

图 8.1-25　10 段等分折线函数

(2) 一阶惯性运算模块 LAGm(s)、LAGMm(min)($m=1\sim8$)

一阶惯性运算属于动态运算模块,因此每一编号模块只能够使用一次。其传递函数为

$$Y(s) = \frac{1}{1+Ts}X(s)$$

运算前,S2 寄存器中存入输入变量 X,S1 寄存器中存入惯性时间常数 T,运算后的结果存放在 S1 寄存器中。单位增益的一阶惯性环节,其内部计算公式是

$$S1(计算后)= 控制周期 /(控制周期 ＋ 时间常数)$$

$$× (本次输入值 － 上周期输出值)＋上周期输出值$$

在一阶惯性运算过程中,上个周期惯性输出属于动态环节的状态项,由函数模块 LAGm/LAGMm 的专用内存缓冲区存放。

LAGm 和 LAGMm 用法相同,所不同的是,LAGm 以 s 为单位,时间常数(内部数据)0.0 到 1.0 对应 0 到 100s,最大可以设置到 800s。而 LAGMm 是以 min 为单位,时间常数(内部数据)0.0 到 1.0 对应 0 到 100min,最大可以设置到 800min。

考虑到上述工程量 s(或 min)的量程对应关系,当调用惯性运算模块 LAGm(或 LAGMm)时,可采用 Pn 寄存器来给定时间常数,并设置 PSHn=100,PSLn＝0,PSDn=0(即 ♯♯♯♯♯),则 Pn 寄存器就可以 s(或 min)为单位直接输入具体整数 s(或 min)数。例如,取惯性时间常数 10s,则应输入 P01＝10s。如果要精确到 0.1s 的话,可以设置 PSHn=1000,PSLn=0,PSDn=1(即 ♯♯♯.♯),则 Pn 寄存器同样可以 s(或 min)为单位直接输入具体 s(或 min)数,但小数点后要保留 1 位。例如,取惯性时间常数 10s,此时应输入 P01＝10.0s。

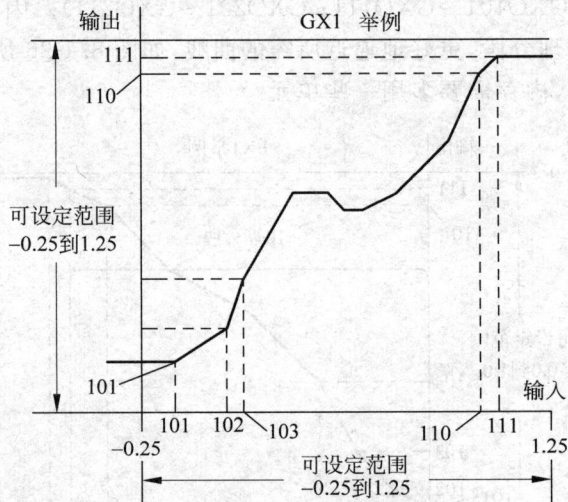

图 8.1-26　10 段不等分折线函数

(3) 微分运算模块 LEDm(s)、LEDMm(min)(m=1~2)

这是微分增益 K_d 为 1 的不完全微分运算,其传递函数为

$$Y(s) = \frac{Ts}{1 + Ts}X(s) = X(s) - \frac{1}{1 + Ts}X(s)$$

运算前,S2 寄存器中存入输入变量 X,S1 寄存器中存入微分时间常数 T,运算后,结果存在 S1 寄存器中。其内部计算公式是

$$S1(计算后)= 本次输入 － 一阶惯性运算结果$$

$$= 本次输入 - 控制周期 /（控制周期 + 时间常数）$$
$$\times（本次输入值 - 上周期输出值）- 上周期输出值$$

LEDm 和 LEDMm 用法相同，所不同的是，LEDm 以 s 为单位，时间常数（内部数据）0.0 到 1.0 对应 0 到 100s，最大可以设置到 800s。而 LEDMm 是以 min 为单位，时间常数（内部数据）0.0 到 1.0 对应 0 到 100min，最大可以设置到 800min。

当采用 Pn 寄存器来给定时间常数时，Pn 设置方法同 LAGn 及 LAGMn。

（4）纯滞后运算模块 DEDm(s)、DEDMm(min)（$m = 1 \sim 3$）

为了改善带纯滞后对象的控制效果，常需对输入信号作纯滞后运算，以便实现 Smith 补偿等克服纯滞后的影响。纯滞后模块的传递函数为

$$Y(s) = e^{-Ls} X(s)$$

其中 L 为纯滞后时间。在模拟仪表中，要实现这样的运算是十分困难的，但用数字方法很容易实现。在仪表内部，使用 20 个存储单元组成一个先进先出的队列，进入队列的数据每隔($L/20$)的时间向输出方向移动一次，这样，经过 20 次移位后，便可在输出端得到 Ls 前的输入变量值，实现了对信号的延迟作用。

如果要求的延迟时间 L 小于 20 个控制周期，则堆栈的长度可以缩短，即少用一些寄存单元。当延迟时间很长时，SLPC 可对输出信号的变化进行线性插值。

该模块运算前，S2 寄存器中存输入变量，S1 寄存器中存纯滞后时间 L，运算后，结果在 S1 寄存器中。与仪表内部数据 0~8.000 对应的纯滞后时间设定范围为 0~8000s。如果要求实现更长的延迟，可以连续二次调用纯滞后模块。

DEDm 和 DEDMm 用法相同，所不同的是，DEDm 以 s 为单位，时间常数（内部数据）0 到 1 对应 0 到 1000s，最大可以设置到 8000s。而 DEDMm 是以 min 为单位，时间常数（内部数据）0 到 1 对应 0 到 1000min，最大可以设置到 8000min。

考虑到上述工程量 s（或 min）的量程对应关系，当调用纯滞后运算模块 DEDm（或 DEDMm）时，可采用 Pn 寄存器来给定时间常数，并设置 PSHn = 1000，PSLn = 0，PSDn = 0（即 ＃＃＃＃），则 Pn 寄存器就可以 s（或 min）为单位直接输入具体整数 s（或 min）数。例如，取纯滞后时间 10s，则只要直接输入 P01 = 10s 即可。如果要精确到 0.1s 的话，可以设置 PSHn = 10000，PSLn = 0，PSDn = 1（即 ＃＃＃＃.＃），则 Pn 寄存器同样可以 s（或 min）为单位直接输入具体 s（或 min）数，但小数点后要保留 1 位，例如，纯滞后 10s，应输入 P01 = 10.0s。

需要注意，只有 LAGm 和 LAGMm、LEDm 和 LEDMm 这两组指令在看待内部数据 0 到 1 时，是对应 0 到 100s；后续其他指令都是对应 0 到 1000s，原因是 YS100 是这样用的，YS1000 只是延用。因此，下面各个以"s"和"min"两种单位形式出现的运算模块，其时间常数对应关系、取值范围以及 Pn 寄存器的设定方法都与模块 DEDm 和 DEDMm 相同（除非特别指明），为节省篇幅，就不一一指出了。

（5）变化率运算模块 VELm(s)、VELMm(min)（$m = 1 \sim 3$）

对过程变量的变化率进行监视是发现异常和故障的重要方法。在 YS1700 中，求变化率是通过纯滞后运算后，从变量的当前值减去滞后时间 Δt 之前的值实现的。

其输入量 X 与输出量 Y 的关系可表示为

$$Y(t) = X(t) - X(t - \Delta t)$$

运算前,S2 中存入变量的当前值,S1 中存运算时间间隔 Δt,运算后,结果存放在 S1 中。

(6) 变化率限幅模块 VLMm($m=1\sim6$)

主要用来限制输出的变化速率,以减少对过程的冲击。运算前,将输入变量存入 S3,将上升速率限制值存入 S2,下降速率限制值存入 S1,运算结束后,受变化率限幅后的变量存放在 S1 中。

如果输入变量作阶跃式的上下变化,则作 VLMn 运算后,输出按限定的升降速率,随时间慢慢变化。变化率限幅值的设定,与内部数据 $0\sim1$ 对应的变化率为每分钟 $0\sim100\%$。

(7) 移动平均运算模块 MAVm(s)、MAVMm(min)($m=1\sim3$)

主要用于信号中有周期性扰动的场合,作为滤波手段,将变量的当前值与规定时间内若干个采样值相加后,取平均值。

该模块最多可取 20 个数据作平均运算,即除当前值外,最多可保留以前的 19 个采样值。运算前,S2 中存入输入变量 X,S1 中存入作平均运算的时间长度,运算后,得到的平均值在 S1 中。

若仪表的采样周期为 0.2s,取平均运算的时间长度为 1s,则进行的是最近 6 次采样值的平均运算。当平均时间取较长时,虽然滤波效果会好,但必然影响输出的实时性,二者必须折中。

(8) 状态变化检测模块 CCDm($m=1\sim8$)

这是一种检测输入状态是否发生了"正"跳变的模块。当 S1 寄存器中的输入信号发生正跳变,即由上一个运算周期的数据 0 变为本次的 1 时,在 S1 寄存器中得到输出数据"1",其延续时间为一个运算周期,即下个周期 S1 寄存器清零。

若输入数据作负跳变,或与上一周期相比无变化,则输出数据为 0。当使用者希望检测负跳变时,可以先对输入数据做逻辑"非"运算,然后再使用 CCDm 模块。

(9) 状态变化检测模块 UEDm、DEDGm、EDGEm($m=1\sim8$)

这是 YS1000 系列调节器新增加的状态变化检测模块。其中,UEDm 与 CCDm 相同,用来检测开关量输入是否发生了"正"跳变;DEDGm 用来检测是否发生了"负"跳变;而 EDGEm 则用来检测是否发生了跳变,包括"正"跳变和"负"跳变。

(10) 定时器模块 TIMm(s)、TIMMm(min)($m=1\sim8$)

该模块可用来累计动作或指令执行的时间,常用于顺序控制及批量生产过程的控制。模块工作时,每个周期先查看计时开/关寄存器 S1 的状态,若 S1 中的数据为 1,则开始或继续进行计时,累计时间存入 S1 中。若模块工作时,发现 S1 中的数据为 0,则对计时器清零,并停止工作。

定时模块 TIMm 的时间计数 0 到 1,对应 0 到 1000s,当超过 8000s 后,从 0 重新开始计数。定时模块 TIMMm 的时间计数 0 到 1,对应 0 到 1000min,当超过

8000min 后，从 0 重新开始计数。

（11）时间溢出模块 TUPm(s)、TUPMm(min)（$m=1\sim8$）

该模块需要两个参数，计时启动寄存器为 S2，计时长短时间设定寄存器为 S1。时间设定范围限制在 0 到 4096.0（对应 4096000s）。S2 为"1"则启动内部定时器计时，当设定时间计时到后，寄存器 S1 输出一个控制周期的"1"。当时间设定寄存器为"0"时，寄存器 S1 将一直输出"1"（S3 到 S5 将被丢弃掉）。当定时器启动信号 S2 为"0"时，计时时间将被复位。

（12）程序设定模块 PGMm(s)、PGMMm(min)（$m=1\sim2$）

这是一种时间函数发生器，主要用于热处理等要求设定值按一定规律变化的程序控制，如图 8.1-27 所示。程序模块 PGM1，在时间轴上是自由分段的，共 10 段，使用可变常数 PGT101～PGT110 记录，可在 0～9999s 内任意设定，其对应的各转折点输出坐标用可变常数 PGO101～PGO110 记录，可在 -0.25～1.25 之间设定。程序模块 PGM2，时间轴和输出轴分别使用可变常数 PGT201～PGT210 和 PGO201～PGO210 记录。

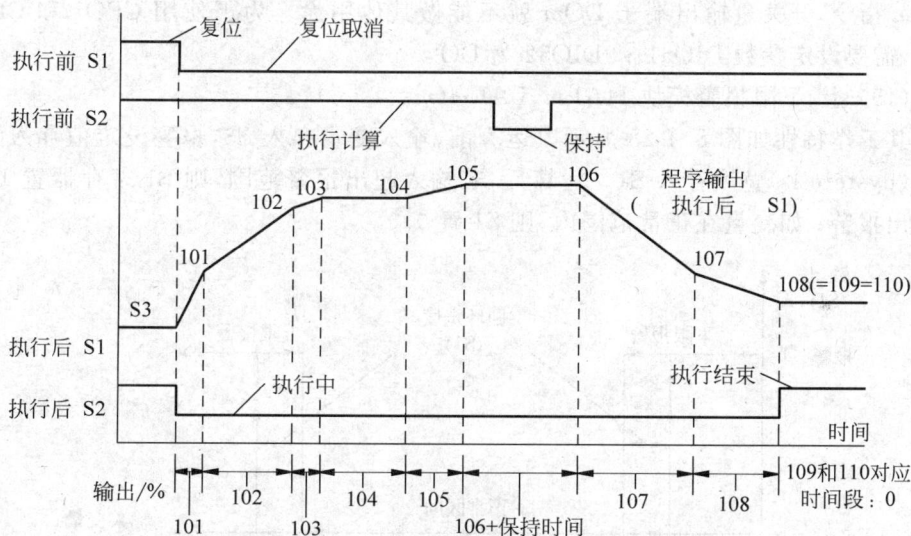

图 8.1-27　程序设定模块的输入输出图形

值得注意的是，模块启动时的起始点输出值是由寄存器 S3 的内容设定的。运算前：①寄存器 S3 存放起始输出值；②寄存器 S2 存放模块的工作/保持信息，若 S2 内容为 1，模块输出随时间变化的程序信号，若 S2 内容为 0，则输出保持不变；③寄存器 S1 内容作为复位信号，若(S1)=1，程序模块返回起始点。

运算进行后，S1 中存放输出数据，S2 存放程序已否结束的标志，若时间已超过 PGT110 指定的区段，则 S2 给出结束标志"1"，在程序没有结束前，S2 为 0。

（13）脉冲计数模块 PICm（$m=1\sim8$）

可用来对接通和开断时间均大于两倍控制周期以上的脉冲进行计数。当 S2 内的数据由 0 变为 1 时,作为 1 个脉冲,计入 PICm 模块。

运算前,S2 存输入信号,S1 存清零/计数信号。若 S1 为 1,计数器清零,若 S1 为 0,则开始或继续计数。运算后,计数结果在 S1 中,计数值 0 到 1 对应 0 到 1000 个脉冲;最大可累计的脉冲数为 8000 个。

(14) 积算脉冲输出模块 CPOm($m=1\sim2$)

主要用于对流量等变量的累计,向外部计数器提供积算脉冲。

运算前,被积变量存入 S2,积算率存入 S1。积算率 0 到 1 等价于 0 到 1000 脉冲/小时(pph),可以设定范围是 0.1 到 8.0。被积变量限制在 0 到 4(400%)。

运算后,被积变量退回 S1,同时通过 DOm 向外发出宽度为 100ms 的积算脉冲。输出脉冲的频率＝积算率(S1)×被积变量(S2)×1000,单位为脉冲/小时。

例如,若指定积算率为 0.250,被积变量为 0.800,则输出脉冲频率 $f=0.25\times0.8\times1000=200$ 脉冲/小时。

这里要注意的是,指令 CPOm 中已包含有经 DOm 输出脉冲的动作,而且输出端也已确定,执行 CPO1 时由 D01 输出,执行 CPO2 时由 D02 输出。一旦程序中使用 CPOm 指令,开关量输出端子 DOm 就不能做其他用途。为了使用 CPO1 和 CPO2 操作,需要设定参数 DIO61 和 DIO52 为 DO。

(15) 上、下限报警模块 HALm、LALm($m=1\sim8$)

其工作特性如图 8.1-28 所示。运算前,输入变量存入 S3,报警设定值存入 S2,回环(hysteresis)宽度存入 S1。运算后,若输入超出报警范围,则 S1 寄存器置 1,向外发出报警;如变量在正常范围内,则 S1 置 0。

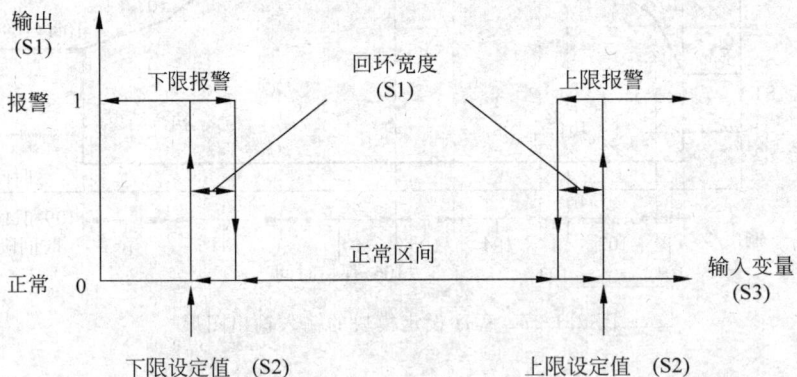

图 8.1-28　上、下限报警模块的特性

在实践中,有时还需要对相邻采样时刻之间的测量值变化幅度采取物理限制(参考 BSC 方框图)。例如,可以根据热平衡原理和过程的动态特性来推断出相邻两个采样点的温度变化不会超过 2℃。于是,这个变化率上限可以用来检测诸如噪声尖峰和传感器失灵等异常情况。当然,过低的采样波动可能也意味着传感器的故障。

需要指出,一般在 DCS 系统中,会使用不止一套报警上下限。例如,在一个储液罐中,当液位下降到 15%(下限)时,下限报警信号会传递给操作员。但是当液位下降到 5％，即下下限（low-low-limit）时，系统会产生一个更高级别的报警信号。与此类似的是，为了避免液体溢出，我们可以设定 85％的上限和 95％的上上限（high-high-limit）报警。这里的上上限和下下限又称为行动限（action limit）。

（16）带回环的开方运算模块 SQAm、SQBm（m＝1～8）

开方运算模块 SQAm、SQBm 都具有可变的小信号切除点，运算之前都由 S1 寄存器指定，被开方数则存入 S2 寄存器。当被开方数小于小信号切除点时，模块 SQAm 取输出与输入相同，而模块 SQBm 则取开方结果为 0。它们与基本计算模块 SQT、SQTE 最大的不同是在小信号切除点有一个宽度固定为 0.002 的回环（hysteresis），如图 8.1-29 所示。

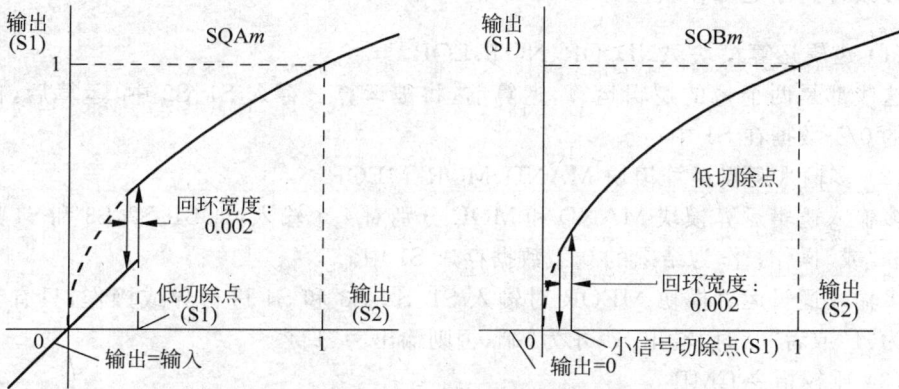

图 8.1-29　带回环的开方运算模块

（17）RS 触发器模块 RSFFm（m＝1～8）

该模块实现 RS 触发器（RS flip-flop）功能，其中，运算寄存器 S1 实现 RESET 端，S2 充当 SET 端子，模块运算完成后，触发器输出存放在 S1 中。

（18）保持定时器模块 HTIMm（s）、HTIMMm（分）（m＝1～8）

模块 HTIMm、HTIMMm 是具有保持功能的定时器模块。运算之前，定时器复位信号存入 S1，定时器运行/保持（RUN/HOLD）信号存入 S2。运算后，S1 中为定时器计时时间（1.0 等于 1000s）。

运算之前，S1 中的定时器复位信号由"0"变到"1"，模块运算将引起定时器复位操作，即运算后 S1 中的计时时间清零（0.000）。之后是否继续计时，决定于当前 S2 中的定时器运行/保持信号。当定时器处于运行态时，清零后继续开始计时；当定时器处于保持态时，计时器时间保持为零。

当 S2 中的定时器运行/保持信号为"1"，即运行状态，则定时器一直处于计时状态，直到计时满（4096.0，对应 4096000s），并保持计时满状态。当 S2 中的定时器运行/保持信号为"0"，则定时器暂停计时，S1 保持当前计时时间不变，除非重新启动运行，继续计时，或者遇到定时器复位信号而执行清零操作。

（19）缓冲模块 DELAYm、保持模块 HOLDm（m＝1～8）

模块 DELAYm 将输入信号进行缓冲操作，延迟一个控制周期，即本次输入存入

S1,运算完成后,S1 输出上次输入值。

模块 HOLDm 本次输入存入 S2,输出保持/直通控制(HOLD/THROUGH)开关输入存入 S1 中。当控制 S1 为"0",模块运算后,S1 输出为本次输入;当控制 S1 为"1",模块运算后,S1 输出为上次输出,即本周期运算输出保持不变。

此外,需要注意,上述动态运算模块当中,具有同一编号的分别以"s"和"min"为单位的同一类型动态运算模块(例如,LAGm 和 LAGMm 等),不能够同时使用。例如,LAG1 和 LAGM1 就不能够同时使用。其次,所有充当条件使用的开关量数据,不仅仅局限于"0"和"1"。事实上,只要是小于 0.5,都看做是"0",大于或等于 0.5 都看做是"1"。

3. 条件判断运算模块

(1) 逻辑运算模块 AND、OR、NOT、EOR

这些都是两个量的逻辑运算,运算前,将被运算量存入 S1、S2 中,运算后,作为结果的 0/1 数据在 S1 中。

(2) 多输入逻辑运算模块 MAND、MOR、MEOR

多输入逻辑运算模块 MAND 和 MOR 分别对 4 个输入,即 S1、S2、S3 和 S4 进行"与"和"或"操作;作为结果的 0/1 数据存入 S1 中。

多输入逻辑运算模块 MEOR 对输入 S1、S2、S3 和 S4 进行异或操作,只有当输入全为"1"或者"0"时,输出 S1 才为"0",否则输出为"1"。

(3) 比较指令 CMP

对 S1、S2 的内容进行比较,若(S2)<(S1),则 S1 置 0;反之,则置 1。

(4) 信号切换指令 SW

相当于一个单刀双掷开关,用程序进行切换。运算前,将两个输入信号分别存入 S2 和 S3 中,控制切换的信号存入 S1。运算时,若控制信号 S1=1,则取 S2 的内容存入 S1,向外输出;若控制信号 S1=0,则取 S3 的内容存入 S1,向外输出。

(5) 比较指令 GE、GT、LE、LT

用被比较数值 S2 与比较数值 S1 进行比较,当前者大于等于(GE)、大于(GT)、小于等于(LE)或小于(LT)后者时,输出 S1 为"1";否则输出 S1 为"0"。

(6) 范围判断语句 INRNG、OUTRNG

两模块调用前,被比较数值存放在 S3,范围下限数值存放在 S2,范围上限数值存放在 S1 中。当比较结果,S2≤S3≤S1 时,模块 INRNG 输出为"1",否则为"0"。当比较结果,S3≤S2,或者 S3≥S1 时,模块 OUTRNG 输出为"1",否则为"0"。

(7) 跳转指令 GO @ <label name>,GIF @<label name>

跳转指令用来改变程序的流向。GIF 为条件转移指令,若 S1=1,则转向程序标号为@ <label name>的步号;若 S1=0,则继续向下执行。GO 则无条件转移到标号为@ <label name>的步号。标号名(label)由不超过 10 个字符串组成。

(8) 转子指令 GOSUB @<sub-program name>,GIFSUB @<sub-program name>

这是主程序跳转到子程序指令。其中,GOSUB 为无条件转向子程序名为 SUB @<sub-program name>的子程序。GIFSUB 则视 S1 内容而定,若 S1=1,则转子程序 SUB@＜sub-program name＞；若 S1＝0,则不转。

（9）子程序块 SUB @＜sub-program name＞及返回指令 RTN

子程序的引入对执行反复的运算和顺序动作比较有利。在 200 步子程序区域内,每块子程序以 SUB@＜sub-program name＞开始,以返回指令 RTN 结束。子程序块可反复调用。

4. 运算寄存器位移指令 CHG、ROT

交换指令 CHG 是将运算寄存器中的 S1、S2 内容互换,其余不变。旋转指令 ROT 是将五个运算寄存器首尾相接后,向上旋转 1 步,即令 S2→S1,S3→S2,S4→S3,S5→S4,S1→S5。

5. 控制功能运算指令 BSC1、BSC2、CSC、SSC

控制运算模块主要包括基本控制（BSC1、BSC2）、串级控制（CSC）以及选择控制模块（SSC）。它们的内部结构以及工作原理在前面已经进行了详细介绍,这里需要再补充说明的是,对控制模块输入和输出来说,0.0 到 1.0 对应于 0 到 100%。在调用控制指令之前,如果过程变量不是规范化数据（之前采用实际工程单位进行过计算）,则需要通过规范化运算指令（NORM）转化成 0.0 到 1.0 之间的规范化数据。

8.1.7　YS1700 用户程序的写入与调试

YS1000 系列仪表配置有运行于 PC 上的专用编程、组态软件:YSS1000 设定软件（以下简称为 YSS1000）,该软件是为 YS1000 系列各机型进行功能设定与参数配置的一款软件。通过三种通信方式,即 USB 连接（使用专用线）、RS-485 连接或者以太网连接,可以实现对 YS1000 的参数和用户程序进行读写操作,并可进行 PID 参数整定以及用户程序的监视。该软件的主要功能包括:

（1）参数设定功能

可进行功能控制方式、PID 参数、线性化图表、标尺、常数等的设定。

（2）用户程序创建功能

创建程序有文本编辑和模块编辑两种方式。可任选其中一种使用。当选用文本方式时,可用文本方式描述各种运行命令来创建程序（可与 YS170、YS80 兼容）。当选用模块方式进行编程时,可结合各种图形模块创建用户程序。

（3）事件显示功能

主要用于重要信息的提示。当 YS1000 发生报警时,操作画面中显示包含提示信息的弹出窗口。可通过参数设定,定义显示事件及提示信息（在 YS1000 仪器本体不能设定本功能）。事件信息支持的可显示语言包括日语、英语、中文。

（4）通信功能

可向 YS1000 读取或写入各种参数和用户程序。其中,写入 YS1000 仅限运行停止时进行(读取操作无此限制)。

(5) 整定功能

属于调整控制器(YS1700 和 YS1500)PID 参数的功能。在通过各种通信方式查看 PV、SV 和 MV 趋势图的同时,也可以设定 PID 参数。

(6) 用户程序监视功能

可在与 YS1700 进行通信的同时监视选定的参数。当选择功能模块编程方式时,可在功能模块画面中监视各模块的输入输出值。

(7) 文件管理功能

可将参数和用户程序等设定数据保存至 PC 中,也可从 PC 中读取数据。

(8) 打印功能

可通过连接至 PC 的打印机,打印参数和用户程序。

(9) YS100 数据转换功能

将 YS100 系列的数据转换为 YS1000 系列数据的功能。先从 YS100 中读取参数和用户程序,然后转换为 YS1000 数据(用户程序转换文本方式)。此外,还可用 YSS20/YSS10 程序包为 YS100 系列创建参数和用户程序,并将这些数据转换为 YS1000 的数据。转换后的数据可作为 YSS1000 数据进行编辑、保存、打印以及写入 YS1000。

YSS1000 设定软件可以设定 YS1700 的运行模式。除了运行(RUN)模式、停止(STOP)模式外,系统还为 YS1700 提供了两种仿真运行模式,即 TEST1 和 TEST2。在仿真运行模式下,系统在执行完用户主程序内的 END 指令之后,开始执行程序名为 SUB@SIMPR 的对象仿真程序,用于检验用户主程序以及子程序操作的正确性。其中,"@SIMPR"是在模拟运行环境下专门提供给仿真程序使用的子程序名。

在模式 TEST1 中,输入寄存器 Xn、输出寄存器 Yn 与实际接线端子相连通,如图 8.1-30 中 TEST1 所示。此种模式下,在仿真运行之前,需要首先通过调节器接线端子板的外部接线,实现对象仿真程序的输出与调节器过程输入的连接,以实现控制回路的闭环运行。图 8.1-30 中的 TEST1 虚框内所示接线给出了典型的仿真编程与对应接线方式。在模式 2 中,输入寄存器 Xn 和 DIn 与调节器的输入端子相隔离,如图 8.1-30 中 TEST2 所示。因此,仿真程序中可以通过使用存储指令(ST Xn 与 ST DIn)直接将对象仿真程序的输出写到主程序的输入寄存器中,供下一步计算使用。这样就可以省略掉外部接线,同样实现了仿真对象与调节器的闭环仿真。

采用功能块编程,在主程序与子程序中总共可使用 400 个功能块;对象仿真程序可使用最多 10 个功能块。采用传统的文本语言编程,在主程序与子程序中最多可编程 1000 步,在对象仿真程序中,最多可编程 50 步。

例如,假设对象为一阶惯性加纯滞后,其传递函数如式 8.1-6 所示,控制采用单回路模式,并取基本的 PID 控制算法 BSC1,则采用文本编程语言的主程序与仿真程序分别为表 8.1-15 所示。

$$G_{\mathrm{P}}(s) = \frac{1.2e^{-10s}}{1 + 30s} \tag{8.1-6}$$

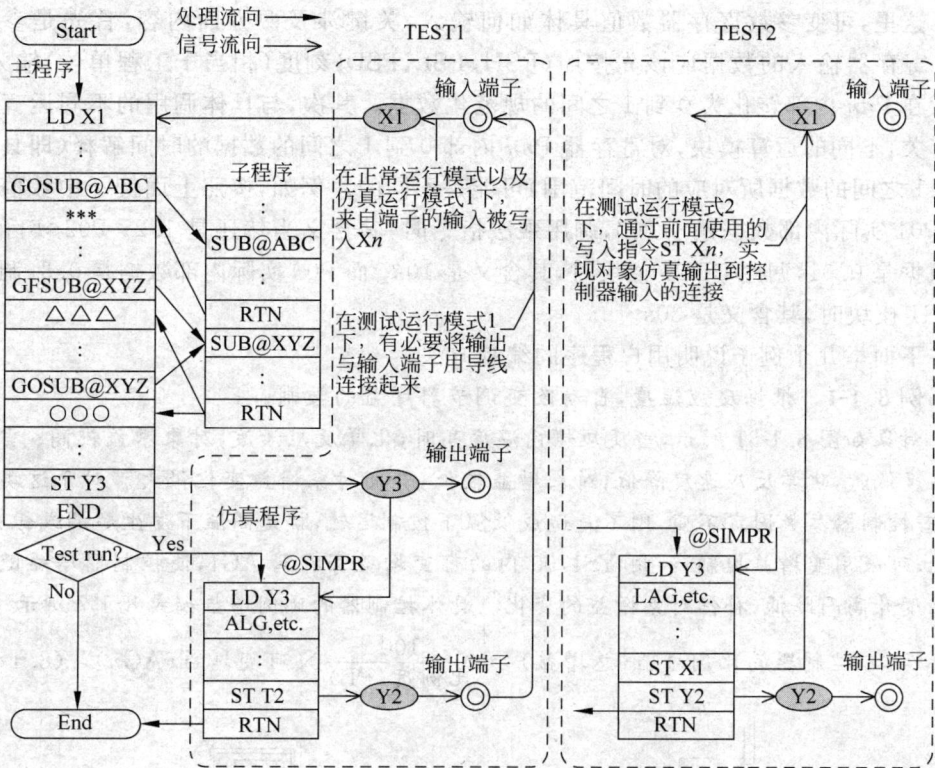

图 8.1-30　YS1700 的两种仿真模式

表 8.1-15　对象仿真程序编制清单

主　程　序	仿　真　程　序	说　　明
LD X1	SUB @SIMPR	
BSC1	LD Y1	
ST Y1	LD P01	P01 存放对象增益
END	*	
	LD P02	P02 存放对象纯滞后
	DED1	
	LD P03	P03 存放对象惯性时间常数
	LAG1	
	ST X1	
	RTN	

具体参数可设置如下：

① 设置 PSH1＝1000,PSL1＝0,PSD1＝3(即 ♯♯.♯♯♯)，则取 P01＝1.200;

② 设置 PSH2＝1000,PSL2＝0,PSD2＝0(即 ♯♯♯♯♯)，则取 P02＝10(s);

③ 设置 PSH3＝100,PSL3＝0,PSD3＝0(即 ♯♯♯♯♯)，则取 P03＝30(s)。

显然,表中的仿真程序只有采用仿真模式 TEST2 才可进行仿真。

这里,可变参数寄存器数值具体如何输入,关键涉及两方面内容,首先是参数Pnn寄存器输入的数据应该先按照(PSH、PSL、PSD)刻度(相当于工程单位)输入,然后在Pnn内部转化为0到1之间的规范化数据。其次,与具体调用的不同运算模块有关,不同的运算模块,对寄存器Pnn内部0到1之间的数据的时间解释(即具体0到1之间的数据所对应的时间范围)可能是不同的。例如,按照上面例子中数值输入,P01实际内部数据是1.200,调用乘法指令时,其含义当然还是1.2;P02实际内部数据是0.01,调用DED1模块时,其含义是10s;而P03实际内部数据是0.3,调用LAG1模块时,其含义是30s。

下面举几个例子说明用户程序的编制方法。

例 8.1-1 根据反应温度,自动改变调节器增益的控制。

对象如图8.1-31所示,当反应罐内温度高时,化学反应活泼,对象增益较高;当罐内温度低时,化学反应速度降低,对象增益较低,其间对象增益变化很大。对于这类对象,若控制器参数固定不变,则不是造成低温下控制迟钝,就是高温下发生超调或振荡。为此,可采用变增益控制,利用YS1700内的可变增益寄存器AG1,使控制器增益随反应温度升高而降低,补偿对象增益的变化。具体控制器的比例增益如式8.1-7所示

$$控制器的比例增益(总增益) = \frac{100}{比例度(PB)} \times 可变增益(AGn) \quad (8.1-7)$$

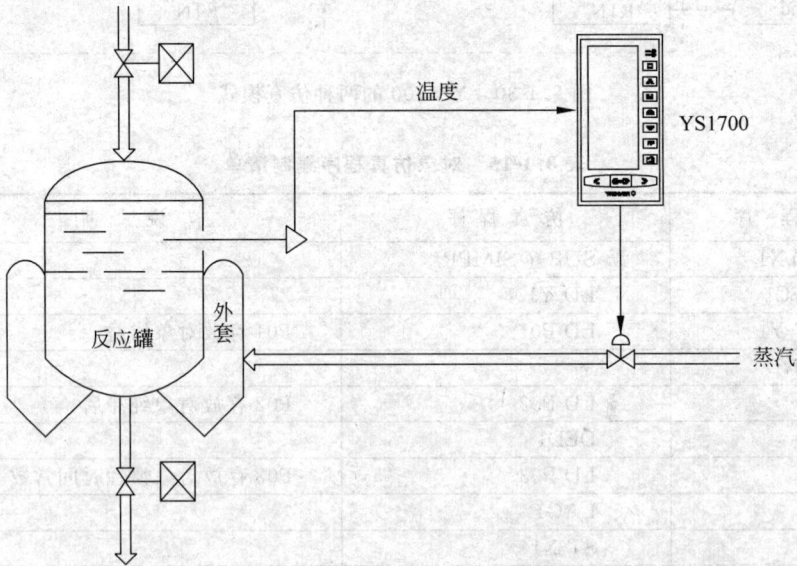

图 8.1-31 热化学反应控制

例如,根据公式,当比例度为50%,AG1=2时,比例增益=4,即相当于通常的比例度25%。图8.1-32给出了变增益控制的实施方法,用10段折线函数模块FX1,做成对象增益变化曲线的反函数,自动改变控制器的增益,其程序如表8.1-16所示。

具体操作是这样的,首先通过实验获取对象的"增益-温度"变化曲线,即在不同工况点(温度点)上做对象的飞升曲线,如果发现对象时间常数和滞后时间基本不

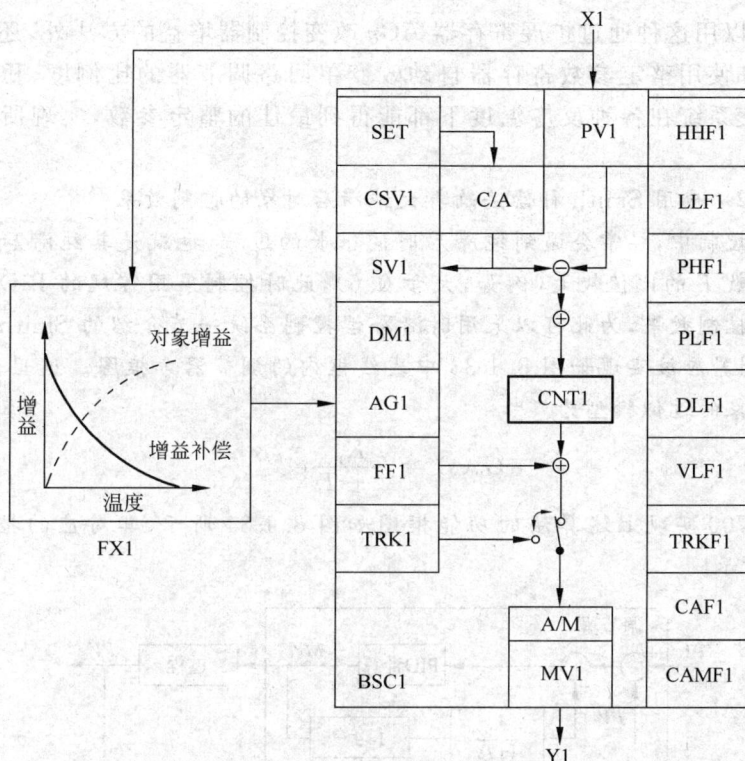

图 8.1-32　变增益控制框图

变,主要是增益变化较大,则可得到对象的"稳态增益-温度"曲线(图 8.1-32 中虚线所示);然后,在上述各个工况点上,根据 PID 参数整定公式或通过实验试凑法,可得到不同温度点上的理想控制器增益,再结合固定的比例度 PB,可计算出如图 8.1-32 中实线所示的补偿增益曲线,再对该曲线做归一化处理,可得到编程需要的比例系数 K1 和折线函数 FX1。

【程序清单】

表 8.1-16　变增益 PID 控制程序清单

程序	S1	S2	S3	S4	S5	解　释
LD X1	X1					读温度值(PV)
FX1	f(x)					K1＝3.0
LD K1	K1	f(x)				将温度转换为增益
*	K1 * f(x)					增益: 0 到 3
STAG1	K1 * f(x)					输出给变增益 AG1 端子
LD X1	X1	K1 * f(x)				
BSC1	MV1	K1 * f(x)				执行控制模块
ST Y1	MV1	K1 * f(x)				
END						结束程序的执行

　　除了可以用这种通过扩展寄存器 AGn 改变控制器增益的方法外,还可以用其他方法,例如使用整定参数寄存器自动改变单回路调节器的比例度、积分时间或微分时间,使系统在各种反应温度下都能得到最佳的整定参数,实现所谓适应性控制。

　　例 8.1-2　应用 Smith 补偿法改善大纯滞后对象的控制效果。

　　在过程控制中,经常会遇到纯滞后时间很长的过程,也就是其纯滞后时间 L 与惯性时间常数 T 的比值较大(例如,大于 0.6),此时控制采用常规的 PID 控制很难取得理想的控制效果,为此可以采用时滞补偿控制系统一节介绍的 Smith 补偿控制算法,即控制器应该实现如图 8.1-33 中虚线框内的调节器方框图。这里,假设通过实验获取对象的近似模型为

$$G_p(s) = \frac{K_p}{1 + Ts} e^{-Ls} \tag{8.1-8}$$

　　用 YS1700 实现上述算法的功能框图如图 8.1-34 所示,其对应的控制程序如表 8.1-17 所示。

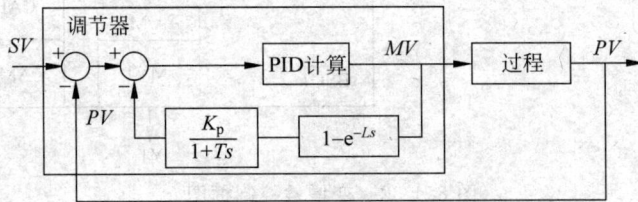

图 8.1-33　Smith 补偿控制的基本结构

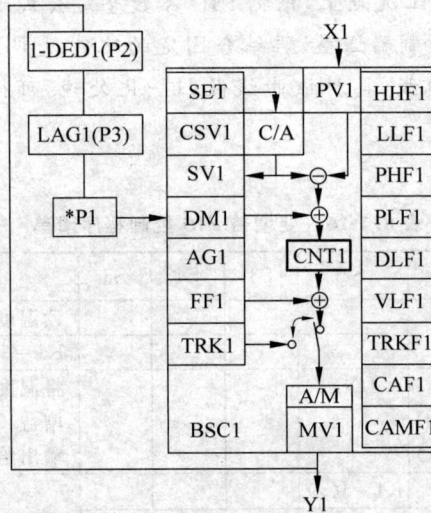

图 8.1-34　YS1700 实现 Smith 补偿控制的基本方框图

【程序清单】

表 8.1-17　Smith 补偿 PID 控制程序清单

程　　序	S1	S2	S3	S4	S5	解　　　释
LD Y1	Y1					读输出（MV）
LD Y1	Y1	Y1				读输出
LD P2	P2	Y1	Y1			设置纯滞后时间（$L=P2$）
DED1	Y1(t−L)	Y1				执行纯滞后补偿，Y1 值是 L 秒之前的值
—	a					补偿滞后时间，$a=MV(1-e-Ls)$
LD P3	P3	a				设置一阶惯性时间常数
LAG1	b					计算一阶惯性。$b=1/(1+Ts)$
LD P1	P1	b				设定增益 K_p
*	P1 * b					连接到输入（DM1）补偿端子
ST DM1	P1 * b					执行控制运算模块
LD X1	X1	P1 * b				
BSC1	MV1	K1 * f(x)				
ST Y1	MV1	K1 * f(x)				
END						结束程序的执行

　　功能块编程方式与文本编程方式不同，图 8.1-35 给出了功能块编程的 Smith 补偿控制算法程序。图中主要使用了 5 个功能块，它们分别是：纯滞后块"DED1"、减法块"—"、一阶惯性块"LAG1"、乘法块" * "以及基本 PID 控制块"BSC1"。

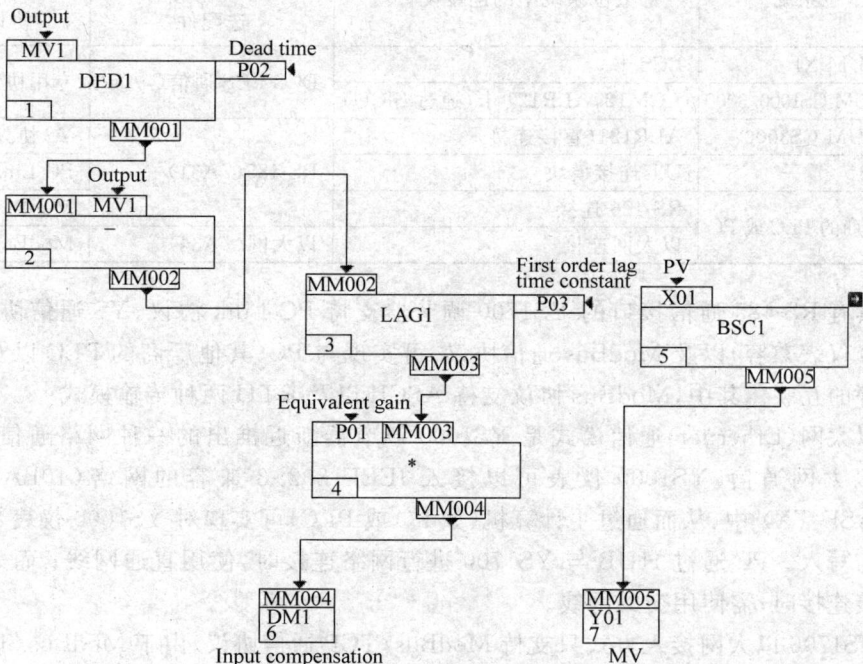

图 8.1-35　YS1700 实现 Smith 补偿控制的功能块编程

在功能块编程画面中,一般第一行显示源信号端子(如输入寄存器 Xn);图中每个功能块的左上方小矩形框用来指定输入信号(可能多输入),可与信号输入端子(如 Xn、DIn)、功能块输出端子等通过连线相连,也可在框内直接填写输入变量;每个功能块的右侧小矩形框用来指定功能块参数(如惯性时间常数等);每个功能块的下方小矩形框则为输出端子,用来与其他功能块的输入端子或编程画面的最后一行系统输出端子(输出寄存器、控制数据输入寄存器等)相连接。 ■

8.1.8　YS1700 的网络通信功能

YS1700 支持三种实时通信模式,即 RS-485 通信、DCS LCS 通信以及以太网(Ethernet)通信。同时,也支持编程人员采用 YSS1000 配置软件通过 PC USB 接口实现对 YS1700 调节器的编程操作与参数配置(组态)。表 8.1-18 给出了 YS1700 与各个不同上位系统进行通信需采用的连接设备以及通信协议。其中,DCS LCS 通信采用专用的通信接口以及通信协议(与 YS80 仪表兼容),支持 YS1700 通过集散控制系统中的通信插件——LCS 通信卡,或通信接口单元(SCIU)接入集散控制系统(CENTUM CS)中。此时,YS1000 仪表可在组态时,注册为集散控制系统中现场控制单元(简称为 FCS)内的控制功能块,这样,上位系统可采用类似于 FCS 内其他控制功能块的方式,实现对 YS1000 仪表的操作。

表 8.1-18　YS1700 的通信功能

上位系统	上位系统中的连接设备	YS1700 通信功能	
		选配件	协议
CENTUM XL	LCS 卡	DCS-LCS 通信(/A32)	专用协议
CENTUM CS1000/3000	ACM12,ALR121 卡(通过 SICU)		
CENTUM CS3000	ALR121(直接连接)	RS-485(/A31)	YS 协议
FA-M3	UT 连接模块		PC Link
其他厂商的 PLC 或 PC	RS-485 连接		ModBus
	以太网连接	以太网(/A34)	ModBus/TCP

具有 RS-485 通信接口的 YS1700 调节器支持 PC Link 协议、YS 通信协议(与 YS170 仪表兼容)以及 ModBus 通信协议,可实现与 PC、其他厂商的 PLC 以及显示设备等的互联。其中,ModBus 协议支持 ASCII 以及 RTU 两种传输模式。

以太网(Ethernet)通信模式是 YS1000 调节器新近推出的一种网络通信模式,通过以太网通信,YS1000 仪表可以接入 IEEE 802.3 兼容的网络(10BASE-T/100BASE-TX)中,从而通过主计算机(如 PC 或 PLC)可实现对 YS1000 仪表数据的读出与写入。PC 通过 HUB 与 YS1700 进行网络连接时,使用直通网线;而采用网线直接连接时,需使用交叉网线。

YS1700 以太网接入方式只支持 ModBus/TCP 通信协议,由于 ModBus/TCP 属于开放的标准通信协议,因此,下面我们重点介绍该协议的内容以及具体使用方法。

ModBus 通信协议是 Modicon 公司（现已成为 Schneider 电气的一部分）在 1978 年推出的用于 PLC 和编程器之间的串行通信链路协议，现已逐步发展成为一种应用于工业控制器上的标准协议，2004 年 ModBus 列入我国国家标准。ModBus 将其数据模型建立在一系列具有不同特征的表的基础上，其四个基本表为：①离散输入，单比特，由 I/O 系统提供，只读；②离散输出，单比特，由应用程序更改，可读写；③输入寄存器，16 比特，数值，由 I/O 系统提供，只读；④输出寄存器 16 比特，数值，由应用程序更改，可读写。

ModBus 协议目前主要包括：ModBus/ASCII、ModBus/RTU 以及 ModBus/TCP 三个子集。其中，ModBus/TCP 协议最早于 1997 年 9 月由 Schneider 电气推出，它是 ModBus 在以太网以及 TCP/IP 上的实现。根据 YS1000/ModBus 协议，通用 PC、可编程控制器、触摸屏等设备借助 RS-485 通信网络，可以实现对 YS1700 的读写操作；根据 YS1000 的 ModBus/TCP 协议，通用 PC、可编程控制器、触摸屏等设备借助以太网或其他 IEEE 802.3 兼容网络，可以实现对 YS1700 的读写操作。ModBus 或者 ModBus/TCP 通信协议在网络分层结构中的位置，如图 8.1-36 所示，可以看出，ModBus 协议与 ModBus/TCP 协议是分别建筑在数据链路层和传输层之上的应用层协议。

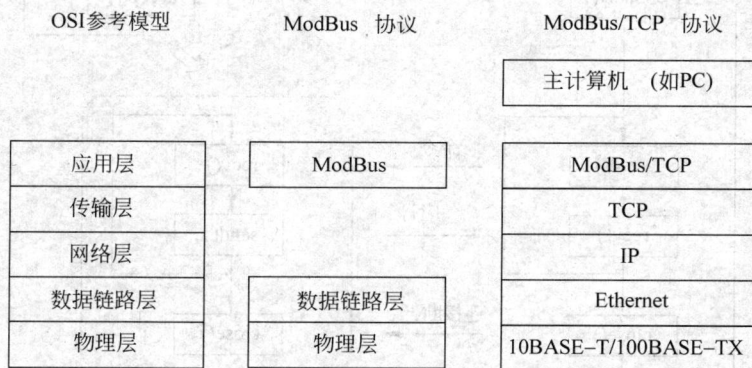

图 8.1-36　ModBus/TCP 通信协议在网络分层结构中的位置

ModBus/TCP 按照图 8.1-37 所示，完成在 TCP/IP socket 接口上的通信建立过程。所谓 socket，通常也称作"套接字"，用于描述 IP 地址与端口，是一个通信链的句柄，代表网络通信的一个端点。socket 是建立网络连接时使用的，在连接成功时，应用程序两端都会产生一个 socket 实例，操作这个实例，可完成所需的会话。应用程序通常通过"套接字"向网络发出请求或者应答网络请求。

YS1700 调节器（作为服务器）基于 TCP 的通信建立过程（即 socket 编程）如图 8.1-37 所示。具体步骤包括：①创建套接字（socket）。②将套接字绑定到一个本地地址和端口上（bind）；YS1700 默认使用 IP 地址为：192.168.1.1（IPAD1.IPAD2.IPAD3.IPAD4）；端口号取值：502，或 1024～65535，默认值：502。③将套接字设为监听模式，准备接受客户的连接建立请求（listen）。④等待客户请求的到来。当请求到来后,接受连接请求,并建立连接(accept)。⑤和客户端进行通信(send/recv)。⑥关闭套接字(close),结束此次通信连接。如果连接建立后,至少 60s 以上没有接收到来自主机的通信请求,则 YS1700 主动断开此次通信连接。主机一侧(作为客户端)的通信连接建立则比较简单,具体步骤是:①创建套接字(socket);②向服务器发出连接请求(connect);③和 YS1700 进行通信(send/recv);④关闭套接字。

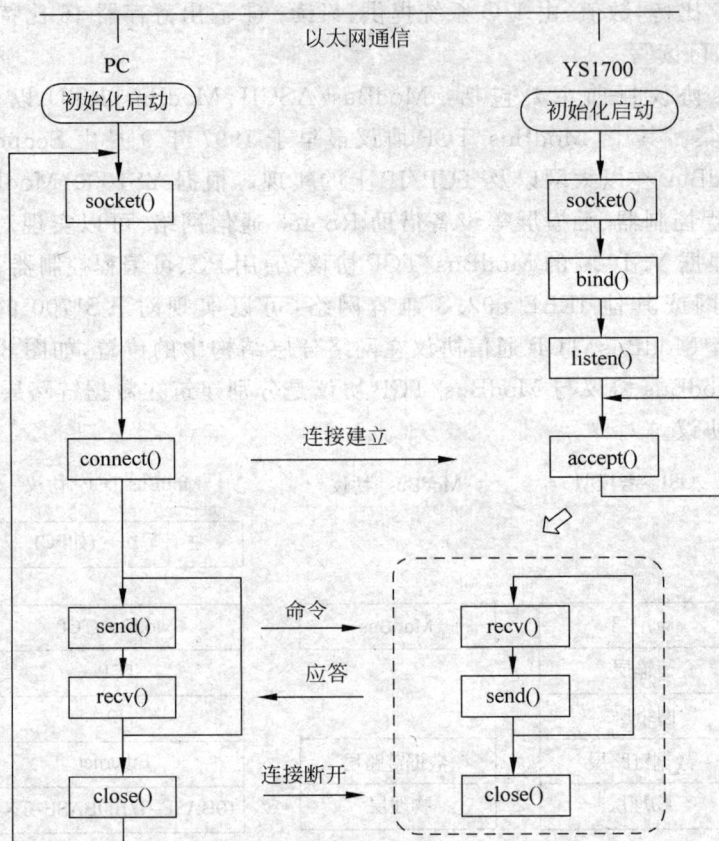

图 8.1-37　ModBus/TCP 通信建立过程

ModBus/TCP 的帧结构如图 8.1-38(a)所示。MBAP 帧头(ModBus application protocol header)用于标识本通信协议为 ModBus/TCP;PDU(protocol data unit)为协议数据单元,属于数据通信的实体,包括功能码与数据两个部分组成。MBAP 帧头加上 PDU,构成 ModBus/TCP 应用数据单元(ADU)。

ModBus/TCP 的帧头由 7 个字节组成,如图 8.1-38(b)所示。"传输 ID(transfer ID)"字段由主机指定任意数值用来标识本次处理,YS1700 返回从主机接收到的原数值作为响应。"协议 ID(protocol ID)"字段在 ModBus/TCP 协议下固定为"0"。"字节数(number of bytes)"字段,用来指示从单元 ID(第 6 号字节)开始算起的后续需要传输的总字节数。"单元 ID"(unit ID)字段则由主机指定为"1",YS1700 返回"1"作为响应。

ModBus　TCP/IP　　ADU

MBAP 头 (MBAP header)	功能码 (function code)	数据 (Data)

PDU

(a) 应用数据单元(ADU)

字节序号	0	1	2	3	4	5	6
内容	传输 ID		协议 ID		后续字节数		单元 ID

(b) 帧头(head)

字节序号	0	1开始节数(n−1)
内容	功能码	数 据

(c) 协议数据单元(PDU)

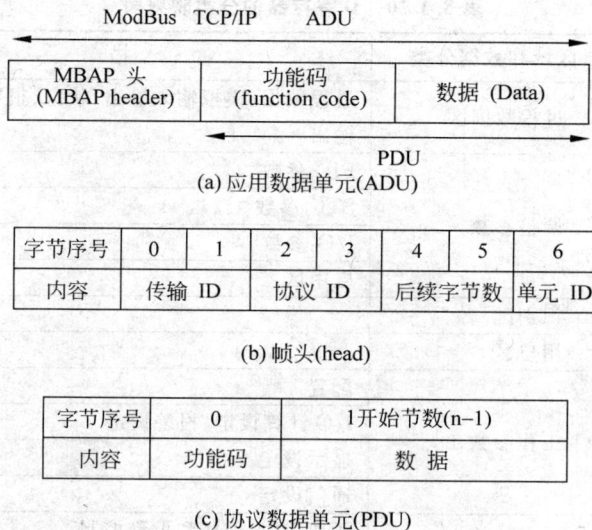

图 8.1-38　ModBus/TCP 的帧结构

ModBus/TCP 的协议数据单元(PDU)主要由功能码以及数据实体两部分组成,如图 8.1-38(c)所示。功能码(function code)描述本帧所要进行的(读写)操作指令,由主机指定。数据部分则根据功能码对所要读写的 YS1700 内部 D 寄存器编号(地址)、寄存器数量、参数数值等进行指定。主机采用功能码指令,可实现对 YS1700 内部 D 寄存器信息的访问。具体涉及的功能码如表 8.1-19 所示。

表 8.1-19　功能码列表

码编号(Hex)	功　能	描　　述
03(0x03)	读多 D 寄存器	从 D0001 到 D4000 可读最多连续 100 个寄存器
06(0x06)	写 D 寄存器	从 D0951 到 D1000 可以且只可以写一个寄存器
08(0x08)	回环测试	用于检测通信连接
16(0x10)	写多 D 寄存器	从 D0001 到 D4000 可写最多连续 50 个寄存器
66(0x42)	随意读	从 D0001 到 D4000 可读取随意指定的最多 100 个寄存器
67(0x43)	随意写	从 D0001 到 D4000 可写入随意指定的最多 50 个寄存器
68(0x44)	指定监视	从 D0001 到 D4000 可监视随意指定的最多 100 个寄存器
69(0x45)	监视读	读取被"指定监视"的寄存器

YS1700 采用 D 寄存器存储过程数据、调整参数、标志数据以及其他变量或数值等,用于 ModBus、PC-link、Ethernet 等的通信。主机可以通过使用 D 寄存器,实现主机对 YS1500/1700 的集中控制,以及在主机与 YS1500/YS1700 之间对上述数据的读写操作。表 8.1-20 给出了 D 寄存器的分类映射表。

表 8.1-20 D 寄存器的分类映射表

寄存器号(dec)	区域和数据分类	描 述
D0001~D0400	过程数据区	过程数据、模拟输入输出、状态、报警/事件、数字输入输出
D0401~D0500	调整参数	PID 参数
D0501~D0600		STC 参数
D0601~D0700		I/O 参数
D0701~D0900		自由区
D0901~D0950	识别区	
D0951~D1000	用户区	
D1001~D1100	工程参数 1	配置
D1101~D1200		I/O 计算设定、报警设定
D1201~D1300		显示设定
D1301~D1400		通信设定
D1401~D1500	工程参数 2	预置 PID、采样和批量控制
D1501~D1600		FX 表
D1601~D1700		GX 表
D1701~D1800		D/I、D/O 设定
D1801~D2000		通信访问
D2001~D2100	用户程序	控制数据、系统标志
D2101~D2200		控制标志
D2201~D2300		可编程设定点
D2301~D2600		自由区
D2601~D2700		P 寄存器,P01~P30 对应 D2601~D2660
D2701~D4000		自由区

YS1700 调节器中 D 寄存器数据的读写方法可以功能码 0x42(随意读)和 0x43(随意写)为例加以说明。在 YS1700 中,功能码 0x42(随意读)对应的帧结构定义如图 8.1-39 所示。功能码 0x43(随意写)对应的帧结构定义如图 8.1-40 所示。根据上述两个功能码指令,可实现对 YS1700 调节器内部大量参数数据的读写操作。此外,需要补充说明的是,一个 D 寄存器包含 2 个字节,而一个参数在 YS1700 中一般占用 4 个字节,即占用两个 D 寄存器。因此,读取一个完整参数需要读取连续两个 D 寄存器。至于两个 D 寄存器的参数高低字存放次序,在不同通信模式下,由不同的 D 寄存器配置参数来确定。在 RS-485 通信模式下,由通信参数寄存器 DREG1 设置;在 Ethernet 通信模式下,由通信参数寄存器 DREG2 进行指定。例如,以存放参数 SV1 的两个 D 寄存器 D0013 和 D0014 为例,当配置 DREG2=0 时,取先高后低(即"H−L"方式)存放,即 D0013 存放 SV1 的高字;D0014 存放 SV1 的低字。当配置 DREG2=1 时,取先低后高(即"L−H"方式)存放,即 D0013、D0014 分别存放 SV1 的低字和高字。缺省配置取 DREG2=0(H−L)。

（1）请求读取（任意指定的）n个寄存器数据

协议帧	MBAP 头				PDU				
字节数	2	2	2	1	1	2	1	2	2
内容	传输 ID	协议 ID	字节数	单元 ID	功能码	寄存器数	字节计数	指定寄存器 No.1	⋯ 指定寄存器 No.n
（Hex）	选择值	0000	$2n+5$	01	42	n	$2n$		

（2）请求应答帧

协议帧	MBAP 头				PDU				
字节数	2	2	2	1	1	1	2	2	
内容	传输 ID	协议 ID	字节数	单元 ID	功能码	字节计数	寄存器内容 1	⋯ 寄存器内容 n	
（Hex）	选择值	0000	$2n+3$	01	42	$2n$			

图 8.1-39　YS1700 中，功能码 0x42（随意读）对应的帧结构

（1）请求写入（任意指定的）n个寄存器数据

协议帧	MBAP 头				PDU						
字节数	2	2	2	1	1	2	2	2	2	2	2
内容	传输 ID	协议 ID	字节数	单元 ID	功能码	寄存器数	字节计数	指定寄存器 No.1	数据 1	⋯ 指定寄存器 No.n	数据 n
（Hex）	选择值	0000	$4n+6$	01	43	n	$4n$			⋯	

（2）请求应答帧

协议帧	MBAP 头				PDU	
字节数	2	2	2	1	1	2
内容	传输 ID	协议 ID	字节数	单元 ID	功能码	寄存器数
（Hex）	选择值	0000	4	01	43	

图 8.1-40　YS1700 中，功能码 0x43（随意写）对应的帧结构

如果请求帧编码有误（如包含某些不一致情况），则 YS1700 不做任何处理，返回如图 8.1-41 所示的应答故障帧。其中，故障代码主要包含如下：

（1）故障码 01——功能码错误，功能码不存在；

（2）故障码 02——D 寄存器地址错误，指定地址超出范围；

（3）故障码 03——D 寄存器错误数量，一定数量的寄存器地址超出范围；

协议帧	MBAP 头				PDU	
字节数	2	2	2	1	1	1
内容	传输 ID	协议 ID	字节数	单元 ID	功能码	故障码
（Hex）	选择值	0000	03	01	功能码（Hex）＋80（Hex）	

图 8.1-41　YS1700 中，故障应答帧结构

（4）故障码 09——监视寄存器未指定,试图读取监视寄存器,该寄存器监视尚未指定。

最后,表 8.1-21、表 8.1-22 给出了 YS1700 调节器中一些常用参数的 D 寄存器地址以及数据格式,以便在采用上述帧格式时,用来对指定参数进行读写操作。注意:表中 D 寄存器地址为十进制数,并且寄存器编址是从 0001 开始算起的。在写入 ModBus/TCP 数据帧时,需要首先将其转换成十六进制格式,然后再减去 1,可得到实际十六进制格式的 D 寄存器地址,因为十六进制格式寄存器地址从 0x0000 开始计算的。

表 8.1-21　常用过程数据的 D 寄存器地址以及数据格式

寄存器地址		描　述	数值范围和意义
D0007～D0008	RSDISP	运行状态显示	0：RUN 1：STOP 2：TEST1 3：TEST2
D0009～D0010	LS1	运行模式 1	0：MAN；1：AUTO；2：CAS；3：SPC；4：DDC；5：BUA；6：BUM（注：5,6 不能设置）
D0011～D0012	PV1	过程变量 1	～6.3～106.3%,取工程单位
D0013～D0014	SV1	设定值 1	
D0015～D0016	MV1	操作输出 1	～6.3～106.3%
D0017～D0018	LS2	运行模式 2	同上面 D0009～D0014
D0019～D0020	PV2	过程变量 2	
D0021～D0022	SV2	设定值 2	
D0023～D0024	MV2	操作输出 2	
D0025～D0026			
D0027～D0028	CSV1	串级设定值 1	～6.3～106.3%,取工程单位
D0029～D0030	DV1	偏差变量 1	PV1～SV1
D0031～D0032	FF1	前馈输入值 1	～100.0～200.0%
D0033～D0034	TRK1	输出跟踪输入值 1	～6.3～106.3%
D0035～D0036			
D0037～D0038	CSV2	串级设定值 2	同上面 D0027～D0034
D0039～D0040	DV2	偏差变量 2	
D0041～D0042	FF2	前馈输入值 2	
D0043～D0044	TRK2	输出跟踪输入值 2	
D0045～D0046			

表 8.1-22　常用调整参数的 D 寄存器地址以及数据格式

寄存器地址		描　述	数值范围和意义
D0401～D0402	PB1	比例带 1	0.1～999.9%
D0403～D0404	TI1	积分时间常数 1	1～9999s(s)
D0405～D0406	TD1	微分时间常数 1	0～9999s(0：OFF)
D0407～D0408	SFA1	可调整设定值滤波 α1	0.000～1.000
D0409～D0410	SFB1	可调整设定值滤波 β1	

续表

寄存器地址		描　述	数值范围和意义
D0411～D0412	GW1	非线性控制间隙宽度 1	0.000～100.0%
D0413～D0414	GG1	非线性控制增益 1	0.000～1.000
D0415～D0416	PH1	PV1 的高限报警设定点	−6.3～106.3%,取工程单位
D0417～D0418	PL1	PV1 的低限报警设定点	
D0419～D0420	HH1	PV1 的高高限报警设定点	
D0421～D0422	LL1	PV1 的低低限报警设定点	
D0423～D0424	DL1	偏差 1 的报警设定点	0.0～106.3%,取工程单位
D0425～D0426	HYS1	报警滞环 1	0.0～20.0%,取工程单位
D0427～D0428	VL1	回路 1 输出跟踪输入值	0.0～106.3%,取工程单位
D0429～D0430	VT1	PV1 的速率报警时间设定点	1～9999s(s)
D0431～D0432	MH1	MV1 的高限报警设定点	−6.3～106.3%,要保证 MH1>ML1
D0433～D0434	ML1	MV1 的低限报警设定点	
D0435～D0436	MR1	手动重置 1	−6.3～106.3%
D0437～D0438	RB1	复位偏置 1	0.0～106.3%
D0439～D0440	PMV1	预置操作输出 1	−6.3～106.3%
D0441～D0450			
D0451～D0490		参数与 D0401-D0440 一一对应,用于回路 2	

　　下面举例说明采用 PC(通过交叉线)与 YS1700/34 之间基于 ModBus/TCP 的通信应答过程。

　　例 8.1-3　已知 YS1700 回路 1(loop1)的 PID 参数分别为

$$PB_1 = 160\%; \quad T_i = 20s; \quad T_d = 0s$$

　　根据表 8.1-21,它们对应的 D 寄存器是 D0401～D0406。为简单起见,这里采用读多 D 寄存器指令(功能码 03H)来读取上述连续三个参数的 D 寄存器数值。具体发送接收报文如下:

　　发送:00 00 00 00 00 06 01[头] 03[功能码] 01 90[起始 D 寄存器地址] 00 06[寄存器数量]

　　接收:00 00 00 00 00 0f 01[头] 03[功能码] 0c[读取字节长度] 00 00 06 40[PB1] 00 00 00 14[TI1] 00 00 00 00[TD1]

　　说明:比例度数据格式是 0.0～1.0 对应 0～100%,小数点取第 1 位(##.#),因此,读取到的比例度为 00000640H=1600D,小数点一位,即 PB1=160(%)。

　　积分时间和微分时间常数都直接采用工程单位"s",因此有:TI1=00000014H=20(s),TD1=00000000H=0(s)。

　　类似地,如果要通过通信,调整回路 1(loop1)的 PID 参数,按照下列参数设置:

$$PB_1 = 150\%; \quad T_i = 16s; \quad T_d = 1s$$

则采用写多 D 寄存器指令(功能码 10H),具体发送和应答报文如下:

　　发送:00 00 00 00 00 13 01[头]　10[功能码]　01 90[起始 D 寄存器地址] 00 06[寄存器数量] 0c[写入字节长度] 00 00 05 DC[PB1] 00 00 00 10[TI1] 00 00 00 01

[TD1]

　　接收：00 00 00 00 00 06 01[头] 10[功能码] 01 90[起始 D 寄存器地址] 00 06 [写入寄存器数量] ■

8.2　集散控制系统

　　早在 20 世纪 50 年代末，美国德士古(Texaco)公司率先在炼油厂试用计算机进行过程监视以及模拟调节器设定值的计算等。随后，英国帝国化工(ICI)于 1962 年率先引入了计算机进行直接数字控制(DDC)，极大促进了数字控制理论的发展。发展到 1975 年，全球一些著名的仪表公司在几个月内纷纷宣布研制成功新一代的计算机控制系统，例如美国 Honeywell 公司的 TDC2000 系统，日本横河公司的 CENTUM 系统等，这些系统虽然结构和功能各有不同，但有一个共同的特点，即控制功能分散、操作监视与管理集中，这就是最早一代的分布式控制系统(distributed control system，DCS)，也称为集中分散型控制系统，简称集散控制系统。这是在多年集中型计算机控制系统失败的实践中产生的一种新的体系结构，即通过将控制功能分散到多台计算机上，并采取双重化等冗余措施，来达到运行安全的目的。

　　集散控制系统由于具有良好的结构可扩展性以及高度的可靠性，自问世后一直受到广泛的欢迎；在过程控制领域已经作为一种计算机控制的标准体系结构迅速推广开来。目前，在国内外大中型企业的过程控制领域，集散控制系统占有统治地位。

　　下面就集散控制系统的一般体系结构以及不同厂商的 DCS 系统做一介绍。

8.2.1　集散控制系统概述

　　集散控制系统，是对生产过程进行监视、控制和管理的一种具有数字通信功能的新型控制系统。DCS 是计算机技术、信息处理技术、测量控制技术、网络技术等有机结合的产物。它具有积木式的开放结构，可以根据具体的应用过程对系统进行扩展。

　　DCS 既具有监视功能，又具有控制功能，各功能之间通过网络进行数据通信，实现信息共享。它的监视、管理功能集中实现，这就是所谓的信息集中管理。这有利于运行人员及时准确掌握全局和局部情况，进行综合监督、管理和调度。也可减少大量的控制室仪表，这种集中管理和调度的功能一般在通用操作站上进行。DCS 的控制功能又是分散的，每个基础控制单元只控制若干个回路，以避免局部的故障影响其他部分，即实现了危险分散，提高了过程控制的可靠性。

8.2.2　DCS 的体系结构

　　自从美国 Honeywell 公司于 1975 年推出世界上第一套集散控制系统 TDC2000

以来,经过三十多年的发展,在可靠性、开放性、操作维护性能和系统体系结构等各方面,DCS 都有了很大程度的发展。

　　一个典型的集散控制系统,一般由现场控制层、过程监控层和管理决策层三层组成,其体系结构如图 8.2-1 所示。DCS 的体系结构充分体现了其控制功能分散、管理信息集中的优点。

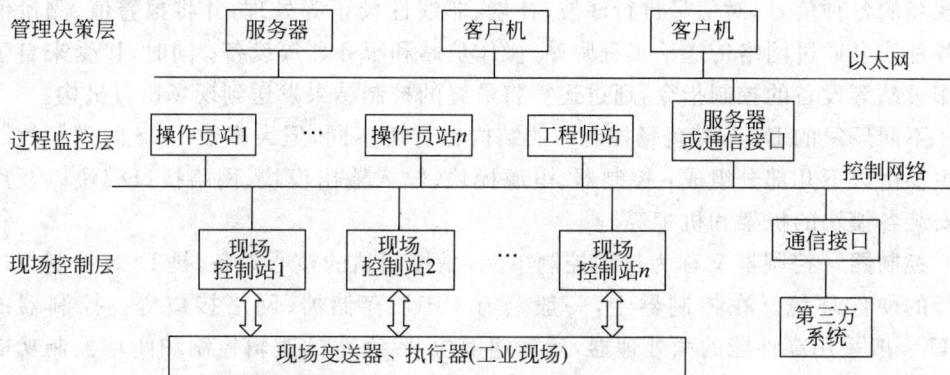

图 8.2-1　DCS 的体系结构图

　　现场控制层　现场控制层处于整个 DCS 的最底层,该层的主要功能是检测过程参数,对现场工艺过程进行具体的操作控制,并和过程监控层进行信息交换。现场控制层的主要设备是现场控制站,负责实现各种控制功能,并通过输入输出接口来连接各种现场设备,如传感器、执行器、变频和驱动装置等。在该层面上,可靠性、实时性和数据交换的准确性,是对现场的工艺过程进行有效控制的基本要求。

　　过程监控层　过程监控层又称为车间监控层或单元层,介于现场控制层和管理决策层之间。过程监控层一般由服务器、工程师站、操作员站和各种通信接口组成,用来实现对现场控制层的各种信息进行处理和显示,对整个控制系统的控制算法和监控界面进行组态,并负责和生产线上的第三方设备进行数据通信,从而实现车间级设备的监控。此外,过程监控层还接收来自于管理决策层的指令,对过程进行优化控制。从通信需求来看,该层的通信网络要能够高速传输大量信息数据和少量控制数据,因此也具有较强的实时性要求。

　　管理决策层　管理决策层用于实现企业的上层管理,为企业提供生产、经营和管理等各种数据,通过信息化的方式优化企业资源,提高企业的管理水平。从通信需求来看,该层网络要能够传输大数据量的信息,但对实时性要求较低。该层涉及全厂生产过程各个方面的调度和管理,如全厂人事档案管理、原材料消耗管理、订单管理、销售管理等等。

8.2.3　DCS 的硬件组成

　　从 DCS 的体系结构可以看出,DCS 的硬件构成主要包括以下几个部分:现场控制站、工程师站、操作员站和服务器等。

1. 现场控制站

现场控制站处于整个 DCS 的最底层,直接与生产过程中的各种传感器、执行器相连,具有过程工艺参数输入、控制、运算、通信和输出等诸多功能。现场控制站接受现场的各种信号,对信号进行滤波、补偿、非线性校正等处理,并将报警值、测量值等各种信息通过网络传送给工程师站、操作员站和服务器等设备;同时,接受来自于操作员站等设备的控制指令,通过运算将最终的控制结果发送到现场执行机构。

不同厂家的 DCS,其现场控制站的结构也有所不同,但大多数 DCS 的现场控制站主要由以下几部分组成:控制器、电源模块、输入输出模块、网络接口模块以及用于安装各模块的机架和机柜等。

控制器　控制器又称为过程控制单元,是控制站的核心设备,是 DCS 控制策略执行的硬件环境。在控制器上,一般具有 CPU、存储器、网络接口等。控制器的CPU 一般采用高性能的微处理器,运算速度快,除基本的逻辑控制和闭环控制功能外,一般还能够执行复杂的控制算法,如自适应控制、模糊控制和预测控制等。为了达到分散控制的目的,一般根据被控对象的工艺流程,不同工艺段采用不同的控制器进行控制。此外,为了提高系统的可靠性,DCS 的控制器可以进行冗余配置,即在一个控制站中有两套控制器,一套主控制器,一套冗余控制器,这两套控制器间互为冗余热备用。一旦主控制器出现故障,冗余控制器可以在非常短的时间间隔内接替主控制器进行工作,对系统的输入输出和控制策略的执行没有任何影响,从而保证过程控制的连续性和安全性。

电源模块　电源模块是控制站不可缺少的主要设备,用来为整个控制站供电。一般情况下,电源模块将来自于市电或 UPS 的供电电源转换为直流稳压电源,给控制器、输入输出模块以及机架供电。有些情况下,也可以为现场变送器或执行器等设备供电。为了提高系统可靠性,DCS 的电源模块可以进行冗余配置。

输入输出模块　输入输出模块是控制站和现场设备进行信息交换的桥梁和纽带,直接连接现场的输入和输出信号。输入输出模块一般有两种形式:一种是集中安装在机架上,还有一种是通过现场总线,组成远程分布式 I/O。现场控制站的输入输出模块主要包括以下几种:模拟量输入模块(AI)、模拟量输出模块(AO)、数字量输入模块(DI)和数字量输出模块(DO)。模拟量输入模块用于采集现场变送器的各种输入信号,如直流 $4\sim20\text{mA}$ 和 $1\sim5\text{V}$ 电流和电压信号、热电阻信号、热电偶信号等。模拟量输出模块连接现场执行机构,并将控制运算的最终结果作用到现场。数字量输入模块连接现场限位开关、继电器等设备,将设备的开、关等状态信息送入控制站。数字量输出模块连接现场指示灯、继电器和声光报警灯设备,控制这些设备的开启和关闭等。

网络接口模块　网络接口模块主要为工程师站、操作员站和服务器等外部设备提供网络通信接口,实现这些外部设备和控制站的数据交换。早期的 DCS,网络通信接口一般比较单一，多为特定的控制网络，各厂家 DCS 之间不能实现互相通信。随着通信技术的发展，目前 DCS 可以提供的网络通信接口非常开放，如工业以太网和现场总线（如 Profibus、FF、ControlNet）等，使得 DCS 很容易和第三方系统通信。为了提高通信的可靠性，DCS 的网络接口模块也可以进行冗余配置。

机架　　机架用来安装控制器、电源模块、输入输出模块、网络接口模块等部件，在机架内部具有通信总线，可以实现机架上各部件间的数据交换。此外，机架还可以提供备板总线，为各部件提供 $1\sim5\mathrm{V}$ 等工作电源。

机柜　　机柜是容纳整个控制站所有部件的设备，一般将机柜分为控制柜和接线端子柜两部分。控制器所在的机柜称为控制柜，接线端子板所在的机柜称为接线端子柜。两个机柜间通过接线电缆进行连接。现场所有传感器和执行器的信号先进入接线端子柜，通过信号调理后，再进入控制柜。

2. 工程师站

工程师站（engineer station，ES）是对整个 DCS 进行组态的设备，用来设计控制算法和开发人机监控界面。在工程师站上，可以对控制系统进行离线的配置和组态，对 DCS 本身的运行状态进行监视和维护，对控制系统各参数进行在线设定和修改。

工程师站一般采用商用计算机或工控机，也有的 DCS，使用服务器充当工程师站的功能，如 Honeywell 公司的 Experion PKS 系统。一旦整个系统组态完毕，就不需要在工程师站进行任何操作，除非工艺要求进行重新组态，或对控制程序进行在线修改等。

3. 操作员站

操作员站（operator station，OS）是值班人员的中心操作台，功能类似于一台常用的微机。它能把分散的回路信息和有关生产过程的参数通过数据通道集中处理后，用一定的方式（如图、表、曲线等）在屏幕上显示出来，实现对生产过程的集中监视和控制。通过键盘和鼠标可以选择所希望了解的参数、图表等。操作人员也可直接对控制回路的工作状态进行切换，如进行手动和自动切换。操作员站可以单独使用，也可以多台组合起来形成一个操作中心，每台操作员站完成不同的内容。

操作员站是一个综合性的过程控制及信息管理计算机系统，由于需要长期连续工作，其可靠性的要求很高，通过总线或网络将各现场控制站送来的信息在屏幕上显示出来。操作人员通过操作员站来监视生产过程的重要工艺参数，并对相关设备进行控制，对主要工艺参数进行修改等。操作员站的主要功能有：采集过程控制信息，建立数据库；对生产过程进行各种显示，如总貌、分系统、趋势、系统状态、模拟流程、历史数据、报警等；对各种信息制表或曲线打印及屏幕拷贝；控制方式切换；在线变量计算以及指导操作；进行能耗、成本核算、设备寿命等综合计算。

4. 服务器

在 DCS 中，服务器是系统进行控制的关键设备，通常情况下，DCS 的数据库安装在服务器上，各操作员站通过服务器获得现场工艺数据，同时来自于操作员站和工程师站的控制指令，也通过服务器发送到现场。

为提高 DCS 的可靠性，服务器一般采用冗余配置，即配置两台服务器，一台作为主服务器，另一台为备用服务器，两台服务器间始终处于信息同步状态。主服务器出现故障后，备用服务器在瞬间接替主服务器工作。

一般情况下，服务器也常作为工程师站来使用，进行控制策略的组态、监控画面的开发等。

8.2.4　DCS 的软件组成

DCS 的控制功能是在硬件基础上由软件来实现的。DCS 的软件由现场控制站软件、工程师站软件、操作员站软件和通信管理软件等部分组成，连同硬件一起，共同构成一个功能强大的控制系统。

1. 现场控制站软件

现场控制站软件固化在现场控制器中，完成对现场的直接控制，能够实现逻辑控制、顺序控制、回路控制和混合控制等多种类型的控制功能，此外，还可以实现控制器冗余、I/O 模块冗余、通信模块冗余等功能。现场控制站软件主要包括数据采集和输出模块、控制和运算功能模块等。

数据采集和输出模块对来自于现场传感器和变送器的信号进行处理，并将控制运算的结果输出到现场执行机构。数据采集和输出模块，可以对现场数据进行数字滤波处理，从而去除现场的各种干扰信号，得到较为真实的被测工艺参数值；还可以对这些参数值进行诸如线性变换、热电偶插值运算和量程变换等，从而为控制和运算功能模块提供所需的数据。

控制和运算功能模块是现场控制站软件的重要组成部分，在控制功能上支持连续控制、逻辑控制和顺序控制等。在连续控制功能方面，可以实现简单的 PID 控制和各种变形 PID 控制，大多数 DCS 还提供自适应控制、模糊控制等智能控制方式。在逻辑控制方面，不但可以实现与、或、非、异或等简单的逻辑功能，还可以实现定时器、计数器和移位操作等功能。在顺序控制方面，不同厂家的 DCS 使用不同的编程语言来实现复杂的顺序功能，如实现电动机等设备的顺序启停，实现批量控制、紧急停车和安全联锁保护等功能。

2. 工程师站软件

DCS 的工程师站软件用来对系统进行组态、维护和程序的在线修改，完成控制功能和监控画面的组态和设计。通过工程师站软件,工程师可以对整个控制系统的硬件和软件进行设计,并将设计好的控制策略和操作画面下装到现场控制器和操作站中。一般情况下,一旦组态和下装完毕,工程师站软件就可以暂时关闭,此时工程师站更多地是承担操作员站的功能。

DCS 的控制功能组态包括控制系统硬件组态,控制系统网络设计和参数设置,顺序控制、逻辑控制和回路控制等控制程序的设计和开发,先进控制和优化控制策略的实现等。操作画面的设计包括各种监控画面的绘制,过程数据的历史归档,实时和历史数据的趋势曲线绘制,报警系统设置和报表系统的开发等。

各 DCS 厂商提供了不同的工程师站软件,来完成系统的组态过程。Honeywell 公司的 Experion PKS 系统,采用 Control Builder 软件实现控制策略的组态,采用 Display Builder 来实现操作画面的设计和开发;ABB 公司的 Freelance 800F 系统,则采用统一的 Control Builder F 软件,来实现控制策略的组态和监控界面的设计等。

3. 操作员站软件

DCS 的操作员站软件运行在操作员站上,是操作和工艺人员了解现场工艺过程和设备状况的窗口,也是对工艺过程进行干预的主要途径。

操作员站软件一般提供以下功能:各种监控画面显示,如系统的总貌画面、工艺流程画面、控制画面和参数设置画面等;系统主要工艺参数的修改,操作和工艺人员可以根据现场状况,根据权限修改某些工艺参数的值,并可对控制回路的控制模式进行切换,如手动、自动和软手动切换等;系统报警的显示功能,并能够通过操作员站软件实现报警的确认;趋势显示和数据查询功能,可以根据工艺要求实现控制参数的实时曲线显示,也可以按照时间要求进行历史数据的查询和曲线显示等;报表的查询,可根据要求进行班报、日报、月报和年报的查询和显示功能;输出打印功能,可对系统的报警记录、报表和趋势曲线进行打印输出。

4. 其他功能软件

除了现场控制站软件、工程师站软件和操作员站软件以外,大多数 DCS 还提供了很多可选软件,用户可以根据需要进行选购。这些可选软件一般包括:先进控制软件包,如模型预测控制;远程控制节点软件,可以实现基于 Web 的数据监控;通信用驱动程序软件,实现和第三方设备的数据通信等。这些软件从某种意义上来说,大大地扩展了 DCS 的基本控制功能。

8.2.5　DCS 的通信网络

在集散控制系统中,现场控制站、工程师站、操作员站和服务器等设备通过通信网络实现数据交换,通信网络是分布式控制系统的中枢神经。借助通信网络把组态数据、控制信息等传输到不同的控制单元或监控设备,达到整个系统的数据共享,从而实现系统分散控制的目的。为了提高数据通信的可靠性,可以对系统的通信网络进行冗余配置,如两根同轴电缆(或光缆),形成双重化的网络结构,任何一条通信网络出现故障,另一条备用网络都可以在瞬间投入使用,从而保证整个系统内数据的可靠通信。

由于通信技术和市场竞争的原因,早期的 DCS 使用专用私有通信网络,如 ABB 早期 DCS 的 AF100 网络等,从而导致不同厂家的 DCS 之间很难实现数据通信。当工厂的 DCS 类型较多时,每种类型的 DCS 都是一个孤立的系统,从而形成所谓的"自动化信息孤岛"现象。随着工业以太网和现场总线技术的成熟和发展,当今 DCS 系统的通信网络开放性都非常好,只要是符合某种总线标准的设备或系统,都可以连接到一起而形成综合自动化系统。

1. DCS 通信网络的结构

典型的 DCS 通信网络主要由三层构成,由底到上依次是:现场设备层网络、车间监控层网络和企业管理层网络。

(1) 现场设备层网络

现场设备层网络处于工厂自动化网络的最底层,主要功能是连接各种现场设备,如 I/O 设备、传感器、执行器、变频和驱动装置等。在该层网络上,传输的信息主要是现场级控制信号,因此对网络通信的实时性和确定性要求很高。由于连接的现场设备千差万别,所以在这个层面上,通信协议也比较复杂。目前的 DCS 系统在该层面上提供的通信网络主要是现场总线,如 Profibus、FF H1、HART、ControlNet 和 DeviceNet 等。

(2) 车间监控层网络

车间监控层又称为单元层,介于现场设备层和企业管理层之间。该层网络主要完成操作站、工程师站、服务器和现场控制站等设备间的数据通信,从而实现车间级设备的监控。从通信需求来看,该层网络要能够高速传输大量信息数据和少量控制数据,因此也具有较强的实时性要求。该层的通信网络主要有工业以太网和各种现场总线等,如 Profibus、FF HSE 和 ControlNet 等。

(3) 企业管理层网络

企业管理层用于企业的上层管理,为企业提供生产、经营和管理等各种数据,通过信息化的方式优化企业资源,提高企业的管理水平。在 DCS 中,该层网络主要是完成服务器和厂级 MIS 系统之间的信息交换,所使用的通信网络主要是以太网。从通信需求来看,该层网络要能够传输大数据量的信息,但对实时性没有什么要求。

2. DCS 通信网络的拓扑结构

在工业应用中,DCS 的通信网络其拓扑结构主要有三种方式:总线型、环型和星型,这几种网络拓扑结构如图 8.2-2 所示。

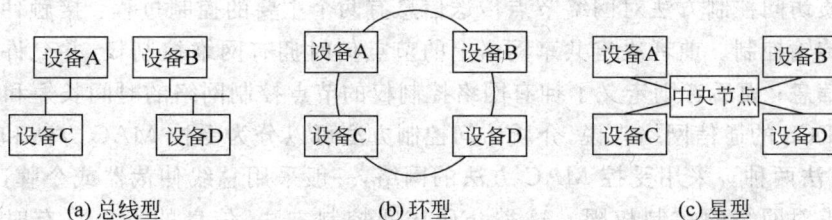

图 8.2-2　DCS 的网络拓扑结构

（1）总线型拓扑结构

在总线型拓扑结构中，所有通信设备都连接在一条总线上。由于所有总线节点共享一条传输线路，所以同一时刻只有一个节点可以发送数据，而其他所有节点都可以接收该数据。在这种结构中，信息可以一对一发送，也可以广播式发送。接收数据的节点根据总线上传送信息的目的地址来接收符合的信息。

总线型网络拓扑结构是工业通信网络中使用最为广泛的网络形式，当今流行的现场总线几乎都采用这种形式的网络结构。这种网络结构易于安装，维护方便，网络上任何节点故障不会影响到其他节点间的数据通信。但随着传输距离的增加，总线上信号会减弱，从而降低传输质量。所以，对总线长度、可连接的设备数等都有一定的限制。

（2）环型拓扑结构

在环型拓扑结构中，所有通信设备在物理连接上形成一个环网。信号在环路上从一个设备到另一个设备单向传输，直到信号传输到目的地为止。在这种网络结构中，任何一个设备故障都会导致整个网络瘫痪，因而在一些重要的工业应用场合，一般采用双环冗余的网络结构，如西门子的过程控制系统 PCS 7，其通信网络的工业以太网就使用光纤组成环型冗余网络。

（3）星型拓扑结构

在星型拓扑结构中，每个节点都连接到中央节点，任何两节点之间通信都通过中央节点进行。一个节点要传送数据时，首先向中央节点发出请求，要求与目的站建立连接。连接建立后，该节点才向目的节点发送数据。这种拓扑采用集中式通信控制策略，所有通信均由中央节点控制。在星型拓扑结构中，一个终端节点故障或一条传输链路故障，不会影响到其他节点的通信。

实际应用中，控制系统的网络拓扑结构经常是以上各种形式的综合。例如，Profibus 总线在物理结构上是总线型网络，但所有的网络主站在逻辑上形成一个令牌环，而控制总线存取的控制令牌就在这个逻辑环上周期性地传递。

3. 网络的控制方式

DCS 通信网络上的设备共享通信链路，必须通过某种控制机制，来解决同一时间多个网络节点同时向网络发送信息而导致的介质争用问题，也就是说要约定网络的介质访问控制方法（media access control，MAC）。

　　介质访问控制方法对网络节点传送信息有两个主要的控制过程：接触仲裁控制和信息传输控制。前者决定共享网络上的节点何时拥有网络控制权，并允许向网络上发送信息；而后者则定义了拥有网络控制权的节点控制网络的时间长短和方式。

　　对 DCS 的通信网络来说，介质访问控制方法可以分为受控 MAC 方法和非受控 MAC 方法两种。采用受控 MAC 方法的网络，一般采用总线仲裁器或令牌，来管理网络节点对网络的控制权限。这类介质访问控制方法，信息的发送具有时间确定性，主要包括集中总线介质访问控制和分布式总线介质访问控制两种方式；采用非受控 MAC 方法的网络，一般没有以上的控制机制，各节点通过自由竞争的方式取得网络控制权，信息的发送是随机的，没有时间确定性。这类介质访问控制方法，多采用改进的具有冲突检测的载波侦听多路存取 CSMA/CD（carrier sense multiple access with collision detection）方式。

4. 网络传输介质

　　网络传输介质是指连接网络各站点的通路，DCS 通信网络的主要传输介质有双绞线、同轴电缆和光纤。双绞线价格便宜，安装简单，适用于环型拓扑结构的通信网络，但其传输距离一般较短，如果要增加传输距离，一般需要增加中继器来对信号进行放大。同轴电缆是较常用的传输介质，屏蔽能力较双绞线高，适用于总线型和环型拓扑结构的通信网络。光纤重量轻，体积小，传输速率可达几百 Mb/s，传输距离较远，但价格相对较高。

　　在 DCS 通信网络中，工业以太网多采用双绞线介质和光纤，而各种现场总线则采用双绞线和同轴电缆，如 Profibus 采用双绞线介质，而 ControlNet 采用同轴电缆。

8.2.6　几种典型 DCS 介绍

　　国内外的 DCS 厂商众多，每个 DCS 厂商又有不同系列的 DCS 产品，从而导致 DCS 种类繁多。在国外 DCS 中，典型的有 Honeywell 公司的 Experion PKS 系统，ABB 公司的 Freelance 800F 系统；在国内 DCS 中，典型的有上海新华的 XDPS-400⁺ 系统等。

1. Experion PKS 系统

　　Honeywell 公司自 1975 年推出世界上第一套集散控制系统 TDC2000 以来，一直在 DCS 方面处于领先地位。在三十多年的发展历程中，Honeywell 公司先后推出了 TDC2000、TDC3000、TPS（total plant solution）和 Experion PKS（process knowledge system，过程知识系统）等先进的集散控制系统，在石油、化工、电力等各种工业领域，得到了广泛的应用。

　　Experion PKS 是 Honeywell 公司于 2002 年推出的一款将知识转化为智能的分

布式控制系统,较之传统的集散控制系统具有更加深远的意义。Experion PKS 是一套整合人员效率、过程性能、业务要求以及资产效率的系统,在包含传统 DCS 的同时,也对过程控制进行了革新性改造。多年实践证明,Experion PKS 非常成功地帮助全球数千名客户通过采用创新技术大幅提高了生产率和企业效益。

Experion PKS 有 R100、R200 和 R300 三大系列版本,每个系列又有多个版本形式,如 R300 系列目前有 R300 和 R301 等版本形式。各个版本形式的 Experion PKS 系统,在各个应用领域都得到了广泛的应用。

1) Experion PKS 的硬件结构

Experion PKS 采用容错以太网(fault tolerant Ethernet,FTE)、ControlNet、Profibus 等多种通信网络技术,现场控制站采用可冗余的 C200 混合控制器和 C300 控制器。可以实现系统电源、控制器、网络接口模块、控制网络、I/O 模块和 DCS 服务器等多级冗余配置,极大地提高了系统的可靠性和可扩展性,更加易于安装和维护。通过 FTE,Experion PKS 可以方便地实现和原有 TDC2000、TDC3000 和 TPS 系统的集成,从而构成整个工厂的管理和控制一体化系统。

Experion PKS 的系统体系结构如图 8.2-3 所示。

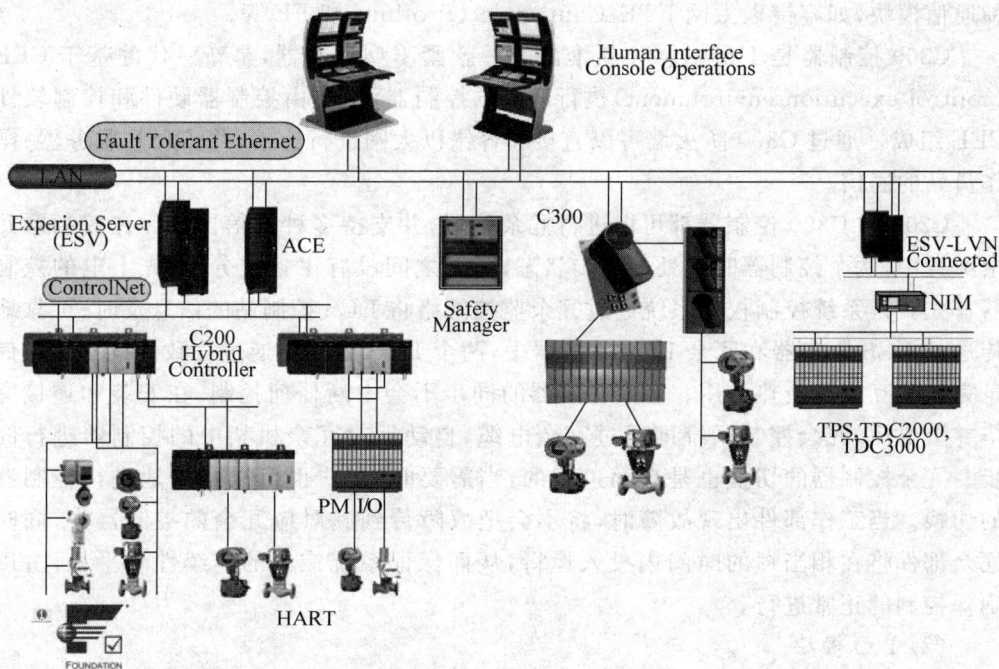

图 8.2-3　Experion PKS 过程知识系统体系结构示意图

由于 Experion PKS 系统采用冗余服务器结构,系统数据都统一存放在服务器内互为备份。因此,Experion PKS 具有一体化的数据库,使用 Control Builder 工具软件进行统一组态,一次输入控制处理器模件与监控系统服务器所需要的信息,无需多次对不同层次的数据库分别组态。采用 Honeywell HMIWeb 技术,HMIWeb

是基于 Web 结构的人机界面，可以集成过程控制数据和商业应用数据。HMIWeb 采用 Honeywell 的新一代操作员界面技术，以 HTML（超文本置标语言）为显示画面的基本文件格式，提供采用 Microsoft 公司的 IE 浏览器访问 Experion PKS 过程画面的功能。Experion PKS 具有一体化的在线文档，通过 Knowledge Builder 软件可以快速访问系统信息，Knowledge Builder 是 HTML 的文档资料，为用户提供在线帮助和在线技术支持。Experion PKS 的实时数据库采用真正的客户机/服务器结构，由服务器为客户机应用提供所需的实时数据。这些客户机应用包括操作员站、第三方应用（如微软 Excel 和 Access 应用）和 Web 访问应用等。

(1) 现场控制站

现场控制站采用可冗余配置的 C200 混合控制器和 C300 控制器，性能稳定，结构紧凑，可以根据实际工程需要组成不同规模的控制系统。

C200 混合控制器具有功能强大的控制处理器模件（control processor module，CPM），采用 100MHz Power PC 603E 处理器，带有 8MB RAM 和 4MB Flash ROM，通过锂电池或者电池扩展模块进行参数和程序保持。最多支持 8 个 I/O 机架和 64 个 I/O 模块，程序执行周期分为 50ms、25ms 或 5ms 几种。控制器机架可以扩展多种通信模块，如容错以太网 FTE、ControlNet、Profibus 和 FF 等。

C300 控制器是 Honeywell 新推出的一款紧凑型控制器，是新一代的基于 CEE（control execution environment）执行环境的控制器，主要由控制器硬件和控制软件 CEE 组成。通过 C300 防火墙可以直接和容错以太网进行连接，并实现和服务器、操作员站的通信。

C200 和 C300 控制器都可以进行冗余配置，并支持多种通信协议。在控制器冗余配置中，两个控制器时刻处于同步状态，两者之间没有主备之分，最先上电的控制器首先获得系统控制权。系统通过冗余监控网络将 DCS 控制站的信息及时、可靠地传送到 DCS 服务器和冗余 DCS 服务器中，两个 DCS 服务器通过一致性技术保证信息完整和互为冗余热备用。冗余控制器的同步不会中断任何控制，在安装和连接完毕并上电后，冗余控制系统即通过冗余电缆，自动地对冗余机架中的控制器进行同步。冗余控制器的切换也是自动进行的，当需要时，用户也可以强制地进行控制器的切换。当工作部件出现故障时，将不会把故障传到其对应冗余的控制器中，同时冗余部件将在相当短的时间内投入运行，从而保证系统控制的连续性和平稳性，以确保控制的正常进行。

(2) I/O 模块

Experion PKS 支持多种 I/O 模块形式，可以为工业现场提供各种要求的 I/O 接口。典型的 I/O 模块有 A 系列机架型 I/O、A 系列导轨型 I/O、H 系列本安型 I/O、C 系列 I/O 和过程管理站 PMIO（process manager input/output）等。一般情况下，A 系列 I/O、H 系列 I/O 和 PMIO 可以自由地在采用 C200 和 C300 控制器的 PKS 系统中使用，而 C 系列的 I/O 一般用于 C300 控制器的 PKS 系统中。

这些 I/O 模块除了可以提供 4～20mA 或 1～5V 等工业常规标准信号外，还可以提供热电偶、热电阻等信号输入方式,并支持 HART 协议信号。此外,还支持多种数字量输入 DI 和数字量输出 DO 模块,并可通过 Profibus、FF 等与现场总线设备进行通信。

在 I/O 模块方面,Honeywell 能够做到满足危险区域要求的电流隔离、本安型等应用环境。此外,Honeywell 还针对室外的 I/O 模块设立了具有隔爆功能,并采用正压通风形式的 I/O 模块柜,确保在本安环境中的安全使用。

（3）工程师站（服务器）

在 Experion PKS 中,工程师站的所有功能都可以在服务器上实现。Experion PKS 支持统一的工程组态方式,通过在服务器上,使用 Configuration Studio 组态工作室软件,来完成对整个 DCS 的硬件配置、网络设置、控制程序开发和监控画面设计等。

DCS 服务器上具有工程和实时数据库,分别存放系统的组态信息和过程参数实时采样数据,并通过实时数据库对过程参数值进行历史数据记录和数据分类处理。整个系统采用统一的数据库 SQL Server 2000,并驻留在服务器上,系统所有操作员站所需要的数据均通过服务器获得。

服务器一般采用 DELL 服务器,如 PowerEdge 2900,采用双电源冗余供电方式。服务器是 DCS 中现场控制站和其他设备通信的桥梁和纽带,所以为了提高可靠性,服务器也可以进行冗余配置,采用两台服务器通过冗余热备用方式,任何一台出现故障都不影响系统的运行。此外,服务器还具有 OPC 接口及多种第三方控制器的通信接口,可以方便地集成第三方设备。

（4）操作员站

操作员站是人机交互窗口,Experion PKS 操作员站的人机界面采用 Honeywell HMIWeb 技术,通过先进的、基于面向对象的图形,为用户提供功能强大的操作界面。在操作员站上,用户通过安全的操作员站（station）环境或直接通过 IE 浏览器来显示和操控各种画面,从而完成对现场的工艺过程流程、设备状态、过程变量等的监控以及对系统的报警和事件进行查询和确认处理等。此外,还可以完成趋势、报表的查询和打印等功能。

为了满足不同工业应用领域的需求,Experion PKS 提供了几种类型的操作员站：Flex(ES-F,experion flex station)、控制台（ES-C,Experion console station）、扩展控制台（ES-CE,Experion console extension station）。其中,ES-F 是通用的操作界面,是应用最为广泛的一种操作员站。它利用客户机/服务器模式,ES-F 操作员站从服务器访问过程数据等参数,在这种模式下,服务器至关重要。ES-C 除提供 ES-F 的全部功能外,还可以直接读取 C200 和 C300 控制器的数据；ES-CE 则和 ES-C 一起配套使用,它通过 ES-C 访问过程数据。

2）Experion PKS 的通信网络

Experion PKS 支持多种当前主流的网络通信技术,系统开放性好,信息集成度高,通过网络技术可以实现整个工厂的管理和控制一体化。

在监控管理层,Honeywell 提供了两种网络解决方案：一种是服务器和操作员站间采用普通以太网通信,而服务器和现场控制站间采用 ControlNet 现场总线通信;另一种是服务器、现场控制站和操作员站间,采用统一的容错以太网 FTE 通信方式。在现场控制层,Experion PKS 支持多种现场总线通信技术,可以通过 CNI(ControlNet interface module)、FIM(FieldBus interface module)和 PBIM(Profibus interface module)现场总线接口卡,分别实现和 ControlNet、FF 和 Profibus 总线设备的通信。

FTE 是 Honeywell 的专利技术,是一种高性能的、先进的网络解决方案,它不但提供了容错的特点,也提供了快速网络及工业以太网控制应用的安全性。FTE 采用 COTS(commercial-off-the-shelf)可现货供应的商用设备,加上 Honeywell 的专用软件及技术,将低成本的开放式以太网技术与工业控制网络的鲁棒性结合在一起。FTE 为 Experion PKS 的系统服务器和操作员站之间,提供了可靠的 100Mb/s 高速以太网络通信技术。

FTE 采用的是单一网络结构,在冗余网络切换时,服务器和操作员站之间不需要重新连接网络,因此切换的速度很快。由于容错以太网 FTE 提供节点之间更多的网络通信路径,所以容错以太网 FTE 可以承受更多的故障,包括所有单个故障和多个多重故障,从而保证整个控制系统的可靠数据通信。

此外,Experion PKS 还提供 OPC 通信技术,允许符合 OPC 规范的第三方软件和系统访问 Experion PKS 的数据,也支持连接第三方现场设备并访问数据的能力。

3) Experion PKS 的软件结构

(1) 工程师站(服务器)软件

Experion PKS 采用 Configuration Studio 组态工作室软件,完成对整个 DCS 的配置。组态工作室软件是一种全新的系统工程组态环境,它充分地改进了系统的组态方式和效率。单一化、集成化的组态工作室,消除了由于在不同窗口中采用各种不同的组态工具而导致的组态工作的混乱和低效。在组态工作室里,可以任意开启各种组态工具,简单、方便地完成工程组态工作。组态工作室对使用者展示的是一个任务窗口,而不是单一的工具窗口。当一个任务被选定后,用户需要的各种工具都会出现在组态工作室内相应的地方,便于使用。

Experion PKS 已将需要的各种组态工具都集成在 Configuration Studio 组态工具室里,并且在一地就可对系统中所有的服务器进行组态。通过组态工具室里的 stations and consoles,可以运行 Quick Buider 软件,进行系统设备的配置,如操作员站和打印机的设置等;通过 Control strategy 下的 Control Builder 软件,可以开发控制站的控制程序,实现回路控制、逻辑控制、顺序控制和高级过程控制等功能;通过 Display Builder 软件或 HMIWeb 软件,可以进行监控画面的开发。此外,还可以进行数据存储、趋势组态、asset 设置(即过程工艺点的区域设置,用于操作员站的安全管理和报警区域的划分)等。

(2) 操作员站软件

操作员站软件主要是运行监控画面,为操作员提供一个监控工艺过程的窗口,一般通过 Station 软件来实现。操作员站软件支持菜单/导航画面、事件汇总显示画面、操作组画面、系统状态显示画面、回路调节画面、诊断与维护画面、趋势画面、报警汇总显示画面、点细目和组细目显示等。此外，在操作员站软件上，通过点击某个组细目，可以进入 Control Builder 开发的控制程序中，可以对控制策略进行显示。

除了显示功能，通过操作员站软件 HMIWeb 或 Display Builder，也可以在操作员站上开发各种流程画面、控制画面等，并可以进行趋势组态和数据记录组态工作。各种组态画面可以放在当地操作员站上，也可以放在服务器上，两种放置方式，操作员站软件所需要的数据均来源于服务器。

此外，提供 C200 控制器的仿真软件 SCE，通过该软件可以对离线开发的控制策略进行仿真，并可以模拟 I/O 等，从而对程序进行工厂运行前的检验。

2. Freelance 800F 系统

Freelance 800F 是 ABB 集团自动化总部新推出的一款具有世界领先水平的综合型开放控制系统，该系统融传统的 DCS 和 PLC 的优点于一体，并支持多种国际现场总线通信标准。它既具备 DCS 的复杂模拟回路调节能力、友好的人机界面（human machine interface，HMI）以及方便的工程软件，同时又具有与高档 PLC 性能相当的高速逻辑和顺序控制功能。系统既可连接常规 I/O，又支持 Profibus、FF、CAN、ModBus 等开放型通信协议。系统具备高度的灵活性和极好的扩展性，无论是小型生产装置的控制，还是超大规模的全厂一体化控制，甚至对于现场设备维护管理和跨厂的生产管理控制应用，Freelance 800F 系统都能应付自如。

Freelance 800F 系统在技术上充分体现了 ABB 所倡导的 Industrial IT（工业信息技术）理念，在冶金、化工、水泥和电力（火电、水电和风电）等诸多工业自动化领域得到了广泛的应用。Freelance 800F 系统规模具备很强的伸缩性，每个系统可根据工艺或功能划分为若干个自动化区域，整个系统扩展规模可达到 100 个操作员站和100 个控制站。

此外，Freelance 800F 的 V9.1 最新版本系统还扩展了一款基础控制器 AC700F以及 PGIM 800F 信息管理软件包。利用 AC700F，可满足小型系统的经济控制要求。

1）Freelance 800F 系统的硬件结构

在体系结构上，Freelance 800F 系统分为两级：操作员级和过程控制级。操作员级可以安装一个工程师站和几个操作员站，操作员级 PC 也可以作为工程师站使用。过程控制级的现场控制器采用可冗余配置的 AC800F 控制器。整个控制系统的体系结构如图 8.2-4 所示。

在操作员级上不仅能实现传统控制系统的监控操作功能，如预定义及自由格式动态画面显示、趋势显示、弹出式报警及操作指导信息、报表打印、硬件诊断等；而且还具有配方管理及数据交换等诸多管理功能。过程控制级可以实现包括复杂控制在内的各种回路调节功能，如 PID、比值、Smith 预估等控制功能，还具有高速逻辑控制、顺序控制以及批量间歇控制功能。操作员级和过程控制级之间通过工业以太网进行数据通信,用户可根据应用的实际情况选择通信网络的传输介质和网络拓扑结构。

过程控制站的控制器与 I/O 等各种智能设备和现场仪表间,采用 Profibus、FF、CAN 和 ModBus 等国际标准现场总线进行通信。现场控制器 AC800F 支持 Profibus 等各种现场总线,可以通过 HART 协议或现场总线(Profibus-PA 和 FF 总线)与智能现场仪表间进行数据通信。

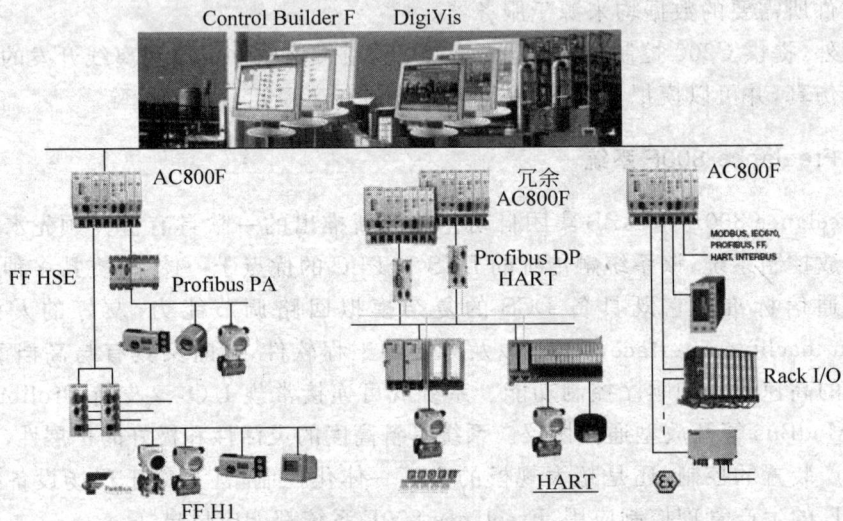

图 8.2-4　Freelance 800F 系统结构示意图

(1) 现场控制站

Freelance 800F 系统的现场控制站采用可冗余配置的 AC800F 作为现场控制器,该控制器是基于开放的国际标准现场总线技术的工业控制器,现场过程仪表可直接或者通过 Profibus I/O 经由现场总线与 AC800F 控制器进行通信。对生产过程的实时控制由 AC800F 控制器完成,程序的执行基于一个面向任务的实时多任务操作系统。

AC800F 控制器采用模块化结构设计,CPU 集成在控制器的底板上,控制器中可以插入不同的模块,如电源模块、以太网模块和符合各种应用的现场总线模块。现场总线模块支持 Profibus、FF HSE、ModBus 和用于 Rack 机架式 I/O 的 CAN 总线。现场总线和连接的 Profibus 从站完全通过 Control Builder F 工程工具组态和进行参数设置,在编程组态中无需更多的外部工具。每个 AC800F 允许插入 4 块现场总线接口卡件,每个卡件连接 1 条现场总线以采集来自总线的过程数据和诊断信息,接口卡件更换容易且即插即用,均可带电热插拔。

AC800F 提供两种类型的控制器:4MB 和 16MB 存储器的控制器,其实时操作系统可以同时运行 8 个独立周期任务,程序的最小执行周期可以达到 5ms。AC800F

控制器还带有生产操作参数的模块识别,具有完全自诊断功能,设计紧凑坚固,安装简单方便,允许运行环境温度 0~60℃,可以实现从电源到各种模块的冗余配置。

（2）I/O 模块

Freelance 800F 系统可以连接三种智能型 I/O：Rack 机架式 I/O,S800 I/O,S900 I/O。所有智能 I/O 模块均可带电热插拔,并可以预设安全值,当系统出现故障时,保持当前状态或到预设安全值,从而对现场进行保护。

Freelance 800F 系统可以通过 CAN 总线的方式来连接 Rack 机架式 I/O,Rack I/O 的循环扫描时间更快,288 个位信号可以在 2ms 内进行更新。此外,Rack I/O 还可以实现 SOE（sequence of event,事件顺序记录）功能,用以对系统故障进行追忆。

Freelance 800F 系统也可以使用 Profibus 现场总线模块连接远程分布式 I/O,即 S800 I/O 和 S900 I/O。S800 I/O 是一个全系列的分布式和模块化的 I/O 系统,通过 Profibus 与 AC800F 控制器进行通信。S800 I/O 可以在运行中在线更换模块和更新组态参数,允许安装在现场,更接近现场的传感器和执行器,这样可以通过减少铺设电缆的成本从而极大地节省系统安装成本。S800 I/O 具有很宽的连通性,既可以与 ABB 的过程控制系统通信,也可以与其他供应商的控制系统进行通信。

S900 I/O 是具有本质安全功能的智能分布式 I/O,可以直接安装在危险区域 Zone1 区和 Zone2 区。S900 I/O 系统十分坚固,容错性强,易于维护。此外,S900 I/O 系统还具有紧凑型设计的特点,并通过现场总线循环传输所有 HART 现场设备的 HART 变量、参数和诊断信息等。

（3）工程师站

工程师站通过以太网与现场控制站、操作员站及其他设备进行通信,以实现硬件编辑、现场控制站编程、现场总线智能仪表组态、操作员站组态一体化编程及调试,并对整个控制系统进行组态和维护,完成操作员站和现场控制站软件的编制。

工程师站上安装的系统软件 Control Builder F 运行在汉化的 Windows 操作系统上,通过运行软件的选择,可方便地将工程师站属性转换为操作员站属性,也可同时作为工程师站和操作员站,以便进行在线修改和调试及参数整定。

可以使用标准的 PC 作为工程师站来进行组态工作,也可以使用笔记本电脑来进行现场调试和服务。工程师站无需永久性接入系统,当组态完毕后,工程师站即可关闭。

（4）操作员站

操作员站通过以太网与现场控制站、工程师站及其他设备进行通信,实现对过程装置的操作、监视和参数记录。由于系统数据库为全局数据库,所以操作员站之间数据及画面完全可以共享,并可互为冗余热备份。

操作员站的主要任务是生产监控,即综合监视来自于过程控制级的所有信息,进行显示、报警、趋势生成、记录、打印输出及人工干预操作（发送命令、修改参数等）。操作员站上安装的系统软件 DigiVis 运行在汉化的 Windows 系统上，具有很好的人机界面。每个操作员站的容量为：

① 1 个总览显示；

② 96 个组显示（每组最少 6 个操作显示面板）；

③ 42 个趋势组显示（每组 6 个变量）；

④ 12 种记录显示（可作事件、报警、操作记录）；

⑤ 2000 个信息行；

⑥ 图形显示数量取决于硬盘容量。

2）Freelance 800F 系统的通信网络

Freelance 800F 系统通过系统总线将系统中的过程站、操作员站和工程师站连接在一起。系统总线完全依照 IEEE 802.3 以太网标准，可以使用双绞线、光纤或同轴电缆。

现场控制器 AC800F 则支持 Profibus、FF HSE、ModBus 和 CAN 总线等各种现场总线。Profibus 是目前世界上应用最广泛的开放型现场总线国际标准，分为FMS、DP 及 PA 三级，DP 通信速率可高达 12Mb/s。CAN（DIN/ISO11898 标准）总线最大的特点是它的超级坚固性和数据安全性。与智能现场仪表间的通信，则通过HART 协议或现场总线（Profibus-PA 和 FF 总线）来实现。

此外，Freelance 800F 还提供了一个 OPC 网关服务器，允许 OPC 客户端从Freelance 控制站中访问数据和报警信息等。Freelance 800F 系统中可以使用几个OPC 网关，由于 Control Builder F 工程软件支持冗余的 OPC 服务器配置，所以Freelance 800F 系统也可以实现 OPC 服务器的冗余配置。

3）Freelance 800F 系统的软件结构

（1）工程师站软件

工程师站的工具软件是 Control Builder F，简称 CBF。CBF 是集组态（包括硬件配置、控制策略、人机接口等组态）、工程调试和诊断功能为一体的工具软件包，用来完成对现场控制站、操作员站和现场总线设备的组态和管理。CBF 采用统一的系统全局数据库和强大的交叉参考工具，不仅能方便地完成自动化组态，而且是一个高性能的过程调试工具。Freelance 800F 系统过程控制所需的各种控制算法和策略都是由 CBF 来组态的，并采用图形化的组态方法。

CBF 的编程语言严格遵守 IEC61131-3 国际标准，并支持该标准中的全部五种编程语言：功能块图 FBD（function block diagram）、梯形图 LD（ladder diagram）、顺序功能图 SFC（sequential function chart）、指令表 IL（instruction list）和结构化文本 ST（structured Text）。其中，前三种编程语言是图形化编程语言，后两种是文本化编程语言。CBF 还具有高性能的图形编辑功能。

CBF 提供的多种功能块库适用于各种自动化编程需求，支持用户自定义功能块功能，并可实现功能复用技术，来提高复杂项目的编程效率。可以通过直接导入GSD 文件方式对 Profibus 设备进行组态，也可以通过 FDT/DTM 技术，来集成

Profibus 现场总线设备,可直接对现场总线设备进行组态和参数设置。

（2）操作员站软件

操作员站软件采用具有信息集成能力的 DigiVis。DigiVis 的功能包括图形显示、数据监视、系统状态显示、趋势归档、记录、过程及系统报警、报表、操作指导、下达控制指令、系统诊断等。

DigiVis 使工厂不同角色人员,如操作员、过程工程师、系统工程师和维护工程师等,使用统一平台访问各自所需要的不同角度信息,提高他们的决策效率。同时系统提供多种级别和用户管理权限实现安全访问控制。

DigiVis 软件的系统信息采用层次化分布方式,使操作清楚迅速;可对变量直接进行快速搜索;采用统一信息概念、清晰的信息显示和操作员提示。DigiVis 的图形显示包括自由图形显示和标准显示,能够实现总貌显示、组显示、仪表面板显示、顺序功能图 SFC 显示、设定值曲线显示、趋势显示、报警信息列表显示、操作员提示列表显示、系统诊断显示等各种显示功能。

DigiVis 还可以实现双屏显示功能,只通过 1 套 DigiVis 计算机,1 套鼠标和 1 套键盘,就可以在 2 个显示屏幕上显示不同的监控画面,使得对过程的监控更加全面和快捷。

3. XDPS-400⁺ 系统

XDPS-400⁺（XinHua distributed processing system,XDPS）新华分布式处理系统,是新华公司于 20 世纪 90 年代早期推出的基于过程控制和企业管理为一体的新一代集散控制系统。XDPS-400⁺ 是一个融计算机、网络、数据库、信息技术和自动控制技术为一体的工业信息技术系列产品。系统的开放式结构、模块化设计、合理的软硬件功能配置和易于扩展的特点,使得系统在工业自动化领域,尤其是电力系统中得到了广泛的应用,如电站的分散控制、电厂调度和管理信息系统、变电站监控、电网自动化等。

XDPS-400⁺ 是国产 DCS 中所占市场份额较大的一类 DCS 系统,尤其是在电力行业（火电和水电）应用最为广泛。XDPS-400⁺ 系统最大的特点是系统的开放性,硬件、软件与通信都采用了国际标准或主流工业产品,构成了开放的工业控制系统。XDPS-400⁺ 系统结构合理,网络结构先进,控制软件丰富;人机系统接口设计美观大方;工程设计及维护工具灵活;能够适应多种过程的监控和过程管理,有着非常广泛的应用领域。

1）XDPS-400⁺ 系统的硬件结构

XDPS-400⁺ 系统采用环型冗余以太网构成实时通信网络（A 网和 B 网）,将分布式处理单元 DPU（distributed processing unit）、操作员站 OPU（operate processing unit）、工程师站 ENG（engineer unit）和历史数据站 HSU（historical store unit）等设备连接起来,组成集散控制系统。

XDPS-400⁺ 通过冗余的实时通信网络,周期性地广播实时信息以及各种计算中间量。通信协议符合 ISO/OSI 参考模型,数据链路符合 IEEE 802.3 标准,介质访问控制方式为 CSMA/CD,网络通信速率为 10Mb/s、100Mb/s。此外,系统还配置了一路采用 TCP/IP 通信协议的以太网作为信息网络(C 网),传输各种文件型的数据以及管理信息,可以方便地实现与其他系统的连接。

XDPS-400$^+$ 系统的体系结构如图 8.2-5 所示。

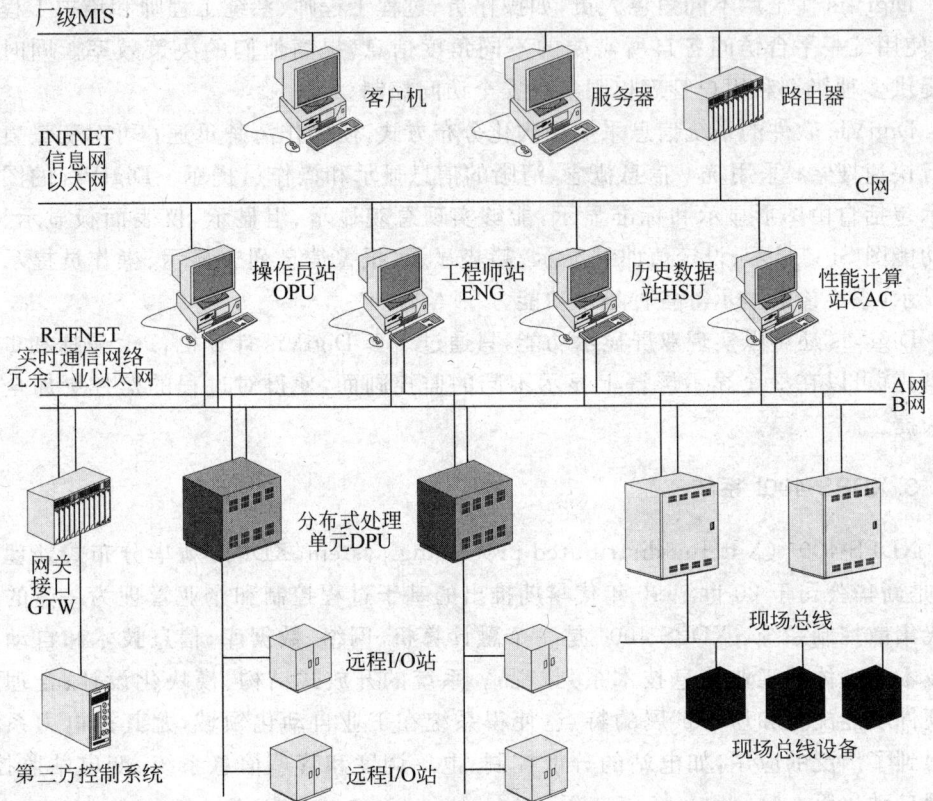

图 8.2-5　XDPS-400$^+$ 系统的网络体系结构图

(1) 分布式处理单元 DPU

DPU 为过程控制站,以工业控制主机为基础,是过程控制单元的核心。DPU 通过实时通信网络与其他 DPU、OPU、ENG 站点连接,提供双向信息交换,实现多种先进控制策略,完成数据采集、模拟调节、顺序控制、专家指导及用户的一些特殊要求。

DPU 是一个独立的工业控制计算机,主要由高性能处理器、高速通信通道、高精度的 GPS 时钟定时器、大容量的数据存储器、高性能的 I/O 总线及专用的 DPU 切换模件等组成。主控制器采用 400MHz 32 位处理器,可以执行各种实时任务的调度和运算。

DPU 具有高速、高可靠性、负载能力强等特点。每个 DPU 均有两个独立的网络通信接口,通信速率达 100Mb/s,与实时通信网络连接,实现数据的广播和接收。

每个 DPU 最大可以同时挂载 8 个 I/O 站,每个 I/O 站最大管理 12 个 I/O 模件;DPU 与 I/O 站之间采用高速 I/O 总线连接,速率达 10Mb/s,I/O 站与 I/O 模件通过硬件电路以并行方式进行通信。

DPU 可冗余配置,冗余 DPU 之间配有专用的双机切换模件,随时观察、诊断 DPU 的各种工作状况,确定 DPU 的主、副控制器状态等。由于采用硬件逻辑进行数据跟踪切换,因此,可以确保 DPU 工作的快速性和无扰切换。

(2) I/O 模块

I/O 模块用于连接现场过程变量,完成现场数据的实时监测与控制输出。XDPS-400$^+$ 系统的过程 I/O 由 I/O 模块和端子板组成,所有的 I/O 模块都插在 I/O 站导轨箱的总线插槽内,卡件的电源和通信由总线完成。现场信号的输入与输出与 I/O 模块的连接是通过插座转接后的端子板进行的。

XDPS-400$^+$ 系统提供了各种过程变量的 I/O 连接能力,提供的 I/O 模块包括常规过程 I/O 模块和特殊 I/O 模块。常规过程 I/O 模块有四种:模拟量输入 AI、模拟量输出 AO、数字量输入 DI 和数字量输出 DO 模块。模拟量输入时,根据端子板的不同,接受不同类型的信号,如 mA、电压、热电阻、热电偶或 0~100V AC 交流信号等。为了满足特殊场合的使用要求,XDPS-400$^+$ 还提供了几种特殊的 I/O 模块,如回路控制模块、备自投控制模块和自动准同期控制模块等,以满足特殊用户的需求。

XDPS-400$^+$ 系统的 I/O 模块具有很多优良的特色:I/O 模块与 I/O 站控制板之间通过并行总线传递信息,在出/入口均有隔离措施,从而保证模块故障时的隔离能力;具有 I/O 模块信号的预置值功能,当 I/O 模块出现故障时,输出到现场的控制信号会根据预先的设置保持在设定值上。此外,可实现通道级的自诊断功能,并支持带电热插拔和模块冗余功能,维护性好。

(3) 工程师站 ENG 和操作员站 OPU

XDPS-400$^+$ 系统的所有 OPU、ENG 等通称为人机接口站 MMI(man machine interface),采用常规高性能的 PC 工作站或 PC 服务器。MMI 站为组态开发、过程监视、控制、诊断、维护、优化管理等各个方面提供强有力的支持和运行界面,可以使用户直接实时地获得生产过程的运行数据,安全有效地进行整个过程的控制和管理。

工程师站与操作员站配置相同,ENG 和 OPU 的功能是通过监控软件包的授权来实现的,通过不同级别的授权,任何一个 MMI 站均可实现操作员站和工程师站的功能。

XDPS-400$^+$ 系统将 MMI 站的级别分为四种:OPU、SOPU、ENG、SENG。其中,OPU 只能进行画面监控;SOPU 除了画面监控外,还具有组态中修改功能块参数的权限;ENG 则具有对 DPU 进行组态、操作等功能,如控制程序的生成、调试和维护,监控画面的设计等;SENG 则在 ENG 权限的基础上,还有上下装文件的权限,并可对 DPU 软件进行升级。

2) XDPS-400$^+$ 系统的通信网络

XDPS-400$^+$ 系统具有强大的网络通信能力,网络拓扑结构有总线型、星型和光纤环网三种配置方式。系统主要的通信网络可以分为以下几个部分：实时通信网络 RTFNET，负责实时信息的广播，报警和设备状态的通告等，是系统的实时主干网络；信息网 INFNET，采用快速以太网技术，负责非实时信息的传递；I/O 总线，负责 DPU 和 I/O 站之间的数据通信；FIO 总线，负责 DPU 与远程 I/O 站之间的数据通信；FCS 网络，负责 RTFNET 实时主干网络与远程控制站之间的数据通信。

(1) 实时通信网络(RTFNET)

RTFNET 用于连接 XDPS-400$^+$ 系统中的 DPU、OPU、ENG 和 HSU 等网络节点，是系统的核心主干网络，具有冗余、容错等特征，具有可靠的数据通信性能。RTFNET 采用快速以太网技术构建，采用工业级的以太网交换机，传输介质采用多模光缆，通信速率为 100Mb/s。在 RTFNET 网络上，两个节点间的最大通信距离可以达到 2km。

RTFNET 在物理上是一个环形网，在逻辑上是一个总线网，两套环网同时工作，互为冗余，不存在网络切换时间，每个环上的各部件都独立工作。两套冗余的网络大大提高了系统网络的可靠性。由于采用光缆连接，RTFNET 非常适合地理位置分散而需集中监控的分布式控制场合。

(2) 信息网络(INFNET)

INFNET 采用单网配置，连接 OPU、ENG、HSU 等网络节点，提供快速高效的信息传递通道，用于操作系统支持的文件及打印共享等服务。在 XDPS-400$^+$ 系统中，信息网又称为 C 网，通过路由器与厂级 MIS 网进行连接。

INFNET 是 XDPS-400$^+$ 系统网络架构中不可或缺的一部分，采用快速以太网技术，主要作用是将实时数据和非实时数据进行分流，并承担系统维护任务，将所有 MMI 站点的资源进行共享。INFNET 传输速率可以高达 100Mb/s，是各 MMI 站相连的网络通道，并可大大降低 RTFNET 上的通信负荷。

3) XDPS-400$^+$ 系统的软件结构

XDPS-400$^+$ 系统的软件主要由以下几部分软件构成：工程师站软件、操作员站软件、历史数据站软件、DPU 软件和 GTW 网关软件。下面主要介绍工程师站软件和操作员站软件。

(1) 工程师站软件

工程师站软件主要是进行系统组态，完成系统的网络设置、全局点目录组态、DPU 控制策略组态、MMI 画面生成、报表生成、历史数据和日志记录的组态等，并可以对系统进行在线调试和维护。XDPS-400$^+$ 系统的组态软件包括过控监控组态软件包(DPUCFG)和监控画面生成软件包(MAKER)。前者用来组态控制策略，后者用于监控画面的生成。

DPUCFG 是一个综合性的控制软件包，集 I/O 定义、系统控制策略组态、仿真、调试、文档资料管理等于一体。通过 DPUCFG，用户可以完成对 DPU 的离线组态、在线调试和控制程序修改、组态文件保存等任务。DPUCFG 软件包可将离线组态进行存档，并利用 VDPU 功能进行仿真，也可将组态文件下装到 DPU 中进行实际运行。

MAKER 是组态流程图的工具软件。XDPS-400⁺ 系统的图形以其特有的格式，按紧凑的二进制文件存放。通过图形生成软件，用户可在一幅图中生成多种目标对象，如静态对象、动画连接对象和特殊对象等。

（2）操作员站软件

操作员站软件主要是为操作人员提供布局合理、界面友好的监控窗口，从而实现对生产过程进行监测与控制，实现图形显示，进行报表查询和打印等功能。

在 XDPS-400⁺ 系统中，通过操作员站软件，用户可以实现以下功能：流程画面显示，包括厂级画面、模拟流程图等；监控面板，包括手自动切换、按钮、联锁等功能；过程参数的成组显示；过程变量的棒图显示；实时和历史趋势曲线显示；主要工艺流程点的单点显示；报警状态显示和确认，报警记录查询；数据总览；系统自诊断信息的显示等。

4. 其他 DCS 系统

1）I/A Series（Foxboro 公司）

I/A Series（intelligent automation series）是 Foxboro 公司于 1987 年推出的一款智能自动化系列的开放式分散控制系统，网络通信符合国际标准化组织 ISO 提出的开放系统互连参考模型 OSI，该系统可以实现与标准以太网、ATM 网等的数据通信。

I/A Series 系统的通信网络由四层模块化网络组成：工厂信息网、主干信息网 LAN、节点总线和现场总线，可以方便地实现和厂级信息网络的集成。I/A Series 具有模件式结构，采用两类过程控制装置：一类是控制处理器和现场总线模件相结合的方式。另一类是直接采用现场总线模件，用 PC 和集成控制组态软件完成控制功能。集成控制组态软件把常规控制、顺序控制和批量控制集成在一个环境中，它的控制功能能够相互结合，组态灵活方便。

2）CENTUM CS 3000（Yokogawa 公司）

横河公司自从 1975 年推出其第一套集散控制系统 CENTUM 之后，在三十几年的时间里，先后推出了 YEWPACK、CENTUM XL、μXL、CENTUM CS、CENTUM CS 1000 等集散控制系统，并于 1998 年推出了 CENTUM CS 3000 综合生产控制管理系统。

CS 3000 采用开放型控制总线 Vnet/IP，基于 Windows XP 操作系统，支持 OPC 等开放软件。在网络协议上，支持 Ethernet、FF、Profibus、RS-232C、RS-485 和 ModBus 等标准网络和接口，并能实现开放的网络状态监测。CS 3000 能实现横向的连续反馈控制、断续顺序控制以及纵向的操作、优化、分析、管理和计划功能，具有简捷开放的组态方式、清晰高效的操作界面、快速简单的维修技术和简捷的远程登录功能。CS 3000 支持各个层面上的系统冗余，现场控制站可以支持四个 CPU，成对热备、冗余容错技术，可以达到快速的无扰切换。

3）PCS 7（Siemens 公司）

PCS 7（process control system）是西门子公司推出的全集成自动化系统，采用工业以太网和 Profibus 现场总线等通信技术。下位控制站采用西门子冗余的 S7 400H，通过 ET200 分布式 I/O 实现和现场设备的数据交换。上位监控系统采用 WinCC 过程视窗组态软件，并集成有多种现场设备的显示功能。

PCS 7 既具有强大的回路控制能力，又具有逻辑控制、顺序控制等功能。采用现代化的分布式客户机/服务器体系结构，在各个层级上均支持冗余功能，能够提高可靠性。所有 I/O 模块支持热插拔（运行期间模块的插入和拆卸）功能，并可在运行期间进行系统的扩展和参数的修改，针对危险区域的 I/O 模块可以确保在本安要求的场合安全使用。PCS 7 可以广泛地应用到过程控制、制造工业和混合工业，并能方便地和 MES/ERP 级进行信息集成。

8.2.7　DCS 的局限性及发展趋势

早期的 DCS，无论是在控制方式，还是信息集成方面，都具有一定的缺陷。虽然 DCS 具有管理信息集中和危险分散的特点，但其控制站往往同时承担几十个回路的控制任务，一旦出现故障，和这几十个回路相关的工艺过程将失去控制。因此，从严格意义上来说，DCS 还没有做到真正意义上的分散控制。此外，在信息集成方面，由于大多数 DCS 采用专用私有网络，导致各 DCS 之间，DCS 和厂级信息网络之间的信息集成变得异常困难，这对于实现管控一体化的信息系统是一个巨大的障碍。

为此，各 DCS 厂商纷纷改进产品特性，增加系统功能。随着通信技术的发展，当前 DCS 主要向信息化、集成化和分散化等方向发展。

1. 信息化

随着企业对信息需求的不断增加，各 DCS 在信息化方面都增加了很多功能，如设备管理和智能维修功能、能源管理功能、统计分析和质量管理功能等。这些功能都需要系统能够提供更多的现场设备信息，并能够根据一定规则对系统的各类信息进行处理。

2. 集成化

系统集成是越来越受到重视的一项工作，尤其是与厂级管理信息系统（management information system，MIS）、制造执行系统（manufacturing executive system，MES）和企业资源计划（enterprise resource plan，ERP）系统的集成，这是企业实现综合自动化管理的基础。

3. 分散化

通过集成现场总线技术，将控制功能进一步分散到现场设备中，从而进一步提高系统的可靠性。近年来,随着现场总线技术的成熟和在现场的成功应用,现场总线网络已经逐渐进入 DCS 中,从而导致 DCS 的体系结构发生很大变化。现场总线的引入,使得常规 1 : 1 的模拟信号连接方式改变为 1 : n 的数字网络连接;同时在控制方式上,可以将一部分控制功能下放到现场的变送器或执行器上进行,从而实现更加彻底的分散控制。具有现场总线的集散控制系统,其典型的体系结构如图 8.2-6 所示。

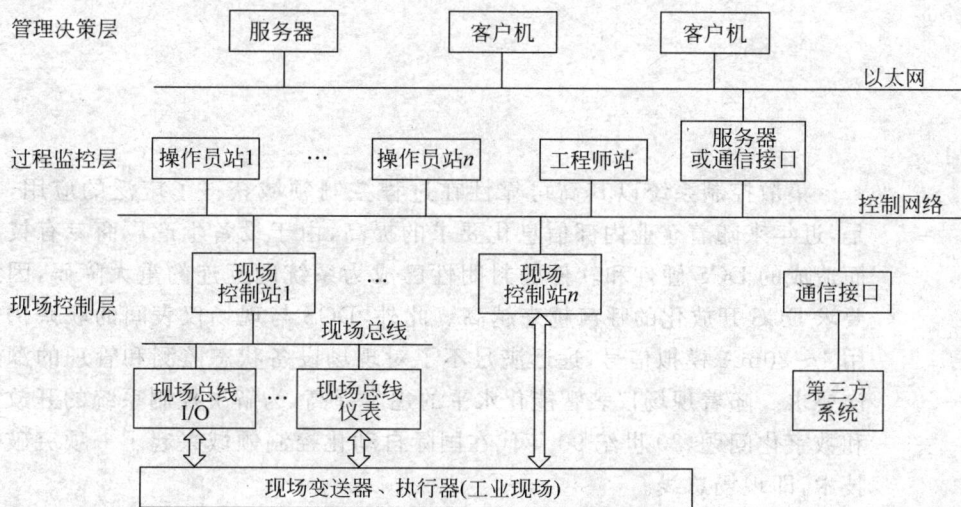

图 8.2-6　采用现场总线技术的 DCS 系统的体系结构图

习题与思考题

8-1　由表 8.1-2 可以看出,在 YS1700 控制仪表中,控制周期与允许计算时间之间的差是常量,试解释这是为什么?

8-2　试比较可编程数字调节器与模拟式调节器相比,具有哪些特点。

8-3　试述可编程调节器 YS1700 软硬件的基本组成,以及工作原理。

8-4　可编程调节器 YS1700 中的 PID 控制类型主要有哪几种? 各有哪些用途?

8-5　在什么情况下,YS1700 进入异常运行方式? 说明这一运行方式的工作情况。

8-6　试述 YS1700 主要有哪几种通信模式? 其通信协议可实现哪些数据的传输?

8-7　典型 DCS 系统一般由哪几层组成? 各层的主要功能是什么?

8-8　一般 DCS 系统可以做到哪些冗余方式?

8-9　一般 DCS 系统的现场控制站主要由哪几部分组成?

8-10　简述 DCS 的发展趋势。

第9章 现场总线控制系统

集散控制系统以其高可靠性在过程控制领域获得了广泛的应用,但是,近年来随着企业内部信息化要求的提高,由于设备生产厂商专有技术而造成的 DCS 硬件和软件的封闭性已成为系统间互连的重大障碍,因此要求 DCS 开放化的呼声越来越高。此外,DCS 与现场仪表间的联系仍采用 4~20mA 模拟信号,远远满足不了对现场设备状态监测和管理的深层次要求。随着现场仪表智能化水平的逐步提高,为解决控制系统的开放化和数字化问题,20 世纪 90 年代在国际自动化控制领域兴起了一项突破性技术,即现场总线。

现场总线技术集网络技术、通信技术、计算机技术、智能化仪表技术和自动控制技术之大成,组成双向、多节点、全数字的开放式通信系统。现场总线控制系统位于 PCS 网络结构的底层,并直接与过程控制对象相连接。

那么什么是现场总线呢?根据 IEC 61158 定义,现场总线(fieldbus)是"安装在生产过程区域的现场设备/仪表与控制室内的自动控制装置/系统之间的一种串行、数字式、多点通信的数据总线"。或者说,现场总线是以单个分散的、数字化、智能化的测量和控制设备作为网络节点,用总线相连接,实现相互交换信息,共同完成自动控制功能的网络系统与控制系统。其中,"生产过程"应包括间歇生产过程和连续生产过程两类。现场设备/仪表指位于现场层的传感器、变送器、执行机构等设备。因此,现场总线是面向工厂底层自动化及信息集成的数字化网络技术。基于这项技术的自动化系统称为现场总线控制系统 FCS(fieldbus control system)。

现场总线技术与传统的 4~20mA 模拟传输技术相比,其优势是明显的。首先,双向数字通信使我们不仅可以从现场设备读取大量实时信息,而且可以根据需要,实现远程组态与维护;其次,现场总线的网络化结构可大大节省连接电缆,降低安装费用;此外,传统控制器中的标准功能,如PID 控制算法、输入输出处理等,均可在现场总线设备中完成,使控制功能比 DCS 更加分散,可减少硬件设备,降低控制系统的总成本;最后,现场总线设备的一致性与可相互操作性,保证了现场总线系统的开放性,及在数字通信条件下,来自不同厂商设备的互换性。这里,一致性是指与现场总线国际标准的一致。

　　下面首先介绍自动化仪表通信技术的发展概况,在此基础上,介绍最常用的HART通信技术、基金会(FF)现场总线技术及基于现场总线技术构造控制系统的方法。

9.1　自动化仪表通信技术概述

9.1.1　自动化仪表间信号传输标准的发展

　　自动化仪表作为一类专门的仪表,最早出现于 20 世纪 40 年代,当时由于石油、化工、食品加工、电力等工业对自动化的需要,人们设计实现了能够实现各种测量、记录、调节等功能的自动化仪表。图 9.1-1 给出了自动化仪表不同发展阶段的信号传输标准以及相关仪表的基本特征与功能。

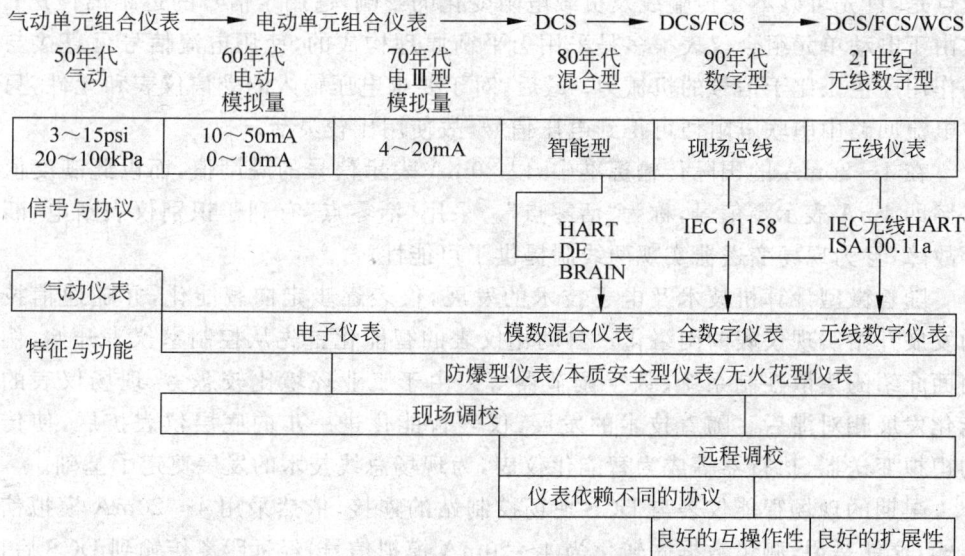

图 9.1-1　自动化仪表及其信号传输标准的发展过程

　　自动化仪表按照能源的种类,可分为电动、气动、液动等仪表。其中,气动仪表出现的比电动仪表早,而且价格便宜、结构简单,特别对石油化工等易燃易爆的生产现场,具有本质性的安全防爆性能,因而在相当长的一段时间里,一直处于优势地位。为了实现不同厂家生产的各种类型气动仪表的互连,国际上普遍采用 3~15psi(或 0.2~1.0kg/cm²)的气动联络信号(这里,psi=pounds per square inch,磅/平方英寸)。

　　自 20 世纪 60 年代起,由于电动仪表的晶体管化和集成电路化,控制功能日益完善,在使用低电压、小电流时,可在电路上及结构上采取严密措施,限制进入易燃易爆场所的能量,从而保证在生产现场不会发生足以引起燃烧或爆炸的"危险火花"。这样,限制电动仪表使用的一个主要障碍被扫除,电信号比气压信号在传送和处理上的优越性就能得到充分的发挥。气压信号传递速度慢,传输距离短,管线安装不便。相比之下,电信号传输、放大、变换、测量都比气压信号方便得多,特别是电动仪表容易和工业控制计算机配合使用,实现生产过程的全盘自动化,因此,电动仪表取得了压倒的优势。

在我国,20 世纪 60 年代开始生产的以电子管和磁放大器为主要放大元件的DDZ-Ⅰ型仪表及 70 年代以晶体管作为放大元件的 DDZ-Ⅱ型仪表中采用 0~10mA直流电流作为标准信号;而在 80 年代以线性集成电路为主要放大元件、具有安全火花防爆性能的 DDZ-Ⅲ型仪表则是采用国际电工委员会(IEC)于 1973 年 4 月通过的国际统一的 4~20mA 直流电流作为标准传输信号。

采用直流信号作为联络信号的优点是传输过程中易于和交流感应干扰相区别,且不存在相移问题,可不受传输线中电感、电容和负载性质的限制。采用电流制的优点是,首先可以不受传输线及负载电阻变化的影响,适用于信号的远距离传送;其次由于电动单元组合仪表很多是采用力平衡原理构成的,使用电流信号可直接与磁场作用产生正比于信号的机械力;最后,对于要求电压输入的受信仪表和元件,只要在电流回路中串联电阻便可得到电压信号,故使用比较灵活。

在 4~20mA 的国际传输标准中,以 20mA 表示信号的满度值,而以此满度值的20%即 4mA 表示零信号,称为"活零点"。采用"活零点"有利于识别仪表断电、断线等故障,且为现场变送器实现两线制提供了可能性。

随着微型计算机技术及电子技术的发展,仪表逐步走向智能化,并随通信技术的发展开始实现仪表的网络化。自动化仪表的智能化首先从控制室仪表开始,例如前面介绍的集散控制系统、数字调节器等。由于工业环境比较恶劣,现场仪表的智能化发展相对滞后。随着技术的发展,仪表智能化进一步向底层仪表扩展,使传统的模拟变送器、执行器等成为智能化仪表,为现场总线技术的发展奠定了基础。

早期的现场智能仪表与 DCS 现场控制站的连接,依然采用 4~20mA 模拟信号传输,这就是说,测量数据先转化为 4~20mA 模拟信号,经远距离传输到 DCS 后,还要在 DCS 输入通道内做 A/D 转换。上述过程不可避免地会引入误差,降低检测与控制的精度。另外,现场仪表内部的大量信息有待与上位计算机进行交互,而仅仅依靠 4~20mA 的单变量传输是远远不能满足要求的。

在上世纪 80 年代中期,人们尝试在 4~20mA 模拟信号之上叠加调制的数字信号,使现场与控制室之间的连接由模拟信号过渡到数字、模拟混合信号的传输方式,该技术一般称作 Smart 传输技术;包含有模拟 4~20mA 和数字通信混合电路的数字仪表设备通常称作"智能(Smart)设备"。当然,数字通信必须建立统一的协议标准,截至目前,使用最普遍、最有代表性的就是 HART 协议,9.2 节将专门对 HART协议进行介绍。Smart 传输技术有效解决了现场智能仪表的多变量传输问题,但另一方面,从通信技术的角度来看,Smart 通信运行在 4~20mA 传输线上,采用不平衡传输线,只能工作在相对较低的数据传输速率上,例如 1200b/s;因此,更加适合用于远程维护与标定。

事实上,人们已经看到将完全数字化的网络通信技术引入工业现场是自动化仪表发展的必然趋势,因此都投入大量资金和人力开展研究。其中,问题的关键是能否制订出一个统一的通信协议标准,使来自不同厂家的设备具有可相互操作性。经过漫长的历程,20 世纪 90 年代以基金会现场总线 FF H1 为典型代表的现场总线传输标准最终作为各方接受的国际标准诞生了。

现场总线控制系统(FCS)是继集散控制系统(DCS)之后的新一代控制系统,是过程控制领域的一个重要分支,但它不会完全取代 DCS。正如 CENTUM CS3000 中看到的那样,DCS 与 FCS 的混合式结构可以满足大多数系统的控制需求。

随着无线通信技术的发展,在 21 世纪初工业无线网络通信技术也开始兴起,它是一种面向设备间信息交互的无线通信技术,是对现有工业通信技术在工业应用方向上的功能扩展和提升。我们相信,工业自动化无线网络(wireless networks for industrial automation)技术也将引发传统工业测控模式发生新的变革,引领工业自动化系统向着低成本、高可靠、高灵活的方向进一步发展。

正如当初 4～20mA 标准极大促进了仪表工业的发展,包括现场总线以及无线网络通信技术在内的新的网络通信标准也正在带来仪表工业的又一场革命。

9.1.2　开放系统互连参考模型

ISO/OSI(open system interconnection)参考模型是国际标准化组织 ISO 为实现把开放系统(即为了与其他系统通信而相互开放的系统)连接起来,而于 1978 年建立起来的分层模型,1983 年成为正式国际标准(ISO7498),它是包括现场总线在内大多数计算机通信系统开发所共同参照的一个基本模型。ISO/OSI 参考模型提供了概念性和功能性结构,该模型将开放系统的通信功能划分为七个层次,即物理层、数据链路层、网络层、传输层、会话层、表示层与应用层,如图 9.1-2 所示。其中,1～3 层用于网络链接,4～7 层提供从源到目标"端到端"的、与网络无关的传输服务。由于 2～7 层大都由软件来实现,因此通常称作"通信栈"。

ISO/OSI 通信参考模型每层的功能是独立的,它利用其下一层提供的服务并为其上一层提供服务。这里,所谓"服务"就是下一层为上一层提供的通信功能和层之间的会话规定,一般用通信服务原语实现。两个开放系统中的同等层之间的通信规则和约定称为"协议"。在每一层中依照协议实现服务功能的软件或硬件通常称作通信"实体(entity)"。

一个报文(message)是由若干个字符组成的完整的信息。一般说来,直接对冗长的报文进行传输、检错和纠错,不但原理和设备十分复杂,而且效率很低,往往无法实际采用。因此,通常把报文按照一定要求分块,每个代码块加上一定的头部信息,指明该代码的源和目的地址,属于哪个报文,是该报文的第几块代码,是否属于报文的最初或最后一块代码等。这样的代码块称为包或分组(packet)。在相邻两节点之间(或主机与节点间)传输这些包时,为了差错控制,还要加上一层"封皮",就构成了帧(frame)。这层封皮分头尾两部分,把包夹在中间。当帧从一个节点传到下一个节点后,帧的头尾被用后取消,包的内容原封不动。若收到帧的节点还要把该包传到下一节点,就另加上新的头尾信息。其中,帧是数据链路层的传输单位,网络层则负责包的传输,而传输层以上则涉及端到端的传输,处理的是完整的报文。

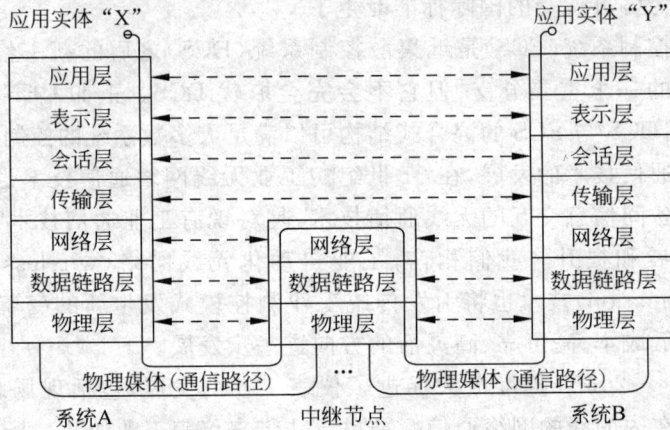

图 9.1-2　OSI 参考模型

考虑到 ISO/OSI 参考模型过于复杂,而工业控制网络对实时性、可靠性等又有特殊的要求,因此工业控制大都采用简化的 ISO/OSI 参考模型,即仅仅采纳其中的物理层、数据链路层及应用层,而将省略的各层中的必要功能通过其他机制并入第二层及第七层,即形成包括:物理层(PHY)、数据链路层(DLL)、应用层(APL)在内的典型三层结构。对于主站一级网络,由于通信距离远、涉及地域广,因此除了上述三层外,一般还包括网络层和传输层。

ISO/OSI 参考模型为异种计算机互连提供一个共同的基础和标准框架,并为保持相关标准的一致性和兼容性提供了一个共同的参考。

9.1.3　信号传输的调制解调技术

当我们想要通过一条模拟线路(如 4～20mA 双绞线、公用电话线、无线网络)将数据从主设备(或一台计算机)传输到现场设备(或另一台计算机)时,数据开始是数字的,但是由于模拟线路只能传输模拟信号,所以数据必须首先进行转换。数字信号"0"和"1"被处理成两种看起来完全不同的模拟信号,以实现数字信号的模拟编码。调制的基本思想是把数字信号的"0"和"1"用某种载波(正弦波)的变化表示;解调是将被调制的信号从载波上取出。能完成这种数字模拟编码或解码的硬件就是我们常说的调制解调器(modem)。

数字-模拟编码主要包括:幅移键控(ASK,调整幅度)、频移键控(FSK,调整频率)、相移键控(PSK,调整相位)。图 9.1-3 给出了以上三种编码的概念性描述。

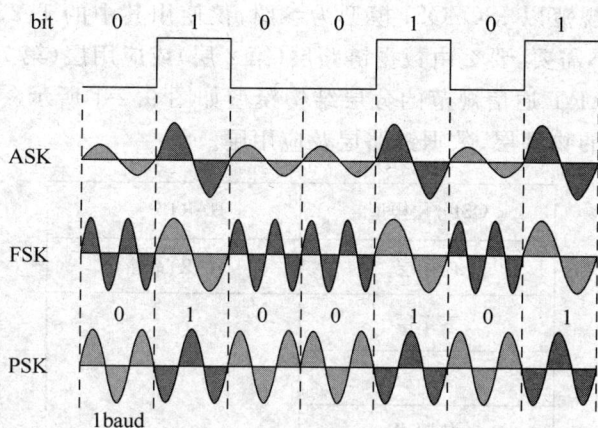

图 9.1-3　数字模拟调制解调的三种方式

　　在幅移键控(ASK)(调整幅度)编码技术中,通过改变信号幅度的强度来表示二进制 0、1,而振幅改变的同时频率和相位则保持不变。哪个电压代表 0,哪个电压代表 1 则由系统设计者决定。比特时延是表示一个比特所需的时间区段。在每个比特时延中信号的最大振幅是一个常数。

　　频移键控(FSK)(调整频率)编码是通过改变信号的频率来表示二进制 0 或 1。在每个比特时间延迟中信号的频率是一个常数,而且其值依赖于所代表的比特值(0 或 1),而振幅和相位都不变。FSK 避免了 ASK 中的噪声问题。因为接收方是通过在给定时间段内的具体频率变化来识别比特值,所以它能忽略尖峰脉冲。FSK 技术的限制因素就是载波的物理容量。HART 协议采用的就是 FSK 编码方式。

　　在相移键控(PSK)(调整相位)编码中,通过改变信号相位来代表 0 或 1。最大振幅和频率都不改变。例如,如果我们开始用相位 0° 来表示二进制 0,则我们就可以把相位改到 180° 来表示二进制 1。在每个比特时延中信号相位是依赖于所代表的比特值(0 或 1)。

　　下面介绍在自动化仪表中影响非常广泛的两种数字通信技术,即 HART 与基金会现场总线通信技术。

9.2　HART 通信技术

　　可寻址远程变送器(传感器)高速数据通道通信协议,简称"HART(highway addressable remote transducer)"协议,是美国 Rosement 公司于 1985 年推出的一种用于现场智能仪表和控制室设备之间的通信协议。在 HART 协议通信中,主要的变量和控制信息由 4～20mA 传送,在需要的情况下,另外的测量、过程参数、设备组态、校准、诊断信息通过 HART 协议访问。HART 装置提供具有相对低的带宽,适度响应时间的通信,经过多年的发展,HART 技术在国内外已经十分成熟,该协议目前已向所有用户开放,并已成为全球智能仪表的工业标准。

HART 通信规范以 ISO/OSI 模型为参照,仅使用其中的 1、2、7 三层;3～6 层提供的服务要么不需要,要么由数据链路层(第 2 层)或应用层(第 7 层)提供,因此保持为空。具体 HART 通信规范的分层结构模型如图 9.2-1 所示。下面来分别介绍 HART 通信协议的物理层、数据链路层及应用层。

OSI分层模型	HART分层
应用层	HART命令
表示层	
会话层	
传输层	
网络层	
数据链路层	HART协议规则
物理层	Bell 202

图 9.2-1   HART 协议实现的 OSI 参考模型

9.2.1   HART 通信物理层

HART 协议采用基于 Bell 202 标准的 FSK 频移键控信号,在低频的 4～20mA 模拟信号上叠加幅度为 0.5mA 的音频数字信号,进行半双工的双向数字通讯,数据传输率为 1200bit/s,如图 9.2-2 所示。传输一个周期的 1200Hz 频率时,表示一个逻辑"1";传输二个周期的 2200Hz 频率时,表示一个逻辑"0"。由于叠加在直流上的双频率(1200Hz 和 2200Hz)正弦波信号的平均值为零;而且其频率范围已经超出大多数模拟仪表输入通道内低通滤波的通频带范围,因而 HART 信号对 4～20mA 模拟信号没有影响,这是 HART 通信标准重要的优点之一。HART 协议通信传输媒介可使用一般仪表级的双绞线电缆,传输距离一般可达 1500m,因此完全可以用智能化的设备去代替纯模拟设备。

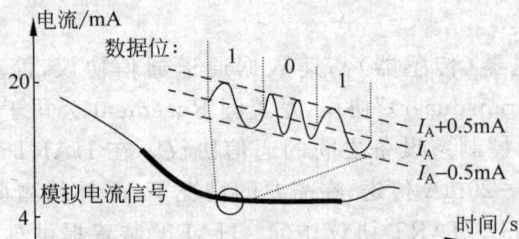

图 9.2-2   HART 信号中数字信号(Bell 202)与模拟信号的叠加

HART 协议规定：主设备(如主控制系统、手持终端等)直接发送电压信号；而现场(从)设备发送电流信号，是通过快速地改变它们的电流消耗来实现信号调制的，电流信号通过回路负载电阻被转换成对应的电压信号。

HART 网络在现场设备与供电电源之间至少要有 230Ω 以上的阻抗，包括电缆电阻在内，电流回路总的负载一般限定在 230～1100Ω 之间，上限由电源输出功率限制。当然，在多数场合下，在电流回路中不必加入 230Ω 电阻，因为许多记录仪、指示仪、单回路调节器和 I/O 子系统的输入端都已经加了一个 250Ω 的负载电阻。该阻抗具有两个作用：一是防止直流电源将交流信号短路；二是作为通信信号的负载。当 FSK 电流通过这个阻抗时，产生一个至少 0.25V 的峰-峰值交流压降；网络上所有设备拾取这个交流电压，并对其有足够的敏感度，即使在线路上有信号衰减时也能够收到。显然，发送 HART 信号是通过电流，接收则是通过电压；如果在回路中没有足够的阻抗，那么电压将会小到难以检测，并导致通信失败。

9.2.2　HART 通信数据链路层

数据链路层控制着一个设备在什么时候及能够多长时间获取对网络的访问，以避免因两个或者多个设备在同一时间发送报文时发生冲突，这属于总线仲裁的范畴。此外，数据链路层还包括寻址功能，这个功能保证了报文能够到达期望的接收方。当然，数据链路层还负责检查数据传输错误。

1. HART 设备类型

HART 协议是一个比较简单的协议，主要是以主从方式运行，任何通信活动都首先由主设备发起。HART 协议将所有的设备分为三类：主设备(master)、从设备(slave)及成组设备(或称为猝发模式从设备)。其中，"主设备"负责初始化、发起和终止与从设备(或成组设备)的交互。HART 允许在同一通信链路中同时使用两种主设备，分别是初级(或称基本)主设备(primary master)和次级主设备(secondary master)。一般初级主设备是一个系统主站(host)即控制系统，而次级主设备是手持的组态工具，如膝上电脑或手持终端。"从设备"是某种形式的现场仪表，如一个变送器或者阀门定位器。主设备发起通信，而从设备仅仅对命令做出响应。"成组模式设备"是具有成组通信能力的从设备，当这种能力被"使能"时，该设备无须请求，即可周期性地进行包含过程变量及其他信息的数据发送，即处于成组模式。

2. HART 寻址

HART 有两种寻址方案：短型轮询地址和唯一标识符。每个 HART 设备有一个 5 字节的唯一标识符，该标识符是一个由 1 字节的制造商代码，1 字节的设备类型代码和一个序列号组成的硬件地址。这个标识符把一个设备从世界上所有其他设备中唯一地分辨出来，主设备通过这个唯一的 ID(也被称为长帧地址)与从设备进行通信。HART 协议基金会统一管理制造商代码,因此避免了潜在的地址重复。制造商负责分配设备类型代码和序列号。

被称为短地址的单字节轮询地址的范围是 0～15,0 表示单节点(single unit)模式,1～15 表示多挂接(multi-drop)模式。值得指出,在多挂接方式下,变送器模拟量输出被设置为 4mA,主要是为变送器供电,各个现场装置并联连接。此时,HART 在一根双绞线上以全数字的方式通信,支持 15 个现场设备的多站点网络;此时每个设备都必须有唯一的地址,并在主站发出的请求信息中应包含该地址信息。轮询地址仅仅用于很老的 HART 设备,它们不支持长地址格式,也不适用于同未知类型的设备第一次建立通信。

一般而言,HART 被用于单节点模式(single mode),主设备仅仅使用地址 0 来获取从设备的唯一 ID。在多挂接模式下,主设备一般通过检查所有 1～15 的轮询地址来校验设备是否存在,然后向用户显示网络上的在线设备的清单。或者,用户可以输入一个设备位号(TAG),主设备将通过广播该位号获得来自拥有该位号的从设备的包含有唯一 ID 的响应。轮询地址和唯一 ID 都指明该报文是否与初级或次级主设备进行交换,及该从设备是否处于猝发模式(burst mode)。

3. HART 仲裁

HART 有两种操作模式:主从模式(亦称"问答模式")和猝发模式(或称"成组模式")。在主从模式下,一个主设备发出请求,从设备对来自主设备的命令做出应答。HART 协议允许一个网络上存在两个主设备:一个是初级主设备,一般为一个中心控制器;一个是次级主设备,一般是手持终端。在两个主设备之间的仲裁是基于时序的。在主从方式下,从设备不发起通信,而仅仅响应主设备的请求。来自主设备的一个命令可以使从设备进入猝发模式。该从设备将不断地广播对这个命令的响应,直到主设备指示它停止为止。换句话说,猝发模式响应的产生不需要对应的请求帧。在猝发模式下,数据的更新由于不需要等待主设备的请求而大大地加快。

网络上冲突的避免是通过在一个帧发送之前首先检测是否有其他任何设备正在发送来实现的。定时器控制着初级主设备、次级主设备、从设备和猝发模式从设备之间的访问共享。两个主设备有同样的访问总线并发起通信的优先级。一个刚刚发送了报文的主设备为了再次访问总线,必须比另外一个主设备等待更长的时间。这样,如果两个主设备都在访问总线,它们将相互交替。从设备不发起通信,它们只是响应请求,而且必须在有限的时间内完成。猝发模式的从设备将等待比主设备更长的时间,使得主设备能够发出指令要求猝发模式的从设备结束猝发。

4. HART 帧格式

HART 通信采用异步串行通信模式,这意味着数据传输不依赖于同一个时钟信号。为此,发送和接收设备在进行数据传输时,必须每字节进行同步,以避免通信双方时钟信号误差的过大累计导致通信出错。HART 数据帧格式如图 9.2-3 所示,每一个 HART 数据帧必须一次一个字符地被传送。每个 HART 字符传输由 11 位组成，从一个起始二进制位"0"开始，其后是 8 个真实的数据位，一个奇校验位及一个停止位"1"。校验位通过检查接收到的字节中"1"的数目是否确定为奇数而提供额外的数据完整性。HART 通信不仅每个字节有奇偶校验，每个完整的 HART 数据帧还用一个字节进行纵向校验，并且数据项长短并不恒定，最多可包括 25 个字节，数据形式可为无符号整型数、符点数或 ASCII 字符串。

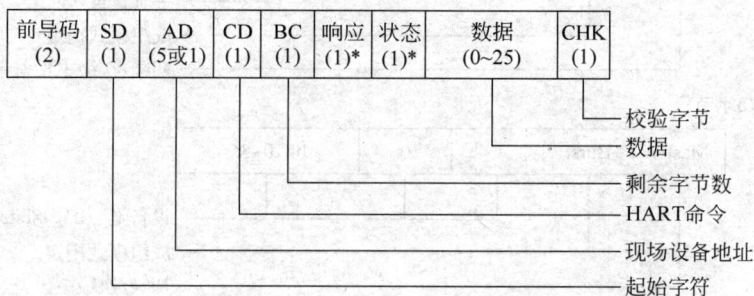

图 9.2-3　HART 协议数据帧格式

* 仅限于响应帧

① 前导码(preamble)。所有设备发送的帧都以一定数目（一般为两个或更多）十六进制字符 FF 开头，这些字符称为帧的前导信号，用于唤醒网络上的所有其他设备，并且使它们的接收器和发送设备同步。虽然前导信号是物理层的要求，但主设备或控制系统可通过链路层管理命令设定同步字节个数。

② 起始字符(start character)。它是 1 个单字节，标志前导码的结束和实际数据的开始。起始字符首先用其最高位说明目前使用的是短帧格式（轮询地址）还是长帧格式（使用唯一 ID）来寻址。而起始字符的低三位帧类型编码则用来说明该报文是一个来自主设备的请求，还是来自从设备的响应，或者来自猝发模式从设备的数据发布。具体定义如图 9.2-4 所示。

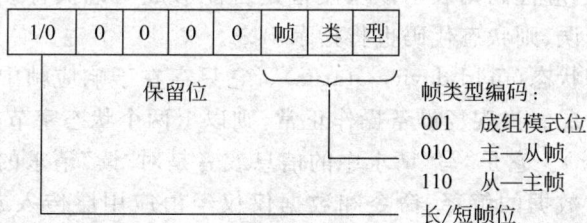

图 9.2-4　HART 帧的起始字符格式

③ 地址(address)。如果是使用长的唯一 ID，则地址占 5 字节；如果是使用轮询地址，则地址占 1 字节。短帧的地址域为一个字节，低 4 位为设备站号编码。该域的最高位指明了与该报文相关的主设备，对于基本主设备该位为"1"，次级主设备为"0"，从设备通常将该位不加改变地返回。次高位指明从设备是否处于成组模式，仲裁协议要求成组模式设备将该位置位，而主设备到从设备（或成组模式设备）的帧，

该位为"0"。长帧的地址域为 5 字节。第一个字节的高 2 位作用与短帧相同。第一个字节的其余位及其余的字节用于传送一个从设备(或成组模式设备)的唯一地址。

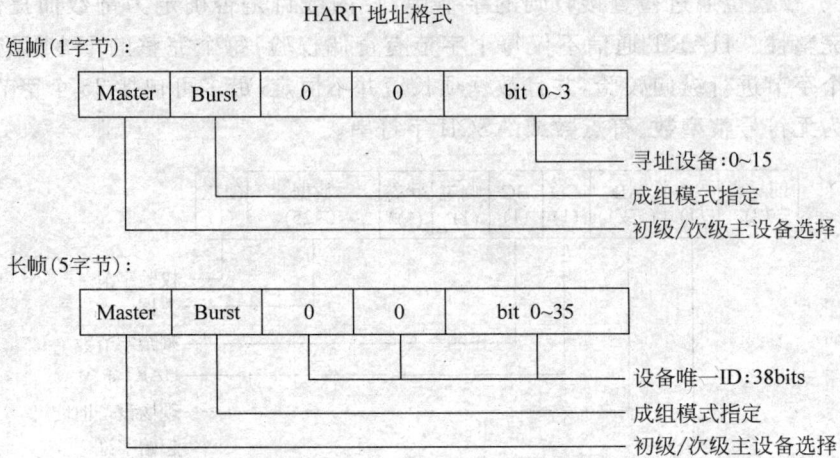

HART 地址格式

短帧(1字节):

长帧(5字节):

图 9.2-5　HART 帧的短地址与长地址格式

④ 命令(command)。它占 1 字节,表示与该报文相关的 HART 命令。一般来说,在数据链路层不执行对这个命令的解释,命令和数据仅仅经由应用层传入或传出。命令字节内容由从设备在响应时不加改变地返回。

⑤ 字节计数(byte count)。它占 1 字节,表示到报文结尾(即该域与纵向校验码之间)还有多少个字节,不包括计数字节与校验和(checksum)。因为每一个报文数据字节的长度(0~25 之间)是不同的,使用这个信息,接收器就可以校验何时为帧的结尾。显然,计数值决定于状态与数据字节数量。

⑥ 响应代码(response code)。它只存在于响应帧,占 1 字节。如果该报文没有被成功地接收,来自从设备的响应代码将指示出它所遇到的通信差错的形式。如果报文被正确接收,响应代码则表示该从设备是否能够成功地执行该命令。如果执行该命令时产生了错误,则状态代码也将指示出来。

⑦ 现场设备状态(field device status)。它只存在于响应帧中,占 1 字节,用于表示设备的运行状况。当现场设备操作正常,则以上两个状态字节被设置成:00H。

⑧ 数据(data)。它是"写"请求中的信息或者是对"读"请求的响应信息。在数据链路层不执行对数据的解释,命令和数据仅仅经由应用层传入或传出,字节的数目可以为 0~25。

⑨ 校验和(check),表示从起始字符开始对所有字节进行异或操作运算的结果,目的是确保通讯数据无差错传送。

5. HART 通信的时间特性分析

传输一个报文所需要的时间决定于每位传输速率(1200bit/s)与报文总的二进制位数。报文长度依赖于数据项长度(0~25 个字符)与报文格式。当采用短帧格式,数据项包含 25 个字符时,总共需要传输 35 个字符。由于每个字符采用异步串行通信方式传输,因此 HART 报文传输的时间响应特性可统计如表 9.2-1 所示。

表 9.2-1　　HART 报文传输时间

报文字节数	25 个数据字符＋10 个控制字符
报文总的二进制位数	35 个字符×11 位＝385 位
用户数据比重(有效载荷)	25 个字符×8 位/385 位＝52%
每位传输时间	1/1200bits/s＝0.83ms
报文总传输时间	385×0.83ms＝0.32s
平均每用户字节占用时间	0.32s / 25 字节＝13ms

根据表 9.2-1 可以看出,报文越短,相对传输效率越低。考虑到还需要额外的维护与同步时间,主或从报文每次 HART 通信所需花费的实际时间大约为 500ms 左右。因此,每一秒内,大约只能进行两次 HART 通信。

以上数据显示,HART 通信并不适用于传输时间响应特性要求高的数据,一般用于现场仪表的远程标定与维护。

9.2.3　HART 通信应用层

HART 应用层规定了 HART 命令,智能设备用这些命令对现场仪表进行访问。HART 协议的各种命令统一由 HART 数据帧中的命令字节进行二进制编码,也就是说,HART 协议最多可提供 256 个不同的命令. 这些命令分为三类:通用(universal)命令;惯用(common-practice)命令及专用(device-specific)命令。

1. HART 数据类型

HART 支持少量的基本数据类型:IEEE 754 浮点,用于模拟值;ASCII 和紧凑的 ASCII,用于字符串;占用 1 字节、2 字节和 3 字节的无符号整数,用于表示枚举选项。这些与通用命令、惯用命令及其他命令相关联的选项在"公共表"(common tables)被标准化。

2. HART 变量

设备中的被测量变量和被计算变量被称为动态变量。其中 4 个是固定或者可以被分配作为动态变量:主变量、第 2 变量、第 3 变量和第 4 变量。主变量对应于第一个模拟输出。如果存在额外的输出,它们分别对应第 2 变量、第 3 变量和第 4 变量。

3. HART 命令

主设备(master)通过使用命令(command)来读写从设备(slave)中的信息和调用其中的功能。每个命令有不同的功能,与之相关联的数据容量也不同。HART 命令被分为三类:

　　第一类是通用命令,通用命令是强制性的,所有遵从 HART 协议的智能设备都支持这些命令,对所有 HART 设备都适用,通用命令的命令号范围是:0～31。

　　通用命令被用于识别设备,以便建立通信。通用命令可以被用于监视和读取基本的设备组态,表 9.2-2 总结了通用指令的功能。

表 9.2-2　　通用指令功能

指　　　令	功　　　能
0,11	识别设备(制造商,设备类型,软、硬件修订版本)
1,2,3	读测量变量
6	设置轮询地址(和多点模式)
12,13,17,18	读和写用户定义的文本信息(工位号,描述符,日期及其他信息)
14,15	读设备信息(传感器系列号,传感器极限,报警操作量程值,转换函数,阻尼时间常数)
16,19	读和写最终装配代码

　　第二类是惯用命令,惯用命令是可选的,每个设备一般支持其中一些适用的命令,惯用命令的命令号范围是:32～127,适用于常用的操作,如写时间常数、量程标定等。

　　表 9.2-3 总结了惯用命令的功能。惯用命令:123～126 是非公开的。它们的典型应用是制造商在装配过程中对设备输入专用信息,这类信息决不会被用户更改,也不存入通过指令可读写的存储区。通常借助密码激活这些指令。

表 9.2-3　　惯用命令功能

指　　　令	功　　　能
33,61,110	读测量变量
34～37,44,47	设置操作参数(量程,阻尼时间,主变量单位,转换函数)
38	"组态更变"标志复位
39	EEPROM 控制
40～42	诊断功能(固定电流模式,自诊断,复位)
43,45～46	模拟输入输出微调
48	读附加设备状态
49	写传感器系列序号
50～56	使用多传感器变量
57～58	单元信息(工位号,描述符,日期)
59	写响应前导码数目
60,62～70	使用多模拟输出
107～109	猝发方式控制

　　第三类是专用命令,是针对各种具体设备的特殊性而设立的,因而,它不要求统一。这种设备通过执行专用命令来完成一些特殊功能、校正和特殊的数据处理;变送器专用命令的命令范围是 128～255。

以往的 HART 协议版本规定,设备专用指令通常以设备类型代码作数据段的第一个字节,用以确保这条指令不会到达不相符的设备。在最近版本的 HART 协议中,由于采用唯一识别代码,确保了主设备在发送指令之前,完全可以确认接收的现场设备。

通用和惯用命令是 HART 标准的一部分,命令的格式都是统一规定的,而专用命令的格式则是由各个仪表的生产厂商自行规定的。设备中的大部分功能通过通用命令和惯用命令来访问。额外的较不常用的功能则是通过特殊命令来访问。

4. HART 帧举例

1) 短帧举例如下

基本主设备以短帧形式发送给轮询地址为 2 的从设备(非猝发方式),要求读取主变量(命令号为 01),HART 信息帧的内容为(十六进制码)

FF　FF　02　82　01　00　81

前 2 个字节值都为 FF,是链路同步码;02 是起始字符,表示是短结构的请求帧;地址码 82 表示是主设备发送给地址为 02 的从设备;命令码 01 表示发送的是 01 命令,要读取主变量;计数码 00 表示发送的字节个数为 0,即没有数据发送;最后的字节 81 为校验字节。假设从设备运行正常(状态字节:00 00H),其主变量为:5.5psi,则其应答帧为(十六进制码)

FF　FF　06　82　01　07　00　00　06　40　B0　00　00　74

这里,起始字符是 06,表示是短结构的应答帧;地址码 82 和命令码 01 保持不变;计数码 07 表示发送的字节个数为 7 个;接下来的两个状态字节被设置成 00H,表示现场设备通信操作正常;其后的 5 字节数据按照命令返回数据格式排列;最后的字节 74 为校验字节。

2) 长帧举例如下

基本主设备以长帧形式发送给轮询地址为 A6 06 BC 61 4E(基本主设备、非猝发方式、Rosemount、3051C、序列号)的从设备,要求读取主变量(命令号为 01),HART 信息帧的内容为(十六进制码)

FF　FF　82　A6　06　BC　61　4E　01　00　B0

假设从设备运行正常(状态字节:00 00H),其主变量为:5.5psi,则其应答帧为(十六进制码)

FF　FF　86　A6　06　BC　61　4E　01　07　00　00　06　40　B0　00　00　45

上述请求帧及应答帧的内容与短帧类似,区别主要在于长短地址的不同。

9.2.4　HART 协议智能检测仪表

这里以智能温度变送器为例,简要说明 HART 协议如何在仪表中实现。图 9.2-6 所示为智能温度变送器的典型结构图。该变送器主要包含三个部分,即输入电路板、主电路板及显示电路板。主电路板包含一般智能化仪表所需的基本软、硬件电路,其中包括微处理单元(MCU)、RAM、PROM、EEPROM 等。CPU 负责测量、补偿运算、线性化处理、自诊断及通信处理等。基本程序存储在 PROM 中;临时性的数据存储在 RAM 中。对于在断电后依然要保存的数据,存放在非易失性 EEPROM 中。设备固件(firmware,即板上的可执行程序)保存在 Flash 中,便于软件升级。该主电路板与不同的传感器输入电路板组合,可构成不同的智能传感器。

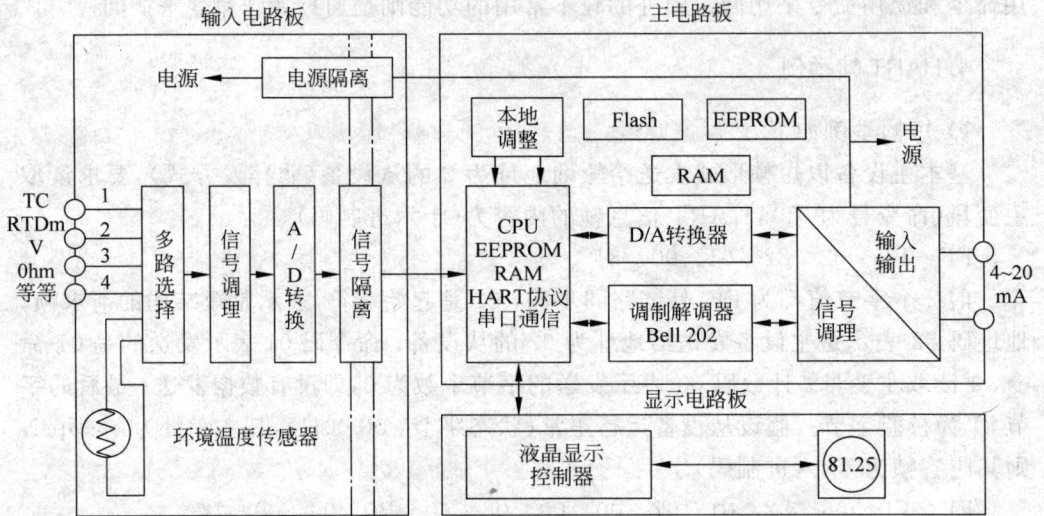

图 9.2-6　支持 HART 协议的智能型温度变送器的硬件结构

为提高抗干扰能力,输入电路板与主电路板之间实现完全的电气隔离。输入板上设计有信号多路选择器,可针对热电偶、热电阻等不同热敏元件,选择不同的接线方式。其中的信号调理单元,用于选择合适的增益对信号进行放大,以适应 A/D 转换器的输入量程。当仪表配备有液晶显示电路板时,可实现测量参数的就地显示与内部参数的就地调整。

开发设计 HART 协议智能温度变送器需要根据设计的功能目标和技术指标,在对 HART 协议物理层研究基础上,并结合温度变送的具体要求来进行,核心部分体现在图 9.2-6 中的阴影部分,即 HART 信号的调制/解调,D/A 压流转换等,具体内容包括:

① 按 HART 协议物理层要求设计 HART 信号的调制解调电路,实现 HART 通信;

② 设计低功耗电路,满足 HART 协议仪表采用两线制供电方式的要求(最低工作电流 9.5～6mA);

③ 采用 DC/DC 和光耦电路,实现输入输出信号隔离;

④ 设计抗干扰电路和信号补偿电路保证温度变送器的高精度;

⑤ 设计传感器故障检测电路、多传感器信号响应电路、多种输入信号连接电路、

本安电路满足 HART 协议智能温度变送器功能要求。

为了与图 2.1-1 所示模拟两线制变送器的电路做对比,图 9.2-7 给出了 HART 协议智能温度变送器核心电路的一个具体硬件实现方案。图中,连接 HART 协议智能变送器的两条线既是电源线,又是 4～20mA 输出(控制)信号线和 HART 信号线,对 HART 协议变送器供电的电流被限制在 4mA 以下(报警情况为 9.5～6mA),4mA 以上部分为信号。

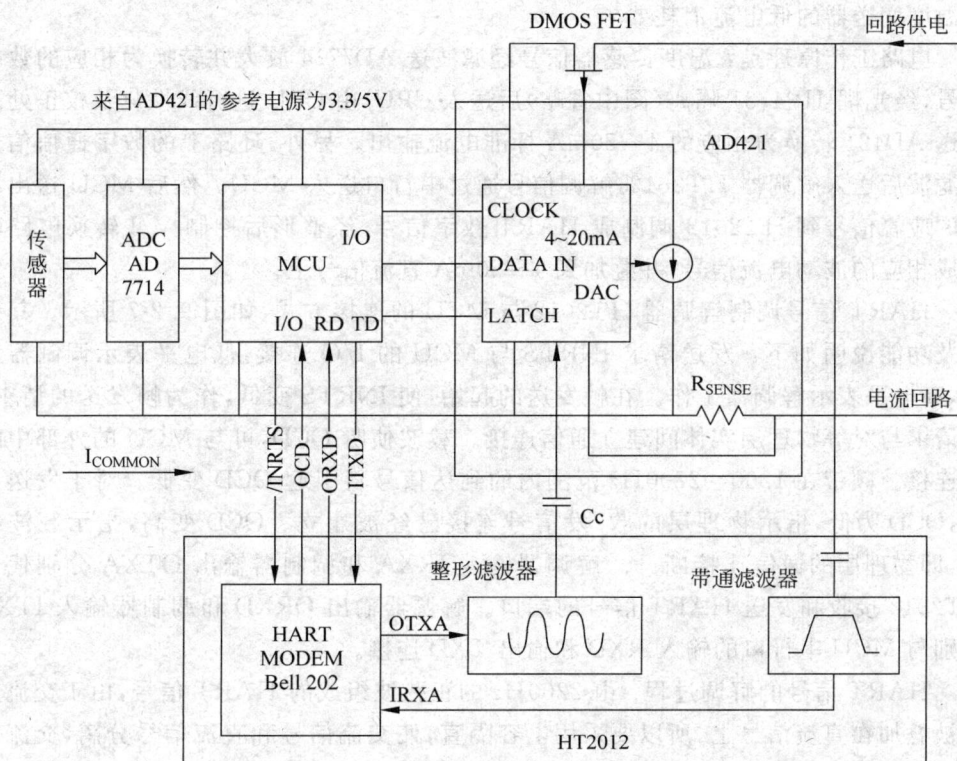

图 9.2-7　支持 HART 协议的智能型温度变送器的硬件结构

微控制器(MCU)可采用 MC68HC11、MSP430、MSC1210 等低功耗芯片,这些单片机一般都集成有足够的片内 Flash 存储器,丰富的 I/O 资源,内带看门狗定时器。考虑到要实现的 HART 协议智能温度变送器,具有传感器信号响应、零点量程可迁移,温度传感器输出信号小以及 HART 协议温度变送器低功耗的特点,可选用低功耗、高增益、高精度、多输入通道、增益可调的 AD7714 作为 A/D 转换器,输入、输出信号采用光耦隔离,并采用 DC/DC 转换对输入部分供电。

HART 调制/解调器可选用 SMAR 公司生产的 HT2012,它是工作在 Bell 202 标准下的 CMOS 低功耗 FSK 调制解调器。为了实现 D/A、V/I 功能,可采用美国 A/D 公司专门为 HART 协议智能仪表设计的 AD421,它通过 SPI 总线与 MCU 相连接。AD421 是一款低功耗(最大静态电流:750μA,典型值:575μA)、多功能芯片,其内部集成有 16 位 D/A 及 V/I 转换电路,其开关电流源和滤波器功能块,可实现

HART 电压信号向 ±0.5mA 电流信号的转换。不仅如此，AD421 还具有电压调整电路，能够借助电源/信号线路提供的功率，为自身和系统其他器件提供 3V，3.3V 或 5V 可调节电压输出及 2.5V 和 1.25V 精密基准电压。此外，DC/DC（图中省略）是采用开关电源原理设计的电源隔离器，通过 DC/DC 给 HART 协议智能温度变送器信号输入和 A/D 电路供电。使用低驱动电流的光电隔离器作信号隔离，实现 HART 协议智能温度变送器传感器小信号输入与输出信号和外部电源隔离，同时实现温度变送器的低电流消耗要求。

电路工作原理是：温度传感器信号经滤波送 AD7714 放大并转换为相应的数字信号，经光耦 HP4731 隔离（图中省略）后送入 CPU，由 CPU 进行线性化及校正处理后送 AD421 转换为相应的 4～20mA 标准电流输出。另外，环路上的数字通信信号经滤波后送入解调器 HT2012，解调信号通过串行口送入 MCU。然后 MCU 送出相应的应答信号到 HT2012 调制成 HART 数字信号，经整形后控制 V/I 转换电路转换成相应的波动电流信号，并叠加到 4～20mA 直流信号上。

HART 信号调制解调器 HT2012 与 MCU 的连接方式，如图 9.2-7 所示。其引脚及功能说明如下：发送请求 INRTS 与 MCU 的 I/O 连接，低电平表示调制器工作，高电平表示解调器工作。在帧发送的起始，使 INRTS 变低，作为帧发送的请求，即请求与对等物理层实体间建立通信连接。载波侦听 OCD，可与 MCU 的外部中断口连接。频带在 1200～2200Hz 范围内的到达信号将引起 OCD 变低。对于发送请求，OCD 为低，指示物理层的收/发信号连接已经被建立。OCD 变高，指示载波结束，即物理层的通信连接断开。解调器输入 IRXA 和调制器输出 OTXA 分别代表 HT2012 接收和发送 HART 信号的端口。解调器输出 ORXD 和调制器输入 ITXD 分别与 MCU 串行口的输入 RXD 和输出 TXD 连接。

HART 信号的解调过程：由 2200Hz 的正弦波组成的 HART 信号，由于交流成分被叠加在直流信号上，所以要采用电容隔直，使交流信号和直流信号分离，交流信号经过带通滤波器、放大后送到 HT2012，2200Hz 被解调为"0"，1200Hz 被解调为"1"，解调出的数字信号通过 MCU 的串行口进入 MCU，MCU 通过对接收到数据进行判断，执行相应的任务。

HART 信号的调制过程：MCU 向主设备发送数据时，通过串行口将数据送到 HT2012，"1"被调制为 1200Hz，"0"被调制为 2200Hz 的方波。方波通过整形滤波器后成为近似正弦波，这个信号被送入 AD421 中的 V/I 转换控制电路，转换为相应的波动电流（即交流信号），在 AD421 中被叠加到 4～20mA 的输出电流上。由于交流成分围绕直流点做上下波动，波动电流平均为 0，所以不影响 4～20mA 输出电流。

HART 被认为是智能仪表数字通信"事实上"的工业标准，但它本身并不是真正的现场总线，只能说是现场总线的雏形，是一种过渡性的协议，是作为适应仪表智能化趋势而产生的一种现场仪表数字通信标准。

HART 协议规定的通信速率只有 1200b/s，可以想象，这样的速率是很难用在实时性要求很强的控制环境中的。目前 HART 通信给用户带来的最大好处，也是它的主要应用是用在远程组态,用户不必深入到现场,用磁笔等工具对仪表进行调整,而可以在控制室用上位机或使用手持终端对现场仪表做组态、调零、调量程等操作。当然,HART 的传输速率低并不意味着它不能用于控制,在某些实时性要求低的环境中,完全可以用 HART 产品组成控制回路。

9.3　基金会现场总线通信技术

基金会现场总线(简称"FF 总线")是目前最具发展前景的现场总线之一,它的前身是以 Fisher-Rosemount 公司为首,联合 80 家公司制定的 ISP 协议和以 Honeywell 公司为首,联合 150 家公司制定的 WorldFIP 协议,两大集团于 1994 年合并,成立"现场总线基金会(fieldbus foundation)",并组织开发基金会现场总线标准 FF(foundation fieldbus)。基金会现场总线标准已成为 IEC 61158 总线国际标准之一,它是通信技术和 DCS 技术的综合。

目前,在国际现场总线通信协议标准(IEC 61158)中,基金会现场总线占有两个标准,即低速现场总线"FF H1"及高速现场总线"FF HSE"。其中,前者于 1996 年发表,是专为过程控制开发的,用于取代 4~20mA 模拟信号传输标准,支持总线供电和本质安全,符合 IEC 物理层国际标准(IEC 61158-2)。FF-HSE 标准于 2000 年发布,是与 FF H1 配套的,主要用于工业实时网络中的主设备间通信数据量较大或对响应时间有苛刻要求的场合,如断续生产的制造业,及上位监控一级。FF H1 与 FF HSE 统称为"基金会现场总线"。下面重点介绍 FF H1 的基本通信原理及其应用。

9.3.1　FF H1 现场总线基本通信模型

基金会现场总线同样采用了简化的 ISO/OSI 参考模型,具有典型的三层结构,即物理层(PHL)、数据链路层(DLL)及应用层(APL),后两者统称为"通信栈"。此外,与 ISO/OSI 参考模型不同的是,基金会现场总线不仅指定了通信标准,而且还对使用总线通信的用户应用进行了规范,形成了独有的用户层(User Layer)。虽然这会使协议规范内容变得复杂,但却为不同厂商设备间的可相互操作带来了方便,并使各厂产品的独有功能在用户层上更易于实现。

基金会现场总线应用层又包含两个子层,即现场总线访问子层(FAS)及现场总线报文规范子层(FMS),其中,FAS 的作用是将 FMS 服务映射到数据链路层。图 9.3-1 显示出了基金会现场总线的分层模型。

图 9.3-2 显示出了用户数据是如何在基金会现场总线上进行传输的。在同层对等实体间交换的数据单元,被称为"协议数据单元(PDU)"。一个 PDU 内包含一个可选数据项,称为"服务数据单元(SDU)",该 SDU 即是紧邻上一层的 PDU。

一个用户数据在总线上传输时,其首先从发送方应用实体向下穿过称为"虚拟通信关系(VCR)"的通信通道进入传输导线,其间每过一层都要附加称为"协议控制

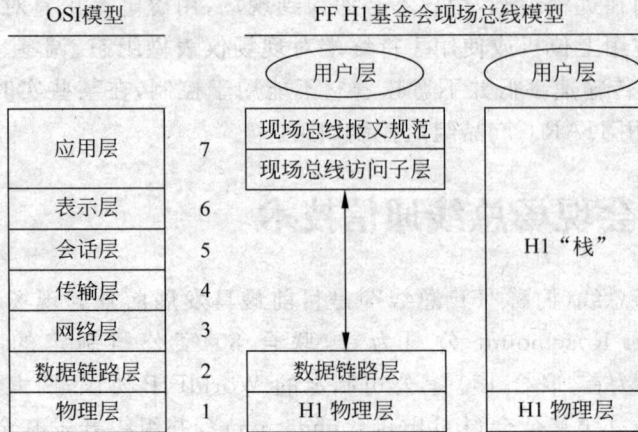

图 9.3-1　基金会现场总线的分层模型

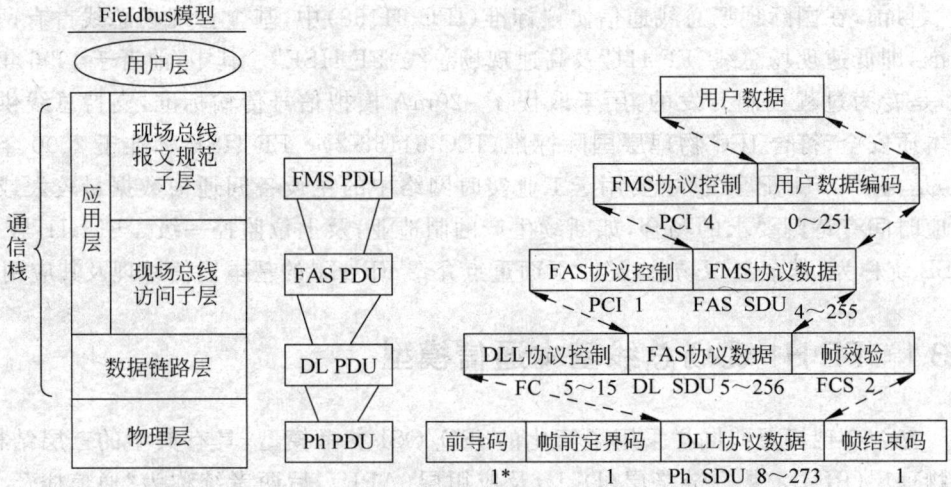

图 9.3-2　现场总线各层协议数据的生成

信息(PCI)"的层控制信息。当该报文到达接收站点后,向上穿过 VCRs 最终到达接收方用户应用。其间每过一层,都要依据 PCI 完成一定的操作,并将本层 PCI 从数据报文中除去。

一个现场总线设备拥有许多虚拟通信关系 VCR,这样它可以在同一时间与多个设备或应用进行通信,不同 VCR 根据在应用层中指定的"索引号(Index)"来识别。其他设备则依据在数据链路层中指定的数据链路地址(DL_地址)来区分 VCR。一个 VCR 采用一个队列(先进先出内存区)或缓冲区来存放报文信息。网络组态通过网络管理将正确的索引号(Index)及 DL_地址信息设置给 VCR。

以上勾勒出了现场总线数据通信的大致轮廓,下面的讲解将围绕基金会现场总线的协议展开,首先介绍物理层协议规范,这部分内容对于现场总线系统的搭建具有直接的指导意义。随后将讲解通信栈的具体内容，即基金会现场总线的基本通信原理，这些知识有助于加深了解基金会现场总线通信是如何支撑功能块应用的。最后介绍用户应用层，该层直接涉及现场总线技术的工程应用。

9.3.2　FF H1 现场总线物理层

物理层规范涉及传输线、信号、波形、电压及所有与电信号或光信号传输相关的属性，其功能是接收来自通信栈的由"0"和"1"组成的数据信息，将其转换为电的或光的物理信号（信号编码），并传送到现场总线的传输媒体上（线路驱动）；反之，把来自总线传输媒体的物理电或光信号转换为数据信息（信号解码），送往数据链路层。转换工作包括添加或去除前导码、帧前定界码及帧结束码。

现场总线信号采用熟知的曼彻斯特双相-L（MANCEESTER-BIPHASE-L）技术进行编码，如图 9.3-3 所示，其在 1bit 时间段的中间时刻将数据编码为电压的变化，换句话说，每个时钟周期被分成两半，用前半周期为低电平、后半周期为高电平形成的脉冲正跳变来表示 0；用前半周期为高电平、后半周期为低电平形成的脉冲负跳变来表示 1。这样处理，其优点是编码信号中将同时包含数据与时钟信息，使接收端可从所接收到的信号中提取时钟信号；另外，信号无直流分量，因而可用变压器进行电气隔离。由于此种数据编码产生的串行数据流中隐含了同步时钟信号，因而属于"同步串行通信"，传输效率高。

前导码为置于通信信号最前端而特别规定的 8 位单字节数字信号：10101010，用于接收方内部时钟与接收到的现场总线信号的同步。当采用中继器时，前导码可以多于一个字节。帧前定界码和帧结束码用作帧边界标志，这两个字段内使用的是模拟编码而非 0 和 1，其中使用了特殊的 N＋和 N－码，它们在每个时钟周期的中间不会发生跳变，因而它们不会偶然出现在数据当中，仅供接收器用来识别物理层服务数据单元（PHL SDU）即数据链路层协议数据单元（DL PDU）的开始和结束标志，以使物理层可以发送 DL PDU 中任意"0"和"1"的组合。

现场总线设备的典型接线图如图 9.3-4 所示。基金会现场总线为现场设备提供了两种供电方式，即总线供电与单独供电方式。其中，总线供电方式，应在安全区域的电源和危险区域的本质安全设备之间加上防爆栅。按照规范，现场设备从总线上得到的供电电压要在 9～32V 之间，以保证设备的正常工作。因此，在进行现场总线网络配置时，要根据设备的功耗情况、设备在网络中的位置、每段电缆的阻抗等进行直流回路分析，以确保每个设备得到的电压不低于 9V。

在现场总线网络中的发送设备以 31.25Kb/s 速率将 ±10mA 电流信号传送给一个 50Ω 的等效负载（终端阻抗匹配器），产生一个调制在直流电源电压上的 1V 峰-峰值的电压信号，如图 9.3-5 所示。普通直流电源不能直接给总线设备供电，因为直接相连会使数字信号通过直流电源短路。为此，应在电源与总线之间接入一电感线圈。考虑到电感与终端器中的电容可能形成振荡电路，为此要串联一电阻，用电阻

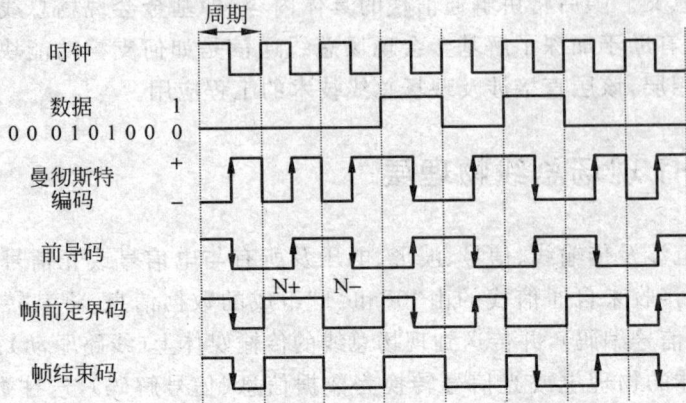

(a) 信号编码

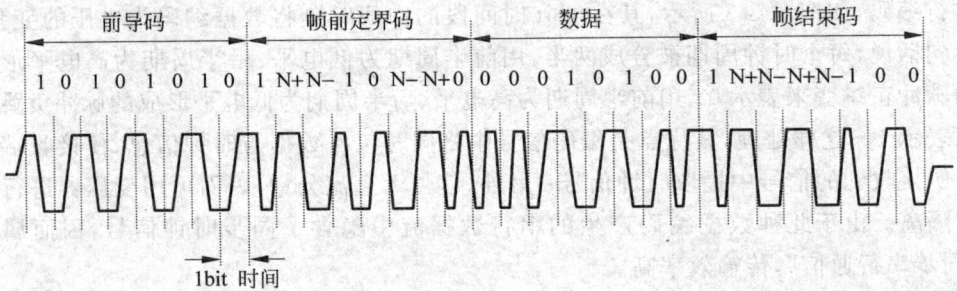

1bit 时间

(b) 信号波形

图 9.3-3 现场总线数据信号的编码及波形

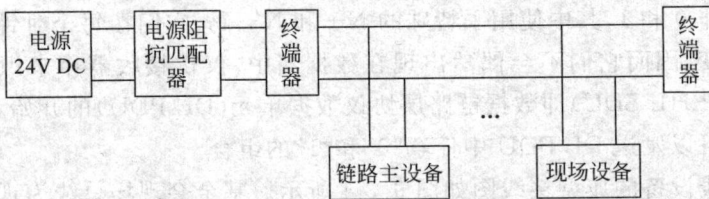

图 9.3-4 现场总线设备的典型接线图

与电感串联形成电源阻抗匹配器。该阻抗匹配器可无源实现(由 50Ω 电阻与 $5mH$ 的电感串联组成)或通过阻抗控制电路有源实现,最终要保证电源的输出阻抗在信号频带内大于 400Ω。实际上,一般都采用有源方式,且有源阻抗匹配器在网段短路时,可起到限流作用。

现场总线网络的每一端都要接一个终端器。终端器有两个功能,首先是传统的终端器功能,即防止信号在电缆中传输到终端时,因产生反射而引起通信出错。由于现场总线导线同时还兼作电源线,终端器就不能简单的采用电阻来完成,它会消耗电源供给现场设备的能量。因此,现场总线中的每个终端器由 100Ω 电阻和一个电容串联组成,阻断直流。该终端器使仪表总线电缆成为平衡的传输线路,根据反射波原理,可以减小高频信号传输的衰减与畸变。终端器的另外一个功能是把由发射信号设备所产生的电流变化转换为跨越整个网络总线间的电压变化,使挂在网络上的所有设备都能获取这个信号。终端器只有两个端子,不分极性。终端器应安装在主干电缆的两端尽头,这样配置使得其等效阻抗为 50Ω。例如,当现场设备增加 10mA 的流入电流时,因为电源阻抗变换器通过电感阻止电流的改变,因此该电流主要来自于终端器的电容器。此时,两导线间的电压要降低 $0.5\text{V}(10\text{mA}\times50\Omega)$。当平均电流值保持常量时,设备在下一时刻将其提取电流变化量增加为 20mA,以产生 1V 峰-峰值的调制电压信号。这样,现场变送设备以 31.25Kb/s 的速率发送±7.5∼ 10mA 左右的信号变化,就可在等效阻抗为 50Ω 的现场总线网络上形成 0.75∼1V 的电压信号。由此可见,发送是通过电流完成的,接收是通过电压来完成的。

　　总之,H1 物理层实现了现场仪表与上位系统间的低速、本安、总线供电的接口标准。

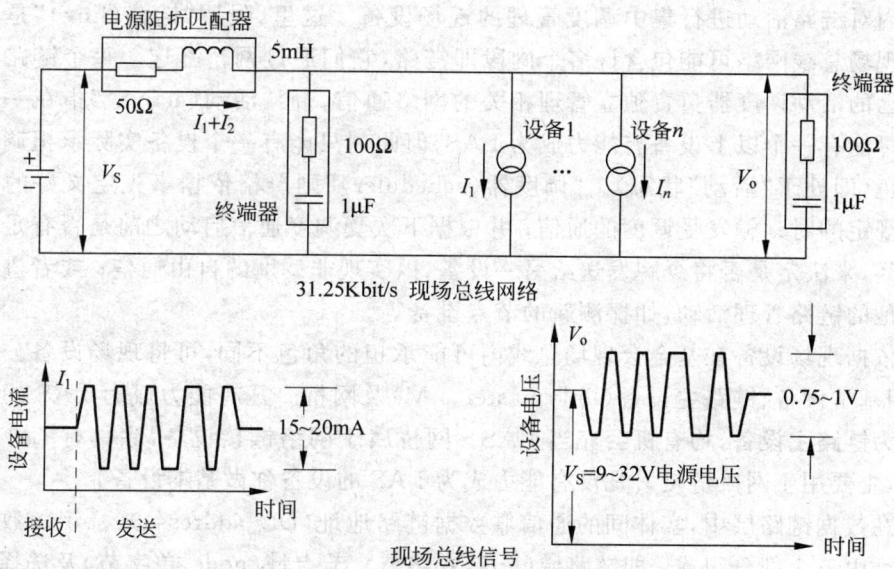

图 9.3-5　现场总线网络结构及信号波形

9.3.3　FF H1 现场总线数据链路层

　　概括地说,工业网络上交换的数据可以分为两类:一类是时间响应特性要求很高的实时数据;另外一类是时间响应特性要求不是很高的非实时性数据。数据交换对非实时性数据的通信延时并没有很严格的限制。相反,对于实时数据有着非常严格的时限要求。实时数据根据其发生的周期性又可被分为周期数据和非周期(异步)数据。例如,程序下载、参数整定等的数据就属于非实时性数据;而回路过程变量和控制变量等就属于周期数据；过程报警与事件通告等消息变量则属于非周期性实时数据。这些数据类型对通信有不同的时限要求，比如非实时数据需要确保在传输中不出错及得到准确复制，而实时数据更加关心到达目的节点的时间。尽管如此，这些不同的数据类型在很多工业网络中还是共享一个网络。所以，我们需要对网络进行合理的组态以使它们能够满足这些要求。

基金会现场总线数据链路层根据工业现场仪表在测量、控制与系统维护等方面的应用要求，将集中调度式通信与令牌循环的通信控制方式有机结合起来，使得网络节点设备间的通信能够最有效地使用总线带宽，既可保证周期性变量的准确定时传输，同时又通过令牌循环机制赋予每一节点设备在定周期传输的间隙时间内自主通信的权利，保证了整个现场网络的实时性。数据链路层涉及数据、地址、优先级、介质访问控制及其他与报文传输有关的信息。

周期变量的集中调度及通信令牌的发放等均由称为"链路活动调度器"（link active scheduler，LAS）的现场设备统一管理，所谓"链路活动调度器"是指现场总线网段内对链路活动进行集中调度管理的现场设备。这里，强调"链路（link）"是由于一个现场总线网络可能包含许多个网段即链路，它们通过网桥互连。每个链路都拥有自己的活动调度器负责独立管理相关的网络通信。而"活动（active）"指在一个链路内可能有一个以上设备有能力成为 LAS，但此刻只能有一个设备实际承担调度器的角色（即处于"活动"状态）。"调度器（scheduler）"则严格依据事先定义好的调度表在规定的时刻触发受调度的通信；并根据下次受调度通信启动之前是否有足够长的时间，来决定是否将令牌发送给另一设备，以实现非调度的自由通信；或者进行一些其他的链路管理活动，如探测新的节点设备等。

依据现场设备在基金会现场总线内可能承担的角色不同，可将现场设备分为三类，即基本设备、链路主设备（link master，LM）及网桥。凡有能力成为 LAS 的设备均称为链路主设备，均有机会充当 LAS。网桥属于网络链接设备，除具有 LM 的功能外，主要用于网段链接。凡没有能力成为 LAS 的设备称做基本设备。

在数据链路层中，实体间的通信靠数据链路地址（DL_address）来标识。数据链路地址由三个部分组成：即链路域（link，双字节）、节点域（node，单字节）及选择器域（selector，单字节）。当报文传送要跨越网桥到达其他链路时，链路需要用链路域来标识。当在本链路内部通信时，此链路域可以省略。显然，链路域就相当于互联网IP 地址中的网络地址部分；节点地址则相当于其中的主机地址。选择器域相当于互联网上传输层的端口地址，用于区分或选择上层不同的应用程序。图 9.3-6(a)给出了互联网地址与 FF 总线数据链路地址的对照图。用 FF 的语言来说，选择器域就是设备内部用来标识上层虚拟通信关系（VCR）的单字节地址；当两通信实体间的VCR 相连时，用显示在该域内的数据链路连接端点（简称 DLCEP）来标识。当一个VCR 未与任何其他 VCR 相连，但可自由发送或接收报文时，用该域内的数据链路服务访问点（简称 DLSAP）来标识。DLCEP 与 DLSAP 有不同的地址区间，有好多地址保留用作特殊用途。例如，设备共享通用 DLSAP 地址用于接收报警信息。

FF总线设备唯一标识　　　　　　　　FF总线数据链路地址

设备ID号(32字节)		链路域(2)	节点域(1)	选择域(1)

互联网物理地址　　　　　　　　IP地址(4)　　　　传输层地址

MAC地址(6字节)		网络地址	主机地址	端口号(2)

(a)

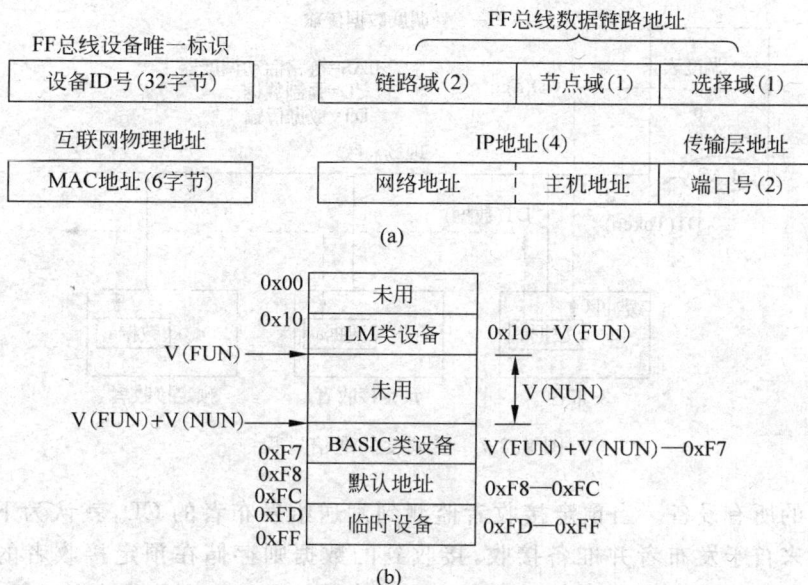

图 9.3-6　FF H1 的节点地址空间分配

节点域给出了 8 位的节点地址,其地址空间分配如图 9.3-6(b)所示。默认地址是保留给正等待节点地址分配的现场设备使用的非访问节点地址,借此可避免与现场运行设备地址的冲突;同时,等待链路活动调度器将它送入网络,即从 LAS 获得分配的节点地址。临时设备使用的地址又称作访问地址,临时设备通过此地址接入总线网络,并一直保留在这一地址上,对已运行在网络上的现场设备进行组态。

在测控回路中,有许多变量需要进行周期性处理。而在现场总线控制系统中,构成一个控制回路的基本要素,如输入处理、控制运算及输出处理等往往分布在不同的设备中,因而在同一网段内,可能存在着许多变量需要周期性地占用总线进行数据传输。为提高这些变量传输的实时性,基金会现场总线采用类似"主/从式结构"的集中调度式总线访问控制方法,即在 FF H1 中针对周期性变量的通信,由链路活动调度器 LAS 来控制节点对总线的访问。链路活动调度器根据其内部的一张本网段内周期性变量的数据发送时间表(与所有设备内需要周期性发送的数据缓冲区相对应)进行集中调度管理,如图 9.3-7 所示。

鉴于控制回路是通过功能块间的连接构成的,因此受调度的周期通信事实上用于连接不同现场设备内的功能块。一个功能块的输出参数就是数据的"发布者",而其他设备内接收此数据的功能块则被称作"预定接收者"。该类型通信内部对应于"缓冲区到缓冲区"的数据传输。LAS 利用网络调度,控制从发布者到预定接收者之间的周期性数据传输。

根据 LAS 内的周期性变量调度表,一旦到了某个设备发布者开始发送的时间,LAS 就发送一个强制数据(CD)PDU 给该设备内的发布者数据链路连接端点(DLCEP)。后者收到 CD,就将存储在 DLCEP 缓冲器内的数据广播或"发布"给现

受调度数据传输

LAS=链路活动调度器
CD=强制数据
DT=数据传输

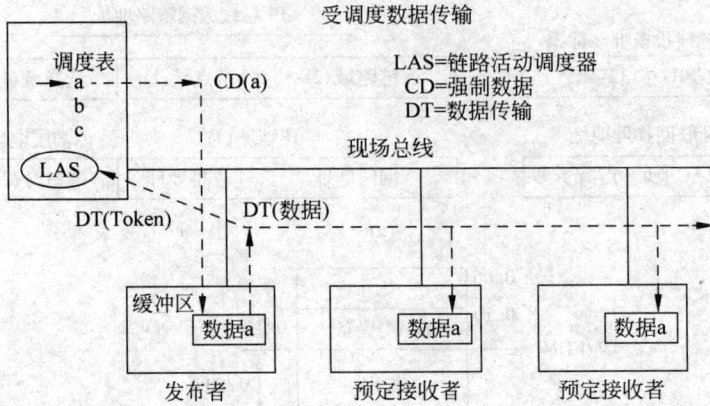

图 9.3-7　受调度的通信过程

场总线上的所有设备。当预定接收者监测到发送给发布者的 CD,就认为下一个数据传输将来自于发布者并准备接收,接收到的数据则存储在预定接收者的缓冲区内。一个 CD PDU 可看做是发送给发布者的令牌,而 LAS 则将发布的 DT PDU 解释为返回的令牌.数据链路层在 PCI 内给数据附加"刷新"项,以使预定接收者知道自上次发布后,数据是否已经刷新。

　　现场总线每一设备内部,都可能会有过程报警或设备故障等异常事件发生,需要及时占用总线通知操作工;另一方面,操作站可能在某一时刻需要对现场设备进行组态操作,如程序下载、参数设定等。针对上述非周期性信息传输,基金会现场总线采用类似"多主结构"中普遍采用的"令牌循环"机制,在周期性变量传输的间隙或剩余时间,由链路活动调度器负责暂时将总线使用权依次交给链路上的每一节点设备,为其提供机会,自主选择通信内容进行传输。非调度型自主通信过程如图 9.3-8 所示。

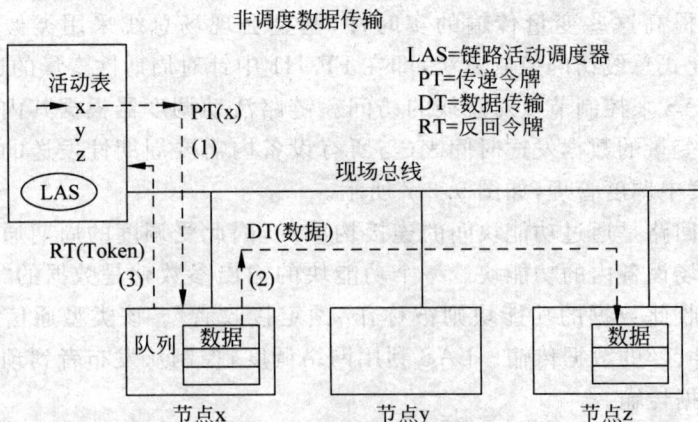

非调度数据传输

LAS=链路活动调度器
PT=传递令牌
DT=数据传输
RT=反回令牌

图 9.3-8　非调度的通信过程

　　LAS 通过发送传递令牌 PT 给某一节点设备,来授权该设备可以使用现场总线发送非调度数据。该 PT PDU 包含指定优先级及授权时间段信息。当该节点没有指定优先级或更高优先级的报文要发送,或者超过了"最大令牌持有时间"时,就通过发送 RT PDU 将令牌返还给 LAS。由 LAS 再来根据两次调度通信之间的剩余时间长短来决定下一步的活动。而设备一旦收到 PT,就可以将发送队列中的信息发送到现场总线上(此信息可以发送给单一设备或多设备)。非调度的通信属于队列到队列(queue-to-queue)的数据传输。

　　LAS 通过更新包含在帧 PT PDU 中的优先级来控制报文的传输。优先级分为三级:最高(urgent)、一般(normal)及最低(time-available),对应每个优先级 DLPDU 允许发送的字节数依次为 64、128 及 256 字节,前两者被认为是响应时间要求高的(time-critical)优先级。在 LAS 所做的活动中,根据调度时间表发送强制数据报文(即 CD 调度)具有最高的优先级。余下其他操作被安排在受调度通信之间进行。当令牌给遍了所有令牌循环列表(token circulation list,TCL)中的设备,完成一次循环后,LAS 就测量实际令牌循环时间 ATRT(actual token rotation time),将其与目标令牌循环时间 TTRT(target token rotation time)这一网络参数(由 LAS 维护)指定的时间进行比较;当新的令牌开始循环时,LAS 就通过提高(对应 ATRT>TTRT)或者降低(对应 ATRT<TTRT)PT 帧指定的优先级来使令牌在期望的时间间隔内给遍所有的设备。

　　值得指出,令牌是发送给整个节点的,而不是其中特定的 DLCEP 或 DLSAP,因此,节点有责任使设备内的所有 DLCEP 和 DLSAP 有机会发送报文。

　　现场总线上可以对 LAS 发送的传递令牌(PT)做出响应的所有设备列表称为"活动表"(live list),该表记录了总线上所有通信设备的节点地址、物理设备位号及设备 ID。新的设备可以随时接入现场总线,LAS 周期性地对那些不在活动表内的节点地址发出节点探测信息 PN,如果这个地址有设备存在,它就会立刻返回一个探测响应信息 PR。LAS 收到 PR,就将这个设备添加入活动表中,并且发给这个设备一个节点启动信息(node activation message),以确认将其增加到了活动表中。LAS 对活动表中的所有设备发送 PT 的工作每循环完成一次,至少要探测一个地址。现场总线设备只要能对来自 LAS 的 PT 做出响应,它就会一直保留在活动表内;反之,如果连续三次对 PT 失去响应,LAS 就将其从活动表中去除。每当设备添加到活动表,或从活动表中去除,LAS 就会对活动表中的所有设备广播这一变化,以使每个设备都能够保持一个正确的活动表的复制。

　　LAS 按照预定的时间间隔,采用时间发布信息帧 TD 周期性地在现场总线上广播其数据链路时间(LS-时间),以便网络上的所有设备都可参照同一时间基准,分别在预定时刻启动其用户层中功能块的执行或进行通信调度。数据链路时间也通常被称作"网络时间"。

9.3.4　FF H1 现场总线应用层

　　现场总线应用层(FAL)为用户程序访问现场总线通信环境提供必要的手段。

基金会现场总线应用层包含现场总线访问子层（FAS）及现场总线报文规范子层（FMS），前者管理数据的传输，后者负责对用户层命令进行编码与解码。

1）基金会现场总线虚拟通信关系

现场总线在数据链路层与应用层之间没有 ISO/OSI 的 4～6 层，所以，FAS 使用虚拟通信关系 VCR 将上层的服务请求映射到数据链路层的受调度和非周期的通信服务。一个典型设备会使用以下三个类型中的一些 VCR。

① 发布/预定接收型（publisher/subscriber）VCR

发布/预定接收型虚拟通信关系主要用于循环地发布功能块的输出，这些输出被其他功能块输入所接收，从而实现功能块之间的通信链路连接。发布/预定接收型通信是被缓冲的，即当一个功能块产生新的输出值的时候，旧的值将被覆盖。发布/预定接收型通信是受调度的（具有最高优先级）和一对多的，一个数据输出可以被同时广播给很多接收方。发布方与预定接收方之间通信不需要一个中央主站，它能够在现场设备之间直接对等通信（peer to peer）。

② 报告分发型（report distribution）VCR

主要用于现场设备非周期地向主站（host）传送趋势、报警和事件通知。报告分发是排队的，也就是说，当功能块产生一个警示（alert）时，它将以一定顺序被发送，不会覆盖以前警示，这个顺序将取决于警示发生的时间和优先级。报告分发是非调度的、无连接单向型、一对多的通信，即一个值可以被同时广播给多个接收方。

③ 客户/服务器型（client/server）VCR

主要用于主站（host）发起的非周期通信，例如非周期地读/写设备参数、下载组态及其他活动。客户/服务器型通信是排队的，即请求是基于一个由请求的时间和优先级决定的顺序被发送的，不会覆盖先前的请求。客户/服务器型通信是非调度的和一对一的，一个值只能够被发送到一个目的地。

2）基金会现场总线对象字典（OD）

基金会现场总线协议是面向对象的。设备中的信息是以对象的形式被访问的。基金会现场总线的 FMS 中，用于在节点上组态设备和策略的对象都被列在一个对象字典（OD）中，每个对象由一个"索引号"（index）来标识，该标识在 VFD 中是唯一的。例如，每个功能块和每个参数都有一个索引，每个参数的元素都有一个索引。OD 与设备内存中"真实"的数据及参数的数据类型相映射。但是，用户看不见设备地址、VFD 或者索引，因为用户和设备打交道只需要根据模块的位号（tag）和参数的名称。

3）基金会现场总线虚拟现场设备（VFD）

虚拟现场设备 VFD（virtual field device）是一个现场总线设备内部数据和行为的抽象化模型，是一个设备中可以被访问的信息的逻辑划分。一个典型设备至少有两个 VFD。第一个 VFD 包含系统管理（SM）与网络管理（NM）信息，提供了访问网络管理信息库（NMIB）与系统管理信息库（SMIB）的手段。其中，NMIB 数据包括虚拟通信关系（VCR）、动态变量、统计量及链路活动调度器调度（如果该设备是链路主设备 LM 的话)。SMIB 数据包括设备位号、地址信息及对功能块执行的调度等。因此,管理 VFD 被用来组态包括 VCR 在内的网络参数及管理现场总线上的设备。第二个及其他的 VFD 被用于访问功能块应用进程(function block application process, FBAP),即属于功能块 VFD,包含设备中的功能块、资源块及转换块。

4) 基金会现场总线通信服务

基金会现场总线 FMS 提供了一些用于读、写和其他访问对象的服务,它们被分为七组,分别对应不同的对象类型:

①变量和数据访问(读,写);②事件管理;③域的上载/下载;④程序调用服务;⑤VFD 支持服务;⑥链路关系(VCR)管理;⑦对象字典服务。

上述 FMS 服务大都使用客户/服务器型 VCR,部分使用报告分发型 VCR 及发布/预定接收型 VCR。

以上简要介绍了基金会现场总线的物理层与通信栈部分,它们为下面将要介绍的分布式过程控制用户层提供了必要的通信技术支持。

9.4 基金会现场总线的用户应用

国际标准化组织 ISO/OSI 参考模型的最高层是"应用层(application layer)",在应用层之上一般称作用户"应用(application)"。应用层的功能是为使用开放系统的不同类型用户"应用"提供特定的通信服务。因此,在 ISO/OSI 七层参考模型结构中,应用层内容有意定义的较为模糊,而所有下面六层的功能则按照一般数字通信环境给出了确切的定义。而基金会现场总线是为工业自动化领域现场仪表实现网络互连而建立起来的一个国际标准,其典型应用领域是工业过程控制,借鉴以往集散控制系统的设计经验,现场总线基金会将来自过程控制领域的用户需求模型化为"用户层",即定义功能块模型结构,从而为分布式过程控制应用提供了一个更高层次的接口。9.3 节讲述的应用层则为用户层提供一般的通信服务,并为满足特定需求提供扩展功能服务。

9.4.1 用户应用模块

用户层的核心是功能模块,功能模块实现控制策略,它是数据采集、控制及输出等工业自动化应用当中通用功能的一般化模型,是传统现场仪表与控制系统中,诸如模拟输入(AI)处理、模拟输出(AO)处理及 PID 控制运算等基本功能的进一步推广。通过功能块模型及其参数,可以组态、维护及定制用户应用,实现基本的分布式控制功能。

1. 模块的基本组成

基金会现场总线有三种类型的模块,即资源块(resource block)、转换(器)块

(transducer block)和调度与使用完全由用户定制的功能块(function blcok)。设备组态过程主要就包括选择被使用的现场级和主站级设备的过程,对其中资源块和转换块的配置和参数设定过程,采用功能块进行控制策略的建立过程。在 H1 和 HSE 设备中,资源块、转换块及功能块以同样的方式运行。每个设备都必须设置一个资源块,所有输入输出设备都必须设置至少一个转换块。实际上,每个测量或执行都对应一个转换块,它是物理 I/O 硬件和功能块间的接口。资源块和转换块没有输入或输出参数,不能进行链接。

(1) 资源块

资源块包含整体设备所共有的一些信息,该模块所有参数都是内含的,即它们无法被链接。同时,资源块负责对整体设备的诊断,为系统维护人员提供有价值的信息。

资源块的功能体现在资源块所包含的大量参数中,其中包括:制造商标识参数(MANUFA_ID)、设备类型参数(DEV_TYPE)、设备修订版本参数(DEV_TYPE)、设备描述修订版本参数(DD_REV)、硬件类型参数(HARD_TYPES)、资源状态参数(RS_STATE)、报警确认时间参数(CONFIRM_TIME)、最大事件通告数参数(MAX_NOTIFY)、资源重新启动参数(RESTART)、功能块执行的协作方式参数(周期选择参数 CYCLE_SE 及周期类型参数 CYCLE_TYPE)、最小宏周期时间参数(MIN_CYCLE_T)、设备特征选择参数(FEATURES_SEL)、写入加锁参数(WRITE_LOCK)、剩余存储空间参数(FREE_SPACE)、执行时间参数(FREE_TIME)、设定故障状态参数(SET_FSTATE)、远程串级时间溢出参数(SHED_RCAS)、远程输出时间溢出参数(SHED_ROUT)、读写测试参数(TEST_RW),等等。

作为最小组态,资源块的块目标模式参数(MODE_BLK. Target)必须设置。

(2) 转换块

转换块用来将功能块连接到设备的 I/O 硬件,如传感器、执行机构及显示器。转换块包含了用于处理变送器特征的参数,使其区别于其他类变送器。转换块不仅处理测量,还用于处理执行和显示。因此,共有三种转换块,即输入转换块(变送器和分析仪)、输出转换块(最终控制单元)、显示转换块。转换块对于现场操作人员的系统建立非常重要。

转换块通过 I/O 硬件通道与功能块接口,这有别于功能块链接。通过输入输出类功能块 I/O 硬件通道参数(CHANNEL),这些功能块被安排与相应的转换块对应。功能块只能够对应于同一设备中的转换块。对多数设备,用户只需在转换块中设置很少的参数,因为大多数参数仅用来指示限幅和诊断。多数情况下,只需要设置模式,有时可能加上 1～2 个其他参数。其中,模块错误参数(BLOCK_ERR)显示由设备诊断所发现的任何故障类型;转换块错误参数(XD_ERROR)显示更详细的诊断信息。

输入类转换块出现在变送器和分析仪中,即带有传感器的设备中。基本数值参数(PRIMARY_VALUE)取自传感器,通过硬件通道(CHANNEL)送往 AI 功能块。

它以基本数值量程范围参数(PRIMARY_VALUE_RANGE)所设置的工程单位来显示测量值。转换块中的基本数值量程范围(设定)参数一般通过 AI 模块的转换器刻度参数(XD_SCALE)来设置,并镜像它们的数值,以防止任何不一致及由其引起的错误。需要注意的是,不要将校准(有时也称作传感器标定、微调)和量程范围设定混淆。传感器校准通过在高低校准点参数(CAL_POINT_HIGH 和 CAL_POINT_LOW)中写入给定的基准输入数值来完成。

多数测量要求有辅助传感器,测出第二个参数用以补偿(例如环境温度)对基本数值的影响。第二个传感器测量出现在辅助数值参数(SECONDARY_VALUE)中。对于多数传感器类型,辅助测量值为温度。

输出转换块出现在诸如阀门定位器、电流和气动输出转换器之类连接最终控制单元的设备中。其中,最终数值参数(FINAL_VALUE)通过硬件通道(CHANNEL)取自 AO 模块,并包括针对最终控制单元的操纵变量,以最终数值量程范围参数(FINAL_VALUE_RANGE)中设置的工程单位来显示需要的输出数值。最终数值量程范围参数同时表明基本转换器所要求的输出工作范围,通过 AO 功能块转换器刻度参数(XD_SCALE)设置,以防止任何不一致及由其引起的错误。例如,对信号转换器,该参数设置为 $0.2 \sim 1 \mathrm{kg/cm^2}$ 或 $4 \sim 20 \mathrm{mA}$,而对阀门定位器,该参数通常设置为 $0 \sim 100\%$。

值得说明的是,由阀门定位器的反馈传感器感应实际阀门位置并显示在最终位置数值参数(FINAL_POSITION_VALUE)中。该数值还通过硬件通道(CHANNEL)反馈到 AO 功能块,并显示在读回参数(READBACK)中。因此,用户可以选择用实际阀门位置来初始化 PID(借助回算机制),这可以在一个开环再次进入闭环时提供真正的无扰切换。

(3) 功能块

基金会现场总线建立的几种标准功能块可以执行控制系统所需要的不同功能,既有模拟量,又有离散量。使用恰当的功能块,系统设计人员(程序员)基本上可以建立任何控制方案。设备制造商也可以建立自己的功能块来提供特殊功能。功能块可以在几个设备中的任何一个中运行控制策略的组态,也可以与设备脱离进行。当然,最后每个模块都必须分配到某个设备中。控制回路一般要横跨多个设备,甚至可能超出一个网段。

功能块不依靠 I/O 硬件,独立运行基本的监测和控制功能。为实现控制系统所需的不同功能,用户需要根据自己的实际应用需求来选择功能块,通过功能块连接形成相应的控制策略。用户层将一个"功能块"定义为与过程相关的数据结构,包含如下基本要素:①一个或多个"输入";②数据库;③算法(公式或规则);④一个或多个"输出"。

功能块采用"时间"触发或外部"事件"驱动机制,根据最新输入数据,使用其内部算法,计算并更新输出数据;而算法可从其数据库中获取组态信息及静态数据,同时也将外部可访问的内部动态数据存储在自己的数据库当中。数据库中允许通过总线通信访问的部分称为"属性(attributes)"或"参数(parameter)"。每个功能块都有一个用户(组态添加功能块时)定义的名字,称为功能块"位号(tag)",该位号必须是唯一的。功能块参数在现场总线上通过"Tag. Parameter"来识别。

基金会现场总线共有四类具备不同特性的功能块,即输入类、控制类、计算类及输出类。输入类模块利用硬件通道通过一个输入转换块连接到传感器。控制类模块执行闭环控制算法和回算(back-calculation)功能,后者用以实现无扰模式切换和防止积分饱和。输出类模块利用硬件通道通过输出转换块连接到执行机构硬件并支持回算机制。计算类模块执行控制或监测所需要的辅助功能,但它们不支持回算机制。

显然,若将功能块算法及属性在总线标准中事先统一指定,组态时只需进行参数具体数值的初始化设定或更新,这样就容易实现不同厂商设备间的可互操作性,此类功能块即对应于现场总线基金会指定的"标准功能块"(standard block)。

另外,在标准功能块参数及算法的基础上,还可附加参数与算法,形成"先进功能块",或者参数或算法完全由个别制造商特别设计,形成"制造商特定块"(vendor-specific)或"开放块"(open block)。此时,为实现上述扩展功能块的可互操作性,需要采用后面将要介绍的"设备描述"技术。

现场总线基金会首先规定了模拟量输入 AI、模拟量输出 AO、离散输入 DI、离散输出 DO、偏置/增益 B、控制选择 CS、比率 RA、PD 控制、PID 控制、手动装载 ML 共10 个标准的功能块,而后又规定了算术运算 ARTH、超前滞后补偿 LLAG、先进 PID控制、增强 PID 控制等 19 个附加功能块。

总之,制造自动化与过程控制领域内的现场设备的基本功能,如模拟输入、模拟输出及 PID 控制等由功能块实现,而与硬件密切相关的功能则由转换块实现,以解除功能块与传感器、变送器特定硬件之间的耦合,使功能块成为独立于硬件的标准运算模块。而资源块则描述现场设备所拥有的资源状况。

2. 功能块的参数结构及重要参数

一个功能块中总共有三类参数,即输入参数、输出参数及内含参数。资源块、转换块及功能块都包含内含参数,用于模块设置和操作及诊断。内含参数既不是输入参数,也不是输出参数,只能够根据要求,采用读(read)或写(write)申请来对其访问,访问可根据 FMS 索引号来进行。功能块参数具有连续的索引号,其数据类型可以是基金会现场总线定义的任意数据类型。资源块与转换块只具有内含参数。功能块还包括输入参数,经模块算法运算后产生输出参数。

输入参数(如输入 IN)、输出参数(如输出 OUT)及一部分内含参数(如过程变量 PV、设定点 SP)是由参数数值(VALUE)及参数状态(STATUS)两部分组成的一个记录。其中,状态单元具有质量和限值两个部分。限值部分显示该数值是否受限或达到限幅值,限制条件包括:无限制(NONE)、达到高限(limited high)、达到低限(limited low)、维持不变(constant)。该状态提示主要用在串级结构中下游模块的反馈路径里,在这里它告诉上游模块自己的设定点达到限值,上游模块不应该在现有方向上继续移动其输出。状态单元的质量部分则显示出该数值是否是可用的,如可用,则状态为"好(GOOD)",否则为"坏(BAD)"。但该块不能够100%确认该值是否可用时,参数状态则为"不确定(UNCERTAIN)"。块有一选项,可将"不确定"解释为"好"或"坏"。

状态单元的质量部分包含两种形式的"GOOD"。输入和计算类模块输出使用"good noncascade(好的非串级)",而控制和输出类模块使用"good cascade(好的串级)"。通过查看输入状况中"good"的类型,模块可以判断上游模块是否是控制模块。这会使 PID 模块明白串级设定点输入究竟是来自一个可以无扰切换的串级控制模块,还是来自一个不可以无扰切换的计算类模块。

一个已经链接的输出参数,其数值和状态是要一起被传递到接收模块的输入参数。该状态除了如上所述告知该数值是否适合于控制外,还用于几个内置的联锁功能。例如,如果传感器失效,AI 模块会通知 PID 模块停止控制。如果调节阀处于手动操作,AO 模块反馈链路状态会通知 PID 模块初始化它的输出,来防止积分饱和及以后可以无扰地切换到自动。

下面将许多功能块所共同具有的,而且非常重要的一些其他公用参数做一些介绍。

(1) 块模式

所有的块都有块模式(block mode)参数,用来记录功能块的运行状态,记作"MODE_BLK",它是由如下四个部分组成的一个记录:

① 目标模式(target):记录操作者希望本模块进入的工作模式,设置的目标模式可能由于某种故障状况而暂时无法得到。

② 实际模式(actual):指示该块实际所处的工作模式,该元素只读。当满足一定的条件时,实际模式与目标模式相同。

③ 允许模式(permitted):显示该功能块所允许的目标模式。过程工程师可以在初始组态阶段设置允许模式元素,来使能或禁止那些可以在正常运行阶段被操作员选择为目标模式的模式。在运行时,只有允许模式可以被选为目标模式。

④ 正常模式(normal):模块运行时,正常模式元素不起作用。它由过程工程师设置,在主站中用来提醒操作员在正常运行时回路应该返回哪种模式。通常由过程工程师选择一个模式作为正常模式。

具体可选的运行模式元素包括:终止服务(O/S)、初始化手动(IMAN)、本地超驰(LO)、手动(MAN)、自动(AUTO)、串级(CAS)、远程串级(RCAS)及远程输出(ROUT)。

在 O/S(out of service)模式下,块不做任何事情,仅仅设置参数状态为 BAD。在 MAN(manual)模式下,功能块的执行不影响其输出。在 AUTO(automatic)模式下,该块的执行独立于其上游的功能块。在 CAS(cascade)模式下,功能块接收来自于上游功能块的设定值。其中,IMAN 和 LO 模式不能够被选择为目标模式,只能够被模块特定条件或状态激活。不同的块,其允许模式是不同的,例如,资源块只有 O/S 和 AUTO 两种模式。转换块可有 O/S、MAN 及 AUTO 三种模式。

上述四种模式中,只有实际模式元素和某种情况下的目标模式元素才可以由功能块本身改变,而允许和正常模式则不可以。

实际上,多数模块中的模式参数不会经常被用到。多数模块被设置并保持一种操作模式。PID 模块中的块模式参数是唯一例外的,用户使用该模式参数来设置回路模式为手动、自动或串级,因此它会被频繁操作。通常,让输入、计算及控制类模块处于自动模式,输出类模块处于串级模式。远程模式(包括远程串级和远程输出)很少用到。可是,它们可以让不采用基金会现场总线(FF)编程语言的应用"链接"到传递远程设定点或输出的功能块。

(2) 刻度转换参数

多数模块中,模拟参数与以"_SCALE"结尾的刻度参数相关。控制、计算及输出类模块一般有针对输入的过程变量刻度参数(PV_SCALE)。输入、控制和计算类模块一般有针对输出的输出刻度参数(OUT_SCALE)。输出和输入类参数有针对 I/O 硬件通道数值的变换器模块刻度参数(XD_SCALE)。刻度参数是由四个元素组成的一个记录,即

① 上限量程值:EU@100%,即 100% 对应的工程单位数值;

② 下限量程值:EU@ 0,即 0 对应的工程单位数值;

③ 单位(unit code),即工程单位码,工程单位包括:GPM,psi,inchs 等;

④ 小数点位置(point position),即可显示的小数点后位数。

(3) 观测对象

基金会现场总线采用 FMS 定义变量表服务,将功能块参数集进行预先分组定义,形成"观测对象",使一组块参数的属性值可被一次性地访问,它主要用于获取运行、诊断、组态的信息。在观测对象中定义的块参数分作四类,即动态操作参数(VIEW_1)、静态(组态)操作参数(VIEW_2)、完全动态参数(VIEW_3)、其他静态参数(VIEW_4)(指对于组态与维护目的可能有用的静态参数列表,此表比 VIEW_2 对象大,可能包括,也可能不包括所有的静态参数)。

3. 功能块的链接与调度

现场设备中的功能块互连构成测量与控制应用。一个典型的 PID 控制回路由 AI、AO 及 PID 三个功能块组成,如图 9.4-1 所示。同一设备内各功能块输入输出之间采用"链接对象"内部直接连接;而分布在不同设备内功能块间的连接,除采用"链接对象"将功能块与发布者或预定接收者的 VCR 相连接外,还要依据发布者/预定接收者模型,借助现场总线通信实现各功能模块间的数据传输。另外,AI,AO 模块通过设置通道号参数"channel"(与相关转换模块的传感器/变送器端子号相一致)分别与变送器和执行器(硬件)相连接。

功能块可以根据需要设置在不同的现场总线设备内。例如简单的温度变送器

可能包含一个 AI 块,而调节阀则可能包含一个 PID 块和 AO 块。这样,一个完整的控制回路就可只由一个变送器和一个调节阀组成,如图 9.4-1 所示。

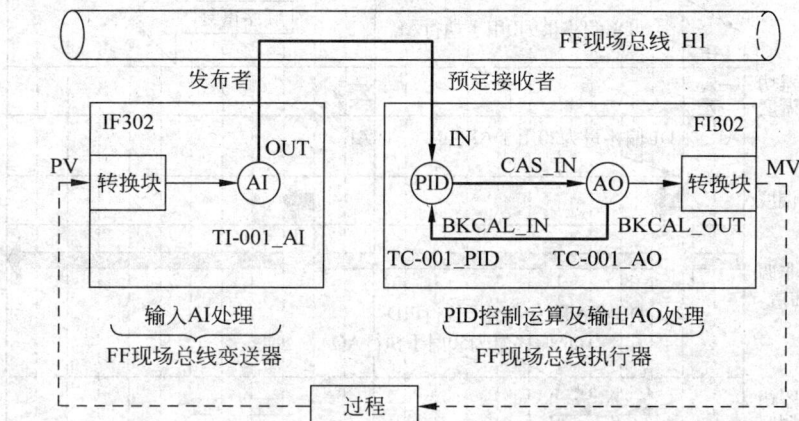

图 9.4-1　FCS 控制系统的回路组态与控制策略

功能块算法在执行之前必须获得输入参数,在算法执行之后必须送出(或发布)输出参数,而功能块又可能分布在不同的现场设备中,因此,算法执行与发布/预定接收模型通信必须配合好。各现场设备内的系统管理及数据链路层通过参照由链路活动调度器(LAS)定周期发布的链路调度时间(LS_Time)来协调或同步现场总线上各个功能块的执行及各功能块间的相互通信,以保证各功能模块在规定的时刻或时间段内完成特定的算法。

现场设备内的系统管理根据"功能块调度表"定时启动功能块的运行,而 LAS 根据其内部的"周期变量调度表"定时发送强制数据发送帧"(CD)PDU"给数据发布设备,强制功能块发布输出数据。以上两个调度表包含各个功能块启动运行或发布输出数据的时刻表,时间定义取距离"宏周期"开始时刻的偏移量。可以采用调度组建工具来生成功能块和链路活动调度器(LAS)调度表。假设已经采用调度组建工具为图 9.4-1 所述系统建立好了调度表,如表 9.4-1 所示。

表 9.4-1　控制回路调度表

受调度的功能块	与绝对链路调度开始时间的偏离值
受调度的 AI 功能块的执行	0
受调度的 AI 通信	20
受调度的 PID 功能块的执行	30
受调度的 AO 功能块的执行	50

在偏离值为 0 的时刻,变送器中的系统管理将引发 AI 功能块的执行。在偏离值为 20 的时刻,链路调度器将向变送器内的 AI 功能块的缓冲器发出一个强制数据 CD,缓冲器中的数据将发布到总线上,如图 9.4-2 所示。

在偏离值为 30 的时刻,调节阀中的系统管理将引发 PID 功能块的执行,随之在偏离值为 50 的时刻,执行 AO 功能块。控制回路将准确地重复这种模式。

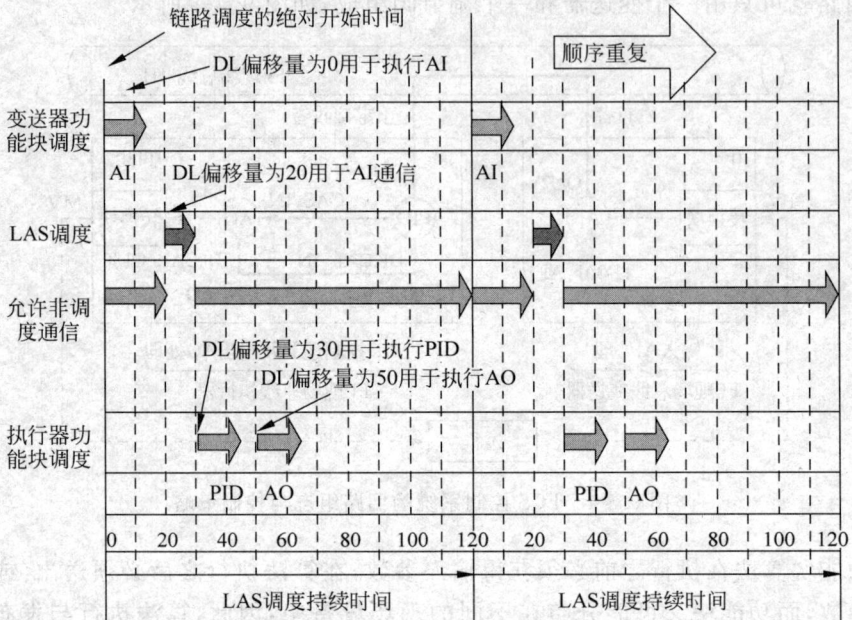

图 9.4-2　功能块调度与宏周期

需要指出,在功能块执行的间隙,链路调度器 LAS 还要向所有现场设备发送传输令牌,以便它们可以自由选择发送非调度消息,如事件报警、控制器参数调整等。在这个例子中,只有偏离值从 20~30,即当 AI 功能块数据正在总线上发布的时间段不能传送非调度消息。

4. 常用功能块

在所有现场总线基金会指定的块当中,大多数情况下只有五个块(AI、DI、PID、AO、DO)最重要,而许多情况下只用到其中的三个块,即 AI、PID 及 AO 块。下面给出这三个块及资源块和转换块的有关信息。

(1) AI 功能块

模拟输入块(AI)是一般过程通道输入信号处理功能在现场总线中的标准化模型。AI 功能块通过指定硬件通道参数(CHANNEL)从转换块取得基本数据(PRIMARY_VALUE),如压力、温度或流量,并做诸如单位或量程变换、平方根计算(用于孔板流量计)、低通滤波等输入处理,最后通过输出参数(OUT)将过程数据(PV)送出。其内部算法具体结构如图 9.4-3 所示。

首先,每个输入模块的通道参数(CHANNEL)选择获取主要变量的转换块通道。很多变送器只有一个集成传感器,因此通道参数实际上只有一个选项"1"。然而,一个多变量设备,可能会有多路信号输入,因而需要多个对应的 AI 模块。每个 AI 模块中的通道参数用来指定具体接收的输入信号通道号。

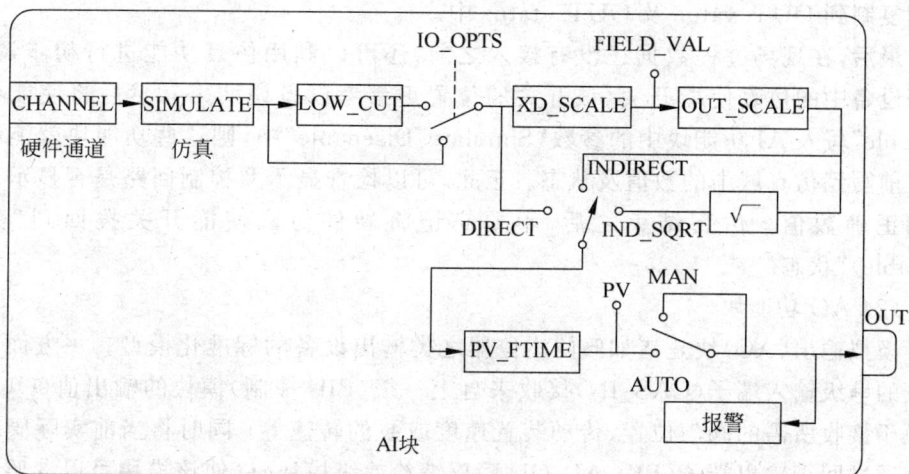

图 9.4-3 AI 功能模块的内部结构

AI 功能块的输入信号处理算法在线性化类型参数"L_TYPE"中设置,由此决定了内含参数 PV(过程变量)的数值。当 L_TYPE="DIRECT"时,CHANNEL 值即是 OUT 值。当 L_TYPE="INDIRECT"时,CHANNEL 值通过 XD_SCALE 及 OUT_SCALE 进行线性尺度变换。其中,XD_SCALE 设定 CHANNEL 值 0 与 100%对应的工程单位值;而 OUT_SCALE 设定为输出值对应的 0 与 100%工程单位值。

例如,当一个压力变送器用来根据静压原理测量液体液位时,使用"非直接(INDIRECT)"线性选项,XD_SCALE 可设置为 1.49~5.89kPa,OUT_SCALE 设置为 0~0.56m。对液位应用,操作员往往更愿意读取百分比读数,而不是工程单位,因此,还可以将 OUT_SCALE 组态为 0~100%。

当 L_TYPE="IND_SQRT"时,输出值是经单位尺度变换后数值的平方根。由于孔板的特性可能导致该值很不稳定,因此,当该值小于 LOW_CUT 值时,可通过 I/O 选项(IO_OPTS)参数中的尾数舍弃选项(通常结合开平方使用),采用小信号切除函数将 PV 值强制到零。

PV 值还可进行一阶低通滤波,该滤波器取单位稳态增益,时间常数由参数 PV_FTIME 给出,单位为秒(s)。

当 PV 值小于 LO_LIM(低限)或 LO_LO_LIM(低_低_限)时,将会分别生成 LO(低限)或 LO_LO(低_低限)报警。当 PV 值大于 HI_LIM(高限)或 HI_HI_LIM(高_高_限)时,将会分别生成 HI(高限)或 HI_HI(高_高限)报警。报警上下限要满足如下关系式

$$LO\_LO\_LIM \leqslant LO\_LIM \leqslant HI\_LIM \leqslant HI\_HI\_LIM$$

AI 模块允许的工作模式为: O/S,MAN 及 AUTO。在 MAN 模式下,可以手动改变 AI 块的输出值(OUT. value)。而在 AUTO 模式下,PV. value 及 PV. status 值

分别复制到 OUT. value 及 OUT. status 中。

最后，在现场过程数据还没有接入之前，还可以利用仿真功能进行初步调试。打开设备中的仿真使能开关（该开关的位置可参考设备说明书），然后将使能参数"Enable"写入 AI 功能块中的参数"Simulate. Disenable"中，则这些功能块就能够使用提前写到仿真域中的数值及状态。至此，可以检查显示及控制回路是否显示出预期的正确数值。仿真结束之后，不要忘记将硬件仿真使能开关拨回到"禁止（disable）"状态。

（2）AO 功能块

模拟输出（AO）块是诸如阀门定位器之类输出设备的标准化模型。一方面，AO模块的串级输入端子（CAS_IN）接收来自上一级（PID 控制）模块的输出值（OUT），以便于接收所需的阀门位置、传动装置速度或泵的转速等；同时将当前实际阀位输出值通过回算输出端子（BKCAL_OUT）反馈给前级模块，以使该模块可以参照此值计算出下一周期的输出值，或者跟踪当前实际阀位输出值，从而实现抗积分饱和与无扰动切换。另一方面，AO 模块通过输出通道参数（CHANNEL），选择输出进入的转换块。多数输出设备只有一个输出，在这种情况下，通道参数实际上只有一个选项，即"1"。此外，AO 模块还提供给用户许多对阀门定位器所期望的功能，如限幅、信号变换、实际阀位读回、仿真及故障安全功能等，具体如图 9.4-4 所示。

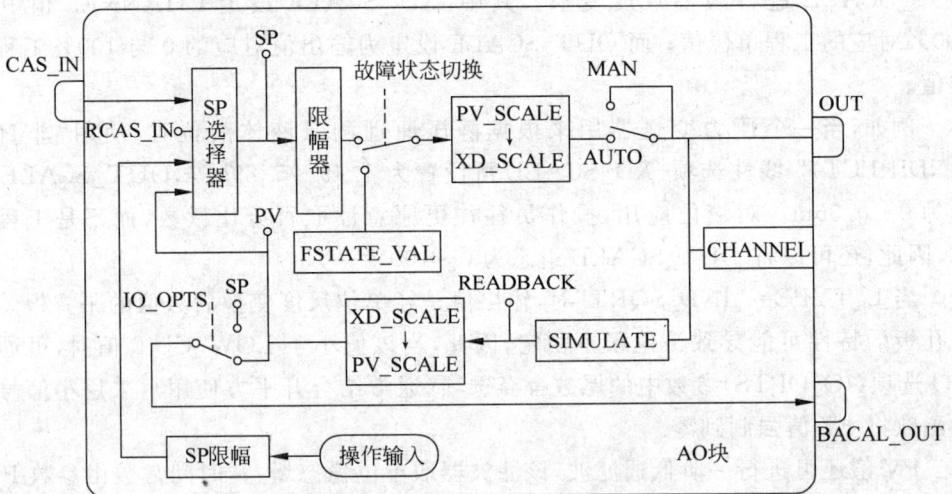

图 9.4-4　AO 功能模块的内部结构

AO 块的运行模式主要包括：O/S, MAN, LO（local override），AUTO, CAS, RCAS（remote cascade）及 ROUT（remote output）。AO 模块通常一劳永逸地设置并保持在 CAS 模式，以便于接收设定点信号，该信号是模块中最重要的参数。注意，为将 AO 块引导到 CAS 模式，一定要将 MODE_BLK. Target 设定为 CAS。

AO 块根据块模式的不同，有好几个通道来计算 SP。在 CAS 模式下，通过前向通道端子 CAS_IN 预定接收控制器（作为发布者）的输出，以计算 SP。在 AUTO 模式下,SP 值根据(操作工)控制要求,由写请求进行设定。在 RCAS(远程串级)模式下,远程控制器给 RCAS_IN 内部端子提供数据。

AO 块根据实际情况还可以通过实际阀门位置反向读取通道获取当前执行器阀位(如阀门定位器输出)。首先以转换器刻度(XD_SCALE)形式反馈给读出参数(READBACK),然后经过刻度变换转换成与 SP 同样的刻度(PV_SCALE)单位提供给 AO 块内部参数 PV。这样,PV 就按 SP 刻度显示出阀位值。回算输出参数(BKCAL_OUT)则负责将当前阀位(目标的 SP 或实际的 PV)值反馈给上游 PID 控制器。例如,现场总线到气动信号转换器中,PV_SCALE 可以设置成 $0\sim100\%$,而 XD_SCALE 为 $0.2\sim1\mathrm{kg/cm^2}$。

为提高系统的安全性,AO 块设计有故障状态下的安全阀位值参数(FSTATE_VAL),用于故障状态下的阀位安全输出。当 AO 块在预先给定的时间内(由参数 FSTATE_TIME 指定),不能得到上游模块的正确数据时,即刻显示出 BAD 状态,并按照组态时设置好的阀位安全值(FSTATE_VAL)输出,使控制阀根据实际需要关闭或打开。

当仿真参数(SIMULATE)被使能时,用户可以使它们凌驾于来自转换块的读出信号之上,用来进行系统测试和故障排查。通过在参数的仿真元素写入数值或状态,可以安全地测试系统对那些要么难以进行要么有危险的故障的反应。

(3) PID 功能块

PID 块是 PID 控制器的标准化模型。PID 块在其输入(IN)参数接收受控过程变量。这些变量(如温度、压力或流量)通常接收自一个 AI 模块,但也有可能被另一个模块进行了处理。PID 块的控制输出为输出(OUT)参数,通常发送给一个 AO 模块或另外一个 PID 块(以实现串级控制)。PID 控制模块还提供给用户很多其他功能,如输入滤波、设定点跟踪、输出跟踪、前馈补偿及过程变量和偏差报警,具体如图 9.4-5 所示。

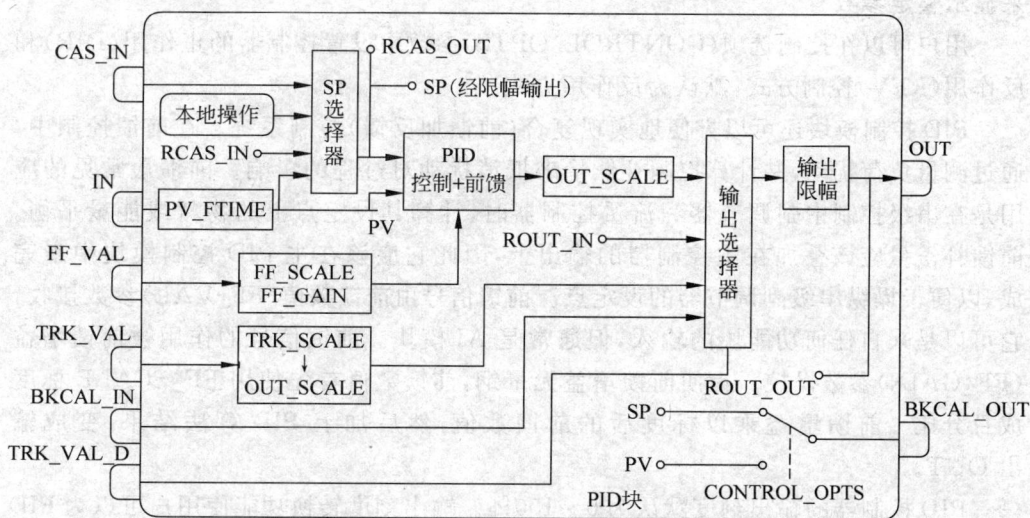

图 9.4-5　PID 功能模块的内部结构

PID 块可以取不同的运行模式,包括:O/S,MAN,IMAN(initialize manual),LO(local override),AUTO,CAS,RCAS(remote cascade)及 ROUT(remote output)。

初始化手动模式 IMAN 意指,当下游(AO)模块不处在 CAS 模式时,PID 模块不应执行正常的算法,而其输出应跟踪来自于下游(AO)模块的外部跟踪信号 BKCAL_IN,它与下游(AO)模块的当前输出 BKCAL_OUT 相连。这一模式不能够通过设定目标模式来实现,它由回算输入(BKCAL_IN)的某种状态激活,凌驾于操作员设置的任何模式及本地超驰模式(LO)之上,最终使模块输出(OUT)初始化到回算输入(BKCAL_IN)。正常情况下,PID 块的运行模式为 AUTO(闭环)或 CAS(串级控制)。O/S 及 MAN 模式可用于手工操作。离散跟踪输入(TRK_IN_D)可用来触发功能块进入本地超驰(LO)模式,并使模块输出跟踪由外部跟踪参数(TRK_VAL)指定的输入信号。

当目标块模式 MODE_BLK. Target 设定为 AUTO,MAN 或 O/S 时,你可以直接写设定值给 SP 参数。而在 CAS 模式下,PID 块通过 CAS_IN 参数接收来自前一级功能块的设定值,同时将当前设定值通过 BKCAL_OUT 端子反馈给前级控制模块。PID 块的串级输入参数(CAS_IN)也可以借助事先定义好的通信链路,接收集散控制系统(DCS)的功能模块输出,以实现 SPC 控制。

PID 控制块的核心是 PID 控制算法。为使整定参数无量纲,用户必须在过程变量刻度(PV_SCALE)参数中设置控制量程。工程单位不起作用,只有量程数值被用到。换句话说,对基金会现场总线(FF)编程语言,"量程"通常不在变送器(AI 模块)中,而更可能在控制器(PID 模块)中设置。在基金会现场总线(FF)中,比例(P)、积分(I)、微分(D)项的调整参数分别定义为 GAIN(即增益 Kp)、RESET(即积分时间常数 T_i)、RATE(即微分时间常数 T_d)。其中,GAIN 是无量纲数,时间常数 RESET 及 RATE 的单位是秒(s)。用户也可以通过组态用户界面以比例度和分钟(min)等来显示整定参数。

用户可以在控制选项(CONTROL_OPTS)参数中设置控制器的正作用(DIR)和反作用(REV)控制方式,默认为反作用方式。

PID 控制模块还可以方便地实现复合(前馈加反馈)控制系统。在前馈控制中,通过测量负荷扰动,并计算控制补偿量来抵消扰动对过程的影响。前馈最常见的应用是在串级控制中副调节器为流量控制器时,计算其设定点上的物料或能量平衡。前馈补偿量应该叠加在主控制器的输出上,因此它应该在主 PID 控制模块中来完成,以便于操纵串级副调节器的设定点。前馈信号由前馈数值(FF_VAL)参数接收,它可以是来自任何功能块的输入,但通常是 AI 模块。前馈信号的作用被前馈增益(FF_GAIN)参数操控。为使前馈增益无量纲,前馈数值首先使用 FF_SCALE 标度成百分比。前馈增益乘以标度后的前馈数值,然后加上 PID 算法结果,变成输出 OUT。

PID 控制器的输出刻度默认为 $0\sim100\%$。输出刻度转换功能使用户可以为 PID 模块输出安排一个工程单位。量程取决于输出刻度(OUT_SCALE)参数。如果模块在串级控制应用中作为主 PID 运行,那么模块输出是另一个 PID 的设定点。因此,有必要标度主 PID 的输出来匹配副 PID 的过程变量,比如用流量单位。

需要指出的是,与 DCS 相类似,在 FF 现场总线控制系统中也具有丰富的 PID 运算功能。例如,在 Smar 公司的 System 302 中,提供有基本 PID、增强型 PID(即 EPID)、先进 PID(即 APID)等控制功能块。EPID 相对基本 PID 主要增添了四种类型的手动到自动的无扰动切换模式供用户选择。而诸如采样 PI 算法、微分先行/比例先行 PID 控制算法、自适应增益、具有"饱和深度"控制的抗积分饱和算法、非线性 PID 控制等先进算法均安排在 APID 功能块中实现。上述先进算法在经典的数字调节器或 DCS 中大都有所体现。例如,这里的抗积分饱和算法与数字调节器中的带复位偏置(RB)的 PID 算法是一致的,主要是积极地利用一定程度的积分饱和,来实现超调量小、稳定性好,同时又较快速的响应特性。主要不同点在于,FCS 中的自适应增益控制可独立实现比例、积分或者微分增益的自适应;另外,非线性 PID 控制除具有经典的增益非线性(间隙)控制外,还可通过指定误差类型参数针对积分项或所有 PID 项,选择特殊的误差处理(如将二次误差代入积分或 PID 计算),以实现特定的非线性 PID 控制,满足不同应用的需要。

通过以上三个功能块的介绍,可以看出,块模式参数(MODE_BLK)的主要目的是决定块模式设定点(SP)和基本输出(OUT)的来源,这两个选择被结合在一个单一参数中。设定点或输出的来源可能是通过主站操作的操作员输入、另外一个模块、模块本身或某个非功能块应用软件(如来自上位 DCS 操作站或控制站)。基本上,输入类模块没有设定点选择,输出类模块没有输出来源选择。

(4) 资源块与转换块

一般情况下,我们不必了解资源块与转换块的内部细节,但它们的运行模式参数除外,因为它们会影响到功能块的行为,其可能的运行模式为终止服务(O/S)或自动(AUTO)模式。为实现正常操作,目标模式都应设定为 AUTO 模式。其中,如果资源块处于 O/S 模式,则设备中所有模块的实际模式都是 O/S。在 O/S 模式下,模块不再运行,设定点和输出保持在其最后设置,或趋于安全状态(输出类模块)。另外,由于转换块参数与物理测量原理有关,因此依据具体设备不同,可能有不同的参数。

9.4.2　系统管理

系统管理是所有基金会现场设备中重要的应用进程,用以管理设备信息,并协调分布式现场总线系统中各设备的运行。基金会现场总线采用管理员—代理者模式,每个设备的系统管理内核(SMK)承担代理者的角色,对来自系统管理者的指示做出响应。系统管理者可以全部包含在一个设备中,也可分布在多个设备之间。包括功能块调度表在内的系统管理所需要的所有组态信息都由每一设备中的网络与系统管理 VFD 中的对象描述提供,该 VFD 提供了对系统管理信息库(SMIB)及网络管理信息库(NMIB)的访问。

系统管理需要额外的协议来管理现场总线系统。系统管理必须在诸如系统启动、组态错误、设备故障及更换等异常情况下保持良好的运行,其遵从的协议称为"系统管理内核协议(SMKP)",它可不经应用层而直接使用数据链路层服务。

1. 设备管理

基金会现场总线中的设备可采用设备标识(ID)、物理设备(PD)位号、网络节点地址三种标识符之一进行识别。其中,设备独有的 ID 号是设备的唯一标识,这是一种与互联网网卡 MAC 地址非常类似的硬件地址,它由 32 字节构成,包括如下信息:①6 字节的生产商代码;②4 字节的设备型号代码;③22 字节的设备序列号。

制造商代码由现场总线基金会进行统一管理,以避免可能的重复。设备类型代码和设备序列号由制造商自己分配。由于设备 ID 是世界上唯一存在的,因此将其用于管理非常有帮助。物理设备工位号则是在工厂的具体应用环境内,由用户根据其用途为其指定的唯一标识符,以区别其他在线使用的设备。由于设备 ID 和物理设备位号(tag)都占用 32 个字符长的文本域,若日常通信,尤其是在 31.25Kbit/s 的低速网络内通信,采用这么长的字符串显然效率是不高的。因此,在网络通信中主要采用节点地址来标识设备。

现场设备内的系统管理代理对来自管理者的系统管理内核协议(SMKP)请求做出响应,可完成如下操作:

(1) 获得在特定地址上有关设备的信息,其中包括设备 ID、设备制造商、设备名及类型。

(2) 用设备 ID 为设备分配节点地址。需要指出,即使设备的节点地址被复位,设备依然能够借助特殊的默认地址空间(0xF8～0xFB)中的某一地址接入网络中。

(3) 给设备设置物理设备位号。每一现场总线设备必须具有唯一的网络地址及物理设备位号以进行正确的总线操作。SMKP 提供特定服务,用来给设备分配网络地址及物理设备位号。

(4) 根据物理设备位号寻找设备。

设备位号或功能块位号对于人机会话来说是很有用的,但是需要较长的数据通信量。SMKP 通过寻找位号服务,用节点地址及索引号来取代设备位号及功能块位号,以使得进一步的通信变得更加简单高效。寻找位号服务查找的对象包括物理设备(PD)、虚拟现场设备(VFD)、功能块(FB)和功能块参数。系统管理对所有的现场总线设备广播这一位号查询信息,一旦收到这个信息,每个设备都将搜索它的虚拟现场设备 VFD,查询所要求的位号。如发现这个位号,就返回完整的路径信息,包括网络地址、虚拟现场设备(VFD)编号、虚拟通信关系 VCR 索引、对象字典索引。主机或维护设备一旦知道了这个路径,就能方便地访问该位号的数据。

2. 功能块管理

功能块算法必须在规定的时刻启动执行,系统管理代理存储有功能块调度信息,会在规定的时刻启动功能块的执行。宏周期是总的系统周期,调度表内时间设计为距离宏周期起始点的时间偏移量。

3. 应用时间管理

在系统中的所有系统管理代理内部都持有"应用时钟",或称"系统时间",用于记录事件发生的时刻。系统时钟与链路调度时钟(即"网络时钟")是不同的。链路调度时钟记录数据链路层中的本地时间,用于通信及功能块的执行。系统时钟是更加通用的时钟,其在包含多网段系统中的所有设备内都是相同的。

现场总线应用从时间角度上需要进行同步。例如,记录发布事件的信息中同样应该记录事件发生检测到的时间(称为打上"时间戳"),因为根据令牌循环周期及网络通信负荷的不同,事件发布的信息被接收到的时间会被延迟。SMKP 提供应用时钟同步机制来保证所有管理 VFDs 共享同步时间。

基金会现场总线中,系统管理者拥有一个时间发布器,其应用时钟通常被设置成等于本地当日时间,这不同于数据链路时钟。时间发布器向所有现场总线设备周期性地发布应用时钟同步信息,数据链路调度时间与应用时钟信息一起被采样、发送,以使接收设备可以调整它们的本地时钟。在时间同步间隙,在每一设备内部基于自身的内部时钟,独立维持着应用时钟时间的更新。

时间发布者可以冗余,如果在现场总线上有一个后备的应用时间发布器,当正在起作用的时间发布器出现故障时,后备时间发布器就会替代它而成为起作用的时间发布器。

9.4.3　设备信息文件

人机界面、现场设备组态与维护等需要更多有关设备的信息,基金会现场总线将许多文件格式标准化,以有助于实现设备所要求的可互操作性,并有助于工程技术人员的理解。

1. 设备描述(DD)与设备描述语言(DDL)

设备描述是基金会现场总线为实现不同厂商设备间的可相互操作而提供的一个重要工具。在基金会现场总线的现场设备开发中,一项重要内容就是开发现场设备的设备描述(device descriptions,DD)。设备设计者首先采用标准化的基于文本的编程语言——"设备描述语言(DDL)"来描述设备的功能及设备 VFD 中数据的意义等,以供上位监控系统能够更好地理解与使用该设备。然后采用基于 PC 的"编译器"软件"tokenizer"对源(文本)文件进行"编译",生成 DD 目标文件。每一类型设备的设备描述都由两个文件组成:扩展名为".ffo"的二进制格式文件,及扩展名为".sym"的符号列表文件。任何控制系统或主计算机只要拥有设备的 DD,就可以操作这个设备。

为了使设备构成与系统组态变得更加容易,现场总线基金会已经规定了设备描述的分层结构。分层中的第一层是通用参数,即所有的块都必须包含的公共属性参数,如位号、版本、工作模式等。分层中的第二层是功能块参数,该层为标准功能块规定了参数,同时也为资源块规定了参数。第三层为转换块参数,本层为标准转换块规定了参数,在某些情况下,转换块规范也可能为标准资源块规定参数。现场总线基金会已经为头三层编写了设备描述,形成了标准的现场总线基金会设备描述(标准 DD 库)。第四层称为制造商专用参数,在这个层次上,每个制造商只需要采用 DDL 为自己的产品附加特殊的属性,如添加自己产品的标定与诊断方法,或者自由地为功能块和转换块增添他们自己的参数等,并把这些属性放在附加 DD 中描述。采用上述分层结构,可使各制造商的 DD 二进制文件做的很小。

由此可见,设备描述就相当设备的"驱动器",那么如何才能够得到设备的 DD 呢?现场总线基金会为标准 DD 制作了 CD-ROM,并向用户提供这些光盘。制造商可以为用户提供他们的附加 DD。如果制造商向现场总线基金会注册过它的附加 DD 的话,现场总线基金会也可以向用户提供那些附加 DD,并把它与标准 DD 一起写入 CD-ROM 中。

设备描述语言(DDL)是描述性语言,而非程序语言,目前称为"电子设备描述语言(electronic device description language,EDDL)",已成为 IEC 61804 标准。基金会现场总线 FF、Proifibus 以及 HART 均采用 EDDL 来描述现场设备中的数据及其显示特性,三种语言中 95% 相同,只有一小部分稍有差异。

2. 功能文件

当没有实际设备而要对现场总线系统进行组态时,就要采用离线组态方式,并要借助于设备的功能文件(capability file)。功能文件(相当于"软设备")提供了设备有关网络与系统管理、功能块应用等方面的功能性描述信息,其中一部分信息已驻留在设备内部。对应每一设备类型,都有相应的扩展名为". cff"的功能文件,该文件与设备描述文件放置在一起。功能文件经常被称作"CFF",其含义为"公共文件格式"(common file format)。

3. 设备信息文件的安装

基金会现场总线要求所有经过认证的设备都可以用两种类型的文件来描述其功能:设备描述文件和功能文件。一个真正的基金会现场总线系统只需要这两类文件就可以完全对基金会现场总线设备进行组态和访问。

那么,如何在现有系统软件中安装新设备的 DD 呢? 首先来看看设备信息文件的一般安装位置。一般设备描述文件和功能文件按照下列目录结构存储:

```
<DD 主目录>
  + … 制造商 ID
    - … 设备类型
```

　　以 Smar 公司的现场总线控制系统 System 302 为例,其现场设备组态软件为 Syscon 5.0,DD 主目录为：Smar \ Device Support,在此文件夹下,有以横河 (Yokogawa)公司(ID 号为：594543,代表"YEC")、Smar 公司(ID 号为 000302)等制造商 ID 号命名的子文件夹,里面顺序排列按照该制造商生产的设备类型码命名的子文件夹,里面分别存储有此类型设备的信息文件。例如,Smar 的 LD302 具有设备类型码 0001,则在如下文件夹

　　　　Smar\Device Support\000302\0001

内存储有设备 LD302 的设备描述文件及功能文件。

　　要安装新设备的 DD,就要首先创建该设备制造商 ID 号及设备类型码分别命名的子文件夹,并将具有扩展名为". ff0"、". sym"、". cff"的设备信息文件装入上述文件夹中。另外,还需将＜ DD 主目录＞下的系统配置文件：Standard. ini 打开,在栏目 Manufactures by ID 中,添加上设备制造商 ID 号及制造商名；在栏目 Device by Code 中,添加上设备类型码及设备名称。而装有设备描述服务(DDS)解释器的主机根据制造商标识(ID)及设备类型从相关目录中读取设备描述,就能够与设备内定义的所有参数进行相互操作。

　　这里,设备描述服务是组态或人机界面软件中用于读取设备描述的标准库函数,它使得来自不同供应商的设备挂接在同一段总线上,只需采用同一版本的人机接口软件就可协同工作,即实现了可相互操作性。不过,需要指出,采用 DDS 读取的是设备描述,而不是运行值,运行值通过 FMS 通信服务从现场总线上的设备中读取。

　　使用设备描述来集成现场设备的方式,目前在过程行业广泛采用。几乎所有的 DCS 系统提供 DD 主机,能够翻译 DD 文件。而且,不同的供应商也提供了许多资产管理软件套件,支持 EDD 驱动的集成。此外,几乎所有的设备制造商都开发及销售适合其设备的 DD 文件。同时,支持 EDDL 增强的应用也开始展开。

9.4.4　现场总线控制系统的设计

　　这里,采用现场总线技术构造的控制系统,我们称作"现场总线控制系统 (FCS)"。事实上,同一 FCS 系统内可以采用多种现场总线技术来构成,这就涉及多总线集成问题。因为,按照现有技术水平,确定一种满足所有应用场合要求的总线标准是不可能的。因此,面对众多的现场总线产品,用户首先要明确自己特定的应用需求,然后再结合不同现场总线的技术特点,选择合适的总线标准。

　　当然,从最终用户的角度来看,在控制系统的整个运行周期内,用户关心的主要还是受控过程本身；而现场总线测控设备对现场操作人员来说,则应具有足够的透明性。

　　基于现场总线的控制系统,并不排斥以往积累起来的工程技术与经验,而且主

要工程步骤与方法基本维持不变，只要补充一些基于现场总线控制与测量的知识和经验就足够了。其系统设计与当今的集散控制系统设计非常相似，下面重点结合它们之间的不同点对基金会现场总线控制系统的设计做一介绍。

1. 总线连接与设备选择

与传统集散控制系统相比，现场总线控制系统的不同点首先表现在物理接线上。现场总线控制系统采用数字总线连接取代传统 4～20mA 的模拟点对点连接，这样许多设备都可以挂接在同一总线上，依据每一设备具有的唯一物理设备位号及相应的网络节点地址来加以区分，并可以用树型、总线型、菊花链型，及点到点连接等不同的拓扑结构接入现场总线网络中。

那么，究竟在一个现场总线网段上，添置多少设备才合适呢？从经济角度看，12个设备足以使初始成本降低。如果是一个技改项目，用来取代 4～20mA 的话，一般4 个或 5 个设备经济上就是合算的。有关设备数量的选择及总线连接，我们从以下几个方面加以讨论。

首先，从通信规范角度看，为简化网络接线设计，物理层一般将一个总线段上的设备数量限制在 2～32 个之间。而数据链路层节点地址占用一个字节，除掉其中一些为特殊需要保留的地址空间外，实际用于现场设备的有效地址区间大小是 232。显然，该数值已足够大而不必加以考虑。

其次，在要求总线供电条件下，电源要具有足够大的功率，其所能提供电流要大于总线上所有设备平均消耗电流的总量（现场设备消耗的电流大多不超过 20mA）。而在安全防爆条件下，危险区域现场设备的总量决定于安全防爆栅所能够提供的总能量。

再次，从功能块应用角度来看，在总线设备接线上，最好将相互关联的功能块放置在同一网段内，以避免功能块跨越网桥连接。因为，不同设备上的功能块连接需要调用总线上的通信服务。此种连接越多，通信负荷越重，当通信能力不足以在有限时间内传输所有数据时，必然会限制总线上设备的数量。对于通信负荷的一个粗略而保守的估计算法如下：

设不同设备上功能块之间的连接数量（即发布者的数量）为 N_P，控制块外加输出块（即用于人机界面控制显示的通信）数量为 N_C，则通信负荷为

$$T_{\text{LOAD}} = (N_P + N_C) \times 50\text{ms}$$

如果 T_{LOAD} 超过控制周期（宏周期）的 80%，则该组态风险性较大，最好从总线上减少一些设备。

最后，从控制风险角度来看，如果总线上某一设备发生故障，就有可能毁坏整个网段的通信，最坏情况下有可能所有测量值都无法通过总线访问，控制活动被迫中断。当通信线路因接线不牢而发生断路或短路故障时，上述情况也会发生。因此，在同一网段上控制回路的数量要严格加以限制，即通过控制回路分散来达到风险分散的目的，有效避免危险情况的发生。

2. 设备组态及控制策略的生成

现场总线网段上连接的设备确定下来之后，就要根据控制策略，在设备内添加合适的功能块，并设定必要的功能块参数；同时，还需将相关功能块的输入、输出连接起来，即进行控制回路的连接。上述过程属于现场设备的组态。在所有功能块的连接及包括设备名称、工位号、回路执行速率等在内的组态项目输入完毕之后，组态软件就会为每一设备生成相应的组态信息，并将其下载到现场设备中去。当设备成功地接收到组态信息后，系统就可以运行了。

目前，不论是单回路数字调节器，还是集散控制系统、现场总线控制系统，一般都开始采用"图形化"语言进行功能块连接，即针对所选功能块，采用直观的图形界面构造控制策略，回路连接只需参照在线显示的功能块结构图，将有关输入输出端子直接连线接通即可。

尽管上述组态过程与 DCS 系统相比，形式上基本相同，但在 FCS 系统中，构成控制回路的基本要素：输入处理、PID 运算及输出处理等却可能分布在不同的现场设备内，因而功能块之间的数据传递就有其特殊性。具体来说，对于同一设备内功能块间的连接，可采用内部链接对象直接连接；而分布在不同设备内的功能块连接，除采用链接对象外，还要依据发布者/预定接收者通信模型，借助 FF H1 实现各功能模块间的数据传递。

前面已经讲过，基金会现场总线具有独有的用户层，其为用户提供了一个类似于集散控制系统(DCS)的应用环境，其作用表现在，对于较为简单的控制系统，可将输入处理、控制运算、输出处理等功能从 DCS 系统转移到现场设备内，这样，可节省DCS 控制站，而只需保留类似 DCS 的操作站。另一方面，对于大型或复杂控制系统，可将现场总线仪表接入 DCS 系统(含 FF H1 通信模件)中，形成 FCS 控制系统。其中，DCS 主设备充当 FCS 中的主设备，并提供上层串级或前馈控制。尽管现场总线用户层也具有建立复杂串级与前馈控制回路的能力，但它们主要还是为建立在DCS 中的复杂回路提供后退备用方式。

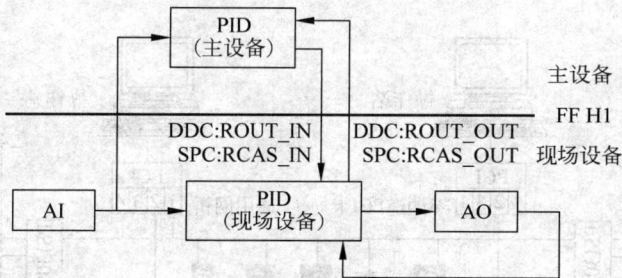

图 9.4-6　SPC 与 DDC 控制在 FCS 中的实现

那么，在 FCS 控制系统内，如何实现复杂的控制策略呢？这就涉及 PID 控制功能块的工作模式。我们知道，现场仪表内含 PID 控制功能块是 FCS 系统的重要特征，但该功能块还被赋予远程串级(remote cascade)与远程输出(remote output)工作模式,可与上位主设备(host device)或人机接口设备分别实现类似传统 DCS 控制系统中的 SPC 控制(设定点控制)及 DDC 控制,如图 9.4-6 所示。

　　在正常条件下,主系统中的 PID 块可以被组态成主系统中复杂控制策略(如预测控制)的一部分,实施实际控制运算,以远程输出模式(remote output mode)将控制量 MV 发送给现场设备 PID 功能块中的远程控制量输入参数(ROUT_IN),实施上位机的 DDC 控制。当主系统发生故障或通信失败时,由现场设备中的 PID 块接手承担控制运算,并将运算结果直接输出,从而控制过程不会中断。当故障恢复后,重新回到远程输出模式。这里,现场设备中的 PID 块起着后退备用方式。当现场设备中的 PID 块工作于远程串级控制模式(remote cascade mode)时,其设定值来自于上位 PID 块的输出,属于 SPC 工作方式。

　　现场总线控制(FCS)具体在集散控制系统中的应用可参考 8.3.3 节和 8.3.5 节的介绍。

9.5　现场总线在集散控制系统中的集成

　　一个典型的现场总线控制系统主要由以下设备或部件组成:操作站、手持终端、变送器、执行器(包括电气阀门定位器)、信号变换器、防爆栅、总线电源、电源阻抗匹配器、总线终端阻抗匹配器、传输电缆、网络链接设备(如网桥)等。下面以 Smar 公司的现场总线控制系统 System 302 为例,介绍现场总线控制系统的典型结构。

9.5.1　现场总线控制系统 System 302 的组成

　　系统 System 302 主要由操作站、4 通道现场总线 PC 接口卡(或网桥)及现场设备三部分组成,如图 9.5-1 所示,图中给出了 System 302 的双重化冗余结构。System 302 主要包括两种形式的现场总线链接设备,即 PCI 卡(过程控制接口卡)及 DFI302 通用网桥。

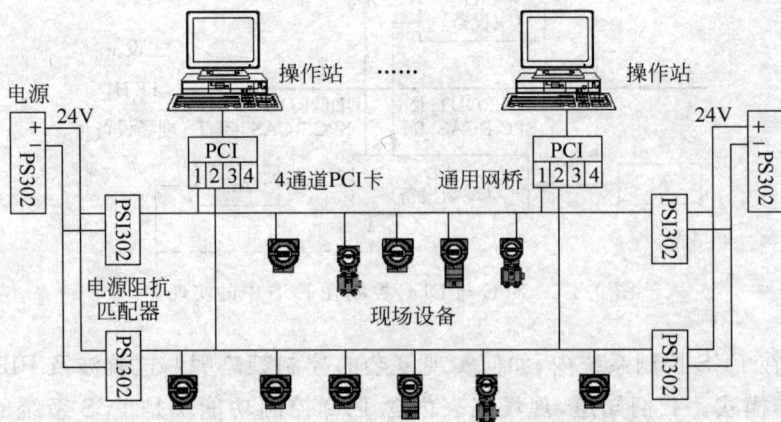

图 9.5-1　采用 PCI 卡的现场总线网络结构

　　PCI 卡是一块插在工业或商用 PC 上工作的 16 位 ISA 卡,每块 PCI 卡拥有 4 个独立的 H1 通道。PCI 卡的主要功能是快速处理和访问连接现场仪表的多个通道上的数据,完成现场仪表与操作站之间的数据通信任务,其硬件结构如图 9.5-2 所示。

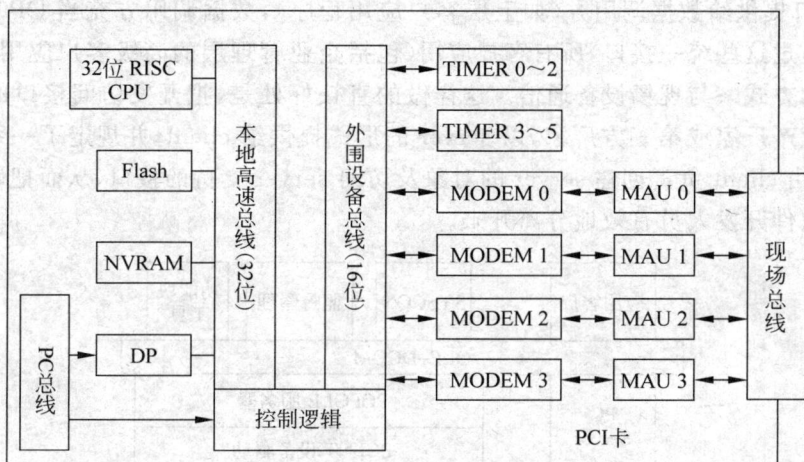

图 9.5-2　现场总线 PCI 卡的硬件结构

　　PCI 卡采用 32 位的 RISC CPU 处理所有的通信与控制任务,通过双端口 RAM(16bit,256KB 数据内存),可实现 PC CPU 与 PCI 卡之间的高效数据通信。PCI 卡内数据结构与对象存储在 512KB 的非易失性 32 位数据存储器内,即 NVRAM 中。PCI 卡程序保存在 1MB 的 32 位 Flash 程序存储器中,便于软件升级。现场总线通信控制器 MODEM0～3 采用 Smar 公司的现场总线协议芯片 FB3050,遵从 ISA-SP50 现场总线物理层规范,实现 31.25Kbit/s 波特率的串行数据通信。现场总线通信介质连接线路 MAU0～3,实现信号变换与隔离,根据 ISA-SP50 现场总线物理层规范,将来自 MODEM 的数字信号(0V 或 5V)调整到现场总线上。在系统操作站(工业 PC)总线插槽上,最多可插入 8 块 PCI 卡,驱动 32 个 FF H1 通道。在安全防爆条件下,每个通道可连接 4 个安全栅 SB302,每个安全栅下可挂接 4 台 Smar302 系列现场仪表。这时,每台 302 系列仪表的工作电流约为 15mA。

　　基于 PCI 卡的 System 302 的软件分层结构如图 9.5-3 所示。最上层为人机界面(HMI),运行于 PC 上的用户程序(包括组态、监控、系统分析等)通过特定服务器所提供的服务实现与 PCI 卡的接口。PCI OLE Server 是基于客户/服务器型体系结构的适用于 Windows NT 的 32 位版本服务器,遵从 OPC 规范,这使得 OPC 客户(即上述用户程序)可以按照标准的方式管理现场总线系统。NT 操作系统环境下的 PCI 卡驱动软件用来实现对本地 PCI 卡的高效访问。PCI 卡与 PC 之间在硬件与软件级别上共享双口 RAM,该双口 RAM 上包含二者之间进行数据与命令传输所要求的所有结构。卡上每一通道都包含物理层与部分的数据链路层。

　　这里,OPC(OLE for process control)是指用于过程控制的对象链接与嵌入(OLE)技术,它是对象链接与嵌入技术在自动化领域的应用扩展,是实现控制系统现场设备级与过程管理级进行信息交互,实现控制系统开放性的关键技术。OPC 取代了传统的"I/O 驱动程序",它一方面实现与数据供应方(包括硬件和软件,如下层现场设备)中获取实时数据,另一方面,将来自数据供应方的数据通过一套标准的 OLE 接口提供给数据调用方(如上层客户应用程序),数据调用方充当 OPC 客户的角色。通过这些统一接口,所有客户应用(包括企业管理层的高级客户应用)都可采用一致的方式来与现场设备通信。这样做的直接好处是,把开发访问接口的任务放在硬件生产厂家或第三方厂家,以 server 的形式提供给 client,并规定了一系列的接口标准,由 client 负责创建 server 的对象及访问 server 支持的接口,从而把硬件生产厂商与软件开发人员有效地分离开来。

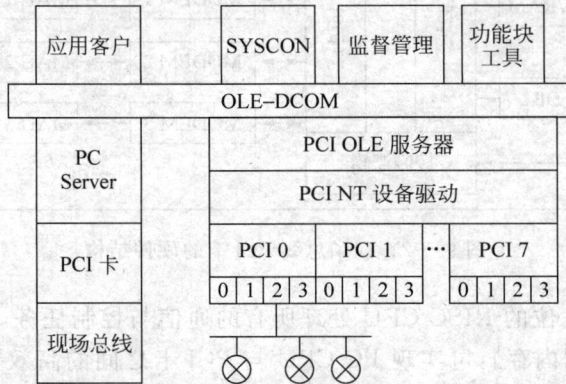

图 9.5-3　基于 PCI 卡的 System 302 的软件分层结构

　　Smar 公司后续推出的现场总线通用网桥(fieldbus universal bridge)是 DFI302。该设备将 PCI 卡与 PC 通过 PC 总线进行并行通信改为借助以太网及 TCP/IP 协议与 PC 进行串行通信的方式,使系统构成具有更大的灵活性与通用性,代表了未来的发展方向,系统网络结构如图 9.5-4 所示。主机通过以太网与 DFI302 网桥相连,DFI302 再与 TT302 等现场总线设备相连。Syscon302 的组态软件通过 DFI302 的 OPC 服务器获得实时数据。

　　DFI302 是一种标准多功能设备,由电源输入模块(DF50)、控制器模块(DF51)、总线电源(DF52)和阻抗匹配器(DF53)等多个模块构成。DF50 是 90~264V AC 输入 24V DC 输出的高性能开关电源模块,具有自诊断与输出短路保护功能,为底板提供可靠的 24V DC 工作电压。处理器模块 DF51 采用 25MHz 时钟的 32 位 RSIC CPU、Flash 固件及 2MB 的 NVRAM,集中处理通信与控制任务,具有一个 10Mbps 的 Ethernet 现场总线接口、4 个现场总线 H1 接口(31.25Kbps)、1 个 EIA 232 通信口(115.2Kbps),因而可在各个 H1 通道间实现透明的通信功能,即实现 H1-H1 网桥功能,同时具有 Ethernet 网关功能。现场总线 H1 供电电源模块 DF52 为一非本安设备,具有 90~260V AC、47~440Hz 交流输入,24V DC 输出,隔离型,带短路及过流保护,纹波及故障自动指示,并且允许冗余输出,非常适合于为现场总线设备供电。电源阻抗模块 DF49(2 口)或 DF53(4 口)在电源与现场总线网路间提供阻抗匹配,以保证电源不至于短路现场总线上的通信信号,当采用总线供电而无本安要求时,可采用此模块。

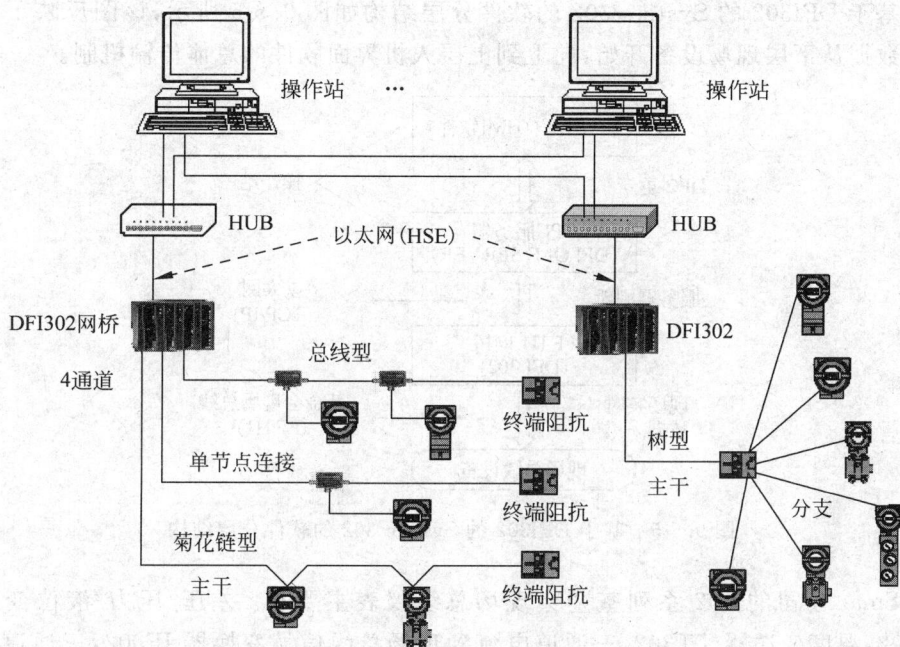

图 9.5-4 采用 DFI302 的现场总线网络结构

现场总线的几种典型的网络拓扑结构如图 9.5-4 所示,主要包括:点对点拓扑、树型拓扑(也称作鸡爪形)、总线型拓扑(也称作线性或分支拓扑)、菊花链型拓扑以及上述几种拓扑结构的混合,原则上,几乎任何拓扑结构及其组合都是可行的。其中,把连接两终端器的总线电缆称为"主干(trunk)",网络上其他部分则称作"分支(spur)"。网络主干由控制室引入现场,设备则沿线路主干分布,通过分支与主干相连,或者通过终端接线盒接入。

一般来说,对于改造项目,涉及对现有电缆再利用时,树型连接是首选的拓扑结构,因为它类似于传统的安装方式,并且可以充分利用已有的基本设施。此外,现场设备密度高的特定区域也比较适合此种结构。在组态和分配网络/网段设备时,该拓扑具有最大的灵活性。从技术角度看,该拓扑可行,但通常不是一种经济的方案。对于首次安装,并且设备密度较低的区域,应采用带分支的总线拓扑。分支应通过限流装置(30mA,或按特定分支上设备的相应需要)与总线连接,从而提供短路保护。上述几种拓扑混合使用时,必须遵循现场总线网络/网段最大长度的所有规则,包括总长度中分支长度的计算(例如,FF 规定,整个网段的长度最大为 1900m,计算方法为:整个网段的长度=主干 + 所有分支)。

现场总线建议系统安装应采用树型、分支或组合拓扑结构;不要采用菊花链型拓扑。值得指出,菊花链型拓扑是由设备到设备的网络/网段组成,在运行状态下,如果不中断其他设备的服务,不能从网络/网段上添加或删除设备,因此,不适合于维护,因此不宜采用该型拓扑。

基于 DFI302 的 System 302 的软件分层结构如图 9.5-5 所示,该图反映了实时过程数据从下层现场设备开始,向上到上层人机界面软件的总体传输机制。

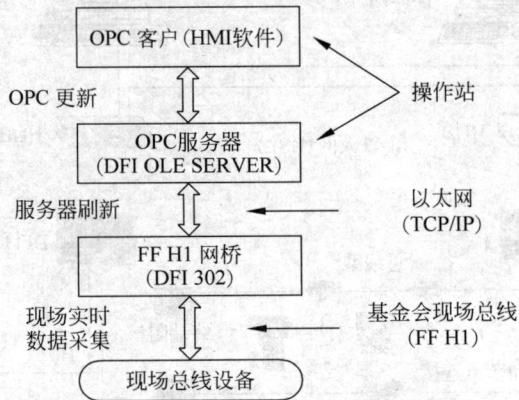

图 9.5-5　基于 DFI302 的 System 302 的软件分层结构

Smar 公司的 302 系列基金会现场总线仪表主要有:差压/压力/液位变送器 LD302,温度变送器 TT302,三通道电流到现场总线信号变换器 IF302,三通道现场总线到电流信号变换器 FI302,现场总线到气压信号变换器 FP302 及现场总线阀门定位器 FY302 等。

LD302 是处理差压、压力、液位信息的智能化仪表。表头上的智能板含有输入模块(AI)、PID 模块、输入选择模块(ISS)、特征化模块(CHAR)、运算模块(ARTH)和累计模块(INTG)等。

TT302 是一种通用的现场总线智能温度变送器,主要用于采用热电阻、热电偶测温,同时还可与电阻性或具有毫伏(mV)输出的其他传感器,如高温计、位移检测器(电位器)、其他测压元件等相连,对应毫伏(mV)输入范围为 $-50 \sim 500$ mV,电阻输入范围为 $0 \sim 2000 \Omega$,并且具有包括两线制、三线制、四线制等在内的多种接线方式。TT302 内含两个输入变换模块、一个资源模块、一个显示模块及其他功能模块。由于输入电路有调零功能,因此,TT302 具有很高的精度和优良的稳定性。

IF302 是把模拟信号转换成标准现场总线信号的设备,通过它可以将测量元件连接到现场总线系统中。一块 IF302 具有三个独立的 AI 模块,即可以同时处理三路信号。

FI302 是把现场总线信号转换成 $4 \sim 20$ mA 模拟信号的设备,从 FI302 出来的信号再通过电/气转换部件去推动执行元件动作。FI302 同样具有三个独立的 AO 模块,可同时处理三路信号。FP302 是把现场总线信号转换成 $3 \sim 15$ psi(1psi $=$ 6664Pa)气动信号的设备,通过它,现场总线给出的控制信号可以推动执行元件动作,FP 具有一个 AO 模块。

9.5.2　系统 System 302 中现场设备与网络的组态

现场总线组态包括现场总线设备及功能块的选择,功能块参数设置与连接。类似集散控制的组态,这里同样存在"在线"与"离线"两种组态方式,离线方式是在没有连接任何实际设备的情况下,对系统进行组态,将组态信息以文件形式保存下来,待接入系统后可整体下装到现场设备中;在线方式是组态设备通过总线接口或网桥直接连接上现场设备,组态修改可以立即传到总线设备中;同时,现场设备内的参数可在组态设备上实时显示。

System 302 采用的组态软件为 SYSCON,其现场总线组态按照 ISA S88 模型进行组织,将每一个工程组态项目分为如下两个部分:

1) 逻辑对象(area1)

逻辑对象主要用于描述或组态现场总线的控制策略,即功能块连接。组态时,可针对生产装置及过程操作单元,添加控制回路,选择必要的功能块,并依据图形连接方式,进行功能块连接,生成控制策略,如图 9.5-6 所示。在添加功能块时,对话框中涉及的选项包括:制造商名称、设备类型、设备版本、DD 版本、模块类型等。保存所有逻辑部分将保存在 area1 中。

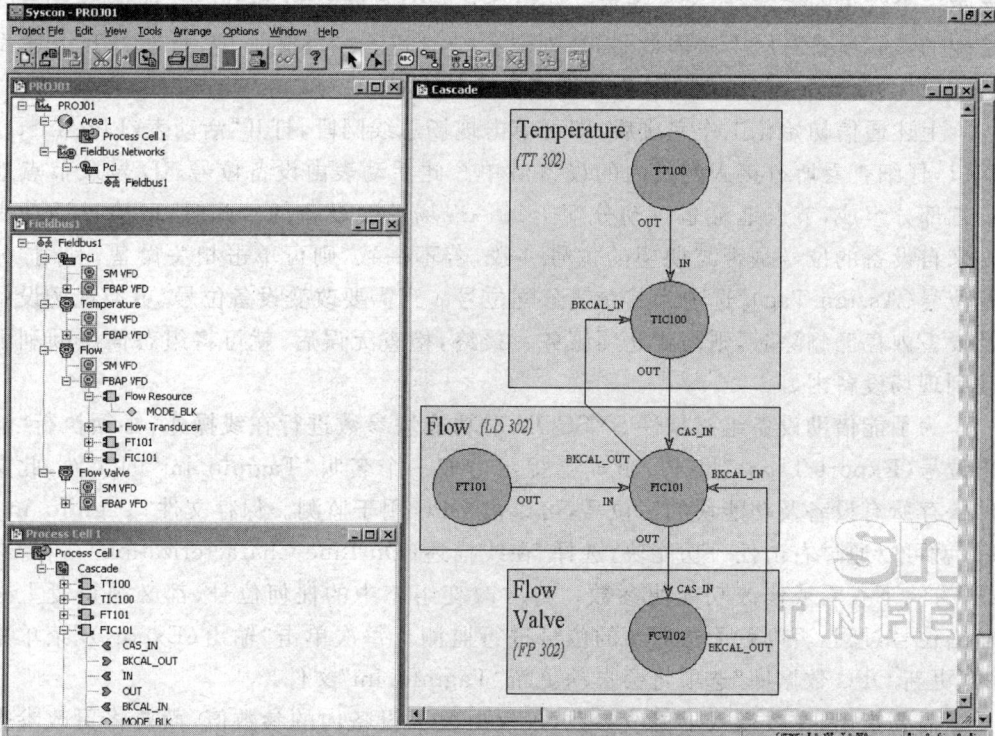

图 9.5-6　现场总线设备的组态画面

2) 物理对象(fieldbus networks)

物理对象用来对现场总线网络进行描述和组态。在组态时,按照设备在现场中的实际安装布局,将所有桥(PCI 或 DFI302)及现场设备添加进来,同时添加设备功能块,其中,变换块(TRD)、资源块(RES)及显示模块(DSP)是一般现场设备所必须要有的模块。物理部分是按实际建立的物理设备连接组织排列,因此相关设备组态信息将会按照网段上的排列次序下载到总线设备上。

上述组态过程可以从不同的点开始,采用不同的方式进行。例如,可首先建立物理对象,创建网段,添加设备及功能块,然后再将这些功能块链接(attach block)到逻辑部分。也可以首先创建逻辑部分,生成控制策略,然后生成物理部分,并将上述功能块链接过去。控制策略组态对于物理设备完全透明,功能块执行调度完全自动建立。

上述组态完成之后,即可形成如图 9.5-6 所示的完整组态画面,组态文件即可存盘备份。紧接着需要连接网络,进行在线组态操作,包括通信的初始化。

首先设定通信参数,单击"现场总线网络(Fieldbus Networks)"图标,打开"通信设置"对话框,选择服务器类型,如 Smar. DFIOLEServer. 0。然后,在"通信"菜单中,选择"初始化(Init)"选项开始初始化通信。此时,SYSCON 查找网桥设备 ID 号,并通过 OLE Server 与网桥相连。若一切正常,则在每一设备及网桥图标的左上方会显示一个红色的提示符"×",表示这些设备还没有被指定设备 ID 号,即还没有与网络中的实际设备对应上。因此,需要对它们分别进行初始化通信,重新打开上述设备的属性(Attributes)对话框,为其选择合适的设备 ID 号。

上述通信初始化工作完成后,即可单击现场总线网段,打开"活动表(Live List)"窗口,仔细查看所有接入网段内的设备清单。此活动表由设备位号、ID 号及节点地址三部分组成,节点地址是自动分配给每一现场总线设备的。此时,可检查活动表内来自设备的位号是否与期望的位号一致,若不一致,则可单击相关设备,利用"分配位号(Assign Tag)"选项为其在线分配位号。当需要改变设备位号、更换现场设备及设备内存已删除时,则需要此项服务。最终,检查无误后,就可将组态信息顺利下载到现场设备内。

为了能借助设备组态软件 SYSCON 对功能块参数进行在线操作,必须执行"输出位号(Export Tags)"操作。此时会提示生成一个名叫"Taginfo. ini"的文件,此文件保存所有设备及功能块的工位号,可以被 OPC 用于监测。保存文件"Taginfo. ini"后,就可以通过右击任一功能块,选择"在线描述(On Line Characterization)",在"在线"方式下查看或修改功能块参数。每次改变组态中的任何位号,都必须重复上述输出位号过程,否则就无法对新的位号进行监测。每次单击"输出(Export)"菜单中的"更新 OPC 数据库"选项将会自动更新"Taginfo. ini"文件。

需要指出,在线模式下更改参数,仅仅更改了设备内的参数值,而要将更改参数保存在文件中,还必须在"离线描述(Off Line Characterization)"下更改参数值。

在工程项目窗口内选中项目图标,然后在"输出(Export)"菜单中单击"组态

（Configuration）"，就会出现"选择数据源"对话框，从而可以使用机器上已存在或新建的 ODBC 数据源向你选择的数据库输出系统的组态信息。

在硬件连接正常的情况下，完成上述一切后，就可以在"在线描述"中看到不断更新的实时数据。

需要指出，虽然这里讲到的是 System 302 的组态步骤，但由于该组态方法严格遵从基金会现场总线协议规范，因而具有相当大的通用性。

9.5.3　系统 System 302 中人机界面的组态

在传统的 DCS 系统中，设备组态与人机界面组态软件一般是一体的，具有专用化结构，缺乏通用性。随着现场总线技术的发展及对系统开放性要求的不断提高，软件设计也开始沿袭硬件的设计思路，更多采用开放化与标准化的模块插件式体系结构，并与硬件设计相分离，可以通过 DDE（dynamic data exchange）、OPC（OLE for process control）、SQL Server 数据库等形式与第三方软件进行数据通信，具有分布式的系统结构。目前，组态软件已独立于具体的 DCS 系统，具有了更大的通用性，并且由专业软件开发商提供，如 Smar 公司的 System 302 就选用美国 TA Engineering 公司的通用人机界面组态软件 AIMAX_WIN。

由于通用人机界面组态软件并不针对 DCS 或 FCS 而专门设计，换句话说，目前 DCS 系统中采用的通用人机界面组态软件只要配备有 OPC 客户程序，都可采用。例如，AIMAX SMAR OPC 客户驱动程序就提供了 Smar 现场总线设备的通信接口，该接口是最新的 OPC 标准通信接口。这个驱动程序根据 OPC 的标准通信协议提供了一个接口，用于实现 AIMAX 和 Smar 现场总线系统的数据通信。AIMAX OPC 客户端以其特有的方式以最快的速度从 Smar OPC 服务器中获得数据，然后向 OPC 服务器的共享内存区域报道这些值。通过简单的人机界面组态操作，即可方便地生成类似前文 DCS 系统的通用控制操作界面，如总貌画面、分组画面、调整画面、趋势画面、流程图画面等，满足操作工对控制系统进行日常的监视、操作与维护要求。

小结

由于自动化应用领域的广泛性，决定了现场总线控制系统的多样性。就目前各种现场总线技术来看，没有哪种现场总线能够完全适用于所有的应用领域。因此，多种现场总线标准共存的状况将会在未来很长的时期内存在。此外，虽然现场总线控制系统是未来自动化的发展方向，但传统 DCS 与 PLC 的系统结构具有良好的可靠性，这已为长期实践所证明，并且还在不断完善，并日益走向开放，因此它也不会马上为现场总线控制系统所取代。

总之，通过相互包容，将多种现场总线集成起来协同完成工厂测控任务，才能适应目前现场测控设备多态性和用户需求多样性的需要，最大限度地保护用户的利益。正是由于各种现场总线技术的发展和竞争、各种计算机主流技术在工业控制领域的渗透和应用，及自动化技术发展的延续性和继承性，工厂现场控制网络出现了多种现场总线共存、多种系统集成和多种技术集成的局面。因此,集成将是近期企业信息网络发展的主题。

9.6　基金会现场总线 HSE 简介

FF HSE(high speed ethernet)现场总线技术是现场总线基金会根据现场总线的发展趋势和工业以太网在工业现场的应用潜力,制定出的一套基于 Ethernet 和 TCP/IP 协议,同时又融合现场总线技术的工业通信规范。按照现场总线基金会原来的构思,FF 现场总线是由低速部分 H1 与高速部分 H2 共同组成,H2 的传输速率有 1Mbit/s 与 2.5Mbit/s 两种,传输距离分别为 750m 与 500m。由于技术的高速发展,互联网技术向控制网络的渗透,H2 还未正式出台就已不适应工业应用的需求,而改为高速以太网 HSE,其传输速率为 100Mbit/s,并于 2000 年 3 月 29 日正式发布了 HSE 规范。FF HSE 协议底层采用标准的工业以太网及 TCP/IP 协议,目前最高传输速率可达 1Gbit/s 或更高,可以满足工业控制的高带宽和实时性要求,广泛应用于过程工业自动化和制造业自动化领域。

9.6.1　HSE 基本通信模型

FF HSE 的系统体系结构如图 9.6-1 所示,其以 ISO/OSI 模型为参考,以原有 FF H1 总线体系结构为基础,物理层和数据链路层采用 IEEE 802.3 及 IEEE 802.3u 标准,网络层采用 IP 协议,传输层采用 TCP/UDP 协议。在应用层之上增加用户层实现对现场设备的各种控制功能。

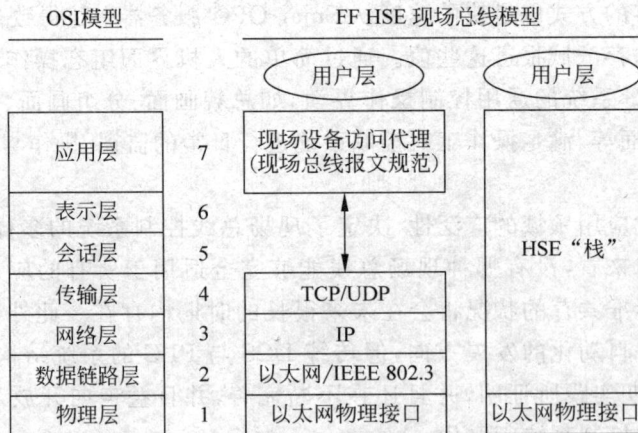

图 9.6-1　FF HSE 现场总线的分层模型

值得注意的是,早先的以太网规范只包括 OSI 通信模型中的物理层与数据链路层,而工业以太网则还包括了网络层、传输层和应用层。一般利用 TCP/IP 协议来发送非实时数据,而用 UDP/IP 发送实时数据。非实时数据的特点是大小和发送频率经常变化,实时数据的特点是数据包短、负荷低。TCP/IP 用来提供组态和诊断信息传输,而 UDP/IP 提供实时 I/O 传输。

高速现场总线 HSE 同 FF H1 一样,可采用冗余技术,目前只有总线型拓扑结构。HSE 和 H1 之间通过链路设备 LD 进行连接。

9.6.2　HSE 网络通信原理

HSE 的网络通信提供两种访问服务——系统管理内核 SMK 访问和虚拟现场设备(virtual field device,VFD)访问。SMK 可以看做是一种特殊的应用进程(AP),VFD 用来描述应用进程的网络可视化对象。对 VFD 的访问是为了配置或获得远程设备的功能块应用进程(FBAP VFD)或网络管理信息库(network management information base,NMIB)的信息。

HSE 网络中现场设备各应用进程之间的通信是通过一种预先组态的或动态建立的虚拟通信通道实现的,FF 将这种通信通道称为虚拟通信关系(VCR),即表示远程 AP 间的通信连接是一种逻辑的而非物理的连接。建立 VCR 之前必须先建立 HSE 会话(session)。HSE 会话是连接一个或多个现场设备的通信路径,一个会话可以支持一个或多个 VCR。

HSE 现场总线通信栈的内部结构如图 9.6-2 所示,它是实现软件通信的关键,它主要包括六个部分:TCP/IP 协议栈、现场设备访问代理(FDA)、系统管理(SM)、网络管理(NM)、HSE 管理代理(HMA)。

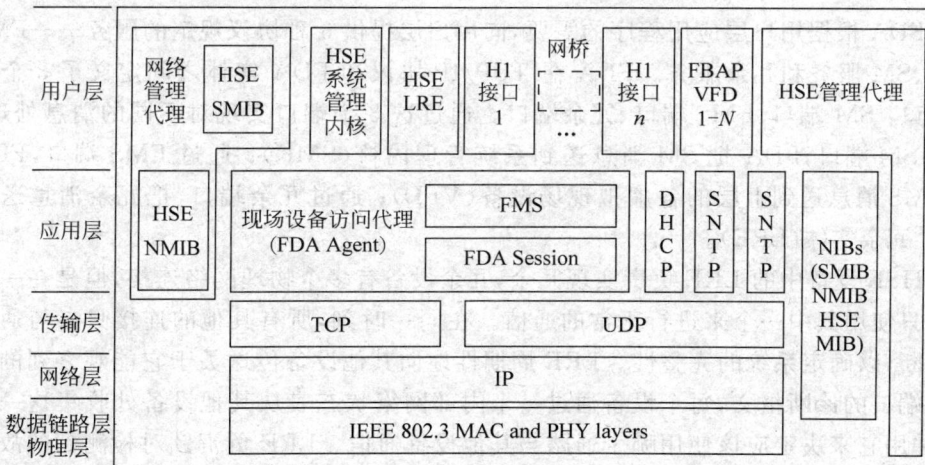

图 9.6-2　FF HSE 现场总线分层模型

1) TCP/IP 协议栈

HSE 通信栈的平台是 TCP/IP 协议,HSE 协议栈就定义在 TCP/IP 协议族之上,它同时支持 TCP 和 UDP 传输层协议,其中,UDP 是默认采用的传输机制。

　　2) 现场设备访问代理(FDA)

　　现场设备访问代理(FDA)位于 TCP/UDP 层之上,负责把 TCP/UDP 消息传送到网络管理(NM)、系统管理(SM)和用户层的功能块应用进程(FBAP),其内部结构如图 9.6-3 所示。可以看出,FDA 在 TCP/UDP 层和 FDA 用户之间建立通信通道,并以此为基础向用户层提供它的服务。其内部主要包括:① socket 映射协议机制——是 TCP/UDP 层同 FDA 的接口;②应用关系协议机制——指 FDA 中的会话(sessoin);③FDA 服务协议机制——表示会话和虚拟通信关系(VCR)的连接;④HSE VCR 协议机制——指 FDA 中的 VCR 实现。有三种类型的 VCR,即客户机/服务器型、发布者/预订接收者型、报告分发型。由于以太网数据链路层不支持调度,因此发布者/预订接收者数据是以"尽可能早"的原则发送的。

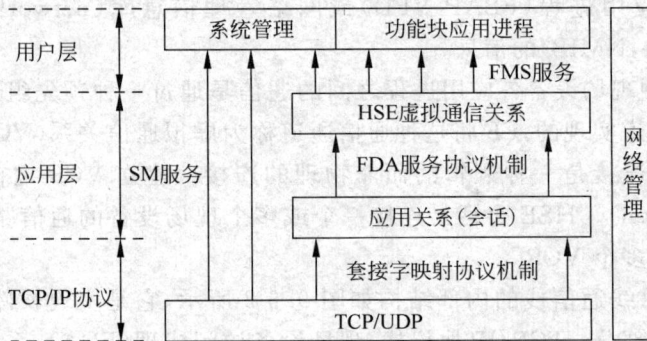

图 9.6-3　　FF HSE 通信栈的简化参考模型

　　FDA 根据用户层应用程序的需要,向用户层提供 3 种协议规定的服务——FMS 服务、SM 服务和冗余服务。FDA 在 TCP/IP 协议和 FDA 实体之间定义了 3 个标准端口:SM 端口、FMS 端口、冗余端口。通过这 3 个端口实现对不同的消息处理。通过 SM 端口,FDA 把 SM 消息送到系统管理内核(SMK);通过 FMS 端口,FDA 把 FMS 消息送到上层的各虚拟现场设备(VFD);通过冗余端口,把冗余消息送到 LAN 冗余实体(LRE)。

　　HSE 设备中的 LRE 负责实现冗余,冗余设备有多个物理网络连接,但是在一个时刻只使用其中一个来进行正常的通信。在同一时刻,所有其他的连接只参与通信的诊断,以确定系统的完整性。LRE 周期性地向其他设备传送关于它能观察到的设备和端口的诊断报文,每个设备通过一个内部网络状态表从其他设备处收集这一信息,并用它来决定应该使用哪个通路与其他设备通信。LRE 负责针对检测到的故障来完成从主(primary)到辅(secondary)的切换。切换对于 VFD 和 FBAP 来说是透明的,所以不需要特殊的功能块组态。当失效的主设备一旦重新恢复正常,它将以辅的身份回到网络上。通过采用冗余的媒介、冗余的通信端口和设备,可以改善主站级网络的有效性。

　　需要注意的是,在 FDA 中对 SM 消息和 FMS 消息的处理方式是完全不同的。

对于 SM 消息,FDA 在 SM 端口得到该类消息,解包成系统管理可以识别的消息后,直接发送到上层系统管理实体,不经过会话和 VCR 通道;而对于 FMS 类消息,在该类消息通过 FMS 端口到达 FDA 后,还必须经过会话和 VCR 两个通信实体的处理,形成用户层应用程序可识别的 FMS 消息。可以看出对于 FMS 消息的处理相对来说要比 SM 消息的处理复杂一些。

3) 网络管理

网络管理处于 HSE 协议的最高层,是 FDA 的用户。在一个 HSE 网络系统中,必须至少有一个网络管理者,由它授权网络管理代理进行网络管理。网络管理的工作主要是建立网络管理在网络上的可视对象,即网络管理代理虚拟现场设备(NMA VFD),进而通过 FMS 消息对这个 VFD 进行访问和操作。每个 NMA VFD 中,都包含一个系统管理信息库(SMIB)和一个网络管理信息库(NMBI)。SMIB 属于系统管理范畴,在系统管理中定义。NMIB 在网络管理中定义,它是网络管理的重要组成部分之一,是被管理变量的集合,包含了设备通信系统中组态、运行、差错管理的相关信息。

4) 系统管理

系统管理是用来协调 HSE 现场总线系统中各种设备的操作,它是 FDA 的用户,采用两种通信协议:SMK 采用 SMKP 协议;SMIB 采用 FMS 协议。其中,SMKP 协议,包括 SM 消息的处理和 SMK 的状态转换,是系统管理部分的工作。SMIB 是系统管理的基础,每个 SMIB 对应于一个 SMK,它主要包含了 HSE 系统的主要组态和操作参数。系统管理的主要功能有:①保证每个设备都有一个唯一的身份,故进行身份鉴别,提供版本控制;②实现时钟同步;③进行功能块调度;④从现有的网络上增/减设备而不影响网络工作,允许系统管理者通过 HSE 管理 H1 网络。此外,在 HSE 现场设备中,SMK 除维护系统管理信息外,还负责获得系统的时间同步信息(与 SNTP 接口)和设备的 IP 地址信息(与 DHCP 接口)。

5) HSE 管理

HSE 管理代理主要是为 HSE 设备提供标准的 IP 协议以实现接口和管理功能。它包括 HSE 管理信息库(HSE MBI)和三个管理协议:简单网络时间协议(SNTP)、动态主机配置协议(DHCP)、简单网络管理协议(SNMP)。HSE 管理信息库存放 HSE 管理代理的管理信息。SNTP 协议是用于实现 HSE 控制系统设备间的时间同步,DHCP 协议是用于现场设备 IP 地址的自动分配。而 SNMP 协议则是用于对 HSE 网络信息的控制。在一个链路设备中,还使用 SNTP 时间来同步与之连接的 H1 网络上的设备时钟,时钟同步使得在 HSE 设备中的功能块的执行调度成为可能。

6) HSE 现场总线用户层

HSE 现场总线用户层以功能块应用进程(FBAP)和设备描述(DD)为基础,是现场总线基金会在 HSE 通信栈之上又加入的一层,负责过程控制的实际功能。它是 FDA 的用户,其功能包括:对工业生产过程进行测量、信号变送、控制等,实现对生产过程的自动检测、监视、自动调节、顺序控制和自动保护,保障工业生产处于稳定、安全、经济的运行状态。用户层是 HSE 现场总线为实现不同系统控制功能而设计的,是实现可互操作性不可缺少的重要组成部分。

9.7 工业无线网络技术的发展与应用

近几年来,随着无线传感器网络(WSN)技术研究的深入和应用的推广,工业无线网络以其低成本、易维护、高度灵活、快速实施等特点,引起了各国政府和学者的高度重视,正在成为工业自动化领域的新的研究热点。

所谓工业用无线传感器网络(WSN)是指一类为传感器、执行器和控制器之间提供冗余、容错的无线连接的嵌入式通信产品。目前 WSN 正处在快速发展和应用推广阶段,打上 WSN 标签的产品除了能提供冗余、容错的无线连接外,还具有远远超过传统点对点解决方案的特性,例如自组网、低功耗和低安装成本等。WSN 具有的自组织(self-organizing)和自愈(self-healing)能力,使得当 WSN 中的任意节点发生故障,或从网络中退出,WSN 会自动将该节点从网络中隔开,并另行建立数据传输的路由,保证高度的传输可靠性。理想的 WSN 中每个节点都能实现低功耗,独立供电;能适应环境的变化,能以零维护保证长期稳定工作。

这里,简要介绍 HART 基金会提出的面向工业应用的无线 HART 协议。无线HART 在兼容现有的 HART 设备和应用的基础上,进行了功能补充和应用拓展,能够满足流程工业应用对无线通信技术的可靠、稳定和安全等关键需求,对降低工业测控系统的成本,提高产品质量和生产效率有非常积极的意义。

无线 HART 协议提供了一种低成本、低传输速率的兼容现有 HART 设备的无线解决方案,主要应用于过程工业监控、财产管理、在线测试和诊断等领域。

无线 HART 的 OSI 模型结构,如图 9.7-1 所示,其中包括:

① 物理层——IEEE 802.15.4-2006、2.4GHz(目前)/915MHz(未来)。

② TDMA 数据链路层——以 TDMA(时分多址)技术为基础,兼带 CSMA 增强混合协议、数据包跳频。

③ 网络层——完整地规范了使用全无线网格化的(Mesh)网络部署。

④ 应用层——支持 HART 的应用层。

无线 HART 规定了三种主要的网络要素,即

①无线 HART 现场设备;②无线 HART 网关;③无线 HART 网络管理器。

此外,还支持无线 HART 适配器,以便将现有的 HART 设备接入无线 HART网络;以及无线 HART 手持设备,以便就近接入相邻的无线 HART 设备。

可以看出,无线 HART,实际上是将 HART 的应用规范移植到 SP100 上;无线FF 则是将 FF 的应用规范移植到 SP100 上(关于无线 FF,这里不再赘述)。

SP100 是美国仪表系统和自动化学会的 ISA SP100 标准委员会制定的在自动化和控制环境下实现无线系统的(技术)标准,主要面向现场仪表和设备,推荐实践

指南、技术报告和相关的信息。着重在三方面制定标准：①运用无线技术的环境；②无线通信设备和系统技术的生命周期；③无线技术的应用，主要面向现场仪表和设备。

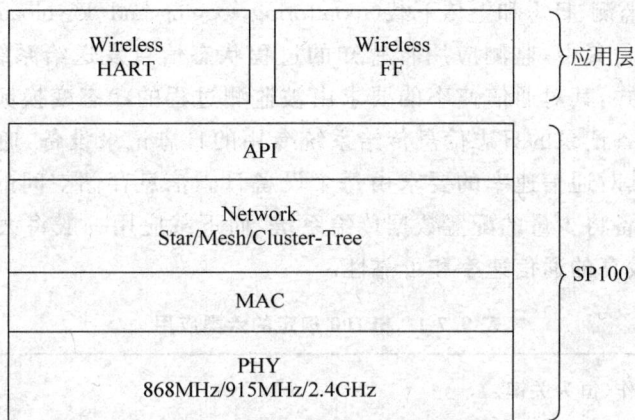

图 9.7-1　无线 HART 的网络结构

SP100 将在工业自动化和控制环境中的无线应用划分为监控、控制和安全应用三大类，并细分为六小类，见表 9.7-1 所示。这种分类考虑了无线通信在实际使用条件下必须满足的要求，又体现了这些无线通信应用的时间属性。具体分析如下：

第 0 类——恒为关键的突发控制（或紧急动作，emergence action），包括安全联锁、紧急停车、自动消防控制等。针对工业现场的突发性事故，无线通信作为现有通信手段的有效补充，在通信线缆不能正常工作的条件下，实现应急控制动作。这类应用一般采用事件触发的通信模式，要求 100% 的通信可靠性和通信的实时性；

第 1 类——闭环调节控制（closed-loop regulatory control），一般均为关键回路，实现对主要执行器的控制，建立频繁的串级控制等。对于过程控制系统，在每个闭环控制循环中都要周期性地发起数据通信。若在预先设定的 N 个循环中连续丢失或不能按时发送数据将导致系统进入备份控制模式，造成经济损失。此类应用一般采用由时间驱动的通信模式，通信的可靠性和实时性要求由循环周期和 N 决定；

第 2 类——闭环监督控制（closed-loop supervisory control），通常并非关键部位，如不频繁的串级控制、多变量控制、优化控制等。此类应用的数据通信特征与级别 1 类似，但由于通信错误不会造成严重的经济损失，因此对无线通信的可靠性和实时性的要求较级别 1 低；

第 3 类——开环控制（open-loop control），由人工来实现对过程状态的响应，对通信的实时性要求通常在秒级。例如操作人员手动启动一个信号装置且注视着这个装置，远程指导开启一个安全门，操作人员执行手动调节泵/阀门等。

第 4 类——通告（alerting）；是指通过无线传输向系统或操作员报告一个反映短期操作结果的状态数据，用于系统维护，属于监测的应用。例如基于事件的维护而必须采集的数据,为测试需要而发往现场的限界动作所产生的临时而短暂的结果,无线设备上的电压低限指示器所产生的告知更换电池的信号等等。该类应用采用事件驱动或时间驱动的通信模式,通常表现为周期性的采样。

第5类——监测、日志和上传下载(monitoring, logging and downloading/uploading),属于监控的应用。其中,监测应用将感知的过程状态信息发送给系统,通常采用时间驱动的通信模式,其对通信速率的要求由被监测过程的状态变换频率决定;日志应用是将每个设备记录的日志信息传给系统专用的日志记录设备,通常采用事件触发的通信模式,其对通信速率的要求由每个设备日志信息存储空间的大小决定;上传应用一般由设备将少量的配置数据传给系统,而下载应用一般将大量的代码数据传给设备,需要较高的通信速率和可靠性。

表 9.7-1 SP100 规定的六类应用

安全	0 类:紧急动作(恒为关键)	信息时间性的重要程度
控制	1 类:闭环调节控制(通常关键)	
	2 类:闭环监督控制(经常非关键)	
	3 类:开环控制(由人工控制)	
	注:批量控制的 3 级("单元")和 4 级("过程小单元")由其功能决定可能是 1 类、2 类,甚至为 0 类	
监测监控	4 类:标记产生短期操作结果(例如,基于事件的维护)	
	5 类:记录和下载/上载不产生直接的操作结果(例如,历史数据采集、事件顺序记录 SOE、预防性维护)	

实际对这些类别(不包括 0 类)的应用需求,大致的比例是 1:2:4:10:10,可以看出,第 4、5 类的应用是最大量的。

报警信号根据具体应用场合,分属以上由 0 类至 5 类。例如:

0 类报警——是指那些具有自动响应的、致命有毒气体的泄漏检测器信号(如对污染的自动响应);

1 类报警——是指具有自动响应的、对流程状态会带来高度影响的信号(如自动停止反应的停车信号);

2 类报警——是指对流程状态自动响应的信号(如要对某种参与反应的流体做分流处理);

3 类报警——是指对流程状态作手动启动的操作响应的信号(如由操作人员来判断决定是否分流至另一并行的反应器);

4 类报警——是指有关设备状态的报警,以通知维护人员在短时间内到达现场;

5 类报警——指那些有关设备状态的报警,要求维护人员采取长期维护的动作。

除了上述针对不同应用对无线通信可靠性和实时性的需求外,对无线通信安全性、可扩展和互操作等方面的需求由表 9.7-2 给出。

表 9.7-2　无线通信安全、可扩展、互操作和节能需求分析

安全需求	网络安全：具有针对故意攻击和人为错误的保护能力，包括： • 设备身份认证； • 通信关系认证（通常由配置数据库发起）； • 自动密钥管理； • 推测、记录和报告可能的攻击
	数据安全：具有保障数据的保密性、完整性、时效性和进行数据认证的能力
可扩展需求	• 每个控制中心最多可连接 1000 个无线设备； • 系统可同时容纳多个覆盖区域重叠的网络
兼容性与互操作需求	• 可与现有的工厂办公网络和控制网络共存； • 可以与现有的控制系统互联，从用户的角度实现控制应用的底层通信网络无关性
节能需求	无线设备依靠电池供电可工作 5 年

　　无线 HART 协议具有目前有线 HART 协议能够解决的所有应用，也就是说可以满足在 SP100 规定的第 0 类到第 5 类的全部应用要求。图 9.7-2 给出了无线 HART 的完整网络结构。

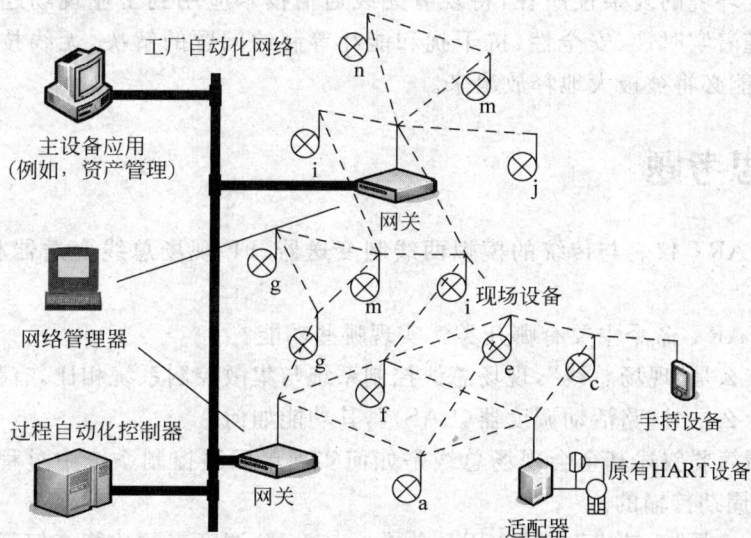

图 9.7-2　无线 HART 的网络结构

　　值得注意的是，在无线 HART 网络中，网关仅承担现场无线 HART 仪表与主应用系统之间的通信，它既支持一个或多个接入点，又和其接入点都包括在每个无线 HART 网络中；另外也支持冗余网关的结构。网络管理器负责网络的组态、无线 HART 网络设备之间的通信调度、路径表的管理和无线 HART 网络健康状况的报告。这一特点与许多无线短程网规定的网关又承担网络的组态有显著的不同，较好地解决了工业控制系统要求以冗余机制获取可靠传输的要求。

　　图 9.7-3 给出了 Honeywell 公司的无线压力传感器以及无线网络基础节点的实

物图,可供参考。

图 9.7-3　Honeywell 公司的无线压力传感器以及无线网络基础节点

随着无线网络技术的发展,无线通信在工业控制应用中的吸引力日益增强。然而,由于工业环境的复杂性所在,将现有无线通信技术应用到工业现场还需要克服许多障碍,随着实时性、安全性、抗干扰和能耗等制约问题的解决,无线技术在工业通信中的潜能必将被极大地释放出来。

习题与思考题

9-1　HART 仪表与传统的模拟两线制变送器、FF 现场总线变送器相比,具有哪些特点?

9-2　HART 命令主要有哪几类? 实现哪些功能?

9-3　什么是"现场总线",现场总线控制系统与集散控制系统相比,有哪些优点?

9-4　什么是"链路活动调度器(LAS)",其功能如何?

9-5　请简要叙述基金会现场总线是如何实现单回路控制系统中过程变量或调节变量的定周期传输的。

9-6　什么是"活动表"? 其作用是什么? 与 LAS 调度表的功能有何不同?

9-7　请简要叙述基金会现场总线应用层的功能。

9-8　现场总线基金会为何要在应用层之上定义用户层? 基金会现场总线的功能块与 DCS 中内部仪表的定义相同吗? 为什么?

9-9　请简要叙述 FCS 系统 System 302 的软硬件组成。

9-10　工业无线传感器网络相对于有线的现场总线网络相比,有何特点?

第10章 典型工业过程的控制

>>>>>

前面各章已对常规单回路调节系统以及复杂调节系统的设计和参数整定等进行了讨论。鉴于连续生产过程的自动调节系统在化工、石油、电力、冶金等工业部门中具有不少共同点,本章以几种典型工业生产过程的调节系统为例,来阐明单回路调节系统以及复杂调节系统的应用,探讨生产工艺过程对调节系统的要求和自动调节系统的设计方案,以便从中取得有益的经验。

10.1 能源工业锅炉设备的控制

锅炉是发电、炼油、化工等工业部门的重要能源、热源动力设备,是一种用途广泛,既受压又直接受火的特种设备。其主要任务是为各个生产部门(或生产设备)提供所需要的蒸汽,保持蒸汽压力和温度稳定(流量即负荷大小,由用户决定),同时使锅炉在安全、经济的工况下运行。

锅炉种类很多,按所用燃料分类,有燃煤锅炉、燃油锅炉、燃气锅炉;有利用残渣、残油、驰放气等为燃料的锅炉。所有这些锅炉,虽然燃料种类各不相同,但蒸汽发生系统和蒸汽处理系统是基本相同的。

本节以大型火力发电机组的应用为例,重点介绍其中的锅炉自动调节系统。

10.1.1 火力发电机组的生产过程及其对控制的要求

大型火力发电机组是典型的过程控制对象,它是由锅炉、汽轮发电机组和辅助设备组成的庞大设备群,其工艺流程如图 10.1-1 所示,它是以锅炉、高压和中、低压汽轮机和发电机为主体设备的一个整体生产流程。

锅炉是由炉膛、烟道、汽水系统(其中包括受热面、汽包、联箱和连接管道),以及炉墙和构架等部分组成的整体,称为"锅炉本体"。除锅炉本体之外,还有供给空气的送风机、排除烟气的引风机、煤粉制备系统、给水设备和除尘、除灰设备等一系列辅助设备。锅炉本体连同其辅助设备一起总称为"锅炉设备"。

根据生产流程,锅炉又可分成燃烧系统和汽水系统。

燃烧系统的主要任务是采用燃料控制机构将燃料(B)经喷燃器送入炉膛燃烧,同时助燃的空气(AF)由送风机经空气预热器预热后再经调风门按一定比例送入炉膛。空气与燃料在炉膛内充分燃烧,产生大量热量传给蒸发受热面即水冷壁中的水。而燃烧后的高温烟气经烟道,不断将热量传给过热器、再热器、省煤器和空气预热器,每经过一个设备,烟气温度便会降低一次,最后低温烟气由引风机吸出,经烟筒排入大气。

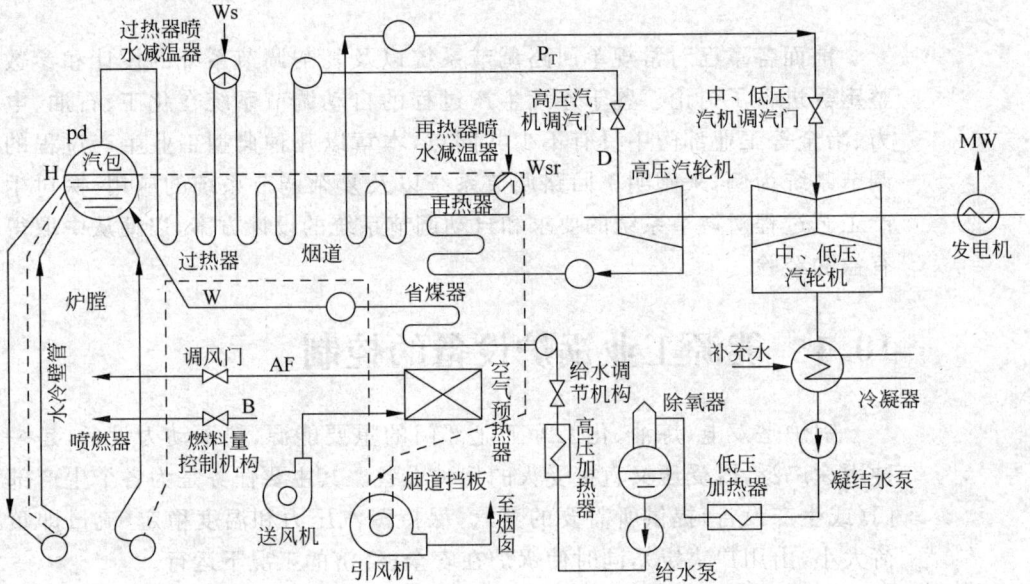

图 10.1-1　大型单元机组生产流程示意图

在锅炉汽水循环系统中,锅炉给水(W)首先通过给水泵打出,经过高压加热器后,流经给水调节机构,再经过省煤器回收一部分烟气中的余热后进入汽包。汽包中的水在水冷壁中进行自然循环或强制循环,不断吸收炉膛辐射热量,由此产生的饱和蒸汽由气包顶部流出,再经多级过热器,进一步加热成供汽轮机组发电所需要的具有一定压力和温度的过热蒸汽(D),该过热蒸汽即是锅炉的产品。

高压汽轮机接受从锅炉供给的过热蒸汽,其转子被蒸汽推动,带动发电机一起转动而产生电能(MW)。从高压汽轮机排出的蒸汽,其温度、压力有所降低。为提高热效率,还需把这部分蒸汽送回锅炉,在再热器中再次加热后,再进入中、低压汽轮机做功,最后成为乏气,从低压汽轮机尾部排入冷凝器冷凝为凝结水。凝结水与补充水一起经凝结水泵先打到低压加热器,然后进入除氧器除氧,以保证补水品质,避免对管网造成腐蚀和破坏。除氧后进入给水泵,至此完成了汽水系统的一次循环。另外,过热器和再热器中的喷水减温器用来控制蒸汽温度;高、低压加热器的作用则是利用汽轮机的中间抽气来加热给水和冷凝水以提高电厂的热效率。此外,输出蒸汽的高温和高压也是为了提高单元机组的热效率。

大型单元机组一般是一机一炉的独立单元,锅炉和汽轮机作为蒸汽的供需双方,需要保持一定的平衡。因此,在设计自动控制系统时,应把锅炉和气机作为一个整体统筹考虑,这就是所谓的"协调控制",这包括汽轮机控制系统、锅炉控制系统、电网电力调度系统的远程控制三个方面之间的协调。

10.1.2 汽轮机控制系统

汽轮机是带动发电机旋转发电的原动机,通常在高温高压下工作,它是火电厂中最主要的设备之一。汽轮机调节的任务是,首先要保证汽轮机安全运行,其次要满足用户所需要的功率,再次要保证电网周波不变,即要求汽轮机的转速不变。由于外界负荷随时都可能发生变化,而且不能大量存储,所以要求发电量与外界负荷随时保持平衡;同时要保证供电质量(频率和电压)。这些任务主要由汽轮机调节系统完成。

汽轮机调节系统的首要任务是机组出力的自动控制,使机组的出力适应电网负荷的需要。机组出力是由锅炉和汽机两者共同决定的,但它们在适应负荷变化的能力上有很大的差异。当电网负荷变动时,从汽轮机侧看,只要改变调汽门的开度,就能迅速改变蒸汽量,引起汽轮机到发电机送出电能的变化,立即适应负荷的需要,因此汽轮发电机是一个惯性小、反应快的对象。但锅炉则不然,当蒸汽负荷变化时,即使马上调整燃料(B)和给水量(W),由于锅炉从给水到形成过热蒸汽是一个很慢的过程,其中存在较大的储蓄容积,导致较大的惯性及延迟,因此不可能立即改变提供给汽轮机的蒸汽量(D)。出力控制的任务就在于如何控制锅炉和汽轮机各自的处理,使之相互适应,以满足机组负荷的需要。

机组出力控制系统有两个被调量:机组出力(MW,兆瓦)和主蒸汽压力。相应的控制量是汽机调汽门的开度和锅炉的燃料量(B)。在组成控制系统时,因机组承担负荷变化的任务不同而有三种不同的控制方式,即锅炉跟踪方式、汽机跟踪方式和机炉协调控制方式。

1. 锅炉跟踪方式

当电网负荷改变时,通过汽轮机主控模块,先发出改变汽机调汽门开度 μ_g 的指令,改变进入汽机的蒸汽量,使发电机输出功率 P_e 迅速与汽轮机主控制器的设定值 P_e^r 趋于一致。汽轮机调汽门开度的变化随即引起汽压变化。这时,锅炉主控模块根据汽压偏差发出控制指令,改变燃料量(及相应的调节量),使汽压恢复到给定值。这种先让汽机跟随外界负荷变化、再让锅炉跟随汽机需要的控制方式,称为"炉跟机"控制方式,如图 10.1-2 所示。

"炉跟机"控制方式的优点是充分利用了锅炉蓄热量,使机组能较快地跟踪外界负荷的变化。但由于锅炉的惯性和延迟,主汽压力会有较大的波动,其对锅炉的安全稳定运行是不利的,这就要对机组出力变化的幅度和速度加以限制,该方式比较适用于参加电网调频的机组。在锅炉控制系统的介绍中,主要针对此种控制方式。

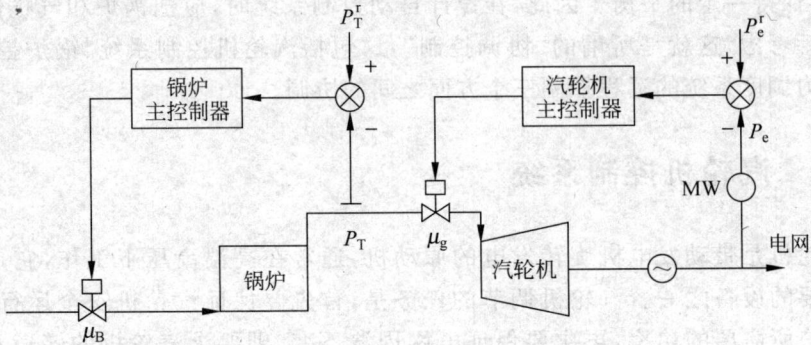

图 10.1-2 炉跟机控制方式

2. 汽机跟踪方式

当电网负荷要求机组出力改变时,通过锅炉主控模块,先发出改变燃烧量的指令。待燃烧量的变化引起了蒸汽量、蓄热量及汽压相继变化后,才通过汽机主控模块发出改变汽轮机调汽门开度指令,改变进入汽机的蒸汽量,使机组输出电功率相应改变。最终,输出电功率与负荷给定指令趋于一致,汽压也恢复到给定值。这种先让锅炉跟踪外界负荷的需要,再让汽机跟随锅炉需要的控制方式,称为"机跟炉"控制方式,如图 10.1-3 所示。

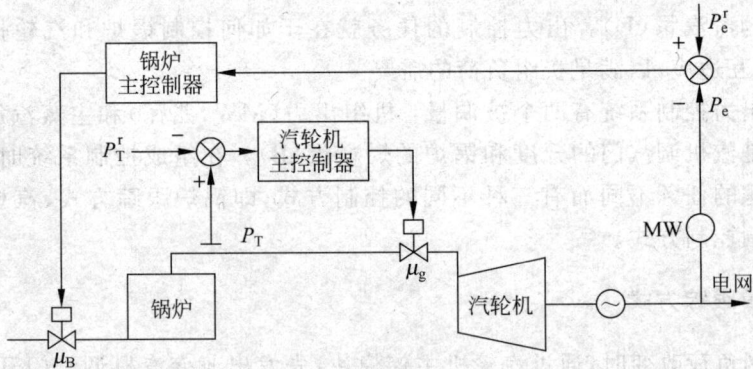

图 10.1-3 机跟炉控制方式

"机跟炉"控制方式可以保证主汽压力非常稳定,有利于锅炉的安全运行;但是,机组出力控制的响应则很缓慢,因此,它只适用于承担基本负荷的单元机组。

3. 机炉协调控制方式

为了协调锅炉和汽机工作以适应外界负荷变化,可将上述两种方法结合起来,取长补短,形成所谓的"机炉协调控制"方式(见图 10.1-4),既可克服"炉跟机"方式中调用锅炉蓄热量过大而引起主汽压波动太大的问题,又可解决"机跟炉"方式中根本不动用锅炉蓄热量以致不能较快地响应负荷变化的矛盾。

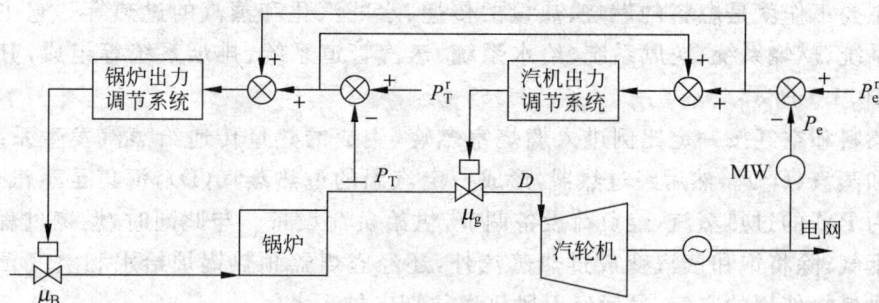

图 10.1-4　机炉协调控制方式

当电网要求机组出力增加(或实际输出功率偏低),导致出力设定值 P_e^r 与发电机实际出力 P_e 之间产生偏差时,一方面通过汽机出力调节系统,增大汽机调汽门开度,使汽轮发电机出力增加;另一方面还前馈到锅炉出力调节系统,使锅炉燃料量同时增加,以加大锅炉的出力。由于锅炉的热惯性与延迟,其出力增加的速度要比汽轮发电机慢得多,因此主汽压还是会下降的,此时 P_T 与其设定值 P_T^r 之间出现的偏差,一方面通过锅炉出力调节系统进一步加大燃料量,促使主汽压 P_T 更快回升;另一方面又经汽机出力调节系统去关小调汽门,限制主汽压的下降幅度。

当锅炉本身出现干扰,例如锅炉燃料量自发增加时,主汽压 P_T 将会上升。此时,一方面通过锅炉出力调节系统减小燃料量;另一方面又前馈到汽机出力调节系统开大调汽门,以减小主蒸汽压力的波动。在此过程中,发电机出力的增加只是暂时的,它最终还会被汽机出力调节系统调回去。

综上所述,"机炉协调控制"方式的本质是通过有节制地调用锅炉的蓄热量,既保证了机组能够比较迅速地适应负荷的变化,又保证了主汽压不致波动很大。一般适用于带有变动负荷的单元机组。由于这种控制方式具有机炉兼顾,互相协调的特点,在大型单元机组中得到普遍的应用。

目前在大型单元机组中,一般同时具有上述三种控制方式,可根据机组运行的需要,经逻辑开关切换到其中任一种控制方式。

10.1.3　蒸汽锅炉控制系统概述

从控制角度观察,锅炉是一个多变量、非线性、分布参数的和带时延的复杂对象,有多个被调变量和调节变量,各被调变量和调节变量之间存在着交叉影响。以燃煤锅炉为例,其燃烧状况不仅受煤量、煤种的影响,而且还受到送风量、炉膛负压等因素的影响。

锅炉的任务是完成能源的转换,它使燃料通过燃烧将化学能转变为蒸汽(或热水)的热能。燃料在锅炉炉膛中进行燃烧、放热,形成高温烟气,烟气的热量则通过锅炉的受热面(金属壁)传给工质(水),把水加热(热水锅炉),或把水加热到沸点使之汽化,并使之过热,形成一定数量和质量(参数)的蒸汽(蒸汽锅炉),简单地说,锅炉的主要工作就是燃料的燃烧、热量的传递、水的汽化和蒸汽的过热等。它主要由输煤系统、燃烧系统、送风系统、给水系统、蒸汽管道系统、排烟系统等组成,其结构如图 10.1-1 所示。

燃料和空气按一定比例进入燃烧室燃烧,生成的热量传递给蒸汽发生系统,产生饱和蒸汽(DS)。然后经过热器,形成一定汽温的过热蒸汽(D),汇集至蒸汽母管。压力为 PM 的过热蒸汽,经负荷设备调节,供给负荷设备。与此同时,燃烧过程中产生的烟气,除将饱和蒸汽变成过热蒸汽外,还经省煤器预热锅炉给水和空气预热器预热供燃烧使用的空气,最后经引风机送往烟囱排入大气。

锅炉是一个较复杂的调节对象,为保证提供合格的蒸汽以适应负荷的需要,生产过程各主要工艺参数必须严格控制。这些输入量与输出量之间是互相制约的,例如,蒸汽负荷变化,必然会引起汽包水位、蒸汽压力和过热蒸汽温度的变化;燃料量的变化不仅影响蒸汽压力,还会影响汽包水位、过热蒸汽温度、空气量和炉膛负压等。

总之,工业蒸汽锅炉是多变量系统,被控量具有非线性、时变性以及相互耦合等特点,尤其是燃烧过程滞后时间长,影响因素多。对于这样的复杂对象,工程处理上做了一些简化,将锅炉控制划分为若干个调节系统。其主要调节系统包括:汽包给水控制系统、锅炉燃烧控制系统以及蒸汽温度控制系统等,控制系统图如图 10.1-5 所示。

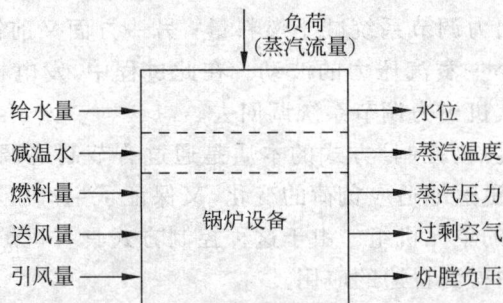

图 10.1-5   锅炉设备控制系统中的输入输出变量

10.1.4   汽包水位控制系统

锅炉汽包水位自动调节的任务是使给水量与锅炉蒸发量相平衡,并维持汽包水位在工艺规定的范围内。汽包水位调节系统被调量是汽包水位,调节量是给水流量。它主要考虑汽包内部物料平衡,使给水量适应锅炉的蒸发量,维持汽包中水位在工艺允许的范围内。

锅炉给水先在省煤器中接受烟气的预热,然后引入锅炉顶部汽包(汽鼓)的容水空间内,锅炉水由于本身的重量沿炉膛外的下降管往下流动,经下联箱进入铺设在炉膛四周的水冷壁管(上升管),在其中吸热汽化,形成的汽水混合物上升到汽包内,并在其中进行汽水分离。水不断在下降管、水冷壁管及汽包内循环,不断汽化,形成的饱和蒸汽聚集在汽包上部,将其引入过热器,使之继续加热变为过热蒸汽。过热蒸汽沿着主蒸汽管道进入汽轮机。

汽包水位调节很重要。汽包水位过高,会影响汽水分离效果,使蒸汽带液,损坏汽轮机叶片;如果水位过低,则会损坏锅炉,甚至引起爆炸。

1.汽包水位调节对象的动特性

影响汽包水位变化的干扰因素有:给水量的干扰,蒸汽负荷变化,燃料量变化,汽包压力变化等。汽包压力的变化不是直接影响水位的,而是通过汽包压力升高时的"自凝结"和压力降低时的"自蒸发"过程引起水位变化的。况且,压力变化的原因往往是由于热负荷和蒸汽负荷的变化引起的,故这一干扰因素可归并在其他干扰中考虑。

燃料流量的变化要经过燃烧系统变成热量,才能为水吸收,继而影响汽化量,最终会导致水位变化。不过,由于汽包和水循环系统中有大量的水,汽包和水冷壁金属管道也会储存大量的热量,因此,这个干扰通道的传递滞后和容量滞后都较大。再者,燃烧过程另有调节系统,一有波动即可快速克服,故其影响要缓和得多,不必在此考虑。

蒸汽负荷变化是按用户需要量而改变的不可控因素,但一般可测,因而适宜做前馈量来考虑。剩下的只有给水量可作为调节变量。

(1) 蒸汽负荷(蒸汽流量)对水位的影响,即干扰通道的动态特性。

在燃料流量不变的情况下,当蒸汽用量突然增加时,在阶跃扰动 D 作用下,一方面会改变汽包内的物料平衡状态,使水位下降,如图 10.1-6 中 H_1 所示,该曲线表示把汽包当作单容对象时水位应有的变化;另一方面,由于耗汽量的突然增加,同时燃料量维持不变,迫使锅炉内汽包压力瞬时间下降,汽包内水面下的蒸汽泡膨胀,水中气泡迅速增加,沸腾突然加剧,将整个水位抬高,如图 10.1-6 中 H_2 所示。对于大中型锅炉来说,后者的影响要大于前者,因此,在负荷阶跃扰动作用下的开始一段时间内水位不但不下降,反而明显上升,形成虚假的水位上升现象,即所谓"假水位"现象。

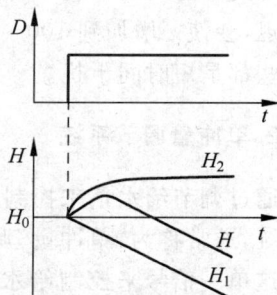

图 10.1-6　汽包水位耗汽量扰动下水位的响应特性

虚假水位现象的存在,会导致在开始阶段水位不仅不会下降却反而先上升,然后下降;反之,当蒸汽负荷突然减少时,则水位先下降,然后上升。根据叠加原理,蒸汽流量 D 突然增加时,实际水位的变化 H 是不考虑水面下气泡容积变化时的水位

变化 H_1 与只考虑水面下气泡容积变化 H_2 的叠加，即 $H = H_1 + H_2$，用传递函数来描述可以表示为

$$\frac{H(s)}{D(s)} = \frac{H_1(s)}{D(s)} + \frac{H_2(s)}{D(s)} = -\frac{K_1}{s} + \frac{K_2}{T_2 s + 1} \tag{10.1-1}$$

式中 K_1 为反应物料平衡关系的水位飞升速度；K_2，T_2 分别为只考虑水面下气泡容积变化所引起的水位变化 H_2 的放大倍数和时间常数。

"假水位"变化大小与锅炉的工作压力和蒸发量有关，例如一般 $100\sim230\text{T/h}$ 时的中、高压锅炉，当负荷突然变化 10% 时，假水位可达 $30\sim40\text{mm}$。对于这种假水位现象，在设计方案时必须加以注意。

（2）给水流量对水位的影响，即调节通道的动态特性

在给水流量作用下，水位阶跃响应曲线如图 10.1-7 所示。把汽包及水循环系统看做单容无自衡水槽，水位的响应曲线应该如图中曲线 H_1 所示。考虑到给水温度比汽包内饱和水的温度低，所以给水进入汽包后会吸收原有饱和水中的一部分热量，使汽包中气泡含量减少，水面下的气泡总体积也就相应减小，导致水位下降，其影响如图中的曲线 H_2 所示。水位 H 的实际响应曲线是 H_1 与 H_2 的总和。即当突然加大给水量后，汽包水位一开始不立即增加，而要呈现出一段起始惯性段，用传递函数来描述时，它相当于一个积分环节和一个纯滞后环节的串联，可表示为

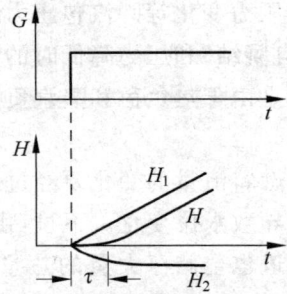

图 10.1-7　汽包水位给水扰动下水位的响应特性

$$\frac{H(s)}{G(s)} = \frac{H_1(s)}{G(s)} + \frac{H_2(s)}{G(s)} = \frac{K_0}{s} e^{-\tau s} \tag{10.1-2}$$

式中，K_0 为给水流量作用下，水位的飞升速度；τ 为纯滞后时间。给水温度越低，纯滞后时间 τ 越大。一般 τ 约在 $15\sim100\text{s}$ 之间。如果采用省煤器，则由于省煤器本身的延迟，会使 τ 增加到 $100\sim200\text{s}$ 之间。锅炉排污、吹灰等操作时对水位也有影响，但这些都是短时间干扰。

2. 单冲量调节系统

通过调节给水量来控制汽包水位，可构成如图 10.1-8（a）所示的单回路反馈控制系统，通常称为"单冲量"调节系统。所谓"单冲量"是指该控制方案只是基于汽包水位这单一信号来控制给水的。我们已经知道，当蒸汽负荷突然大幅度增加时，出现的"假水位现象"会驱使调节器不但不开大给水阀来增加进水量，以维持锅炉的物料平衡，却反而去关小调节阀的开度，减少给水量。等到假水位消失后，由于蒸汽量增加以及送水量的减少，将使水位严重下降，严重时甚至会使气泡水位降到危险程度，以致发生事故。因此，对于停留时间短，负荷变动较大的大中型锅炉，这样的系统不能满足要求。然而，对于小型锅炉，由于水在汽包中停留时间较长，蒸汽压力小，在蒸汽负荷变化时，过程平稳，假水位现象并不显著，配上一些联锁报警装置，采

用这种单冲量调节系统,也可保证安全操作,并能满足生产的要求。

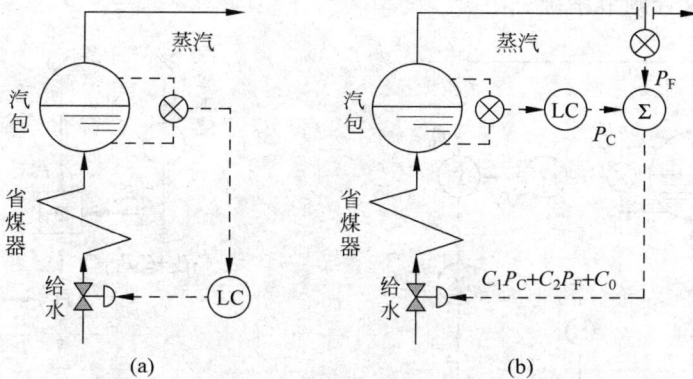

图 10.1-8 锅炉汽包水位的单冲量、双冲量调节系统

3. 双冲量调节系统

考虑到水位对象的主要干扰是蒸汽负荷的变化,从物料平衡的角度看,只要保证给水量永远等于蒸发量,就可以保证汽包水位大致不变。因此,如果能在负荷发生变化时提前改变进水,就比只按实际水位进行校正要及时得多,还可以克服"假水位"现象。据此思路,可构成如图 10.1-8(b)所示的双冲量调节系统,也可按照如图 10.1-9 所示的标准前馈控制方案实现,即蒸汽流量的引入可使调节阀按此干扰量进行补偿校正,属于前馈作用;被调变量水位的测量信号,从系统输出端返回到输入端,构成反馈回路,用来克服其他方面的干扰。此方案是一个前馈-反馈复合调节系统。

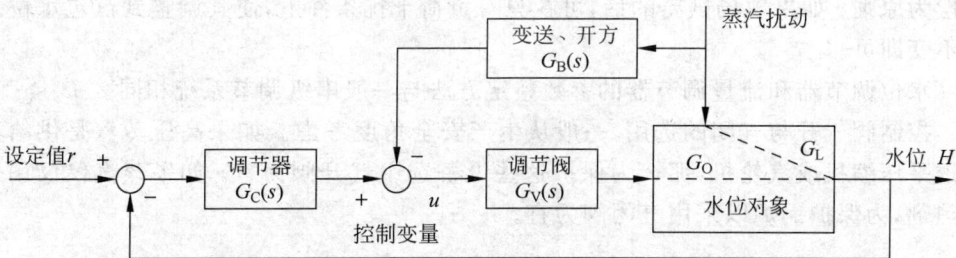

图 10.1-9 锅炉汽包水位的双冲量调节系统方框图

4. 三冲量调节系统

双冲量调节系统还有两个弱点,即调节阀的工作特性有可能是非线性的,要做到静态补偿比较困难;对于给水系统的干扰仍不能克服。为此,可再将给水流量信号引入,构成如图 10.1-10(a)所示的三冲量调节系统,实现:水位、给水流量、主蒸汽流量三冲量控制,以克服主蒸汽流量变化造成的虚假水位以及给水侧压力波动对控

制品质的影响。这里,水位是主冲量(主信号),蒸汽、给水为辅助冲量,这种方案属于前馈-串级复合调节系统。

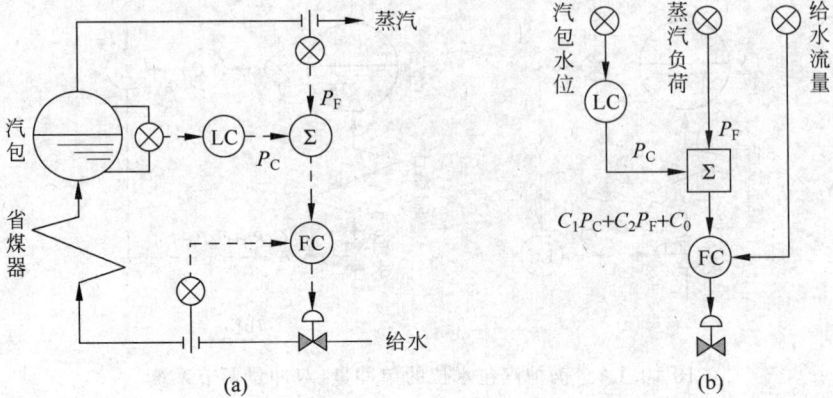

图 10.1-10　锅炉汽包水位的三冲量调节系统

三冲量水位调节系统的前馈补偿通常采用最简单的静态补偿方式,如图 10.1-10(b)所示。其中加法器的运算式为

$$P = C_0 + C_1 P_C + C_2 P_F \qquad\qquad (10.1\text{-}3)$$

式中,C_0 为初始偏置,目的是使其在正常负荷下,(主)调节器和加法器的输出都能有一个比较适中的数值;最好在正常负荷下,C_0 项和 $C_2 P_F$ 项恰好抵消。P_C 为液位调节器的输出。P_F 是蒸汽流量变送器开方后的信号,即蒸汽流量。C_1、C_2 为加法器的系数。C_1 的取值比较简单,可取为 1,也可小于 1。C_2 项取正号或负号视调节阀是气开或气闭而定,以蒸汽流量加大,给水量也要加大为原则。如果用气闭阀,P 应减小,C_2 取负号;如果用气开阀,P 应增大,C_2 取正号。C_2 的取值是以实现静态前馈补偿为原则;如果现场试凑的话,可在只有负荷干扰条件下,使其调整到汽包水位基本不变即可。

水位调节器和流量调节器的参数整定方法与一般串级调节系统相同。

控制阀气开与气闭的选用,一般从生产安全角度考虑。如果高压蒸汽是供给蒸汽透平压缩机或汽轮机,那么为保护这些设备选用气开阀为宜;如果蒸汽仅仅用作加热剂,为保护锅炉以采用气闭阀为宜。

10.1.5　锅炉燃烧控制系统

锅炉燃烧过程自动控制的基本任务是:提供燃烧热量满足蒸汽负荷的需要,同时保证燃烧的经济性以及锅炉运行的安全性。为此,燃烧过程的控制系统应该包括三个调节任务,即维持蒸汽压力、保持最佳空气燃料比以及保证炉膛负压不变。

1. 蒸汽压力调节对象的动态特性

锅炉燃烧过程是利用燃料燃烧的热量产生汽轮机所需要蒸汽的过程,是一个能量转化、传递的过程,供热蒸汽压力则是衡量蒸汽量与外界负荷两者是否相适应的一个标志。因此,要了解燃烧过程的动态特性主要是弄清楚气压对象的动态特性。主蒸汽压力受到的主要扰动来源有两个,一是燃料量扰动,称为基本扰动或内部扰动;二是汽轮机耗气量的扰动,称为外部扰动,也即负荷扰动。

(1) 内扰作用下气压调节对象的动态特性

由于给煤机提供煤粉量不均匀以及煤的质量(发热量)发生变化,引起了燃料量的变化,当其做阶跃增加后,炉膛热负荷立即增大,致使汽包压力上升,进而使蒸汽流量(D)增加。由于汽机调气门开度不变,主气压将随着蒸汽的积累而增大,进一步会使蒸汽通向汽轮机的流出量增加,最终达到新的平衡。因此,内扰下的气压具有典型的自衡特性,其传递函数为

$$G_P(s) = \frac{K_P}{T_P s + 1} e^{-\tau_P s} \tag{10.1-4}$$

其延迟时间与燃料种类和燃烧系统的结构有关,一般为十几秒到几十秒。

(2) 外扰作用下气压调节对象的动态特性

外部扰动是指电网负荷变化的扰动,它是通过改变调气门开度,使汽轮机进气量(D)变化而施加的扰动。当调气门开度阶跃增大,汽机进气量突然增加,致使主气压力跳跃地下降。此时由于燃料量不变,蒸汽量的增加使汽包压力开始缓慢下降,主蒸汽压力也跟着缓慢下降,并导致蒸汽量逐渐回降到扰动前的数值。在响应过程中,蒸汽量的暂时性上升是靠消耗储存在蒸发受热面、过热器受热面和管道中的热量而获得的。由于蓄热量被消耗掉一部分,稳定后的蒸汽压力会比扰动前的数值低。气压动态响应呈现自平衡特性,其传递函数可以描述为

$$G_P(s) = -\left(A + \frac{K_P}{T_P s + 1}\right) \tag{10.1-5}$$

式中,A 是指在调气门开度做单位阶跃扰动时,主气压的突跳值。可以看出,在外扰的开始瞬间,主气压力会有跳跃变化,不存在延迟,因而可以很快地反应外部扰动。

2. 锅炉燃料的经济性指标

燃烧的经济性是以燃料流量与空气流量有最佳的配比来实现的。空气的不足,使燃烧不充分;空气过量,使排烟带走热量过多,二者都不经济。那么,多大的空气燃料配比才算合适呢?由于空气过量或不足均会使炉膛内的火焰温度下降,因此,火焰温度不是一个特别好的指标或被调量。最常采用的燃烧效率指标是燃烧产物中的含氧量。为保证完全燃烧所需要的过量空气取决于燃料的性质,例如,天然气只需要 5% 的过量空气(即 0.9% 的过量氧),油需要 6% 的过量空气(即 1.1% 的过量氧),而煤则需要 10% 的过量空气(即 1.9% 的过量氧),这是燃料的性质和燃烧状态不一样的缘故。

这里,定义实际送入的空气量与燃料需要空气量(理论空气量)之比称为"空气过剩率",一般用 μ 表示,即

$$\mu = \frac{实际送入空气量}{燃料需要空气量} \qquad (10.1\text{-}6)$$

为了得到充分的燃烧,空气过剩率 μ 常大于1,一般 $\mu=1.02\sim1.50$。空气过剩率与燃烧效率、节能、防止公害有很大的关系,其关系曲线如图 10.1-11 所示。

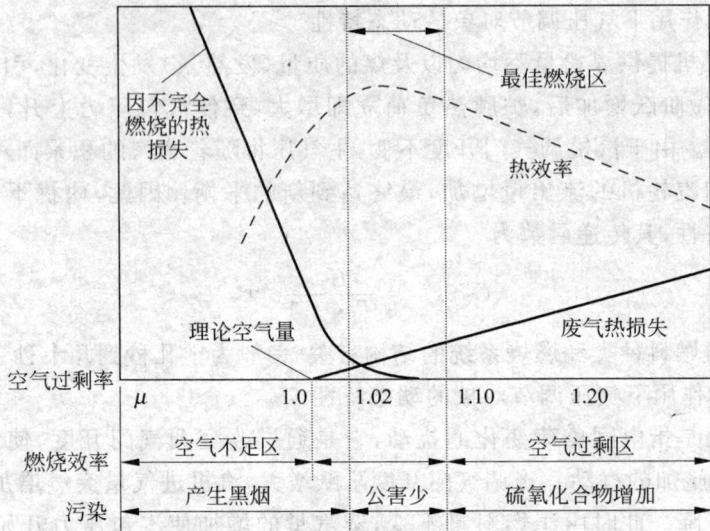

图 10.1-11　空气过剩率与热损失、热效益、公害关系图

由图 10.1-11 可见,当空气量不足而不完全燃烧的热损失曲线很陡,随 μ 的增大而空气过剩较多时,由排烟带走的热损失增加,燃烧生成的 NO_2 和 SO_2 含量增加,会腐蚀设备,污染环境。其中有一最优燃烧区,大约在 $\mu=1.02\sim1.10$ 之间,这时热效率最高,污染公害最小。经常保持在这个区域内运行,可望得到显著的经济效益。

保证燃料在炉膛中的充分燃烧是送风控制系统的基本任务。考虑到 μ 是由烟气含氧量来反映的,传统的作法是采用氧化锆氧量计检测烟气当中的含氧量,根据含氧量来调节送风量,从而控制风煤比。为保持最佳过剩空气率 μ,必须同时改变风量和燃料量。因此,常将送风控制系统设计为带有氧量校正的空燃比控制系统,经过燃料量与送风量回路的交叉限制,组成串级比值的送风系统。结构上是一个有前馈的串级控制系统,如图 10.1-12 所示。它首先在内环快速保证最佳空燃比,至于给煤量测量不准,则可由烟气中氧量作串级校正。当烟气中含氧量高于设定值时,氧量校正调节器发出校正信号,修正送风量调节器设定,使送风调节器减少送风量,最终保证烟气中含氧量等于设定值。目前由于氧量测量中存在的问题,外环往往只停留在开环监视的水平,很少用于闭环控制。

3. 锅炉蒸汽压力的控制和燃料与空气的比值控制系统

为了维持主蒸汽压力恒定,设置有蒸汽压力调节器,对被调节量蒸汽压力进行

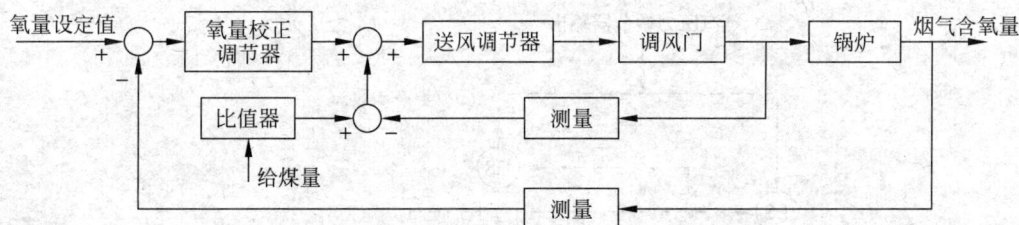

图 10.1-12　氧量-空燃比串级控制系统

控制，选取燃料流量作为调节量。考虑到还有来自燃料流量本身的扰动，可设置燃料流量调节器作为副调节器，与蒸汽压力主调节器，一起组成串级调节系统，如图 10.1-13 所示。

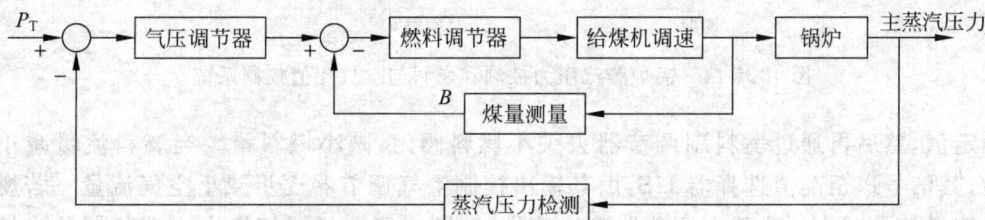

图 10.1-13　燃料量控制系统

　　为了保证经济燃烧，还需要保持最佳空气燃料比，为此，空气流量的波动同样要对燃料流量（调节器）的设定值施加影响。为此，把送风量转换为它能完全燃烧的燃料量信号，与蒸汽主调节器输出的要求燃料量一起，送给一低值选择器，该选择器选择两者中较小的燃料流量信号作为实际输出，来驱动燃料流量调节阀，这样既可使燃料充分燃烧，节省燃料，同时又可避免烟囱冒黑烟。

　　基于同样的理由，蒸汽压力调节器计算输出的所需燃料量，与实测燃料流量信号也需经高值选择器"高选"，选择输出信号经"空燃比"计算，提供给空气调节器作为设定值，与实测空气流量进行比较，经空气量调节器进行控制运算后，输出驱动空气翻板阀门，实施空气流量调节。当然，高选输出作为燃料流量也可直接给空气调节器，此时，测量空气量（即送风量）需要通过空燃比计算，转换为它能完全燃烧的燃料量信号作为空气调节器的测量值（被调量）输入。

　　锅炉蒸汽压力控制和燃料与空气比值控制系统如图 10.1-14 所示。这里，蒸汽压力控制器的输出同时进入燃料与空气流量控制器 FC（内环副调节器）之前的高低选择器，进行"高"和"低"选择，输出分别作为空气和燃料流量调节器的设定值输入，以实现经济燃烧。上述控制方案不仅实现了主蒸汽压力与燃料和空气流量的串级控制，而且还可实现空气与燃料的交叉限幅控制。其工作过程可参照图 10.1-15 所示：

　　（1）当要降低负荷时，为使锅炉燃烧速率下降，压力主调节器 P_M 的输出减小，这将使低值选择器 LS 首先动作，选择主调节器控制信号输出到燃料流量调节器的

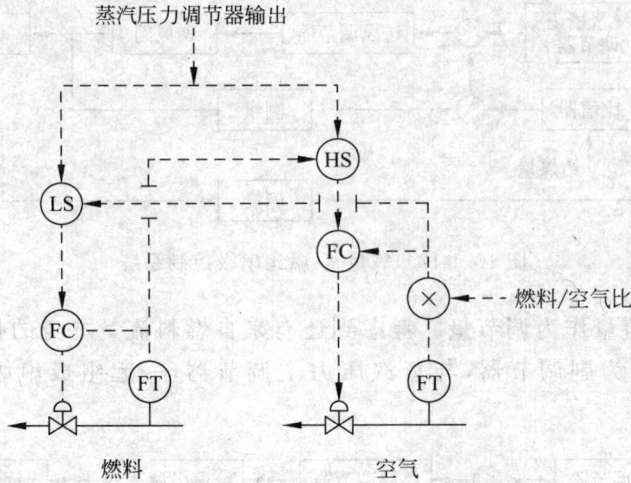

图 10.1-14　锅炉蒸汽压力控制和燃料与空气比值控制系统

设定值,然后再通过燃料副调节器去关小燃料阀门,减小燃料量。当燃料流量减小后,其信号送至高值选择器 HS,由其输出控制空气调节器逐步减小空气流量。若燃料流量信号减小到小于主调节器输出信号时,则高值选择器切换由主调节器输出控制空气流量。具体信号流向如图 10.1-15(a)所示。

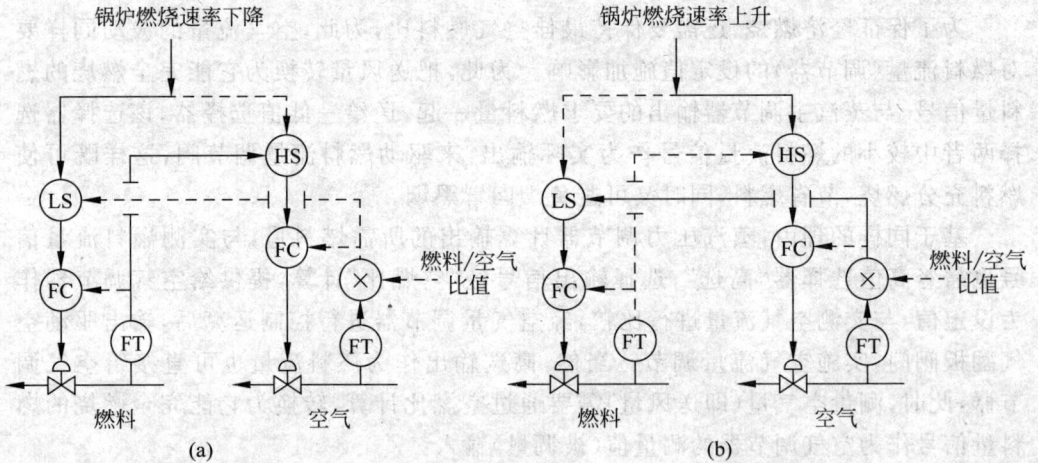

图 10.1-15　锅炉燃料与空气比值控制系统的提降分析

　　(2)当增加负荷时,高值选择器首先动作,由主蒸汽压力调节器的输出首先控制增加空气流量,然后再通过低值选择器去增加燃料的流量。具体信号流向如图 10.1-15(b)所示。

　　这样就实现了增加负荷时先加风,后加燃料;减负荷时先减燃料后减风的交叉限幅控制,其对应的控制方框图如图 10.1-16 所示。

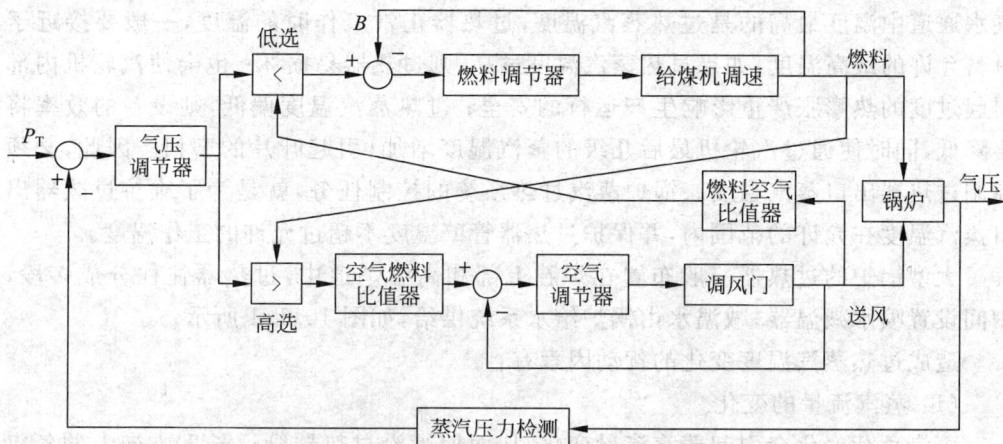

图 10.1-16　主蒸汽压力串级控制以及空气与燃料的交叉限幅控制系统

4. 炉膛负压控制系统

锅炉炉膛负压控制系统用来维持炉膛压力在一定范围内变化,保证锅炉设备的安全运行。一旦燃烧系统发生故障,最先反映的就是炉膛压力,然后才是蒸汽流量等指标的变化。特别对于大容量、高参数的锅炉,更要求炉膛压力控制系统响应快,并保持炉内压力不致波动太大。

炉膛负压的控制是锅炉燃烧控制的一部分,但其具有相对的独立性,可以从燃烧控制中分离出来作为一个回路来实现。炉膛负压控制系统的任务在于调节烟道引风机导叶开度,以改变引风量,保持炉膛负压为设定值,以稳定燃烧,减少污染,保证安全。

锅炉烟道对象惯性很小,炉膛负压对于调节通道和干扰通道的变化反应一般都很灵敏。考虑到炉膛负压反映了吸风量与送风量之间的平衡关系,炉膛负压的主要干扰是送风量的变化,因此引入送风量为前馈信号可以明显改善调节品质。因此,炉膛负压控制系统一般为前馈-反馈复合控制系统,具体可参考图 10.1-19。

考虑到引风电动机的抗冲击性,负压控制可以引入一调节死区,在该负压范围内保持上次的输出。一般这个范围为控制目标的±2Pa。

综上所述,锅炉燃烧控制系统是由燃料量、送风量和炉膛负压三个相互匹配、密切联系的控制子系统组成。其中,燃料量控制回路使锅炉跟踪外界负荷,送风量控制回路维持锅炉最高的热效率,负压控制回路则是保持负压稳定,保证锅炉安全运行。这三个控制回路组成了不可分割的一个整体,统称为锅炉燃烧控制系统,共同保证锅炉运行的机动性、经济性和安全性。

10.1.6　过热蒸汽温度控制系统

过热蒸汽温度是火力发电厂锅炉设备的重要参数,在热电厂生产过程中,整个气水通道中温度最高的是过热蒸汽温度,过热器正常工作时的温度,一般要接近于材料允许的最高温度,如果过热蒸汽温度过高,则过热器易损坏;也会使汽轮机内部引起过度的热膨胀严重影响生产运行的安全;过热蒸汽温度偏低,则设备的效率将会降低,同时使通过汽轮机最后几级的蒸汽湿度增加,引起叶片的磨损。因此,必须控制过热器出口蒸汽温度。锅炉蒸汽过热系统的控制任务,就是为了维持过热器出口蒸汽温度在允许的范围内,并保护过热器管壁温度不超过允许的工作温度。

大型锅炉的过热器一般布置在炉膛上部和高温烟道中,过热器往往分成多段,中间设置喷水减温器,减温水由锅炉给水系统供给,如图 10.1-1 所示。

造成过热蒸汽温度变化的扰动因素有:

(1) 蒸汽流量的变化

蒸汽负荷变化会引起蒸汽流量变化,从而使得沿过热器管道长度方向上的各点温度几乎同时变化,表现出具有比较小的惯性和延迟,同时还具有自平衡特性。

(2) 烟气方面热量的变化

燃料量的增减、燃料种类的变化、送风量和引风量的改变都会引起烟气流速和烟气温度的变化,从而改变了传热情况,导致过热器出口温度的变化。由于烟气传热量的改变是沿着整个过热器长度方向上同时发生的,因此气温变化的延迟很小,一般在 10～20s 之间。

(3) 减温水流量的变化

采用减温水控制蒸汽温度是目前最广泛采用的一种方式,此时喷水量扰动就是基本扰动。过热器是具有分布参数的对象,可以把管内的蒸汽和金属管壁看做是无穷多个单容对象串联组成的多容对象。当喷水量发生变化后,需要通过这些串联单容对象,最终引起出口蒸汽温度的变化。因此,系统响应具有很大的迟延;减温器离过热器出口越远,迟延越大。

考虑到在入口蒸汽温度及减温水一侧的扰动作用下,主蒸汽温度 T_1 有较大的容积延迟,而减温器出口处蒸汽温度 T_2 却有明显的提前感知扰动的作用,可以取过热蒸汽为主参数,选择过热器前的蒸汽温度为辅助信号,组成串级控制系统(或称双冲量汽温控制系统),如图 10.1-17 所示。该系统可大大减小基本扰动对出口气温的影响,提高调节品质。对应上述控制气温串级控制方案的控制系统方框图如图 10.1-18 所示。

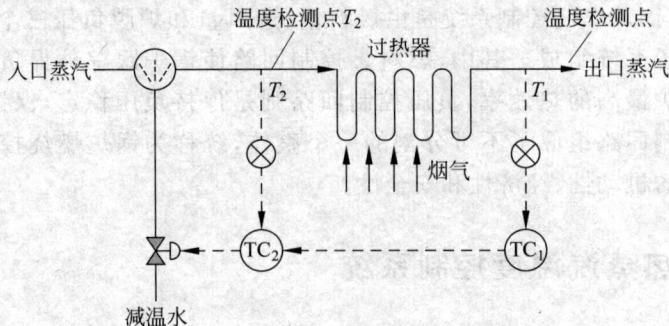

图 10.1-17　气温串级控制系统

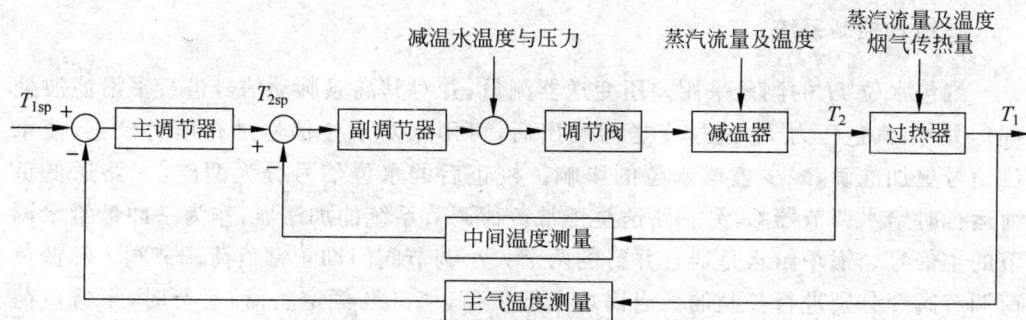

图 10.1-18 气温串级控制系统方框图

10.1.7 锅炉控制系统的应用实例

锅炉通常有水位控制、燃烧控制和气温控制三个主要控制系统,图 10.1-19 给出了锅炉控制系统总体控制系统工业流程图的一个实例,可以了解各个控制系统如何互相联系、互相配合,共同完成供应生产所需的蒸汽,保持蒸汽压力、温度,同时使锅炉在安全和经济的工况下运行。

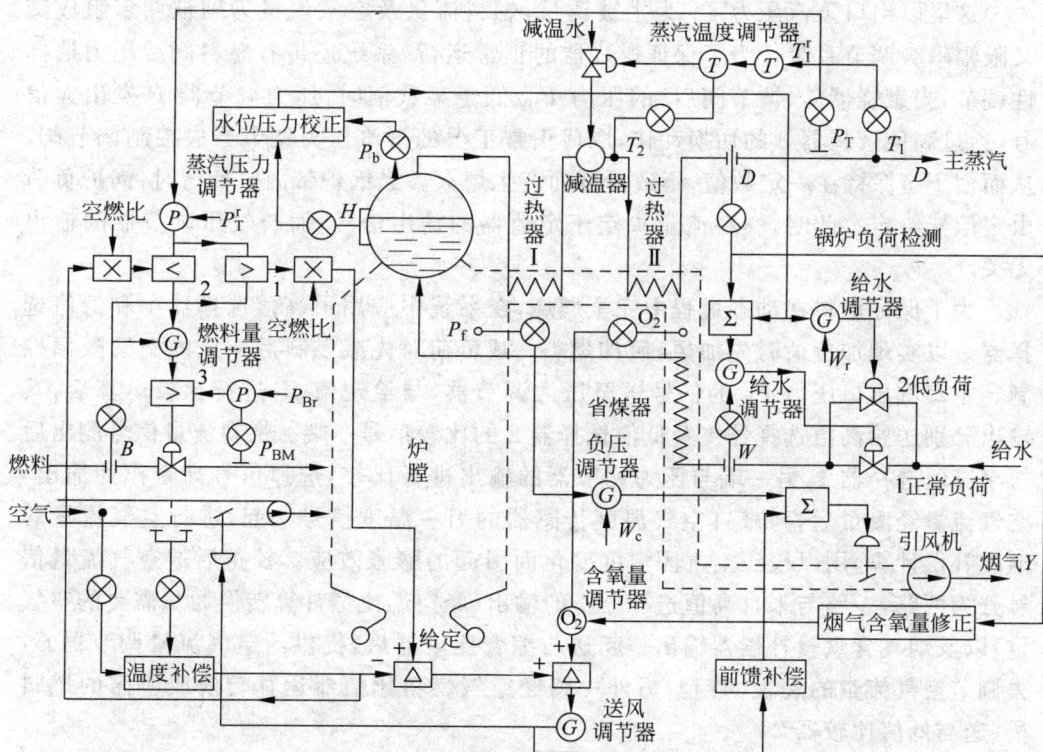

图 10.1-19 锅炉蒸汽压力控制和燃料与空气比值控制系统

1. 给水控制系统

汽包水位 H 的测量采用差压变送器测量,并对其高频脉动信号进行平滑滤波处理。另外,汽包压力 P_b 经过变送器测出后,可用来对水位信号进行压力校正,使水位信号更加准确,减少虚假水位的影响。校正后的水位信号分为两路,一路送低负荷运行时给水调节器 G,另一路送至正常负荷调节系统的加法器,作为三冲量给水调节的主信号。锅炉给水是通过并行的两个大小调节阀门即正常负荷调节阀 1 和低负荷调节阀 2 分别进行控制的。当锅炉在低负荷(<30％额定负荷)运行时,正常负荷调节阀 1 关闭,锅炉水位信号通过低负荷调节器 G 控制低负荷调节阀 2 的开度以调节给水量。这时,只是以锅炉水位为被调节量的单回路控制系统。当锅炉负荷大于30％额定负荷时,低负荷调节阀已经开至最大,则自动切换到以水位 H 为主调节量,给水流量 W 为副被调量,蒸汽流量 D 为前馈量的前馈-反馈串级控制系统,即俗称的三冲量给水控制系统。这时,主要用调节正常负荷的调节阀门 1。当给水流量由小到大时,先开小阀后开大阀;反之,减少给水流量,先关大阀后关小阀的控制方式俗称分程控制。使用两个阀门有利于克服用大阀门难以精确控制小流量的问题。

2. 主蒸汽压力与燃料及空气流量的串级交叉限幅控制系统

这里以出口蒸汽压力 P_T 为主被调量,燃料流量及空气流量为副被调量组成交叉限幅串级调节系统。为了保证燃烧器的正常运行,系统还带有燃料阀后压力选择性调节,当燃烧器前(调节阀后)的压力 P_{BM} 低于某数值时,压力调节器 P 发出大信号,通过高值选择器 3 的切换动作,取代正常工况的蒸汽压力调节器去控制调节阀,从而使 P_{BM} 保持在一定数值,不致过低而产生熄火。当锅炉带固定负荷时,锅炉负荷由定值器给定。此时,燃料流量决定于定值器的输出信号,而与气压调节器的输出无关。

为了保证燃料在动态过程中完全燃烧,在系统中应用了高值选择器 1 和低值选择器 2 以实现加负荷时先加风,后加燃料;减负荷时先减燃料后减风的交叉限幅控制。主蒸汽出口压力 P_T 的信号送至压力调节器,与给定值 P_T' 进行比较运算后,其输出分别送给高值选择器 1 及低值选择器 2 的比较信号一端。燃料流量信号测出后送至高值选择器 1,另一端与压力调节器的输出进行比较,选择信号高者作为输出。空气流量经测量后,与来自空气温度传感器的另一温度信号一起,进行空气流量的温度补偿计算,用以校正空气因温度变化而引起的膨胀效应。校正后的空气流量信号分为两路,一路与来自高值选择器 1 的输出(经空燃比值计算转换为所需要的空气量)以及烟气含氧量补偿器输出一起送与综合比较器后,提供给空气流量调节器 G,去调节空气流量的翻板阀门。另外一路经空气燃料比值器运算转换成所需的燃料量,送与低值比较器 2。

以检测烟气含氧量作为燃烧经济性指标是一种普遍采用的方法。图中是以检测烟道中的氧气含量通过调节器 O_2 来改变或修正所需空气流量的设定值。由于锅炉在负荷不同时,烟气含氧量的最佳值是有变化的,所以,含氧量调节器的给定值由蒸汽流量信号来校正,烟气含氧的设定值随锅炉负荷而改变。

炉膛负压 P_f 控制系统以炉膛负压 P_f 为被调节量,并带有送风调节器输出为前馈量,通过加法器综合后去控制引风量执行器,组成前馈-反馈复合控制系统。

3. 蒸汽温度控制系统

蒸汽温度控制系统的目的是维持过热器出口温度在允许范围内,并保证管壁温度不超过允许的工作温度。被控变量一般是过热器出口温度,操纵变量是减温器的喷水量。图中,过热蒸汽温度控制系统以过热蒸汽出口温度 T_1 为主参数,选择过热器前的蒸汽温度 T_2 为辅助信号,组成串级控制系统。

通过以上介绍可以看出,锅炉是一般工厂内重要的动力设备,其任务是提供合格稳定的蒸汽,以满足负荷的需要。同时,锅炉设备又是一个典型的多输入、多输出且相互关联的复杂控制对象。作为锅炉控制装置,其主要任务则是保证锅炉的安全、稳定、经济运行,减轻操作人员的劳动强度,具体需要采用诸如串级、前馈、分程、比值等复杂调节系统的设计与工程技术。要实现上述控制方案,可采用诸如数字单回路或多回路调节器、DCS 系统、PLC 以及 FCS 等微计算机控制系统。

10.2 石油加工精馏过程的控制

10.2.1 石油加工过程控制系统概述

石油加工是生产过程自动化最先进的产业部门之一。石油已经登上了现代能源的宝座,石油化工制品也成为生活中不可缺少的东西,石油的主要成分是碳氢化合物。作为能源来说,它可以完全燃烧,产生很大的能量。另外,作为石油化工的原料,它很容易分解或合成。在炼制生产过程中,石油的连续处理比较简单,便于大批量生产。

从仪表控制的角度来观察石油加工,石油炼制工艺是连续生产过程,易于采用过程自动控制;因为是液体,测量和操作都很简单;从物体看,没有腐蚀作用,测量仪器也较简单。所以,各厂家生产的仪表大都可以直接用于石油加工工业中。

在石油利用的初期,人们采用蒸馏这种极其简单的处理方法,即把一定的原油逐渐加热,使其蒸发,然后再使它冷凝。由于原油中各成分的沸点不同,进行分馏,便可得到不同的产品。在当时,仪表仅用于测量,没有用于测量阶段以后的控制过程。石油被大量利用之后,这些处理方法也从测量阶段发展到控制阶段,控制理论也取得了一定的发展,这就为测量控制仪表的发展提供了理论依据,现代仪表控制技术已经成为改革各种生产装置的基础。随着这种技术的发展,就不仅仅对温度、压力等物理量的单一控制,而是对其施行高度复杂的控制。要进行这种控制,不仅要用一般的工业仪表,而且还要使用具有计算机那样计算处理功能的仪表。

石油加工工业有广阔的领域,从石油的蒸馏、精炼到挥发油分解后的合成等过程,虽然生产工艺过程各异,但从仪表控制系统来说,有着许多共同之处。

10.2.2 精馏塔的控制要求与控制特性

精馏塔是进行精馏的一种塔式气液接触装置,又称为蒸馏塔,是石油化工生产过程中的主要装置。精馏过程是应用极为广泛的传质、传热过程,其目的是将石油(或其他由若干组分所组成的混合物)送入精馏装置,使其反复地进行部分汽化和部分冷凝,将混合物中各组分分离和精制,使之达到规定的纯度,从而得到预期的塔顶与塔底产品。

1. 精馏塔的基本工作原理

精馏塔有板式塔与填料塔两种主要类型,根据操作方式又可分为连续精馏塔与间歇精馏塔,工业上采用的典型连续精馏装置的流程如图 10.2-1 所示。对于精馏塔,一般称进料处为进料段,进料段到塔顶称为精馏段,是精馏塔的主要传质传热部分,进料段到塔釜称为提馏段。此外,可以看出,完成精馏过程的相应设备除精馏塔外,还包括再沸器、冷凝器、回流罐和回流泵等辅助设备。

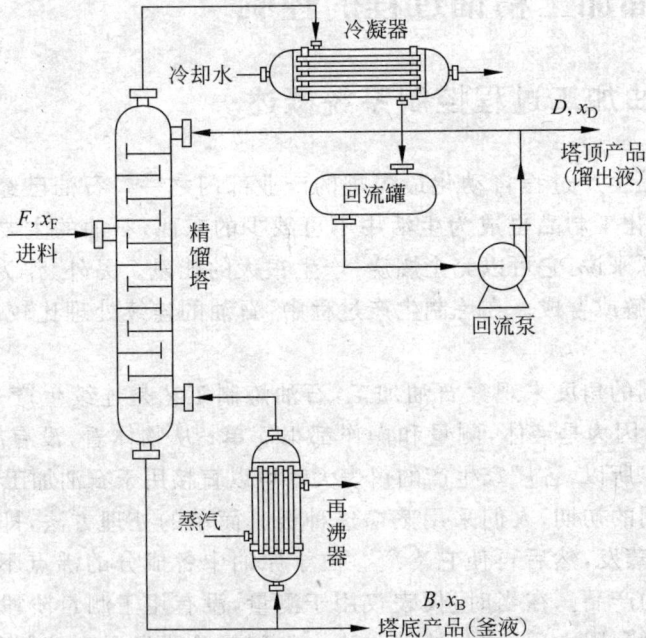

图 10.2-1　连续精馏装置的工艺流程

精馏塔的基本工作原理是:首先,蒸汽由塔底进入,与下降液进行逆流接触,两相接触中,下降液中的易挥发(低沸点)组分不断地向蒸汽中转移,蒸汽中的难挥发

（高沸点）组分不断地向下降液中转移,蒸汽愈接近塔顶,其易挥发组分浓度愈高,而下降液愈接近塔底,其难挥发组分则愈富集,达到组分分离的目的。由塔顶上升的蒸汽进入冷凝器,冷凝的液体的一部分作为回流液返回塔顶进入精馏塔中,其余的部分则作为馏出液取出。塔底流出的液体,其中的一部分送入再沸器,热蒸发后,蒸汽返回塔中,另一部分液体作为釜残液取出。

　　待处理原油的成分以产地而异,它主要是多种碳氢化合物的混合物,既有一个碳,也有多达数十个碳的碳氢化合物。根据原油各种成分具有不同沸点的特点,可以通过蒸馏的手段,将其中的各组分分开,形成半成品。蒸馏的第一道工序是在常压蒸馏塔中进行的,原油通过各塔盘蒸馏分离出残存的少量瓦斯,以及汽油、煤油、柴油和重油等。这些被分离出来的半成品中,某种物质经过改质、分解、脱硫等工序,再次被混合后作为成品或直接作为石油化工的原料。

　　现以 A、B 两种液体混合物的蒸馏为例,介绍蒸馏的原理。图 10.2-2 是对应 A、B 两种成分的平衡曲线,图中还表示了各沸点处的气态成分比。轻组分 A 的沸点是 140℃,重组分 B 的沸点是 173℃。两液体的混合比变化时,混合液的沸点也将随之变化。现设 A 占 20％,B 占 80％,把 A、B 混合液加热到 164.5℃ 时,液体沸腾。这时,与液体共存的气态成分比是 A 占 39.5％,B 占 60.5％。这种蒸发的气体冷凝后,将形成具有新的成分比的混合液体,其中 A 占 39.5％,B 占 60.5％。如果再使此混合物沸腾,那么,沸点将变成 157℃,这时气态成分比又变成 A 占 62％,B 占 38％。这样反复进行上述操作,不断蒸发和冷凝,就可以使 A、B 分离开来。

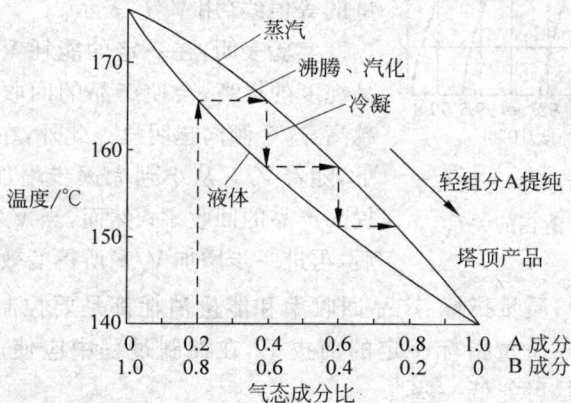

图 10.2-2　两成分平衡曲线举例

2. 精馏塔的控制要求与控制特性

　　精馏受到学术界和工业界控制工程师们的关注比任何其他工艺过程都多,它非常普遍地应用于各种化工厂和炼油厂,是耗能大户,并经常是用作提纯那些对质量要求很严的贵重产品的最终手段。但是,由于延迟和时滞时间很长,静态增益高而且多变,故它也是最难控制的过程。

精馏塔是一个多输入和多输出的对象。它的通道很多,它由很多级塔盘组成,内在机理复杂,对控制作用响应缓慢;参数间互相关联,而控制要求又较高。这些都给自动控制带来一定困难。因此,在制订控制方案时,必须深入了解工艺特性,结合具体情况进行设计。

(1) 精馏塔自动调节的要求

精馏塔自动调节系统主要应当满足以下三个方面的要求:

① 质量指标。精馏操作的目的是将混合液中各组分分离为产品,因此产品的质量指标必须满足规定的要求。也就是说,塔顶或塔底产品之一应该保证达到规定的纯度,而另一产品也应保证在规定的范围内符合质量要求。

② 产品产量和能量消耗。精馏操作不仅要保证产品质量,还要有一定的产量;分离混合液还需要消耗一定的能量,这主要是再沸器的加热量和冷凝器的冷却量消耗。产品的产量通常用该产品的回收率来表示。回收率的定义是:进料中每单位产品组分所能得到的可售产品的数量。每单位进料所消耗能量可用塔内上升蒸汽量 V 与进料量 F 之比 V/F 来衡量。

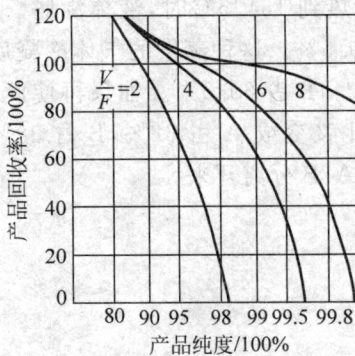

图 10.2-3 产品纯度、产品回收率和能量消耗的关系

产品回收率、产品纯度及能量消耗三者之间的定量关系如图 10.2-3 所示,这是对于某一精馏塔按分离 50% 两组分混合液所做出的曲线图,纵坐标是回收率,横坐标是产品纯度(按纯度的对数值刻度),图中的曲线是表示每单位进料所消耗能量的等值线(用 V/F 表示)。

实验表明,在一定的能耗 V/F 情况下,随着产品纯度的提高,会使产品的回收率迅速下降;纯度越高,这个倾向越明显。此外,在一定产品纯度要求下,随着 V/F 从小到大逐步增加,刚开始可以显著提高产品的回收率;然而,当 V/F 增加到一定程度后,再进一步增加 V/F 所得的效果就不显著了。

在精馏操作中,质量指标、产品回收率和能量消耗都是要控制的目标,其中质量指标是必要条件,在质量指标一定的前提下,在控制过程中应使产品产量尽量高一些,同时能量消耗尽可能低一些。

③ 约束条件。为了使精馏塔正常操作,必须满足一些约束条件。例如。塔内气液二相的流速不能过高,否则将引起泛液;流速又不能过低,否则使塔盘效率大幅度下降。此外,塔内压力的稳定与否,对塔的平稳操作有很大的影响。

(2) 精馏过程的静态特性

精馏塔的典型结构如图 10.2-1 所示,主要被调量是馏出物和塔底产品的成分、塔釜和回流罐的液位及塔的压力。调节量是两种产品的流量、回流量、输入热量和排热量。由于进料流量通常是上游生产装置的产品量,故一般不调节。控制系统面临的任务是设计出一个系统结构来有效地控制产品质量,另外,值得指出,虽然采用成分分析仪来检测产品质量,但更经常采用的还是利用靠近塔两端的温度来推测产品的成分,这样并没有改变问题的本质,成分仍然是真正的被调量。

确定过程模型的第一步是写出物料平衡,即馏出液和釜液的平均采出量之和,应等于平均进料量,而且这两个采出量的变动应该比较缓慢,以利于上下工序的平稳操作。塔内及塔底容器的蓄液量应介于规定的上下限之间。

在稳态条件下,进塔的物料必须等于出塔的物料,所以总的物料平衡关系为

$$F = D + B \tag{10.2-1}$$

式中,F 为进料流量;D 为馏出物流量;B 为塔底产品流量。轻组分的物料平衡关系为

$$F x_F = D x_D + B x_B \tag{10.2-2}$$

式中,x_F、x_D、x_B 分别为进料、塔顶馏出物和塔底产品中轻组分的含量。解联立方程式(10.2-1)和式(10.2-2)可得

$$\frac{D}{F} = \frac{x_F - x_B}{x_D - x_B} \quad \left(\text{或} \quad \frac{B}{F} = \frac{x_D - x_F}{x_D - x_B} \right) \tag{10.2-3}$$

从上述关系式中可以明显地看出,进料 F 在产品中的分配量(D/F 或 B/F)是决定塔顶和塔底产品中轻组分浓度 x_D 和 x_B 的重要因素。另外,进料组分浓度 x_F 也是一个影响 x_D 和 x_B 的重要因素。

为了获得合格的产品质量,即 x_D 和 x_B 都达到规定的浓度,根据式(10.2-3),可以看出:

① 若 x_F 不变,则 D 应与 F 成比例增减;

② 若 F 不变,则 x_F 增大,馏出液 D 也应增大。

然而,单是物料平衡关系,还不能完全确定 x_D 和 x_B,只能够确定 x_D 和 x_B 之间的关系。要确定成分的解,还必须建立第二个关系式,这个关系式可以由塔的能量平衡关系得出,而精馏过程的能量关系将影响塔内上升蒸汽量 V,而 V 与产品纯度的关系可以通过基于气-液平衡关系的芬斯克(M. R. Fenske)方程得出。

在二元精馏中,全回流时的芬斯克方程为

$$\frac{x_D(1 - x_B)}{x_B(1 - x_D)} = \alpha^n \tag{10.2-4}$$

式中,α 为平均相对挥发度;n 为理论塔板数。根据上式看出,二元精馏塔两端产品纯度间的分离关系决定于 α 和 n。为了使式(10.2-4)也可以推广到全回流以外的情况,定义分离度 S 为

$$S = \frac{x_D(1 - x_B)}{x_B(1 - x_D)} \tag{10.2-5}$$

随着分离度 S 的增大,而 x_B 减小,说明塔系统的分离效果增大。影响分离度 S 的因素很多,诸如平均挥发度、理论塔板数、塔板效率、进料组分、进料板位置以及塔内上升蒸汽量 V 和进料量 F 的比值等。对于一个既定的塔来说

$$S \approx f\left(\frac{V}{F}\right) \tag{10.2-6}$$

上式表明,若 V/F 一定,则分离度 S 就被确定。上式可进一步近似表示为

$$\frac{V}{F} = \beta \ln S \tag{10.2-7}$$

式中,β 称为塔的特性因子,对任意给定的塔,β 可以用 V/F 除以分离度 S 的自然对数求得。把式(10.2-5)代入式(10.2-7),可得能耗 V/F 与分离度 S 的关系

$$\frac{V}{F} = \beta \ln \left[\frac{x_D(1-x_B)}{x_B(1-x_D)} \right] \tag{10.2-8}$$

由式(10.2-7)与式(10.2-8)可知,随着 V/F 增加,S 值提高。也就是 x_D 增加,x_B 下降,分离效果提高了。由于 V 是由再沸器施加加热量来提高的,所以该式实际是表示塔的能量对产品成分的影响,故称为能量平衡关系式。而且由上述分析可见:V/F 的增大,塔的分离效果提高,能耗也将增加。

对于一个既定的塔,包括进料组分一定,只要 D/F 和 V/F 一定,它的分离结果,即 x_D 与 x_B 将被完全确定。也就是说,由一个塔的物料平衡关系与能量平衡关系两个方程式,可以确定塔顶和塔底组分两个待定参数。上述结论与一般工艺书中所说"保持回流比一定,就确定了分离结果"是一致的。

精馏塔的各种扰动因素都是通过物料平衡和能量平衡的形式来影响塔的操作。因此,弄清精馏塔中的物料平衡和能量平衡关系,可为确定合理的控制方案奠定基础。

以上讨论说明了精馏塔操作与控制的概念,塔的控制系统必须满足精馏过程本身的规律,即物料平衡和能量平衡关系,以保证分离结果的浓度合乎质量要求。

(3) 精馏塔的扰动分析

精馏塔是建立在物料平衡和能量平衡的基础上操作的,一切因素均通过物料平衡和能量平衡影响塔的正常操作。影响物料平衡的因素主要是:进料流量 F 的波动、进料成分 x_F 的波动、塔顶或塔底采出量的变化、回流量的变化等。影响能量平衡的因素主要是:进料温度(或热焓)的变化、再沸器的加热量和冷凝器的冷却量变化,此外还有环境温度的变化等。同时,物料平衡和能量平衡之间又是相互影响的。

在各种扰动因素中,有些是可控的,有些则是不可控的。现作分析如下:

① 一般情况下,塔的进料流量受前一工序的影响,是不可控的;有些情况下进料流量也是可以控制的,例如炼油初馏塔的原油流量可控制为定值。

② 进料成分 x_F 的变化是无法控制的,它由上一道工序所决定,但多数是缓慢变化的。

③ 进料温度和状态对塔的操作影响很大。为了维持塔内的热量平衡和稳定运行,在单相进料时采用进料温度定值控制,以便克服这种扰动;在两相进料时,则可设法控制热焓恒定以克服扰动。

④ 对于再沸器的加热量和冷凝器的冷却量,一般都用定值控制系统来加以稳定。

⑤ 对蒸汽压力的变动,可以通过总管压力控制的方法消除扰动,也可以在串级控制系统的副回路中(如采用对蒸汽流量的串级控制系统)予以克服。冷却水的压

力波动,也可以用类似的方式解决。

⑥ 冷却水温度的变化,通常比较和缓,主要受季节的影响。

⑦ 环境温度的变化,一般影响较小,但也有特殊情况。近年来,直接用大气冷却的冷凝器使用已较多,一遇气候突变,对回流液温度有很大影响,为此可采用内回流控制。

综上所述,大多数情况下,进料流量 F 和进料成分 x_F 的变化是精馏塔操作的主要干扰,然而还须结合具体情况加以分析。

为了克服上述扰动的影响,需要进行适当的控制,可采用以下控制手段:①馏出液的采出量 D;②釜液采出量 B;③回流罐排气量 D_G;④回流量 L;⑤再沸器加热量 Q_H;⑥冷凝器冷却量 Q_C。前三个量是通过影响全塔的物料平衡与塔的内部平衡,从而起到控制作用;后三个量直接改变塔的能量平衡关系和改变塔内汽液比,从而起到控制产品质量的作用。

从以上分析中可以看到,精馏操作中,被控量多,可以选择的操作变量也多,又可有不同的组合,所以精馏塔的控制方案很多。精馏塔是一个多输入多输出的过程,它的通道多,动态响应缓慢,变量间又相互关联,而控制要求又较高,这些都给精馏塔的控制带来一定的困难。同时,各个精馏塔的工艺和结构特点,又是千差万别的,因此,我们在设计精馏塔的控制方案时,更须深入分析工艺特点,了解精馏塔特性,以设计出比较完善、合理的控制方案。

10.2.3　精馏塔质量指标的选取

精馏塔被控变量的选择,指的是实现产品质量控制,表征产品质量指标的选择。精馏塔质量指标的选取有两类:直接产品质量指标和间接产品质量指标。

精馏塔最直接的质量指标是产品成分,即要使塔顶(或塔底)馏出物达到规定的纯度,那么塔顶(或塔底)馏出物的组分 x_D(或 x_B)应作为被控变量,因为它就是工艺上的质量指标。近年来成分检测仪表的发展很快,特别是工业色谱仪的在线使用,出现了直接按产品成分来控制的方案,此时检测点就可放在塔顶或塔底。然而,由于成分分析仪表价格昂贵,维护保养复杂,采样周期较长,即反应缓慢、滞后较大,加上可靠性不够,应用受到了一定限制。这时可以在与 x_D(或 x_B)有关的参数中找出合适的变量作为被控变量,进行间接指标控制。

1. 采用温度作为间接质量指标

最常用的间接质量指标是温度。在二元系统的精馏当中,当气液两相并存时,塔顶易挥发组分的浓度 x_D、塔顶温度 T_D、压力 P 三者之间有一定的关系。例如,当压力恒定时,组分 x_D 和温度 T_D 之间存在有单值对应的关系。易挥发组分的浓度越高,对应的温度越低;相反,易挥发组分的浓度越低、对应的温度越高。因此,在组分、温度、压力三个变量中,只要固定温度或压力中的一个,另一个变量就可以代替

x_D 作为被控变量。

从工艺合理性考虑,常常选择温度作为被控变量。这是因为:第一,在精馏塔操作中,压力往往需要固定。只有将塔操作在规定的压力下,才易于保证塔的分离纯度,保证塔的效率和经济性。如塔内压力波动,就会破坏原来的气液平衡,影响相对挥发度,使塔处于不良工况。同时,随着塔压的变化,往往还会引起与之相关的其他物料量的变化,影响塔的物料平衡,引起负荷的波动。第二,在塔压固定的情况下,精馏塔各层塔板上的压力基本上是不变的,这样各层塔板上的温度与组分之间就有一定的单值对应关系。由此可见,固定压力,选择温度作为被控变量是可能的,也是合理的。

(1) 塔顶(或塔底)的温度控制。一般来说,如果希望保持塔顶(或塔底)产品符合质量要求,即主要产品在顶部(或底部)采出时,则以塔顶(或塔底)温度作为被控变量,直接反映产品质量,可以得到较好的效果。但因邻近塔顶处塔板之间的温度差很小,该控制方案对温度检测装置提出较高要求,例如高精确度、高灵敏度等。此外,产品中的杂质或塔内压力的波动均会影响产品的沸点,造成对温度的扰动,因此,采用塔顶温度控制塔顶产品质量的控制方案很少采用,主要用于石油产品按沸点的范围切割馏分的情况。

(2) 灵敏板的温度控制。灵敏板是在扰动或控制作用下塔板温度变化最大的那块塔板。因此,该塔板与上下塔板之间有最大的浓度梯度,具有快速的过程动态响应。采用灵敏板温度作为被控变量,能够快速反映产品成分的变化。灵敏板位置可仿真计算或实测确定,因塔板效率不易准确估计,因此,在实际应用时,可在计算的灵敏板上下设置若干温度检测点,根据实际运行情况灵活选择。

(3) 中温控制。中温通常指加料板稍上或稍下的塔板,或加料板的温度。取中温作为被控变量,可以兼顾塔顶和塔底成分,及时发现操作线的变化。但因不能及时反映塔顶或塔底产品的成分,因此,不能用于分离要求较高、进料浓度变化较大的应用场合。

2. 采用压力补偿的温度作为间接质量指标

塔压恒定是采用精馏塔温度控制的前提。在一般塔的操作中,无论是常压塔、减压塔还是加压塔,压力都是维持在很小范围内波动,所以温度与成分才有对应关系。但在精密精馏中,要求产品纯度很高,两个组分的相对挥发度差值很小,由于成分变化引起的温度变化较压力变化引起温度变化要小得多,由此会破坏温度与成分之间的对应关系。为此,需对温度进行压力补偿,以消除压力波动的影响。常用的补偿方法有温差控制、双温差控制等。

(1) 温差控制。温差控制通常选择一个塔板温度和成分保持基本不变的位置作为基准温度检测点,例如,选择塔顶(或稍下)或塔底(或稍上)温度;另一个检测点放在灵敏板附近,即成分和温度变化较大、比较灵敏的位置,然后取两者的温差作为被控变量。只要这两点温度随压力变化的影响相等(或十分接近),则选取温差作为被控变量时,其压力波动的影响就几乎相抵消。

温差控制已成功应用于分离要求较高的苯-甲苯-二甲苯、乙烯-乙烷、丙烯-丙烷等精密精馏系统中。应用时要注意的是,选择合适的温度检测点位置,合理设置温差设定值,操作工况要平稳。

(2) 双温差控制。精馏塔温差控制的缺点是进料流量变化时,会引起塔内成分变化和塔内降压发生变化。这两者均会引起温差变化,前者使温差减小,后者使温差增大,这时温差与成分不再呈现单值函数关系,难于采用温差控制。

双温差控制的设计思想是进料对精馏段温差的影响和对提馏段温差的影响相同,因此,可采用双温差控制,即取这两个温差的差值作为控制目标,来补偿因进料流量变化造成的对温差的影响。在具体应用时,除了要合适选择温度检测点位置外,对双温差的设定值也要合理设置。

10.2.4　精馏塔的基本控制方案

精馏塔的控制目标是使塔顶和塔底的产品组分满足规定的质量要求。由于精馏塔是一个多变量被控过程,在许多被控变量和操作变量中,选定一种变量配对,就构成了精馏塔的一个控制方案。下面我们首先对精馏塔的变量进行总结分析,精馏塔的基本流程以及各个变量如图 10.2-4 所示。

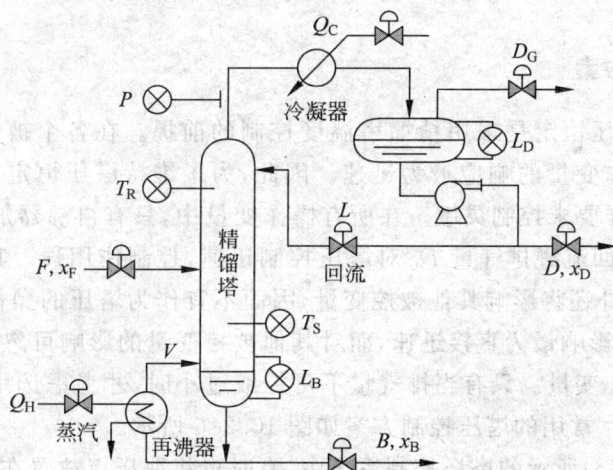

图 10.2-4　精馏塔流程的变量分析

为了稳定精馏塔的操作,通常需要对塔顶压力 P、回流罐液位 L_D、塔底液位 L_B 以及塔顶和塔底产品质量 x_D 与 x_B 进行有效的控制。由于 x_D 与 x_B 大都无法在线连续测量,根据上节分析,当塔压 P 恒定时,可用精馏段与提馏段的灵敏板温度 T_R 与 T_S 近似反应塔顶和塔底产品质量的变化。当然,对于精密精馏塔,可用精馏段与提馏段的温差来反映塔顶与塔底产品纯度的变化。

与上述被控变量相对应的可操作变量通常为塔顶产出量 D、塔底产出量 B、回流量 L、再沸器加热量 Q_H、冷凝器冷却量 Q_C 以及回流罐排气量 D_G；而系统所受到的扰动主要为进料量 F、进料浓度、进料温度与热焓的变化。值得注意的是，再沸器上升蒸汽量 V 本身并不是一个操作变量，而是一个反映整个精馏塔能量平衡关系的状态变量。

综合上述变量分析，精馏塔的基本控制问题可用图 10.2-5 进行描述，可以看出，整个精馏塔可看做是一个具有 6 个输入变量与 5 个输出变量的复杂多变量系统。

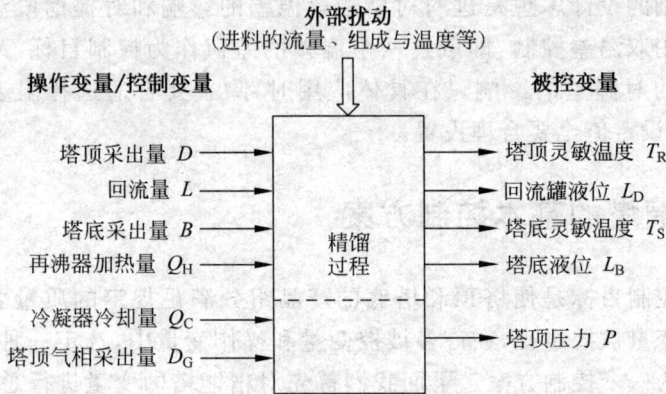

外部扰动
(进料的流量、组成与温度等)

操作变量/控制变量　　　　　　　　　　　　被控变量

塔顶采出量 D ⟶　　　　　　　　　　⟶ 塔顶灵敏温度 T_R

回流量 L ⟶　　　　　　　　　　⟶ 回流罐液位 L_D

塔底采出量 B ⟶　　精馏　　⟶ 塔底灵敏温度 T_S

再沸器加热量 Q_H ⟶　　过程　　⟶ 塔底液位 L_B

冷凝器冷却量 Q_C ⟶

塔顶气相采出量 D_G ⟶　　　　　　　　⟶ 塔顶压力 P

图 10.2-5　精馏塔的基本控制

1. 塔压控制方案

前已说明，塔压恒定是采用精馏塔温度控制的前提。在各个被控变量中，塔压对外部扰动与操作变量的响应最为迅速。因此，为了维持塔压恒定，所选择的操作变量对塔压也同样要求控制灵敏。在所有操作变量中，只有再沸器加热量 Q_H、冷凝器冷却量 Q_C 以及回流罐排气量 D_G 对塔压控制迅速，控制作用强。其中，Q_H 的改变除了影响塔压 P 外还将影响其他被控变量，因而不宜作为塔压的操作变量；而排气量 D_G 对于塔压的影响最为直接迅速，而对其他被控变量的影响可忽略不计，因而是塔压最适宜的操作变量。只有当排气量不可控或过小时，才考虑选用冷凝器冷却量 Q_C 作为操作变量。常用的塔压控制方案如图 10.2-6 所示。

在图 10.2-6(a) 所示的塔压控制系统中，有时也将取压点放置在回流罐气相段。由于塔压与回流罐气相压力仅相差一段气相管线阻力压差，当管线压差与塔压相比可忽略不计时，回流罐气相压力的平稳必然使塔压同样平稳。而对于图 10.2-6(b) 所示的塔压控制系统，当冷却剂为液相时，可通过控制冷却剂流量达到控制塔压的目标；当冷凝器为空冷设备时，可通过变频调速机构控制风机的转速以达到塔压控制的目的。

将塔压控制问题分离后，精馏塔的基本控制问题可进一步描述成图 10.2-7 所示的简化控制问题。下面针对精馏产品质量不同的控制要求，探讨相应的控制方案。

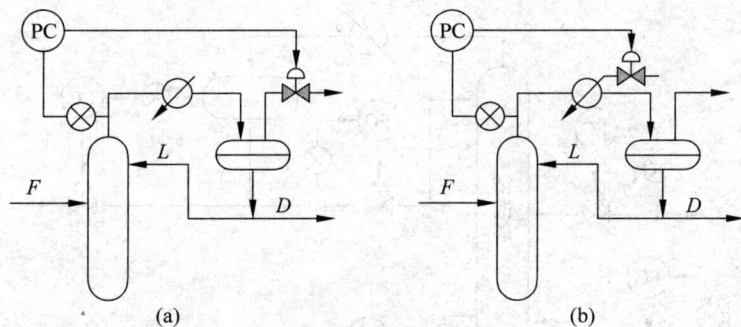

图 10.2-6 精馏塔的压力控制方案

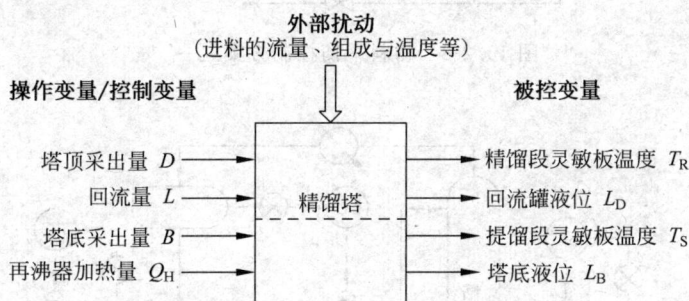

图 10.2-7 精馏塔的简化控制

2. 产品质量的开环控制

精馏塔产品的质量开环控制是指不采用质量指标作为被控变量的控制方式。精馏塔的质量开环控制主要是根据物料及能量平衡关系，从外围控制精馏塔的 D/F（或 B/F）和 V/F，使其产品满足工艺要求。这样的控制方案最简单、方便，但属于产品质量的开环控制，因此适应性较差。常见的有三种控制方案：

（1）固定回流量 L 和蒸汽量 V。当进料流量 F 及其状态恒定时，采用回流量 L、蒸汽量 V 进行流量定值控制，就能使 D 和 B 确定下来，进而产品的成分就可确定。具体控制方案如图 10.2-8 所示。为平衡物料储蓄量，对 D 和 B 分别通过液位调节器来控制其流量。为了消除进料流量的扰动，对进料流量亦进行流量控制。

（2）固定塔顶馏出量 D 和蒸汽量 V。当回流比（$R=L/D$）很大时，控制馏出量 D 比控制回流量 L 更为有利。例如，$L=50$，$D=1$，则控制回流量 L 变化 1％，D 就将变化 50％，这样就对回流量 L 的控制提出了更高的要求。因此，采用控制 D 可使操作过程更加平稳。具体控制方案如图 10.2-9 所示。

（3）固定塔底采出量 B 和回流量 L。这种方案与方案（1）类似，差别在于塔底采出量 B 进行流量控制，塔底液位由加热蒸汽量 V 控制，这也同样地规定了 D/F 和回流比，其控制方案如图 10.2-10 所示。

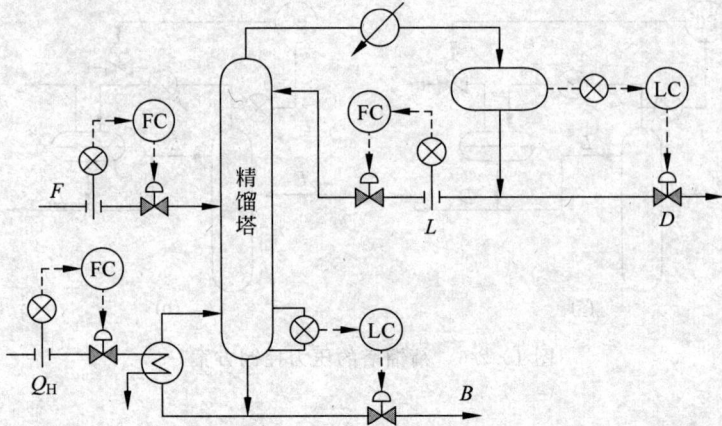

图 10.2-8　物料平衡控制方案之一

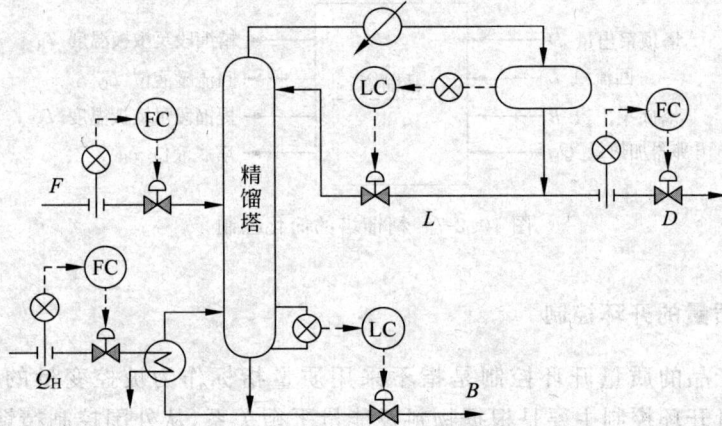

图 10.2-9　物料平衡控制方案之二

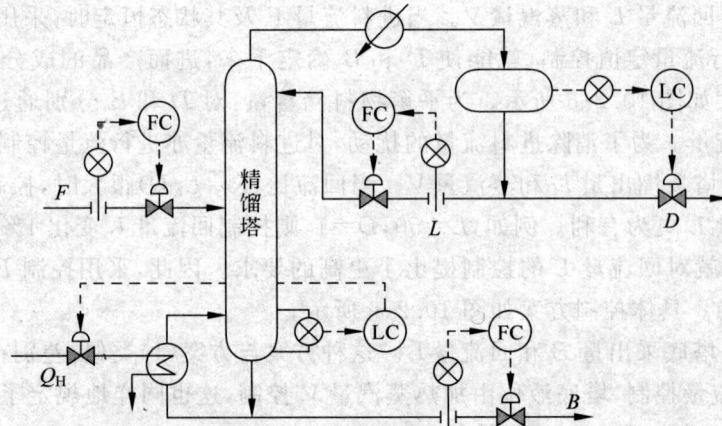

图 10.2-10　物料平衡控制方案之三

上述各开环控制方案,仅保证塔的物料平衡要求,而不对塔顶、塔底产品质量作严格控制。因此,适用于对产品质量要求不高,或者处理量与进料性质变化不频繁或变化幅度小的场合。

3. 按精馏段指标的控制

当对馏出液的纯度要求较之对塔底产品为高,或是塔底、提馏段塔板上的温度不能很好地反映产品成分变化时,往往按精馏段指标进行控制。此时,取精馏段某点成分或温度作为被控变量,而以回流量 L、塔顶馏出量 D 或蒸汽量 V 作为操作变量,可以组成单回路控制方案或串级控制方案。

按精馏段指标控制,对塔顶产品的成分 x_D 有所保证。当扰动不大时,塔底产品成分 x_B 的变动也不大,可由静态特性分析来确定它的变化范围。采用这种控制方案时,在 L、D、V 和 B 中选择一种作为控制产品质量的手段,选择另一种保持流量恒定,其余两者则按回流罐和再沸器的物料平衡,由液位调节器加以控制。常用的控制方案有两类。

(1) 能量平衡控制。该方案是按精馏段指标来控制回流量,保持加热蒸汽流量为定值,如图 10.2-11 所示。此方案通过直接控制塔内能量平衡关系以实现对分离精度的控制,因此称为"精馏段能量平衡控制方案"。其优点是调节作用滞后小,反应迅速,所以,对克服进入精馏塔的扰动和保证塔顶产品质量是有利的,这是精馏塔控制中最常用的方案。

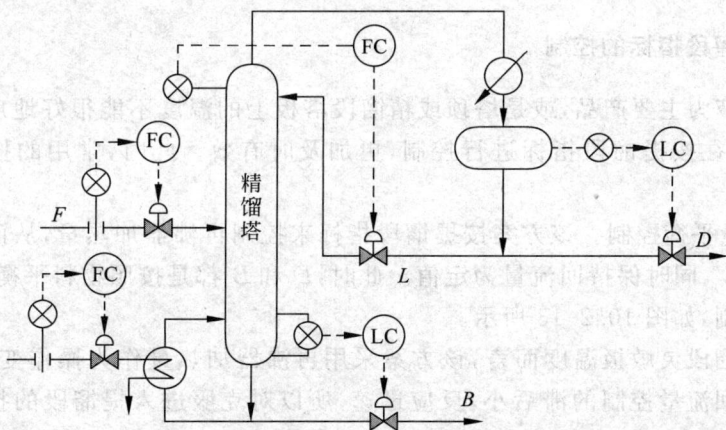

图 10.2-11 精馏段能量平衡控制方案

该方案主要应用场合是 $L/D < 0.8$ 以及某些需要减小滞后的塔。

(2) 物料平衡控制。该方案是按照精馏段指标来控制馏出液 D,并保持 V 不变,如图 10.2-12 所示。因其通过直接调整全塔物料平衡关系来控制塔顶产品的纯度,故常被称为"精馏段物料平衡控制方案"。该方案的主要优点是物料与能量平衡之间关联最小;内回流在周围环境温度变化时基本保持不变;对于回流比较大的情况下,控制 D 要比控制 L 灵敏。此外还有一个优点,当塔顶产品不合格时,如采用有积分作用的温度调节器,则塔顶采出量 D 会自动暂时中断,进行全回流,这样可保证得到的产品是合格的。

该方案的缺点是温度控制回路滞后较大,从馏出液 D 的改变到温度变化,要间接地通过液位控制回路来实现,特别是回流罐容积较大时,反应更慢,所以该方案适用于馏出液 D 很小(或回流比较大)且回流罐容积适当的精馏塔。

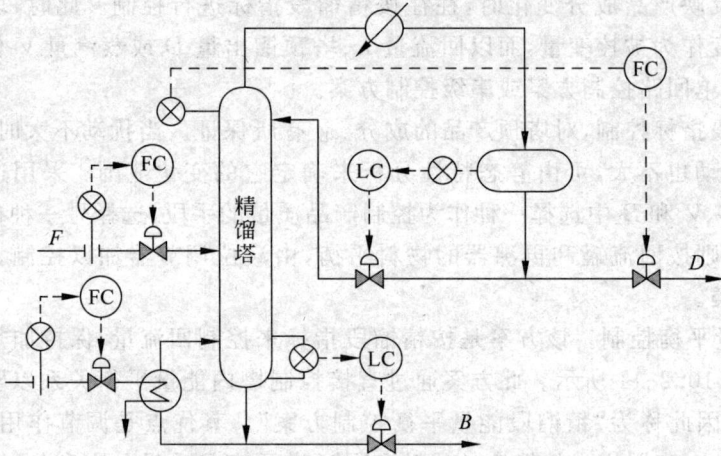

图 10.2-12 精馏段物料平衡控制方案

4. 按提馏段指标的控制

当塔底液为主要产品,或是塔顶或精馏段塔板上的温度不能很好地反映产品成分变化时,往往按提馏段指标进行控制,更加及时有效。此时,常用的控制方案有两类。

(1)能量平衡控制。该方案按提馏段指标来控制再沸器加热量,从而控制塔内上升蒸汽量 V,同时保持回流量为定值。此时,D 和 B 都是按照物料平衡关系,由液位控制器控制,如图 10.2-13 所示。

对于提馏段灵敏板温度而言,该方案采用再沸器加热量作为操作变量,在动态响应上要比回流量控制的滞后小,反应迅速,所以对克服进入提馏段的扰动和保证塔底产品质量有利,是目前应用最广的精馏塔控制方案。该方案的缺点是物料平衡与能量平衡关系之间有一定的关联。

(2)物料平衡控制。该方案是按照提馏段指标来控制塔底采出量 B,同时保持回流量 L 为定值。此时,D 是按回流罐的液位来控制,再沸器蒸汽量由塔釜液位来控制,如图 10.2-14 所示。

该方案的优点是当塔底采出量 B 较少时,操作比较平稳;当采出量 B 不符合质量要求时,会自动暂停出料。缺点是滞后较大且液位控制回路存在反向特性。此外,同样要求回流量应该足够大,以保证在最大负荷时的产品质量。

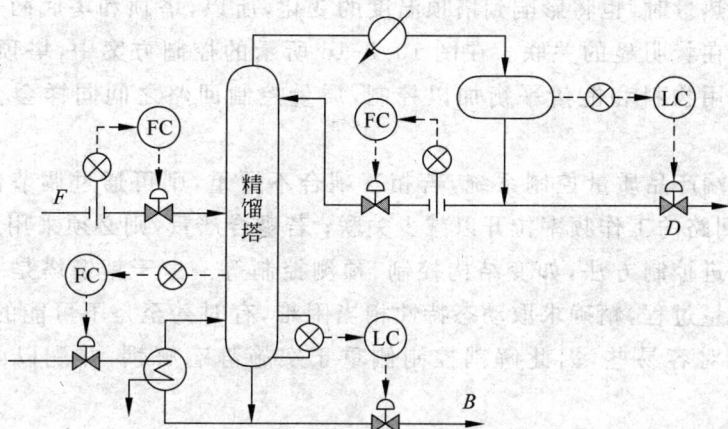

图 10.2-13　提馏段能量平衡控制方案

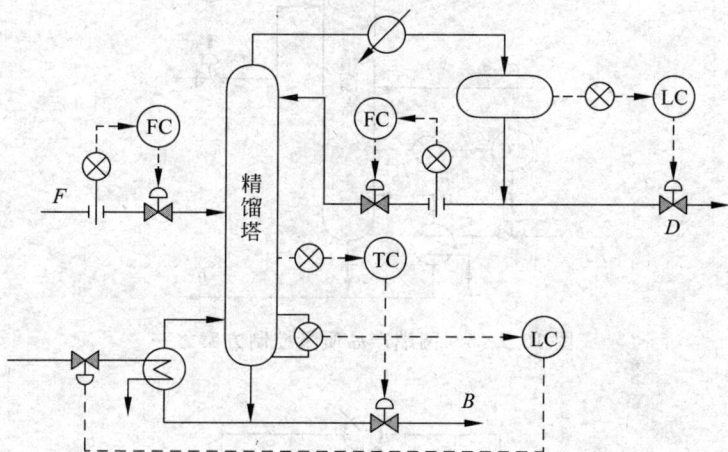

图 10.2-14　提馏段物料平衡控制方案

5. 按塔顶塔底两端质量指标的控制

当塔的顶部和底部产品均需要符合质量规格时,可以采用两个质量控制系统分别对两个产品质量指标加以控制。采用两个质量控制系统的主要原因,是使操作接近规格极限,从而使操作成本特别是能量消耗减少。如果不考虑操作成本和能量消耗的话,使用一个产品质量控制的方案,也可使另一个产品质量符合规格,只是回流比(或再沸比 V/B)更大些,能量消耗更多些。

两种两端产品质量控制方案如图 10.2-15 和图 10.2-16 所示。在图 10.2-15 中,塔顶、塔底产品质量均采用能量平衡加以控制。由精馏操作的内在机理可知,当改变回流量时,不仅影响塔顶温度,同时也引起塔底温度的变化。同样,控制塔底再沸器加热量时,也将影响到塔顶温度的变化,所以,塔顶和塔底两个温度控制系统之间存在着明显的关联。在图 10.2-16 所示的控制方案中,塔顶、塔底产品质量分别采用物料和能量平衡加以控制,质量控制回路之间同样会存在明显的关联。

　　对于两端产品质量控制系统,若相互耦合不严重,则可通过调节器参数的整定,使相关回路的工作频率拉开以减少关联;若耦合严重,则必须采用解耦控制系统或其他先进控制方法,如变结构控制、预测控制等。由于精馏塔是一个非线性严重的多变量过程,精确求取动态特性相当困难,有时甚至是不可能的,而求取静态特性则相对容易些,因此解耦控制侧重于实施静态解耦,并配以必要的动态补偿。

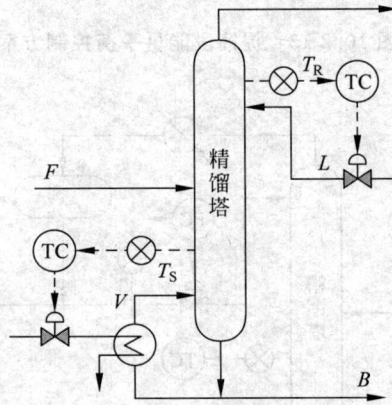

图 10.2-15　两端产品质量控制方案之一

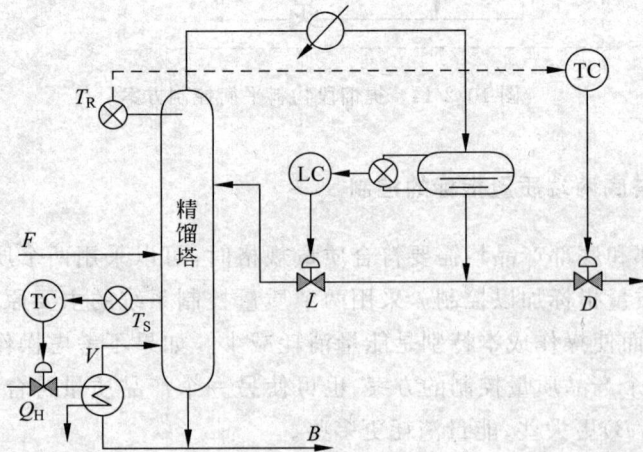

图 10.2-16　两端产品质量控制方案之二

习题与思考题

10-1　锅炉设备主要控制系统有哪些？

10-2　试写出锅炉汽包水位的三冲量调节系统的控制方框图。

10-3　试根据图 10.1-19,画出锅炉炉膛负压控制系统的方框图,并简要说明其工作原理。

10-4　试说明精馏塔的基本工作原理以及对象的基本特性。

10-5　请简要说明精馏塔的基本控制要求,并说明其控制方案制定的基本思路。

参 考 文 献

[1] 施仁,刘文江,郑辑光,王勇编. 自动化仪表与过程控制(第五版). 北京:电子工业出版社,2009

[2] 金以慧编. 过程控制. 北京:清华大学出版社,1993

[3] 陈夕松,汪木兰编. 过程控制系统. 北京:科学出版社,2005

[4] 俞金寿编. 工业过程先进控制. 北京:中国石化出版社,2002

[5] 郝芸主编. 传感器原理与应用. 北京:电子工业出版社,2002

[6] 王常力编. 分布式控制系统（DCS）设计与应用实例. 北京:电子工业出版社,2004

[7] 何衍庆,陈积玉,俞金寿编. XDPS分散控制系统. 北京:化学工业出版社,2002

[8] 何衍庆,俞金寿编. 集散控制系统原理及应用(第二版). 北京:化学工业出版社,2002

[9] 肖增弘,徐丰. 汽轮机数字式电液调节系统. 北京:中国电力出版社,2003

[10] 阳宪惠编. 现场总线技术及其应用. 北京:清华大学出版社,1999

[11] System 302 User's Manual. Smar Equipamentos Ind. Ltda.. Brazil,2001

[12] YS1000 Series User's Manual. Yokogawa Electric Corporation. Japan,2008

[13] CENTUM CS3000 User's Manual. Yokogawa Electric Corporation. Japan,2004

[14] Technical Overview. Fieldbus Foundation. Austin,Taxas,1998

[15] Jonas Berge 著,陈小枫,等译. 过程控制现场总线——工程、运行与维护. 北京:清华大学出版社,2003

[16] F G Shinskey 编著,肖德云,等译.过程控制系统——应用、设计与整定(第3版).北京:清华大学出版社,2004

[17] Dale E Seborg,等著,王京春,等译. 过程的动态特性与控制(第二版). 北京:电子工业出版社,2006

[18] 侯志林编. 过程控制与自动化仪表. 北京:机械工业出版社,2000

[19] Karl J Astrom,等著,周兆英,等译. 计算机控制系统——原理与设计(第三版). 北京:电子工业出版社,2001

[20] Hang C C,Aström K J and Ho W K. Refinements of the Ziegler-Nichols Tuning Formula. Proc. IEE. Pt. D,138,no2,1991,111-118

[21] 王树清,等编. 工业过程控制工程. 北京:化学工业出版社,2003

[22] 蒋慰孙,俞金寿. 过程控制工程(第二版). 北京:中国石化出版社,1999

[23] Johnson C D(美). 过程控制仪表技术(影印版). 北京:科学出版社,2002